NOUVEAU COURS

COMPLET

D'AGRICULTURE

THÉORIQUE ET PRATIQUE.

PER $=$ PYR.

————

TOME DIXIÈME.

MESSIEURS :

THOUIN , Professeur d'Agriculture au Muséum d'Histoire Naturelle.

PARMENTIER , Inspecteur général du Service de Santé.

TESSIER, Inspecteur des Établissemens ruraux appartenant au Gouvernement.

HUZARD , Inspecteur des Écoles Vétérinaires de France.

SILVESTRE , Chef du Bureau d'Agriculture au Ministère de l'Intérieur.

BOSC, Inspecteur des Pépinières Impériales et de celles du Gouvernement.

} Composant la Section d'Agriculture de l'Institut de France.

CHASSIRON , Président de la Société d'Agriculture de Paris.

CHAPTAL , Membre de la section de Chimie de l'Institut.

LACROIX, Membre de la Section de Géométrie de l'Institut.

DE PERTHUIS , Membre de la Société d'Agriculture de Paris.

YVART, Professeur d'Agriculture et d'Économie rurale à l'École Impériale d'Alfort; Membre de la Société d'Agriculture ; etc.

DECANDOLLE , Professeur de Botanique et Membre de la Société d'Agriculture.

DU TOUR , Propriétaire-Cultivateur à Saint-Domingue , et l'un des auteurs du Nouveau Dictionnaire d'Histoire Naturelle.

Les articles signés (R) sont de ROZIER.

DE L'IMPRIMERIE DE MAME FRÈRES.

Cet Ouvrage se trouve aussi ,

A PARIS, chez LE NORMANT, libraire , rue des Prêtres Saint-Germain-l'Auxerrois , n° 17.

A BRESLAU, chez G. THÉOPHILE KORN , imprimeur-libraire.

A BRUXELLES, chez { LECHARLIER , libraire. P. J. DE MAT , libraire.

A LIÈGE, chez DESOER, imprimeur-libraire.

A LYON, chez YVERNAULT et CABIN , libraires.

A MANHEIM , chez FONTAINE, libraire.

NOUVEAU COURS

COMPLET

D'AGRICULTURE

THÉORIQUE ET PRATIQUE,

Contenant la grande et la petite Culture, l'Économie Rurale
et Domestique, la Médecine vétérinaire, etc. ;

OU

DICTIONNAIRE RAISONNÉ

ET UNIVERSEL

D'AGRICULTURE.

Ouvrage rédigé sur le plan de celui de feu l'abbé ROZIER, duquel on a conservé
tous les articles dont la bonté a été prouvée par l'expérience ;

PAR LES MEMBRES DE LA SECTION D'AGRICULTURE
DE L'INSTITUT DE FRANCE, etc.

AVEC DES FIGURES EN TAILLE-DOUCE.

A PARIS,

CHEZ DETERVILLE, LIBRAIRE ET ÉDITEUR,

RUE HAUTEFEUILLE, N° 8.

M. DCCC. IX.

NOUVEAU
COURS COMPLET
D'AGRICULTURE.

PER

PERTES EN AGRICULTURE. Comme il y a des profits en agriculture, il y a aussi des pertes. Les unes tiennent à des circonstances naturelles, les autres à des erreurs de pratique. Les cultivateurs cherchent à diminuer les premières par des moyens d'un grand nombre de sortes, mais rarement ils pensent qu'il soit possible d'éviter les secondes, parcequ'ils manquent de lumières, et qu'ils abondent dans leur sens.

Il seroit possible d'écrire un volume sur le sujet que je traite; mais je ne crois pas même nécessaire de l'entamer, parceque la plupart des articles de ce Dictionnaire lui servent de commentaires.

Toute culture qui, d'après les calculs, ne doit pas donner un bénéfice, est une culture de fantaisie qu'il n'appartient qu'à un homme riche de suivre, ou une culture qui annonce de la folie dans celui qui l'entreprend.

Il est malheureusement beaucoup de charlatans en agriculture qui provoquent des opérations dont ils ne connoissent pas les résultats, et qui par-là ruinent beaucoup de pères de famille peu éclairés: ils sont plus nuisibles à la prospérité de la France que les grêles ou les inondations parcequ'ils s'annoncent comme des savans, et que leur non succès porte ensuite les cultivateurs à se défier de ces derniers, lors même qu'ils donnent les meilleurs conseils.

Que d'hommes je pourrois signaler comme appartenans à cette classe! (B.)

PERVENCHE, *Vinca*. Genre de plantes de la pentandrie monogynie, et de la famille des apocinées, qui renferme six espèces, dont trois sont cultivées dans les jardins, et dont deux se trouvent abondamment dans nos bois.

La GRANDE PERVENCHE, *Vinca major*, Lin., a les racines

fibreuses, traçantes ; les tiges grêles, rampantes, noueuses, vertes ; les florifères relevées d'un à deux pieds ; les feuilles opposées, pétiolées, ovales, entières, luisantes ; les fleurs grandes, d'un beau bleu, axillaires, et portées sur de courts pédoncules. Elle croît dans les bois, mais n'est pas très commune. C'est une très belle plante, et par ses fleurs et par ses feuilles toujours vertes et fort abondantes.

La PETITE PERVENCHE, *Vinca minor*, Lin., diffère peu de la précédente, mais elle a toutes ses parties plus petites ; les feuilles sont à peine pédonculées, moins ovales, et les fleurs longuement pédonculées. Elle se trouve très fréquemment dans les mêmes lieux. Elle est moins belle, mais peut-être plus agréable.

Ces deux plantes se cultivent dans les jardins paysagers, où elles produisent de très bons effets. La première, contre les murs, les rochers, les fabriques, à l'exposition du nord, ou à l'ombre des arbres ; la seconde, sous les massifs dont elle garnit le sol de ses feuilles toujours vertes. Leurs tiges prennent racines à chacun de leurs nœuds, de sorte qu'un seul pied couvre en peu d'années des espaces considérables. On les multiplie exclusivement par ces tiges enracinées, car il est extrêmement rare qu'elles portent des graines ; ce n'est que lorsqu'elles sont mises dans un terrain très maigre et très sec, ou dans un très petit pot, qu'on peut parvenir à leur en faire produire. Le déchirement des vieux pieds doit se faire en automne, et il faut choisir un temps pluvieux pour assurer la réussite de la nouvelle plantation.

On a fait produire plusieurs variétés aux pervenches, soit dans leurs feuilles, qui se sont panachées, soit dans leurs fleurs, qui sont devenues blanches ou doubles. Ces dernières sont moins agréables que les simples.

La médecine regarde les pervenches, sur-tout la petite, comme vulnéraires, astringentes et fébrifuges. Leur saveur est amère.

La PERVENCHE ROSE, ou *pervenche de Madagascar*, a les tiges droites, rameuses, rougeâtres ; les feuilles opposées, pétiolées, ovales oblongues, lisses, avec deux dents à leur base ; les fleurs grandes, sessiles et géminées dans les aisselles des feuilles supérieures. Elle est originaire des Indes. Ses fleurs sont naturellement couleur de chair, avec une tache plus foncée à leur centre, mais elles varient en blanc avec le centre rouge. C'est un charmant arbrisseau de deux ou trois pieds de haut au plus, qui reste vert et en fleur pendant toute l'année. On le cultive en pleine terre dans les parties méridionales de l'Europe ; mais il demande la serre, ou au moins l'orangerie dans le climat de Paris. Il lui faut une terre substantielle et de fréquens arrosemens en été. On le multiplie facilement de marcottes et de boutures, qui se placent sur couche et sous châssis. Les plants fleurissent dans la même année. (B.)

PESOGNE. Maladie des pieds des moutons, qu'on peut regarder comme analogue au panaris de l'homme, mais qui, étant contagieuse, est dans le cas d'occasionner des pertes ruineuses dans les troupeaux.

C'est à M. Charles Pictet qu'on doit la première indication sur cette maladie, que les Anglais appellent *pourriture des pieds*. Depuis, M. Tardy de La Brossy et M. Dandolo ont ajouté à ses observations. C'est le second qui nous a appris qu'elle s'appeloit pesogne dans le Vivarais. *Voyez* Annales d'agriculture, vol. 28.

La maladie peut être divisée en trois degrés.

Dans le premier, les bêtes boitent peu, sont sans fièvre, et conservent l'appétit. L'inspection du pied n'offre qu'un peu de rougeur à la réunion des doigts, et un léger suintement autour du sabot, quelquefois même seulement de la chaleur.

Les brebis qui ont la maladie au second degré boitent tout bas, ont de la fièvre, paroissent tristes, mangent mollement et souvent à genoux. A l'inspection des pieds on observe une ulcération plus ou moins apparente, soit à la fourchette ou réunion des doigts, soit à la sertissure de l'ongle en dedans ou en dehors, ainsi que l'écoulement d'une sanie blanchâtre et fétide.

Lorsque la maladie est arrivée au troisième degré, la fièvre est continue; la tristesse, la maigreur des bêtes augmentent; elles se lèvent avec difficulté; leur laine tombe; des dépôts purulens se forment sous le sabot, rongent la totalité de la chair, le font souvent tomber, carient les os des pieds; la puanteur devient insupportable, et l'animal meurt.

Tous les animaux du troupeau de M. Pictet furent attaqués de cette maladie, et des bêtes qu'on crut guéries, et qui passèrent quelques heures dans un local où on en mit ensuite d'autres, suffirent pour la donner à ces dernières; de sorte que cet agriculteur la regarde comme véritablement contagieuse, et plus dangereuse que le claveau. Elle a duré un an entier dans son troupeau, et lui a occasionné des pertes et des dépenses considérables.

Toutes les fois qu'on reçoit un troupeau étranger, il faut donc, crainte de cette maladie, le tenir à part pendant quelque temps. Si des brebis paroissent boiter, on en examinera la cause, et dans le cas où on reconnoîtroit la pesogne, on les mettra à l'infirmerie; on épongera le suintement sanieux avec l'eau de Goulard, ou on y appliquera de la poudre de vitriol de cuivre. Le pied sera enveloppé. Dès que l'on a pu découvrir par des tâtonnemens le point où est l'abcès, on ouvre le sabot avec un canif, et on panse avec l'eau de Goulard. Il ne faut pas craindre de tailler dans le vif. Tous les jours on fait un pansement. Quand la maladie est prise à temps, il est rare que cinq à six jours ne suffisent pas pour guérir l'animal.

Cette maladie est sujette à de fréquens retours, en conséquence il ne faut cesser le traitement, et sur-tout remettre l'animal dans le troupeau, que long-temps après qu'on croit être assuré de la guérison.

Tremper souvent le pied malade, et dont l'ongle a été taillardé, dans l'eau chaude, est aussi un remède qui accélère la guérison, mais qui n'exempte pas de l'emploi des caustiques, tels que l'acide muriatique, le vinaigre bien chaud, du verdet en poudre. (B.)

PESSE ou EPICEA. *Voyez* SAPIN.

PESTE. Ce mot n'a pas une acception bien précise. Dans l'Orient, on l'applique à une maladie charbonneuse, à laquelle on échappe rarement, et qui enlève les hommes en très peu de jours. En Europe, on l'étend vulgairement à toutes les maladies qui font mourir beaucoup de monde en peu de temps. Ainsi les fièvres bilieuses, inflammatoires et putrides, la fièvre jaune, par exemple, sont souvent regardées comme la peste.

En prenant ce mot dans le sens des Orientaux, les maladies charbonneuses dans les animaux seroient seules pestilentielles, et je n'ai rien à ajouter à ce qui a été dit au mot MALADIES CHARBONNEUSES.

En le prenant dans une acception plus générale, ce mot s'applique à presque toutes les ÉPIZOOTIES (*voyez* ce mot), maladies tantôt véritablement charbonneuses, tantôt simplement inflammatoires, et ensuite putrides, tantôt enfin offrant dès leur invasion des symptômes de putridité. *Voyez* FIÈVRE.

Il résulte de ces considérations que le mot PESTE ne doit pas véritablement faire partie du Dictionnaire vétérinaire. (B.)

PÉTALE. Ce mot est quelquefois synonyme de corolle, comme quand on dit une corolle monopétale ; il indique seulement une partie constituante de la corolle dans les fleurs appelées polypetales.

D'après cette observation, on doit juger que ce que je pourrois dire de général sur les pétales doit se trouver aux articles FLEUR et COROLLE. *Voyez* ces deux mots et le mot PLANTE.

PÉTASITE. Espèce de TUSSILAGE.

PÉTIOLE. Nom botanique du support des feuilles, de ce qu'on appelle vulgairement leur *queue*. Il est propre ou particulier lorsqu'il ne sert qu'à une feuille ; il est commun lorsqu'il sert à plusieurs, comme dans les feuilles ailées. Il manque dans beaucoup de plantes. *Voyez* au mot PLANTE.

PÉTUN. *Voyez* TABAC.

PEUPLIER, *Populus*. Genre de plantes de la diœcie octandrie, et de la famille des amentacées, qui mérite toute l'attention des cultivateurs, les quinze espèces qu'il contient étant ou pouvant être rendues utiles sous plusieurs rapports.

Tous les peupliers ont les feuilles alternes, longuement pétiolées, plus ou moins en cœur, plus ou moins dentées. Leurs pétioles sont souvent aplatis à leur base et pourvus d'une ou deux glandes saillantes. Leurs boutons offrent toujours au moment de leur développement un suc gommo-résineux, balsamique, connu sous le nom de *baume*. Ils fleurissent de très bonne heure et avant la sortie de leurs feuilles. Presque tous se multiplient facilement de boutures ou de rejetons, aiment les terres humides, et croissent avec une grande rapidité. Plusieurs sont des arbres de première grandeur et d'une beauté remarquable. On a prétendu qu'il étoit de leur essence d'avoir les racines traçantes ; mais c'est une erreur fondée sur ce qu'on les obtient rarement de semences, c'est-à-dire avec leur pivot ; il n'en est pas moins vrai que généralement leurs racines courent à la surface de la terre, ce qui les rend susceptibles d'être arrachés par les vents et de causer des dommages aux récoltes des cultivateurs voisins. Leur bois est blanc, léger, tendre, et d'une prompte décomposition à l'air ou dans l'eau. On en fait un grand usage dans la menuiserie légère, pour faire des dedans d'armoires, des coffres d'emballages, etc. Il brûle aisément, mais donne peu de chaleur. Leurs feuilles sont toutes du goût des bestiaux et peuvent leur être données en fourrage, soit vertes, soit sèches. Elles fournissent des nuances plus ou moins jaunes et solides à la teinture. Le duvet qui entoure leurs semences a été indiqué comme propre à entrer dans la composition des tissus, à remplacer le coton pour plusieurs usages ; mais son défaut d'élasticité et la difficulté de le ramasser ne permet pas d'espérer qu'il puisse jamais être employé utilement, en grand, sous aucun rapport. Le baume de leurs bourgeons est regardé comme un spécifique pour la guérison des blessures.

Mais le développement de leurs espèces fera mieux connoître les avantages généraux dont ils sont pourvus que ce que je pourrois continuer d'en dire. Je parlerai d'abord de celles de ces espèces qui sont indigènes à l'Europe, et ensuite de celles d'Amérique qui se cultivent dans nos jardins.

Le PEUPLIER BLANC, ou l'YPREAU, le BLANC DE HOLLANDE, a les feuilles arrondies, cordiformes, lobées, dentées, d'un noir foncé en dessus, et couvertes d'un duvet blanc éclatant en dessous. Ses chatons sont ovales. Il se trouve dans toute l'Europe sur le bord des eaux. Je ne l'ai jamais vu dans les forêts.

Long-temps on l'a confondu avec le suivant , quoiqu'il suffise de les comparer pour reconnoître les nombreux caractères qui les distinguent. C'est un arbre qui le dispute au chêne en hauteur et en grosseur. J'en ai vu qui avoient quatre pieds et plus de diamètre. La majesté de son port , la grosseur et la belle forme de sa cime , le contraste de la couleur des deux surfaces de ses feuilles, la rapidité de sa croissance , la faculté dont il jouit de s'accommoder des terrains les plus arides , comme des plus fangeux , le rendent un des plus précieux du genre et même des arbres propres à l'Europe. Son bois est d'un blanc sale, quelquefois rougeâtre. Il se mâche sous le rabot. Suivant Varennes de Fenilles, qui l'appelle *blanc de Bourgogne* , il pèse vert, par pied cube, 58 livres 3 onces 4 gros , sec 38 livres 7 onces 7 gros ; il se retire de 10 lignes par chaque face (de pied cube) , c'est-à-dire perd un quart et un quatre-vingt-seizième de son volume par la dessiccation , qui est toujours accompagnée ou suivie de fentes larges ou nombreuses. On en fait , après deux ou trois ans de coupe , des boiseries assez jolies, et qui , lorsqu'elles sont peintes, durent long-temps. Les meubles d'acajou, et autres plaqués, le sont presque toujours sur lui. Dans les parties méridionales de la France, où il est un peu plus dur et où les arbres sont rares , on l'emploie en grume pour les poutres et les solives ; en planches pour les parquets , les portes , les meubles communs, etc. Il donne peu de chaleur au feu , tant parceque sa flamme est légère que parceque son charbon se couvre de cendres fort épaisses. On en fait cependant usage fréquemment pour chauffer le four. Les pieds qui avoient été plantés par Louis XIV dans le parc de Versailles , et qui faisoient par leur hauteur et leur grosseur l'admiration des curieux, ont été vendus fort chers en 1803 et 1805, et débités en planches qui toutes ont été transportées au Havre pour les besoins de la marine , probablement pour être employées dans l'intérieur des vaisseaux.

On doit ne point oublier le peuplier blanc dans les plantations des jardins paysagers; car , lorsqu'il est convenablement placé, il y produit toujours, soit isolé , soit en massif, soit en haute tige, soit en buisson, de très agréables effets. Le contraste des deux surfaces de ses feuilles lorsque le vent agite sa cime est sur-tout extrêmement pittoresque. Il est également très propre à être planté en avenue. Aucun autre arbre ne peut mieux remplacer les ormes déjà âgés qui ont péri, parcequ'il croît plus vite qu'eux et qu'il gagne bientôt ses voisins en hauteur. On lui reproche de tracer beaucoup , de fournir chaque année une immensité de rejetons, et de nuire par-là aux productions des champs voisins. Cet inconvénient est vrai, et il est difficile d'en diminuer les effets. On a conseillé de le planter profondément pour cela; mais s'il ne périt pas il pousse de nouvelles racines superficielles, de sorte que cette opération, contre les principes, ne peut jamais être utile.

La vie du peuplier blanc doit être de plus de deux siècles; car les pieds de Versailles déjà cités avoient presque cet âge, et s'ils n'étoient pas sains pour la plupart, c'est que des élagages inconsidérés leur avoient occasionné des chancres internes. En général, on ne doit jamais lui couper de grosses branches sans une nécessité absolue, et la plaie demande à être recouverte d'onguent de Saint-Fiacre, pour que l'eau des pluies ne pénètre pas par elle jusqu'au cœur. Lorsqu'on le plante, il n'est pas bon, par la même raison, quoiqu'on le fasse souvent, de lui couper la tête. Il suffit de rapprocher (couper) ses rameaux en conséquence de la nature du sol, c'est-à-dire plus dans un terrain sec et chaud, moins dans un local humide et froid.

Généralement on ne multiplie le peuplier blanc que par les rejetons qui poussent de ses racines, rejetons qu'on arrache dès la première année de leur pousse, qu'on plante en pépinière et qu'on conduit comme les autres arbres. Un gros pieds arraché en fournit pendant un grand nombre d'années. Il reprend de marcottes dans la même saison, mais ce moyen est peu employé. Ses boutures de petites branches réussissent rarement, et jamais il n'est avantageux de les tenter dans les pépinières. Ce fait tient à ce que l'évaporation de la sève intérieure est plus rapide que la formation des racines. On m'a dit qu'on en faisoit, dans les départemens septentrionaux et en Hollande, de deux sortes avec les grosses branches. Dans la première sorte on emploie la branche dépourvue de rameaux et on la place debout. C'est un véritable plançon semblable à ceux du saule. Dans la seconde on laisse tous les rameaux et on place la branche horizontalement à un demi-pied en terre, de manière qu'il n'y ait que les sommités des rameaux qui se voient. Cette dernière sorte produit immensément de jeunes pieds qu'on relève la seconde année pour les placer en pépinière, et qu'on conduit ensuite comme ceux arrachés sur les racines. Je n'ai ni pratiqué ni vu pratiquer ces deux sortes de multiplications; mais il n'y a pas de motifs de les croire mauvaises, sur-tout si elles ont lieu dans un terrain humide et léger.

Quelque multiplié que soit le peuplier blanc dans quelques cantons, il ne l'est pas assez en France. Je dois donc engager les cultivateurs éclairés des endroits où il est peu abondant de faire connoître ses avantages et de montrer l'exemple d'en planter.

On a indiqué dans les auteurs deux variétés de cette espèce, l'une à grandes et l'autre à petites feuilles. Cette dernière qu'il faut distinguer de l'espèce suivante, qui porte le même nom dans beaucoup d'endroits, est peut-être une espèce distincte. Elle croît moins rapidement, a le bois plus rouge et meilleur pour faire des sabots et autres ouvrages; aussi la préfère-t-on aux environs de Bruges.

Le PEUPLIER GRISARD OU GRISAILLE, *Populus canescens*, Wild, a les feuilles arrondies, anguleuses, dentées, d'un vert noir en dessus, d'un blanc grisâtre en dessous; ses chatons sont cylindriques et lâches. Il se trouve dans les bois de presque toute l'Europe. Jusqu'à ces derniers temps il a été confondu par les botanistes avec le précédent, malgré l'autorité de Miller, quoiqu'il en fût fort bien distingué par les bûcherons et les menuisiers, et quoiqu'il ait constamment ses feuilles plus petites, moins anguleuses, moins velues et moins blanches en dessous, que son écorce soit plus verte et sa hauteur moins grande. Comme ses noms sont souvent les mêmes que ceux du précédent, je ne suis pas certain si ceux de *franc picard* et *abèle* lui appartiennent. Il paroît généralement moins employé en France pour les ouvrages de menuiserie, de tour et autres, mais il n'en est pas de même en Angleterre, où, selon Miller, il est très recherché. C'est principalement lui qui, sous le nom de *bois blanc*, sert à chauffer le four des boulangers de Paris. Dans beaucoup d'endroits il fait le fond des forêts, c'est-à-dire qu'il y domine. Un terrain léger et humide est celui qui lui convient le mieux, mais je l'ai vu prospérer dans des sables arides. C'est l'argile compacte qu'il craint le plus. Une fois introduit dans une localité, il s'y étend avec une incroyable rapidité par le moyen de rejetons qui poussent de toutes ses racines, surtout lorsqu'on coupe sa tige et il en fait souvent disparoître les espèces qui croissent moins rapidement que lui par l'ombre dont il les entoure. Rarement on le réserve en baliveau dans les forêts; mais assez souvent on le plante en avenue, ou sur le bord des fossés, comme le précédent. Ses effets, dans un jardin paysager, sont moins pittoresques; cependant il y tient, malgré cela, fort bien sa place. Les qualités de son bois ne me sont pas assez connues pour que je puisse les énumérer ici; mais j'invite les amateurs à les comparer à celles du premier, et à publier le résultat de leurs observations. La même cause m'empêche de dire si, sous les rapports d'utilité, il doit être cultivé de préférence. On le multiplie positivement de même.

Le PEUPLIER TREMBLE, *Populus tremula*, Lin., a les feuilles presque rondes, dentées, glabres des deux côtés, le pétiole comprimé et les bourgeons hérissés. Il est naturel aux montagnes et aux parties froides de l'Europe. Son écorce est épaisse, unie et d'un vert grisâtre. Son tronc s'élève à trente ou quarante pieds et plus. Son bois ressemble extrêmement à celui du peuplier blanc, et est comme lui employé à faire de la volige et quelques petits ouvrages de tour. Généralement on le recherche médiocrement, même pour brûler, car il donne peu de chaleur et se consume rapidement. Son principal usage est pour chauffer le four. Il fait beaucoup de retraite et se fend avec excès par suite de sa dessiccation. Son poids, par pied cube, est, au rapport de Varennes de Fenilles, vert, de cinquante-deux livres treize onces, et sec, de trente-sept livres dix onces deux gros.

Le peu d'utilité du tremble fait qu'on ne le multiplie que dans quelques jardins paysagers, ou réuni en bouquet à quelque distance des massifs, ou sur le bord des massifs; il produit de très agréables effets, soit par la belle forme de sa tête, la belle couleur glauque de ses feuilles, soit par l'agitation perpétuelle de ces dernières, qui *tremblent* même lorsqu'il n'y a pas de vent, à raison de l'aplatissement singulier de leur pétiole. Combien de fois dans ma jeunesse ai-je passé des heures délicieuses sous des trembles dont le doux frémissement favorisoit mes rêveries ou appeloit mes méditations! Rarement on le laisse venir à toute sa hauteur dans les forêts, où il croît souvent avec trop d'abondance, car cette abondance en diminue toujours la valeur, soit relativement à leur fond, soit relativement à leur exploitation. Son extirpation est difficile; car, comme le peuplier blanc, lorsqu'on en coupe ou lorsqu'on en arrache un pied, il en repousse des centaines. On le multiplie comme ce dernier. Le meilleur parti qu'on puisse peut-être tirer de cet arbre, c'est d'en couper les rameaux tous les deux ans, pendant l'été, pour en employer les feuilles et les bourgeons à la nourriture des vaches, des moutons et des chèvres qui les aiment avec passion lorsqu'elles sont vertes, et qui s'en accommodent fort bien quand elles sont sèches.

Le PEUPLIER FAUX TREMBLE, *Populus tremuloides*, Mich., a les feuilles ovales, aiguës, presque en cœur, inégalement dentées, glabres, ainsi que les bourgeons. Il est originaire de l'Amérique septentrionale et se cultive au jardin du Muséum. Sa hauteur paroît inférieure à celle du tremble, avec lequel il a au reste beaucoup de rapports.

Le PEUPLIER TRÉPIDE a les feuilles petites, rondes, largement dentées, très velues dans leur jeunesse et presque glabres dans leur vieillesse. Il est originaire d'Amérique et se cultive au jardin du Muséum. C'est un arbuste qu'on croiroit variété naine du tremble, si son origine n'étoit pas un motif pour l'en croire distinct.

Le PEUPLIER D'ATHÈNES, *Populus Græca*, Wild., a les feuilles en cœur, dentées, glabres, avec les bords légèrement ciliés;

le pétiole comprimé, les rameaux cylindriques, glabres et noirâtres. Il est originaire de la Grèce et des îles de l'Archipel. On le cultive beaucoup dans les pépinières des environs de Paris, où on le multiplie, soit de marcottes, soit plus communément par la greffe sur le peuplier d'Italie, ou mieux sur le peuplier grisard. C'est un fort bel arbre, qu'on doit rechercher dans les jardins paysagers. Lorsqu'il est jeune ses feuilles ont souvent six pouces de diamètre. A tout âge elles contrastent fort bien avec celles de la plupart des autres arbres par le vert noir qui leur est propre. On en voit des pieds fort élevés au Petit-Trianon. Sa croissance est très rapide. J'ai souvent vu des greffes acquérir huit à dix pieds de haut dans la première année.

Le PEUPLIER NOIR a les feuilles triangulaires, aiguës, glabres, plus longues que larges, les chatons très courts. Il croît dans toute la partie moyenne de l'Europe, et se cultive à raison de son bois qui est jaunâtre, plus dur, plus nerveux, et moins facile à fendre que celui des autres peupliers. Frais, il pèse soixant-huit livres treize onces, et sec, vingt-neuf livres le pied cube, d'après l'observation de Varennes de Fenilles. Il perd par la dessiccation plus du sixième de son volume et se fend beaucoup par suite de cette opération. On en fait des sabots, de la volige, des pièces de charpente pour les chaumières, etc. Il est un peu meilleur pour le feu que celui du peuplier blanc. Ses jeunes branches sont flexibles et peuvent suppléer l'osier. C'est de trente à quarante ans qu'il acquiert toute sa valeur, par conséquent c'est pendant cette époque qu'il faut le couper. Tantôt on le laisse croître à toute sa hauteur, qui est considérable, c'est-à-dire de plus de cinquante pieds, tantôt on le tient en têtards, dont on coupe les pousses tous les trois, quatre ou cinq ans, soit pour faire du feu de leurs branches, soit pour nourrir les bestiaux de leurs feuilles. Il n'est pas rare dans ce dernier cas, et même dans le premier, d'en voir des pieds qui donnent des branches dans toute leur hauteur et dont le produit est par conséquent très considérable ; mais ces pieds croissent plus lentement que les autres et finissent tous par se pourrir à l'intérieur et par devenir creux. Quelques auteurs ont regardé ce peuplier ainsi traité et tenu bas comme une espèce distincte, c'est le *populus viminea* de Duhamel. Les rameaux de toutes ses variétés, sans doute nombreuses, peuvent suppléer l'osier, sur-tout quand elles ont crû dans un lieu humide, car, quoique presque tous les terrains lui conviennent, il réussit mieux, pousse de plus vigoureux jets là qu'ailleurs. C'est dans les haies qui bordent les prairies, le long des ruisseaux, sur la berge des fossés d'écoulement qu'il se place le plus ordinairement. On en fait aussi des plantations en quinconce dans les terrains sujets à inondation. Ses racines sont traçantes, mais ne poussent pas des rejets comme celles des peupliers blanc et grisard. La manière la plus habituelle de le multiplier est avec des boutures de branches de l'année, et, dit-on, avec des plançons de branches de trois à quatre ans.

C'est la bourre de ses semences qu'on a si souvent proposé, dans les journaux, de substituer au coton; mais ceux qui l'ont cru propre à la fabrication des étoffes, ou simplement à ouater, n'ont pas considéré son peu de longueur, son peu d'élasticité, et sur-tout la grande dépense de sa récolte; aussi leurs projets n'ont-ils pas eu de suite.

. Le PEUPLIER DE LA BAIE D'HUDSON, *Populus Hudsonica*, Bosc, a les feuilles deltoïdes, un peu plus longues que larges, inégalement dentées, accuminées; les pétioles aplatis, rougeâtres et velus; les jeunes rameaux cylindriques et très velus. Il est originaire de la baie d'Hudson, et se cultive dans les pépinières. Ses feuilles le rapprochent du précédent et du suivant, et un peu du peuplier du Canada. Ses rameaux sont très divariqués. Ses poils le distinguent fort bien de ces trois espèces. On le multiplie comme eux. Sa hauteur ne paroît pas inférieure à la leur.

Le PEUPLIER D'ITALIE, PEUPLIER DE LOMBARDIE, PEUPLIER PYRAMIDAL, PEUPLIER CYPRÈS, PEUPLIER FASTIGIÉ, *Populus dilatata*, Wild, a les feuilles triangulaires, aiguës, glabres, dentées, aussi longues que larges. On le croit originaire de la Géorgie et de la Crimée, d'où il a été transporté en Italie, et de là en France. J'ai vu entre Milan et Pavie la première avenue, ou mieux, la place de la première avenue qui en ait été formée. C'est un superbe arbre de décors, à raison de la disposition de ses rameaux, qui se rapprochent du tronc comme ceux du cyprès, et qui lui donnent une forme pyramidale, toujours régulière; aussi lorsque il y a environ soixante ans, M. de Reigemortes l'apporta de Lombardie, et le fit planter sur les bords du canal de Montargis, fut-il admiré de tous les amis de la culture, loué à outrance, sous tous les rapports, multiplié avec excès, et très rapidement répandu dans presque toutes les parties de la France. Aujourd'hui on est un peu revenu de l'enthousiasme qu'il avoit inspiré; mais il n'en reste pas moins au nombre des arbres qui méritent le plus d'être employés à l'ornement des campagnes, et servir à augmenter la valeur des fonds par de grandes plantations. Varennes de Fenilles a donné un très important mémoire sur les qualités de son bois. Ce bois est blanchâtre, susceptible d'un beau poli, très propre à la sculpture, à la saboterie, au tour, etc. On en fait des planches qui se travaillent fort bien sous la varlope, et qui servent à fabriquer des lambris, des meubles communs, des dedans d'armoires, à recevoir des placages de bois de marqueterie, etc. Il est employé à des charpentes légères avec beaucoup de succès. Sa durée est considérable, lorsqu'il est conservé à l'abri des injures de l'air ou peint à l'huile. La chaleur qu'il fournit est peu considérable ; mais comme il donne beaucoup de flamme, son emploi pour chauffer le four, cuire le plâtre, la chaux, etc., est avantageux. Sa pesanteur par pied cube est, lorsqu'il est vert, de soixante-trois livres huit onces quatre gros, et lorsqu'il est sec, de vingt-cinq livres deux onces sept gros. Sa perte par la dessiccation est d'environ un vingt-quatrième de son volume. Rarement il se fend ou se tourmente dans cette opération. Celui qui provient d'un arbre écorcé sur pied une année avant sa coupe a plus de force et de dureté que tout autre. C'est le plus léger des bois, dont les planches s'emploient à Paris pour faire des caisses d'emballage ; ce qui doit le faire préférer pour cet usage exclusivement à tout autre. Le plus souvent il casse net.

Ce résumé fait voir quel parti on peut tirer du bois du peuplier d'Italie. Le seul véritable reproche qu'on puisse faire à cet arbre, c'est qu'il donne peu de branches, et de très petites branches à l'élagage ; mais quand les cultivateurs renonceront-ils donc à cette désastreuse manière de tirer parti de leurs plantations ? *Voyez* au mot ÉLAGAGE. C'est, d'après l'observation, dans l'intervalle de la trentième à la quarantième année qu'il est le plus avantageux de couper les peupliers d'Italie, lorsqu'ils se trouvent dans un sol convenable. Plus tôt ils n'ont pas encore acquis toute leur grosseur et perfection ; plus tard ils cessent de croître avec la même activité, et commencent à s'altérer dans le centre. Le commencement de l'hiver est l'instant le plus propice pour les abattre. Comme ils sont très abondans en sève, il est bon d'attendre une année entière avant de débiter leurs troncs en planches, sur-tout si on les laisse sur la terre, dont l'humidité entretient leur végétation.

Un terrain en même temps léger, gras et humide est celui qui convient le mieux au peuplier d'Italie. En conséquence, les plus belles avenues qu'il forme sont dans les prés, le long des ruisseaux, sur la berge des canaux, des fossés d'écoulement, etc. C'est là qu'il est seulement bon d'en planter, lorsqu'on le fait pour le bénéfice. Il ne fait pas de progrès dans les sols argileux, et périt jeune dans ceux qui sont sablonneux, quand le défaut d'eau s'y fait sentir. Malgré cette observation, il est possible, lorsqu'on n'a que l'agrément en vue, d'en faire venir dans toutes sortes de localités. La consommation qui s'en fait aux environs de Paris, pour la décoration des jardins paysagers, le prouve. Cette consommation est des plus considérables et doit l'être; car aucun autre arbre ne donne des jouissances plus promptes, et ne produit des effets plus nombreux et plus pittoresques, soit qu'on le place en avenue, en bouquets, isolément, ou dans les massifs. Comme il se plante avec succès dans un âge déjà avancé, c'est-à-dire à cinq, six, même dix ans, et qu'alors il a quinze, vingt, trente pieds et plus de hauteur, il est très utile pour cacher les objets dont la vue est désagréable, pour ménager des aspects, pour dessiner des masses, etc. Il l'est de plus pour permettre d'attendre patiemment la croissance des autres arbres d'une végétation plus lente, auxquels il est ensuite sacrifié. Enfin, les compositeurs de ces sortes de jardins seroient, aujourd'hui qu'ils y sont accoutumés, fort embarrassés de le suppléer s'il venoit à leur manquer. En général, on pourroit se plaindre qu'on le prodigue, sur-tout qu'on le plante serré, ce qui diminue ses effets, et en fait périr d'immenses quantités. Je pourrois beaucoup m'étendre sur ce sujet, mais il faut forcément me restreindre et renvoyer aux articles Jardin, Plantation, etc., ceux qui voudroient de plus grands détails.

La multiplication des peupliers d'Italie se fait exclusivement par boutures, car nous ne possédons que des pieds mâles, et il pousse fort peu de drageons. Ces boutures sont de deux sortes, c'est-à-dire ou des plançons de six pieds, ou des pousses de l'année. Dans l'un et l'autre cas, on ne leur doit pas couper la tête. La seconde manière est préférable sous tous les rapports, et est la seule suivie dans les pépinières. C'est pendant l'hiver, dans un terrain léger, frais, et bien ameubli par les labours, qu'au moyen d'un plantoir, ou mieux, d'une pioche, on place les jeunes branches à la distance de quinze à dix-huit pouces, et à une profondeur d'environ un pied, et ce un peu obliquement à la surface. Peu de ces boutures manquent lorsque le printemps n'est pas trop sec. Avoir des branches dès le collet de la racine étant souvent un avantage dans cet arbre, la serpette ne doit les toucher que pour les débarrasser de celles qui se rapprocheroient, par la vigueur de leur végétation, de la tige même. Sous ce rapport, sa conduite s'écarte de celle adoptée généralement pour tous les arbres cultivés en pépinière. Il y a le plus souvent assez de pieds qui perdent leurs branches inférieures par défaut d'air, pour satisfaire aux demandes de ceux qui ne veulent point de ces branches; et il est toujours possible de les couper sans inconvéniens au moment même de la plantation. Le plant peut être mis en place ordinairement dès la troisième année; et, comme je l'ai observé, attendre jusqu'à la dixième, et même plus s'il ne se présente pas d'acquéreur. Les pépinières de cette espèce d'arbre sont toujours fructueuses aux environs de Paris, quel que soit le bas prix de leurs produits.

Le PEUPLIER DE CANADA, *Populus monilifera*, Aiton, a les feuilles deltoïdes, presque en cœur, aussi longues que larges, glabres, inégalement dentées, pourvues de glandes recourbées, et de quelques poils à la plupart de leurs dents ; les pétioles comprimés, les rameaux presque cylindriques et d'un vert jaunâtre. Il est originaire de l'Amérique septentrionale, et se cultive (la femelle seulement) depuis long-temps dans les jardins et pépinières. C'est lui qui compose ces belles allées qu'on admire au bas des jardins de Versailles. Sa végétation est plus rapide, son élévation au moins égale, et son bois de meilleure qualité, d'après quelques essais que j'ai fait faire, que celui de ses congénères. Tout terrain, pourvu qu'il ne soit pas trop sec ou trop argileux, lui convient. Le seul reproche qu'on peut lui faire, c'est que sa grosseur n'est pas toujours proportionnée à sa hauteur, ce qui donne prise aux grands vents pour le renverser. Certainement il doit être préféré à tous les autres peupliers pour faire des plantations, lorsqu'on n'a en vue que le produit. Aussi je le multiplie autant que je le puis dans les pépinières impériales, et fais-je des vœux pour qu'il se répande par toute la France. Son aspect n'est pas aussi pittoresque que celui du peuplier blanc et du peuplier d'Italie, mais il ne produit pas moins de bons effets dans les jardins paysagers, où on commence à le placer avec profusion. C'est du peuplier noir dont il se rapproche le plus. Il s'en distingue par ses feuilles plus larges et moins longues, par ses rameaux plus anguleux et moins verts, et par son port plus élancé. Sa multiplication a lieu par bouture d'un pied et demi de long, faites avec les pousses de l'année. Il est remarquable que ces boutures donnent toujours des pieds courbés à leur base ; mais cette courbure disparoît par la suite.

Le PEUPLIER DE VIRGINIE, *Populus Virginiana*, Catal. du Muséum, a les feuilles en cœur, un peu plus longues que larges, glabres, inégalement dentées, ou mieux sinuées, et pourvues de glandes droites et de quelques poils ; les pétioles comprimés ; les rameaux anguleux et d'un vert grisâtre. Il est originaire des parties intermédiaires de l'Amérique septentrionale, et se cultive (le mâle seulement) dans nos jardins sous la ridicule dénomination de *peuplier suisse*. Il se rapproche beaucoup du précédent, et change souvent de nom avec lui. Ses principaux caractères distinctifs sont des feuilles plus grandes, (quelquefois de six pouces de diamètre), plus en cœur ; des rameaux plus anguleux, plus gros, plus écartés du tronc. Sa végétation est moins active ; mais il paroît s'élever à une hauteur peu inférieure. La grosseur de son tronc est plus

proportionnée à cette hauteur. En général, il forme plus décoration, et mérite sous ce rapport à être plus multiplié dans
les jardins paysagers. On en voit une superbe allée au jardin
du Muséum d'histoire naturelle. Sa reproduction s'opère positivement comme celle du précédent. Ses jeunes pieds sont
également courbés à leur base, mais moins.

Le PEUPLIER DU MARYLAND, *Populus Marylandica*, Bosc, a
les feuilles ovales, légèrement en cœur, peu inégalement dentées, pourvues d'une glande recourbée et de quelques poils à
chaque dent. Ses rameaux sont à peine anguleux. Il est originaire des mêmes contrées que le précédent et s'élève autant
qu'eux. On en voyoit un beau pied au jardin du Muséum, qui
a péri. Peut-être cette espèce est-elle le véritable peuplier de
Virginie; mais l'usage a prévalu d'appliquer ce nom au précédent. Elle est rare dans les pépinières.

Le PEUPLIER DE CAROLINE, *Populus angulata*, Wild, a les
feuilles en cœur, deltoïdes, aiguës, obtusément dentées, avec
une grosse glande recourbée à chaque dent; ses jeunes rameaux
très gros et si anguleux qu'ils paroissent ailés. Leur couleur
est un vert clair strié quelquefois de rouge. Son pays natal est
la Caroline, où je l'ai vu former sur le bord des rivières des
arbres de plus de cent pieds de haut. On le cultive dans les
pépinières, où il se fait remarquer par la grandeur, la belle
couleur et l'abondance de ses feuilles. Il n'est pas rare de
voir de ces feuilles de plus de six pouces de large. On le multiplie presque exclusivement par la greffe sur le peuplier d'Italie, greffe qui manque cependant souvent lorsqu'on la fait en
automne, par la difficulté de saisir le point de concordance des
sèves; celui-ci en ayant une bien plus tardive et bien plus
abondante que l'autre. Rarement il réussit de boutures et de
marcottes. Son bois est très cassant, et ses feuilles donnent
beaucoup de prise au vent, de sorte qu'il faut toujours donner
de forts tuteurs à ses jeunes pieds, si on ne veut pas courir la
chance de les perdre lorsqu'ils ne sont pas défendus par des
abris. C'est une des espèces les plus propres à la décoration
des jardins paysagers, mais il ne faut pas trop l'y multiplier.
Sa place est en avant des massifs, dans les lieux frais ou
voisins des eaux.

Le PEUPLIER GRANDE DENT, *Populus grandidentata*, Mich.,
a les feuilles ovales, aiguës, inégalement sinuées ou largement
dentées, glabres dans leur vieillesse, tomenteuses en dessus et
en dessous dans leur jeunesse. Ses pétioles sont comprimés, et
ses jeunes pousses presque rondes. L'Amérique septentrionale
est le pays où il se trouve. On le cultive dans les pépinières où
il se multiplie par marcotte et par greffe sur le peuplier d'Italie,
ou mieux, sur le peuplier grisard, espèce avec laquelle il a

le plus d'affinités. C'est un fort bel arbre ; mais il paroît ne pas s'élever beaucoup. Au reste il est encore rare, et je n'en connois pas de vieux pieds.

Le PEUPLIER ARGENTÉ, *Populus heterophylla*, Lin., a les feuilles en cœur, ovales, obtuses, dentées et pourvues à chaque dent d'une glande recourbée. Elles sont velues en dessous dans leur jeunesse. Ses rameaux sont cylindriques. Il est originaire de la Caroline, où j'en ai vu de très beaux pieds. Il se cultive dans les jardins de Paris, où on le multiplie par marcotte et par greffe sur le peuplier d'Italie, et encore mieux sur le peuplier grisard dont il se rapproche davantage. C'est un très bel arbre qui mérite l'attention des amateurs des jardins paysagers, où il se place avec succès sur le bord des massifs, dans les lieux ombragés et humides, autour des eaux. C'est sur-tout lorsque ses feuilles se développent qu'elles produisent le plus d'effet. Vieilles, elles offrent souvent un diamètre de plus de six pouces.

Le PEUPLIER A FEUILLES VERNISSÉES, *Populus candicans*, Aiton., a les feuilles ovales, aiguës, quelquefois en cœur obtus, inégalement dentées, blanches, réticulées et comme vernissées en dessous. Ses rameaux sont cylindriques et ses boutons résineux. L'Amérique septentrionale est sa patrie. Il se cultive depuis long-temps en Europe sous le nom de *peuplier liard*, nom dont l'étymologie ne m'est pas connue. C'est un très bel arbre, qui s'élève à une grande hauteur et qui se multiplie facilement de boutures. Les effets qu'il produit dans les jardins paysagers ne cèdent qu'à ceux du peuplier blanc et du peuplier d'Italie. Un terrain sec lui convient presque autant qu'un terrain humide. Son bois paroît de bonne nature. Ses feuilles sont encore plus sujettes à varier que celles du précédent. J'en ai une qui a près d'un pied de long. L'odeur que répandent ses boutons pendant la chaleur est agréable ou désagréable selon le goût des promeneurs; mais elle passe pour très saine, surtout à l'égard des phthisiques. J'en recommande la plantation qui jusqu'à présent ne s'est pas aussi étendue qu'elle le mérite.

Le PEUPLIER BAUMIER, *Populus balsamifera*, Lin., a les feuilles semblables à celles du précédent, mais moins variables. Ses boutons sont plus gros et plus résineux. C'est le vrai peuplier *tamahaca* du Canada, pays d'où il est originaire et où sa résine est, sous le nom de *baume focot*, en grande recommandation pour la guérison des blessures, de la goutte, des rhumatismes, des maladies de matrice, etc. C'est un arbuste de quelques pieds seulement de hauteur, qui se multiplie très difficilement dans nos pépinières, et qui par conséquent y est toujours rare. Ses pousses de chaque année atteignent rarement un demi-pied, même dans sa jeunesse. Les botanistes ont pu le confondre avec le précédent, mais non les cultivateurs ; car sa manière d'être est totalement différente.

Je ne suis pas entré dans des discussions de synonymie à l'égard des espèces de ce genre, parceque cela m'eût conduit trop loin, ces espèces ayant fréquemment été confondues les unes avec les autres. J'ai adopté la nomenclature la plus généralement suivie parmi les botanistes et les cultivateurs, et j'ai cherché à n'employer que des caractères bien tranchés. Il y a tout lieu de croire que ce genre est plus nombreux que je ne le fais ici et qu'il a besoin d'être encore étudié dans les forêts de l'Amérique. (B.)

PHALARIDE, *Phalaris*. Genre de plantes de la triandrie digynie et de la famille des graminées, qui renferme une douzaine d'espèces, dont une est l'objet d'une culture de quelque importance.

Cette espèce est la PHALARIDE DES CANARIES ou *l'alpiste*, ou *graine de Canarie*, qui est annuelle, s'élève à un peu plus d'un pied, a les fleurs disposées en épi ovale et la corolle à quatre valves. Elle est originaire des Canaries, où sa graine servoit, avant leur destruction, de nourriture aux habitans de ces îles. On la cultive actuellement dans quelques cantons de l'Espagne et des parties méridionales de la France, pour en donner la graine aux oiseaux, et sur-tout aux serins, et pour en faire de la bouillie qu'on dit très bonne.

On sème l'alpiste lorsqu'on n'a plus à craindre les gelées sur un seul labour et fort clair. Une terre légère et cependant substantielle est celle qui lui convient le mieux. Elle parcourt si rapidement les phases de sa végétation dans les pays chauds, que moins de trois mois suffisent pour amener ses graines à maturité. Toutes les opérations agricoles qu'elle demande ne diffèrent pas de celles qui sont propres à l'orge et à l'avoine.

Cretté de Palluel a cultivé cette plante aux environs de Paris pour fourrage ; mais, quelque bonne qu'elle soit pour cet objet, il y a renoncé, parceque les produits n'étoient pas assez considérables, et manquoient quelquefois par suite des gelées tardives. Je tiens ce fait de lui-même et devant un champ qui annonçoit une bonne récolte.

La graine de l'alpiste étant la plus petite et la moins abondante de celles que fournissent les graminées cultivées, on ne peut pas espérer qu'elle devienne jamais l'objet d'une culture de grande importance.

L'agrostide roseau, dont la variété panachée est connue vulgairement sous le nom de *ruban*, faisoit autrefois partie de ce genre. (B.)

PHALÈNE. *Phalœna.* Dans l'enfance de l'entomologie on appeloit papillons tous les insectes de l'ordre des lépidoptères, et on distinguoit par l'épithète de *nocturnes* ceux qui ne volent que le soir et pendant la nuit. Lorsque cette science eut fait quelques progrès, on reconnut que ces papillons de nuit avoient des caractères suffisans pour en former un genre particulier ; et on les appela des *phalènes.* Enfin, dans ces derniers temps on a divisé les phalènes en quatre genres nouveaux ; savoir, *bombices, cossus, noctuelles, pyrales et phalènes* proprement dites. Ce sont de ces dernières seulement dont il va être question, ayant traité des autres aux articles ci-dessus.

Les phalènes, que quelques auteurs ont appelées *géomètres,* à cause de la manière de marcher de leurs chenilles, forment un genre extrêmement nombreux. Fabricius en compte plus de quatre cents dans son entomologie systématique, et j'ai lieu de croire que ce nombre peut être doublé en ce moment même, en recherchant celles qui se trouvent dans les collections de Paris. La mienne seule en contient près de cent qui ne sont pas décrites par ce célèbre naturaliste. Madame Tigny, dont je regrette la perte récente, avoit entrepris un grand ouvrage pour les présenter toutes sur un même tableau, et il est à désirer que les circonstances permettent à son neveu de le mettre au jour. Toutes les espèces qu'elle a pu se procurer sont peintes avec une exactitude scrupuleuse, et décrites avec les plus grands détails.

On distingue facilement les phalènes à la largeur de leurs ailes, et à leur vol léger et sautillant, semblable à celui des papillons, vol qui ne produit pas de bruit, comme celui des bombices et des noctuelles. A un petit nombre d'espèces près, elles se tiennent constamment appliquées, pendant le jour, contre les arbres ou sous leurs feuilles, et ne sortent que le soir de cet état d'immobilité, soit pour aller chercher leur nourriture sur les fleurs, soit, ce qui est plus commun, pour aller chercher l'autre sexe et procéder à la multiplication de leur espèce. On distingue facilement le mâle de la femelle à ses antennes souvent pectinées, à son corps plus grêle et plus obtus, et à ses couleurs plus vives.

On trouve des phalènes pendant presque toute l'année ; mais rarement on rencontre abondamment la même espèce. Elles déposent leurs œufs sur les branches ou les feuilles des arbres, et les y assujettissent presque toutes, au moyen d'une liqueur visqueuse.

Les chenilles des phalènes diffèrent de celles des autres lépidoptères, par leur forme bien plus allongée, relativement à leur grosseur, et par le nombre de leurs pattes intermédiaires presque toujours au-dessous de trois paires, et souvent d'une seule. C'est cette organisation qui détermine leur manière de marcher, manière qui les a fait appeler des *arpenteuses* ou des *géomètres*, parceque rapprochant toujours, dans ce cas, la partie postérieure de leur corps de l'antérieure, en élevant en arc la partie intermédiaire, elles semblent réellement mesurer le terrain. Presque toutes sont rases, plusieurs sont tuberculeuses. Leurs couleurs varient le plus souvent dans les nuances du vert ou du brun. Ces couleurs et leur habitude de se tenir immobiles sur les branches et les feuilles font que le plus souvent on les a sous les yeux sans les voir. Lorsqu'on les touche elles se laissent tomber en filant de la soie, et lorsque le danger est passé, elles remontent au moyen de leur fil avec une rapidité remarquable. Il n'est personne qui n'ait vu de ces chenilles ainsi suspendues en l'air; car elles sont très communes dans les jardins. Aucune ne fait de coque de soie proprement dite. Les unes entrent en terre pour se métamorphoser, les autres lient ensemble quelques feuilles et subissent leur transformation sous cet abri. On remarque une grande variété dans l'époque de cette transformation; elle a lieu, ou pendant l'été, ou en automne, ou au printemps suivant.

En général, les chenilles des phalènes font beaucoup de tort aux arbres et aux plantes; mais cependant on s'en plaint moins que de celles des bombices et des noctuelles, parceque la plupart n'attaquent que les arbres forestiers. Le chêne, le bouleau, l'aubépine en sont principalement infestés. Six à huit vivent sur les arbres fruitiers; mais une seule m'a paru assez dangereuse pour être mentionnée ici. C'est,

La PHALÈNE HYEMALE, *Phalæna brumata*. Fab., qui a les ailes jaunâtres, avec une raie noire, et l'extrémité plus pâle. Ses antennes sont simples, et son envergure d'environ dix lignes. La femelle n'a que des moignons d'ailes et ne peut voler. Elle naît pendant l'hiver, souvent lorsque la terre est couverte de neige. Sa chenille est verte, rayée longitudinalement de blanc, et n'a que deux pattes membraneuses. Elle vit sur l'orme, le chêne, et sur-tout sur les arbres fruitiers, auxquels elle cause de grands dommages en mangeant leurs feuilles au moment où elles sortent du bouton. J'ai vu des pommiers en être si chargés, qu'un coup de bâton sur une grosse branche les faisoit tomber par milliers, ce qui causoit un spectacle singulier, restant pour la plupart suspendues à différentes hauteurs, à la faveur de leurs fils. C'est par ce moyen et en cassant leurs fils qu'on parvient à les détruire; mais il faut le renouveler souvent, et entourer les arbres d'une ceinture de goudron pour les empêcher de remonter. Je les ai vues une fois toutes tomber par l'effet d'un coup de fusil que j'avois tiré en appuyant le canon sur une des fourches de l'arbre.

Je crois encore devoir citer la PHALÈNE DE LA FARINE qui a les ailes jaunâtres, luisantes, avec la base et l'extrémité brunes, et deux lignes de courbes blanches. Son envergure est de huit lignes. On la trouve dans les maisons. On dit que sa chenille vit aux dépens de la farine et du pain; mais je ne l'ai jamais vue, quoique l'insecte parfait soit assez commun à la fin du printemps. Elle relève son abdomen dans l'état de repos.

La PHALÈNE DE LA GRAISSE qui a les ailes cendrées, avec le bord extérieur presque noir. Son envergure est de six lignes. Sa chenille est noire, luisante. Elle vit dans les maisons aux dépens de la graisse, du lard, du beurre, de la viande; mais, comme elle n'est pas ordinairement commune, on se plaint peu des dommages qu'elle cause. On assure que lorsqu'on l'avale, elle vit dans l'estomac et occasionne des douleurs cruelles. Ce fait, quoique attesté par Linnæus, a besoin d'être vérifié. On trouve aussi cette chenille sous les charognes dans la campagne.

La PHALÈNE DE LA CANNE A SUCRE a les ailes cendrées, striées, avec le bord postérieur ponctué de noir. Sa larve n'a que six pattes. Elle vit dans la canne à sucre, qu'elle perfore d'un si grand nombre de trous qu'elle la fait mourir. C'est une peste pour nos colonies, à ce que Rohr assure. (B.)

PHALÈRE. Maladie des moutons qui ne paroît connue que dans le département des Pyrénées-Orientales, et qui en fait périr souvent de grandes quantités.

Rien, une ou deux heures avant sa mort, n'annonce l'invasion de cette maladie, dit Tessier dans un mémoire inséré tome 19 de ses Annales d'agriculture. Les premiers symptômes sont un état de stupeur, une foiblesse du cou et des jambes. L'animal chancelle, tombe, se relève pour tomber encore. Les sens de la vue et de l'ouïe paroissent éteints. Le pouls est serré, irrégulier, accéléré; de violentes convulsions surviennent, le ventre se tuméfie. Il sort par la bouche une écume sanguinolente, et par l'anus des excrémens presque liquides. L'air expiré devient très chaud. La mort arrive enfin après une douloureuse agonie, et la tuméfaction du ventre augmente.

Tessier a ouvert plusieurs moutons morts sous ses yeux, et a trouvé tous leurs estomacs et leurs intestins gonflés par un gaz hydrogène carboné. Il en conclut que cette maladie est la même que celle qu'on appelle dans la vache et le bœuf, qui y sont malheureusement très sujets quand ils mangent beaucoup de luzerne chargée de rosée, *enflure, mal de panse, météorisation*, et qu'elle est due à la même cause. En conséquence, pour en garantir le troupeau de mérinos que le gouvernement possède au Mas Anglada, a-t-il eu soin de recommander de ne point mener les moutons aux champs pendant la rosée, et de ne pas les laisser paître long-temps sur les lu-

gernes, les lupins, les trèfles, etc. ; et cette recommandation
a eu l'effet qu'il en attendoit.

Quant aux moyens curatifs il y en a deux, dont un seul a été
employé ; c'est la ponction. Elle n'a pas réussi. Le second, ce
sont des breuvages dans lesquels entre de l'ammoniac (alkali
volatil). *Voyez* pour le surplus le mot MÉTÉORISATION. (B.)

PHELLANDRE, *Phellandrium.* Plante bisannuelle, à racines pivotantes, très fibreuses ; à tiges droites, rameuses, fistuleuses, souvent de plus d'un pouce de diamètre et de cinq à
six pieds de haut ; à feuilles alternes, engaînantes, bipinnées,
à folioles aiguës et écartées ; à fleurs blanches disposées en ombelle ; qui forme un genre dans la pentandrie digynie et dans
la famille des ombellifères.

Le PHELLANDRE AQUATIQUE, qu'on connoît aussi sous le nom
de *ciguë aquatique*, mais qu'il ne faut pas confondre avec l'*œ-
nanthe safranée*, ni avec la *cicutaire aquatique*, qui portent
aussi le nom de *ciguë aquatique*, croît dans les eaux stagnantes
et même fangeuses, dans les étangs, les mares. C'est un poison,
mais un poison moins dangereux que les autres précités, puisque tous les bestiaux en mangent sans inconvénient. On l'emploie contre les squirres, les cancers et la gangrène. Souvent
on trouve dans l'intérieur de sa tige, en larve ou en insecte
parfait, le *charançon du phellandre*, que Linnæus a dit causer
la mort aux chevaux qui l'avalent ; mais c'est plutôt le suc de la
plante ; car cette larve ni son insecte parfait n'annoncent
devoir être dangereux, et jamais les chevaux ne vont manger
la base des racines, où ils se trouvent presque toujours exclusivement.

Cette plante est souvent excessivement abondante dans certaines eaux. Sa grandeur doit faire désirer en tirer un parti
utile, et on le peut lorsqu'on a un bateau à sa disposition, en
la coupant au moment de sa floraison, pour l'apporter sur le
fumier et augmenter par-là la masse des engrais. Je ne crois
pas qu'il fût prudent de l'employer pour litière, à raison de
l'odeur vireuse qui en émane et qui pourroit être funeste aux
bestiaux. Il est certain que par son moyen on peut rendre
salubre des localités qui ne le seroient pas sans elle, en absorbant le gaz hydrogène qui en émane continuellement, et en
exhalant du gaz oxygène pendant le jour, comme toutes les
autres plantes. (B.)

PHLEGMON. MÉDECINE VÉTÉRINAIRE. Tumeur inflammatoire, dure, élevée, circonscrite, accompagnée de douleur et
de pulsation, qui attaque le plus souvent les parties charnues
des animaux, parcequ'elles sont parsemées d'un plus grand
nombre de vaisseaux sanguins. Elle est souvent accompagnée de
fièvre, sur-tout lorsque l'inflammation est considérable et fort

étendue. On distingue dans le phlegmon le commencement, l'augmentation, l'état et le déclin.

Dans le commencement, le sang ne fait que séjourner dans ses propres vaisseaux ; la tumeur et la douleur sont légères : ce premier degré se nomme *phlogose*. Dans le second, le sang pénètre dans les vaisseaux lymphatiques, et les accidens augmentent ; dans l'état, la tension, la chaleur et la douleur sont considérables ; dans le déclin, les accidens diminuent.

La cause prochaine du phlegmon est l'engorgement du sang dans les vaisseaux capillaires sanguins de la peau, dans ceux du tissu cellulaire de la graisse, et même dans ceux des chairs, et son passage dans les vaisseaux lymphatiques de ces mêmes parties.

Les causes éloignées sont internes et externes ; les premières sont l'abondance du sang, sa grande raréfaction et sa grande agitation, tandis que les secondes sont les coups, les chutes, les exercices violens, les compressions, le froid, le chaud, et tout ce qui est capable de former un abcès dans une partie.

Le phlegmon est plus ou moins dangereux, selon que les parties qu'il intéresse sont plus ou moins profondes et essentielles à la vie. Celui des parties tendineuses est plus dangereux que celui des parties charnues ; mais celui des articulations l'est bien davantage. S'il n'est produit par quelque vice particulier, tel que le virus de la morve, du farcin, de la gale, etc., on pourra se promettre qu'il prendra la voie de la résolution ou d'une suppuration louable. Il se termine toujours par résolution, par suppuration, par endurcissement ou par gangrène ; par résolution, lorsque le sang reprend les routes de la circulation, c'est la voie la plus salutaire ; par suppuration, lorsque le sang se convertit en pus, ce qu'on a tout lieu d'appréhender, quand on voit que les accidens et la douleur pulsative augmentent en intensité ; c'est la terminaison la plus ordinaire des phlegmons considérables ; par induration ou endurcissement lorsqu'il reste une tumeur dure, insensible après l'inflammation ; mais cet engorgement n'arrive guère que quand il y a un engorgement dans quelque glande ; par gangrène, quand les fibres ont perdu leur ressort, et sont tombées en mortification ; c'est la voie la plus fâcheuse.

Pour remédier à l'engorgement des vaisseaux, faites, 1° des saignées plus ou moins répétées dans le commencement et dans l'augmentation du mal ; 2° fomentez la partie avec une décoction émolliente, et appliquez-y ensuite un cataplasme anodin fait avec la mie de pain et le lait. Tous ces remèdes sont préférables aux onguens et aux huileux que les maréchaux de la campagne ont coutume d'employer en pareil cas, lesquels bouchent les pores de la peau, arrêtent l'humeur de la transpiration, et augmentent l'inflammation, au lieu de calmer la douleur, de relâcher les vaisseaux, et de disposer la partie à l'action des résolutifs. Tant que l'inflammation est considérable, n'employez que les remèdes que nous avons conseillés; et si la résolution commence à se faire, ce que l'on connoît à la diminution de la douleur, de la tension et de la chaleur, favorisez-la par de légers résolutifs, tels que la décoction de camomille, de fleurs de sureau, dans laquelle vous ajouterez quelques gouttes d'eau-de-vie camphrée. Mais si la tumeur ne paroît pas se résoudre, et si l'inflammation subsiste après le huitième ou neuvième jour, employez les maturatifs; lorsque la douleur est un peu modérée, que la tumeur est molle et paroît s'élever en pointe, le phlegmon change alors de nom pour prendre celui d'ABCÈS; nous y renvoyons le lecteur pour le traitement. Mais la tumeur, au contraire, est-elle disposée à la pourriture, faites des scarifications dans les environs de la partie, afin de la dégorger et d'empêcher les progrès de la mortification; quant au phlegmon qui se termine par endurcissement, il doit être extirpé. Pour cet effet, *voyez* le mot SQUIRRE. (R.)

PHLEGMON - INSECTE. Médecine vétérinaire. C'est ainsi que nous appelons les maladies aiguës qui se manifestent par des tumeurs dépendantes de la piqûre des frélons, des taons, des mouches asiles, des poux, etc., et des autres insectes, dont les uns piquent le cuir des animaux, souvent en y laissant leur aiguillon, d'autres le rongent, d'autres le percent pour y déposer leurs œufs. Il survient alors des tumeurs phlegmoneuses qui peuvent en imposer pour une maladie éruptive, mais qui en diffèrent par l'absence des symptômes intérieurs, sur-tout par celle de la fièvre qui précède ordinairement toutes les maladies éruptives ou exanthématiques (*voyez* EXANTHÈME); par la présence de l'aiguillon, ou des œufs, ou du ver, ou de la mouche; par le siège des tumeurs qui ne sont jamais en grand nombre, et qui sont placées presque toujours sur le dos.

La meilleure manière pour remédier à cet accident consiste à ouvrir la tumeur, à en tirer les œufs ou le ver, et à panser la plaie avec un mélange de crème de lait et de goudron, ou avec la térébenthine dissoute dans le jaune d'œuf. Quelquefois une mouche dépose ses œufs sur le dos des chèvres et des brebis, et produit le même mal. En Angleterre, on se sert pour en garantir les bêtes à laine pendant l'été d'un onguent fait de goudron, de beurre et de sel, dont on les frotte sur le dos; n'en pourroit-on pas faire de même en France? *Voyez* ŒSTRE. (R.)

PHLOGISTIQUE. Dénomination adoptée par l'ancienne

chimie pour indiquer le principe du feu. Il est assez difficile de traduire exactement ce mot dans la nouvelle nomenclature de cette science, attendu que son application étoit extrêmement vague. Le plus souvent c'est l'Hydrogène, quelquefois c'est l'Oxygène. *Voyez* ces mots et les mots Chaleur et Feu.

PHLOMIS, *Phlomis*. Genre de plantes de la didynamie gymnospermie, et de la famille des labiées, qui renferme une trentaine d'espèces, dont plusieurs, originaires des parties méridionales de l'Europe, sont cultivées en pleine terre pour l'ornement des jardins, ce à quoi elles sont très propres par la grandeur et l'éclat de leurs fleurs.

Tous les phlomis ont les feuilles opposées, velues, rugueuses; les fleurs verticillées dans les aisselles des feuilles supérieures ou de bractées qui leur ressemblent. Les principales sont,

Le Phlomis frutescent a la tige ligneuse, haute de deux à trois pieds, couverte d'un coton jaunâtre, formant un buisson arrondi de deux ou trois pieds de haut ; ses feuilles sont cordiformes, obtuses et légèrement dentées; ses fleurs jaunes, grandes et terminales. Il est originaire d'Espagne, reste toujours vert et fleurit pendant l'été. Il présente une variété à feuilles plus larges et une à feuilles plus étroites. On le cultive dans les jardins; mais il craint les hivers rigoureux du climat de Paris, et doit toujours être placé contre les murs exposés au midi, et dans une terre légère. On le multiplie par ses graines qu'on sème sur couche et sous châssis, et qu'on accoutume petit à petit au grand air. Dans les climats méridionaux il n'a pas besoin de ce soin et réussit bien par-tout.

Le Phlomis a fleurs pourpres ressemble beaucoup au précédent ; mais ses poils sont blancs, ses feuilles moins larges et ses fleurs d'un rouge pâle. Le Portugal est son pays natal. Il est encore plus délicat que le précédent, et demande l'orangerie dans le climat de Paris.

Le Phlomis léonure a les tiges frutescentes, hautes de cinq à six pieds, rameuses, quadrangulaires; les feuilles lancéolées, dentées et vertes ; les fleurs écarlates, nombreuses, et disposées dans les aisselles de presque toutes les feuilles. Il est originaire du Cap. C'est une superbe plante quand elle est en fleur, et elle y est pendant presque tout l'hiver ; mais elle exige impérieusement l'orangerie dans le climat de Paris. On la multiplie très facilement de boutures, au printemps et sur couche. Il faut lui donner de grands pots et la changer de terre tous les ans ; car elle pousse avec une grande vigueur. (B.)

PHLOX, *Phlox*. Genre de plantes de la pentandrie monogynie, et de la famille des polémonacées, qui renferme une vingtaine d'espèces presque toutes propres à l'ornement des jardins, et qui par conséquent sont dans le cas d'être, pour la plus grande partie, citées ici ; mais comme elles diffèrent peu et que la plupart sont rares, je me contenterai d'en mentionner cinq.

Le PHLOX PANICULÉ a les racines vivaces, fibreuses, traçantes ; les tiges cylindriques, droites, glabres, hautes de deux à trois pieds ; les feuilles opposées, sessiles, lancéolées, rudes en leurs bords ; les fleurs rouges, plus ou moins foncées, disposées en corymbe terminal très dense. Il croît dans l'Amérique septentrionale, fleurit à la fin de l'été, et se cultive très communément dans les jardins, où il produit un charmant effet par ses grosses touffes extrêmement chargées de fleurs et de fleurs qui durent long-temps.

Le PHLOX ONDULÉ diffère du précédent en ce que ses feuilles sont ondulées et ses fleurs bleues. Il fleurit un peu plus tôt. Son pays natal est le même.

Le PHLOX BLANC a les feuilles ovales, lancéolées, très glabres, accuminées, d'un vert pâle ; les fleurs blanches, grandes et odorantes. Il est du même pays et fleurit au commencement de l'été.

Le PHLOX MACULÉ a les tiges hautes de trois à quatre pieds, tachées de brun dans toute leur longueur ; les feuilles lancéolées ; les fleurs d'un pourpre bleuâtre et très nombreuses. Il vient de l'Amérique et fleurit à la fin de l'été. C'est un des plus beaux.

Le PHLOX DIVARIQUÉ a les tiges grêles, rameuses, dichotomes ; les feuilles sessiles, alternes, ovales, lancéolées ; les fleurs grandes, bleuâtres, en grappes lâches. Il vient aussi de l'Amérique. Ses tiges toujours penchées le rendent moins agréable que les autres.

Ces plantes aiment un sol gras et frais, et ne craignent point les plus fortes gelées. On les place en touffes ou en bordures dans les parterres, et dans l'intervalle des buissons des derniers rangs dans les jardins paysagers. Par tout elles produisent un très agréable effet, sur-tout quand on a su mélanger les variétés de leurs couleurs. Les plus grandes espèces font fort bien sur les bords des eaux qui les réfléchissent. Le plus grand inconvénient qu'elles aient c'est de plier sous le poids de leurs fleurs, ou d'être facilement couchées par suite des grands vents ou des fortes pluies, et d'exiger par conséquent souvent des supports qui diminuent l'agrément de leur aspect. Leur multiplication est extrêmement facile, puisqu'il ne s'agit que de déchirer leurs vieux pieds en automne ou au printemps, et de planter les résultats de cette opération. On a des fleurs la même année, quand ce déchirement n'a pas été trop considérable. Souvent au bout d'un an la nouvelle touffe est aussi forte que l'ancienne. Il est bon que ces touffes ne soient ni trop fortes ni trop foibles 'pour produire tout leur effet.

On pourroit aussi multiplier les phlox de graines et on auroit par-là des variétés ; mais on le fait peu. (B.)

PHORMION, *Phormium*. Plante vivace, à racines charnues, noueuses ; à feuilles toutes radicales, engaînantes par leur base, distiques, au nombre de huit ou dix, lancéolées, longues de trois à cinq pieds, larges de trois à quatre pouces, d'un vert gai, bordées de rouge ; à tige rameuse, haute de six à huit pieds, portant un grand nombre de fleurs jaunes, disposées en panicule ; qui a été découverte par Cook, et qui a été appelée par lui *Lin de la nouvelle Zélande*, à raison de l'emploi que les habitans de cette île font de ses feuilles pour fabriquer leurs habillemens, leurs filets de pêche, leurs cordages, etc.

Cette plante forme dans l'hexandrie monogynie, et dans la famille des liliacées, un genre voisin des JACINTHES, et encore plus des LACHENALES.

Peu de plantes, parmi les textiles, se sont annoncées dès le moment de leur découverte avec des avantages plus étendus et plus certains que celle qui fait l'objet de cet article. Cook ne tarit point sur les éloges qu'il donne à la force et à la finesse de la filasse qu'en retirent les habitans de la nouvelle Zélande.

M. Labillardière, qui après lui a visité la même île, et qui étoit spécialement chargé d'étudier les emplois du phormion, et d'en rapporter des pieds en France, a fait connoître son importance avec plus de détail dans un mémoire qu'il a lu à l'institut en l'an 11, et qui est imprimé dans le recueil de cette savante société. Il suit, des expériences qu'il a faites, que la force des fibres de l'aloès pite étant égale à celle du lin ordinaire est représentée par $11 \frac{3}{4}$; celle du chanvre par $16 \frac{1}{3}$; celle du phormion par $23 \frac{1}{11}$; et celle de la soie par 34. Mais la quantité dont ces fibres se distendent avant de rompre est dans une autre proportion ; car, étant égale à $2 \frac{1}{2}$ pour les filamens de l'aloès pite, elle n'est que de $\frac{1}{2}$ pour le lin ordinaire, de 1 pour le chanvre, de $1 \frac{1}{4}$ pour le phormion et de 5 pour la soie.

On voit par ce résumé que les fibres de cette plante pourront remplacer avec un avantage de plus de poids le chanvre qu'on emploie à fabriquer les cordages de la marine et tous nos vêtemens en chanvre et en lin. Ajoutez que leur grande blancheur et leur coup d'œil satiné laissent espérer qu'au moyen de l'apprêt les toiles qu'on en fabriquera surpasseront en éclat toutes celles qu'on fait en ce moment en Europe.

Une insigne trahison a privé la France des pieds de phormion que M. Labillardière y rapportoit. Mais les Anglais, qui vers le même temps firent une expédition dans le même but, furent plus heureux, et un des pieds qu'ils reçurent fut envoyé au Muséum d'histoire naturelle de Paris par M. Aiton. Depuis, cet établissement en a reçu plusieurs autres par le retour de l'expédition Baudin. Ces divers pieds ont fourni un grand nombre de rejetons, que M. Thouin a distribués dans les départemens méridionaux, où ils sont cultivés avec succès en pleine terre, et où ils ne tarderont pas sans doute à donner des produits assez abondans pour pouvoir être utilisés.

On doit au même M. Thouin un excellent mémoire sur la culture du phormion textile (c'est ainsi qu'il traduit le nom latin *Phormium tenax*). Je vais en extraire ce qui peut être applicable à celle en pleine terre, la seule qui, rigoureusement parlant, doit faire partie de cet ouvrage.

Le phormion conserve ses feuilles toute l'année. Il ne les perd que successivement, les plus extérieures se desséchant quand elles sont parvenues à toute leur grandeur, en même temps qu'il en pousse de nouvelles au centre.

Les œilletons servent, dans cette plante, de supplément à la multiplication par graine, multiplication qui paroît rare et difficile. Ces œilletons croissent sur les plus grosses racines, près du faisceau des feuilles (quelquefois même entre les feuilles). Ils semblent n'être d'abord qu'une nodosité. Peu à peu ils prennent la forme d'un bulbe pointu, et laissent voir l'origine de deux feuilles. Leur croissance est assez rapide pour qu'ils puissent être séparés de leur mère au bout de la première année, c'est-à-dire au printemps suivant. En pot et dans nos serres, on n'en obtient guère qu'un ou deux par an sur chaque pied ; mais leur production doit être plus abondante lorsqu'ils sont en pleine terre.

. Le phormion textile étant originaire d'un pays qui, quoique situé à une latitude plus rapprochée de l'équateur, est plus froid que les parties méridionales de la France, il n'y a pas de doute, continue M. Thouin, qu'il ne puisse s'acclimater dans ces dernières ; et en effet, comme je l'ai déjà observé, il y réussit par-tout en pleine terre. A Paris même, Cels le tient constamment en pleine terre, dans une bache qu'il ne couvre que dans les fortes gelées, ce qui fait croire que, quand son prix actuel sera diminué, on pourra l'y hasarder, c'est-à-dire qu'il passera l'hiver sans couverture dans ce climat.

Les pieds du phormion textile apportés de la nouvelle Hollande en France étoient plantés dans du sable presque pur, ce qui fait croire à M. Thouin que les plus mauvaises terres lui conviennent, pourvu qu'elles soient arrosées. Les résultats des cultures faites dans les parties méridionales de la France appuient cette opinion ; car il ne paroît pas qu'on se plaigne que la nature de la terre ait influé sur la vigueur de sa végétation.

Deux ou trois binages par an seront sans doute toute la culture que demandera le phormion textile lorsqu'il sera assez abondant pour être mis en champ. Six pieds de distance entre chaque individu ne seront peut-être pas de trop. Au reste, c'est à l'expérience à fournir ses indications sur ces objets et beaucoup d'autres du même genre.

Les œilletons de phormions, lorsqu'ils ont beaucoup de fibrilles, reprennent sans difficulté; mais souvent ils en ont peu, et même ceux qui se sont développés entre les feuilles n'en ont pas du tout. Ces derniers ne doivent pas pour cela être regardés comme impropres à la multiplication. Ce sont des espèces de boutures qui ne demandent que de la chaleur et de l'humidité pour pousser des racines. Il ne s'agit donc, comme l'a fait M. Thouin, que de les mettre, après les avoir plantés isolément en pots, dans une serre à température fort élevée ou sur une couche à châssis nouvellement faite.

La manière de végéter des feuilles du phormion textile indique la manière de les récolter lorsqu'on voudra en faire emploi, c'est-à-dire qu'il conviendra de détacher deux fois chaque été les deux feuilles les plus extérieures.

Les essais qui ont été faits dernièrement à Paris pour retirer la filasse des feuilles du phormion textile ont prouvé que ce n'étoit pas une chose très facile. Le rouissage n'a pas offert de bons résultats. On devra probablement s'en tenir à la méthode que suivent les habitans de la nouvelle Zélande, c'est-à-dire à faire ramollir les feuilles dans l'eau et à les battre sur un billot de bois, jusqu'à ce que leur parenchyme tombe, et que leurs fibres se séparent.

Il faut semer tous les ans le chanvre, lui choisir le terrain le plus fertile, préparer ce terrain par des labours multipliés, des engrais abondans. Très souvent sa récolte manque par l'excès de la sécheresse ou de l'humidité, par l'effet des gelées du printemps, par la multiplication de l'orobanche, etc. Sa récolte, sa macération, l'extraction de ses fibres, etc., exigent des dépenses et du temps. Le phormion textile, une fois planté, ne demande plus que quelques binages, une serpette pour en couper les feuilles, une auge et un battoir pour en tirer la filasse. Que d'avantages! Il n'y a pas de doute que dans un demi-siècle la culture de cette précieuse plante concourra à enrichir les propriétaires des bords de la Méditerranée, de l'Italie et de l'Espagne; qu'elle offrira un article fort étendu dans les éditions subséquentes de cet ouvrage. (B.)

PHOSPHORE. Substance simple, analogue au SOUFRE (*voyez* ce mot), qui fait une des parties constituantes des os des animaux. Elle est jaunâtre, demi-transparente, d'une odeur particulière approchant de celle de l'ail, lumineuse dans l'obscurité, se décomposant lentement dans un air humide, en absorbant l'oxygène, s'enflammant spontanément dans un air sec, encore plus rapidement par frottement, et encore plus par le contact d'un corps embrasé.

Le phosphore n'est utile aux cultivateurs qu'autant qu'on l'emploie pour faire ce qu'on a appelé des briquets, des bougies phosphoriques, instrumens trop coûteux et même trop dangereux pour être entre leurs mains.

Toutes les plantes, d'après les observations de M. Braconnot, contiennent du phosphore ou de l'acide phosphorique en plus ou moins grande quantité. (B.)

PHRÉNÉSIE ou FRÉNÉSIE DES ANIMAUX. *Voyez* à l'article RAGE.

PHTHISIE PULMONAIRE. MÉDECINE VÉTÉRINAIRE. C'est la consomption, le dessèchement et le marasme des poumons, enfin la diminution et pour ainsi dire l'atténuation de la vie dans l'organe pulmonaire.

Cet état, qui est une vraie maladie chronique, est le plus souvent la suite des inflammations du poumon.

Il s'annonce par la maigreur, la tristesse, le dégoût, une toux sèche qui produit quelquefois une sorte de sifflement, et une langueur qui augmente jusqu'à la mort. Ces symptômes se montrent avec une intensité qui est toujours relative aux différens degrés de la maladie et à la nature de celles qui l'ont précédée.

La phthisie pulmonaire affecte le cheval, l'âne, le mulet le bœuf, le mouton, et sur-tout les vaches laitières des environs de Paris, chez lesquelles elle fait de grands ravages. Dans ces animaux on l'appelle la POMMELIÈRE. *Voyez* ce mot.

Je n'ai eu occasion de l'observer que dans les vaches et dans les chevaux. J'ai remarqué que dans ces derniers il y avoit le plus souvent flux par les naseaux d'une matière épaisse, tantôt grisâtre, tantôt d'un blanc tirant un peu sur le jaune ; mais j'ai aussi observé que ce symptôme n'étoit pas constant.

Comme cette maladie ne laisse aucun espoir de guérison, nous nous bornerons à indiquer quelques moyens palliatifs, tels que les opiats faits avec le miel, la fleur de soufre et la poudre d'aunée ; les fumigations avec l'encens ou la résine jetée sur des charbons ardens ou sur une pelle rouge. En faisant ces fumigations il ne faut pas couvrir la tête de l'animal, dans la crainte de le suffoquer.

A l'ouverture des cadavres des animaux morts de cette maladie on trouve le poumon flétri, diminué de volume, et pour ainsi dire aminci, quelquefois tuberculeux, recouvert d'hydatides ; d'autres fois il contient des dépôts anciens, dans lesquels la matière est plus ou moins concrète. On trouve aussi ce viscère adhérent en quelques points aux parois intérieures de la poitrine. Les deux lobes de poumon ne sont pas toujours affectés au même degré , et les désordres que nous venons de décrire ne sont pas constamment réunis. (Desp.)

PHYLIQUE, *Phylica*. Genre de plantes de la pentandrie monogynie , et de la famille des rhamnoïdes, qui renferme plus de vingt espèces, presque toutes propres au Cap de Bonne-Espérance , et dont une est si généralement cultivée à Paris et dans les autres grandes villes de l'Europe, que, quoique d'orangerie, elle doit être mentionnée ici.

La PHYLIQUE BRUYÈRE, plus connue sous le nom de *bruyère du Cap* , a la tige frutescente , rameuse , haute de deux ou trois pieds ; les feuilles éparses , sessiles , linéaires, courtes, d'un vert foncé ; les fleurs petites, d'un beau blanc , et disposées en têtes terminales très serrées. Elle reste en fleur pendant tout l'hiver, et son aspect est alors très agréable , ce qui la fait rechercher pour l'ornement des appartemens. L'effet qu'elle produit lorsque, montée sur une tige , elle forme une tête régulière, est réellement séduisant. On la multiplie avec la plus grande facilité de boutures et de marcottes , les premières faites au printemps sur couche et sous châssis , les secondes en automne dans l'orangerie. Les unes et les autres fournissent des pieds marchands dès la troisième année.

Cette plante demande des arrosemens fréquens et à être mise pendant l'hiver hors des atteintes de l'humidité et des fortes gelées. Une terre de bruyère mêlée d'un peu de terreau est celle qui lui convient le mieux. On doit lui en donner de nouvelle tous les deux ans. (B.)

PHYSIOLOGIE VÉGÉTALE. C'est la science qui a pour objet l'étude de l'organisation et des fonctions vitales des végétaux. Elle s'appuie sur presque toutes les autres sciences , principalement sur l'anatomie, la botanique, la physique , la chimie , etc. Tous les cultivateurs devroient en approfondir les principes , et ils ne la connoissent pas même de nom. Les botanistes seuls se sont occupés et s'occupent encore de la perfectionner.

Il semble que l'observation des parties intérieures des végétaux et du jeu des phénomènes qu'elles présentent soit plus facile que celle des animaux ; mais leur simplicité même est un obstacle à leur étude, car il n'y a pas deux écrivains qui aient vu de même.

Les anciens connoissoient quelques uns des faits les plus importans de la physiologie végétale ; cependant ils n'ont jamais cherché à les expliquer. Ce n'est qu'à la fin du seizième siècle que Grew et Malpighi publièrent leurs importantes découvertes anatomiques; découvertes qui servent encore de guide à ceux qui veulent approfondir la science. Depuis, un grand nombre d'auteurs, presque tous modernes, si on ne veut pas ranger parmi eux Camérarius, qui a prouvé la réalité des deux sexes dans les plantes, ont marché sur leurs traces. Je mettrai Duhamel en première ligne, parceque c'est celui dont les travaux, trop peu appréciés par les botanistes, parcequ'il n'y a pas mis ce charlatanisme de science qui en impose même aux savans, ont le plus éclairé la pratique de l'agriculture. Ensuite je citerai parmi les morts Geoffroy, Vaillant, Linnæus, Haller, Hedwig, de Saussure père, Spallanzani, Comparetti, Bonnet, Adanson, Medicus, Priestley, Ingenhouze, Daubenton, Gærtner père, Plenck, et enfin Sennebier.

Il y a en ce moment en France, en Angleterre et en Allemagne des savans fort recommandables qui s'occupent de recherches de physiologie végétale, et qui chaque jour reculent les bornes de cette science. Plusieurs d'entre eux ont publié des ouvrages très dignes d'estime et qui porteront leur nom à la postérité.

Ce qui paroît nuire le plus aux progrès de la physiologie végétale, c'est l'esprit de système. En effet, au lieu de se contenter de faire des observations anatomiques, comme Grew, des expériences, comme Duhamel, on veut, quoiqu'il manque beaucoup de faits, embrasser l'ensemble, le lier par des théories qui ne résistent pas au froid examen d'une analyse qui rejette tout ce qui n'est pas rigoureusement prouvé.

Je suis trop convaincu de l'importance dont est l'étude de la physiologie végétale aux cultivateurs, pour avoir négligé d'en indiquer les principales bases, soit dans des articles spéciaux, soit lorsque la nature du sujet m'y convioit. J'ai présenté les faits à la manière de Duhamel, c'est-à-dire sans chercher à les lier entre eux par des considérations générales susceptibles d'être critiquées; mais comme beaucoup de personnes veulent juger de l'ensemble de la science, j'ai dû reproduire ici les idées que Lametherie avoit insérées dans le Supplément de Rozier, idées qu'il a bien voulu refondre à ma prière. (B.)

La physiologie végétale m'a paru devoir être envisagée de la même manière que la physiologie animale (1).

Je pense que l'organisation des végétaux et les fonctions de leurs diverses parties sont les mêmes que chez les animaux. L'esprit de sagesse, ai-je dit, qui dans ce siècle préside aux recherches du philosophe, le conduit également dans ses travaux sur les êtres organisés. Les résultats de ses observations

(1) Considérations sur les êtres organisés par J. C. de Lametherie.

et de ses expériences est que *l'organisation intime des différentes parties des animaux est couverte d'un voile épais qu'on n'a encore pu soulever.* On ignore la nature d'un muscle, d'une glande, d'un viscère... En conséquence, on a eu le bon esprit d'abandonner ces recherches pour se borner à considérer les organes seulement quant à leurs *fonctions.* C'est ce qu'a fait particulièrement Bichat. Il n'a point cherché à pénétrer la structure des divers organes du corps humain. Il les a divisés en différens systèmes, *systèmes des membranes séreuses, systèmes des membranes muqueuses, systèmes des membranes fibreuses...,* et il s'est contenté d'envisager chacun de ces systèmes relativement à ses fonctions.

J'ai considéré également le corps des végétaux et leurs diverses parties sous le rapport de différens systèmes, et les ai envisagés principalement quant à leurs fonctions. Voici les noms des différens systèmes que j'ai cru reconnoître dans l'économie végétale.

Système du tissu cellulaire.
Système des membranes séreuses.
Système des membranes muqueuses.
Système des membranes fibreuses.
Système des membranes kératiques.
Système nucléen.
Système des membranes fibro-séreuses.
Système des membranes fibro-muqueuses.
Système des membranes sero-muqueuses.
Système des membranes des cicatrices.
Système des gales.
Système épidermoïde.
Système pileux.
Système épineux.
Système dermoïde.
Système dermoïde colorant.

Système des trachées.
Système médullaire.
Système fibreux, ou des vaisseaux séveux
Système glanduleux.
Système exhalant.
Système inhalant ou absorbant.
Système moteur, qui remplace le système musculaire.
Système des forces vitales.
Système des organes de la nutrition.
Système pneumateux, ou des organes de la respiration.
Système des organes de la circulation.
Système des organes de la reproduction.
Système des organes externes de la sensibilité.
Système des organes internes de la sensibilité.

Tous ces systèmes ne se ressemblent peut-être pas entièrement chez les divers végétaux ; car on ne peut guère douter qu'il n'y ait d'aussi grandes variétés dans l'organisation végétale, qu'il y en a dans l'organisation animale. Celle des agenies, telles que les oscillaires, les conferves, ne ressemble point à celle des dicotylédons: celle des monocotylédons en diffère également; mais ils ont des rapports plus ou moins rapprochés.

Les végétaux n'ont aucun des viscères de l'animal, ni cerveau, ni nerfs, ni cœur, ni estomac, ni foie...; mais ils ont un grand nombre de tissus analogues à ceux des animaux; et dont les fonctions sont à peu près semblables. Nous ne connoissons la nature, ni des uns ni des.autres (1). Bornons-nous à en décrire les fonctions.

Du système du tissu cellulaire chez les végétaux. Le tissu cellulaire végétal paroît composé, ainsi que celui des animaux, de petites lames juxtaposées les unes auprès des autres. Ces lames ont des figures régulières, comme celles dout sont formés les minéraux. On sait que j'ai rapporté la figure des lames des minéraux à trois principales, 1° la triangulaire; 2° la rectangulaire; 3° la rhomboïdale.

La lame rectangulaire se trouve dans plusieurs parties des végétaux. Les prolongemens de ce qu'on appelle partie médullaire dans les chênes, et plusieurs autres arbres paroissent formés de lames rectangulaires.

La lame rhomboïdale se trouve dans d'autres parties, par exemple, dans les gousses des plantes légumineuses.

Quant à la lame triangulaire, je ne l'ai point encore rencontrée dans l'économie végétale. Mais on sait que les lames rectangulaires et rhomboïdales peuvent être composées de lames triangulaires.

Du système des membranes séreuses chez les végétaux. J'appelle membranes séreuses chez les végétaux celles qui revêtent la surface extérieure de plusieurs de leurs organes, telles sont les membranes qui enveloppent les divers segmens du citron, de l'orange; comme on a donné chez les animaux le nom de membranes séreuses à celles telles que la plevre, le péritoine, la pie-mère, qui enveloppent le poumon, les viscères de l'abdomen, le cerveau.

Du système des membranes muqueuses chez les végétaux Les végétaux contiennent un système membraneux qui secrète leurs sucs muqueux proprement dits, tels que les sucs du raisin, des pommes, des poires. Le grain de raisin mûr doit donc être regardé comme une membrane muqueuse.

Du système des membranes fibreuses chez les végétaux. Les membranes fibreuses sont une des portions considérables de l'organisation végétale.

Le liber, ou livret, qu'on désigne encore sous le nom de couches corticales, est composé de membranes fibreuses qu'on détache avec beaucoup de facilité dans plusieurs plantes; telle est l'écorce de tilleul, dont on fait des cordes, des nattes.

---

(1) « C'est déjà beaucoup, dit Bichat, en parlant du système glanduleux des animaux (Anatomie générale, tom. 4, pag. 577), que de connoître les attributs caractéristiques du système glanduleux sans chercher quelle en est la nature intime, *nature qu'un voile épais recouvre, ainsi que celle de tous les autres systèmes.* »

Le tissu fibreux du chanvre, du lin est d'une grande finesse, et a de l'éclat, comme la belle amianthe.

Celui du lagète, ou bois de dentelle, forme un tissu remarquable.

Ce système fibreux remplit les fonctions les plus essentielles chez le végétal.

Du système kératique chez les végétaux. Lorsqu'on ouvre certains fruits, tels que les pommes, les poires, on observe plusieurs loges dans lesquelles sont contenues les graines. Chacune de ces loges est composée de deux valves d'une substance demi-transparente, brillante, ferme, élastique, qui a l'apparence d'un tissu corné. J'appelle ces membranes kératiques, de *keras*, qui, en grec, signifie *corne*.

On retrouve une substance analogue dans l'intérieur des gousses des légumineuses et de plusieurs autres plantes.

Du système nucléen chez les végétaux. Les noyaux de plusieurs fruits, tels que les cerises, les prunes, les amandes, les pêches, les abricots sont d'une nature particulière, et leur tissu ne peut se rapporter à aucun autre. C'est pourquoi je l'ai désigné sous un nom particulier, celui de *nucléen.*

Des systèmes des membranes fibro-séreuses, fibro-muqueuses chez les végétaux. Plusieurs membranes végétales doivent être rangées dans ces classes; telles sont les écailles (*squamma*) qui environnent les boutons d'un grand nombre de plantes. Leur tissu est fibreux; et elles secrètent toutes des liqueurs séreuses ou muqueuses. Les écailles des boutons des peupliers, par exemple, en fournissent une grande quantité, particulièrement l'espèce qui secrète le baume tacamahaca.

Du système des membranes sero-muqueuses des végétaux. Ces membranes tiennent de la nature des séreuses et des muqueuses.

Du système des membranes des cicatrices chez les végétaux. Lorsqu'on blesse la tige d'une plante, ou la surface d'un fruit, il s'y forme une cicatrice, dont le tissu est d'une nature particulière, et ne peut être confondu avec aucun de ceux dont nous venons de parler; c'est la membrane des cicatrices qu'on désigne souvent par le nom de *bourrelet.*

Du système galin, ou des membranes des gales, ou kistes, chez les végétaux. Les végétaux sont sujets à avoir des kistes comme les animaux; on les appelle *gales.*

Ces kistes sont de deux espèces.

Les uns sont solides, telle que la noix de gale; elles sont composées d'une substance analogue à la substance médullaire; elles servent de retraite aux larves de petits insectes, qui par leurs piqûres donnent l'origine à ces gales.

Les autres kistes sont formés par une membrane plus ou moins fine, composant une poche dans laquelle sont nichés les insectes qui l'ont produite par leur piqûre : telles sont les gales de l'érable. Elles renferment souvent une liqueur sucrée.

Du système épidermoïde chez les végétaux. Ce système renferme deux substances différentes.

A L'épiderme proprement dit, *e e*, fig. 1, pl. 4.

B Les glandes épidermoïdales.

L'épiderme dans les plantes herbacées a un tissu fin et délicat : on ne l'aperçoit jamais mieux que lorsque les chenilles mineuses se logent sous cet épiderme.

Dans les arbres, l'épiderme a beaucoup plus de consistance; dans le cerisier, le bouleau, il est composé de diverses couches, d'une membrane plus ou moins épaisse.

L'épiderme vu à la loupe paroît percé de plusieurs trous de différentes grandeurs; les uns servent de passage aux vaisseaux exhalans et inhalans, les autres aux poils.

Les glandes épidermoïdales sont très visibles dans plusieurs végétaux, comme le bouleau, le cerisier.

Quoiqu'on ne puisse pas les apercevoir dans d'autres végétaux, elles n'y existent pas moins; ce sont elles qui sécrètent le vernis dont sont enduites les feuilles et les tendres branches.

Proust pense que ce vernis est le plus souvent de la nature de la cire.

Du système pileux chez les végétaux. Ce système renferme deux substances principales.

A Les poils dont sont couverts les végétaux.

B Les glandes qui sont à l'origine de ces poils.

Ces poils varient chez les divers végétaux, et par leur nombre, et par leur couleur, et par leur roideur ou souplesse.

Ils sont percés pour donner issue à des liqueurs sécrétoires particulières.

Les glandes qui sont à l'origine des poils font la sécrétion de ces liqueurs, comme on l'observe dans le rossolis, la glaciale.

Du système épineux. Il y a deux espèces d'épines chez les végétaux ; les unes sont la continuation de petites branches terminées par une pointe acérée, telles sont les épines du néflier (Mespilus). Leur organisation paroît peu différer de celle du bois.

Les autres, telles que celles du rosier, de la ronce, etc., sont une production particulière. Leur intérieur paroît une production du système *subérique*, et recouverte par une substance cornée analogue à la kératique. *Voyez* AIGUILLON.

Du système subérique. Plusieurs végétaux, tels qu'une sorte de chêne, ont leur épiderme recouvert d'une substance particulière qu'on appelle *liège* ; c'est le système subérique ; il a beaucoup d'analogie avec la substance médullaire.

Du système dermoïde chez les végétaux. Au-dessous de l'épiderme on rencontre une substance plus ou moins épaisse ; sa couleur est le plus souvent verte, mais elle est quelquefois jaune, rouge, violette, bleue, blanchâtre, etc. *dd*, fig. 1, pl. 4.

Cette membrane, qui forme le derme, correspond à la vraie peau des animaux ; mais son organisation est différente.

Le derme paroît formé comme la substance médullaire.

Du système colorant chez les végétaux. Chaque plante a une couleur particulière. Ces couleurs sont aussi variées que brillantes dans les corolles. Il se trouve donc à la surface des végétaux des systèmes particuliers qui sécrètent les liqueurs nécessaires pour produire cette admirable variété de couleurs.

Du système glanduleux chez les végétaux. Les végétaux ont des parties analogues aux glandes des animaux ; leur usage est le même, celui de sécréter diverses liqueurs. On en distingue différentes espèces.

1° Les glandes épidermoïdales ;

2° Les glandes pileuses ;

3° Les glandes des nectaires ;

4° Les glandes de l'ovule, qui sécrètent les liqueurs prolifiques de la femelle ;

5° Les glandes de l'anthère qui sécrètent les liqueurs prolifiques du mâle.

Du système exhalant. La surface entière des végétaux, ainsi que celle des animaux, a des vaisseaux exhalans, par lesquels s'opère leur transpiration ; cette transpiration est si considérable, qu'un grand tournesol peut perdre en douze heures jusqu'à trente-deux onces d'eau dans un jour d'été, comme Hales l'a constaté par plusieurs expériences.

Il y a également un système exhalant dans les parties intérieures des végétaux, comme dans les tiges creuses des roseaux, des graminées, dans leurs kistes.

Du système inhalant. Un grand nombre de faits incontestables prouvent l'existence de ce système. Une plante, épuisée par la transpiration qu'elle a éprouvée au soleil, reprend toute sa fraîcheur si on verse de l'eau sur ses feuilles.

Le système exhalant intérieur suppose un pareil système inhalant intérieur qui absorbe ce qui a été versé par le système exhalant.

Du système fibreux chez les végétaux. Ce système, qui constitue une des parties principales du végétal, paroît formé, comme le système fibreux animal, de plusieurs fibres unies ensemble par un tissu cellulaire très fin. Ces fibres examinées avec soin, dans les plus gros arbres dicotylédons, tels que que le chêne, l'orme, le châtaignier, le frêne, etc., m'ont paru n'être qu'une réunion de vaisseaux plus ou moins déliés. Dans un morceau de ces bois fendu longitudinalement, on distingue principalement deux sortes de fibres ou de vaisseaux.

Les uns *a* fig. 2, pl. 4, assez gros, déterminent ce qu'on appelle ordinairement les couches annuelles; leur diamètre est d'environ un quart ou un sixième de ligne dans les gros arbres; leur structure est analogue à celle des vaisseaux lymphatiques des animaux, c'est-à-dire qu'ils sont divisés transversalement par des diaphragmes minces, élastiques, et percés dans leur centre pour laisser passer les liqueurs qui circulent dans ces vaisseaux. Il y a ordinairement deux rangées de ces vaisseaux, lesquelles forment une zone circulaire non interrompue autour du tronc de l'arbre; ces zones sont à une certaine distance les unes des autres.

Lorsqu'on examine à la loupe les parties qui sont entre deux de ces zones, on voit qu'elles sont également composées d'une multitude de vaisseaux *b* semblables, beaucoup plus petits que les premiers *a*. Ces vaisseaux *bb* paroissent être de différens ordres.

Ils communiquent les uns avec les autres par des ouvertures très petites.

Ces vaisseaux sont moins visibles dans les arbrisseaux et dans les plantes herbacées; mais avec de bonnes loupes on les y distingue également.

Dans les autres classes de végétaux, telles que les monocotylédons, les acotylédons, et les agénies, ces vaisseaux s'aperçoivent plus difficilement. Néanmoins ils y existent également, comme on le voit dans les palmiers, les rotangs.

Ces faits démontrent que le système fibreux végétal n'est qu'une réunion de différens vaisseaux qui servent à la circulation des liqueurs. Ces vaisseaux sont de différens ordres.

De l'irritabilité de la fibre végétale. On ne sauroit plus douter que la fibre végétale n'ait une irritabilité analogue à celle de la fibre animale. Les phénomènes que présentent la sensitive, la dionée, la vallisnière, le sainfoin gyrans, ont mis cette vérité hors de tout doute.

Cette irritabilité est plus grande chez les parties sexuelles dans le temps de la floraison, c'est-à-dire dans le temps des amours des plantes; elle y est quelquefois accompagnée d'une chaleur assez considérable, comme dans le GOUET.

Du système médullaire. La substance médullaire chez les végétaux est bien différente de la substance médullaire des animaux, avec laquelle elle n'a aucune ressemblance. Elle occupe le centre de la tige du végétal dicotylédon jusqu'à l'extrémité de ses plus petits rameaux ; mais elle ne s'étend pas aux racines ; elle paroît prendre naissance entre les racines et l'origine de la tige *f f*, fig. 1.

Cette substance forme un tissu continu chez plusieurs végétaux, tels que le sureau, l'yèble. Mais dans certaines circonstances elle ne se montre que par petites zones un peu éloignées les unes des autres, comme dans les petites branches du noyer.

Chez d'autres plantes, comme dans la jeune laitue, la substance médullaire forme un tissu continu ; mais lorsque la plante vieillit, et qu'elle monte, sa tige devient creuse, et la substance médullaire se divise irrégulièrement.

La substance médullaire dans les plantes herbacées et dans les jeunes arbres a ordinairement peu de consistance ; mais dans les grands arbres elle en a beaucoup davantage.

Dans les autres classes de végétaux, les monocotylédons, les acotylédons, les agénies, la substance médullaire a une position différente ; elle occupe la presque totalité du corps du végétal, et la partie fibreuse s'en trouve enveloppée.

La nature de la substance médullaire n'est pas encore bien connue. Elle paroît composée de divers vaisseaux comme la substance fibreuse ; elle est remplie de différens sucs dans la laitue, la chicorée.

Dans les arbres et arbustes, elle paroît souvent sèche. Néanmoins dans les petites branches elle est également remplie de sucs. Les jeunes branches de sureau sont remplies d'un suc verdâtre.

A mesure que le végétal vieillit, la partie médullaire diminue de volume, et quelquefois disparoît presque entièrement, comme on l'observe dans les gros troncs de sureau : on peut donc croire qu'elle se convertit en bois.

Le derme paroît composé d'une substance analogue à la médullaire. Les couches intérieures de ce derme se convertissent également en aubier et en bois à mesure que le végétal grossit.

On observe dans les grands arbres, tels que le chêne, le châtaignier, des lames transversales qui s'étendent en rayons divergens, depuis leur centre et la substance médullaire, jusqu'à la circonférence. La nature de cette substance n'est pas encore bien connue : on suppose qu'elle est composée de la substance médullaire.

Du système des vaisseaux spiraux ou trachées chez les végétaux. En déchirant lentement les extrémités des tiges des plantes, ou les nervures des feuilles, on aperçoit dans l'endroit déchiré une multitude de lames brillantes, élastiques, d'une couleur nacrée, et contournées en spirales comme un tire-bourre *o o*, fig. 1. On leur a donné le nom de trachées, parcequ'on les a comparées aux trachées des insectes, avec lesquelles elles ont beaucoup de ressemblance.

Les trachées végétales ont une assez grande élasticité. Lorsqu'on les distend modérément, elles reviennent sur elles-mêmes aussitôt qu'on fait cesser l'extension.

L'origine des trachées a été un grand sujet de discussion parmi les physiologistes. Les uns ont cru qu'elles naissoient dans la partie médullaire, les autres dans le bois. Mais des observations multipliées m'ont fait voir que dans les dicotylédons, tels que le sureau, l'yèble, elles existent sous la forme de différens petits faisceaux, entre la partie médullaire et la partie fibreuse. Ces petits faisceaux sont au nombre de trente ou quarante, et s'aperçoivent très distinctement dans une petite branche de sureau qu'on a fendue.

Ces trachées paroissent ensuite accompagner la substance médullaire, et s'y répandre avec elle dans toute la substance du végétal. On les retrouve dans les feuilles, dans les petites tiges; mais on ne les aperçoit plus dans le tronc de l'arbre, parcequ'elles y sont comprimées. Néanmoins on ne peut guère douter qu'elles n'y existent.

Les fonctions des trachées ne sont pas encore bien déterminées. L'opinion la plus généralement reçue est qu'elles servent à la respiration du végétal, comme chez l'insecte elles servent à sa respiration.

De l'irritabilité des trachées. Les trachées ont une grande excitabilité et irritabilité. Malpighy dit qu'il y avoit aperçu un *mouvement vermiculaire qui le ravissoit.*

Si on découvre les trachées d'une plante fraîche, dit Prévost, et qu'on les rompe ensuite avec précaution, afin de les conserver longues, on y observe un mouvement vermiculaire, quelquefois très vif, qui dure depuis quelques minutes jusqu'à deux ou trois heures, et qui se renouvelle, lorsqu'on souffle dessus de l'haleine humide et chaude.

Elles s'agitent également à la vapeur de l'eau chaude.

Des vaisseaux rouges qui existent au milieu de la substance médullaire. En cassant une petite branche d'yèble ou de sureau, j'ai aperçu un assez grand nombre de vaisseaux rouges, situés irrégulièrement au milieu de la substance médullaire, un peu plus proche du bois que du centre. Ces vaisseaux sont parallèles entre eux, et s'étendent longitudinalement. Ils ne m'ont point paru avoir entre eux de communication.

Je n'ai pu en découvrir les fonctions.

Ces vaisseaux ne me paroissent exister que dans un assez petit nombre de plantes.

Du système des organes de la circulation chez les végétaux.
On ne peut douter que la vie du végétal ne consiste dans une
circulation de ses diverses liqueurs analogue à la circulation
des liqueurs chez l'animal ; mais elle varie chez les divers
végétaux, comme chez les divers animaux : chaque liqueur
végétale doit donc avoir ses vaisseaux particuliers. Effectivement, nous avons distingué différens ordres de vaisseaux dans
l'organisation végétale, principalement dans celle de la partie
fibreuse : j'ai donc supposé que,

1° Les plus gros de ces vaisseaux *a a*, fig. 1 et fig. 2, pl. 4, ceux
qui dans les grands arbres déterminent leur accroissement annuel forment les gros troncs dans lesquels circule la sève. Les
uns font les fonctions d'artères, et les autres celles des veines.

2° Ceux du second ordre *b b* forment un autre système, par
exemple ceux du suc propre.

3° Ceux d'un troisième ordre *c c* forment par exemple le
système des vaisseaux lymphatiques.

4° Ceux d'un quatrième ordre *d d*, plus petits encore, forment
le système des artérioles, des veinules, des vaisseaux exhalans,
des vaisseaux inhalans.

5° Des cinquièmes *e e* forment les vaisseaux des différentes
glandes.

6° Des sixièmes *f f* forment les vaisseaux qui servent à la
circulation de l'air.

Mais y a-t-il chez le végétal une véritable circulation de ses
diverses liqueurs ? Il ne me paroît pas qu'on puisse en douter.
Si au printemps on coupe l'extrémité d'une branche d'arbre,
par exemple de la vigne, il y a un écoulement considérable
de la sève ; qu'on découvre en même temps quelques unes de
ses racines, et qu'on les coupe, elles verseront également une
quantité considérable de sève. Ces écoulemens ne peuvent
avoir lieu qu'en supposant une circulation de la sève.

Hales ayant introduit dans un tube une branche de vigne
dont l'extrémité avoit été coupée, et l'ayant bien scellée dans
ce tube, la sève souleva une colonne de mercure de vingt-quatre
pouces de hauteur ; ce qui indiquoit que la force d'ascension de
cette sève l'auroit élevé à la hauteur de vingt-cinq pieds.
(Statique des végétaux, chap. 3.)

Dans d'autres expériences de Hales, la sève souleva une
colonne de mercure de trente-sept pouces, c'est-à-dire qu'elle
auroit pu s'élever à quarante-cinq pieds.

La sève circule avec plus de force dans les temps chauds. La
chaleur augmente l'irritabilité, dilate l'air....

En hiver la circulation est très ralentie chez les végétaux.

La même chose a lieu chez les animaux dormeurs, et chez
un grand nombre d'insectes.

La structure des vaisseaux du végétal est semblable à celle des vaisseaux lymphatiques des grandes espèces d'animaux ; ils sont divisés transversalement par des diaphragmes très rapprochés. Chaque diaphragme est composé, comme nous l'avons dit, d'une membrane mince, élastique et *très irritable*. La liqueur introduite dans ce vaisseau en excite l'irritabilité ; le petit diaphragme irrité se contracte, et imprime un mouvement à la liqueur, comme cela a lieu dans les vaisseaux lymphatiques des animaux.

Du système des organes de la respiration chez les végétaux. On ne doute plus que les végétaux ne respirent comme les animaux ; mais cette fonction s'exécute différemment chez les diverses espèces d'animaux. La même chose peut avoir lieu chez le végétal. Ses organes respiratoires, qui paroissent être les trachées, ont une grande analogie avec celles des insectes. Ils ont la même irritabilité.

« De la structure merveilleuse des organes des plantes destinées pour l'air on en pouvoit facilement conclure qu'il leur étoit d'une grande nécessité, disois-je, Essai sur l'air, tom. 1, pag. 355 ; les trachées par lesquelles elles respirent sont des lames entortillées et à ressort, qui sont placées à la surface du végétal ; elles se distribuent d'une manière admirable dans la plus grande partie de la plante, et reviennent se rendre à la même surface ; en sorte que les plantes inspirent et expirent continuellement : et si cette fonction est interrompue, elles périssent plus ou moins promptement. »

J'ai constaté ces inspirations et expirations par les expériences suivantes.

Inspiration des végétaux. J'ai mis pendant la nuit une branche de tilleul avec ses feuilles sous une cloche pleine d'air et reposant sur l'eau ; il y a eu absorption d'air.

Expiration des végétaux. J'ai fait passer une petite branche de chêne garnie de feuilles sous une cloche pleine d'eau et exposée au soleil ; l'air s'en dégageoit en grosses bulles et se réunissoit au haut de la cloche.

On sait que cet air expiré par la plante au soleil est plus pur que l'air atmosphérique, c'est-à-dire contient une plus grande quantité d'oxygène, et moins d'azote ; mais cet air expiré à l'ombre est moins pur que l'air atmosphérique.

Cet air expiré des végétaux contient une petite portion d'acide carbonique ; car ayant placé une petite branche de tilleul contenant plusieurs feuilles sous une cloche pleine d'air atmosphérique, et reposant sur l'eau de chaux, et l'ayant laissée toute la nuit, il y eut le lendemain une croûte calcaire sur l'eau de chaux.

Ces faits démontrent que le végétal respire comme l'animal. Cette respiration ne se fait peut-être pas aussi régulièrement que chez les grandes espèces d'animaux, les mammaux, les oiseaux; mais il est plus vraisemblable qu'elle s'opère comme chez les insectes. Les trachées végétales semblables à celles de l'insecte portent l'air dans toutes les parties de la plante, comme elles les portent dans toutes les parties de l'insecte. ·

On ignore comment l'air introduit dans les trachées de l'insecte communique avec ses vaisseaux sanguins et toutes ses autres parties. Il traverse sans doute ses membranes très fines, comme cela a lieu dans les organes pulmonaires des grandes espèces.

On ignore également comment cet air, introduit dans les trachées du végétal, se distribue dans toutes les parties du végétal, communique avec la sève et les autres liqueurs. Cette communication a lieu chez le végétal et chez l'insecte, en traversant leurs membranes déliées.

L'air respiré par l'animal oxygène les liqueurs.

L'air respiré par les plantes produit les mêmes effets. Il oxygène les liqueurs et lui enlève une partie surabondante de charbon. ·

Ces combinaisons de l'oxygène jointes à l'action de tous les solides, produisent un degré de chaleur quelconque chez le végétal comme chez l'animal.

Cette chaleur est très considérable chez quelques plantes dans la saison de leurs amours. Elle peut aller jusqu'à quarante à cinquante degrés.

Du système des organes de la nutrition chez les végétaux. Les végétaux se nourrissent comme les animaux. Cette nutrition suppose trois opérations.

1° La formation de la matière organique par de la matière inorganique. Ainsi les différentes substances végétales, les acides, les huiles, les corps muqueux, sucrés, sont formés par les principes absorbés par le végétal, l'eau, les différens gaz....

2° Cette matière organique formée, il faut une nouvelle opération pour l'assimiler à chaque partie : les diverses liqueurs se déposent dans leurs tissus particuliers, telles que les huiles, les résines, les sucs muqueux, Cette opération est un effet des affinités chimiques.

3° La troisième opération, qui est vraiment la nutrition, consiste dans l'adhésion que contractent les parties déposées.

Cette adhésion est l'effet d'une *véritable cristallisation*; car dans cette opération des parties similaires adhèrent, comme dans toutes les cristallisations, à d'autres parties similaires, en vertu des affinités. Elles y affectent des formes constantes, comme on l'observe dans les gousses des plantes légumineuses.

Mais comment la matière inorganique devient-elle matière organique chez le végétal ? Je pense que c'est par un mouvement particulier analogue à celui de la fermentation, comme cela a lieu chez l'animal.

Des sécrétions. La sève est chez le végétal ce qu'est le sang chez l'animal. Il s'en sépare également diverses liqueurs sécrétoires, telles que les sucs propres, les acides, les huiles, les résines, les corps sucrés, les gommes....

Ces sécrétions s'opèrent dans les glandes et les divers tissus ou systèmes dont nous avons parlé. Elles se déposent ensuite suivant les lois des affinités chez le végétal, comme elles le font chez l'animal.

On peut supposer que la sève artérielle est apportée à la glande, ou à tout autre tissu. Les vaisseaux aériens y apportent également de l'air : des nouvelles combinaisons sont opérées, et forment les diverses liqueurs sécrétoires. Ces liqueurs enfilent leurs vaisseaux particuliers.

Le résidu de cette sève artérielle ainsi appauvrie passe dans les vaisseaux séveux, veineux. Elle rentre dans le torrent de la circulation, et passe dans les vaisseaux séveux artériels. Elle s'y unit avec l'air, et reprend les caractères de sève artérielle.

Du système des organes de la reproduction chez les végétaux. Les végétaux se reproduisent comme les animaux. Ils ont également un système particulier d'organes nécessaires pour cette fonction. Nous ne parlerons ici que des organes essentiels.

Ceux des mâles sont le filet et l'anthère.

Le filet est une petite tige qui porte l'anthère.

L'anthère est la véritable partie mâle. Il contient une grande quantité de grains dont la couleur est le plus souvent jaune. En examinant ces grains au microscope, on y distingue une espèce de petite bourse qui a une ou plusieurs loges. Cette bourse renferme un fluide particulier qui est l'*aura seminalis.*

Les organes essentiels des femelles chez les végétaux sont,

1° Le *style* qui se présente comme un ou plusieurs filets plus ou moins allongés. Il est creux, et fait les fonctions du vagin.

2° Le *stigmate*, ou *cuneole*, qui est l'ouverture extérieure du style.

3° L'*uterus* est une membrane ou poche à laquelle aboutit le style. Tel est le brou dans la noix, l'involucre épineux dans la châtaigne. Il renferme l'embryon végétal ou fœtus.

4° L'*ovule*, ou œuf, est le petit embryon.

5° Le *placenta* est la première enveloppe de l'embryon. Il est membraneux dans la châtaigne, osseux dans la noix.

6° Le *chorion* est une membrane fine située à la partie intérieure du placenta, comme dans l'amande.

7° L'*amnios* est une autre membrane intérieure encore plus fine.

8° Le *cordon ombilical* fournit la nourriture à l'embryon. C'est un petit filet que l'on distingue très facilement dans l'amande, les pépins des pommes, des poires, et qui tient l'embryon attaché à l'uterus.

9° L'*embryon*, ou *fœtus*, est le végétal. On y distingue

a La *radicule* ou racine.

b La *plantule*, caulicule (petite tige) à laquelle on donne quelquefois le nom de *plumule*.

c Les *feuilles séminales* contenues dans le ou les cotylédons.

La fécondation s'opère chez le végétal comme chez l'animal. L'*aura seminalis* du mâle s'insinue par le stigmate ou cunéole, et pénètre jusqu'à l'ovule qu'elle féconde ; cela a lieu chez les animaux ovipares.

Du système des forces vitales chez les végétaux. Il y a chez les végétaux comme chez les animaux un système de forces vitales, qui animent ces belles machines ; car un arbre qu'on vient de couper ne vit plus, et cependant rien ne paroît changé dans son organisation. Mais quel est ce principe admirable qui leur donne la vie ?

Je pense qu'il dépend principalement de *l'irritabilité* de la fibre végétale dont nous avons parlé.

La dilatation et condensation alternatives de l'air contenu dans tous les systèmes du végétal donnent encore une nouvelle force au mouvement des liqueurs.

Enfin, l'action des tuyaux capillaires y contribue également.

Mais quelle est la cause de l'irritabilité de la fibre végétale ? Elle est aussi inconnue que celle de l'irritabilité de la fibre animale. Il faut peut-être se borner à la considérer, avec Haller, *comme un fait.*

Néanmoins, si on veut pousser ces recherches plus loin, je supposerai que la première cause de ces irritabilités dépend du galvanisme qu'exercent, les uns sur les autres, les différentes parties des végétaux et des animaux.

Chez les grandes familles des animaux il y a un point central, le *cerveau*, auquel se rapporte le système entier des forces vitales. Le végétal n'offre rien de semblable ; mais la même chose a lieu dans les dernières classes de l'animalité, les polypes.

Du système moteur, qui remplace le système musculaire chez les végétaux. Le végétal a des mouvemens particuliers assez considérables, ainsi que nous l'avons vu dans la vallisnière, dans le sainfoin gyrant, dans la dionée, dans la sensitive, dans les parties sexuelles de toutes les plantes. Ces mouvemens ont beaucoup de rapports avec ceux de l'animal ; mais ceux-ci s'opèrent par un système musculaire, et le végétal n'a aucun système analogue.

Il me paroît qu'il n'y a que le système des trachées qui soit capable de produire de pareils mouvemens. Elles sont très extensibles. Leur élasticité les fait revenir avec force sur elles-mêmes. Enfin elles ont une grande irritabilité. Leur direction est le long de la tige de la plante; elles peuvent donc faire allonger cette tige, ou la raccourcir, suivant qu'elles-mêmes s'étendront, ou se contracteront. (DE LA MÉTHERIE.)

PHYTOLACCA, *Phytolacca*. Genre de plantes de la décandrie décagynie, et de la famille des chenopodées, qui est formé par une demi-douzaine d'espèces, dont une, connue vulgairement sous le nom de *raisin d'Amérique*, de *morelle en grappe*, *herbe de la Laque*, et *méchoacan du Canada*, est presque naturalisée en Europe, c'est-à-dire se multiplie dans quelques lieux sans le secours de l'homme. Le PHYTOLACCA DÉCANDRE a une racine fusiforme très grosse; des tiges cylindriques, hautes de cinq à six pieds, presque ligneuses, très rameuses et dichotomes; des feuilles alternes, pétiolées, lancéolées, glabres, souvent longues de plus d'un pied; des fleurs d'un rouge pâle, disposées en grappes pendantes, longues de six pouces, et des fruits d'un violet noir. Elle croît dans toute l'Amérique septentrionale. Sa grandeur et l'élégance de ses grappes de fleurs et de fruits, qui se succèdent jusqu'aux gelées, la rendent propre à l'ornement, non seulement des jardins paysagers, mais même des grands parterres. Elle passe en Europe pour dangereuse, et en effet elle développe une odeur vireuse qui porte légèrement à la tête; mais en Amérique on en mange habituellement les feuilles en guise d'épinards, ainsi que j'en ai acquis fréquemment la preuve personnelle pendant mon séjour dans ce pays. Ces feuilles deviennent âcres en vieillissant; en conséquence on n'en use qu'au printemps. Ses baies et ses racines purgent. Elles ont été pendant quelque temps en vogue pour la guérison des cancers. J'ai appris en Amérique que l'infusion des premières dans l'eau-de-vie étoit un excellent remède contre les rhumatismes lorsqu'on s'en frottoit à chaud avant de se coucher.

On multiplie très aisément le phytolacca décandre par ses graines, qu'on sème aussitôt qu'elles sont mûres, et qui lèvent au printemps suivant. Le plant ne demande aucun soin particulier, mais il ne doit pas rester plus de deux ans en place, lorsqu'il est destiné à être transplanté, à raison de la longueur de sa racine. Toute terre lui est bonne, excepté celle qui est aquatique et celle qui est trop argileuse; mais il réussit mieux dans celle qui est légère et substantielle. Je l'ai vu croître en Europe et en Amérique dans des sables si arides, que je me demande s'il ne seroit pas avantageux de le semer dans ces sables uniquement pour en faire du fumier? Ses feuilles et ses rameaux charnus semblent le destiner à cet usage, et il vit dix à douze ans. Mais ce n'est pas sous ce rapport que la culture du phytolacca peut devenir le plus utile. En effet, on s'est assuré par des expériences exactes que, brûlé avant qu'il entre en fleur, il fournissoit une quantité de potasse telle, qu'une seule récolte donnoit autant de revenu qu'une de blé, et qu'on pouvoit en obtenir quatre à cinq du même champ dans la même année. Six pieds dans un bon fond, quatre dans un mauvais, paroissent être la distance qu'il convient de mettre entre ses touffes. Je fais des vœux pour que quelques agronomes, amis de leur patrie, fassent de nouvelles expériences sur ces deux objets.

On a parlé de la teinture pourpre que donnent les fruits de cette plante sur la laine et la soie; elle est vive, mais si peu solide, qu'elle ne peut être employée.

Les autres espèces de phytolacca sont inférieures à celle-ci sous tous les rapports. (B.)

PIC. Outil de fer courbé et pointu vers le bout, qui a un manche de bois, et dont on se sert pour ouvrir le sein de la terre dans les lieux pierreux, escarpés ou montagneux, et pour couper et casser les pierres et les morceaux de rocher. Cet outil ressemble beaucoup à une pioche pointue, dont il ne diffère que parceque le fer en est plus long, plus fort et plus acéré. On ne doit employer à sa fabrication que le fer connu sous le nom de *fer de roche*. Son manche doit être parfaitement cylindrique, et fait d'un bois ferme et flexible, tels que le bois du frêne, de l'érable ou du pommier sauvage. On doit choisir du bois sain et sec.

Il y a plusieurs sortes de pics, savoir, le pic simple, le pic à taillant, le pic à marteau, à taillant et à marteau, à deux taillans opposés, à long manche. Le premier sert à casser la roche sur les montagnes, pour la plantation de la vigne; on en fait usage sur les bords du Rhin, du Rhône et en Italie. Le pic à taillant doit être assez acéré pour couper la pierre calcaire et le tuf friable; on s'en sert en Toscane pour planter les oliviers et les mûriers. Sur les bords montagneux du Rhône et du Rhin, dans la plantation de la vigne et d'autres arbres, on fait aussi usage du pic à marteau, propre à déliter la roche et à la casser, et du pic à taillant et à marteau avec lequel on coupe et l'on casse la pierre calcaire. Le pic à deux taillans opposés, à court ou long manche, sert à faire des fouilles et des tranchées dans les terrains d'un tuf peu solide, pour la plantation des arbres des jardins et des routes. (D.)

PICEA, ou Épicéa. Espèce de Sapin. *Voyez* ce mot.

PICHET. Ancienne mesure de superficie. *Voyez* Mesure.

PICOT. Les fleuristes appellent picot les oreilles d'ours qui ont les étamines courtes, ce qui diminue beaucoup la valeur de ces fleurs à leurs yeux.

PICOTIN. Ancienne mesure de capacité pour les grains. *Voyez* Mesure.

PICOTTE. C'est la même chose que Claveau. *Voyez* ce mot.

PIE. Oiseau du genre des corbeaux, qui se reconnoît à son plumage noir brillant, à son ventre et la base de ses ailes blancs, et à sa longue queue. Il est sédentaire dans le pays qui l'a vu naître, vit, ou par couple, ou au plus cinq à six ensemble, c'est-à-dire en famille ; fait, sur un arbre élevé, un nid de branchages, où la femelle pond de cinq à huit œufs d'un vert bleuâtre taché de brun.

Ainsi que les corbeaux, la pie fait du bien et du mal aux cultivateurs, c'est-à-dire qu'elle détruit beaucoup d'insectes nuisibles en hiver et au printemps, et consomme beaucoup de grains et de fruits mous en été et en automne. Il y a donc autant de motifs pour la conserver que pour la détruire. Je crois cependant que la balance penche en sa faveur. Sa chair est un mauvais manger. On la tue au fusil, et on la prend dans les mêmes pièges que les corbeaux, mais plus difficilement parcequ'elle est plus méfiante. *Voyez* Corbeau.

Les formes élégantes et la belle robe de la pie, ainsi que la faculté dont elle jouit d'apprendre à prononcer quelques mots, font que les enfans des cultivateurs en élèvent souvent. On la nourrit de pain, de viande, de fruits de toutes sortes, surtout de fromage, que de son nom on appelle *à la pie*. Le mot qu'elle prononce le mieux est *margot*, devenu son nom trivial.

PIED. Ancienne mesure de longueur. *Voyez* Mesure.

PIED. Médecine vétérinaire. L'ongle, le sabot, le pied, sont des mots synonymes. Il entre dans notre plan de rappeler ici la division que l'on en fait en pince, en talons, en quartier, et de définir ce qu'on entend par ces parties, ainsi que par celles qui sont connues sous la dénomination de couronne, de sole et de fourchette.

Le pied du cheval est composé de parties dures et de parties molles. Les parties dures sont les os ; les parties molles sont les chairs. Toutes ces parties sont contenues dans une boîte de corne que l'on appelle *sabot*. Il faut en considérer,

1° La forme : elle est la même que celle de l'os du pied, c'est-à-dire qu'elle présente un ovale tronqué, ouvert sur les talons, et tirant sur le rond en pince ;

2° Le volume et les proportions. Le sabot n'est proportionné qu'autant qu'il répond aux parties dont il est une suite et qu'il termine. Supposons, par exemple, un cheval de la taille de cinq pieds, en qui les membres et toutes les pièces articulées qui les complètent seroient dans le rapport le plus parfait ; l'assiette, ou la partie de l'ongle des extrémités antérieures qui portera sur le sol aura quatre pouces cinq lignes dans sa plus grande largeur, à partir d'une ligne qui, appuyée sur l'un et l'autre talon, traverseroit le vide de la bifurcation de la fourchette.

La couronne aura quatre pouces d'un côté à l'autre, au plus saillant, et une même distance de sa partie antérieure à la partie la plus saillante du talon.

La hauteur verticale de ce même sabot sera de deux pouces deux lignes, mesurée du milieu de la partie antérieure et la plus élevée de la couronne jusqu'au sol ; mais cette élévation se réduira aux quartiers à un pouce sept lignes et demie, si on la prend au droit du milieu de la couronne, entre le talon et la partie antérieure de cette première partie, et elle n'aura plus en talons ou dans la dernière que huit lignes.

L'inclinaison du contour antérieur, ou de profil, sera telle que si on la prolongeoit sur le terrain on trouveroit un pouce onze lignes de longueur entre l'aplomb du sommet de la couronne et le point où atteindroit sur le sol l'extrémité de la pince au moyen de cette prolongation : ce contour doit s'approcher ensuite insensiblement et de plus en plus de la verticale, de manière à n'être incliné au droit du milieu de l'assiette, vue latéralement, que de quatre lignes, et à perdre toujours imperceptiblement jusqu'à environ quinze lignes de l'extrémité des talons, où il devient vertical, et de là s'incline en arrière à tel point, qu'au droit des talons, l'aplomb du contour de la couronne dépasse de six lignes le point d'appui du talon sur le sol.

Ces mesures géométriques, c'est-à-dire prises entre des parallèles, ne se rapporteront pas absolument au sabot des extrémités postérieures ; il est des différences à observer.

1° La largeur de l'assiette, mesurée comme dans l'ongle de l'extrémité antérieure, aura quatre pouces et demi, au lieu de quatre pouces cinq lignes, et sa longueur sera de cinq pouces six lignes.

2° Les dimensions de la couronne d'un côté à l'autre seront les mêmes à celle de l'ongle antérieur en cet endroit ; mais de la partie antérieure à la ligne la plus saillante du talon, elle aura huit lignes de plus.

3° La hauteur verticale aura deux pouces et demi ; dans les quartiers elle sera réduite à un pouce neuf lignes , tandis qu'au talon elle sera parfaitement égale en élévation.

4° Enfin, l'inclinaison du contour antérieur, vue de profil et prolongée comme dans le pied de devant, sera de deux pouces de longueur entre l'aplomb du sommet de la couronne et le point que nous avons désigné sur le terrain.

La connoissance de ces proportions assez rigoureusement assignées, non sur un ongle qui, n'ayant jamais porté de fer, auroit éprouvé de la part du sol des atteintes qui en auroient inévitablement altéré la forme et les mesures naturelles, mais sur un pied vraiment beau et paré, comme il doit l'être quand il est ferré selon l'art, peut nous donner les plus grandes lumières : l'ongle, par exemple, excède-t-il ces dimensions ou ne les atteint-il pas? il est également défectueux. Une amplitude plus ou moins vaste, mais toujours très commune dans les chevaux lourds, mous et foibles, est une marque de sa délicatesse, de sa trop grande sensibilité, de la propension à s'échauffer bientôt sur le sol, et rarement peut-on y adapter des fers d'une manière vraiment solide; d'ailleurs, cette partie rend pénible par son propre poids la marche de l'animal, déjà naturellement débile; il butte, il bronche, il se lasse aisément, et le moindre travail le fatigant, pour peu qu'il soit exercé, la ruine de ses membres ne peut être que prochaine; un ongle trop peu volumineux, au contraire, est aride, sec et cassant, et le plus souvent aussi, par son inflexibilité, par sa dureté, et sur-tout par son rapprochement des parties molles auxquelles il devroit servir de défense, il occasionne en elles, en les comprimant, une douleur plus ou moins vive : s'il n'a pas la hauteur et la longueur requises, son appui n'ayant lieu que sur une très légère portion ou sur une très petite quantité de points du sol, la machine élevée sur quatre colonnes dont la base alors est très étroite n'a que très peu de stabilité, et s'il n'est pas en ce cas exposé à des éclats, à des fissures, comme il l'est assez ordinairement, les corps durs sur lesquels il portera lui feront éprouver une douloureuse sensation.

5° La consistance : l'union trop intime des fibres, leur trop grande tension, l'étroitesse ou plutôt l'oblitération des canaux destinés à contenir et à charrier le fluide, telles sont les causes de la sécheresse et de l'aridité de l'ongle; tandis que le relâchement de ces mêmes fibres, le moindre resserrement des vaisseaux, une plus grande abondance de porosité, et par conséquent un abord plus considérable de liqueurs, produiront l'effet opposé; de là les pieds qu'on nomme très improprement *pieds gras*, qu'il conviendroit de nommer plutôt *pieds mous*; la sole est le plus souvent en eux si vaste, que le tissu de l'ongle en est distendu, et que le sabot en paroît évasé; outre le danger qu'il y a de piquer, de serrer, d'enclouer ces sortes de pieds, il est certain encore que dès les premiers momens l'application des nouveaux fers les étonne toujours, et qu'ils sont toujours foibles. Très fréquemment encore ces sortes de pieds en imposent par les dehors trompeurs d'une beauté apparente qu'ils ne doivent qu'à leur défectuosité, puisque l'ongle ne paroît en eux extérieurement uni, liant et plein de vie, qu'à cause de la lâcheté de son tissu et le petit nombre de fibres dont il est formé.

Nous exigeons donc dans le pied une épaisseur proportionnée qui en fait la force, qui s'oppose à la sensibilité, et qui garantit le cheval d'être piqué, serré et encloué aussi facilement qu'il pourroit l'être, si la consistance de l'ongle étoit plus foible. Nous demandons encore que sa fermeté soit accompagnée de souplesse. Ces deux qualités réunies lui font soutenir sans éclater les lames que l'on y broche ; ce que l'on ne rencontre pas dans l'ongle des pieds que l'on nomme *pieds derobés*, c'est-à-dire de ceux dont la corne est si cassante, que la lame la plus déliée y fait, près du fer, des brèches considérables, principalement à l'endroit des rivures. De tels pieds sont souvent déferrés, et l'étampure extraordinaire à laquelle on a recours en pareille circonstance n'occasionne que trop communément dans les parties molles des offenses de la part des lames.

Le tissu de l'ongle dans des pieds mous paroît extérieurement, et, attendu sa lâcheté, uni, haut et plein de vie ; aussi se laisse-t-on assez souvent séduire par ce dehors trompeur. Il n'en est pas de même d'un nombre de défauts bien apparens dans une infinité d'autres pieds ; tels sont, par exemple, les aspérités qu'on y remarque quelquefois, des inégalités, des espèces de bosses en forme de cordons qui entourent le sabot d'un quartier et d'un talon à l'autre. Dans le cas de la présence de ces cordons, le pied est dit *cerclé* ; souvent alors l'animal feint ou boite. Souvent aussi ces cercles ou cordons, existant en dehors comme en dedans, compriment les parties molles, et la douleur qu'ils suscitent donne lieu à la claudication. Il est donc certain qu'en général l'ongle doit être uni dans toute son étendue ; il est toujours tel dans les pieds vifs ; c'est-à-dire dans ceux qui, n'étant pas privés des sucs nécessaires à leur entretien, possèdent, si nous osons nous exprimer ainsi, cet éclat dont jouit tout corps à qui la faculté de végéter n'est pas ravie. La rétraction, le resserrement, le rétrécissement de l'ongle, sont encore autant de points sur lesquels on ne doit pas passer sans attention. Il en est ainsi du dessèchement qui en diminue la forme ; le pied rend alors un son creux, pour ainsi dire ; quand il est heurté, on diroit qu'il est entièrement cave. On doit aussi prendre garde que l'ongle ne soit pas fendu sur le milieu de sa partie antérieure ;

cette fente, plus ou moins visible, commençant dès la couronne, est ce que l'on nomme *soie* ou *pied de bœuf*. *Voyez* Soie. Cet évènement, que nous mettons au rang des maladies externes, attaque plus communément les extrémités postérieures que les antérieures. Il est encore une maladie qui peut intéresser toutes les parties du pied : elle est la suite d'un heurt violent des pieds du cheval contre un corps dur, et nous la nommons en conséquence ÉTONNEMENT DU SABOT. *Voyez* ce mot.

Passons actuellement à la division du pied.

Le sabot a deux faces ; l'une antérieure et supérieure, convexe, qu'on appelle *muraille*. L'autre la partie inférieure, la sole proprement dite.

La partie supérieure en est la couronne; la partie inférieure la fourchette et la sole; la partie antérieure, la pince, la partie postérieure, le talon; enfin les parties latérales internes et externes sont distinguées par les noms de *quartiers de dedans* et de *quartiers de dehors*.

Mais, sans parler ici de la différence que l'on observe dans toutes ces parties relativement à leur substance et à leur construction, arrêtons-nous seulement aux beautés et aux défauts dont elles peuvent être susceptibles.

1° Les talons : ils doivent être élevés dans une juste proportion. Nous renvoyons donc le lecteur à la mesure que nous en avons donnée en parlant des proportions. Il faut encore qu'ils soient fermes, ouverts et égaux. Dans les pieds dont les talons sont bas, communément la fourchette a trop de volume; elle est grasse, c'est-à-dire trop molle ; et cette partie portant directement sur le sol, l'animal souffre nécessairement, et le plus souvent il boite.

Ce défaut est d'une conséquence encore plus grande dans les chevaux long-jointés, dont les fanons touchent presque à terre ; car il est bien difficile que l'art restreigne le mouvement, l'action et le jeu des articulations du boulet et du paturon. Au surplus, on distingue le talon qui a été abattu de celui en qui le défaut d'élévation est un défaut de nature, en examinant la fourchette, qui est ordinairement d'un volume médiocre et proportionné dans les pieds exempts de ce vice.

Le trop d'élévation des talons, joint à l'aridité de l'ongle, et à une foiblesse excessive, et telle que la pression la plus légère suffit à leur rapprochement, sont un présage de leur resserrement et de l'ENCASTELURE. *Voyez* ce mot. Ces sortes de talons, qui fléchissent et plient ainsi, sont appelés des *talons foibles*, des *talons flexibles*. On doit encore faire une grande différence entre le talon foible et le talon affoibli. La foiblesse naturelle a pour cause la qualité de l'ongle même, tandis que la foiblesse accidentelle ou acquise peut provenir de quelques maladies qui auront endommagé, usé ou diminué la force de la fourchette, ou de l'ignorance du maréchal qui n'aura pas entretenu celle qui étoit nécessaire pour contenir les talons, pour les empêcher de se resserrer, ou qui les aura resserrés lui-même en creusant, au lieu de parer à plat et sans pencher le boutoir, quand il les a abattus. Cette mauvaise opération qui n'est que trop ordinaire à la campagne, par laquelle le maréchal se flatte d'ouvrir les talons, enlève totalement l'appui qui étoit entre eux et la fourchette, et dès-lors les parois de l'ongle en cet endroit, cessant d'être gênées, contenues et d'avoir un soutien, se jettent et se portent en dedans, d'autant plus aisément, qu'il est de la nature de la corne de tendre à se resserrer.

Des pieds dont les talons sont trop hauts, mais larges et ouverts, manquent ordinairement par la pince. Si le vice qui naît du peu d'élévation des talons est plus grand dans des chevaux long-jointés que dans d'autres, on doit bien comprendre que celui qui résulte de leur trop de hauteur augmente à proportion dans les chevaux court-jointés, droits sur leurs membres, boutés, arqués ou brassicourts. Des talons excessivement élevés favorisent la mauvaise position et la direction fausse de la jambe de l'animal. Nous ajouterons encore que tout pied trop allongé, outre-passant en talons sa rondeur ordinaire, a des dispositions réelles à l'Encastelure. *Voyez* ce mot. Enfin l'expérience nous apprend que l'inégalité des talons est plus commune dans les chevaux fins, quand cette partie est en eux étroite et serrée, et lorsqu'on n'a pas la précaution d'humecter souvent leurs pieds.

2° Les parties latérales ou les quartiers : celui de dedans est constamment et naturellement plus foible que celui de dehors. Ils doivent nécessairement être égaux en hauteur, autrement le pied seroit de travers, et la masse ne portant que sur le quartier le plus haut, l'animal ne pourroit marcher avec facilité ni avec assurance.

L'inégalité des quartiers provient de plusieurs causes ou de la main inhabile ou paresseuse du maréchal qui néglige de couper ou d'abattre également, vu le moins de facilité qu'il a dans le maniement du boutoir quand il s'agit de retrancher du quartier de dehors du pied du montoir, et du quartier de dedans du pied hors du montoir, ou de la surabondance des liqueurs qui nourrissent l'ongle, et qui, à raison de quelques causes occasionnelles, se distribuent en plus grande quantité dans un quartier que dans un autre; ou de la conformation vicieuse de l'animal, dont le poids, s'il est cagneux ou panard, ou s'il a des jambes de veau, porte plus sur un quartier que sur l'autre, et celui sur lequel il reposera le moins poussera et croîtra plus que celui sur lequel il s'appuiera davantage ; ou enfin de la situation des poulains élevés dans des pâturages montueux et inégaux.

Cette inégalité ne consiste pas seulement dans celle de leur hauteur véritable ; ils peuvent paroître inégaux en élévation, par le rejet et la direction de l'un d'eux en dedans ou en dehors. Ainsi, par exemple, dans un pied dont l'ongle est aride et sec, un des quartiers se jetant en dedans, l'autre dont l'ongle ne sera pas réellement plus prolongé, mais dont la direction sera perpendiculaire et tombera aplomb sur le terrain, semblera avoir plus de hauteur. Il en sera de même dans le cas où un des quartiers se jetteroit en dehors par les unes ou par les autres de différentes causes qui peuvent donner lieu à cette difformité.

3° La sole : cette portion de l'ongle qui tapisse en plus grande partie et qui clôt, avec la fourchette, le sabot inférieurement, doit avoir nécessairement de la force et de la vigueur pour résister, sans dommage et sans douleur, à la dureté et à l'aspérité des corps sur lesquels marche l'animal. Est-elle foible et molle, elle se meurtrit aisément ; le pied est toujours sensible, et l'animal boite aussitôt qu'il marche sur un terrain ferme et dans les chemins pierreux : son épaisseur néanmoins ne doit pas être telle que le dessous du pied n'ait aucune concavité ; alors le pied seroit ce que nous nommons *un pied comble*. Ce défaut fait d'abord porter l'animal autant sur la sole que sur les quartiers, et dans la suite il porte moins sur les quartiers que sur la sole ; toute la nourriture se distribuant en pareil cas à cette partie, et la pince et les talons en étant privés, ils se dessèchent et se resserrent. Dans ces sortes de pieds l'ongle est toujours plat, difforme et écailleux, et les chevaux nourris et élevés dans des pays marécageux sont plutôt sujets à ce défaut que les autres. On appelle *pied plat* ceux qui, moins caves qu'ils ne doivent l'être, doivent encore leur difformité à leur trop de largeur et à leur trop d'étendue. Les talons dans ce cas ne se resserrent pas, ils s'élargissent du côté des quartiers, et la fourchette porte à terre. Insensiblement le pied plat peut devenir comble. Il est des pieds plats naturellement et par vice de conformation. Il en est d'autres qui sont plats, larges et étendus, parceque les chevaux ont été nourris dans des pays humides ; d'autres enfin ont les talons conformés comme ils doivent l'être, mais l'ongle s'étend vers la pince ; ce défaut est un effet ordinaire de la FOURBURE. *Voyez* ce mot. Le pied est plat, l'ongle rentre dans lui-même, tandis qu'au milieu et à la partie antérieure du sabot il est cerclé. Le cheval en marchant fixe son appui sur le talon et non sur la pince, sur-tout si le dessous du pied approche de la figure du pied comble par le moyen de l'élévation de la sole, qui, poussée et voûtée en dehors, présente une sorte de croissant. Les chevaux dont les pieds sont plats ne sont jamais d'un grand service, sur-tout si la fourbure a quelque part à ce défaut : la sole peut ne pas surmonter et effacer toute la cavité du pied, mais être voûée et saillante dans une seule portion de son étendue ; cette saillie forme ce que nous appelons un OIGNON. *Voyez* ce mot. On doit comprendre au surplus que tout pied plat et comble est plus susceptible que les autres de CONTUSIONS, de FOULURES, de BLEIMES FOULÉES, etc. *Voyez* ces mots. Comme tout pied aride, cerclé, encastelé, est très sujet aux bleimes sèches.

4° Enfin la fourchette ; elle doit être proportionnée au sabot ; une fourchette trop ou trop peu nourrie annonce toujours un pied défectueux. Sa disproportion en maigreur est le partage d'un ongle trop sec, tandis que sa disproportion en volume existe communément dans les talons trop bas. Quant aux autres défauts et aux maladies, *voyez* FOURCHETTE.

Les maladies auxquelles le pied du cheval est exposé sont l'atteinte, l'avalure, la bleime, le clou de rue, la compression de la sole charnue, l'encastelure, l'enclouure, l'étonnement de sabot, le fic ou crapaud, la forme, la foulure de la sole, la fourbure, la fourmillière, le javart encorné, l'oignon, la piqûre, la seime, la brûlure de la sole, les cercles ou cordons et les croissans.

Mais outre ces maladies que l'on trouvera amplement détaillées par ordre alphabétique dans le corps de ce Dictionnaire, quant à leurs causes et à la manière de les guérir, il en est encore d'autres par lesquelles nous terminerons cet article.

PIED ALTÉRÉ (LE) est un dessèchement de la sole de corne. Ce mal vient souvent de ce que le maréchal a paré le pied jusqu'à la rosée. *Voyez* FERRURE. L'air ayant enlevé toute l'humidité du pied et resserré la sole de corne, il s'ensuit la compression de la sole charnue ; ce qui fait boiter le cheval.

Relâchez, adoucissez et humectez la sole de corne, en appliquant des cataplasmes émolliens et des émiellures.

PIED DESSÉCHÉ ET RESSERRÉ. La mauvaise méthode que les maréchaux ont de rapetisser et d'enjoliver le pied, en abattant beaucoup de muraille, en rapant bien le sabot tout autour et en vidant le dedans du pied, fait qu'on l'expose par-là au contact de l'air ; ce qui enlève une partie du suc de la lymphe nourricière, dissipe l'humidité, dessèche le pied et le fait resserrer.

Humectez le pied avec des cataplasmes émolliens, et même avec de la terre glaise mouillée. Elle produit autant d'effet que certains autres remèdes conseillés par quelques auteurs.

PIED FOIBLE OU PIED GRAS. Pied dont la muraille est mince. C'est un vice de conformation qui peut arriver à un pied bien fait tout comme à un pied plat. Les chevaux chez lesquels on remarque ce défaut sont exposés à être piqués, encloués ou serrés, et même à devenir boiteux par les coups de brochoirs qui les étonnent.

Voyez la ferrure de ces sortes de pieds, à l'article FERRURE.

PIED SERRÉ. Nous appelons *clou* qui serre la veine, ou pied serré, un clou qui comprime la chair cannelée.

La chair cannelée peut être comprimée par le clou lorsqu'il pénètre la muraille et elle, et lorsque le clou coude.

Le clou pénètre entre la muraille et la chair cannelée lorsque le fer est étampé trop maigre.

La chair cannelée peut encore souffrir une compression lorsqu'il se trouve une souche ; pour lors la pointe du clou passant devant la souche ou derrière, elle fait fonction de coin qui comprime la chair cannelée ; ou lorsque, la contrepierçure étant trop grande, le clou se tourne de côté et fait élargir la corne, ou enfin lorsque le clou est trop fort de lame. Dans tous ces cas, la chair cannelée est comprimée, les vaisseaux sont resserrés, et la circulation étant interceptée, il en naît l'inflammation et la formation du pus.

Pour reconnoître le mal, sondez avec les triquoises ; et l'endroit où le pied sera plus sensible vous en indiquera le siège. Si l'accident est récent, il n'y aura qu'une simple inflammation ; s'il est ancien, il s'y formera du pus.

Si vous vous apercevez sur-le-champ que le cheval a le pied serré, desserrez-le, ou bien retirez le clou qui cause le mal ; si au contraire le mal est ancien et qu'il y ait du pus, servez-vous des remèdes que nous avons indiqués pour l'enclouure.

PIED. Extension du tendon fléchisseur du pied. L'extension du tendon fléchisseur du pied et des ligamens vient de la même cause que la compression de la sole charnue, c'est-à-dire de l'effort de l'os coronaire sur le tendon ou sur ses ligamens.

Cet accident arrive lorsque la fourchette ne porte pas à terre ; et elle ne porte pas, 1° lorsqu'elle est trop parée et que les éponges sont trop fortes ou armées de crampons. Le point d'appui étant alors éloigné de terre, l'os coronaire pèse sur le tendon et le fait allonger jusqu'à ce que la fourchette ait atteint la terre ; 2° lorsque le pied du cheval porte sur un corps élevé. Le pied étant pour lors obligé de se renverser, l'os coronaire pèse sur le tendon, l'oblige de servir de point d'appui au corps du cheval, et le distend. Enfin l'extension des ligamens vient des grands efforts et des mouvemens forcés de l'os coronaire.

Cette maladie se manifeste par un gonflement qui règne depuis le genou jusque dans le paturon, et par la douleur que l'animal ressent dans cette partie lorsqu'on la touche. On s'en aperçoit encore mieux au bout de douze ou quinze jours, par une grosseur arrondie qu'on appelle GANGLION (*voyez* ce mot), située sur le tendon, et qui forme par la suite une tumeur squirreuse, dure, indolente, ronde, inégale et pour l'ordinaire fixe.

Dessolez le cheval; il ne sauroit y avoir extension sans qu'il n'y ait une forte compression de la sole charnue. Appliquez ensuite le long du tendon des cataplasmes émolliens que vous renouvellerez trois fois le jour.

Si, après quinze ou vingt jours, vous apercevez une grosseur limitée au tendon, ou un ganglion, mettez-y le feu en pointe, et laissez l'animal à l'écurie jusqu'à ce qu'il soit guéri; cette méthode m'a réussi à merveille dans deux mulets.

M. La Fosse conseille de promener le cheval trois ou quatre jours après l'application du feu, et de le faire travailler une quinzaine de jours de suite; il a même observé que les chevaux qu'on tenoit renfermés dans les écuries pendant tout le temps du traitement restoient presque toujours boiteux. L'utilité de cette pratique, quoique peu physiologique, ne doit point être révoquée en doute, puisqu'elle émane d'un praticien aussi estimable.

PIED. (De la rupture du tendon fléchisseur du) On juge que le tendon fléchisseur du pied est rompu, 1° en ce que le cheval portant le pied en avant ne le ramène pas; 2° en ce qu'il ne sauroit mouvoir l'articulation; 3° en ce que le tendon est lâche lorsqu'on le touche; on s'en assure même par la douleur que l'animal ressent au paturon, par un engorgement qui survient au haut de la fourchette peu de jours après, et encore mieux quand il est dessolé, par une tumeur à la pointe de cette même fourchette, et bientôt par un dépôt qui dénote, avec le secours de la sonde, la rupture du tendon.

Ne tentez jamais la guérison de cette maladie sans dessoler le cheval, et faites une ouverture à la sole charnue pour donner issue à la partie du tendon qui doit tomber en pourriture; par ce moyen le reste du tendon s'épanouissant, se collant sur l'os de la noix, s'ossifiant avec lui et avec l'os du pied, il arrive que le cheval guérit, mais qu'il reste toujours boiteux. Cette méthode que nous n'avons jamais suivie, attendu que, dans le cours de notre pratique, nous n'avons jamais eu de cheval atteint de ce mal, est celle de M. La Fosse : nous ne saurions trop la recommander. L'ouverture faite, servez-vous, pour premier appareil, d'onguent digestif; la partie du tendon détachée, n'employez que de la térébenthine de Venise et son essence ; n'oubliez pas sur-tout d'appliquer autour de la couronne des cataplasmes émolliens pendant douze à quinze jours.

PIED. (Fracture de l'os du) Nous avons déjà traité au long de cette maladie à l'article FRACTURE. *Voyez* ce mot. (B.)

PIED D'ALOUETTE. *Voyez* DAUPHINELLE.

PIED DE CHAT. Espèce du genre GNAPHALE. *Voyez* ce mot.

PIED CHAUD. Nom qu'on donne dans le département de la Meurthe au goût que prend le vin dans la cuve par suite de l'action de l'air sur le chapeau ou croûte qui surnage la cuvée. *Voyez* VIN.

PIED DE GRIFFON. *Voyez* HELLÉBORE FÉTIDE.

PIED DE LION. C'est le nom vulgaire de l'ALCHEMILLE.

PIED DE MULET. Nom de la renoncule ficaire dans le pays de Médoc , où on la mange en salade. *Voyez* RENONCULE.

PIED DE PIGEON. C'est la GERAINE COLOMBINE.

PIED DE POULE. Espèce de chiendent. *Voyez* au mot PANIC.

PIED DE VEAU. On appelle ainsi le COUET COMMUN.

PIEDS CORNIERS, TOURNANS, PAROIS, ARBRES DE LISIÈRE. On appelle de ces noms, selon leur position , les arbres qui servent de limite extérieure aux ventes en usances des forêts. (DE PER.)

PIÈGE. On appelle ainsi les machines inventées pour prendre les animaux sauvages , quadrupèdes ou oiseaux. Les plus utiles d'entre elles sont décrites aux articles de ces animaux, pour lesquels elles sont employées.

PIGNON. Fruit du PIN CULTIVÉ.

PIGNON D'INDE. *Voyez* RICIN.

PIERRE. MÉDECINE VÉTÉRINAIRE. *Voyez* CALCUL.

PIERRE MEULIÈRE. Sorte de pierre siliceuse , plus ou moins percée de trous ou de cavités irrégulières, qu'on trouve en masses plus ou moins grosses , plus ou moins rapprochées de la forme globuleuse, dans les terrains formés dans l'eau douce. *Voyez* le mémoire de Cuvier et A. Brongniart, dans les Annales du Muséum d'histoire naturelle.

Par leur dureté et leur porosité les pierres meulières sont celles qui sont les plus propres à employer comme meules de moulin. De là leur nom. Malheureusement il ne s'en trouve pas par-tout, et les frais de transport augmentent beaucoup leur prix. Les principaux lieux qui en fournissent en France sont en ce moment les environs de la Ferté-sous-Jouarre, Montregard , Monthorou, Houlbec.

Ces pierres sont toujours presque à la surface de la terre dessemiuées dans une argile ferrugineuse, et on ne peut les trouver que par hasard en fouillant cette argile ; mais les masses sont si rapprochées, que toujours on est certain d'en rencontrer après quelque travail : le difficile est de tomber sur les grosses.

Il y a aussi des meules de moulin qui sont fabriquées avec des laves volcaniques. (B.)

PIERRÉES. On donne ce nom , dans quelques lieux, à ce que dans d'autres on appelle EMPIERREMENT (*voyez* ce mot et le mot PIERRE), c'est-à-dire à un encaissement rempli de pierres brutes, aussi écartées les unes des autres que possible, et destiné à recevoir les eaux , soit pour les conserver ; soit pour favoriser leur écoulement à peu de frais. Le plus souvent les pierrées sont recouvertes de terre , de sorte qu'elles ne sont pas apparentes. (B.)

PIERRES. Par ce mot on entend généralement tout corps minéral solide qui ne contient point de métal. Les minéralogistes distinguent un grand nombre de sortes de pierres qui n'intéressent ni le maçon ni l'agriculteur, parcequ'elles sont fort rares ou ont des propriétés très rapprochées de quelques autres. Je ne parlerai donc ici que de fort peu d'espèces, ou mieux, je les confondrai, comme on le fait presque par-tout, sous les trois grandes divisions de pierres quartzeuses, pierres argileuses et pierres calcaires, en mentionnant, lorsque cela sera nécessaire , les espèces de chacune de ces divisions, espèces qui auront leur article particulier , auquel pourront recourir, ainsi qu'au mot ROCHE, ceux qui voudront de plus grands détails à leur égard.

Les cultivateurs ont besoin de considérer les pierres et comme servant à bâtir et comme pouvant influer sur la récolte des terres auxquelles elles servent de base ou dans lesquelles elles sont disséminées. Je traiterai donc cet article sous ces deux points de vue.

La grande quantité de pierres qu'absorbe la plus petite bâtisse et leur grande pesanteur ne permet presque jamais aux cultivateurs de choisir la meilleure sorte. Toujours ils sont forcés, par la nécessité de diminuer leur dépense, de faire usage de celle qui est le plus près, ou de renoncer à leur emploi. C'est ce qui fait que tant de maisons , tant de murs tombent en ruine avant le temps, et obligent à des réparations continuelles.

La dureté et la lenteur de décomposition des pierres quartzeuses doit les faire rechercher de préférence; mais la difficulté de leur taille force souvent à leur préférer les autres. En général, ce sont les calcaires qui remplissent le mieux les conditions exigibles , comme je le dirai plus bas.

Parmi les pierres quartzeuses les plus usitées sont le granit , le grès , les pierres meulières et les cailloux.

Le Granit (*voyez* ce mot) forme les montagnes les plus centrales des chaînes. On en fait, lorsqu'il est bien choisi, des bâtimens pour ainsi dire éternels. Il se taille, très difficilement, sur-tout lorsqu'il y a long-temps qu'il est sorti de la carrière, et qu'il n'est pas mouillé; aussi les cultivateurs l'emploient-ils le plus souvent en morceaux irréguliers, c'est-à-dire bruts. Comme la chaux et le plâtre sont rares dans les pays qui en sont composés, on construit presque toujours les murs uniquement avec de ses fragmens plus ou moins gros, et plus ou moins irréguliers. Ce sont des murailles sèches. Lorsqu'elles sont bien fabriquées, elles suffisent aux besoins des clôtures rurales; mais la malveillance les renverse facilement.

Le grès a les mêmes avantages, et souvent les mêmes inconvéniens que le granit. Il est généralement moins commun. *Voyez* au mot Grès.

Les Pierres meulières (*voyez* ce mot) ne se trouvent que dans certains pays calcaires, dans les argiles qui en forment la couche supérieure, immédiatement sous la terre végétale. Elles sont extrêmement dures, mais remplies d'une multitude de cavités de toutes formes, de toutes grandeurs, et de toutes directions, ce qui les rend plus légères, sous le même volume, que beaucoup d'autres, et leur donne la faculté de s'unir parfaitement par l'intermède du mortier. On les appelle *meulières*, parceque c'est avec elles qu'on fabrique les meilleures meules de moulin. On les taille rarement hors ce cas; c'est-à-dire que pour la bâtisse on se contente de la casser en fragmens plus ou moins réguliers, qu'on dispose de manière à leur faire présenter au jour une large face. Comme dans les pays où elles se rencontrent la chaux et le plâtre sont souvent fort abondans, on ne les épargne pas dans les murs qui en sont construits. Ces murs durent long-temps quand ils sont bien fondés; et lorsque quelque accident les renverse, les mêmes pierres servent à les reconstruire. Aux environs de Paris, où ces pierres sont communes, il en est peut-être qui servent ainsi depuis trois à quatre mille ans, et qui sont aussi bonnes que la première fois qu'elles ont été mises en œuvre. La chaux est dans ce cas préférable au plâtre, que l'eau dissout et entraîne.

Ces pierres meulières sont de plus excellentes pour faire les fondations des maisons, et pour fabriquer les voûtes.

Les murailles sèches qu'on en construit sont de peu de durée, par la difficulté de régulariser ses fragmens, de manière à ce qu'ils se soutiennent sans liaison.

Les Cailloux (*voyez* ce mot) se trouvent dans les vallées, dans les plaines voisines des hautes montagnes, et sur le bord de la mer. Ils sont le résultat de la destruction des Roches (*voyez* ce mot), et du roulement de leurs fragmens par les rivières ou la mer.

Plusieurs sortes de pierres, toutes très dures, se remarquent dans le mélange de ces cailloux, tels que les granits, les jaspes, les quartz, les grès, etc. Quelquefois même on y rencontre des pierres argileuses, et des mines de fer ou autres. Leur forme est toujours plus ou moins arrondie. Lorsqu'ils sont aplatis, ils portent le nom de GALET. *Voy*. ce mot.

Dans beaucoup de pays on est forcé de les employer à bâtir les maisons ; mais leur forme les empêche de se soutenir sans une abondance de chaux ou de plâtre. L'usage auquel ils conviennent le mieux sont pour le pavement ou le ferrage des grandes routes.

Parmi les pierres argileuses il faut principalement noter les schistes, qui se divisent presque toujours en lits plus ou moins épais, et qui se cassent facilement perpendiculairement à ces lits, lorsqu'ils ne sont pas naturellement fendus. On en compte un grand nombre de variétés relativement à leur seule dureté ; leur couleur est plus ou moins noire. Les maisons qu'on en bâtit sont d'une construction peu coûteuse, et souvent d'une longue durée. On en fabrique des murs sans mortier qui subsistent aussi fort long-temps. On couvre les maisons avec de larges dalles, peu épaisses, de cette sorte de pierre. L'ardoise, dont on fait un si grand usage dans certaines villes pour ce dernier objet, est une de ses variétés, qui se trouve dans une autre nature des montagnes. *Voyez* au mot ARDOISE.

Quelquefois on trouve aussi, dans les mêmes pays, des marnes argileuses qui ont l'apparence des schistes, mais dont la couleur est beaucoup plus claire.

On doit ranger parmi les pierres argileuses les basaltes, les laves et autres produits volcaniques, qui couvrent de grands espaces dans les montagnes de la ci-devant Auvergne, dans une partie considérable de l'Italie, sur les bords du Rhin, etc. Ces produits volcaniques sont généralement poreux, quelquefois même excessivement poreux ; aussi sont-ils presque tous excellens pour la bâtisse, parcequ'ils s'unissent parfaitement bien par l'intermède du mortier, et qu'ils sont faciles à tailler. Le seul inconvénient qu'ils aient est leur couleur noire peu agréable à la vue. *Voyez* VOLCAN.

C'est parmi les pierres CALCAIRES (*voyez* ce mot) qu'on rencontre les plus communes. Elles offrent les meilleurs matériaux pour la bâtisse. On connoît deux natures de ces sortes de pierres : les primitives, qui gissent en grandes masses autour des montagnes granitiques ; et les secondaires, qui ont été évidemment formées par la destruction des coquilles marines, et qui forment les petites montagnes ou le sol des plaines. Les premières sont homogènes, d'un grain fin, et passablement dures. On les taille quelquefois avec difficulté, en ce que leurs fragmens se lèvent en écailles; mais la plupart se polissent très bien, témoin les marbres, qui en font presque tous partie. Leur emploi dans la bâtisse est très désirable, parceque, loin de se décomposer par le contact de l'air, elles y durcissent encore. Les secondes sont tantôt dures, tantôt tendres. Elles sont fréquemment mélangées d'argile et de sable quartzeux. Leur grain est ordinairement grossier. L'action de l'air et celle des gelées les décompose, et elles sont par conséquent de beaucoup inférieures aux premières pour la bâtisse. Cependant ce sont les plus abondantes et celles dont on fait le plus d'usage. C'est toujours en couches qu'on les trouve. Souvent une couche (ou un banc) est plus dure que celle qui est au-dessus ou au-dessous; c'est pourquoi on doit toujours essayer la nature de chacune avant de l'employer. Un des meilleurs moyens, et des plus usités, est d'exposer les pierres tirées des différentes couches à l'air pendant une année entière. Celles qui contiennent trop d'argile ou trop de sable, ou dont les parties ne sont pas bien liées, se délitent, tombent plus ou moins promptement en poussière, soit par l'effet de l'alternative du sec et de l'humide, du froid et du chaud, soit par celui des gelées. On appelle généralement ces pierres *gelives*. Toutes sont assez faciles à tailler, sur-tout quand elles sortent de la carrière. Il en est, comme la CRAIE (*voyez* ce mot), qui sont si tendres, qu'on les coupe avec un couteau. Il seroit difficile, sans trop allonger cet article, de mentionner leurs innombrables variétés. Rarement on voit exactement la même dans des pays différens. On ne peut donc donner la règle générale pour reconnoître les meilleures; et il importe cependant de les bien choisir, si l'on veut que le maison ou le mur qu'on en doit fabriquer dure long-temps.

Il n'est pas toujours facile d'indiquer la cause qui rend les pierres calcaires susceptibles de se décomposer à l'air; car il en est de très argileuses, de très sablonneuses, qui non seulement y restent intactes, mais même s'y durcissent. Tantôt cette décomposition a lieu par tous les points extérieurs, tantôt seulement par couches plus ou moins épaisses; souvent le résultat est du salpêtre.

C'est avec les pierres de cette sorte qu'on fabrique la chaux qui sert ou peut servir à lier, les unes avec les autres, toutes celles qu'on emploie à la bâtisse. Les plus pures, c'est-à-dire celles qui contiennent le moins d'argile et de sable, sont celles qui fournissent généralement la meilleure. Je dis généralement, car celle que produit la craie est de fort mauvaise qualité, et cependant elle est souvent exempte des mélanges ci-dessus. *Voyez* au mot CHAUX.

On peut considérer le GYPSE ou pierre à plâtre comme appartenant à ce même genre, puisque la chaux en fait la base. Cette substance a la propriété de se dissoudre dans l'eau ; ce qui fait que les constructions dans lesquelles elle entre, soit telle qu'elle sort de la carrière, soit, lorsqu'après avoir été calcinée, on l'emploie, comme la chaux, à lier les autres pierres, ne durent pas. Cette pierre, en général peu abondante dans la nature, n'en est pas moins précieuse pour les pays où elle se rencontre. *Voyez* au mot PLATRE.

Toutes les pierres dont il vient d'être fait mention, et leurs analogues, se trouvant très fréquemment mêlées avec les terres en fragmens plus ou moins gros, sont annuellement retournés par la charrue et agissent de différentes manières sur les semis ou plantations, et par suite sur les produits des récoltes. Je parlerai, au mot GRAVIER, de l'influence de ces fragmens lorsqu'ils sont quartzeux, très abondans, et d'environ un pouce de diamètre ; au mot SABLON, de celle de ceux qui, dans les mêmes circonstances, ont trois ou quatre lignes de diamètre ; et au mot SABLE, de celle de ceux qui ont moins d'une ligne et qu'on peut supposer le résultat de la décomposition des grès. *Voyez* ces mots. Ainsi, ici il ne sera question que de ceux qui ont une certaine grosseur, qu'ils soient aplatis ou globuleux, qu'ils aient été roulés ou non, pourvu qu'ils soient isolés, c'est-à-dire détachés des roches et susceptibles d'être changés de place.

Presque toutes les pierres qui sont exposées à l'air se décomposent en terre argileuse ou en terre calcaire ; ainsi on peut dire qu'elles augmentent l'épaisseur de la terre propre à la végétation ; mais pour la plupart cette décomposition est si lente, qu'elle peut être considérée comme nulle par les cultivateurs. *Voyez* au mot ROCHE. C'est donc seulement d'après leurs qualités physiques propres qu'il s'agit de les considérer en ce moment.

Généralement on regarde les pierres comme nuisibles dans la culture, et presque par-tout on désire s'en débarrasser ; effectivement elles gênent les racines des plantes, les empêchent de pivoter, s'opposent à la germination des graines qu'elles recouvrent, usent considérablement les charrues, les bêches, les pioches, les fers des chevaux, etc., etc., et, lorsqu'elles sont superficielles, elles diminuent réellement l'étendue du terrain, et donnent, sous elles, retraite aux animaux destructeurs.

Cependant, quelque avantageux qu'il soit le plus souvent de les enlever, il est des cas où elles sont aussi plus utiles que nuisibles. Ainsi, dans les terrains froids, les pierres noires, telles que certains marbres, les schistes, les ardoises, les basaltes, les laves, etc., en absorbant et en conservant plus long-temps la chaleur du soleil, concourent à y activer la végétation, à faire fendre plus rapidement les neiges. Ainsi dans certains terrains secs, argileux ou sablonneux, les pierres, sur-tout lors-qu'elles sont larges et plates, en s'opposant à l'évaporation de l'humidité du sol, favorisent la même végétation pendant l'été et par suite augmentent la somme des produits. *Voyez* au mot Eau. Ces deux faits sont connus dans quelques lieux. Les vignerons de certains cantons de la ci-devant Bourgogne se gardent bien d'épierrer leurs vignes. J'ai vu un champ sur-chargé de pierres calcaires plates, au point qu'on n'y voyoit pas la terre, donner de très bonnes récoltes de froment, et n'en plus fournir que de très médiocre lorsqu'on l'eut épierré. C'est sur-tout dans les pays secs et dans les parties méridionales de la France que la conservation des pierres dans les champs est utile. Aussi Rozier avoit-il fait paver une de ses vignes près Beziers et s'en étoit-il bien trouvé. Il n'est personne qui n'ait remarqué que les arbres qui sont plantés sur des roches fen-dillées et à couches séparées par de la terre végètent souvent mieux que ceux qui se trouvent dans les meilleurs sols.

De plus, l'abondance des pierres dans un champ empêche les taupes et les courtilières de le labourer, ce qui est encore un petit avantage.

Donc, lorsqu'un cultivateur voudra faire épierrer, il devra prendre en considération les observations ci-dessus, et en ap-pliquer le résultat à son champ.

Mais il est des cas ou l'épierrement est indispensable et en-core plus où il est utile. Plusieurs plantes à racines pivotantes, telles que les carottes, les betteraves, peuvent être arrêtées dans leur végétation par la seule rencontre des pierres existant dans la profondeur du sol. D'autres, telles que les asperges, peuvent être empêchées de sortir de terre, par l'effet de celles qui sont superficielles. Dans ce dernier cas un grand nombre de semences sont étouffées par elles, et la fauchaison des prai-ries naturelles ou artificielles devient incomplète et difficile. Enfin, je le répète, elles tiennent une place qui pourroit être employée par des plantes utiles.

L'épierrement est une opération longue et coûteuse. C'est presque toujours folie que de vouloir l'effectuer complète-ment en une seule fois. Un cultivateur sage consacre donc tous les ans une certaine somme pour, dans la saison morte, employer des femmes et des enfans à enlever de ses champs celles de ces pierres que la charrue a ramenées à la surface du sol, ou que des accidens ont conduites sur ses prés. Il les fait ou mettre en tas sur son terrain, ou enfouir dans des fosses creusées exprès, ou transporter sur les chemins. Dans quelques endroits on appelle MERGERS les tas de pierres ainsi produits par l'enlèvement de celles des champs. J'ai vu des localités où ces mergers absorboient la moitié de la surface du sol, et où on n'en tiroit aucun parti. Il est cependant facile de les élever autour d'arbres dont les têtes fourniroient du bois, de planter sur leurs bords des arbustes grimpans, tels que des clématites, des vignes dont on dirigeroit les pousses sur leur surface, et qui se couperoient de temps en temps; car il faut, en bonne agriculture, perdre le moins possible de place susceptible d'être utilisée.

Dans quelques parties de la France, on creuse sous les grosses pierres qui se trouvent dans les champs, et qu'on ne peut enlever, afin de les empêcher au moins de nuire à la marche de la charrue, en les enterrant de quelques pouces.

Les pierres tirées des champs, sur-tout lorsqu'elles sont quartzeuses, sont généralement employées à fabriquer et entretenir les grandes routes; aussi dans beaucoup d'endroits les entrepreneurs de ces routes évitent-ils aux cultivateurs le soin de les enlever ou leur en payent-ils la peine; mais la quantité de ces pierres est telle dans certains de ces endroits que, quelque quantité qu'on en tire, elles ne s'épuiseront jamais, parceque les roches en fournissent toujours de nouvelles, ou que leur épaisseur est très considérable, et qu'en enlevant les premières on donne moyen à la charrue d'atteindre les secondes et de les ramener à la surface.

Un autre emploi des pierres tirées des champs qui a lieu dans quelques cantons, c'est de servir au dessèchement des marais et des terres humides, en faisant ce qu'on appelle un EMPIERREMENT, c'est-à-dire des fosses profondes qu'on remplit avec ces pierres recouvertes de terre. Les eaux s'infiltrent entre elles et ne nuisent plus aux productions de la surface. Ces empierremens se remplissent à la longue de terre, mais ils durent généralement assez de temps en bon état pour payer les frais de leur fabrication, et on peut toujours les relever. (B.)

PIERRES ROULÉES. Pierres détachées du sommet des montagnes par l'effet des météores, entraînées ensuite par les torrens, arrondies par leur frottement réciproque, et déposées dans les vallées et même dans des plaines très éloignées de leur point de départ.

Ce sont presque toujours des roches granitoïdes et schistoïdes ou des quartz, et des silex qui sont ainsi roulés, parceque toutes les autres sont trop tendres pour résister longtemps au frottement sans se réduire en poussière.

Lorsque les pierres roulées se trouvent liées ensemble

par une pâte de la même nature qu'elles on les appelle des POUDINGUES.

Des pierres roulées qui ont un diamètre de plusieurs toises se voient sur le sommet des montagnes, ou à une grande distance du lieu d'où elles sont sorties, ce qui étonne toujours ceux qui recherchent leur origine. Tous les faits qu'elles présentent s'expliquent lorsqu'on s'est convaincu par l'observation que les montagnes ont été beaucoup plus hautes qu'elles le sont en ce moment, et les torrens ou les rivières beaucoup plus considérables. *Voyez* MONTAGNE et RIVIÈRE.

Dans beaucoup de localités les pierres roulées sont un grand obstacle aux améliorations de la culture, en ce qu'elles embarrassent les champs et qu'elles exigent des dépenses très fortes pour être enlevées ou brisées. Une plantation de bois est souvent ce qu'il est le plus avantageux de faire dans ces localités. L'intérêt de la postérité demande cependant que de loin en loin leur propriétaire sacrifie une somme d'argent pour déblayer le sol de quelques unes d'entre elles.

Quand les pierres roulées ont moins d'un demi-pied de diamètre et qu'elles sont aplaties, on les appelle des GALETS; quand elles ont moins d'un pouce on les appelle GRAVIER; quand elles sont encore plus petites elles constituent le SABLON ou le SABLE. *Voyez* tous ces mots. (B.)

PIÉTINEMENT. On donne ce nom au plombage qu'on fait avec les pieds dans les jardins dont la terre est légère.

Cette sorte de plombage a sur les autres l'avantage de pouvoir être plus ou moins appuyée selon l'espèce de la graine semée, selon la nature du sol et selon la saison. *Voyez* PLOMBAGE.

On piétine encore les sentiers qui séparent les planches des carrés, 1° pour les indiquer par une dépression du terrain; 2° pour les rendre plus praticables à ceux qui ont besoin d'y passer. *Voyez* SENTIER. (B.)

PIEU. C'est un long morceau de bois, communément rond, d'un petit diamètre, pointu à l'une de ses extrémités, qu'on fiche en terre pour former des clôtures sèches, ou pour contenir les bords des mares et des fossés, ou pour soutenir des palissades, des murs et des terrains en pente, disposés à s'écrouler.

L'emploi des pieux est très fréquent en agriculture; ce sont ceux de chêne, de châtaignier, de frêne ou de bouleau, qu'on doit préférer comme les plus durables. Ce n'est pas directement et à force de coups de maillet qu'il est le plus économique d'enfoncer ces pieux, il faut en préparer le trou avec un pieu de fer, qui étant plus pointu et plus uni s'enfonce très facilement et prépare la voie. (D.)

PIGAMON. *Thalictrum*. Genre de plantes de la polyandrie polygynie et de la famille des renonculacées, qui renferme vingt-six espèces, dont deux sont dans le cas d'être connues des cultivateurs.

Tous les pigamons ont les racines vivaces, les feuilles une ou deux fois ailées, ou une ou deux fois ternées, et les fleurs disposées en panicule terminale.

Le PIGAMON JAUNATRE, *Thalictrum flavum*, vulgairement appelée *rue des prés*, s'élève à deux ou trois pieds et croît dans les marais, les prairies humides. Il n'est pas sans élégance, mais comme les bestiaux le repoussent et qu'il tient beaucoup de place, les cultivateurs doivent faire tous leurs efforts pour le détruire dans leurs prés. On y parvient en arrachant les pieds, au printemps, avec la houe.

La racine de cette espèce passe pour émolliente et purgative. Elle teint en jaune la salive de ceux qui en font usage.

Le PIGAMON A FEUILLES D'ANCOLIE est une fort belle plante qui est originaire des montagnes des parties méridionales de l'Europe. On le cultive fréquemment dans les parterres, sous les noms *d'aiglantine*, de *colombine plumacée*. Ses tiges atteignent souvent trois à quatre pieds de hauteur. Ses feuilles sont blanchâtres et contrastent fort bien avec les autres plantes. Il se multiplie de semences, ou mieux, par déchirement des vieux pieds. Tout terrain lui convient, cependant il se plaît davantage dans celui qui est fertile. (B.)

PIGASSE. C'est la hache dans le département de la Haute-Garonne.

PIGEONNIER. *Voyez* COLOMBIER.

PIGEONS. Il n'est pas d'espèces d'oiseaux aussi généralement répandue, ni aussi multipliée que le pigeon. Il n'en est pas non plus qui présente plus de variétés, soit dans l'arrangement et l'état lisse de leur plumage, soit dans les produits qu'on en retire; plusieurs sont estimés à cause du volume, d'autres se font admirer par la rapidité du vol, par l'élégance de la forme et par la vivacité de la couleur. Il y en a enfin qui, par leur manège et les soins qu'ils prennent de leur famille, inspirent le plus vif intérêt.

Le pigeon biset a été regardé jusqu'ici comme la souche primitive dont on a tiré par la domesticité les races secondaires et leurs variétés. Il nous semble cependant difficile de croire que cette cause ait pu donner lieu aux innombrables variétés que nous possédons aujourd'hui; ne seroit-on pas plutôt porté à soupçonner qu'elles sont le résultat du croisement du biset avec les pigeons des autres contrées; mais ne voulant considérer le pigeon que sous les rapports d'utilité, nous nous bornerons à traiter ici des deux espèces les plus connues ; sávoir, les pigeons fuyards ou de colombier, les pigeons privés ou de volière.

Des pigeons fuyards. Cet oiseau vole en troupes avec ceux de son espèce, erre à son gré dans la campagne, y cherche la nourriture qui lui convient, et trouve, comme nous l'avons dit, en parlant du colombier, un abri salutaire, un asile sûr, propre, où il peut s'établir avec la femelle qu'il a choisie, pour élever de concert les petits qui naissent de leur union. Cette espèce est d'une couleur cendrée, ne vit ordinairement que huit années, et n'est féconde que les quatre premières, après quoi les pontes diminuent insensiblement. Cette espèce fait ordinairement trois pontes par an.

Les pigeons fuyards sont à la vérité plus petits que les pigeons privés, moins dodus, ne couvent pas autant ; mais aussi ils se nourrissent eux-mêmes de toutes les graines que leur offrent les champs incultes et cultivés, sans occasionner aucune dépense à leur maître, tandis que les autres ne sortent jamais, consomment beaucoup et demandent plus de soins ; cependant on est parvenu, en nourrissant le pigeon fuyard dans la volière comme les autres, à obtenir le même nombre de pontes que produisent les pigeons de volière, même sans croiser les espèces.

On n'aperçoit partout que des colombiers et plus de pigeons. Le mal que ces oiseaux causent est-il plus grand que leur produit n'est avantageux à la société ? C'est ce qu'il falloit examiner avant de les signaler comme les plus grands ennemis des cultivateurs, et de les poursuivre comme tels. J'ai osé plaider la cause de ces oiseaux calomniés avec mes estimables collègues Vitry et Beffroy, ex-législateurs ; nous nous sommes même réunis à la société d'agriculture du département de la Seine, pour faire connoître dans une de ses séances toute l'injustice exercée contre eux et la fausseté des motifs sur lesquels avoit été fondé l'arrêt de leur proscription.

On a observé avec raison que le pigeon n'étoit pas de la classe des oiseaux pulvérateurs ; que, ne grattant jamais la terre, il n'étoit pas capable de découvrir la semence ; que, timide à l'excès, il ne pouvoit suivre que de loin le semeur et escamoter quelques grains à la dérobée avant que la herse ne les ait recouverts, ou marcher à la suite des moissonneurs pour profiter des grains que la balle desséchée ou les secousses de la faucille auroient détachés de l'épi. Cette espèce de picorée est certes très innocente et ne méritoit pas toute la sévérité dont on a usé envers eux. A quelque époque de l'année que l'on ouvre un pigeon, soit au temps de la moisson, soit même à celui des semailles, comme l'a judicieusement observé M. Beffroy dans son mémoire sur les pigeons considérés relativement à l'économie politique, dont j'ai donné un extrait à l'article Pigeon, du nouveau Dictionnaire d'histoire naturelle, on trouve toujours dans son estomac au moins huit fois autant de graines de plantes parasites qu'on en trouve de blé ou autres céréales; on peut donc le regarder comme un excellent sarcleur. Les services qu'il rend à cet égard sont tels, que dans plusieurs de nos départemens où l'on a toujours récolté le blé le plus beau et le plus net, on s'est promptement aperçu de la disparition des pigeons et de la nécessité de les rétablir dans leur premier état.

C'est encore à tort qu'on a accusé le pigeon de ravager les plantes propres à la nourriture de l'homme; sans doute quand le laboureur paresseux tarde à recouvrir la semence, le pigeon en profite, et en enlève une partie; mais en cela il rend deux services, il mange le superflu de la semence qui nuiroit à l'abondance des produits, car par-tout on sème trop; il force le laboureur à une diligence toujours salutaire dans la saison des semailles, où les variations continuelles ne permettent jamais de remettre au lendemain ce qu'on peut faire le même jour.

Je pourrois ajouter à ces observations qu'ayant entretenu pendant un certain temps des pigeons avec du blé, il m'a paru que cette nourriture étoit celle qui leur convenoit le moins; qu'elle les échauffoit, leur occasionnoit des devoiemens funestes; qu'ils n'engraissoient ni n'acquéroient par ce moyen une chair délicate et succulente, et que, de toutes les graines que les champs étoient en état de leur offrir, la vesce cultivée ou sauvage leur plaisoit le mieux.

La suppression des colombiers, loin d'avoir servi les intérêts de l'agriculture, a donc été à son detriment; les pigeons rendent beaucoup plus qu'ils ne coûtent; indépendamment de la masse de subsistance qu'on a perdue en les bannissant, il a fallu renoncer à leur fiente, un des plus puissans engrais pour les terres qu'on destine à certaines cultures et que dans quelques endroits on a vu vendre le même prix que le blé. Cette race d'oiseaux ne méritoit donc réellement pas la guerre d'extermination qu'on lui a déclarée; elle est digne de vivre parmi nous et peut même devenir utile à la morale publique à cause de ses habitudes et de ses affections; elle est en effet l'image la plus parfaite de l'amour conjugal et de la tendresse paternelle; jamais nulle humeur, nul dégoût, nulle querelle ne viennent troubler la paix du ménage. Heureux cependant les époux dont l'union est précédée de quelques momens d'orage pour n'être suivie que d'une continuité de jours sereins!

Quiconque a fait de l'éducation des pigeons sa plus sérieuse occupation, ses plus chères jouissances, doit avoir remarqué que cet oiseau, qui est le symbole de la douceur, ne se bat que pour sa compagne et le fruit de ses amours. Quel modèle pour les maris infidèles! Quel exemple pour les mères coquettes ! S'ils pouvoient en profiter, ce ne seroit pas la première fois que l'orgueilleuse raison auroit reçu des leçons de l'instinct.

Il s'en faut bien que le moineau franc ait trouvé auprès de moi le même appui que le pigeon, puisqu'il va fouiller dans les guérets la semence que le laboureur y a confiée, et qu'il se montre dans les champs, la veille de la moisson, pour recommencer à exercer sa voracité.

Dans mon Economie rurale et domestique, bibliothèque universelle des dames, j'ai, en ma qualité d'ami de la charrue, signalé cet oiseau comme un des fléaux de l'agriculture ; j'ai démontré que le nombre des insectes qu'il détruit ne pouvoit compenser ses dégâts dans nos champs et dans nos vergers. Mon collègue Bosc a compté jusqu'à 82 grains de blé dans l'estomac d'un moineau qu'il venoit de tuer. Il ne faut donc pas s'étonner si plusieurs nations ont eu la sagesse de mettre sa tête à prix et d'en détruire la race.

C'est sur-tout chez les infortunés jardiniers maraîchers que, malgré les fantômes qu'ils établissent pour éloigner ce maraudeur de leur chétive exploitation, il commet ses déprédations ; il se perche sur les porte-graines, leur enlève l'espérance des semailles futures. Je dis infortunés jardiniers maraîchers, car je suis éloigné de partager l'opinion des auteurs qui mettent, entre toutes les conditions de la vie, celle du jardinier maraîcher au nombre des plus heureuses. Je déplore au contraire son sort. Cultivant avec sa femme et ses enfans un espace de terrain très circonscrit qu'il loue chèrement, quelle vie laborieuse remplit sa journée ! Le matin il laboure, sème, plante et sarcle ; le soir il cueille, épluche et arrose; la nuit il porte sur son dos au marché le produit de ses récoltes. Heureux si les asiles consacrés à l'indigence s'ouvrent pour lui procurer le bonheur de terminer sa carrière dans le repos qu'il n'a jamais goûté. Mais je reviens au pigeon.

Peuplement du colombier. On pratique à cet égard différentes méthodes ; toutes ne présentent pas les mêmes avantages. Indiquons les deux qui nous paroissent devoir mériter la préférence.

La première consiste à choisir, vers la fin de l'hiver, une quantité proportionnée de pigeons de l'année précédente, et des premières couvées s'il est possible, à les jeter dans le colombier mis en bon état, et dont on aura fermé la trappe pour leur en interdire la sortie. On leur donnera de temps en temps de l'eau nouvelle et du grain en quantité suffisante. Dès qu'on s'aperçoit que les pontes sont faites, et qu'il commence à y avoir des œufs éclôs , on ouvre alors la trappe , et les pigeons, entraînés par l'influence de leur première éducation , vont dans les champs chercher la nourriture pour leurs petits ; on continuera cependant encore quelque temps à leur donner du grain et peu à peu on en diminuera la quantité ; mais après l'incubation de la dernière ponte on ne leur en donnera plus. Indépendamment du choix des pigeons de l'année, d'un gris foncé ou noirâtre par préférence aux blancs pour peupler le colombier, il faut faire en sorte de les prendre toujours à deux ou trois lieues de l'habitation , dans la crainte que la proximité de l'endroit où ils sont nés les y attire.

Il s'agit, dans la seconde manière de peupler un colombier, d'enlever les pigeonneaux de dessous les mères lorsqu'ils ont atteint quinze jours, afin qu'ils ne soient ni trop forts pour s'en retourner , ni trop foibles pour pouvoir être élevés. On les enferme et on les nourrit, en leur ouvrant le bec jusqu'à ce qu'ils mangent seuls ; alors il est temps de leur donner la liberté , et pour cet effet on choisit un jour obscur et pluvieux pour leur ouvrir la porte vers les quatre heures après midi , afin que craignant d'être mouillés, et voyant sur-tout la nuit approcher, ils s'éloignent peu et rentrent bien vite. Ces oiseaux, ménagés ainsi dans leurs premières sorties, voltigent autour du colombier , comme s'ils cherchoient à connoître le terrain, ce qui dure jusqu'à la fin du jour qu'ils se renferment. Ces pigeons doivent être bien nourris d'abord ; attachés à leur première demeure , ils y reviendront avec plaisir si on leur distribue de temps en temps du sarrasin et du chenevis.

Pour bien garnir un colombier on ne doit y prendre aucun des pigeonneaux de la première année , et même aucun de ceux de l'année suivante , à moins que ce ne soit ceux qui venant fort tard ne réussiroient pas , et l'on sera assuré de tirer, dès la troisième année, un produit fort avantageux de son colombier ; après ce temps on en vend et on en mange autant qu'on le juge à propos. Ces pigeonneaux élevés ainsi vont avec les autres chercher leur vie aux champs. Le biset est le seul pigeon employé jusqu'à présent au peuplement des colombiers; il semble qu'on pourroit lui substituer avec avantage le *volant* et le *culbutant* , d'abord parcequ'on auroit des petits toute l'année , et ensuite parceque le volant connoît les moyens de se soustraire à la voracité du milan.

Il paroît certain que les pigeons qui ont atteint l'âge de sept ans couvent beaucoup moins bien que les jeunes, et qu'ils sont d'un rapport presque nul ; mais il est faux qu'ils détruisent le produit des autres. La difficulté est de les connoître. On en vient à bout au moyen de plusieurs procédés, dont l'exécution nous paroît trop difficile pour les décrire; nous nous bornerons

rons à dire qu'on a vu et qu'on voit encore tous les jours un grand nombre de colombiers vastes et peuplés où les pigeons livrés à eux-mêmes y vivent tant qu'ils peuvent, et rarement y trouve-t-on de vieux pigeons morts. Il y a apparence que, plus foibles que les autres, ils deviennent la victime des oiseaux de proie.

Ponte des pigeons. Ils pondent au mois de mars et au mois d'août; la troisième ponte se fait entre ces deux époques, mais à des temps fixes. Deux œufs blancs sont ordinairement le fruit de leur accouplement. L'un produit un mâle, l'autre une femelle, quelquefois aussi il en naît deux mâles ou deux femelles. La ponte s'opère en deux jours, de manière qu'il y a un intervalle d'un jour entre la ponte de chaque œuf.

Le temps de la ponte arrivé, le mâle choisit le boulin qui lui convient le mieux, ensuite ils s'occupent tous deux à rassembler quelques menues branches ou des brins de paille pour en composer un nid plus ou moins travaillé, suivant les espèces. Le mâle a coutume de le garder le premier et d'inviter la femelle à s'y rendre; il emploie pour appel un son plein, plus bas que le roucoulement ordinaire. A l'approche de sa compagne il témoigne sa sensibilité par des battemens d'ailes doux, auxquels elle répond de la même manière, et le couple pressé sur le nid semble jouir d'avance du plaisir de soigner les petits qui doivent naître. La femelle garde le nid dans la journée, et y couche une ou deux nuits avant de pondre. Le premier œuf étant pondu, elle le tient chaud, sans néanmoins le couver assidument; elle ne commence à couver constamment qu'après la ponte du second œuf, de manière que pendant dix-sept ou dix-huit jours, suivant la saison, la femelle reste dessus depuis trois heures après midi jusqu'au lendemain vers les onze heures, que le mâle prend sa place. Si durant la couvaison la femelle tarde trop à revenir, le mâle va la chercher et l'invite à retourner promptement à son nid; celle-ci en agit de même à son égard.

Couvaison. Dès que les deux œufs sont pondus, la femelle les couve. Son assiduité à couver est comparable à celle de la poule et de la poule d'Inde; mais ces deux dernières sont chargées seules de cette fonction, tandis qu'elle est partagée par le pigeon mâle. En effet, ce mâle se tient sur le panier le plus voisin, et au moment où la femelle, pressée par le besoin de manger, quitte ses œufs pour aller à la trémie, le mâle, qu'elle a invité auparavant par un petit roucoulement à venir prendre sa place, couvre les œufs avec la même assiduité. Il semble donc réunir le sentiment de la paternité à l'amour conjugal.

Des pigeonneaux. Aussitôt que les petits sont ressuyés, le père et la mère en prennent un égal soin, et ils les nourrissent tous deux sans distinction de sexe, d'alimens à demi digérés, comme de la bouïlie. Le grain qu'ils dégorgent a subi dans leur jabot une digestion plus ou moins avancée ; mais peu à peu ils leur donnent une nourriture plus solide; c'est du grain qu'ils ont avalé plus promptement qu'ils leur soufflent après l'avoir ramolli selon l'âge des pigeonneaux. Dès qu'ils sont en état de voler ils apprennent à chercher et à ramasser le grain, et quittent leurs parens quand ceux-ci sont occupés d'une nouvelle couvée. Ce n'est guère qu'à cinq ou six mois que les jeunes pigeons commencent à roucouler, et qu'ils sont en état de s'occuper de leur reproduction. Ils ont atteint, à la fin de la seconde année, le maximum de leur vigueur.

Lorsqu'on désire manger de bons pigeonneaux, il ne faut pas attendre qu'ils soient sevrés, parcequ'alors ils maigrissent; leur chair manque de cette finesse et de cette délicatesse qui la caractérise ; c'est lorsqu'ils ont environ un mois, et avant qu'ils ne sortent de leurs nids, qu'il convient de les prendre.

Nourriture des pigeons. La vesce paroît être la nourriture qui leur convient davantage, sur-tout lorsqu'elle n'est pas trop nouvelle ; car, dans ce cas, il faut ne la leur donner qu'avec beaucoup de réserve, sur-tout aux jeunes pigeons. On a remarqué qu'une trop grande quantité donnoit le dévoiement. L'orge, le sarrasin, les lentilles, les pois, les fèveroles, les criblures, le chenevis, sont du goût des pigeons ; ils mangent aussi avec délices des pepins de raisins séparés des pellicules ; ils raniment leurs forces sans les empêcher de pondre, comme on l'a cru : ils vivent d'ailleurs de presque toutes les graines sauvages et des insectes qu'ils rencontrent dans les champs. C'est quand ils n'y trouvent plus rien qu'il faut songer à les nourrir à la maison ; cette époque existe depuis la fin de novembre jusqu'en février. Cependant, si dans les autres temps de l'année il survenoit des pluies continuelles, il seroit à propos de leur donner du grain ; car le pigeon craint la pluie, les orages, et il aimeroit mieux souvent ne pas sortir de plusieurs jours que de s'exposer à être fortement mouillé. Or, comme la faim force ceux qu'on fait jeûner à braver les mauvais temps, on doit présumer que s'ils trouvent une habitation qui leur plaise mieux ils s'y rendent de préférence.

Le lieu qu'on doit choisir pour jeter du grain aux pigeons est le plus près du colombier. Il doit être uni et entretenu propre. On les y fait venir en les sifflant. C'est le matin ou le soir qu'on leur jette à manger, et jamais à midi, parceque précisément à cette heure ils sommeillent : il ne faut pas non plus que ce soit toujours au même instant, attendu qu'une pareille exactitude ne manqueroit pas d'allécher plus sûrement les pigeons parasites du voisinage pour partager la ration. Ainsi, on doit là leur donner tantôt plus tôt, tantôt plus tard, sur-tout lorsqu'il y a des œufs dans le colombier, parceque les femelles se tenant dessus jusqu'à onze heures, et n'en sortant que pour y rentrer vers les trois heures, il faut leur réserver de la pâture. Il est bon cependant d'observer qu'un excès de nourriture rend les pigeons paresseux, et que s'ils vont à la campagne ce n'est plus que pour s'égayer et digérer.

Dans les pays secs, ou dans ceux où l'eau des fontaines, des ruisseaux est très éloignée, il est de la prudence de tenir à la disposition des pigeons, près du colombier ou dans l'intérieur, de l'eau propre en abondance, et de la renouveler, car ils boivent beaucoup.

Presque tous les animaux aiment le sel; les pigeons sur-tout ont un goût tellement décidé pour cette substance, qu'on les voit, après cinq à six lieues de trajet, gagner les bords de la mer, en chercher dans les falaises, et rester des heures entières sur les détritus des efflorescences des pierres salines. Une autre preuve de ce penchant pour le sel, c'est la conduite que tiennent nos pigeons fuyards dans une partie de nos départemens méridionaux. Dès que le mois d'octobre arrive, et qu'ils commencent à éprouver les impressions du froid, tous quittent leur pays et viennent se répandre dans les pigeonniers de la basse Provence, où il existe des fontaines d'eau salée, profiter de la nourriture qu'on leur donne, s'en retourner, et à l'approche du printemps rejoindre leur demeure pour y faire des pontes fréquentes et suivies.

Cet attachement pour le lieu qui les a vus naître est si impérieux chez les pigeons, que, non seulement ils veulent y retourner, mais qu'ils ne manquent jamais d'emmener avec eux nombre de leurs hôtes pour recruter leur colonie nomade. Quel est cet instinct qui les gouverne si fort, si ce n'est l'appât du sel dont ils sentent la nécessité. On ne sauroit douter, d'après cela, qu'il ne leur soit très salutaire. Or, puisqu'on a soumis le pigeon à la domesticité, il est bien juste de le faire participer à tous les avantages de la civilisation, s'il est permis de s'exprimer ainsi, et de ne négliger aucun des moyens propres à l'attacher à sa demeure.

Pains de sel. Dans les pays où il n'existe pas de fontaines d'eau salée, on fera bien de leur préparer des pains composés de la manière suivante :

Prenez, par exemple, dix livres de vesce, ou telle autre semence farineuse que vous voudrez ; ajoutez-y une ou deux livres de cumin, jetez-les dans un vase quelconque ; ayez de la terre franche bien corroyée et assez molle pour pouvoir être pétrie et rendue telle par une eau dans laquelle vous aurez fait dissoudre deux livres de sel de cuisine ; mêlez et pétrifiez le tout de manière que le mélange soit égal et les grains bien séparés. Faites avec cette espèce de pâte des cônes que vous exposerez à l'ardeur du soleil, ou dans un four modérément chaud, jusqu'à ce que toute leur humidité soit entièrement évaporée ; tenez ensuite ces cônes ou pains dans un lieu bien sec. On en place plusieurs dans le colombier et dans la volière, et le pigeon vient les béqueter. On a remarqué que la saison pendant laquelle il l'attaque le plus est l'hiver, pendant les longues pluies, lorsqu'il nourrit ses petits, et beaucoup plus encore lorsqu'il est dans la mue. (Par.)

PIGEONS. On donne ce nom, en Normandie, à une tumeur deux fois grosse comme le poing qui naît sur le fémur des bœufs gras, qui s'étend ensuite au point que l'animal ne peut plus marcher. Elle devient quelquefois enphyseumatique et fort difficile à guérir. Comme les remèdes et le temps qu'il faut les employer font maigrir les bœufs affectés de pigeons, le mieux est de les tuer. *Voyez* Bœuf.

PILIET. Variété de l'ORGE A DEUX RANGS, ou d'ORGE SUCRION.

PILOSELLE. Espèce du genre ÉPERVIÈRE.

PIMENT, *Capsicum*. Genre de plantes de la pentandrie monogynie, et de la famille des solanées, qui renferme une demi-douzaine d'espèces, dont une est cultivée dans les parties méridionales de l'Europe et dans les colonies européennes intertropicales, pour son fruit, sous les noms de *poivre d'Inde*, de *poivre de Guinée*, de *poivre long*, de *corail des jardins*, etc.

Cette espèce, qui est le PIMENT ANNUEL des botanistes, a les racines fibreuses, les tiges striées, rameuses, hautes d'un à deux pieds ; les feuilles alternes, longuement pétiolées, entières, lancéolées, luisantes, d'un vert noirâtre ; les fleurs blanchâtres, longuement pédonculées, solitaires, extraaxillaires ; les fruits rouges, ovales, allongés, à pédoncule recourbé vers la terre, et variant entre un et quatre pouces de long sur six à dix-huit lignes de diamètre. Elle est originaire d'Amérique, et annuelle, comme l'indique son nom. Son fruit tient lieu de poivre, et la consommation qui s'en fait dans les pays chauds est très considérable. Il est, dans ces pays, peu de ragoûts où on ne le fasse entrer, souvent au-delà de ce qu'il convient aux palais accoutumés à un assaisonnement plus doux. Je l'ai vu apporter par charretées dans les marchés de l'Espagne : là, et même dans les parties méridionales de la France, on mange ces fruits crus ou confits dans le vinaigre avant leur complète maturité, sous le nom de *poivrons*. C'est l'assaisonnement du pain au déjeûner de presque tous les manœuvres, et même des pauvres propriétaires de ces contrées. Ils sont cependant, soit verts, soit mûrs, très âcres et brûlans au goût. On les regarde comme digestifs, incisifs, antiseptiques et détersifs, et, réduits en poudre, comme un violent et dangereux sternutatoire. Les habitans des colonies ne tarissent pas sur l'éloge de leurs vertus ; c'est, selon eux, une panacée universelle, le seul moyen que leur ait donné la nature pour pouvoir digérer. Cependant je n'ai jamais pu m'accoutumer, en Caroline, aux alimens dans lesquels ils entroient, et en Caroline même mon estomac faisoit fort bien ses fonctions, parceque je ne le surchargeois pas. Quoi qu'il en soit, c'est un objet de produit pour les cultivateurs, et il faut qu'ils s'occupent des moyens de le multiplier le plus possible dans les lieux où on les recherche et où le climat leur est propre.

En tout pays il est avantageux de semer de bonne heure la graine du piment annuel, parcequ'on vend avantageusement les fruits encore verts, pour manger crus ou confits au vinaigre. En conséquence on doit le faire aussitôt qu'il n'y a plus de gelées à craindre. Dans les lieux où la culture est un peu perfectionnée, cette graine se sème sur couche, et on couvre, pendant la nuit, le jeune plant qui en provient, pour le repiquer lorsqu'il a trois à quatre pouces de haut, dans une terre abondamment fumée, et à une exposition chaude. Cette pratique est indispensable dans le climat de Paris, où les printemps sont rarement beaux. Là, c'est ordinairement en mars qu'on le sème, et en mai qu'on le repique ; mais ce n'est presque qu'une culture d'agrément, l'hiver arrivant, si l'été est froid ou pluvieux, avant que les pieds aient donné le quart des fruits qu'ils devroient produire. Les premières gelées blanches suffisent pour les faire tous périr.

En Espagne et même en France, sur les bords de la Méditerranée, on sème en février, et même quelquefois en janvier, sur une planche bien préparée, bien fumée et bien exposée, et les plus soigneux couvrent le plant pendant les nuits qu'ils soupçonnent devoir être froides. Ils le repiquent en avril à dix-huit à vingt pouces de distance, dans un jardin et même en plein champ, dans un terrain un peu frais, et lui donnent deux binages pendant le cours de l'été. Trop de chaleur lui est alors nuisible ; c'est pourquoi on préfère les expositions abritées du soleil de midi. On commence à cueillir des fruits verts dès la fin de mai, et on continue jusqu'à l'hiver. Les fruits mûrs se recueillent tous ensemble à la fin de la saison, et comme alors il y a encore considérablement de fruits verts, la floraison se succédant sans interruption pendant tout l'été, on arrache les pieds et on les expose au soleil, afin de faire rougir ceux qui sont assez près de leur maturité pour prendre cette couleur. Ensuite on enfile tous ces fruits, et on en forme de longs chapelets, qu'on attache contre les murs à l'exposition du midi, pour les faire sécher, soit sans les vider de leurs graines, soit après les avoir vidés. J'ai vu, en Espagne, les maisons de tout un village ainsi couvertes, depuis le sommet du toit jusqu'à la portée de la main. Dans quelques lieux on réduit en poudre l'enveloppe de ces fruits ainsi desséchés; mais presque par-tout on se contente de la couper en petits morceaux au moment même de l'emploi. Elle se conserve plusieurs années quand on la tient dans un lieu sec; mais en général la meilleure est toujours la plus fraîche.

Beaucoup de personnes mettent du piment vert dans le vinaigre destiné à l'usage de la table, et dans toutes les préparations de vinaigre, telles que cornichons, câpres, etc. On s'en sert aussi pour rendre plus piquantes certaines liqueurs spiritueuses, et même l'eau-de-vie pure.

Il y a plusieurs manières de préparer les poivrons pour le commerce. Les uns les font tremper dans de l'eau salée pendant deux ou trois jours; ensuite ils le mettent dans du vinaigre bouillant. Les autres les font bouillir un moment dans de l'eau, et les jettent dans du vinaigre froid, salé et aromatisé avec du gérofle ou de la cannelle. Dans quelques lieux on les incorpore, après les avoir grossièrement moulus, avec de la pâte qu'on fait cuire, et le pain qui en provient, convenablement desséché, est réduit en poudre pour l'usage. On prétend que cette préparation adoucit et améliore beaucoup leur saveur. Les plus jeunes sont les plus tendres et les plus doux, mais aussi ceux qui se conservent le moins. Il faut qu'ils soient d'une consistance ferme et d'un beau vert, pour être estimés de bonne qualité dans le commerce. Quoique les habitans du nord de l'Europe ne les recherchent pas autant que ceux du midi, le commerce qu'on en fait chez eux ne laisse pas que d'être d'une certaine importance.

Les autres espèces de piment peuvent suppléer, et suppléent souvent celle-ci, dans les parties les plus chaudes des pays intertropicaux. Les fruits de plusieurs sont plus doux; ceux du PIMENT ENRAGÉ, *Capsicum frutescens*, Lin., sont beaucoup plus piquans. Il en est de plus gros que le poing, et de plus petits qu'un pois. Quelques uns ont la tige ligneuse. Je ne les mentionnerai pas ici, parcequ'on ne peut les cultiver en France que dans les serres.

Lorsque les fruits du piment annuel sont mûrs, ils ornent un jardin, par la belle couleur de corail qui leur est propre; mais on le cultive rarement pour cet objet. (B.)

PIMENT DES ANGLAIS. C'est le MYRTE-PIMENT.

PIMENT D'EAU. On donne ce nom à la PERSICAIRE.

PIMENT ROYAL. Quèlques personnes appellent ainsi le GALÉ COMMUN.

PIMPRENELLE, *Sanguisorba*. Genre de plantes de la tetrandrie monogynie et de la famille des rosacées, qui renferme trois espèces, dont une, propre à l'Europe, est l'objet d'une culture fourrageuse qui n'est pas aussi étendue qu'elle mérite de l'être.

Il est un autre genre de plantes qui porte aussi le nom de pimprenelle, c'est le *poterium* de Linnæus, et qui a été réuni à celui-ci par Gærtner, et autres; les espèces qu'il contient diffèrent trop peu de celles dont il est ici question pour qu'elles n'aient pas des propriétés analogues.

La PIMPRENELLE COMMUNE, *Sanguisorba officinalis*, Lin., a une racine vivace; une tige cylindrique, anguleuse, rameuse; des feuilles alternes, pétiolées, ailées, composées de quinze à dix-sept folioles pétiolées, opposées, cordiformes, dentées; des fleurs rougeâtres disposées en têtes ovales au sommet des tiges et des rameaux. Elle croît naturellement dans les terrains secs, sur-tout dans les craies; pousse pendant l'hiver, même sous la neige, lorsqu'il ne gèle pas, et fleurit au milieu du printemps

On cultive fréquemment la pimprenelle dans les jardins, pour en employer les feuilles à l'assaisonnement des salades. Les jardiniers en distinguent deux sortes, la grande et la petite. Ils préfèrent cette dernière qui n'est, disent-ils, qu'une variété de la première. Je dois cependant observer que j'ai vu dans quelques jardins le *Poterium sanguisorba*, Lin., sous le nom de grande pimprenelle, ce qui me fait penser que leur opinion est fondée sur une erreur.

C'est ordinairement sur place et en bordure qu'on sème la pimprenelle dans les jardins, parcequ'elle pivote beaucoup, et soutient très bien les terres des plates-bandes; que d'ailleurs la consommation qu'on en fait pour la table est très peu considérable. On peut cependant la semer en planches et la multiplier par le déchirement des vieux pieds. Plus on coupe souvent la pimprenelle, et meilleures sont ses feuilles. (B.)

Ce fut environ en 1760 que MM. Wych et Rocques, en Angleterre, commencèrent à donner à la pimprenelle une sorte de célébrité comme fourrage. D'après ces premiers indices, un grand nombre d'écrivains ont préconisé les avantages de cette plante, et plusieurs avec un enthousiasme qu'elle ne mérite pas. Il convient de la réduire à sa valeur.

L'expérience a parfaitement démontré son utilité comme fourrage d'hiver, 1° comme augmentant la quantité du lait des troupeaux, et la qualité du beurre que l'on en retire; 2° comme pouvant servir plusieurs fois de pâturage depuis l'automne jusqu'au printemps; 3° comme conservant la fraîcheur de sa feuille sous la neige sans presque se détériorer. Voilà des avantages réels et bien précieux; mais pour cela faut-il abandonner la culture du trèfle, du sainfoin, ainsi que plusieurs personnes l'ont prétendu? Non, sans doute, ce seroit une faute impardonnable en agriculture.

Si l'on vouloit prendre la peine de réfléchir sur les objets que la nature nous présente, on verroit que la pimprenelle végète dans les lieux les plus secs, sur les rochers à scissures, où la terre se ramasse, parmi les pierres, etc.; et que même dans les provinces du midi de la France, elle brave les chaleurs les plus fortes et les sécheresses les plus longues. Il est vrai qu'à cette époque la plante y paroît comme engourdie; ses feuilles rougissent, etc.; mais à la plus légère fraîcheur, après une petite pluie, elle végète avec beaucoup d'activité. Sa manière d'être indique donc les lieux qui lui conviennent. Il est vrai que si l'on transporte cette plante dans un bon sol, et auparavant bien défoncé, elle prospèrera et doublera ou triplera de volume. Tout cela ne prouve rien. Le point essentiel est de savoir par comparaison si le produit de ce bon champ semé en blé, ou en trèfle ou luzerne, etc., ne sera pas plus considérable que s'il est semé en pimprenelle. Le plus grand enthousiaste ne peut donner la préférence à cette dernière. Que l'on suive à présent la même comparaison en dégradation de bonté intrinsèque des champs, et l'expérience apprendra que la pimprenelle doit être préférée dans ceux où le sainfoin ne réussit pas bien, soit à cause de la trop grande chaleur, soit à cause de la qualité du sol. Ceci demande encore une explication. Dans les provinces vraiment méridionales de France, on ne fait qu'une seule coupe de sainfoin, et l'on pourroit en faire deux de pimprenelle, c'est-à-dire au printemps et dans l'automne, et la pimprenelle fournira un pâturage d'hiver que ne donnera pas le sainfoin; car si on veut la conserver, les troupeaux ne doivent pas entrer dans le champ. Une première et bonne coupe de sainfoin ne vaut-elle pas mieux que deux de pimprenelle? Le poids de la première le prouvera; reste donc en faveur de la pimprenelle le pâturage d'hiver. Dans les provinces du centre et du nord de la France, où l'on fait plusieurs coupes de sainfoin, l'avantage est tout en faveur de celui-ci. Mais si l'on a des terrains si maigres, et si maigres qu'ils se refusent à la culture de ce dernier, c'est alors le cas de préférer la pimprenelle.

On est obligé dans plusieurs endroits de laisser chômer la terre pendant plusieurs années, attendu son peu de qualité, et après quatre, cinq, six ou sept ans, de l'Écobuer (voyez ce mot), avant de lui confier la semence du seigle. Ce sont de tels champs que l'on doit sacrifier à la pimprenelle, et leur donner plusieurs bons labours aussitôt après la levée de la récolte, ou au mois de septembre ou d'octobre, suivant le climat; alors cette plante enrichira le sol qui la nourrit; (*voy.* le mot AMENDEMENT), et après la seconde ou la troisième année on sème de nouveau du seigle, dont le produit sera supérieur à ceux des récoltes précédentes en grain, parceque la pimprenelle aura, par ses débris, formé plus d'*humus* ou terre végétale, que l'herbe courte, sèche et rare, dont elle aura pris la place; enfin, on aura sur ce lieu, auparavant presque sec et aride, un pâturage pour toutes les saisons, les époques de la glace et de la neige exceptées.

Si dans ses possessions on a des rochers un peu terreux, des terrains caillouteux, uniquement destinés aux pâturages, il convient de remuer la terre par-tout où on le pourra et d'y semer la pimprenelle. De quelle ressource ne seroit-elle pas dans les provinces où les friches sont immenses, et ne sont couvertes que de chétives bruyères? A moins que le sol ne soit humide et marécageux, c'est le cas de le sacrifier à la pimprenelle. Plus le terrain est maigre, et plus l'on doit semer épais. Il ne s'agit pas ici de songer à des coupes réglées, mais uniquement de procurer aux troupeaux une nourriture saine et bien plus abondante que celle qu'il y auroit trouvée auparavant. Je dis de semer épais, afin que la pimprenelle étouffe les autres plantes, et d'ailleurs, parcequ'en supposant un terrain aussi mauvais, le pied ne peut pas prendre beaucoup de consistance. Avec un pareil secours on peut doubler le nombre des troupeaux de ces cantons. On est fort embarrassé dans les provinces du midi pendant l'été où l'herbe est desséchée et grillée, où les champs sont labourés, où l'entrée des vignes est défendue, où les luzernes sont en végétation, de trouver de quoi les nourrir; la pimprenelle viendroit à leur secours, puisqu'elle conserve ses feuilles pendant les plus grandes chaleurs. Je réponds de ce fait; je ne prétends pas que ces feuilles seront aussi abondantes, aussi fraîches qu'au printemps et qu'en automne; mais le troupeau y trouvera toujours assez de nourriture, si on donne à la plante le temps de repousser, et qu'elle ne soit pas broutée chaque jour. A cet effet on divise par cantons ces garigues, ces landes, ces pays à bruyères, et en étendue proportionnée au nombre des troupeaux; on les conduira dans une des divisions; et les feuilles auront le temps de recroître avant qu'on ne les y ramène.

Mais, dira-t-on, comment se procurer la graine de cette plante? Rien ne coûte aux gens riches; les jardiniers et marchands de graines de toute la France s'empressent de satisfaire leurs goûts, et de se débarrasser eux-mêmes de leurs marchandises, et à bon prix. Ainsi nulle difficulté pour ceux-ci. Quant au propriétaire moins aisé, il tâchera de se procurer quelques livres de graines; il les sèmera dans un de ses champs, laissera fructifier les plantes, sèmera leur produit dans le champ destiné au troupeau, et ainsi de suite d'année en année ; s'il sait perdre du temps pour en gagner par la suite, s'il n'est pas tourmenté par le désir de jouir promptement, il sèmera la première graine qu'il récoltera dans la place voisine du bon champ qui a produit la graine, et à la fin de la seconde année il aura de quoi ensemencer une vaste étendue.

Dans les pays tempérés, et où les pluies ne sont pas rares, les meilleurs semis sont ceux qui se font après leur récolte ; on peut même mêler la graine de pimprenelle avec celle du sarrasin ou blé noir, et semer la première aussi épais que si on la jetoit seule en terre. Le sarrasin gagnera de vitesse la pimprenelle ; mais il ne reste sur pied que jusqu'à la St.-Martin environ, et la pimprenelle aura le temps, avant les fortes gelées, de se fortifier ; il faut cependant excepter les pays très froids ou montagneux. Pendant le premier hiver, l'entrée du champ doit être scrupuleusement défendue aux troupeaux, afin de laisser à la plante le temps de se fortifier. Lorsqu'au printemps suivant elle aura poussé beaucoup de feuilles, c'est le cas de les y faire passer ; le pied tallera davantage.

Toute la plante a un goût d'herbe salée. Elle est détersive, vulnéraire, apéritive ; on s'en sert en infusion et en décoction ; la plante pilée s'applique sur les plaies récentes ; réduite en poudre sèche, elle arrête, dit-on, les progrès des ulcères chancreux. L'expérience prouve que les feuilles échauffent et fortifient l'estomac ; qu'elles sont utiles dans la diarrhée par foiblesse d'estomac et des intestins, dans la diarrhée séreuse : la racine est encore à préférer dans ces espèces de maladies ; elle excite le cours des urines.

On met ordinairement la pimprenelle dans les salades, surtout dans celles de laitue, afin qu'elles n'incommodent pas les estomacs foibles.

On la joint aux autres plantes destinées aux bouillons qu'on appelle de printemps, et mal à propos nommés rafraîchissans ; car le cerfeuil et la pimprenelle ne le sont pas. Les moutons, les bœufs et les vaches, mangent avec avidité la pimprenelle. Quelques chevaux la refusent dans les premiers temps, comme ils refusent la luzerne ou telle autre plante, lorsqu'ils sont accoutumés au foin ; mais une fois qu'ils y sont faits, ils la quittent avec peine. Cette simple observation auroit bientôt terminé la dispute de plusieurs écrivains sur ce sujet. (R.)

La PIMPRENELLE DU CANADA, du double plus grande et plus pourvue de feuilles que celle dont il vient d'être question, mérite de lui être préférée. Elle ne se trouve encore que dans les jardins de botanique ; mais il suffiroit que quelqu'un voulût la cultiver pour, avec un pied, obtenir suffisamment de graines en deux ou trois ans pour la semer en grand, tant elle est prolifique. J'ai vu des épis avoir près d'un pied de long.

Les lapins aiment extrêmement la pimprenelle, et on doit la mettre au nombre de leurs alimens lorsqu'on en élève en complète domesticité, parcequ'elle contre-balance les mauvais effets des choux et autres légumes dont on les nourrit ordinairement. (R. et B.)

PIN, *Pinus.* Genre de plantes de la monœcie et de la famille des conifères, qui renferme une vingtaine d'espèces d'arbres qui, par leur utilité et leur beauté, méritent au premier degré l'intérêt des cultivateurs. Il fait partie des ARBRES VERTS, ou mieux, des ARBRES RÉSINEUX. *Voyez* ces mots.

Linnæus et les botanistes de son école ont réuni les pins, les SAPINS et les MÉLÈZES. Il y a en effet de très grands rapprochemens entre eux; mais leurs fruits offrent des différences assez considérables pour être autorisé à en former trois genres, dans le dernier desquels sera placé le CÈDRE DU LIBAN. (*Voyez* les mots précités., Les cultivateurs, qui sont accoutumés à les distinguer, trouveront que j'ai eu raison d'en former des articles particuliers.

Tous les pins ont les racines peu étendues relativement à leur masse; aussi vivent-ils plus par leurs feuilles, qui subsistent huit à dix ans, que par elles; aussi sont-ils facilement renversés par les vents, lorsqu'ils croissent isolément. Leur tronc ne repousse pas lorsqu'il a été coupé; même il est rare qu'il sorte des bourgeons d'autre part que de l'extrémité des branches qui sont toujours verticillées par étage, au nombre de trois, quatre, cinq, six et huit autour de la tige. On appelle flèche la partie supérieure de ce tronc. C'est le bouton central de cette flèche qui se développe le dernier, précaution de la nature pour qu'il ne soit pas frappé par la gelée. Chaque année, il naît un ou deux de ces verticilles de branche, de sorte qu'il est toujours possible, dans sa jeunesse, de juger de l'âge de l'arbre. Toutes les espèces cultivées en Europe ont les feuilles linéaires, plus ou moins longues, réunies deux, trois, quatre ou cinq ensemble dans une gaîne membraneuse. Elles sont éparses autour des rameaux. Ce n'est jamais que sur les bourgeons qu'elles se développent. Les fleurs mâles, ordinairement jaunes et excessivement nombreuses, forment de gros faisceaux d'épis qui, au moment de la fécondation, lancent tant de pollen que les arbres et la terre en sont couverts, et que, emporté au loin par les vents, il a plusieurs fois fait croire à l'ignorance superstitieuse qu'il tomboit des pluies de soufre. Leurs fruits, qui représentent le plus souvent un cône, restent, dans quelques espèces, une année entière sur l'arbre.

Les caractères spécifiques des pins sont si variables, l'influence du sol et du climat agit si fortement sur eux, que les botanistes et les cultivateurs ne sont pas encore d'accord sur ce qu'on doit appeler espèce ou variété. La plus grande confusion règne dans la synonymie qui les concerne. Lambert même, qui vient d'en publier une très belle monographie, a commis plusieurs graves erreurs. Je ne puis entreprendre d'éclaircir ici cette matière ; mais adoptant la nomenclature suivie par M. Thouin, je vais passer en revue toutes les espèces qui sont cultivées dans les jardins des environs de Paris, espèces que j'ai étudiées sur le vivant à toutes les époques de l'année, et que je suis par conséquent en état de certifier être réellement distinctes. J'observe au lecteur qu'après le fruit ce sont les boutons pendant l'hiver, et les bourgeons pendant le printemps qui m'ont fourni les caractères les plus saillans.

Pins à deux feuilles dans la même gaîne.

Le PIN SYLVESTRE, *Pinus sylvestris*, Lin., a les feuilles larges, très glauques, longues de deux pouces ; les boutons gros, courts, très résineux ; les cônes pointus, plus courts que les feuilles, d'un vert clair, le sommet des écailles central et presque perpendiculaire. Il croît sur les montagnes de la France. Il se trouve aussi en Allemagne et en Angleterre. On le cultive fréquemment dans les jardins d'agrément, à raison de la beauté de son port et de la permanence de son feuillage. Sa hauteur moyenne est de soixante pieds ; mais rarement j'en ai vu en France de cette élévation hors des jardins, parcequ'on ne l'y laisse croître que dans les mauvais terrains, et qu'on le coupe fort jeune. Son accroissement en grosseur, d'après l'observation de Varennes de Fenilles, est d'un pouce par an dans un terrain de bonne qualité, ce qui indique qu'il peut y en avoir de monstrueux, car il vit trois à quatre siècles. C'est de toutes les espèces, sans exception, celle qui pousse le plus rapidement dans sa première jeunesse. Il n'est pas rare que les individus qu'on cultive convenablement dans les pépinières aient trois à quatre pieds à pareil nombre d'année ; mais ensuite ils sont surpassés par le pin lariccio et le pin weymouth. Le sol qui lui est naturel est le sable granitique des hautes montagnes, sable continuellement humecté par les pluies ; mais il peut aussi bien venir dans les craies de la ci-devant Champagne que dans les terres grasses de la ci-devant Normandie, c'est-à-dire qu'il peut venir par-tout. Ajoutez à cela qu'il ne craint pas les plus fortes gelées, et qu'il brave fort bien les chaleurs. On en tire par incision la RÉSINE, ou POIX RÉSINE, ou ENCENS COMMUN ; par demi-combustion le GOUDRON ; par distillation une espèce de TÉRÉBENTHINE. *Voyez* ces mots.

M. Malus, dans un mémoire très bien fait sur les forêts

d'arbres résineux des Alpes, inséré dans le tome 20 des Annales d'agriculture, établit en principe, par des observations, que les pins, les sapins et les mélèzes, dont on extrait la résine, sont aussi durs, aussi forts et plus légers que les autres. Cette considération peut être d'une grande importance pour les mâtures.

Le bois du pin sylvestre est excellent pour la charpente, et le seroit pour la menuiserie s'il ne conservoit pas si long-temps l'odeur résineuse qui lui est propre. Il pèse vert 74 livres 10 onces; sec 38 livres 12 onces par pied cube. Il perd un dixième de son volume par la dessiccation. Le tout d'après Varennes de Fenilles. Il brûle fort bien, et fournit, dit-on, plus de chaleur qu'aucun autre bois, ce que j'ai peine à croire, car il se consume rapidement, et donne beaucoup de flamme et de fumée. Les éclats des pieds les plus résineux servent de torches ou de flambeaux dans beaucoup de pays. Son charbon est recherché pour la forge. L'air et l'eau agissent fort lentement sur lui, de sorte qu'après le cyprès et le mélèze, c'est le meilleur de tous les bois indigènes pour la conduite des eaux, pour les corps de pompe, les étais des mines, etc. On peut donc le regarder comme un des arbres les plus précieux sous les rapports de l'utilité, et il l'est toujours le plus dans les pays où il croît naturellement, c'est-à-dire sur les montagnes élevées où le chêne et même le hêtre refusent de vivre.

Il sembleroit, d'après cela, que le pin sylvestre devroit couvrir des espaces considérables en France, que les hautes montagnes qui n'ont que quelques pouces d'épaisseur de terre, que les cantons arides, impropres aux productions ordinaires de la culture, devroient en être plantés; mais le fait est qu'il disparoît chaque jour plus en plus, même dans les pays où il croît naturellement, ainsi que j'ai eu occasion de m'en assurer sur les montagnes de la ci-devant Bourgogne, du ci-devant Lyonnais, de la ci-devant Auvergne, montagnes que j'ai visitées à diverses reprises. Ce n'est pas par la faute des écrivains s'il devient rare; car il n'en est pas un depuis Duhamel, qui, le premier, je crois, en a provoqué la multiplication en France, où on ne trouve un chapitre pour faire valoir ses avantages. Cependant, je dois le dire, leurs cris patriotiques ont été entendus de quelques cultivateurs de la ci-devant Champagne, et ces derniers y ont répondu. Il y a en effet plusieurs centaines d'arpens de terre aujourd'hui couverts de pin commun dans cette triste contrée. On cite une propriété ne valant que trois ou quatre francs l'arpent, qui produit aujourd'hui plus de cent francs par an et par arpent, pour avoir été, il y a trente ou quarante ans, semée en pins.

Dans les lieux où le pin sylvestre croît naturellement, il se reproduit par le semis de ses graines, parceque, comme on ne coupe que les arbres parvenus à une certaine grosseur, il en reste toujours des pieds qui en fournissent; aussi n'y donne-t-on aucun soin à cette reproduction; mais lorsque le sol est fatigué d'en nourrir, lorsque quelques circonstances ont mis à nu un espace étendu, et que l'herbe a gagné cet espace, il cesse d'en lever, le bois se dégarnit et finit par disparoître. Il est bientôt temps, ainsi que je l'ai observé, que les cantons cités plus haut pensent à changer leurs forêts de place, sans quoi ils manqueront complètement de bois, deviendront déserts pendant l'hiver, et seulement habités par des conducteurs de vaches pendant l'été. Des semis dans des lieux depuis long-temps en culture ou en pâturage peuvent facilement prévenir cet inconvénient, et ces semis ne sont pas dispendieux, puisqu'il suffit de gratter la terre, c'est-à-dire de la labourer à deux ou trois pouces de profondeur, lorsque les gelées ne sont plus à craindre; car le pin germant y est sensible lorsqu'il n'est pas abrité par des arbres, des broussailles, des feuilles ou de la neige.

Je dis qu'il suffit de gratter la terre, parcequ'il a été remarqué que les semis en grand des pins, et en général de tous les arbres résineux, dans une terre profondément labourée, prospéroient moins que dans celle qui ne l'étoit pas. Cela s'explique par la plus facile dessiccation de cette dernière pendant l'été qui suit la plantation; dessiccation qui amène celle des foibles racines du plant. Cela est si vrai, que des profonds labours sont au contraire favorables dans les jardins où on peut arroser au besoin. De plus, à un âge plus avancé, les efforts des vents arrachent plus facilement les jeunes arbres dans un sol meuble que dans un sol compacte, ces pins ayant peu ou point de Pivot. *Voyez* ce mot.

La zone élevée où croissent naturellement les pins sylvestres (élévation où la chaleur n'est jamais forte, et où les pluies sont très fréquentes), dispense de toute précaution contre les effets de la sécheresse; mais dans les plaines, surtout dans celles de la Champagne, si arides par leur constitution même, il est nécessaire de garantir le plant, pendant ses premières années, des atteintes d'un soleil trop brûlant, ou des vents desséchans. C'est pour n'avoir pas connu cette circonstance que tant de semis ont manqué. Toute espèce de plantes, d'arbustes ou d'arbres, qui ne pousse pas de trop longues racines, est propre à remplir l'objet que j'ai ici en vue. En conséquence, loin d'arracher les bois existans, les broussailles, les hautes plantes vivaces, il faudra les conserver avec soin, même en planter ou semer à l'avance; et de plus, après un léger binage, semer la graine avec de l'avoine ou de l'orge, qui abritera encore plus le jeune plant.

Un excellent moyen de conduite des forêts, soit dit en passant, seroit sans doute de les semer en pins ou sapins, lorsqu'elles commencent à s'épuiser, et ensuite en arbres non résineux, lorsque ces derniers s'épuiseroient à leur tour ; mais cet assolement seroit au moins de trois cents ans dans les mauvais sols, et peut-être de mille dans les bons. Or, quel moyen employer pour le faire exécuter ! *Voyez* au mot FORÊT.

Lorsque la terre qu'on se propose de semer en pins est entièrement nue, un moyen très économique, je dirai même très fructueux de l'abriter, c'est d'y planter, dans la direction du levant au couchant, des rangées de topinambours, d'autant plus rapprochées que le terrain est plus sec et plus exposé aux vents ; de six à dix pieds par exemple, et d'en semer l'intervalle, après un léger labour, comme il a été dit plus haut. Il seroit même bon de faire cette plantation de topinambours l'année qui précédera le semis, afin qu'elle offre des touffes plus épaisses. La coupe des tiges, en septembre, pour la nourriture des bestiaux, donnera, pendant trois ou quatre ans, un revenu qui peut-être sera supérieur à celui que la totalité du champ auroit donné en céréales. *Voyez* TOPINAMBOUR. Au bout de cet espace de temps on pourra arracher les racines, excepté celles des bordures, ce qui restera en terre suffisant alors pour fournir l'année suivante l'abri nécessaire au plant qui est déjà capable de se défendre lui-même. On ne doit pas craindre d'inconvéniens de la part de ces rejets de topinambours, qui seront successivement étouffés par le plant, les plus grands arbres, les chênes même, finissant toujours par disparoître des lieux plantés en pins.

Il sera rarement nécessaire de garnir l'espace vide que laisseront les allées de topinambour, parceque dans le premier temps elles serviront aux éclaircissemens, et qu'ensuite elles favoriseront la croissance des arbres en leur donnant de l'air.

Le genêt à balai qui, ainsi que le pin sylvestre, croît dans les sables, est très propre à être répandu avec lui, lorsqu'on en fait du semis en grand, parcequ'il croît vite dans ses premières années, et qu'on peut tous les ans couper les plus gros pieds pour donner de l'air aux jeunes pins. C'est le moyen qu'on emploie dans quelques cantons. Des cerisiers mahaleb, des ronces et autres arbustes produiront aussi le même effet.

Il est d'observation que les arbres verts croissent mieux à l'exposition du nord qu'à toute autre ; c'est donc à celle-là qu'on mettra de préférence, dans les pays montueux, les pins communs ; et comme ils croissent également bien dans les terrains rocailleux, sur les rochers les moins garnis de terre, pourvu qu'ils soient fendillés, et que ces lieux sont généralement peu productifs, on ne doit pas manquer de les en garnir.

Au contraire des autres semis, celui des arbres verts ne craint pas d'être épais, et ce par la raison qui motive son mélange avec de l'orge ou de l'avoine. Cependant ce seroit folie que de le faire aussi épais que le blé. Lorsque la graine est très bonne, il faut en mettre un quart avec l'orge, et lorsqu'elle ne l'est pas en mettre moitié, et semer, comme si c'étoit de l'orge pure, au mois d'avril ou de mai, selon les climats et la température de l'année.

Les cônes du pin sylvestre passant l'hiver sur l'arbre, il faut profiter des premiers beaux jours d'avril pour les faire cueillir, puis les exposer au grand soleil, sur des toiles, pour qu'ils s'ouvrent et laissent tomber leur graine qu'on sème de suite si le cas y échoit, ou qu'on garde jusqu'à son emploi. Elle se conserve bonne pendant plusieurs années; mais cependant elle est d'autant meilleure qu'elle est plus fraîche.

La totalité des bonnes graines lève la première année et même en moins d'un mois, si la chaleur et l'humidité concourent convenablement à accélérer sa germination.

Pendant la première année il n'y a d'autre chose à faire qu'à couper, le plus adroitement possible, pour ne pas endommager le plant qui est alors fort délicat, les épis de l'orge et de l'avoine. Au printemps suivant, on peut éclaircir les places trop serrées, c'est-à-dire celles où le plant sera à moins de six pouces, ensuite n'y plus toucher jusqu'à ce que les plus gros pieds aient acquis environ un pouce de diamètre, c'est-à-dire jusqu'à six ou huit ans.

Bien entendu qu'avant le semis on aura pris des mesures pour garantir le jeune plant du piétinement des bestiaux et des hommes par des fossés suffisamment larges, des haies sèches, etc.

C'est dont à six ou huit ans que les semis de pin commun commencent à devenir productifs, et ils peuvent l'être pendant deux ou trois siècles presque sans autres nouvelles dépenses que celles de la coupe et de l'extraction. Quels avantages n'offrent-ils donc pas aux cultivateurs? Pourquoi donc dans la disette actuelle du bois tous les pères de famille qui peuvent disposer d'un capital de 150 fr. (car il n'en coûte pas plus pour tous les frais nécessaires au semis d'un arpent de pin commun), ne s'empressent-ils pas d'en garnir leurs mauvaises terres? On ne peut en vérité excuser cette insouciance que par la considération de l'ignorance dans laquelle vivent la presque totalité des cultivateurs, et aux obstacles qu'apportent à l'exécution de leurs vues les préjugés de la routine.

Les premiers objets qu'on doit retirer d'un semis de pin, ce sont tous les pieds morts et ceux qui par leur foiblesse et par leur mauvaise venue annoncent devoir être nuisibles à l'accroissement du reste. Chacune des huit ou dix années suivantes, pendant l'hiver, on coupe les plants les plus foibles ou les plus rapprochés pour en faire des échalas, d'abord entiers, ensuite refendus. Ces échalas, d'une bonne durée, sont d'une vente très avantageuse dans les pays de vignobles. Ailleurs le bois sera employé au chauffage ou autres objets.

Dès que quelques uns des arbres résultans d'un semis de pin ont acquis six pouces de diamètre, c'est-à-dire sont susceptibles de faire des solives, on change de méthode. Ce sont alors les plus gros qu'on abat annuellement ; mais en y apportant de la modération, c'est-à-dire en en réservant toujours quelques uns de distance en distance, soit pour fournir de la graine lorsque les repeuplemens deviendront nécessaires, soit pour avoir des pièces de très fortes dimensions.

Il est plusieurs manières d'exploiter les forêts de pin, outre celle en jardinant, dont il vient d'être question, et qui est la plus commune. Une d'elles, c'est de couper successivement par grandes places ; une autre par allées plus ou moins larges, perpendiculaires à la direction du vent dominant ; une troisième de couper successivement, en commençant au-dessous du vent. Le motif qui fait qu'on ne peut pas les aménager comme les autres forêts, c'est que les baliveaux ou porte-graines ne peuvent pas résister seuls aux efforts des vents. *Voyez*, pour le surplus, au mot Forêt.

Dans les Alpes on coupe les pins et les sapins pendant tout l'été. Cette méthode d'exploitation, quoique commandée par la position de ces arbres dans des localités couvertes en hiver de plusieurs pieds de neige, est vicieuse, en ce que les arbres sont en sève, et par conséquent donnent des bois de qualités inférieures.

La culture du pin sylvestre dans les jardins diffère beaucoup de celle dont je viens d'indiquer les procédés. C'est contre un mur à l'exposition du nord et dans une terre bien ameublie par les labours, même, lorsqu'on le peut, dans de la terre de bruyère, qu'il faut en effectuer le semis, qu'on arrose au besoin, ou qu'on couvre de mousse pour y conserver plus long-temps l'humidité des pluies. Ce semis peut être fait fort épais sans inconvéniens. Le plant levé s'arrose pendant les chaleurs de l'été. Au printemps de l'année suivante, c'est-à-dire en avril, on relève ce plant pour le mettre dans un autre lieu, à la même exposition, et dans de la terre de même nature, à la distance de six ou huit pouces. Là, on le laisse deux ans, en ayant soin de le biner deux ou trois fois par an. Après cet espace de temps on l'arrache encore pour le replanter en pleine terre à toute exposition, à la distance de deux pieds. C'est après deux autres années de séjour dans ce nouveau local qu'on doit le mettre définitivement en place. Si on attendoit quatre ans, sa non réussite seroit plus probable que sa réussite. Ainsi, c'est à cinq ans qu'un pin sylvestre prend le nom d'*arbre fait*; il a ordinairement alors quatre à cinq pieds de haut et deux pouces de diamètre, c'est-à-dire qu'il peut se défendre par lui-même lorsqu'il est exposé aux accidens produits par les hommes ou par les animaux.

Le motif qui détermine les cultivateurs à changer les pins, et en général tous les arbres verts aussi souvent de place dans les pépinières, c'est qu'ils ont besoin, pour pouvoir facilement reprendre, d'un empâtement de racine d'autant plus considérable qu'ils sont plus vieux, et qu'on obtient ce résultat par le moyen employé, moyen qui force ses fibriles à se fourcher. Cela est si vrai, que de cent pieds de l'âge de trois ans seulement, arrachés dans un bois avec toutes les précautions convenables, il en périra certainement quatre-vingt-dix; et que de pareil nombre, pris dans une pépinière à quatre ou cinq ans et même plus, il n'en périra pas dix. Il n'en reste pas moins vrai que plus on plante jeunes les arbres verts et plus on est assuré de leur reprise.

On ne peut pas planter les arbres verts, et principalement les pins, à toutes les époques de l'année. L'expérience a prouvé que pour le faire avec succès il falloit choisir le moment où ils entroient en végétation, que leur jeunes bourgeons commençoient à poindre, moment qui dure pendant huit jours au printemps, et autant, ou un peu moins, à la fin de l'été. C'est pour ne pas avoir pris cette précaution que tant de personnes n'ont pas réussi à sauver les pieds qui, par leur vigueur, leur donnoient le plus d'espoir; de plus, les racines de ces arbres et de leurs congénères sont si sensibles au hâle, qu'une heure d'exposition à l'air, lorsqu'il n'est pas brumeux, suffit pour les frapper de mort. Aussi la plupart des cultivateurs les placent-ils, lors de leur seconde transplantation, dans des pots, ou dans des paniers (mannequins) avec lesquels on peut les transporter sans inconvéniens. D'autres les trempent immédiatement après leur sortie de terre dans un gâchis formé de bouse de vache, de terre franche et d'eau par parties égales. Ces trois moyens sont bons puisqu'ils garantissent les racines du contact de l'air, et peuvent, par conséquent, être employés, le premier, quand on veut envoyer les arbres fort loin, le dernier quand on les plante à peu de distance du lieu de l'arrachis.

Rarement on place le pin en quinconce, encore moins en

avenue, quoique de ces deux manières il puisse donner des jouissances. C'est, dans les jardins paysagers, isolé, ou sur les bords des massifs, sur-tout aux angles saillans des bosquets qu'il produit le plus d'effet, par le contraste de la disposition de ses branches et de la couleur glauque de son feuillage avec les autres arbres de ces massifs ou bosquets; mais il ne doit cependant pas y être prodigué, attendu que l'épicéa, le sapin, le baumier de Giléad, les sapinettes, les genevriers, les cèdres, y réclament aussi une place et se marient fort bien avec lui. A moins de cas extraordinaires il ne faut point mutiler ses branches, car, ainsi que tous les autres arbres verts, il est dégradé par l'attouchement de la serpette. Jamais il ne se développe avec plus de grace, je dirai même de majesté, que lorsqu'il est abandonné à lui-même. Il commence ordinairement à porter des fruits à sa huitième ou dixième année.

Une fois en place, le pin sylvestre ne demande qu'à être oublié. Aucune sorte de soin lui est nécessaire. On peut même dire que l'art lui nuit toujours. C'est véritablement l'arbre des jardiniers paresseux. Pourquoi ne le multiplie-t-on donc pas davantage? Le parti qu'en peut tirer l'économie domestique et ses agrémens me font faire des vœux pour qu'il le soit partout. La difficulté de le défendre dans sa jeunesse contre les dommages, motif qui me paroît le seul valable, peut être facilement levé par des mesures bien combinées, par exemple, en le semant au milieu d'un buisson de ronces plantées à cet effet, au milieu d'une haie, etc.

Le PIN D'ÉCOSSE, *Pinus rubra*, est regardé par beaucoup de botanistes comme une simple variété du précédent, avec lequel il se confond facilement au premier aspect, mais il forme certainement espèce. Ses feuilles sont un peu moins glauques et un peu plus longues; ses boutons plus grêles, plus allongés, plus rouges et rarement couverts de résine; ses pousses et ses fleurs mâles sont rouges. Ses cônes sont plus pointus, de moitié au moins, plus petits, grisâtres, très saillans et recourbés en arrière; leurs écailles sont très pyramidales, sur-tout du côté de la base. Il croît dans le nord de l'Angleterre et de l'Allemagne. Il paroît s'élever plus que le précédent et avoir le bois plus rouge et plus résineux. On le cultive, mais plus rarement dans les jardins des environs de Paris. Sa culture ne diffère pas de celle du précédent, qui, je le repète, porte par-tout son nom. Il a un port assez différent pour pouvoir contraster avec lui.

Le PIN DE MATURE, le *pin de Russie*, le *pin de Riga*, le *pin de Hagueneau*, a les feuilles plus longues, plus vertes et plus grêles que celles des deux précédents; ses boutons encore plus petits que ceux du pin d'Ecosse. Il croît naturellement dans tous les lieux ci-dessus dénommés. Les pépinières im-

périales en contiennent des milliers de pieds qui se reconnoissent au premier aspect, et qui proviennent de graines venues
d'Hagueneau. Noisette en possède beaucoup résultant des graines qu'il a reçues de Russie. Il s'élève plus qu'aucun des précédens. C'est lui qui fournit ces belles mâtures du nord si recherchées par tous les constructeurs de vaisseau. On a fréquemment tenté de le naturaliser en France, à raison de son
importance sous ce rapport, mais après la mort des personnes
qui s'en sont occupées, principalement de Duhamel, il s'est
de nouveau confondu avec les précédens. Je me propose de le
multiplier autant qu'il me sera possible.

Le PIN DE GENÈVE, de *Tarrare*, le *pin commun de France*.
C'est un arbre de médiocre stature, rarement droit, qu'on
n'emploie presque qu'à brûler. Il est fort commun sur les
montagnes du centre de la France et des Basses-Alpes, où il
forme, ainsi que je l'ai observé dans une grande quantité de
lieux, des bouquets de bois peu épais. Son abondance sur
la montagne de Tarrare, où passe la route de Paris à Lyon,
la fait connoître des cultivateurs, mais sans aucun fruit pour
les botanistes qui l'ont constamment confondu avec les précédens, quoi qu'il en soit fort distinct. Ses feuilles sont de
moitié plus courtes, à peine glauques. Ses boutons sont plus
petits, mais de même forme. Ses cônes sont de même grosseur,
mais plus courts que ceux du pin sylvestre ; leur couleur est le
brun verdâtre. La pyramide de leurs écailles est très saillante,
légèrement recourbée en arrière, sur-tout vers la base.

Le PIN DES PYRÉNÉES, *Pinus uncinata*, Décandolle, a les
feuilles à peine longues de deux pouces ; les cônes ovales et
à écailles terminées par une épine recourbée. Il croît dans les
Pyrénées où il a été découvert par Décandolle. C'est une espèce bien caractérisée par ses fruits et ses pousses blanches,
mais fort rapprochée du pin sylvestre, avec lequel il a été
confondu jusqu'ici. Je me propose d'en faire venir des graines
pour l'introduire dans nos jardins, où il ne se voit pas encore.

Le PIN ÉCAILLEUX, *Pinus squammosa*, Bosc., ne paroît avoir
été connu d'aucun botaniste. Ses feuilles sont moins glauques,
plus courtes, plus roides, et plus nombreuses que celles d'aucune des espèces précédentes. Ses boutons sont très gros, très
obtus et très résineux. Ses cônes sont plus petits et plus courts
que ceux du pin de Genève. Leur couleur est d'un brun clair.
Les pyramides de leurs écailles sont très aplaties, très longues
et recourbées en arrière. Ce dernier caractère ne permet pas
de le confondre avec aucun autre. J'ignore de quel pays il est
originaire, mais il se cultive au Muséum d'histoire naturelle,
dans les pépinières impériales et chez Cels. Il mérite d'être
multiplié. Je soupçonne qu'il ne s'élève pas beaucoup.

Le pin mugho, *Pinus mughus*, Wild, a les feuilles très courtes, c'est-à-dire au plus d'un pouce de long et toujours ramassées à l'extrémité des rameaux. Leur couleur est légèrement glauque. Ses boutons sont longs, gros et très résineux. Ses cônes ressemblent pour la grosseur et la forme à ceux du pin de Genève; mais leur couleur est plus verte, les pyramides de leurs écailles moins saillantes, sur-tout du côté de la base. Il s'élève peu, reste toujours tortu, irrégulier et se dégarnit facilement de ses feuilles. Ses boutons, pendant l'hiver, sont coniques, aigus, très résineux. Il croît très abondamment sur le sommet des Alpes où il ne sert qu'au chauffage. Son bois est très résineux. Villars dit qu'il se confond avec le pin commun à mesure qu'il descend dans les vallées; cependant il ne change pas d'aspect ni de caractères dans nos jardins où on le cultive depuis très long-temps, et où on le reproduit de graines nées dans les mêmes jardins. Il ne s'y élève guère qu'à douze ou quinze pieds, tandis qu'il est commun d'y voir le pin sylvestre de trente à quarante pieds de haut. On ne doit pas le cultiver pour ornement, car son aspect toujours chétif ne fait pas honneur au jardinier auprès de ceux qui ignorent qu'il est de sa nature de rester ainsi.

Le pin nain, *Pinus pumilio*, Wild, a les feuilles courtes, très rapprochées de la tige; les cônes presque ronds et à écailles obtuses. Il croît sur les hautes montagnes de l'Allemagne, et il ressemble beaucoup au précédent, avec lequel il a été confondu par tous les botanistes qui ne l'ont pas vu vivant; mais il s'en distingue considérablement, puisqu'il ne forme jamais qu'un buisson, dont les branches latérales sont couchées sur la terre, et généralement plus longues que le tronc. Ses feuilles sont plus longues, plus grêles et plus vertes. Son bouton d'hiver est de même ferme, mais bien moins résineux. Je le cite uniquement à cause de cette confusion; car il est encore moins dans le cas d'être cultivé que le précédent. Noisette est le seul pépiniériste des environs de Paris chez qui il se trouve. On l'a figuré dans l'ouvrage sur les plantes rares de Hongrie.

Le pin lariccio a les feuilles très longues (trois à quatre pouces), d'un vert clair; les cônes petits, souvent recourbés et à écailles très obtuses. Il croît sur les montagnes de la Corse, et est aujourd'hui très abondant dans les jardins des environs de Paris. C'est celui qui s'élève le plus haut et le plus rapidement, celui par conséquent qu'on doit par-tout cultiver de préférence. Il a été confondu presque par tous les auteurs avec la première espèce, sous la dénomination de *Pinus sylvestris altissima*, ou avec le pin maritime sous le nom de *pinus pineaster*. Il tient en effet le milieu entre eux, mais forme certainement espèce distincte. On le distingue toujours, dans sa première jeunesse, à la disposition contournée de ses feuilles, qui, dans l'état adulte, sont deux à trois fois plus grandes que celles du pin sylvestre; elles sont aussi moins glauques; ses cônes, à peu près de même grosseur, sont rougeâtres, et ont les pyramides des écailles plus surbaissées et plus larges. Ses boutons sont plus gros, plus mucronés, et, pendant l'hiver, toujours couverts de résine. On dit qu'il en est en Corse qui ont plus de cent quarante pieds d'élévation. J'en connois qui ont vingt à trente ans, et dont la hauteur est peut-être moitié de la précédente, et ils donnent abondamment du fruit. Sa culture ne diffère pas de celle du pin sylvestre. Il ne craint pas plus que lui les gelées des environs de Paris.

J'ai fait venir de Corse une grande quantité de graines de cette espèce, pour accélérer d'autant sa multiplication en France; mais de cent milliers de pieds qui ont levé dans les pépinières impériales, il n'en subsiste peut-être pas mille, par suite des malheureuses circonstances qui agissent sur elles. J'avois fait faire, dans une de ces pépinières, une plantation de près de trois cents pieds, destinés à donner des graines, lesquels, au bout de trois ans, ont été arrachés par l'effet des mêmes circonstances, à mon grand désespoir.

Le PIN DE CARAMANIE, *Pinus Caramanica*, Bosc, a beaucoup de l'aspect du précédent; mais ses feuilles sont plus roides, et ses boutons plus petits. Ses cônes ont les pyramides des écailles ovales, obtuses, presque globuleuses, comme celles du pin d'Alep. Il est originaire de l'Asie mineure, d'où ses graines ont été rapportées par mon confrère Olivier. C'est un grand arbre; mais au contraire du précédent, il croît très lentement; car les pieds qui se voient au jardin du Muséum d'histoire naturelle, et dans la pépinière de Cels, ont à peine deux pieds de haut, quoiqu'ils aient dix ans d'âge.

Le PIN MARITIME, ou *pin de Bordeaux*, ou *grand pin*, ou *pin pinastre*, *Pinus pineaster*, Wild, a les feuilles de cinq à six pouces de long, d'un vert clair; les cônes presque de même longueur, c'est-à-dire trois à quatre fois plus gros que ceux du pin lariccio. Leurs écailles sont proportionnellement plus allongées que les siennes, et la pyramide de leur écaille est plus centrale. Ses boutons ne sont jamais couverts de résine, et ses jeunes pousses sont rougeâtres. Il croît en immense quantité dans les landes de Bordeaux, et dans quelques autres lieux des parties méridionales et occidentales de l'Europe. On le cultive dans les jardins des environs de Paris. Sa hauteur est à peu près la même que celle du pin sylvestre. Ses rameaux se dégarnissent presque toujours du bas dans la vieillesse. C'est de lui qu'on tire principalement la RÉSINE, le GALIPOT et le GOUDRON, (*voy.* ces mots), etc., dont on fait usage dans la marine, quoique ces produits ne soient pas chez lui d'aussi bonne qualité que dans d'autres espèces. Les gelées des environs de Paris le frappent quelquefois. Cependant on en voit de beaux pieds au jardin du Muséum, à Fontainebleau et à Rambouillet, lesquels portent graine. De toutes les espèces, c'est celle dont la reprise est la plus incertaine, lorsqu'elle a acquis plus de deux ans d'âge ; aussi ne la trouve-t-on qu'en petite quantité dans les pépinières, et par suite dans les jardins paysagers, qu'elle orne cependant, même lorsqu'elle est en opposition avec les autres. Les sables les plus arides lui conviennent le mieux ; aussi doit-on le cultiver en grand dans toutes les localités de cette nature, où il n'est pas dans le cas de craindre les gelées dans sa jeunesse, époque où il y est le plus sensible. Il réussit assez bien dans la Sologne, où j'en ai vu de grands semis ; mais je ne crois pas qu'on doive tenter de le cultiver plus au nord. Celui qu'on appelle *pin du Mans*, du nom de la ville près laquelle on en voit de grandes quantités, est l'espèce suivante. Dans les landes de Bordeaux, où je l'ai observé plus particulièrement, on en tire parti sous le rapport de la résine et du goudron, comme bois de charpente et de chauffage. Brémontier l'emploie avec le plus grand succès pour fixer les dunes ; d'autres le sèment uniquement pour faire des échalas et des fagots, à peu près comme je l'ai indiqué à l'occasion du pin sylvestre. Je ne puis trop en recommander la multiplication par semis, qui manquent bien plus rarement que ceux de ce dernier dans les terrains secs et les expositions chaudes. La précaution des abris est cependant encore très importante pour le succès de ces semis. Tout ce que j'ai dit de la culture en grand du pin sylvestre s'applique à celui-ci.

Le PIN PENSOT, *pin à trochet, petit pin maritime, Pinus maritima*, Wild et Lambert, ne diffère presque du précédent, avec lequel il a été confondu par la plupart des botanistes, que parcequ'il est plus petit dans toutes ses parties ; cependant il y a tout lieu de croire qu'il forme réellement espèce distincte. Ses cônes sont ou solitaires ou rassemblés plusieurs ensemble et non épineux. Il est très abondant dans les sables arides des environs du Mans, et de quelques parties de la ci-devant Bretagne. Les gelées agissent moins sur lui que sur le précédent ; de sorte qu'on peut le cultiver plus au nord. Souvent, à ma connoissance, il a été semé dans les pépinières des environs de Paris ; cependant je ne puis dire quel jardin, excepté le petit Trianon, en contient de gros pieds, parcequ'il est difficile de le distinguer du précédent, et même du pin lariccio, lorsqu'on ne l'observe pas de très près.

Le PIN D'ALEP OU PIN DE JÉRUSALEM, *Pinus Alepensis*, Wild. a les feuilles très fines, très rapprochées de la tige, longues de trois à quatre pouces, et d'un vert foncé ; ses boutons sont petits et non résineux ; ses cônes sont ovoïdes, ont leurs écailles à pyramide fort surbaissée et à base presque aussi large que longue ; ses jeunes pousses sont blanchâtres. Il croît dans les parties méridionales de l'Europe, sur la côte de Syrie et en Barbarie. On le cultive dans les jardins des environs de Paris, quoiqu'il craigne les fortes gelées des hivers. Sa hauteur excède à peine vingt-cinq à trente pieds, et son tronc est rarement droit, si j'en juge par ceux qui couvrent les rochers de la côte entre Marseille et Toulon, rochers que j'ai visités. Je regarde cette espèce comme la plus élégante des indigènes, et j'en conseille la culture dans tous les jardins paysagers dont le sol sera sec et chaud. Sa culture ne diffère de celle du pin sylvestre qu'en ce qu'il faut garantir les jeunes plants, pendant les trois ou quatre premières années, des rigueurs de l'hiver, par des couvertures en feuilles sèches, en fougère, etc. J'en connois plusieurs pieds qui donnent abondamment des graines dans les environs de Paris.

Dans son pays natal le pin d'Alep ne paroît pas servir à d'autres usages qu'à brûler ; mais comme il croît dans les plus mauvais sols, au milieu des tas de pierres, il est précieux à multiplier, ce que je doute cependant qu'on fasse en France, étant plus commode de laisser ce soin à la seule nature.

Le PIN PINIER, PIN PIGNON, PIN CULTIVÉ, PIN DE PIERRE, a les feuilles moins longues que celles du pin maritime et plus glauques. Ses cônes sont obtus, non épineux et de la grosseur du poing. Une enveloppe osseuse et de la grosseur du petit doigt recouvre ses semences. C'est un très grand arbre, qui, lorsqu'il est arrivé à toute sa croissance, prend une terre arrondie d'un très bel effet. Il paroît originaire d'Orient et se cultive très abondamment dans toutes les parties méridionales de l'Europe, pour son bois excellent pour la charpente, la marine et la menuiserie, et pour ses semences, dont l'amande se mange, soit crue, soit cuite sous la cendre, soit mêlée dans les ragoûts. Il soutient difficilement, sur-tout lorsqu'il est jeune, les hivers rigoureux du climat de Paris ; mais quand il est devenu vieux il les brave, comme le prouvent les deux beaux pieds qui se voient sur la butte du jardin du Muséum. Ses fruits dont j'ai mangé maintes et maintes fois, tant à Paris que dans mes voyages, ont un goût assez agréable quoique résineux. Ils sont fort recherchés par les enfans, et sont employés en médecine comme adoucissans et pectoraux. La consommation qu'on en fait seroit beaucoup plus étendue s'ils ne rancissoient pas avec autant de facilité, c'est-à-dire si on pouvoit les garder une année sur l'autre. Un moyen de retarder cette altération, c'est de les laisser dans leur cône. Un autre c'est de les enterrer profondément dans une terre sèche. Un troisième, c'est de les saler.

Dans les pays chauds la seule culture de cet arbre consiste à mettre en terre une de ses semences au printemps de l'année qui suit celle de sa maturité, et de défendre le jeune plant qui en provient, pendant ses premières années, des accidens auxquels il peut être exposé. Du moins ni en France, ni en Espagne, ni en Italie n'ai-je vu leur donner des soins particuliers. Partout où je l'ai trouvé il n'étoit rien moins qu'abondant, et cependant par-tout on m'a paru l'apprécier à sa juste valeur, c'est-à-dire beaucoup. Nulle part que je sache on n'en forme des plantations régulières; il est toujours isolé et épars dans les terrains cultivés autour des villages, etc. Il seroit très à désirer qu'il fût multiplié autant que possible dans tous les lieux qui lui conviennent, d'après ce que j'ai dit plus haut de l'utilité qu'on en peut tirer. Olivier, de l'Institut, rapporte, dans son Voyage dans l'empire ottoman, que c'est lui qui fournit exclusivement les mâts à la marine turque. Son bois est blanchâtre, médiocrement résineux et fort léger.

Dans les pépinières des environs de Paris, les graines de pin pinier se sèment, en automne, dans des terrines remplies de terre de bruyère, terrines qu'on place, au printemps, sur couche et sous châssis et qu'on arrose souvent. Quelquefois elles ne lèvent que la seconde année, tant leur enveloppe est dure et met d'obstacle à l'action de l'humidité sur le germe. Quelques jardiniers, pour accélérer leur germination, brisent leur enveloppe, mais on risque par-là de les faire pourrir. Le plant levé se repique la même année à la seconde sève, ou l'année suivante au printemps, isolément dans des petits pots, qu'on rentre l'hiver dans l'orangerie. Ce plant a, pendant les deux premières années, un aspect fort différent de celui qu'il aura par la suite. Ses feuilles sont simples, très rapprochées, très glauques, ciliées en leurs bords et très courtes. Ce n'est qu'à la quatrième ou cinquième année qu'on peut hasarder de le mettre en pleine terre dans un lieu sec et abrité des vents du nord. Alors il ne demande plus aucun soin et rentre absolument dans la série des autres espèces. C'est toujours isolément qu'il demande à être planté dans les jardins paysagers, parcequ'il n'y brille que par la belle forme de sa tête, et que le voisinage des autres arbres l'altèreroit.

Les espèces de cette division, étrangères à l'Europe et qu'on cultive dans nos jardins, sont,

Le PIN DE VIRGINIE, *Pinus inops*, Wild. Il a les cônes allongés, d'un brun rougeâtre, la pyramide des écailles très large, très surbaissée et terminée par une pointe épineuse et recourbée. Ses boutons sont très longs et très résineux. C'est un arbre de moyenne grandeur, dont, au rapport de Michaux, le bois n'est bon qu'à brûler. Ses dernières pousses sont violettes, ce qui permet de le distinguer à toutes les époques de l'année. Il s'en voit quelques jeunes pieds dans les pépinières impériales et quelques vieux dans les jardins de M. Hericart de Thury près Soissons. Il y en a aussi chez Cels.

Le PIN TURBINATE, *Pinus turbinata*, Bosc, a les feuilles légèrement glauques, à peine longues d'un pouce ; les boutons très petits, rougeâtres, ciliés et non résineux ; les cônes verticillés, deux, trois, quatre et cinq ensemble, aigus, plus longs que les feuilles, à écailles presque carrées et sans pyramide. Il est probablement originaire de l'Amérique septentrionale, s'élève à plus de quarante pieds, et se voit dans le jardin du petit Trianon. Il se rapproche du pin mitis ; mais il en diffère beaucoup par ses feuilles plus courtes et ses cônes dépourvus d'épines.

Le PIN MITIS a les feuilles ternées sur la flèche et géminées sur les rameaux, longues au plus de trois pouces, linéaires, d'un vert noir. Leur gaîne est longue et souvent rougeâtre, ainsi que les rameaux. Les boutons cylindriques, grêles, longs et terminés en pointe et peu résineux. Les cônes ovales, géminés, d'un gris jaunâtre, d'un pouce et demi de long, à écailles dont l'épine est peu apparente et placée dans un enfoncement.

Cette espèce que Michaux a fait connoître le premier se cultive chez M. Héricart de Thury. Elle se distingue fort bien de toutes les autres par ses cônes non épineux et rapprochés de ceux du *pin turbinate*. La couleur de ses bourgeons et la longueur de ses gaînes peuvent peut-être engager à le confondre dans sa jeunesse avec le pin de Virginie.

Le PIN RÉSINEUX, *Pinus resinosa*, Wild, a les cônes ovales, coniques, solitaires, non épineux, plus courts que les feuilles, qui sont longues, grêles et vertes. Son bouton d'hiver est gros et court. Il est originaire de l'Amérique septentrionale. Cels en possède un seul pied qui a donné cette année des fruits pour la première fois. Je ne le connois dans aucune autre pépinière.

Aucun pin d'Europe n'a trois feuilles dans la même gaîne, mais on en cultive trois d'Amérique dans nos jardins qui ont souvent cette disposition ; je dis, souvent, parceque ce nombre est réellement peu constant ; ce sont,

Le PIN ÉCHINÉ, *Pinus variabilis*, Wild. Il a les fruits plus ou moins ovales, d'un fauve brun. La pyramide de ses écailles très peu saillante, et terminée par une épine recourbée. Ses feuilles sont roides, d'un vert clair et ont deux pouces de long. Ses boutons sont courts, coniques et très résineux. Il est originaire de l'Amérique septentrionale et se voit dans les pépinières de Versailles et dans les jardins de M. Héricart de Thury. C'est un arbre d'un aspect peu différent de celui du précédent, et dont le feuillage clair contraste avec celui des autres espèces. Il ne craint point les gelées du climat de Paris.

Le PIN D'ENCENS, *Pinus tæda*, Wild, a les feuilles longues, très étroites, d'un vert clair et renfermées dans une gaîne de près d'un pouce. Ses boutons sont très petits et très résineux. Ses cônes sont très longs, d'un fauve clair. Les pyramides des écailles sont très allongées, très surbaissées, terminées par des épines droites. Il est originaire de l'Amérique septentrionale, et se cultive comme le précédent dans quelques jardins des environs de Paris et dans ceux de M. Héricart de Thury. Les gelées les plus fortes de ce climat ne lui nuisent en rien.

On voit au jardin du Muséum deux pieds d'une espèce de pin provenant de graines envoyées de Monterey, par l'expédition de La Peyrouse, qui se rapprochent beaucoup de celui-ci par la longueur de ses gaînes et la disposition de ses feuilles dont l'extrémité est recourbée. Au rapport de M. Thouin ses cônes sont extrêmement longs.

On voyoit chez A. Richard à Versailles, un pin d'O-Taïti qui s'en rapprochoit également. Il a été vendu à sa mort je ne sais à qui.

Le PIN A TROCHETS, *Pinus rigida*, Wild, a les cônes ovales, aigus et réunis en grand nombre. Les pyramides de leurs écailles sont très surbaissées, aussi larges que longues et terminées par une épine presque droite. Ses feuilles sont roides, longues de cinq à six pouces, fort ressemblantes à celles du pin maritime. Ses boutons sont extrêmement longs, fort acuminés et fort résineux. Il est cultivé chez M. Héricart de Thury et dans quelques pépinières de Paris.

Un seul pin à cinq feuilles croît naturellement en Europe, et aussi un seul étranger s'y cultive. Ce sont,

Le PIN CIMBRO, *Pinus cimbra*, Wild, l'ALVIES, le COUVE, le TINIER est un arbre médiocre, très difforme, dont les feuilles sont fines et d'un vert très foncé; les cônes arrondis, de la grosseur d'un œuf de poule; les graines de la grosseur d'un pois et recouvertes d'une enveloppe ligneuse, comme celles du pin pinier. Il croît sur le sommet des Alpes. J'en ai vu beaucoup sur les montagnes de la Savoie : mais il n'y forme pas proprement de forêts. Ses amandes se mangent comme celles du pin pinier; cependant il faut être désœuvré, comme les bergers des Alpes, pour le faire, car elles demandent un emploi de temps considérable pour être épluchées, à raison de leur petitesse et de la dureté de leur enveloppe. On fait de petits ouvrages de sculpture avec son bois, qui est très résineux, et on en tire une térébenthine abondante. Partout les vieillards se plaignent qu'il disparoît, et en effet sa croissance est si lente qu'il acquiert, même dans nos jardins, rarement un demi-pied de hauteur par an, à plus forte raison dans son lieu natal qui est couvert de neige pendant six à huit mois de l'année. Ce ne peut être qu'en le ménageant beaucoup qu'on peut arrêter sa destruction qui, une fois effectuée, rendra inhabitable, même pendant l'été, faute de feu, le sommet des Alpes ; mais comment empêcher des bergers ayant toujours froid de le faire ? On pourroit plus facilement les engager à semer beaucoup de graines dans les expositions les plus favorables.

On cultive quelques pieds du pin cimbro dans presque toutes les pépinières de Paris, mais nulle part je n'en connois de gros dans les jardins. Comme toutes les plantes des hautes Alpes il y craint les gelées du printemps. D'ailleurs la lenteur de sa croissance en dégoûte les cultivateurs et les amateurs.

Le PIN WEYMOUTH, le PIN DU LORD, *Pinus strobus*, L., a les feuilles très fines, d'un vert noir; les cônes très allongés et formés par des écailles ovales, lâches comme dans les sapins. Il est originaire de l'Amérique septentrionale et se cultive depuis long-temps dans nos jardins, où il a été apporté par le lord Weymouth. On l'appelle *sapin blanc* au Canada, de la couleur de son bois. Il s'élève à plus de cent pieds, et se fait remarquer par un tronc droit et lisse, par de nombreux rameaux presque toujours parallèles au terrain, par la finesse et l'élégance de ses feuilles, etc. On ne peut trop le multiplier dans les jardins paysagers ; car il contraste même avec les autres espèces de ce genre, mais il demande une terre fort différente, c'est-à-dire une terre forte, profonde et humide. Sa croissance est très rapide, quoique inférieure à celle des pins sylvestre, lariccio et maritime. On le multiplie de graines qu'il fournit abondamment dans le climat de Paris et qui mûrissent dès la fin de l'été. Ces graines se sèment au printemps suivant dans une terre de bruyère placée au nord, en lieu frais et même humide. On arrose fréquemment le plant qui en provient pendant les chaleurs de l'été. L'année suivante, en avril, on repique ce plant à six pouces de distance dans la même terre et la même exposition. Deux ans après on le transplante en terre ordinaire, mais toujours fraîche, et on éloigne les pieds de vingt à trente pouces. Enfin à cinq, six ou sept ans au plus tard il faut le mettre en place. Il vaudroit mieux faire cette dernière opération à trois ou quatre ans.

Quoique le pin Weymouth, lorsqu'on le transporte en terrain convenable, dans le temps et avec les précautions requises, soit moins délicat à la reprise que la plupart des autres espèces de son genre, quelques jardiniers prennent à son égard les mêmes précautions, c'est-à-dire le repiquent dans des pots ou le mettent dans des mannequins.

Les places qui conviennent le mieux au pin Weymouth dans les jardins paysagers, c'est isolé ou au milieu des gazons, ou à quelque distance des massifs, sur-tout aux angles saillans de ces derniers. Il ne produit aucun effet agréable lorsqu'il est en massif, mais il y croît mieux et plus vite ; par conséquent c'est ainsi qu'il faut le planter lorsqu'on veut en tirer parti sous les rapports économiques. Probablement il fait de belles avenues, mais je ne l'ai pas vu disposé de cette manière.

Ce pin est un de ceux qui se vendent le mieux dans les pépinières. Quoiqu'on le trouve assez fréquemment dans les jardins des environs de Paris, il n'est pas encore aussi commun qu'il mérite de l'être, et j'invite les propriétaires cultivateurs à le multiplier autant que possible dans leurs bois en fond humide, leur garantissant des bénéfices considérables à sa coupe.

On fait, en Amérique, avec les jeûnes pousses de presque toutes les espèces de pin, une espèce de bière dont j'ai bu plusieurs fois, et qui, quoique peu agréable au premier moment, à raison de sa saveur résineuse, plaît beaucoup quand on y est accoutumé. Elle est puissamment antiscorbutique ; aussi Cook le premier, et depuis lui tous les navigateurs anglais, en donnent-ils à leurs équipages dans les voyages de long cours. Nul doute pour moi qu'on n'en puisse fabriquer également avec tous les pins de France, Il en a été fait aux environs de Paris qui revenoit à moins d'un liard la bouteille.

Pour fabriquer cette bière on met bouillir, pour chaque tonneau, dans une grande chaudière de cuivre, douze fortes poignées des dernières pousses, ou mieux, de bourgeons de pin, pendant deux ou trois heures, puis on ôte ces pousses, on laisse éclaircir l'eau et on la transvase dans une autre chaudière. A cette eau on ajoute six livres de mélasse, ou douze livres de farine d'orge (le seigle, le maïs, etc., peuvent être substitués à l'orge ; le maïs est même meilleur), et on fait bouillir de nouveau pendant quelque temps, (plus lorsqu'il y a de la farine que quand il y a de la mélasse) et on écume. Lorsque la liqueur est claire on la verse, à travers un filtre de toile ou de laine, dans un tonneau, et on y ajoute assez d'eau tiède pour qu'il soit rempli. La fermentation ne tarde pas à s'établir dans ce tonneau et elle y suit les mêmes phases que celle de la bière ordinaire. *Voy.* au mot BIÈRE. Cette bière se conserve fort long-temps en bouteille.

Dans tous les pays à pin, pays qui généralement sont très pauvres, on se sert des fragemens de cet arbre pour brûler en guise de chandelle. Tous les arbres ne sont pas propres à en fournir ; il n'y a que ceux qui sont surchargés de résine par suite d'une espèce de pléthore ; mais ils sont assez communs. En Amérique, où je les ai le plus long-temps observés, je les reconnoissois de loin au petit nombre de leurs feuilles et à leur écorce raboteuse et chargée de résine. Quelquefois le bois en étoit si imbu qu'on n'y reconnoissoit plus l'organisation végétale, et que regardé à travers la lumière, il paroissoit demi-transparent. Les pieds ainsi affectés ne tardent pas à mourir, et se conservent beaucoup plus long-temps inaltérés que les autres. Ils fournissent peu de résine par l'incision de leur tronc, parcequ'elle n'a que très imparfaitement la faculté de circuler; mais ils donnent immensément de gaudron par leur incinération. Pour s'en servir en guise de chandelle, on les coupe en tronçons de deux à trois pieds de long, et on les fend en morceaux d'un à deux pouces de diamètre, morceaux que l'on place debout sous la cheminée, qu'on allume par une de leurs extrémités, qui brûlent successivement et avec rapidité. J'ai calculé en Amérique, où les habitans des bois en font usage, et où je m'en suis servi un très grand nombre de fois, qu'il en falloit dix à douze par heure pour éclairer suffisamment une chambre. Je n'ai pas eu occasion de vérifier si le pin commun, le pin maritime, le pin d'Alep, le pin cembro dont on se sert pour le même objet en France, avoient quelques avantages ou quelques désavantages sur le PIN DES MARAIS, espèce fort voisine du second, mais dont je ne connois que deux à trois pieds en France, espèce dont je n'ai pas parlé, parcequ'elle exige l'orangerie pendant l'hiver. (B.)

PINCER, PINCEMENT DES ARBRES ET DES PLANTES. C'est couper avec les ongles, pendant qu'ils sont dans toute leur force végétative, les bourgeons dont on veut arrêter la croissance en longueur, soit pour leur faire produire des pousses latérales, soit pour les forcer à grossir, soit pour augmenter la beauté et la bonté des fruits qu'ils portent, soit enfin pour accélérer l'époque de leur transformation en bois, soit enfin pour produire une partie de cela, ou même tout cela à la fois.

Cette opération, lorsqu'elle est faite avec ménagement et à propos, a des résultats très certains et très avantageux; au contraire elle est désastreuse lorsque des mains ignorantes l'entreprennent.

Le principe sur lequel tout pincement est fondé repose sur ce que la sève, arrêtée dans son cours direct, s'accumule dans ses vaisseaux encore mous, les gonfle d'abord, ensuite y dépose abondamment ceux de ses principes qui doivent les rendre plus ou moins solides, selon l'espèce de la plante. On voit, d'après cela, qu'il ne faut pincer ni trop tôt, ni trop tard. Le moment dépendant de circonstances qui changent toutes les années, dans chaque lieu, pour chaque espèce et pour chaque âge, il est impossible de l'indiquer ici. C'est à l'expérience de l'opérateur à le choisir convenablement.

Presque toutes les plantes annuelles qui se cultivent pour le fruit dans les jardins et autres lieux où la terre est très amandée ou naturellement très fertile, doivent être pincées dès que la moitié ou au moins le tiers de leurs fleurs sont nouées, pour les empêcher de pousser de trop longues tiges, et d'épuiser ainsi toutes leurs forces au préjudice des fruits. C'est pour cela que le jardinier pince les pois, les fèves, les melons, etc., etc.

Lorsqu'un ou plusieurs gourmands naissent sur un arbre fruitier, sur-tout sur un pêcher, ils sont dans le cas d'attirer toute la sève et d'empêcher les fruits de grossir, même de faire périr les branches latérales en tout ou en partie. En pinçant à temps on arrête leur fougue avant qu'ils aient produit du dommage. Une des branches, sans être un gourmand, prend-elle plus de longueur qu'une autre, on la pince également pour égaliser leurs forces. Dans les arbres à fleurs, et même les plantes annuelles cultivées pour le même objet, et à qui on désire conserver une forme régulière, ou dont on veut multiplier les fleurs, on pince également l'extrémité des branches qui dépassent trop les autres, ou l'extrémité directe de la tige.

Par la même raison on pince, dans les pépinières, l'extrémité de la tige des arbres à qui on veut faire former une tête à telle ou telle hauteur.

Dans ces derniers cas la taille produiroit le même effet; mais elle retarderoit cet effet d'une année, et cette seule circonstance doit faire préférer le pincement.

Il est des cas où on désire avoir des greffes pour l'écussonnage à œil dormant avant l'époque ordinaire, ou prévenir les suites des premières gelées sur les pousses encore tendres de certains arbres. Le moyen le plus sûr de remplir ces deux buts est de pincer, quinze jours avant l'époque présumée, l'extrémité des branches de ces arbres. Leur végétation en longueur s'arrêtera, et elles se consolideront (s'aoûteront, comme disent les jardiniers), quinze jours plus tôt que les autres. Cette pratique est fréquente dans les pépinières d'arbres étrangers, 1° parcequ'il est des arbres du même genre, c'est-à-dire qu'on peut greffer les uns sur les autres, qui entrent en sève plus tard que ceux sur lesquels on veut les greffer; 2° parceque beaucoup d'arbres précieux qui ont été semés trop tard perdroient leur tige, si on ne la fortifioit artificiellement avant les gelées. *Voyez* AOUTER. (B.)

PINCKNEYE. Arbrisseau à feuilles opposées, stipulées, ovales aiguës, légèrement velues en dessous et à fleurs blanchâtres, striées de pourpre, dont une des divisions du calice est très ample; qui forme un genre dans la pentandrie monogynie et dans la famille des rubiacées, genre qui ne diffère du quinquina que par la division précitée du calice.

J'ai le premier apporté cet arbrisseau vivant en France. Depuis, Michaux fils en a également apporté. On en voit actuellement quelques pieds dans les pépinières impériales, au jardin du Muséum, à la Malmaison, chez Cels, etc. Je ne doute pas, à raison de sa beauté, de ses propriétés médicinales, et de la facilité de sa multiplication, qu'il ne devienne un jour un objet important de culture. (*Voyez* QUINQUINA.) Ses graines germent rarement, si j'en juge par les semis que j'en ai fait en Caroline ; mais il reprend sans difficulté de boutures, de marcottes et par section de racines, et il pousse très rapidement. Il se conserve fort bien dans l'orangerie pendant l'hiver dans le climat de Paris, et sans aucun doute il pourra subsister en pleine terre dans les départemens méridionaux, peut-être même dans les bonnes expositions du climat de Paris, chose que je compte essayer l'hiver prochain.

C'est en buisson que croît naturellement le pinckneye. Il pourra être placé avec avantage au premier rang des massifs dans les jardins paysagers. Si ses fleurs étoient plus fortement colorées elles feroient un très brillant effet, car leurs bouquets sont terminaux et fort gros. Un terrain léger et frais est celui qui lui convient le mieux. (B.)

PINETS. Nom qu'on donne dans le département du Var aux bons champignons.

PINTADE. Cette poule, ainsi nommée à cause de l'agréable disposition de son plumage, est d'origine africaine ; on l'élevoit autrefois en Italie avec des soins recherchés ; elle faisoit chez les Grecs et les Romains les délices des tables ; mais il semble que l'espèce s'en est perdue en Europe, car on ne la voit plus reparoître qu'au seizième siècle. Ce n'est même que depuis fort peu de temps que la pintade a été admise dans nos basses-cours ordinaires.

Sans vouloir disculper tout-à-fait la pintade des justes reproches qu'on lui fait d'être insociable avec les individus de sa grande famille, j'observerai, relativement au cri aigu et perçant dont on se plaint, qu'il paroît toujours provoqué par des causes qui véritablement réclament en faveur de cet oiseau une sorte d'indulgence. La pintade crie, mais c'est au moment où il survient quelques variations dans l'atmosphère ; elle annonce d'une manière certaine le mauvais temps : c'est ce que les ménagères attentives observent très bien. Elle crie lorsqu'elle demande à couver, ou qu'elle conduit ses petits ; pour appeler le mâle, quand, par un évènement quelconque, elle s'en trouve séparée, et qu'elle a besoin de secours pour se défendre contre l'ennemi commun ; si une d'entre elles est poursuivie et blessée, toutes les pintades d'alentour prennent part à l'accident, et se font entendre sur le même ton ; aussi ne leur arrive-t-il pas la moindre chose que le maître n'en soit averti sur-le-champ.

La pintade est parfaitement naturalisée à Saint-Domingue où elle n'a rien perdu de ses goûts naturels ; elle y vit sous deux états, domestique et sauvage. Cette dernière condition paroît être celle qui convient le mieux à son tempérament ; mais il existe une différence entre l'un et l'autre, c'est que les sauvages se reconnoissent à la tête, qui est presque noire, et le créole qui achète au marché une de ces pintades tuées s'y trompe rarement. Il n'est pas facile au premier coup d'œil de distinguer le mâle d'avec la femelle ; cependant chez le premier la peau des paupières est bleue, elle est rouge au contraire chez la femelle.

On prétend qu'à mesure que les oiseaux vivent de matières animales, leurs intestins sont plus courts, ce qui sembleroit indiquer dans la pintade un grand appétit pour se nourrir d'insectes et de vermisseaux. Cet oiseau est pour cela même plus méridional que le reste de sa famille naturelle ; car c'est dans le midi que naissent une foule d'insectes. Je le répète, il n'est pas douteux qu'en donnant aux pintadeaux domestiques comme aux faisandeaux des œufs de fourmis de pré, et ensuite à mesure qu'ils avancent en âge, de fourmis de bois, qui sont plus gros et plus solides, leur réussite seroit plus assurée ; mais à défaut d'une pareille ressource, il faut y suppléer par de la viande cuite ou crue hachée, mêlée avec de la mie de pain et du grain moulu, et de temps en temps par la verminière. Ce moyen, appliqué indifféremment à tous les oiseaux de la basse-cour dans le premier âge, rendroit leur éducation plus facile et moins équivoque.

De la ponte et de la couvaison des pintades. Le coq pintade suffit à douze femelles et même à un plus grand nombre. A cette époque la barbe est plus rouge, il crie davantage et est fort jaloux ; les circonstances de son accouplement sont à peu près les mêmes que pour les perdrix ordinaires, excepté que le mâle est fort attaché à sa femelle, qu'il ne la quitte jamais quand elle pond, et qu'il reste constamment sur le panier, jusqu'à ce que l'opération soit terminée.

La pintade dépose ses œufs par-tout où elle se trouve, excepté dans le poulailler. On a beaucoup de peine à l'y fixer ; on en vient cependant à bout. La femelle et le mâle qui passent la nuit au milieu des poules ne sont jamais séparés l'un de l'autre ; la femelle aime à pondre à l'aventure dans les bois, mais de préférence dans les prairies artificielles et dans les pièces de blé ; sa fécondité est extrême ; sa ponte commence dès les premiers jours de mai et continue jusqu'au mois d'août, pourvu qu'elle ne soit pas gênée ni interrompue pendant le cours de sa ponte.

Dès qu'on s'aperçoit que la pintade a choisi pour son nid une luzernière, il faut faire en sorte de lever les œufs, surtout au moment où l'herbe de la prairie est bonne à couper, car la fauchaison ne manqueroit pas de déranger la couvée, qui alors seroit perdue; si c'est au contraire une pièce de blé que l'oiseau a préférée, on ne court aucun risque de le laisser poursuivre sa ponte, parceque l'époque de l'exclusion des pintadeaux de la coquille coïncide avec celle de la moisson.

Plusieurs faits sembleroient prouver que des pintades, qui avoient amoncelé leurs œufs dans une luzerne, les ont couvés avec succès, et M. Sageret remarque que mal à propos on a reproché à la pintade de n'avoir qu'un foible attachement pour son nid; que si elle a réellement ce défaut, il est commun aux autres oiseaux un peu sauvages, quand on les dérange et qu'on les effarouche. Peut-être ne se soucie-t-elle pas de pondre à la maison, dans la vue de soustraire ses œufs à l'indiscrétion des curieux et des malveillans, que son cri et ses coups de bec ne parviennent pas à repousser, quoiqu'elle se laisse difficilement approcher.

Mais il en est autrement dans la basse-cour. Peut-être ne doit-on pas permettre à la pintade de couver ses œufs, moins à cause de la disposition peu favorable qu'elle montre pour son nid, que parcequ'elle ne peut, vu la prolongation de sa ponte, couver que vers la fin d'août, et qu'alors il seroit trop tard dans nos climats pour le succès de l'éducation des petits. Il faut donc recourir de bonne heure aux poules d'Inde, qui s'acquittent parfaitement bien de cet emploi. Si au contraire c'est la pintade elle-même qui couve, il faut la soustraire aux regards du mâle; car s'il la voyoit, il casseroit les œufs. La durée de l'incubation est de vingt-huit à ving-neuf jours, suivant les climats, l'attention et l'ampleur de la couveuse.

Education des pintadeaux. On ne peut se dissimuler qu'elle ne soit difficile, sur-tout quand la saison est humide et froide; cependant au moment d'éclore les pintadeaux percent aisément la coquille, quoique fort dure, et semblent disposés à manger et à marcher d'eux-mêmes, comme les poussins ordinaires.

On n'est pas tout-à-fait d'accord sur la nourriture qui leur convient le mieux; les uns prétendent qu'elle doit consister dans une pâte avec du persil haché, de la mie de pain et des œufs durs, les autres recommandent du chenevis et du millet écrasés et mêlés avec de la mie de pain. Nous pensons que le moyen de rendre toutes ces substances alimentaires plus ef=

ficaces à la nourriture des pintadeaux, ce seroit de leur associer des œufs de fourmi quand on en a la ressource et qu'à leur défaut on pourroit la remplacer par un peu de viande crue ou cuite hachée, ou enfin par la verminière dont la composition sera décrite à l'article Poule et en continuer l'usage pendant le premier mois de l'existence de ces oiseaux.

Nourriture des pintades. Un mois après leur naissance elles semblent acclimatées ; le chenevis pur, l'avoine, le sarrasin, le blé, le son, les pommes de terre cuites, toutes sortes d'herbes, principalement les poirées, les laitues et les choux peuvent entrer dans la composition de leur nourriture ; enfin elles s'accommodent très bien du régime ordinaire des poules.

L'appétit de la pintade suffit pour l'engraisser tout naturellement, sans qu'il soit nécessaire de recourir à la castration et aux autres moyens barbares que la sensualité a fait imaginer ; il n'est question que de lui donner des alimens substantiels d'une certaine consistance et à discrétion, de l'empêcher de courir, de la placer dans un lieu éloigné du bruit. Quand elle est jeune sa chair est plus succulente que celle des autres volailles du même âge et ressemble assez à celle du faisan ; mais en vieillissant la pintade devient dure, plus coriace que la poule ordinaire. Enfin les gourmets exercés prétendent que sa saveur n'est comparable à celle d'aucun autre oiseau. (Par.)

PINTE. Ancienne mesure de capacité. *Voyez* au mot Mesure.

PIOCHE. Instrument de fer dont on se sert pour fouir la terre dans les lieux médiocrement pierreux, et pour faire des rigoles pour les haies, et des fossettes à provigner la vigne, qu'on emploie aussi à beaucoup d'autres usages. La pioche ordinaire est large de trois à quatre pouces, longue de sept à huit, recourbée et emmanchée à angle droit, à l'extrémité d'un morceau de bois d'environ deux pieds et demi de longueur. Elle diffère du pic en ce que son fer est plus large et plus arrondi. Il y en a de plusieurs sortes ; les unes sont ovales et ont à peu près la figure d'une feuille de sauge ; les autres sont à pic. Dans quelques unes le fer a deux côtés. On a appelé celles-ci pioches à marteau. *Voyez* le mot Pic. (D.)

PIONNIER. Ouvrier qui travaille à la terre à la journée pour la creuser, l'élever ou l'aplanir. On l'appelle terrassier dans les environs de Paris.

PIOT. Nom du dindon dans le département de la Haute-Garonne.

PIPARDE. Sorte de futaille dont on fait usage dans le département de Lot-et-Garonne.

PIPE. Sorte de grande futaille pour mettre du vin, et qui contient un muid et demi. Cette dénomination désigne encore une mesure des choses sèches, particulièrement des grains, des légumes, etc. Celle-ci contient quarante boisseaux, et pèse ordinairement six cents livres. *Voyez* au mot Mesure. (R.)

PIQUE. On donne ce nom à Argenteuil aux ceps courbés en arcs, dans l'intention de leur faire porter plus de fruit. *Voyez* au mot Vigne et au mot Arqure.

PIQUET. Petit pieu qu'on fiche en terre pour tenir une tente, un pavillon en état; on s'en sert aussi pour mettre à l'attache, au moyen d'une corde, les vaches et les chevaux qu'on laisse paître seuls dans un champ qui n'est pas clos. On donne également le nom de piquets à de longs bâtons qu'on plante en terre pour prendre des alignements. Les bons piquets sont de bois de chêne; ceux d'acacia sont pourtant préférables pour la durée. (D.)

PIQUETTE, ou PETIT VIN, ou REVIN, ou BUVANDE. Expressions usitées dans différens cantons pour désigner une espèce de boisson faite avec de l'eau jetée sur le marc du raisin, et qui fermente avec lui pendant quelque temps. Pourroit-on se persuader que c'est la seule et unique boisson spiritueuse dont s'abreuve plus de la moitié des vignerons et des valets de métairies pendant tout le cours de l'année? Cependant rien n'est plus certain; et si cette classe si nombreuse boit quelquefois du vin de la vigne qu'il cultive, c'est le dimanche dans le cabaret, ou par une générosité extrêmement rare du propriétaire. Si ce cultivateur est propriétaire, il destine sa récolte au paiement des impôts et à subvenir aux frais de la chétive nourriture de sa famille et à son modique entretien. De toutes les productions de la France, aucune n'est aussi chargée de droits, de taxes, de sujétions que le vin, et tous ces droits sont toujours au détriment du cultivateur. Les droits d'entrée d'un muid de vin du Languedoc, dans l'intérieur de Paris, se monte à un prix aussi haut que l'achat de sept muids dans le pays. Ce rehaussement prodigieux sur le prix primitif rend la denrée, dans la main du cultivateur, d'une valeur si médiocre, que, malgré le travail le plus assidu, il végète dans la misère. Outre les droits accumulés sous toutes les dénominations possibles, les pays de vignobles sont infiniment plus chargés d'impôts que les autres; cependant, depuis la libre exportation des grains, le prix de toutes les denrées, tous les objets de consommation ont tiercé, et le vin n'a pas augmenté de valeur. Il n'est donc pas étonnant que les propriétaires de vignobles réduisent leurs malheureux valets à ne boire que de la piquette, et que plusieurs d'entre les maîtres y soient eux-mêmes réduits.

Après que la vendange fermentée a rendu sur le pressoir la quantité de vin qu'elle contient, les valets prennent le marc, l'émiettent, le jettent dans la cuve, et ils y ajoutent une quantité d'eau proportionnée à celle du marc, c'est-à-dire que si le vin d'une cuvée a rempli quinze à vingt barriques, le marc peut en fournir deux ou trois de petit vin. Lorsque le marc, pris pour exemple, est placé dans la cuve et bien émietté, on l'arrose le premier jour avec environ cent pintes d'eau ; il s'établit une petite fermentation. Le lendemain on ajoute la même quantité d'eau, et ainsi pendant plusieurs jours de suite ; enfin, jusqu'à ce que l'on ait à peu près la quantité de petit vin que l'on désire. Si, dès le premier jour, on mettoit toute la quantité d'eau, il n'y auroit point de FERMENTA-TION vineuse (*voyez* ce mot) ; elle passeroit tout de suite à la putridité, attendu que le reste du principe spiritueux et mucilagineux se trouveroit noyé dans une trop grande masse de véhicule aqueux. Il est donc nécessaire que l'eau s'imprègne peu à peu des principes susceptibles de la fermentation vineuse.

Après huit à dix ou douze jours au plus de cuvage, on tire la piquette de la cuve et on la vide dans des barriques; elle y bouillonne, elle y écume pendant quelques jours comme le vin, plus ou moins, suivant le climat, l'année, la qualité du vin. L'écume n'est pas autant colorée que celle du vin ; elle n'est presque pas visqueuse ni colorée. Dès qu'elle diminue et s'arrête, on bouche rigoureusement la futaille et on la roule à la cave. Si la cave a les qualités énoncées dans cet article, cette boisson est susceptible de se conserver jusqu'à la récolte suivante ; mais pour peu qu'elle éprouve les vicissitudes de l'atmosphère, les effets de la chaleur, c'est une boisson perdue. Si on craint de tels effets on peut MUTER cette boisson. *Voyez* ce mot.

La piquette contient beaucoup moins de principes spiritueux lorsque la grappe a été séparée des grains avant que la vendange soit mise dans la cuve ; mais la boisson est moins acerbe, et il faut une plus grande quantité de marc pour faire une quantité égale de boisson. On a dit que la piquette préparée avec la grappe se conservoit plus long-temps que l'autre, à cause de son principe acerbe ; et de là on conclut qu'elle étoit nécessaire pour le même objet dans la première fermentation vineuse. L'assertion et la conséquence sont fausses. Si la grappe contribue à la conservation de la piquette, c'est que pendant la première fermentation elle s'est appropriée une quantité assez considérable du principe mucilagineux et sucré, et du spiritueux qui a été le résultat de la fermentation. Pour saisir la vérité de ce que je viens de dire, il faut relire avec attention l'article FERMENTATION, et l'on en conclura que si la piquette tourne, pousse, ou pourrit, mots synonymes, c'est qu'elle ne contient pas assez de principes sucrés qui créent le principe spiritueux; c'est qu'elle n'est pas encore homogène, si je puis m'exprimer ainsi, mais une simple extension d'un peu de mucilage, de spiritueux et de tartre noyés dans une grande masse d'eau; enfin, c'est qu'il lui manque une proportion convenable de l'être qui sert de lien aux corps, c'est-à-dire de carbone.

Le moyen le plus simple, le plus assuré de donner du corps à la piquette, c'est de lui ajouter le principe qui lui manque et qui la constitue vin; c'est le corps sucré. On a vu au mot FERMENTATION qu'avec du sucre et du miel (*consultez* le mot HYDROMEL), de la gomme ou mucilage quelconque, étendus dans une certaine quantité d'eau et mis à fermenter avec les conditions requises, on obtenoit une liqueur vraiment vineuse, et qu'il ne lui manquoit que l'aromat du vin, en un mot que c'étoit un vrai vin. Il faut donc faire pour la piquette ce que l'on pratique pour les vins de petite qualité, c'est-à-dire lui ajouter un corps mucilagineux et sucré, substance que l'on auroit trouvée dans le raisin si sa maturité eût été complète. Le miel est ce corps par excellence, puisqu'il renferme et le principe mucilagineux et le principe sucré, les seuls créateurs des vins. De toutes les substances que l'on peut employer, c'est la plus commune et la moins chère; il ne s'agit pas ici du miel de Narbonne, mais du miel ordinaire, qui coûte de six à dix sous la livre; il n'est pas possible d'en fixer exactement la quantité, puisqu'elle dépend du plus ou du moins de principes que l'eau qui constitue la piquette s'est appropriés pendant la seconde fermentation dans la cuve. Deux à trois livres par cent pintes d'eau sont à peu près suffisantes. Si le miel est à bon marché dans le canton, on fera beaucoup mieux de doubler et de tripler la dose du miel: on doit encore ajouter du tartre ou de la crême de tartre, parceque cette dernière substance aide singulièrement la fermentation, et facilite la formation du spiritueux. Une once ou deux de crême de tartre suffisent pour cent bouteilles; mais il faut auparavant faire dissoudre le tartre dans l'eau chaude, mêler le tout avec le miel, et l'ajouter à la piquette lorsqu'on la retire de la cuve.

Il est certain que si cette addition étoit faite pendant la fermentation de l'eau et du marc dans la cuve, cette fermentation est plus complète et les principes mieux combinés; mais ce marc retiendroit un peu trop des principes qu'on a ajoutés. Cependant on peut essayer l'une et l'autre méthode, et on s'en trouvera très bien.

Qu'on ne dise pas que c'est mixtionner une boisson, qu'elle sera malsaine. Le tartre est le sel naturel du vin; les qualités douces et salutaires du miel sont connues de tout le monde;

ainsi nul danger, nul inconvénient à craindre ; j'en réponds d'après une expérience suivie pendant un grand nombre d'années.

On désigne encore sous le nom de *piquette* une boisson préparée avec le fruit du prunelier sauvage, ou avec celui du sorbier. Cette boisson, ressource du malheureux cultivateur, est le résultat de la combinaison de l'eau avec le fruit, et le tout éprouve une espèce de fermentation. A mesure qu'on tire une certaine quantité de la liqueur contenue avec le fruit dans la barrique, on ajoute de la nouvelle eau. Sans cette précaution la moisissure s'en empareroit. La nécessité force à recourir à cette boisson, dont l'usage, long-temps continué, n'est pas sain, et duquel il résulte souvent des obstructions. *Voyez* Boisson.

C'est par allusion à ces compositions qu'on dit d'un vin acerbe, petit et peu généreux, qu'il sent la *piquette*. (R.)

PIQURE. Médecine vétérinaire. Plaie faite par un clou à ferrer dans la partie charnue du pied du cheval. *Voy.* Pied.

Le maréchal est sujet à piquer le cheval dans plusieurs occasions :

1° Lorsque le fer est trop juste ou étampé trop gras, alors il pique la sole charnue ; si le clou entre trop en avant, il atteint la chair cannelée, il la perce quelquefois de part en part, et l'on voit sortir le sang du côté de la muraille et du côté de la sole ;

2° Lorsque le fer est étampé trop maigre, s'il y a peu de corne, dans ce cas le maréchal est obligé de puiser pour aller prendre la bonne corne ; la pointe du clou étant tournée du côté de la chair cannelée, il la pique : on connoît que le cheval est piqué par le mouvement qu'il fait ;

3° Lorsque la pointe du clou n'a pas assez de force pour percer la corne en dehors, elle perce en dedans et blesse la chair cannelée ;

4° Lorsque le maréchal abandonne le clou et qu'il ne le conduit pas jusqu'à ce qu'il sente, par la résistance que présente la muraille externe, qu'il est prêt à sortir et qu'il a gagné la partie interne de la muraille ;

5° Lorsque le clou est pailleux il forme deux lames, dont l'une entre quelquefois dans la chair cannelée, et l'autre sort en dehors ;

6° Lorsqu'en brochant on rencontre une souche qui est une portion d'un vieux clou, cette souche renvoie en dedans la pointe du clou qui pique la chair cannelée ;

7° Lorsqu'on met des clous dans les vieux trous, et qu'on ne les conduit pas, on peut faire une fausse route et piquer le cheval ;

8° Lorsqu'en brochant un clou la pointe rompt dans la muraille, le reste du clou n'ayant point de pointe et ne pouvant percer la muraille, il entre dans la chair cannelée. Le maréchal retire la partie supérieure du clou dont il laisse la partie inférieure, croyant qu'elle ne coude pas ; cependant il est souvent trompé à cet égard, puisque l'extrémité presse la chair cannelée : alors il doit tâcher d'arracher la partie du clou qui est dans le pied avec les tricoises ; s'il ne peut pas la pincer, il doit couper une partie de la muraille avec le rogne-pied pour aller chercher cette portion du clou.

La simple piqûre, lorsqu'on retire le clou sur-le-champ, est pour l'ordinaire sans danger ; si cependant dans la suite le cheval boite, s'il y a de la matière, il faut parer le pied, ouvrir jusqu'à la piqûre, mettre dans le trou de petites tentes imbibées d'essence de térébenthine, et appliquer sur la sole des cataplasmes émolliens.

Piqûre des insectes. La piqûre des abeilles, des guêpes, des cousins, des moucherons, excite une grande phlogose chez les animaux ; mais cet engorgement n'est point dangereux, et se dissipe pour l'ordinaire au bout de deux ou trois jours : l'huile, l'urine chaude, le vinaigre, sont très propres à dissiper cet accident. Si les piqûres ne sont pas trop multipliées, il est inutile d'avoir recours à ces topiques, l'eau fraîche seule suffit pour faire disparoître leurs résultats. Mais quant à la piqûre ou morsure des animaux qui ont des suites funestes, tant par la qualité délétère du venin que par la blessure des parties nerveuses, *voyez* l'article Morsure. (R.)

PIRON. C'est un oison dans le département des Deux-Sèvres.

PISÉ ou PISAI, ou *Terre battue entre deux planches*, au moyen de laquelle on construit des murs, des maisons, etc.

On auroit de la peine à se persuader, si l'expérience ne venoit à l'appui de cette assertion, que des murs de terre puissent avoir une durée de plus de deux siècles, pourvu qu'ils aient été munis d'un bon crépi de mortier, mis à couvert de la pluie, et garantis de toute humidité par des fondations de maçonneries élevées au-dessus du rez-de-chaussée.

Les murailles en terre ou pisé servent à former des clôtures, à construire des maisons à plusieurs étages, d'une solidité presque incroyable, sans autre épaisseur que celle des murs de maçonnerie ; leur usage est très fréquent dans certains pays où la pierre est rare, et où la brique et le bois ne sont employés qu'à grands frais.

Une muraille en pisé est un assemblage de masses de terre naturelle, mais de qualité particulière, rendues compactes et dures, sur le lieu même, par l'art du piseur, et qui tantôt placées bout à bout, et tantôt les unes sur les autres, représentent des pierres de parpaing posées de champ.

Pour faciliter l'intelligence de cet article, on a mis à la fin l'explication des termes techniques.

Des qualités de la terre à piser. Il n'est point de terre qui ne soit propre au pisé, si l'on en excepte l'argileuse et la sablonneuse : la première, parcequ'elle se fend en séchant, la seconde, parcequ'elle n'admet aucune liaison. Dans le choix des terres, on préfère celle qui est forte, c'est-à-dire celle qui se coagule plus aisément, ce qui se connoît lorsqu'elle garde la forme que la main lui a imprimée sans se lier aux doigts ; telle est en général *la terre franche* de jardin ; on emploie avec le même succès la terre forte mêlée de gravier.

On observera que la terre ne renferme aucun mélange de racines et de fumier, parceque les racines, quoiqu'elles contribuent à lier les terres, laissent néanmoins, en pourrissant, des vides et des sinuosités par où l'air s'introduit et exerce son action intérieurement, au préjudice du mur ; elles empêchent, en outre, la compression de la terre, en la soulevant ; elles en barbèlent la surface qui, par-là, n'est plus propre à recevoir l'enduit de mortier ; les effets du fumier ne sont pas moins nuisibles par les raisons que nous venons d'exposer. Il faut que la terre qu'on met en usage ait à peu près le degré d'humidité qu'elle a ordinairement à un pied de profondeur ; cette humidité, par son évaporation insensible, sert à expulser l'air intérieur, et comme, par son poids, elle comprime les parties dont l'affaissement total donne à la masse une condensation qui en fait toute la solidité. Si la terre est trop mouillée, le volume d'eau qu'elle renferme, la rendant mouvante, forme un obstacle à la compression de ses parties, et, par son écoulement, laisse des ouvertures et des fentes, dans lesquelles la chaleur et l'eau, venant à pénétrer, concourent à la ruine d'un ouvrage encore mal affermi. La terre sèche n'est point propre à la construction des murs en pisé, parceque étant poreuse et remplie d'air, au lieu de prendre la consistance nécessaire, elle se dilate et se réduit en poussière.

De la préparation de la terre à piser. Avant de prendre de la terre d'aucun champ, on aura la précaution de lever le gazon, et toute sa superficie, à un pied de profondeur, et même jusqu'à ce qu'il ne se rencontre plus de racines. Si le champ a été beaucoup fumé, il faut y fouiller jusqu'à ce que l'on soit assuré qu'il ne s'y trouve plus de fumier mêlé avec la terre.

Si l'on veut ménager au piseur une terre préparée de la manière que son art l'exige, on aura soin, 1° d'entretenir son humidité naturelle, humidité si précieuse, qu'il est essentiel de couvrir la fosse pour en empêcher l'évaporation ; 2° de diviser la terre, autant qu'il est possible, avec la pelle, la pioche et le râteau, afin que l'ouvrier ne trouve point de mottes sous son pison. Si la terre manque d'humidité, on peut la lui communiquer avec un arrosoir à grille, et la bien mêler. Si elle s'attache au pison, elle est trop chargée d'eau ; on doit, en ce cas, la mêler avec suffisante quantité de semblable terre plus sèche.

Si quelque grande pluie a mouillé toute la terre qu'on se proposoit d'employer, il vaut mieux suspendre l'ouvrage que de le continuer avec de la terre trop molle. On pourroit construire la fosse de manière qu'il y eût toujours quelque endroit sec, lorsque les autres seroient trop mouillés.

Il est des terres à piser de la plus excellente qualité, qui néanmoins sont fort graveleuses ; il suffit d'en ôter les plus gros cailloux : l'abondance des graviers ajoute à l'excellence d'une terre, mais elle diminue la force d'une terre médiocre.

Si l'on a peu de bonne terre, et qu'on puisse y suppléer par de la terre médiocre, il vaut mieux ne les point mêler que de n'en faire qu'une qualité un peu meilleure que la médiocre. Mais il faut employer la bonne pure dans les tours inférieures des bauchées, et tâcher de la distribuer également dans tout le bas du pourtour de l'édifice, par la raison que non seulement la charge s'y fait plus violemment sentir, mais encore parceque les eaux pluviales y atteignent plus abondamment que dans les parties plus élevées.

Le nombre d'ouvriers nécessaires à un moule de neuf à douze pieds est ordinairement fixé à six ; trois batteurs ou piseurs, deux porteurs de terre et un terrassier pour la piocher et en faire les charges. Si l'on prend la terre au-delà de douze à quinze toises, deux porteurs ne suffiront pas pour le service de trois piseurs ; on supprime alors un piseur, ou l'on emploie un troisième porteur. On se sert, pour le transport de la terre, d'une corbeille plus propre que la hotte et l'oiseau au déchargement dans le moule.

Du temps propre à former le pisé. Le temps le plus favorable à la construction des murs en pisé commence à la fin de mars et finit au mois d'août. Il faut en excepter les jours pluvieux qui rendent cette opération absolument impraticable, parceque la terre détrempée ne sauroit prendre la consistance nécessaire ; et les pans nouvellement achevés, lorsque la pluie survient, ne peuvent sécher assez promptement pour être en état de recevoir une seconde assise : mais un beau jour ou une belle nuit suffit pour tout réparer. Les grandes chaleurs de l'été préjudicient également à ces constructions par un prompt dessèchement, et par les fentes et lézardes qu'elles occasionnent. L'automne, à cause de son humidité, n'est guère moins nuisible à ce genre de travail : cependant, si cette saison commençoit, et qu'elle donnât de beaux jours, on pourroit espérer un ouvrage solide ; mais on conçoit qu'il seroit imprudent de travailler en pisé vers la fin de cette saison, parceque les gelées y sont entièrement contraires. Ces assertions doivent varier suivant les climats : chacun doit connoître celui qu'il habite, et régler son travail en conséquence.

Description du moule et des outils propres à faire le pisé. Le moule dont on se sert pour la construction des murs en pisé est composé de quatre panneaux, dont deux grands et deux petits. Le grand panneau, appelé *banche* 1ʳᵉ, *fig.* 1, A, est un assemblage simple de planches bien jointes, entretenues par quatre planches ou parefeuilles B, posées et clouées en travers sur un même côté ; deux de ces parefeuilles aux extrémités, et les deux autres entre deux, à distances égales entre elles ; le petit panneau, appelé *cloisoir*, ou *trapon* C, est fait d'une seule planche ; la longueur des banches est de neuf pied ; leur largeur ou hauteur, de deux pieds six pouces. Le closoir a aussi deux pieds six pouces de hauteur : sa largeur se règle sur l'épaisseur que l'on veut donner au mur, dont il représente le profil avec son frit. Il demeure le même dans cette largeur pour tous les pans d'une même assise ; il ne peut servir à ceux d'une seconde qu'après avoir été réformé. Il en est ainsi pour ceux d'une troisième assise, etc., de manière que le mur doit avoir le même frit dans toute sa hauteur.

L'on construit ces panneaux ou banches en sapin, parcequ'il est de tous les bois le plus léger, le plus propre au maniement, et le moins sujet à se déjeter ; son épaisseur doit être de douze à quinze lignes, ainsi que celle des parefeuilles. Ces petites planches, qui servent à maintenir l'assemblage des grandes, ont huit pouces de largeur ; leur longueur est celle de la hauteur des banches sur lesquelles elles sont clouées solidement ; à côté des premières et dernières parefeuilles, sont appliquées deux anses de fer appelées manettes R, bien clouées vers le bord supérieur du panneau qu'elles surmontent, autant qu'il est nécessaire, pour y pouvoir passer librement la main, parceque leur destination est de faciliter le maniement des banches.

Le lançonnier D est un bout de chevron de chêne de trois pouces de largeur, de deux pouces et demi d'épaisseur, et de trois pieds quatre pouces de longueur, traversé de part en part, à quatre pouces près de chacun de ses bouts, par une mortaise de huit pouces de longueur en dessus, et de sept pouces six lignes en dessous, à cause de l'obliquité des coins qu'on est obligé d'y placer. On donnera à cette mortaise un pouce de largeur. ·

Les aiguilles E sont des bouts de chevron, en bois de sapin, de trois pieds et demi à quatre pieds de longueur, ayant deux pouces sur trois d'équarrisage, terminé par le bas en tenons d'un pouce d'épaisseur, de trois pouces de largeur et de cinq ou six de longueur. Ces tenons sont destinés à entrer dans les mortaises du lançonnier.

Les coins F, qui sont au nombre des aiguilles, sont des planches de chêne d'un pouce d'épaisseur, taillées en forme de triangle d'un pied de longueur, de trois à quatre pouces de largeur à la tête.

Outil. L'instrument dont on se sert pour battre ou piser la terre dans le moule se nomme pison G. Il est composé de la masse et du manche. Le manche n'est qu'un bâton de quinze à dix-huit lignes de grosseur, et de trois pieds et demi de longueur. La masse est tirée d'un morceau de bois dur, de neuf à dix pouces de longueur ou hauteur, équarri sur quatre d'épaisseur et sur six de largeur. Cette masse, par sa forme, est comme partagée en deux sur la hauteur; la partie inférieure est délardée également sur chaque face de sa largeur pour former un coin émoussé et arrondi, d'un pouce d'épaisseur sur six de largeur. La partie supérieure est taillée en forme pyramidale, mais tronquée, dont la surface a trois pouces de largeur et quatre de longueur; au milieu de cette surface est un trou d'un pouce de grosseur et de quatre pouces de profondeur, pour recevoir le manche. Tous les angles du pison sont abattus et arrondis. Cet outil emmanché doit avoir au moins quatre pieds de hauteur; l'ouvrier le tient à deux mains par le haut du manche, et en use comme d'un pilon, portant ses coups entre ses pieds et un peu en avant.

Construction du pisé. On suppose, dans cet article, qu'il s'agit d'un simple mur de clôture, le plus aisé de tous à décrire; nous traiterons ensuite de la construction des bâtimens en pisé.

Dès que le mur aura été fondé, comme c'est l'ordinaire, en maçonnerie de chaux, de sable, de pierres ou de cailloux, jusqu'au niveau de terre, on fera une recoupe de chaque côté pour le réduire à dix-huit pouces d'épaisseur, appelée *gros de mur;* puis on le monte à trois pieds de hauteur du toit, afin de garantir le pisé supérieur de l'humidité et du rejaillissement des eaux pluviales. En arrosant ce soubassement, on doit ménager, de trente-trois en trente-trois pouces, des tranchées H qui auront quatre pouces de profondeur, et trois pouces et demi de largeur, et qui traverseront le mur de niveau et d'équerre, d'une face à l'autre, pour recevoir les lançonniers. Cela fait, on placera dans les tranchées H, appelées *poulins*, quatre lançonniers qui par leur longueur dépasseront la largeur du mur, et sur l'extrémité de ces lançonniers on mettra des banches de chaque côté du mur, les parefeuilles en dehors, pour éviter que par leur poids les banches ne viennent à déranger les lançonniers. Il faut d'abord avoir la précaution de placer ces mêmes banches de champ sur le mur. Deux ouvriers placés sur le mur les soulèvent et les éloignent l'une de l'autre par les manettes, puis les descendent toutes deux sur les lançonniers, et, pour plus de sûreté, les manœuvres supportent l'extrémité des lançonniers; et comme les boulins ont quatre pouces de hauteur, et que les lançonniers n'ont que deux pouces et demi, les banches doivent emboîter le soubassement en maçonnerie d'un pouce et demi au-dessous de son arrasement. Pendant que les ouvriers soutiennent toujours les banches par leur manette, pour qu'elles ne puissent se renverser, un autre placera les tenons des aiguilles dans les mortaises des lançonniers, et les coins chassés dans les mortaises feront joindre les aiguilles et les banches contre le mur. Viennent ensuite les cloisoirs qui ont pour largeur, dans le bas, l'épaisseur du mur, et sont plus étroits par le haut, suivant le frit qu'on veut donner; il est ordinairement d'un pouce par toise.

Pour maintenir exactement cette épaisseur sur la longueur des banches, l'on placera horizontalement, entre l'une et l'autre banche, deux ou trois bâtons appelés *étrésillonnets* correspondans aux parefeuilles opposées, de la grosseur d'un pouce, entaillées à chaque bout, pour entrer à mi-bois entre les panneaux : ces étrésillonnets I, qui donnent la même épaisseur par le haut que les closoirs, se réforment ainsi qu'eux pour la réduction de l'épaisseur des assises supérieures.

L'on doit prévoir que la terre jetée et battue dans le moule feroit écarter les deux banches; c'est pour les contenir qu'on se sert des aiguilles qui les serrent par le bas autant qu'elles sont elles-mêmes serrées par le moyen des coins chassés dans chaque mortaise, et que par le haut, les deux aiguilles correspondantes sont fortement serrées au-dessus du moule par une corde appelée *bride* L, traversant à double de l'une à l'autre, et billée dans son milieu par un bâton : ce qu'on appelle *liage*.

Il y a des provinces où, au lieu de bride en corde, les ouvriers emploient une espèce de lançonnier qu'ils appellent *arçon*; il ne diffère du lançonnier qu'en ce qu'il est placé sur les banches, et qu'il a un peu moins d'équarrissage : alors, il faut que les aiguilles portent des tenons aux deux extrémités, dont une entrera dans les mortaises de l'arçon.

Les closoirs sont retenus chacun par deux boutons M, ou chevilles de fer, qui traversent les banches.

Pour empêcher la terre de s'échapper par le bas , entre la banche et la corne du soubassement, on formera , le long de leur jonction , un cordon S, de mortier de chaux et de sable corroyé et serré avec la truelle : c'est ce qu'on appelle communément *moraine*.

Ces moraines forment en outre l'arête ou angle des banchées que la terre ne formeroit pas, parcequ'elle ne peut être assez serrée par le pison dans l'angle : alors elle se dégraderoit et laisseroit des halèvres.

Tout étant disposé de la sorte, le moule est en état de recevoir la terre, et de former un pan de mur, en supposant qu'il ait été aligné, nivelé, et mis à plomb, ou selon le frit ; on étendra ensuite successivement les lits de terre, les uns bout à bout, les autres sur les premiers, et de la même manière, sans jamais leur donner plus de trois doigts d'épaisseur en terre meuble, observant de travailler d'abord dans l'entrebride attenant au closoir, si c'est la première banchée d'un cours ou assise ; et si c'est toute autre banchée d'un cours déjà commencé, de travailler dans l'entrebride qui tient à la banchée finie, pour ménager un ferme appui à l'échelle du porteur, et éviter que la poussée de l'échelle ne dérangeât les banches qui ne sont point encore remplies.

Le manœuvre qui sert le piseur, c'est-à-dire qui lui porte de la terre à mesure qu'il l'emploie, a le dessus de la tête muni d'un coussinet N, et use d'un panier O, d'osier, à deux anses; il le porte sur la tête en montant par l'échelle, ou partie sur la tête, et partie sur les épaules, à l'aide du sac ordinaire. Le piseur prend le panier par les deux anses et en distribue la terre dans la partie du moule où il se trouve, appelée *chambre;* il rend la corbeille au manœuvre qui va la remplir de nouveau pour la lui rapporter.

Après que l'on aura jeté dans le moule plein une corbeille de terre, le piseur l'égalisera d'abord avec les pieds; ensuite il la frappera du tranchant du pison , portant les coups de dix à douze pouces de haut; les premiers coups se dirigent le long des panneaux dans cet ordre ; le second coup recouvre la moitié du premier ; le troisième, la moitié du second, ainsi de suite; le tranchant du pison est porté parallèlement à la banche contre laquelle il glisse, afin qu'il atteigne la terre dans l'angle commun de sa surface, et de celle de la banche ; le batteur tiendra le manche incliné vers la banche opposée : quand il a ainsi bordé de coups cette couche, il en use de même contre l'autre banche, porte ensuite ses coups en travers, observant que le tranchant du pison soit parallèle au cloisoir. Le piseur bat une seconde fois la même couche , et redouble les coups dans le même ordre. Si la terre est mêlée de beaucoup de graviers, il faut augmenter le nombre des coups d'un quart en sus, ou environ, ou les donner avec plus de force, autrement le gravier soutenant le coup du pison, la terre n'en seroit pas suffisamment comprimée.

Le second piseur en fait autant de la seconde charge, et le troisième en use de même pour la troisième ; chacun d'eux pise la terre incontinent après qu'elle a été versée : ils ne s'attendent point pour commencer et finir en même temps une couche ; il en résulte que le premier piseur commence une nouvelle couche, pendant que le second achève une partie de la précédente, et que le troisième piseur finit l'antépénultième.

Les trois premiers batteurs, ou piseurs, occupent chacun un tiers du moule, s'accordent entre eux pour aller en même temps en avant et en arrière, sans s'incommoder, ou le moins qu'il est possible. On observera de ne jamais admettre de nouvelle terre dans le moule qu'elle n'ait été suffisamment pisée, c'est-à-dire qu'elle l'ait été au point qu'un coup de pison marque à peine le lieu sur lequel il porte.

Les trois premières couches étant battues, les porteurs accumulent dans le moule la même quantité pour la seconde couche, sur laquelle les piseurs opèrent comme sur la première, ce qui se pratique de même, de couche en couche, jusqu'à ce que l'on ait rempli et arrasé le moule.

Quand le moule est plein, le pan est fait : c'est ce qu'on appelle *une banchée ;* et sans attendre qu'elle soit autrement raffermie, on démonte le moule, que l'on emploie tout de suite à former une autre banchée. Si cependant un pan demeure revêtu de son moule pendant une nuit ou une journée, il en acquiert plus de consistance, parceque l'eau qu'il contient s'évapore plus insensiblement, comme nous l'avons observé pour sa condensation ; mais cette pratique n'est d'usage que pour la dernière banchée de la journée, parceque, si on en usoit autrement, l'ouvrage traîneroit trop en longueur.

Pour démonter le moule, il faut renverser l'ordre que l'on a suivi en le montant, c'est-à-dire commencer cette seconde opération par où l'on a fini la première. Les porteurs et les piseurs s'aident mutuellement ; et voici comment ils s'y prennent. Un manœuvre placé sur le pisé retient les banches par les manettes, afin qu'elles ne renversent pas ; d'autres en même temps détachent les cordes, et ôtent les aiguilles, ensuite, ayant placé trois autres lançonniers dans les boulins suivans (ce qui démontre la nécessité d'en avoir sept et plus, quoiqu'il n'y en ait ordinairement que quatre ou cinq de service), le piseur placé sur le mur tire à lui une banche par la manette, en la faisant glisser sur les lançonniers, jusqu'à ce qu'elle soit parvenue à un nouveau lançonnier ; ensuite il amène l'autre banche pour la faire reposer sur le même lançonnier : il en use ainsi sur les autres pour tenir les banches en équilibre sur les lançonniers. Pendant cette opération, le manœuvre qui tenoit les banches à l'autre extrémité par les manettes les tient toujours jointes contre le pisé, en se prêtant au mouvement alternatif des banches.

Lorsque les banches sont parvenues sur le troisième lançonnier, elles reposent encore sur un ancien, et revêtent de quatre à cinq pouces la banchée qui vient d'être formée. Cette disposition rend inutile un des closoirs, parceque le flanc de la banchée en tient lieu. On place l'autre closoir à l'extrémité des banches, ensuite les aiguilles que l'on serre avec les coins et les cordes, comme dans la précédente opération. On ôte les trois anciens lançonniers, en les frappant à petits coups avec le pison, à dessein d'abord de les ébranler, en les frappant à droite, à gauche, dessus et dessous, ensuite de les chasser par bout, des boulins qui les contenoient.

Les banches du nouveau moule sont également supportées par quatre lançonniers, et embrassent un ou deux pouces de mur qui sert de base, comme dans la première disposition. Le moule s'établit plus solidement dès qu'il y a une banchée finie, parcequ'elle lui devient un appui latéral. Il sera toujours monté de la même manière avec les mêmes attentions pour l'alignement, le niveau et le frit.

L'on fait la seconde banchée comme la première, y ajoutant des moraines montantes entre le flanc de la banchée et les banches ; ces moraines ne peuvent se faire que par demi-truellée, à mesure que le pisé s'élève.

La troisième banchée se fait comme la seconde ; il en est ainsi de la quatrième, de la cinquième et des autres.

On observera de faire successivement toutes les banchées d'une première assise, avant de passer à celles d'une seconde, où les opérations ne sont plus qu'une répétition de la première, à la différence près, que pour la première assise on avoit laissé les boulins dans les murs en les rasant pour y placer les lançonniers, et que dans la seconde, il faut les creuser après coup dans le pisé.

La troisième assise se fait comme la seconde, ainsi qu'une quatrième ; mais il faut disposer les banchées d'une seconde assise, de manière qu'elles couvrent les joints de la première ; si elle étoit, par exemple, composée de six banchées, la seconde le seroit de cinq et de deux demi-banchées à ses extrémités. La troisième assise seroit semblable à la première; la quatrième à la seconde, et ainsi des autres successivement.

Pour faire la dernière banchée, l'on ne remplit que la moitié du moule, et à cet effet la banche revêt la moitié de la banchée déjà faite.

Je n'ai parlé jusqu'à présent que des banchées formées à angle droit; il en est d'autres dont les flancs, les côtés ou les joints montans sont inclinés; ces banchées sont d'un usage plus ordinaire, lorsque la terre est médiocrement bonne, par les raisons que nous exposerons dans la suite.

Ces banchées ne diffèrent entre elles que par l'inclinaison de leurs joints dont elles se recouvrent successivement. La main d'œuvre est la même que celle des banchées à angles droits, la première de ces banchées aura un côté droit, ou parcequ'elle forme un angle, ou parcequ'elle est attenante à un pied droit, et l'autre flanc sera incliné en talus d'un pied et demi de base sur deux et demi de hauteur, mesure commune de l'inclinaison de tous les joints suivans.

Ce talus est formé par les retraites que l'on donne à chaque couche de la banchée; et quand la dernière couche a été battue, l'on enlève de dessus ce talus, avec la truelle, toute la terre qui ne fait par corps avec lui, et on bat ensuite ce talus de bas en haut par des coups portés obliquement. Cela fait, on démonte le moule que l'on rétablit à côté pour former une banchée attenante à la première, laissant en place les deux lançonniers les plus voisins de la banchée qu'on va commencer, pour faire embrasser par les banches le talus de la banchée précédente, et après lui avoir donné cette disposition on opère pour la formation de la nouvelle banchée comme pour la première, avec cette différence que ses couches s'avancent d'autant sur le talus de la banchée qui précède, qu'elles font retraite au joint de la banchée qui doit suivre.

Ainsi, le talus de la banchée qui précède est entièrement recouvert par l'inclinaison de la banchée qui suit, ce qui s'observe de l'une à l'autre dans la même assise. Dans une seconde assise, on donne aux banchées une inclinaison opposée à celle de la première; mais il faut observer également de faire couvrir les joints de la première assise par les banchées de la seconde, et les joints de celle-ci par les banchées de la troisième et de suite : on se passe ordinairement des closoirs; la banchée qui précède tient lieu d'un, le talus de celui que l'on forme n'en a pas besoin, une pierre suffit pour soutenir les premières couches, et les autres, à cause de leur retraite, n'en exigent point. Pendant la construction de ces banchées, on borde d'une moraine de mortier les joints inclinés, comme on en a usé pour les joints droits.

La façon des murs à joints droits, seroit plus expéditive que celle des murs à joints inclinés, si on se servoit des

mêmes banches, parceque, dans la première, il faut transporter moins fréquemment le moule que dans la seconde ;
l'usage des banches, plus longues offre le même avantage ;
mais elles donnent plus d'embarras.

La solidité des murs à joints inclinés est beaucoup plus
grande que celle des murs à joints droits ; lorsque la terre
est médiocre, l'inclinaison des joints rend la liaison plus intime ; les banchées, en se recouvrant successivement par leurs
joints inclinés, sont d'autant plus adhérentes, que le pison
et la pesanteur de la matière concourent à les unir fortement.

Ces joints sont tellement serrés, qu'ils ne laissent aucun
vide par où l'on puisse voir le jour à travers ; toute l'assise
semble ne former qu'une même banchée. Il n'en est pas ainsi
des banches à joints droits ; quelques soins que l'on se donne
pour les rendre adhérentes, l'on n'y parvient qu'avec bien
de la difficulté.

L'on construit les murs de clôture avec les unes ou les autres banchées ; mais pour la construction des bâtimens, il
faut préférer les banchées à joints inclinés, à cause de la
solidité qu'elles reçoivent de leur liaison.

Quand les murs s'élèvent au-dessus de dix pieds, l'on attache le moule avec des cordages également tendus à droite
et à gauche, ou l'on les retient avec des étaies ; par cette
précaution, l'on assure la vie des ouvriers, et l'on prévient la
chute du mur et du moule que pourroient occasionner la
poussée des échelles et le mouvement des piseurs.

Il est des détails qui paroissent n'être d'aucune importance, et qui sont cependant nécessaires pour une entière
instruction. L'angle commun à deux murs se forme par le
concours de leurs assises, qui se surmontent alternativement.
Pour lui donner une plus grande liaison, l'on met dans chaque assise une planche de sapin d'un pouce d'épaisseur, de
six pieds de longueur, sur un pied de largeur, ce qui forme
l'angle à deux pouces-près : cette planche sert à garantir les
banchées des lézardes qui pourroient provenir de l'inégale résistance de la banchée inférieure qu'elle recouvre sur joint.
Pour donner plus de solidité à ces angles, on forme des lits
de mortier P de trois pouces en trois pouces, sur un pied
et demi ou deux de longueur, à partir de l'angle, ce qui
représente à l'extérieur comme autant de petites assises de
pierre.

Nous n'avons point dit comment on forme les angles, ni
comment les banches doivent être serrées et retenues à l'extrémité de l'angle ; on ne peut y placer un lançonnier, puisqu'il n'y a point de mur au-dessous pour le supporter ; on
serrera donc les banches avec deux sergens de fer, outil très

connu des menuisiers et charpentiers. On peut aussi se servir de boulons qui traversent d'une banche à l'autre pour tenir le closoir ; dans ce cas, ces boulons sont à vis avec écrous ; mais on ne s'en sert plus, parceque les ouvriers ont bientôt gâté les vis et perdu les écrous.

On ne sauroit trop multiplier les précautions pour garantir ces murs de la pluie pendant leur construction. A cet effet, on aura soin de les couvrir de planches, ou mieux encore de tuiles, qui par leur pesanteur résistent davantage aux vents orageux.

Les boulins contribuant au dessèchement des murs, on ne les bouchera qu'une année après, vers le temps où l'on enduit le mur, et l'on emploiera de la maçonnerie et non de la terre.

Couverture des murs de pisé. Lorsque le pisé est parvenu à la hauteur déterminée pour former un mur de clôture, on le couvre avec des tuiles ou avec un chaperon de maçonnerie : dans les deux cas, il faut faire un demi-pied au moins de maçonnerie au-dessus du couvert, pour garantir le pisé des écoulemens des eaux pluviales, lorsqu'une tuile ou le chaperon seroit rompu. Dans le premier cas, on rehausse cette maçonnerie d'un seul côté pour donner l'écoulement des eaux sur le fonds du propriétaire, si le mur est à lui seul ; lorsque le mur est mitoyen, on le rehausse au milieu de l'épaisseur du mur pour verser les eaux également de chaque côté. Cette maçonnerie est recouverte de tuiles creuses ou plates qui débordent le mur de quatre à cinq pouces de chaque côté pour jeter l'eau loin du pied du mur ; on charge les tuiles creuses de pierre ou de cailloux, pour que les vents ne puissent les déranger. Dans le second cas, lorsqu'on veut le recouvrir d'un chaperon de maçonnerie, il faut placer dessous un filet de deux rangs de tuiles plates, formant une saillie de quatre à cinq pouces pour le même effet, et avoir soin que le rang de dessus recouvre les joints de celui qui se trouve immédiatement dessous.

De l'enduit du pisé et du crépi appelé rustiquage. Le pisé peut bien, il est vrai, subsister sans un enduit de mortier ; mais l'employer, c'est prolonger la durée de ces clôtures. En les garantissant de la pluie et de l'humidité, cet enduit leur donne en outre un air de propreté dont cette construction a plus besoin qu'aucune autre.

Il faut attendre, pour l'enduire, que le mur ait perdu toute son humidité naturelle qui ressemble, à bien des égards, à l'eau des carrières dont certaines pierres sont imprégnées; quand la gelée les surprend dans cet état, toute la partie de leur épaisseur qu'elle a pénétrée tombe en poussière après le dégel.

Mais ce n'est pas la seule raison du retardement prescrit par rapport à l'enduit des murs en pisé ; nous avons dit que tout pisé perdoit de ses premières dimensions en tout sens en perdant de son humidité ; or, l'enduit qui seroit sec avant que cet effet fût entièrement fini, et qui dès-lors ne seroit plus capable de se retirer sur soi-même comme le pisé, se détacheroit infailliblement et tomberoit en pure perte.

Pour qu'il soit bien desséché, il faut qu'il ait reçu les impressions de la chaleur d'un été et le froid d'un hiver ; il feroit mieux d'attendre deux années pour être plus assuré de sa parfaite dessiccation : ce temps expiré, le mur est plus ou moins sillonné par de légères fentes, suivant la bonté de la terre ; s'il l'étoit beaucoup, on jetteroit un premier enduit dans ces sillons pour les combler.

On peut enduire ces murs à la manière accoutumée ; mais nous prévenons que le crépi vaut infiniment mieux ; il diffère de l'enduit, en ce qu'il est plus clair, et qu'il se jette avec un petit balai, sans passer la truelle dessus. Il est plus durable, plus économique, et tient sur le pisé sans qu'il soit nécessaire d'en piquer la surface.

Ce crépi, appelé par les maçons *rustiquage*, se fait avec un mortier de chaux et de sable extrêmement clair. Pour cet effet on le détrempe dans des baquets, jusqu'à ce qu'il soit comme de la bouillie ; on le prend alors, et on le jette contre le mur avec un balai ou un goupillon ; c'est par la crête que l'on commence en suivant de haut en bas, sur une longueur de cinq à six pieds, dans la largeur d'environ un pied ; l'on répète cette opération jusqu'à ce que le mur en soit couvert.

Ce rustiquage n'est point uni, il ressemble à la pierre brute. L'on n'y emploie pas la moitié du mortier dont il seroit besoin pour un enduit ordinaire ; il n'en a pas la propreté ; mais il en est plus durable, ce que l'on ne sauroit attribuer qu'à sa liquidité, qui lui fait pénétrer la face du mur avec laquelle il s'incorpore ; il coûte moitié moins que l'autre, ce qui devient pour celui-ci un second motif de préférence. Son usage est particulièrement convenable aux murs de clôture.

Prix du pisé. Le prix du pisé varie suivant la nature de la terre, le transport qu'il en faut faire, et suivant le prix des journées.

Les six ouvriers nécessaires à la construction du pisé, lorsque le transport n'a pas plus de quinze toises, peuvent faire chaque jour trois toises carrées. Si les journées sont à trente sous par piseur, et à vingt par porteur, il reviendra à deux livres et dix sous la toise. Dans les environs de Lyon, le prix est de deux à trois liv. de façon. On emploie pour trente sous de mortier à la formation des moraines. Le rustiquage se paie quinze sous la toise carrée de chaque face, fournitures et façon ; de sorte que les murs en pisé aux environs de Lyon, coûtent de cinq à six liv. la toise carrée, sans y comprendre les fondations ni le couvert en tuiles.

De la conduite du pisé pour la construction d'une maison. Le pisé pour la construction d'un bâtiment se fait comme pour un mur de clôture ; mais comme il porte les planchers, les cheminées, les toits, etc. , et qu'il est découpé par les ouvertures des portes et fenêtres, il faut beaucoup plus de précaution pour le construire.

Les banchées se font, comme nous l'avons expliqué, excepté qu'on place dans chacune une planche de sapin appelée *liernes*, et lorsque la terre n'est pas d'une excellente qualité, on met encore quatre bouts de planches appelées *parpines* en travers de la banchée. On place ces planches de la manière suivante : lorsque la banchée est à un quart de sa hauteur, deux parpines sont posées de manière qu'elles divisent la longueur de la banchée en trois parties égales : lorsque la banchée est parvenue à la moitié de sa hauteur, on pose en long la planche appelée liernes au milieu de la longueur de la banchée, et aux trois quarts de sa hauteur on place les deux autres parpines. Ces parpines et liernes sont autant de planches communes de neuf à dix pouces de largeur, et de huit à neuf lignes d'épaisseur ; elles sont mises simplement dans la terre, avec la seule précaution qu'elles portent sur toute leur étendue.

L'on ne passera point d'une assise de banchées à celle qui doit être établie sur cette première, qu'on n'ait fait régner celle-ci tout autour du bâtiment, et même sur les principaux murs de refend ; on fait chevaucher alternativement les banchées des murs de refend avec celles des murs de face, afin de les lier ensemble.

En construisant les banchées, l'ouvrier aura soin de laisser une baie pour chaque porte et fenêtre ; l'on n'attend pas que le mur soit entièrement élevé pour placer les pierres de taille ; dès que les assises sont de la hauteur des pieds droits, il faut les mettre en place avec leurs linteaux qui sont recouverts d'un plateau, quand la porte et les fenêtres ne sont pas cintrées, afin de les garantir des fêlures.

C'est principalement dans la construction d'une façade que l'on se sert de petits moules, à cause de la petite étendue des trumeaux. Si un trumeau ne peut avoir que trois à quatre pieds, y compris les tailles des fenêtres, il se construit en maçonnerie, parcequ'autrement il ne pourroit avoir assez de solidité sur une si petite base, et d'autant moins qu'il faut l'échapper des deux côtés en plusieurs endroits, pour donner des prises aux tailles des fenêtres ou des portes. A mesure que l'on pose les tailles, on remplit le vide qui se trouve entre ces pierres et le mur de terre vide qui devient nécessaire à cause de la longueur des lances en maçonnerie de moellon et de mortier, et non avec de la terre, parcequ'elle ne sauroit se lier ni faire corps avec le mur, et encore moins avec la pierre, quand même elle auroit pu être foulée ou pisée. C'est par cette raison qu'il faut toujours mettre du mortier entre la terre et la pierre dans quelque position que soit celle-ci.

Après que les tailles sont posées, si l'élévation du plancher demande encore une assise au-dessus de la couverture des fenêtres, on la fera sur toute la longueur du bâtiment pour lier les trumeaux entre eux, et pour donner, par cette construction, plus de solidité à la façade; si cette assise ne peut recevoir la hauteur ordinaire du moule, parcequ'elle ne s'accorderoit pas avec la hauteur du plancher, il faut la réduire à celle qui convient; mais s'il ne s'en falloit que de six pouces à un pied que la banchée ne fût assez haute pour atteindre la hauteur déterminée, on soulèveroit les banches à la hauteur requise, les aiguilles étant toujours plus hautes qu'il ne faut pour une banchée ordinaire. On pourroit avoir des aiguilles de cinq à six pieds de hauteur, et par leur moyen on feroit des banchées de trois à quatre pieds de hauteur.

Lorsque la terre n'est pas d'une excellente qualité, il est plus expédient de laisser ouvrir après coup les fenêtres et les portes. Mais comme le pisé ne sauroit former de bons jambages ni de bons linteaux, il faut, de toute nécessité, ouvrir les baies assez larges pour y loger les jambages. Rien n'équivaut pour toutes ces parties à la pierre de taille; on la pose dans la baie ouverte, en maçonnant dessous et par derrière, jusqu'à ce que tout vide superflu soit rempli; on fait en sorte que la maçonnerie, montante d'un et d'autre côté, porte la décharge de bois qui doit défendre le linteau de pierre de l'effet de la charge supérieure.

Lorsqu'on approche de la hauteur du plancher, il faut savoir s'il doit être porté par des poutres, ou s'il ne sera formé que de solives.

Dans le premier cas, placez dans le pisé, à la hauteur que doit être la poutre, un plateau de trois à quatre pieds de long, de dix à douze pouces de large, et de deux à trois pouces d'épaisseur, et continuez votre ouvrage, ensuite vous poserez vos poutres après coup, en ouvrant le pisé pour les portées de chaque poutre.

Mais si le plancher doit être en solives espacées, tant plein que vide, portant sur les deux murs opposés, il faut arraser le pisé à trois pouces au-dessous du niveau sur lequel s'appuieront les solives. On établit à cette hauteur, en bain de mortier, des plateaux ou sablières de deux à trois pouces d'épaisseur, et de dix à douze pouces de largeur. Les solives doivent être posées sur cette sablière ; on remplit ensuite les solins sur toute l'épaisseur en maçonnerie ; on recouvre chaque solive avec des pierres de portée, s'il se peut, d'un solin à l'autre ; on arrase enfin à quatre pouces au moins plus haut que le dessus des solives, en observant de former les tranchées destinées à recevoir les lançonniers, et sur cette maçonnerie on continuera le pisé.

Les principales pièces du toit doivent être posées avec le même soin que les poutres, et les chevrons doivent l'être sur une sablière assise en bain de mortier.

L'on construit les cheminées contre ces murs de terre, comme s'ils étoient de maçonnerie, sans contre-mur, les pieds droits et les briques y ont les mêmes prises ; et ces murs sont si fermes, qu'il suffit de donner trois pouces de prise aux marches de pierres.

Pour donner toute la solidité possible à la construction des murs en pisé, il faudroit lier les murs les uns avec les autres, d'autant plus que la liaison des banchées qui se croisent alternativement n'est pas suffisante et n'empêche pas les murs de s'écarter.

Rien ne lieroit mieux ces murs qu'une sablière ou un rang de plateaux T à chaque étage, couvrant tous les murs, et assemblé à mi-bois et bien cloués ensemble. Ces plateaux auroient dix à douze pouces de largeur, et un pouce ou deux d'épaisseur, et seroient placés au milieu du mur, de manière qu'il y eût deux à trois pouces de pisé de chaque côté ; 1° pour les cacher, parceque l'enduit appliqué contre des plateaux n'est pas durable, malgré les précautions qu'on auroit prises ; 2° pour qu'on puisse établir des cheminées contre les murs de refend, sans craindre de mettre le feu à ces plateaux. Les plateaux peuvent être placés tout simplement dans la terre ; mais il seroit mieux de les noyer dans un lit de mortier.

Lorsqu'on aura posé une sablière en plateaux, on ne pourra plus passer les banches ; les plateaux des murs de refend qui se croisent sur ceux du mur de face seroient un obstacle, puisqu'il faut que les banches descendent de deux pouces en contrebas de ces plateaux. Voyons le moyen de remédier à cet inconvénient ; cette sablière doit être immédiatement sous les pièces des planchers ; or, ces planchers sont, ou en solives, et alors il n'y a point de difficulté, puisqu'il faut maçonner au-dessus des solives ; ou ces planchers sont formés avec des poutres ; en ce cas il faut placer quatre banches *a*, disposées en équerre, c'est-à-dire de manière qu'elle forme l'angle du bâtiment; à cet effet on aura soin de munir de sergens Q , les deux banches qui forment l'angle extérieur de l'équerre.

Lorsqu'on voudra faire un mur de face à la rencontre d'un mur de refend, il faudra cinq banches, une grande *a* , *fig*. 3, qui doit être placée en dehors et en face du mur de refend, deux petites *bb* , en opposition , se terminant chacune au mur de refend , et deux autres *cc* , formeront ce même mur : ces banchées ainsi disposées donneront une double équerre. Par ces deux moyens que nous venons de décrire , on peut faire à la fois les deux murs d'un angle , et faire le mur de face en même temps que le mur de refend. Par ce moyen encore, on peut piser sans inconvénient, lorsqu'on a posé une sablière , et à chaque banchée on peut placer deux planches qui se croisent et tiennent les deux murs. C'est ainsi que le pisé acquiert toute la liaison et la solidité possibles.

De l'enduit. Pour enduire une maison de pisé , on prendra les mêmes précautions que l'on emploie pour un mur de clôture, c'est-à-dire qu'on attendra son entière dessiccation. Si le pisé, en se séchant, a formé beaucoup de petites fentes, on peut l'enduire sans le piquer, en étendant avec la truelle un premier mortier, que l'on recouvre d'un second bien uni ; mais si le pisé est lisse, il faut le piquer assez dru avec la pointe d'un marteau , de manière que chaque empreinte de cet instrument produise un creux en forme de niche : l'enduit se moulera dans ces creux, et s'y formera un appui contre sa pesanteur. Dix coups de pointe dans un pied carré de superficie doivent suffire.

L'enduit de chaux et de sable est le plus usité comme le plus durable. Il faut se servir pour le composer de chaux éteinte depuis long-temps , avec beaucoup d'eau, afin que toutes les parties de la chaux soient bien fusées; en le fusant, on rejettera tous les charbons quelque petits qu'ils soient. L'ouvrier aura soin de ne corroyer la chaux avec le sable qu'au moment où l'on doit l'employer , et de n'y ajouter que le moins d'eau possible. Ce sable sera net et exempt de terre.

Si l'on néglige ces précautions , l'enduit se crible bientôt de trous très évasés, au fond desquels on aperçoit un très petit morceau de chaux qui n'a pas été suffisamment éteint, et qui, se fusant à la longue, parcequ'il attire à lui l'humidité du mur, se dilate et produit l'effet d'une mine, en renversant une partie de l'enduit. Les morceaux de charbons qui se trouvent dans l'enduit produisent le même effet.

La précaution de donner à la chaux le temps d'éteindre toutes ses molécules préserve l'enduit des trous qui le défigurent, et le soin de ne la corroyer qu'au moment de l'employer lui conserve toute sa force.

Prix du pisé pour bâtiment. Nous avons dit que la façon du pisé pour mur de clôture étoit de deux à trois livres la toise carrée ; mais celle du pisé formant une maison est de trois à quatre livres la toise mesurée tant plein que vide. Cette différence du prix provient de la plus grande élévation que l'on donne aux murs des maisons, de l'arrangement et du transport des pierres de taille.

L'enduit sur chaque face se paie dix sous la toise pour la façon, et quinze à vingt sous pour la fourniture ; en tout, vingt-cinq à trente sous.

Conclusion. Une maison, construite d'après les principes que nous venons d'établir, durera autant qu'une autre construite en bonne maçonnerie ; il en est de trente pieds de hauteur au-dessus du soubassement qui subsistent depuis deux siècles, et sont encore en bon état, sans avoir exigé ni de plus fréquentes, ni de plus importantes réparations que toute autre maçonnerie. En un mot, la construction en pisé est essentiellement durable, et du nombre de celles qui nous préservent le mieux des accidens contre lesquels on implore les secours de l'architecture. Une maison bâtie en pisé a le triple avantage d'être promptement terminée et habitable, de coûter moins qu'aucune autre, et de fournir, lors de la démolition, un engrais merveilleux pour certaines terres.

Démolition du pisé. Pour démolir un mur de terre, on emploie le levier que l'on introduit dans les boulins ; on en renverse une banchée, quelquefois même plusieurs ensemble, et, pour plus de sûreté et d'aisance, on les arcboutera du côté opposé à leur chute. Cet expédient est plus prompt que le pic et le marteau, qui ne peuvent que difficilement rompre ces murs, tant ils acquièrent de dureté, principalement quand ils ont beaucoup de graviers.

Engrais provenant du pisé. Ces décombres ne peuvent servir à faire de nouveaux murs, la terre en est devenue trop friable, mais ils ne sont pas à charge, comme nous l'avons dit ; ils dédommagent avantageusement des frais de leur démolition et de leur transport, étant un engrais excellent pour les terres à blé, pour la vigne, etc.

L'expérience a prouvé qu'on retiroit un plus grand avantage du pisé comme engrais, lorsqu'on a eu la précaution de l'enterrer dans un lieu très humide pendant quelques mois. *Voyez* au mot AMENDEMENT.

Moyen de rendre toute terre propre à faire du pisé. Nous avons dit que la terre argileuse et la sablonneuse n'étoient point propres à former le pisé ; cependant on peut leur communiquer cette propriété en les mêlant ensemble. J'ai employé de la terre très sablonneuse, après l'avoir arrosée avec du lait de chaux : ce mélange a produit un très bon pisé, mais un peu coûteux. J'en ai fait avec la même terre arrosée avec de l'eau dans laquelle j'avois fait dissoudre de la terre argileuse, ce qui a fait un excellent pisé, moins dispendieux que le premier, mais toujours plus que le pisé ordinaire.

Enfin, il n'est point de terre qui, mêlée à propos avec du sable ou de la glaise, et qui, fortement battue, ne puisse servir à faire du pisé ; les mines en fournissent un exemple ; on bouche le trou de la mine avec du carreau pilé, fortement battu, ce qui forme un vrai pisé qui résiste mieux à l'effort de la poudre que le rocher lui-même.

Explication de la planche première :

Figure I.

A   Banche.
B   Parefeuilles.
C   Closoir ou trapon.
D   Face supérieure d'un lançonnier sur la même ligne, et une de ces faces du bout.
E   Face latérale d'une aiguille ; sur la même ligne est celle de ses faces du bout qui porte le tenon.
F   L'une des faces du coin ; à côté est celle de son épaisseur.
G   Pison ; et sur la même ligne sa face inférieure.
H   Tranchées ou boulins destinés à recevoir le lançonnier.
I   Etrésillonnet pour tenir les banches à égale distance sur leur longueur.
L   Brides ou cordes pour lier les aiguilles.
M   Boulons servant à retenir le closoir.
N   Coussinet du manœuvre.
O   Corbeille d'osier dans laquelle le manœuvre porte la terre.
P   Couche de mortier, faite de trois pouces en trois pouces, pour fortifier l'angle.
R   Manettes de fer servant au maniement des banches.
S   Moraines, ou cordons de mortier qui bordent les banchées.

Figure II.

aaaa Quatre banches disposées en équerre pour former les deux murs d'un angle en même temps.
T   Sahlières en plateaux assemblées à mi-bois et bien clouées.

Figure III.

abbcc Cinq banches formant une double équerre, pour donner la facilité de faire en même temps le mur de face et un mur mitoyen.
T   Sahlières.

Explication des mots techniques du pisé.

Aiguilles, morceau de bois posé verticalement pour empêcher l'écartement des banches.

Aplomb, sur une ligne verticale.

Arçon, espèce de lançonnier ; il n'en diffère qu'en ce qu'il est placé sur les banches, et qu'il est d'un moindre équarrissage ; il tient lieu d'une bride.

Assise ou *cours*, c'est un rang de banchées.

Banches, espèce de table formant le grand côté du moule pour faire le pisé.

Banchée, terre pisée, et formant une partie du mur de la grandeur du moule.

Boulins, ou tranchées, emplacement des lançonniers dans le mur.

Brides, cordes servant à lier les aiguilles, et à retenir les banches.

Closoir, ou trapon, espèce de table formant le petit côté du moule.

Cours, voyez *Assise*.

Crépi, composition de chaux et de sable, ou mortier fort clair, jeté sur le mur avec un balai.

Enduit, mortier de chaux et de sable étendu sur le mur avec la truelle.

Etrésillonnet, diminutif d'étrésillon, petite pièce de bois serrée entre les banches pour les retenir à la même distance.

Frit ou *Fruits ;* c'est une petite diminution de bas en haut d'un mur qui cause par dehors une inclinaison peu sensible.

Gros de mur, c'est l'épaisseur du mur.

Lançonnier, morceaux de bois ayant deux mortaises ; il est placé sur les banches, et reçoit les aiguilles.

Liernes, planches de sapin mises en long dans le pisé.

Manettes, ce sont des anses de fer appliquées à l'extrémité des banches.

Moraine, c'est un cordon en mortier formant les arêtes des banchées.

Pan, c'est une partie d'un mur en terre.

Parefeuilles, c'est un large liteau qui assemble les banches.

Parpaing, ou pierre qui traverse le mur, et en fait les deux paremens.

Parpines, c'est un morceau de planche placée au travers d'une banchée et formant le gros de mur.

Poutres, c'est la plus grosse pièce de bois qui entre dans un bâtiment, et qui soutient les travées des planchers.

Pisé, *pizai* ou *pizé ;* c'est un mur en terre battue.

Pisée, c'est une terre battue et rendue compacte.

Piseur, ouvrier qui bat la terre pour former le pisé.

Piser, c'est battre ou piler de la terre dans un moule pour en former un mur.

Pison ou *pisou*, espèce de pilon pour piser la terre et en faire un mur.

Rustiquage, voyez *Crépi*.

Sablières, c'est un rang de plateaux sur tous les murs de pisé, fortement cloués ensemble pour lier les murs.

Sergent, outil de fer composé d'une barre ou verge de fer dont le bout est recourbé en forme de crochet ; cette barre passe dans un morceau de fer recourbé que l'on nomme *la patte du sergent*.

Solins, ce sont les bouts des entrevous des solives dans l'épaisseur du mur.

Solives, pièces de bois de brin ou de sciage, qui sert à former les planchers.

Tranchée, voyez *Boulins*.

Talus, c'est l'inclinaison de l'extrémité des banchées. (R.)

PISSEMENT DE SANG. Médecine vétérinaire. On donne ce nom à une évacuation de sang par le canal de l'urètre, qu'il vienne des vaisseaux des reins ou de ceux de la vessie, qu'il soit occasionné, ou par une trop forte distension de ces vaisseaux, ou parcequ'ils sont trop corrodés.

Le pissement de sang est plus ou moins dangereux, selon la quantité de sang que l'animal perd, et selon les autres circonstances qui l'accompagnent.

On reconnoît que le sang vient des reins quand il est pur, et qu'il coule tout à coup sans interruption et sans que l'animal paroisse éprouver de la douleur ; mais s'il est en petite quantité, s'il est noir, si les symptômes qui accompagnent cette évacuation annoncent un sentiment de chaleur contre nature, et des douleurs dans la partie inférieure du ventre, ce que le médecin vétérinaire reconnoîtra en appliquant la main le long du bord antérieur des os pubis, alors il vient de la vessie.

Lorsque le pissement de sang est occasionné par une petite pierre raboteuse qui, tombant des reins dans la vessie, déchire les uretères, il est accompagné de vives douleurs et de difficulté d'uriner; mais si les membranes de la vessie sont déchirées par une pierre, et qu'il en résulte le pissement de sang, l'animal ressent alors des douleurs plus aiguës, précédées d'une suppression d'urine.

Outre les causes dont il est fait mention ci-dessus, le pissement de sang peut encore être occasionné par des chutes, des coups, des efforts, pour avoir porté ou traîné des fardeaux trop pesans, ou tout autre mouvement violent. Il peut être également dû à des ulcères ou à des érosions dans la vessie, à une pierre logée dans les reins, à des purgatifs violens, à des remèdes diurétiques trop irritans.

Les animaux qui y sont les plus exposés sont ceux qui quittent le pays qui les a vus naître, étant encore jeunes, pour habiter un climat contraire à leur constitution naturelle ; ceux qui sont échauffés ou qui ont des embarras au foie ont souvent des urines ardentes, colorées ou sanguinolentes. Les fièvres intermittentes, certains fourrages, etc., produisent le même effet. Les taureaux qui ont trop d'ardeur, ceux qui ne peuvent apercevoir des bœufs sans les attaquer, et se battre avec excès, etc., sont très sujets à rendre du sang par le canal de l'urètre.

Ce pissement de sang est le plus souvent dangereux, surtout quand le sang est mélangé de matières purulentes, ce qui annonce un ulcère dans les voies urinaires. Quelquefois il est dû à une surabondance de sang ; alors on doit plutôt le regarder comme une évacuation salutaire que comme une maladie ; cependant, si dans ce même cas l'hémorragie est considérable, elle peut épuiser les forces de l'animal, et occasionner une hydropisie dans toute l'habitude du corps, ou la pulmonie, connue dans toute la Franche-Comté sous le nom de *murie*, *molle*, etc.

On doit toujours craindre les suites du pissement de sang ; mais le danger est rarement imminent, sur-tout lorsqu'il n'est pas accompagné de la fièvre. Il termine quelquefois les fièvres inflammatoires ; mais c'est un symptôme redoutable dans les péripneumonies ardentes et malignes. Il est moins à craindre lorsqu'il a des retours périodiques, lorsqu'il succède à un travail violent ou à toute autre cause passagère, pourvu qu'il ne dure pas trop long-temps; car la partie affectée est alors menacée d'un ulcère.

Le traitement du pissement de sang doit être varié selon les causes différentes dont il procède. S'il est occasionné par une pierre fixée dans la vessie, la guérison dépend de l'opération de la taille.

S'il est accompagné de pléthore et de symptômes d'inflammation, la saignée devient nécessaire.

Il faut lâcher le ventre par des lavemens émolliens, ou par des purgatifs rafraîchissans. Tels sont la crème de tartre, la rhubarbe, la manne, dans des décoctions de graine de lin ou de petites doses d'électuaire lénitif.

Si le pissement de sang est occasionné par un sang dissous, il est ordinairement le symptôme d'une maladie d'un mauvais caractère, comme d'une péripneumonie putride, maligne, etc. Dans ce cas, la vie de l'animal dépend de l'usage abondant du quinquina et des acides, comme nous l'avons déjà conseillé dans les articles PÉRIPNEUMONIE PUTRIDE, MALIGNE, etc. *Voyez* ces mots.

Si on a lieu de soupçonner un ulcère dans les reins ou dans la vessie, il faut mettre l'animal à une diète rafraîchissante, à des boissons de nature adoucissante, incrassante et balsamique : telles sont les décoctions de graine de lin, de racine de guimauve, avec la réglisse, les dissolutions de gomme arabique, etc., qu'on préparera de la manière suivante :

Prenez de la racine de guimauve, six onces; de réglisse, demi-once ; faites bouillir dans cinq pintes d'eau jusqu'à réduction de moitié; passez, faites fondre dans cette décoction gomme arabique, quatre onces; de nitre purifié, une once ; on en donnera une demi-bouteille quatre ou cinq fois par jour.

L'usage précipité des remèdes astringens a souvent eu, dans cette maladie, des suites funestes; car si le sang est arrêté trop promptement, les caillots retenus dans les vaisseaux peuvent produire des inflammations, des abcès, des ulcères, etc. Cependant si le cas devient pressant, si l'animal paroît souffrir de cette évacuation, il est nécessaire d'en venir à des astringens doux. On donnera donc à l'animal atteint du pissement de sang, trois fois par jour, dix à douze onces d'eau de chaux, avec une demi-once de teinture de quinquina. On appliquera sur ses reins des linges trempés dans de l'oxycrat froid, ou de l'eau commune froide.

Pour prévenir le pissement de sang dans les animaux qui y sont sujets, ils seront conduits avec sagesse, soit par le régime, soit par le travail qu'on exigera d'eux, et on les fera saigner de temps en temps, si le pissement de sang est dû à la pléthore. (R.)

PISSENLIT, *Leontodon*. Genre de plantes de la syngénésie égale et de la famille des chicoracées, qui renferme une demi-douzaine d'espèces, dont une est si commune qu'il est honteux de ne la pas connoître et d'ignorer ses usages. *Voyez* LIONDENT.

Le PISSENLIT OFFICINAL, *Leontodon taraxacum*, Lin., se trouve avec une excessive abondance dans toute l'Europe, et on peut même dire dans toutes les parties du monde où les Européens ont formé des établissemens, aux lieux qui ne sont ni excessivement secs, ni excessivement marécageux. Il fleurit pendant presque tout l'été. Ses racines sont vivaces, épaisses, fusiformes; ses feuilles pétiolées, lancéolées, plus ou moins profondément et irrégulièrement découpées, ou rongées ou dentées, lisses et étalées sur la terre ; ses fleurs jaunes, larges d'un pouce, solitaires au sommet d'une hampe fistuleuse de cinq à six pouces de hauteur. Toutes ses parties rendent un suc laiteux lorsqu'on les blesse. Elles sont légèrement amères, ét passent pour apéritives, stomachiques, détersives et diurétiques. Dans beaucoup de lieux on mange ses feuilles en salade au premier printemps, ou cuites comme la chicorée. Dans le premier cas on choisit ordinairement celles de ces feuilles qui ont blanchi dans les taupinières ou sous des pierres, comme plus tendres et moins amères. Quelques amateurs en sèment dans leurs jardins et en couvrent le plant de paille afin de remplir ce but.

Sa culture est facile, puisqu'il ne s'agit que de semer la graine avant l'hiver dans une planche bien préparée à quelque exposition que ce soit, de sarcler le plant qui en provient et de le couvrir de paille, de feuilles ou de toute autre matière pour le faire blanchir.

La plupart des bestiaux mangent le pissenlit; mais il n'en est pas moins une plante nuisible aux prairies, en ce que ses feuilles, souvent fort larges et fort nombreuses, s'étalent sur la terre et tiennent la place d'autres herbes plus utiles, telles que les graminées. Un agronome soigneux doit donc chercher les moyens de le détruire lorsqu'il y surabonde trop; or il le peut en le coupant entre deux terres, au commencement du printemps, avec une pioche de fer très étroite, pioche qu'on appelle langue de chien dans quelques endroits, ou en labourant le sol pour le semer en nouveau foin. Les racines, dans le premier cas, se donnent aux cochons qui les aiment beaucoup.

On a proposé de faire torréfier ces racines et d'en prendre l'infusion en guise de café. J'en ai fait usage, et j'ai jugé qu'il valoit mieux s'en passer. En général, toutes les substances qu'on substitue à cette graine n'ayant pas sa propriété la plus importante, celle qui la fait rechercher par un si grand nombre d'hommes, c'est-à-dire d'agir sur les nerfs, d'augmenter l'action du principe vital, ne servent qu'à tromper l'habitude et doivent être par conséquent repoussées de ceux qui peuvent supporter de s'en passer. (B.)

PISTACHE DE TERRE. *Voyez.* ARACHIDE.

PISTACHIER, *Pistacia*, Lin. Nom de quelques arbres de moyenne grandeur, appartenant à la famille des TÉRÉBINTHACÉES, la plupart résineux, et qui croissent naturellement dans les pays chauds qui bordent la Méditerranée. Ces arbres ont des fleurs sans corolle et unisexuelles, qui naissent sur des individus différens. Les fleurs mâles sont disposées en un chaton lâche et à écailles uniflores; elles ont un très petit calice à cinq divisions, cinq étamines à anthères tétragones. Dans les fleurs femelles, le calice est divisé en trois parties, et il entoure un germe ovale et supérieur qui, après sa fécondation, devient un drupe sec, ovoïde ou sphérique, renfermant un noyau monosperme.

Dans le petit nombre de pistachiers connus d'espèces différentes, on en distingue quatre intéressans par leurs produits, savoir: Le PISTACHIER COMMUN, ou le VRAI PISTACHIER, *Pistacia vera*, L., qui donne la pistache; le PISTACHIER TÉRÉBINTHE, ou le TÉRÉBINTHE, *Pistacia terebinthus*, L., qui produit la vraie térébenthine, et deux autres dont on retire une gomme résine connue dans le commerce sous le nom de *mastic*.

Le premier est originaire d'Asie et naturalisé dans le midi de la France. Vitellius le transporta de Syrie en Italie, d'où il a été propagé en Provence, en Languedoc et en Espagne. Il fleurit en avril et en mai. Sa tige est droite et brune; ses feuilles sont ailées avec impaire et à folioles recourbées; son fruit, d'un vert-cramoisi, contient une amande verdâtre et d'une saveur agréable, qui se mange fraîche, sèche ou en dragée; elle contient un principe farineux et une huile grasse fort douce. Les pistaches sont plus adoucissantes que les amandes; on en prépare une émulsion employée avec succès dans les catarrhes et les phthisies.

Jusqu'à présent ce pistachier n'a été cultivé que dans nos provinces méridionales. Mais il est très vraisemblable qu'on parviendroit insensiblement à l'acclimater dans le nord de la France, par des semis répétés et progressifs, tels qu'ont été ceux du mûrier. Sa culture ne présente pas plus de difficulté que celle de l'amandier. En Sicile, les habitans emploient des moyens artificiels pour rendre féconds les pistachiers femelles qui sont trop éloignés des mâles; ils cueillent les fleurs de ceux-ci au moment où elles sont prêtes à s'ouvrir, et les mettent dans un vase environné de terre mouillée, qu'ils suspendent à une branche du pistachier femelle; ou bien ils enferment ces fleurs dans un petit sac pour les faire sécher, et ils en répandent ensuite la poussière sur les individus femelles.

Le pistachier térébinthe est originaire de l'île de Chio, et se trouve aussi dans quelques contrées méridionales de la France. On l'appelle quelquefois *pistachier sauvage*. C'est un arbre très résineux, dont l'écorce est épaisse et cendrée et le bois fort dur. Il a des feuilles simples, alternes, ailées avec impaire, à folioles entières et presque opposées sur deux, trois ou quatre rangs. Ses fleurs, qui sont axillaires, naissent au sommet des petites branches sur des pédoncules rameux. Ses fruits, d'un vert bleuâtre, sont disposés en grappes; on les sale et on les marine pour en manger plus long-temps; ils ont une saveur un peu acide et un peu styptique.

Ce pistachier perd ses feuilles en hiver et vit très long-temps. Il seroit avantageux et peut-être facile de le multiplier dans nos départemens du midi; mais je doute qu'il donne en France la même quantité de suc résineux qu'on en retire dans l'île de

Chio. Il croît dans les lieux arides, dans les terrains pierreux, et même entre les rochers.

Les deux autres espèces utiles dont il me reste à parler sont le PISTACHIER LENTISQUE, ou le LENTISQUE, *Pistacia lentiscus*, L. , et le PISTACHIER ATLANTIQUE, *Pistacia atlantica*, Desf. Le lentisque est un arbre toujours vert, et qui ne s'élève qu'à une médiocre hauteur. Il a une écorce ridée et tuberculeuse. Ses rameaux sont tortueux et nombreux; ses feuilles ailées sans impaire; et ses fleurs disposées en grappes axillaires plus ou moins longues et lâches. Il fleurit au premier printemps. Son fruit est une espèce de baie, d'abord rouge, ensuite de couleur fauve, renfermant une noix presque ronde; il mûrit en automne. Quoique cet arbre ne perde point ses feuilles, il est trop délicat pour figurer dans nos bosquets d'hiver. Son bois est sec, difficile à rompre, pesant, gris en dehors, blanc en dedans, d'un goût astringent. Il ressemble beaucoup au gènevrier pour ses principes et ses propriétés.

On trouve le lentisque en Provence, en Italie, dans l'île de Chio et en Barbarie. Dans ce dernier pays, dit M. Desfontaines, à peine est-il résineux; mais son bois, en brûlant, répand une odeur aromatique; et on tire de ses baies une huile bonne à brûler et à manger. Dans l'île de Chio il fournit, par incision, un suc appelé *mastic*, qui nous est envoyé sous la forme de petits grains. Ce suc est concret, transparent, et d'un blanc-jaunâtre; il s'amollit sous la dent; il est inflammable, soluble dans l'esprit-de-vin, insoluble dans l'eau, d'une saveur médiocrement âcre, et d'une odeur aromatique douce. Les Orientaux, les Turcs sur-tout, mâchent continuellement du mastic pour rendre leur haleine agréable. Chez nous il est employé en médecine.

Le pistachier atlantique est un arbre de la seconde grandeur qui, par la disposition de ses rameaux, offre une tête épaissie, très large et presque ronde. Ses feuilles sont caduques, ailées avec impaire, et composées de sept à neuf folioles. Ses fleurs mâles forment des thyrses au sommet des rameaux; les femelles viennent en grappes lâches. Le fruit qui leur succède est un petit drupe charnu, arrondi, jaune avant sa maturité, bleuâtre après; il renferme une noix presque ronde. Les Maures le nomment *tum*, et le mangent avec des dattes. Sa saveur est un peu acide.

Ce pistachier croît naturellement en Barbarie, dans les lieux sablonneux et arides. On en voit plusieurs disposés par ordre dans les champs, ce qui annonce qu'ils étoient autrefois cultivés. Il seroit peut-être possible de naturaliser cet arbre dans les parties les plus méridionales de l'empire français. De son tronc et de ses rameaux il découle, en divers temps, et principalement en été, un suc résineux qui durcit à l'air, et qui est d'un jaune pâle et d'une odeur et saveur assez agréables. On distingue à peine ce suc du *mastic oriental*. Il se condense en petites lames qui entourent les rameaux, ou en globules irréguliers de forme et de grosseur différentes, et dont quelques uns tombent à terre séparés de l'arbre ; il est recueilli par les Arabes en automne et en hiver ; ils l'emploient aux mêmes usages que le *mastic de Chio*. (D.)

PISTIL. Organe du sexe féminin dans les plantes. Il est composé de l'Ovaire, c'est-à-dire du fruit non encore développé, du Style et du Stigmate. *Voyez* ces mots. Cette dernière partie est celle qui reçoit la poussière fécondante : elle existe donc nécessairement, ainsi que l'ovaire. Le style, qui n'est qu'un tuyau de communication entre les deux autres, peut manquer et manque en effet dans beaucoup de plantes. C'est l'*aiguille*, le *dard* des jardiniers.

Le pistil est entouré des étamines dans les plantes hermaphrodites ; ensuite de la corolle et du calice dans les fleurs complètes, ou de la corolle seule, ou du calice seul dans les fleurs incomplètes. Il n'a point d'épiderme, et est toujours enduit d'une matière visqueuse, qui est le plus souvent du miel.

Pour que la fécondation des germes ait lieu, il faut que le Pollen des Anthères et des Étamines (*voyez* ces trois mots), soit porté sur le stigmate, traverse le style et parvienne aux germes placés au milieu de l'ovaire ; et c'est parceque beaucoup de circonstances dépendantes des étamines, de la situation atmosphérique, et du pistil même contrarient cette opération, que tant de fleurs avortent, *coulent*, comme disent les cultivateurs. *Voyez* Coulure et Fécondation.

Tantôt il n'y a qu'un pistil, tantôt il y en a deux, tantôt quatre, cinq, ou un plus grand nombre, quelquefois plus de cent. En général, lorsqu'il y en a plusieurs, chacun d'eux correspond à un germe; cependant il est des plantes où un seul correspond à plusieurs, et d'autres où plusieurs correspondent à un seul. C'est sur leur nombre que Linnæus a établi les subdivisions de ses classes des plantes, toutes les fois que cela lui a été possible.

Comme je dois entrer aux mots Ovaire et Stigmate, les seules parties, comme je l'ai dit plus haut, qui constituent véritablement le pistil, dans les considérations physiologiques et agricoles qui regardent cet important organe, je ne m'étendrai pas davantage ici. (B.)

PITTE, *Agave*. Genre de plantes de l'hexandrie monogynie, et de la famille des bromeloïdes, qui renferme deux espèces originaires des parties chaudes d'Amérique, et qui, quoiqu'elles ne subsistent en pleine terre que dans les parties les plus méridionales de la France, sont cependant dans le cas d'être citées ici.

L'une est la PITTE proprement dit ou *aloës pitte*, la FURCRÉE de Ventenat; ses feuilles sont lancéolées, piquantes, d'un vert clair, de six pieds de long, de six à huit pouces de large et de trois à quatre lignes d'épaisseur; toutes rapprochées autour du collet de la racine, et divergeant un peu. C'est une plante vivace, sur la floraison de laquelle on a fait beaucoup de contes, parcequ'elle a très rarement lieu dans le climat de Paris, où la chaleur n'est pas assez considérable pour elle, et où on est obligé de la tenir dans la serre pendant l'hiver. Dans son pays natal, on tire de ses feuilles des filamens qui remplacent avantageusement le chanvre pour faire des cordes, des filets, et même de grosses toiles d'emballage.

On multiplie la pitte par les rejetons qu'elle pousse du collet de ses racines, ou par ceux qui naissent en place des fleurs ou à côté des fleurs, lorsque sa tige s'élève, ainsi qu'on a pu le voir il y a quelques années au jardin du Muséum.

La PITTE D'AMÉRIQUE, *Agave Americana*, Lin., a les feuilles légèrement dentelées, plus épaisses, plus courtes, plus épineuses et d'un vert plus foncé que celles de la précédente; mais du reste disposées de même. Elle est aussi originaire des parties chaudes de l'Amérique; mais elle est comme naturalisée dans les parties méridionales de l'Europe, même de la France. Par-tout on l'emploie à faire des haies, ce à quoi elle est très propre par le nombre et le piquant de ses feuilles. Elle fleurit plus fréquemment que la précédente, et donne quelquefois de bonne graine aux environs de Narbonne; cependant c'est de la même manière que la précédente qu'on la multiplie. Les terrains les plus secs, les rochers les plus dégarnis de terre suffisent à la végétation de cette plante, qui vit plus par ses feuilles que par ses racines. Elle fournit également des fils, et même en plus grand nombre que la précédente, mais ils sont plus gros et moins flexibles.

On a vu à Paris, il y a quelques années, une manufacture de sparterie faire avec succès un grand emploi de fils de cette plante, en guides et rênes de voitures, en cordons de montres, de cannes, de sonnettes, de rideaux, de lustres, etc., et tout le monde se louer de leur usage.

C'est à M. Lamouroux, d'Agen, qu'est dû l'exposé des procédés usités en Espagne pour retirer les fils des feuilles de la pitte d'Amérique, qui y est aujourd'hui fort multipliée. Ces procédés varient de trois manières.

1° Les feuilles coupées sont mises entières dans une mare avec de l'eau de mer ou de l'eau de fumier, et y restent quinze jours, après quoi on les fait presque entièrement sécher au soleil, et on pulvérise le mucilage qu'elles contiennent au moyen d'un sérançoir.

2° Au lieu de les mettre entières au rouissoir, on les divise en lanières longitudinales avec la lame d'un couteau, ce qui accélère beaucoup la décomposition du mucilage. Du reste on les traite de même.

3° On enlève avec un couteau l'écorce de la feuille, de manière à mettre à nu les fils et le mucilage ; puis, après que leur masse est desséchée, on la brise sous le sérançoir. Cette dernière méthode donne des fils plus gros, plus cassans, et d'une couleur moins agréable.

M. Lamouroux observe que la seule chaleur de l'eau bouillante lui a paru suffisante pour débarrasser les fils de pitte du mucilage qui les réunit.

Il est à désirer que la culture de cette plante s'étende en France dans toutes les localités du climat qui lui convient, et qui ne sont pas susceptibles de recevoir d'autres plantes plus productives, par exemple, dans les Basses-Corbières près Narbonne. (B.)

PIVETTE. Première pousse des herbes au printemps. Ce mot est employé dans le département des Deux-Sèvres.

PIVOINE, *Pivonia*. Genre de plantes de lapolyandrie digynie, et de la famille des renonculacées, qui réunit une demi-douzaine d'espèces, dont la plupart sont propres à l'ornement des jardins, et dont une y est employée de temps immémorial.

La PIVOINE MALE a une racine tubéreuse, réunie en faisceaux ; des tiges cylindriques, très rameuses, hautes de deux pieds, un peu rougeâtres ; les feuilles alternes pétiolées, plusieurs fois ternées, à folioles lobées, lancéolées, grisâtres ; les fleurs, de trois à quatre pouces de diamètre, d'un beau rouge et solitaires à l'extrémité des rameaux ; les capsules presque droites ; et les semences, d'abord d'un beau rouge écarlate, noires dans leur maturité. Elle est originaire des montagnes des parties méridionales de l'Europe. Je l'ai trouvée abondante sur le mont Baldo. On la cultive dans les jardins pour jouir de l'éclat de ses semences, les capsules s'ouvrant bien avant leur complète maturité ; et aussi pour l'usage de la médecine. Les anciens et les modernes ont vanté, avec exagération sans doute la vertu de ses racines et de ses semences contre les convulsions, l'épilepsie, la paralysie, les vapeurs et autres maladies qui ont leur siège dans les nerfs. On en fait usage en poudre, en conserve, en décoction, en sirop, etc. Son odeur est forte et assoupissante ; c'est la véritable *piœine officinale* de Linnæus, qui a confondu la suivante avec elle, quoiqu'elle soit assez différente pour être regardée comme espèce distincte.

La PIVOINE FEMELLE a les racines peu différentes de celles de la précédente ; les tiges plus hautes et verdâtres ; les feuilles deux fois ternées, à folioles ovales, entières, vertes et glabres ; les capsules recourbées ; les semences d'abord rouges, ensuite d'un beau bleu. Elle croît naturellement dans les parties méridionales de l'Europe et moyennes de l'Asie. C'est elle qu'on cultive dans nos jardins. Ses fleurs s'y sont doublées et variées dans toutes les nuances du rouge et du blanc ; elles se font remarquer par leur grandeur quelquefois de six pouces de diamètre; elles brillent également au milieu d'un parterre ou dans les détours d'un jardin paysager. Leur durée n'est que d'environ quinze jours, mais les fruits prolongent les jouissances, car ils sont d'un effet agréable comme ceux de la précédente. La grosseur de ses fleurs les font toujours pencher sur terre et souvent casser par suite des grands vents ou des pluies d'orage, ce qui oblige de leur donner un tuteur, et par suite nuit à l'élégance de leur port. Les rouges foncées sont les plus communes, les roses pâles les plus belles.

On peut multiplier la pivoine femelle par le semis de ses graines en automne dans une planche exposée au levant et bien préparée ; mais comme le plant qui en provient ne fleurit que la quatrième ou cinquième année au plus tôt, et qu'on n'est pas certain d'avoir des fleurs doubles, on emploie peu ce moyen, quoique le seul propre à fournir de nouvelles variétés. Il suffira par conséquent de dire que si on vouloit l'employer il faudroit préférer la graine des fleurs les plus grosses et les plus doubles, car il arrive fréquemment que, même dans ces dernières, quelques étamines restent fertiles et suffisent à la fécondation plus ou moins parfaite des ovaires. Le plant levé se sarcle et se bine une ou deux fois dans l'année, se repique à deux ans et se met en place à quatre ou cinq.

La voie la plus commune de multiplier les pivoines est celle de la séparation des tubercules des racines, car on est assuré par elle de perpétuer les variétés et on a le plus souvent des fleurs la même année. Cette opération doit se faire en automne, à raison de la précocité de la végétation de cette plante. Souvent lorsqu'on met en terre un tubercule sans yeux, il est un an en terre sans pousser ; aussi doit-on toujours dans ce cas conserver une portion du collet.

Une terre substantielle et bien amendée est celle qui convient le mieux aux pivoines ; mais elles viennent cependant dans tous les terrains, excepté ceux qui sont très aquatiques. Comme elles sont très effritantes, il faut ne pas les laisser plus de cinq à six ans dans la même place, ou renouveler la terre autour d'elles si on veut des fleurs bien nourries. Elles craignent cependant d'être trop tourmentées par la bêche. Toutes les expositions leur sont indifférentes. Si celles qui sont au midi ont leurs fleurs plus éclatantes, celles qui sont au nord les ont plus grosses et de plus longue durée. Les gelées ne leur nuisent en aucun temps. Leur culture consiste en un ou deux binages par an.

On place ordinairement les pivoines dans le milieu des parterres. On en fait aussi des bordures. Elles ne font pas un moins bon effet dans les jardins paysagers lorsqu'on les y distribue avec intelligence dans l'intervalle des arbustes des derniers rangs, au pied des rochers, des fabriques, etc. Par-tout, je le répète, on admire la grosseur et l'éclat de leurs fleurs.

La PIVOINE A FEUILLES MENUES a les racines comme les précédentes ; les tiges droites, simples ; les feuilles deux fois ternées, à folioles linéaires et multifides ; les fleurs solitaires, terminales et rouges. Elle est originaire de Sibérie. On la cultive depuis quelques années dans les jardins de Paris, mais elle n'y est pas encore très commune et n'y a pas encore complètement doublé. Son aspect est plus pittoresque que celui des précédentes, mais il est moins imposant. Elle convient principalement dans les jardins paysagers. (DEC.)

PIVOINE RENONCULE. *Voyez* RENONCULE.

PIVOT. On donne ce nom à la racine des arbres qui est le prolongement du tronc, c'est-à-dire qui s'enfonce en terre perpendiculairement. C'est la radicule grossie.

Il a été remarqué que le pivot étoit d'autant plus gros et plus long que les arbres étoient destinés par la nature à vivre plus long-temps et à présenter plus de prise aux vents, ou à vivre dans des terrains plus sablonneux et plus secs. Le chêne peut être cité comme exemple du premier cas et l'amandier comme exemple du second.

Deux destinations doivent donc être reconnues dans le pivot. La première, et la plus essentielle, d'assurer les arbres contre les efforts des vents qui pourroient les renverser. La seconde de leur fournir les moyens d'aller chercher l'humidité et les sucs qui leur sont nécessaires à une plus grande profondeur.

La plupart des arbres et arbustes, même des plantes, ont un pivot, au moins pendant leur première jeunesse ; on peut le retrancher presque à tous sans les faire mourir.

Rarement un pivot coupé se reproduit ; mais souvent une, deux, trois, etc., des racines qui s'en rapprochent le plus le remplacent, c'est-à-dire s'enfoncent plus perpendiculairement et grossissent davantage que les autres. Lorsque de semblables racines n'existent pas dans les grands arbres, le chêne par exemple, ils ne parviennent jamais à la hauteur et même à la

grosseur que ceux de la même espèce crus dans le même terrain et qui ont conservé leur pivot, et lors même qu'elles existent ces arbres mettent plus de temps que les autres pour arriver au même point.

C'est donc toujours un mal de retrancher le pivot des
arbres qui en sont pourvus ; cependant dans la pratique des
jardins et des pépinières on le coupe constamment et il est
presque impossible de faire autrement.

En effet dans une terre meuble et profonde le pivot d'un
chêne acquiert dès la première année une longueur huit à
dix fois plus considérable que la tige, la seconde douze ou
quinze, et même ordinairement sa croissance ne s'arrête que
lorsqu'il rencontre une argile tenace ou un banc de pierre,
et il offre à peine une douzaine de foibles fibrilles dans toute
cette longueur ; ce n'est que lorsque son extrémité s'est épatée
que ces fibrilles prennent de la force, deviennent de petites
racines. Veut-on transplanter ces jeunes chênes à la seconde
année, il faut donc faire une première excavation de deux
pieds de profondeur au moins pour les arracher, et une seconde semblable pour les remettre en terre. Or quelle dépense ! hé encore si elle avoit un résultat certain ! mais elle
ne peut jamais l'avoir à raison de la petite quantité et de la
petitesse des racines latérales. C'est encore bien pis lorsque les
chênes sont arrivés à cinq, six, huit et dix ans. Une plantation
de cet arbre, pourvu de son pivot, ne réussit donc qu'en très
petite partie ; aussi en fait-on rarement. On doit donc préférer
semer les glands en place, ou planter des chênes privés de leur
pivot.

Pour avoir de tels chênes, c'est-à-dire privés de pivot, on procède de trois manières : 1° on sème les glands dans des terrines
de six pouces de haut, ou dans des planches pavées de tuiles à
la même profondeur, ou dans des champs qui n'ont naturellement que cette épaisseur de terre ; 2° on les fait germer dans du
sable, et avant de les mettre en terre on leur casse la radicule
aux deux tiers de sa longueur ; 3° la première année, ou au
plus tard la seconde, on relève le plant pour le tranplanter en
rigole, après avoir coupé le pivot au-dessous des plus fortes
racines latérales.

Par ce dernier moyen on perd beaucoup de plants ; aussi
n'est-il pratiqué qu'à raison de sa grande économie. Vaudroit
mieux, lorsque cela est possible, et cela l'est toutes les fois que
le gland a été semé en rigole, couper le pivot, au hasard, entre
deux terres au moyen d'une bêche bien tranchante, dès la première année, pour ne le relever que la seconde.

Le pivot arrêté, cassé ou coupé, il se développe beaucoup
de racines latérales qui se fourchent bientôt, qui se garnissent

de chevelus et forment à l'arbre ce qu'on appelle un *bel em-*
patement; aussi dans cet état est-il d'une reprise presque assurée, quand on a d'ailleurs pris les précautions convenables à
toute TRANSPLANTATION. *Voyez* ce mot.

Ce que je dis du chêne s'applique plus ou moins à toute autre
espèce d'arbre.

On peut actuellement prendre un parti dans la grande querelle qui existe entre les cultivateurs théoriciens, qui veulent
toujours conserver le pivot, et les praticiens qui veulent le
couper.

Je pense donc, 1° qu'il faut conserver le pivot toutes les fois
que cela est possible, sans trop augmenter la dépense des
déplantations et replantations, sur-tout quand il s'agit d'arbres
forestiers et fruitiers destinés à rester isolés, c'est-à-dire exposés à toute la fureur des tempêtes; 2° qu'il faut semer en
place toutes les forêts, sur-tout celles de chêne, tant par cette
cause, que parceque les racines des arbres qu'on y emploiera
se gêneront moins, et qu'elles subsisteront plus long-temps.
Quant aux arbres fruitiers ou aux arbres d'agrément, encore
moins aux arbustes qui doivent être plantés dans des jardins,
ou des vergers abrités par des haies, des murs, des bâtimens,
des bois, etc., dont la hauteur peut être réglée à volonté,
dont l'existence ne doit pas être prolongée au-delà d'un siècle,
ils peuvent fort bien se passer de pivot, comme l'expérience
le prouve; ainsi il est permis à un pépiniériste de se livrer avec
sécurité aux opérations propres à diminuer ses dépenses de
plantation et de replantation, et à assurer la reprise de ses
arbres, en le supprimant au moment du semis des graines,
ou à sa première transplantation.

J'ai dit plus haut qu'il se formoit souvent naturellement
une ou plusieurs racines qui remplaçoient jusqu'à un certain
point le pivot. Il est toujours, ou presque toujours possible
d'influer sur sa formation. En effet, il suffit de diriger, au
moment de la plantation, une ou deux des racines les plus
fortes et les plus voisines de la perpendiculaire, exactement
dans la ligne de cette perpendiculaire. J'ai fait faire sous mes
yeux cette opération un grand nombre de fois, et je la recommande, sur-tout pour les arbres qu'on plante sur la lisière des
propriétés, ou en avenue. Si les cultivateurs des pays à cidre
la pratiquoient, ils verroient moins souvent leurs arbres renversés par les orages, et éprouveroient par conséquent moins
de pertes de cette sorte, pertes qui quelquefois diminuent du
quart, même de la moitié, et pour trente ans, la valeur d'une
ferme, et les racines de ces arbres, moins traçantes, nui-
roient peu aux récoltes des céréales et autres cultures qui les
avoisinent.

Outre les chênes qu'on ne peut transplanter avec certitude de succès lorsqu'ils sont pourvus de pivot, sur-tout au-delà de trois ou quatre ans d'âge, ce qui empêche qu'on les place en avenue, sur les routes, etc., aussi souvent qu'il seroit bon de le faire, il faut encore citer les arbres verts, surtout les pins et les sapins. En effet, le but de la culture qu'on leur donne dans les pépinières est uniquement de substituer à leur pivot le plus grand nombre possible de racines fibreuses. Pour cela, on les transplante tous les ans pendant leur première jeunesse, c'est-à-dire trois ou quatre fois au moins : plus ils ont été transplantés et plus leur reprise est assurée. *Voyez* aux mots PIN et SAPIN.

Voyez aussi le mot ARTICHAUT, où il a été émis quelques idées particulières sur les avantages et les inconvéniens du pivot. (B.)

PIVRE. Maladie des pommes de terre qu'on appelle FRISEE aux environs de Lyon. *Voyez* ce mot et celui POMME DE TERRE.

PLACEMENT D'UN ÉTABLISSEMENT RURAL. ARCH. RURALE. On n'est presque jamais le maître de choisir l'emplacement le plus convenable pour un établissement rural ; on est quelquefois obligé d'y consacrer le seul terrain dont on puisse disposer ; le plus souvent on est réduit à réparer une construction anciennement établie.

Ce n'est donc que dans le cas d'un nouvel établissement, et lorsqu'on est absolument libre de choisir sur un terrain d'une grande étendue, que l'on peut déterminer son emplacement le plus avantageux.

Avant que d'en fixer le choix, il faut étudier le site, la nature du sol, la situation des sources et la direction des vents dominans ; examiner la position des chemins environnans, la situation des terres de l'exploitation et l'éloignement du village ; et après avoir calculé les avantages et les inconvéniens que présenteroit l'établissement dans différentes positions, on se déterminera pour l'emplacement qui, à salubrité égale, offrira au propriétaire la construction la plus économique, et au fermier la moindre perte de temps pour satisfaire à tous les besoins de son ménage et de son exploitation.

D'ailleurs, «on doit, quand on le peut, préférer un terrain en pente douce, afin d'obtenir à volonté l'écoulement des eaux pluviales, sans ravines et à peu de frais, et la conduite des eaux de fumier où l'on voudra ; un terrain où l'on puisse, faute de sources ou d'eaux courantes, faire des puits peu dispendieux et d'un service peu pénible. » M. Garnier Deschesnes; t. 1er des Mém. de la société d'agr. de Paris. (DE PER.)

PLACENTA. Partie du fruit qui donne naissance aux vaisseaux qui portent la nourriture aux semences.

La forme et la position du placenta varient presque dans chaque plante. Il est très rare que les agriculteurs soient dans le cas de le prendre en considération. *Voyez* FRUIT et SEMENCE.

PLAIES, ou PLAYES DES ANIMAUX EN GÉNÉRAL. MÉDECINE VÉTÉRINAIRE. Il entre seulement dans notre plan de présenter en raccourci le tableau des plaies des animaux en général, avec les moyens les plus propres à les guérir.

I. L'on entend par plaie, une solution de continuité faite aux parties molles du corps des animaux par la violence de quelque cause externe.

Sous le nom de parties molles, on doit comprendre, non seulement les enveloppes générales de l'animal et les muscles, mais encore les tendons, les arêtes, les veines, les membranes, etc., etc.

Quoique la plaie consiste dans la séparation ou division des parties molles qui, selon l'ordre naturel, doivent être unies et continues, cependant toute solution de continuité ne constitue pas pour cela une plaie, ou du moins l'on est convenu de ne pas l'appeler de ce nom.

Une solution de continuité est appelée plaie, 1° lorsqu'elle est récente; 2° lorsqu'elle est faite par une cause mécanique; 3° lorsque ce sont les parties molles qui ont été séparées.

Il est des auteurs célèbres qui n'ont pas fait difficulté d'appeler la brûlure du nom de plaie; quoique dans la brûlure l'on n'observe point d'effusion de sang, quoique la cause qui la produit soit physique, ils n'ont considéré la brûlure que comme produit d'une cause qui venoit de l'extérieur, et c'est sous ce point de vue qu'ils ont voulu l'appeler plaie. *Voyez* BRULURE.

II. D'après cette définition, il est clair que la plaie doit être le produit de l'application violente de tout corps capable d'enlever aux parties molles leur intégrité; qu'ainsi un instrument dur et tranchant, pointu ou obtus, poussé cependant de manière qu'il détermine une division des parties molles, sera la cause de la plaie.

III. L'on donne différens noms aux plaies; 1° eu égard à la cause qui les produit, tantôt on l'appelle *coupure*, *incision*, *piqûre*, *plaie obtuse*; 2° la plaie elle-même présente des différences qui font varier sa dénomination; elle est grande ou petite, égale ou inégale, curable ou incurable, mortelle ou non mortelle; 3° à raison de la figure, la plaie est droite ou courbe, oblique ou parallèle; 4° la plaie, respectivement à la partie qu'elle intéresse, est ou simple ou compliquée.

La condition du tempérament de l'animal blessé, sa constitution, son âge, la saison, le pays, etc., toutes ces choses établissent autant de différences des plaies ; différences d'autant plus essentielles, qu'elles dirigent le chirurgien vétérinaire dans le pronostic qu'il doit porter, et dans le traitement qu'il doit suivre.

IV. Les accidens ou affections contre nature, qui surviennent aux parties molles par l'effet de leur division, paroissent avec plus ou moins d'intensité, et sont plus ou moins nombreux et plus ou moins variés.

La lésion des fonctions de la partie blessée dérive nécessairement de cette division ; l'espèce d'instrument, la nature des parties blessées, rendent plus fâcheux ou moins terribles les accidens qui en dépendent. De cette division naissent la tuméfaction, la douleur, la chaleur ; accidens qui sont quelquefois les avant-coureurs d'un autre symptôme consécutif, appelé *suppuration*. Les premiers accidens diminuent et disparoissent enfin à proportion que ce dernier continue ; d'où l'on doit regarder la suppuration comme salutaire et même indispensable pour la guérison de certaines plaies, puisque ce n'est que par elle, et par cette seule voie, que la nature peut procurer la réunion des parties molles ; c'est aussi par l'effet de la même division qu'un accident non moins fâcheux que le précédent, connu sous le nom d'*hémorragie*, a coutume de paroître. *Voyez* HÉMORRAGIE. Elle est plus commune à certaines plaies qu'à d'autres, mais elle est toujours le produit de l'ouverture des vaisseaux sanguins. Cet écoulement sanglant est plus ou moins considérable, à proportion que les vaisseaux ouverts sont plus ou moins nombreux et ont un calibre plus ou moins grand.

V. S'il est aisé de reconnoître des plaies qui n'intéressent que les tégumens, il est souvent très difficile de s'assurer de l'étendue et de la direction de celles qui sont profondes. Pour lors il ne suffit pas que l'artiste vétérinaire ait une entière connoissance anatomique de la partie, il faut encore qu'il sache la position dans laquelle se trouvoit l'animal blessé lorsqu'il a été frappé, la violence avec laquelle le coup a été porté, quel est l'instrument dont on s'est servi ; à l'aide de la vue, de la sonde, il doit tâcher de découvrir la nature des plaies profondes ; et si ces moyens sont insuffisans, la lésion des fonctions des organes qui correspondent à la plaie par les signes qui se manifesteront lui en fera connoître l'étendue.

VI. La nature de la plaie reconnue, le chirurgien vétérinaire peut présager quel sera son évènement ; si elle sera avec danger ou sans danger, si elle sera curable ou incurable, ou mortelle de sa nature.

Une expérience journalière nous apprend que des plaies légères se guérissent plus aisément que celles qui sont graves ;

que la guérison est plus facile chez les animaux sains, qui sont jeunes, que chez les vieux, ou chez ceux qui ont un virus dans le sang, tel que celui de la GALE, du FARCIN, de la MORVE, etc. (*voyez* ces mots), ou chez ceux en un mot qui ont une mauvaise constitution ; que le printemps, l'automne, sont plus favorables à l'heureuse terminaison des plaies que l'été ou l'hiver ; qu'un air pur et sain accélère leur cicatrice, tandis qu'un air corrompu les fait dégénérer et les rend rebelles à guérir.

En général, la même expérience nous apprend que les plaies qui ne sont point accompagnées de symptômes graves, tels qu'une hémorragie abondante, des douleurs vives, des convulsions, de la fièvre, de l'inflammation, se guérissent plus tôt et plus facilement que lorsque ces symptômes les accompagnent. L'attention que l'artiste fera à l'état où se trouve la plaie ne contribuera pas peu à en régler le pronostic.

VII. Les plaies simples n'étant qu'une solution de continuité, la première indication à remplir qui se présente est la réunion de ces mêmes parties qui ont été séparées. Comme elles diffèrent entre elles, qu'il y en a qui sont très légères, d'autres qui sont graves, les vues de curation ne sauroient être les mêmes.

Les plaies qui sont légères se guérissent le plus souvent sans le secours de l'art ; ou bien l'application d'un emplâtre, d'un plumasseau imbibé de quelque baume, suffit pour favoriser la réunion. Ce plan de traitement simple ne sauroit toujours convenir aux plaies où il se rencontre une perte de substance, ni à celles où il y a une contusion, ou qui sont accompagnées de symptômes fâcheux.

Dans le traitement des plaies graves l'artiste doit s'occuper en premier lieu de la nature de la plaie, prévenir ou calmer les accidens ; 2° enlever tous les corps étrangers, procurer et entretenir la suppuration ; 3° favoriser la consolidation de la cicatrice. Il est cependant des cas où il est à propos de renvoyer l'extraction du corps étranger, ou d'en remettre le soin à la nature : pour lors l'artiste ne s'occupera que de panser la plaie, et de remédier aux accidens qui l'accompagnent.

Lorsqu'il est assuré que la plaie est propre, il doit rapprocher ses bords s'ils sont écartés, et les contenir ; il parviendra à ces fins au moyen de la situation des parties et des bandages qui peuvent y convenir. Il observera de serrer suffisamment pour arrêter l'hémorragie, mais non pas au point d'intercepter la circulation. Les sutures lui offrent encore un moyen très avantageux pour accélérer la guérison, qu'il seroit trop long de détailler.

Tous ces moyens de curation ne guérissent pas seuls les

plaies ; cet ouvrage n'est pas au pouvoir de l'artiste, il appartient en bonne partie à la nature ; c'est elle qui détermine, qui fait la consolidation des plaies et qui les cicatrise. L'artiste vétérinaire la met seulement à même d'opérer cette union, en écartant tout ce qui peut s'opposer à son travail : il l'excite, la ranime lorsqu'elle paroît languir ; le moyen dont elle se sert est la partie muqueuse des humeurs de l'animal, qui aborde dans la plaie, qui l'abreuve et la réunit ; la présence de cette humeur, ses qualités, doivent régler la conduite de l'artiste.

La réunion des plaies étant l'effet de la présence du suc nourricier, il s'agit de seconder la nature dans cette excrétion : or, l'expérience nous apprend que, si la suppuration languit, nous devons employer les stimulans propres à réveiller l'abord du mucus ; pour lors les suppuratifs sont très propres à remplir cette indication ; si au contraire la suppuration est trop abondante, pour lors on doit tâcher de faire une révulsion avantageuse en employant les remèdes généraux, tels que les suppuratifs internes, les diurétiques, et se contenter de panser la plaie à sec avec de la charpie seulement, ou avec des étoupes sèches, ou enfin avec de la vieille corde réduite en charpie. Si le pus pèche par sa qualité, on tâche d'y remédier, soit par l'usage des remèdes internes, soit par différens topiques ; en un mot, on tâche d'éloigner tous les obstacles qui pourroient s'opposer à la marche heureuse de la nature.

Lorsque la nature conduit les plaies à une cicatrice heureuse, on peut l'aider dans ce travail ; si l'on observe, par exemple, que la cicatrice soit trop molle, l'application des astringens, des absorbans, ou de la charpie sèche, est très avantageuse ; ces moyens suffisent pour dissiper l'humidité surabondante.

Outre les secours déjà proposés, il en est encore d'autres qui sont propres à remédier aux symptômes qui surviennent pendant la durée des plaies ; ces symptômes sont l'hémorragie, l'inflammation, la malpropreté de la plaie, etc. Par l'usage des styptiques, de la simple charpie, on remédie au premier ; une diète convenable, la saignée faite à propos, combattent l'inflammation : les décoctions vulnéraires, détersives, employées sous une forme de douche ou de lotion, rendent aux plaies leur propreté ; les cautérisans, le feu, détruisent les chairs fongueuses. *Voyez* CAUTÈRE ACTUEL, FEU.

Quant à l'ordre qu'il faut observer dans le pansement des plaies, *consultez* l'article PANSEMENT DES ANIMAUX. (R.)

PLAIES DES ARBRES. On donne ce nom à toute lésion désorganisatrice du corps d'un arbre, quelque peu profonde qu'elle soit, ainsi qu'à toute amputation ou rupture de branches, de feuilles, de fleurs ou de fruits.

Dans l'etat naturel les arbres sont peu sujets aux plaies. Les plus considérables qu'ils éprouvent sont l'effet de la chute de la foudre ou la suite des vents violens qui en cassent les branches et même le tronc. Ceux produits par la dent des quadrupèdes ou le bec des oiseaux, ou les mandibules des insectes, ont rarement des inconvéniens graves.

C'est l'homme qui sous ce rapport leur cause le plus de dommage. C'est son insouciance ou son ignorance qui couvre les arbres des grandes routes, des promenades publiques, des vergers, des jardins, de si hideuses plaies.

Les plaies des arbres doivent être divisées en deux sortes. Les unes qui portent sur le bois, les autres qui n'influent que sur l'écorce. Les premières sont réellement incurables, puisqu'il reste toujours entre la surface de la section et le nouveau bois une solution de continuité ; les secondes se ferment avec une grande facilité. *Voyez* Liber.

Quoiqu'une meurtrissure de l'écorce ne paroisse pas toujours d'abord donner lieu à une plaie, cependant il est rare que la portion meurtrie de cette écorce ne meure pas, et par conséquent il s'en produit presque toujours une dans ce cas. Il en est de même lorsqu'une forte gelée ou un violent coup de soleil a désorganisé l'écorce.

Lorsqu'un coup de hache a enlevé une portion d'écorce et de bois d'un arbre, il se forme plus ou moins promptement, selon la saison, un bourrelet autour de la plaie. *Voyez* au mot Bourrelet. Bientôt ce bourrelet, grossissant du côté du bois beaucoup plus que du côté extérieur, remplit le vide, et au bout d'une, deux, trois ou un plus grand nombre d'années, selon la grandeur de la plaie, l'espèce de l'arbre, son âge, etc. ; ce vide se trouve rempli ; il ne paroît à l'extérieur aucune trace de la plaie, quoique, comme je l'ai dit plus haut, il n'y ait pas union effective entre l'ancien et le nouveau bois. *Voyez* au mot Bois. Il en est de même dans toutes les plaies produites par l'amputation d'une branche ou portion de branche.

Quand on a enlevé, par quelque moyen que ce soit, une portion d'écorce et de Liber (*voyez* ce mot), à un arbre, les choses se passent de la même manière, excepté que le bourrelet ne fait que s'étendre sur la plaie, et que le Cambium (*voyez* ce mot) qui le forme trouve quelquefois moyen d'y adhérer, ce qui fait que dans ce cas il n'y a pas toujours solution complète de continuité.

Enfin, lorsque les couches corticales seules sont entamées la plaie ne se remplit pas, mais aussi elle n'a aucune influence nuisible sur la croissance de l'arbre, et elle disparoît, après un temps plus ou moins long, par suite de l'élargissement des

mailles de l'Ecorce. *Voyez* ce mot et le mot Couches corticales.

L'expérience a prouvé qu'une mollesse permanente étoit la
circonstance la plus favorable à la guérison des plaies des arbres; aussi les plaies tournées au nord se guérissent-elles plus
promptement que celles tournées au midi : or, il n'y a que
deux moyens d'obtenir cette mollesse, 1° en humectant à chaque instant leurs bords; 2° en empêchant l'humidité que leur
porte la sève de s'évaporer. Le premier de ces moyens est impraticable en grand et d'une difficile exécution en petit. Le
second s'exécute aisément en privant la plaie du contact de l'air
par l'application d'un emplâtre quelconque.

On trouve dans les livres des recettes sans nombre pour composer des emplâtres propres à accélérer la guérison des plaies
des arbres. Le moins coûteux, le plus simple et le meilleur
pour les cas ordinaires est certainement l'Onguent de Saint-
Fiacre. *Voyez* ce mot. J'ai indiqué au mot Englumen ceux
qui doivent être préférés dans les cas plus importans.

J'ai personnellement observé que dans les plaies qui ont été
abandonnées à la nature et qui se fermentavec lenteur, on obtenoit une accélération notable, dans leur guérison, en fendant
légèrement l'écorce du bourrelet dans le sens du pourtour de
la plaie, encore mieux, en enlevant avec ménagement l'écorce
de ce pourtour. Par ces opérations on facilite l'expansion du
tissu cellulaire, et par suite l'affluence du cambium, ce qui
opère l'effet indiqué.

On accélère encore la guérison d'une plaie en unissant ses
bords, et si elle est la suite de la coupe d'une branche en unissant toute son étendue. Il faut toujours enlever toute la partie
morte de l'écorce et ensuite faire la même chose, lorsque
la plaie est la suite d'une meurtrissure, d'une forte gelée, ou
d'un coup de soleil.

Les plaies des arbres à bois mou, ou de ceux qui n'ont pas
d'aubier apparent, se cicatrisent plus promptement que celles
des arbres à bois dur. Celles du chêne demandent un temps
considérable pour se guérir.

Les plaies ne restent pas toujours simples, leurs suites sont
souvent la carie sèche ou humide, et quelquefois la mort de
l'arbre (*voyez* Carie, Gouttière, Pourriture); mais les
chances de ces accidens sont de beaucoup diminuées par l'usage
des emplâtres ou englumens indiqués plus haut, c'est pourquoi il faut toujours en user lorsqu'on veut conserver sains
des arbres précieux.

Si la plaie se ferme avant que la carie ait fait des progrès,
il arrive souvent qu'elle s'arrête, mais le bois ne se rétablit
jamais. Lorsque bien des années après on le débite, elle se

fait voir et nuit souvent beaucoup à l'emploi des bois dans la menuiserie et la charpente.

Si au contraire la carie gagne rapidement le cœur de l'arbre, s'il se fait un trou, la plaie ne se referme plus, et le bourrelet, après s'être accru jusqu'à un certain point, reste stationnaire autour de ce trou.

La suite des plaies faites à tous les arbres, même à toutes les plantes qui ont des Sucs propres (*voyez* ce mot), est l'extravasion de ce suc. Ainsi chaque fois qu'on blesse un amandier, un cerisier, il flue de la gomme; chaque fois qu'on entaille un pin, un sapin, un mélèze, il découle de la résine. C'est sur cette propriété que sont fondées les opérations par lesquelles on exploite la plupart des gommes, des résines et des sucs intermédiaires.

La sève des arbres, lorsqu'elle est en activité, coule aussi par les plaies qu'on leur fait, et se perd par conséquent. Il en résulte que tel arbre que la grêle ou des blessures multipliées ont couvert de plaies cesse de végéter avec la même vigueur, s'affoiblit au point de ne pouvoir pas amener ses fleurs à bien, ses fruits à maturité, de périr même quelquefois. Ils sont donc bien imprudens ces jardiniers qui taillent à outrance leurs arbres pendant la force de la sève, qui les ébourgeonnent trop tôt ou trop rigoureusement, etc. *Voyez* au mot Taille et au mot Ébourgeonnement. (B.)

PLAN, ou dessin figuré sur le papier, d'un bâtiment, d'un parc, d'un jardin, d'une promenade, d'une réparation le long d'une rivière, etc. Les plans coûtent peu à tracer; tout homme s'ingère d'en donner, et un très petit nombre de personnes est en état d'en présenter de bons. Je ne parle pas seulement ici de la disposition des jardins, qui doit être uniquement décidée d'après la disposition des lieux, la variété des sols et l'effet qu'on veut produire; mais du placement des bâtimens destinés à loger le maître, à placer les écuries et autres dépendances. Un plan mis en pratique n'est parfait qu'autant qu'au moins de frais possible il réunit un plus grand nombre d'aisances dans tous les genres, et on ne les trouve jamais lorsque le jardin ou les bâtimens sont faits de pièces ou de morceaux. Il est inutile d'entrer ici dans de plus grands détails. *Voyez* Jardin et Constructions rurales. (R.)

PLANCHE. Ce mot a plusieurs significations en agriculture. On dit *laboureur en planche*, c'est-à-dire former des parallélogrammes très allongés, proportion gardée avec leur largeur. La planche de labourage, qui dans quelques endroits est désignée par le mot impropre de *sillon*, est composée d'un plus ou moins grand nombre de sillons proprement dits, c'est-à-dire de raies ouvertes par la charrue. Quelques unes ont vingt sillons de largeur ; d'autres quinze, douze, huit, six et au moins quatre. *Voyez* BILLON. Le besoin, et plus souvent encore la coutume, ont consacré sur les lieux le nombre des sillons à la manière de les bomber.

Les jardins seront distribués par carrés, et les carrés divisés en planches. La longueur de celle-ci dépend de l'étendue du carreau ; mais en bonne règle sa grandeur ne doit pas excéder quatre à cinq pieds, afin que la personne supposée placée dans le sentier qui la borde puisse facilement atteindre jusqu'à son milieu, en étendant le bras, soit pour en serfouir la terre, soit pour en arracher les mauvaises herbes, etc. (R.)

PLANCHES DE BOIS. Parties de bois très longues, larges de plusieurs pouces, et épaisses d'un pouce au plus, qu'on enlève aux troncs abattus des arbres de haute futaie au moyen de la scie, et dont l'emploi est fréquent dans la bâtisse et l'économie rurale.

Les diverses espèces de bois ayant des qualités différentes, les planches qu'ils fournissent sont chacune propres à des usages distincts. Ainsi celles du chêne sont plus dures, plus durables ; celles du noyer plus susceptibles du poli ; celles du peuplier plus légères, etc. Il est donc important que les cultivateurs réfléchissent sur l'objet qu'ils se proposent en employant des planches, afin de choisir celles qui rempliront le mieux cet objet.

Comme j'ai eu soin de parler des qualités des bois à chacun des articles qui leur sont consacrés, et que j'ai donné une idée générale de ces qualités au mot BOIS, je me crois dispensé de m'étendre davantage sur ce qui les regarde.

Une observation, qu'il est cependant bon de rappeler ici, c'est que tous les bois dont on fait des planches en Europe sont susceptibles de diminuer de volume par leur dessiccation, de faire ce qu'on appelle retraite. De là la nécessité de n'employer les planches, dans tous les cas où elles doivent être assemblées les unes avec les autres, que lorsqu'elles sont parfaitement sèches, c'est-à-dire plusieurs années après la coupe de l'arbre qui les fournit. C'est pour ne pas faire assez attention à cette circonstance que tant de cultivateurs ont des meubles ou des ustensiles de peu de durée ou d'un mauvais service. De plus, quelques uns de ces bois sont susceptibles de se contourner, de se courber, de se déjeter dans la même circonstance, ou même seulement après qu'ils ont été mouillés. Il faut donc aussi prendre garde à cette considération dans l'emploi de ces planches. (B.)

PLANÇON ou PLANTARD. Grosses branches de saule, de peuplier ou d'osier qu'on met en terre dans un trou fait au moyen d'un pieu ou d'un morceau de fer conique enfoncé à coups de maillet. Cet instrument se nomme *aiguille*, *pal*, *barre*, *lanière*.

Cette méthode de multiplier les arbres à bois tendre est généralement pratiquée par les cultivateurs ; cependant elle n'a qu'un seul avantage, c'est de fournir des boutures (car les plançons en sont de véritables) susceptibles de se défendre, c'est-à-dire de ne pouvoir être renversées, ou d'avoir les feuilles mangées par les bestiaux ; sous tous les autres rapports elle est désavantageuse et contre les principes d'une saine théorie.

En effet, si on compare les produits d'une pépinière de trois ans, produits résultant d'une plantation de boutures au-dessous, de la grosseur du petit doigt, c'est-à-dire de bois de l'année avec ceux d'une plantation de plançons gros comme le bras, ou d'un bois de quatre ans, pour voir combien les premiers sont préférables, étant plus vigoureux, plus pourvus de branches, et augmentant tous les ans en grosseur dans une beaucoup plus rapide progression. Je voudrois donc qu'au lieu de planter des plançons, les propriétaires établissent des pépinières où ils élèveroient des saules, des peupliers et autres arbres, et où ils trouveroient des sujets défensables bien enracinés pour regarnir leurs plantations et en faire de nouvelles.

Mais comme on n'abandonnera pas tout de suite, malgré cette observation, la méthode des plantations par plançons, il convient d'indiquer les autres inconvéniens résultant de la manière actuelle de les faire exécuter.

Lorsqu'on enfonce un pieu dans la terre, il ne peut faire un trou qu'en comprimant la terre autour de lui dans une proportion d'autant plus forte qu'il est plus gros, et que la terre est plus compacte par sa nature. Or, les racines, ou mieux, les suçoirs encore foibles, encore en petit nombre, qui sortent de l'écorce de la partie du plançon qui est en terre, pouvant difficilement pénétrer dans cette terre, jouissant moins du bénéfice des pluies dont l'eau n'arrive qu'en petite quantité jusqu'à elles, périssent pour ainsi dire avant de naître, en partie ou en totalité ; de là la foiblesse, de là la mort d'un si grand nombre de plançons, sur-tout dans les terres argileuses. Il est donc avantageux de substituer aux trous faits avec des pieux des trous faits avec la bêche, et dont la terre sera par conséquent bien ameublie. On objectera sans doute que ces trous seront beaucoup plus coûteux, que les plançons y seront moins fermement assujettis contre les efforts des vents, les frottemens des bestiaux, les entreprises des voleurs ; aussi je regarde les plançons, ainsi que je l'ai déjà dit, comme sujets à plus d'inconvéniens que les plantations ; mais il n'en reste pas moins vrai que ceux qui sont placés dans une terre meuble réussissent plus certainement, et profitent mieux que ceux entourés d'une terre tassée ou endurcie.

Par-tout on coupe la tête des plançons de saules, mais le raisonnement et l'expérience prouvent que si on leur laissoit deux ou trois grosses branches garnies de quelques boutons dans leur partie supérieure, on assureroit et on accélèreroit leur reprise. En effet, il faut que la sève fasse de grands efforts pour créer ou développer de nouveaux boutons sous l'écorce du plançon, qu'elle en fasse d'autres pour leur faire percer cette écorce (fort épaisse dans le saule) pour faire prendre aux bourgeons une direction voisine de la verticale lorsqu'ils sont sortis sous une direction voisine de l'horizontale. Que de temps perdu, aussi que de plançons qui ne poussent qu'à la sève d'automne, qui périssent même après avoir fait de premiers efforts et par suite même de ces efforts.

La pratique ordinaire est de couper triangulairement et en pointe l'extrémité des plançons, et cette pratique est bonne en ce que c'est le long de ces triangles que sortent les premiers suçoirs, et que les racines qu'ils donnent fixent plus régulièrement l'arbre.

On ne doit pas ébourgeonner les plançons, comme on ne le fait que trop communément, parceque les arbres vivant autant par leurs feuilles que par leurs racines, les progrès de ces dernières en seroient retardés. Au plus doit-on supprimer ceux de ces bourgeons qui sont dans la partie inférieure, et qui poussent beaucoup plus vigoureusement que les autres. Pendant l'hiver de la première année on coupe, à quelques lignes du tronc, toutes les brindilles qu'on ne veut pas conserver, et au printemps suivant on supprime sans miséricorde tous les nouveaux bourgeons qui se développent.

C'est en automne, dans les terrains frais, et au printemps, dans les terrains secs, qu'il faut mettre en terre les plançons parceque dans le premier cas les suçoirs se disposent à percer pendant l'hiver, et que dans le second cas la sève contenue dans la tige s'évaporeroit en pure perte. Le moment où la sève commence à s'émouvoir est l'instant préférable dans ces derniers ; en conséquence on y laisse les plançons sur l'arbre, ou on les met dans l'eau pour l'attendre. (B.)

PLANE. *Voyez* PLATANE et ÉRABLE.

PLANÈRE, *Planera*. Genre de plantes de la monœcie, qui renferme deux arbres qu'on cultive dans les jardins des environs de Paris.

L'un le PLANÈRE DE RICHARD, est originaire des bords de la mer Caspienne ; ses feuilles sont ovales et obtusément dentées. On l'a long-temps appelé l'*orme polygame*, à raison de ses rapports avec cet arbre. Il s'élève fort haut.

L'autre, le PLANÈRE DE GMELIN, originaire de la Caroline, dont les feuilles sont ovales, aigues et dentées en scie. Il s'élève moins que le précédent.

Le premier ne craint point les gelées du climat de Paris. On le greffe sur l'orme avec beaucoup de facilité.

Le second a besoin d'être conservé en serre ou sous une bache, et ne peut se multiplier que de marcottes.

Ces deux arbres, et particulièrement le second, que j'ai observé en Caroline, ont le bois très liant et très dur. Ils peuvent être avantageusement employés au charronnage ; mais ils ne concoureront jamais beaucoup à l'embellissement des jardins, n'étant remarquables ni par leurs fleurs ni par leurs fruits. (B.)

PLANT. Les pépiniéristes donnent ce nom aux jeunes arbres et aux jeunes plantes qu'ils enlèvent du lieu où ils ont été semés pour les replanter ailleurs. Ainsi on dit du plant d'épine, du plant d'acacia, du plant de tulipier, du plant de chou, du plant d'œillet, etc. Il est quelques espèces d'arbres dont le plant porte un nom particulier. Celui de l'orme s'appelle de l'*ormille*, celui de mûrier de la *pourrette*.

L'âge auquel du plant cesse d'être du plant n'est pas fixe ; aussi abuse-t-on beaucoup de cette dénomination. En général c'est à un, deux, trois mois pour les plantes à un, deux et trois ans pour les arbres ; cependant des épines arrachées dans les forêts s'appellent encore du plant, quoiqu'elles aient souvent cinq à six ans et plus.

L'acception de ce mot change quand il s'agit de la vigne. Dans quelques endroits ce sont ses boutures où ses marcottes déjà enracinées, dans d'autres ce sont ses variétés auxquelles on l'applique. Souvent, comme dans la ci-devant Bourgogne, ces deux acceptions sont également reçues. Ainsi à Beaune on dit : voilà deux milliers de plant destiné à une nouvelle vigne dans tel lieu ; mon vignoble n'est plus composé que de plant de pineau franc ; j'en ai fait arracher tout le plant de gamé. *Voyez* au mot VIGNE.

On trouvera au mot SEMIS les notions générales sur la manière de se procurer du plant dans les jardins et pépinières, et à l'article de chaque plante celle de ces notions qui la concerne en particulier. Ici je dirai seulement que du beau plant n'est pas toujours du bon plant ; car on peut le rendre beau en semant les graines dans une terre très fertile ou très fumée, ou arrosé à outrance pendant les chaleurs de l'été, et ce plant, transporté dans un sol moins bon et moins arrosé, dépérira et finira par mourir. Un cultivateur éclairé doit donc toujours comparer son terrain avec celui d'où il est dans l'intention de tirer son plant avant d'en faire l'acquisition. S'il veut établir une pépinière il doit donc la placer dans un fond de médiocre qualité et sur-tout peu humide.

La manière d'arracher le plant n'est point indifférente. Beaucoup de pépiniéristes après l'avoir fortement arrosé tirent à la main le plus beau, ce qui permet à celui qui reste de venir beau à son tour ; mais par ce moyen on casse souvent nombre de pieds au collet des racines.

Pour arracher convenablement du plant il faut faire une tranchée à la tête de la planche où il se trouve, et l'approfondir assez pour qu'on puisse voir l'extrémité de ses racines. Le plus petit, celui qui n'est pas propre à être planté en pépinière, est mis de côté et planté en jauge ou en rigole, c'est-à-dire près à près, dans des petites tranchées régulièrement espacées, *Voyez* aux mots JAUGE et RIGOLE.

Presque tous les jardiniers et les pépiniéristes habillent le plant qu'ils replantent, c'est-à-dire qu'ils coupent une partie de ses racines et une partie de sa tige. Cette pratique absurde au premier coup d'œil, et qui a excité l'indignation de quelques écrivains, est cependant fondée sur l'expérience, et on ne peut l'abandonner dans les grandes plantations.

Voici les principes :

Plus un arbre a de racines et plus il végète avec force ; mais il faut que ces racines aient la direction qui leur est naturelle ; car lorsqu'elles sont en zigzag, ou contournées, ou relevées, ou toutes rassemblées d'un seul côté, elles ne peuvent ni puiser la sève dans la terre, ni la transmettre au tronc, ou elles le peuvent difficilement ; or, pour disposer les racines d'un seul pied de plant comme elles l'étoient avant qu'il fût arraché, il faut un fort long temps, et encore n'est-on jamais certain d'avoir réussi. A quelle énorme dépense entraîneroient donc de grandes plantations ! Et qui, malgré cette dépense, pourroit être assuré que les ouvriers employés opèreroient toujours bien ? C'est ici que l'expérience a prouvé qu'un mal en évitoit un plus grand. En effet, il a été constaté qu'un arbre dont les racines avoient été coupées reprenoit d'abord plus sûrement et croissoit ensuite mieux que celui dont les racines avoient été mal disposées. Or, elles le sont toujours mal lorsqu'on opère avec rapidité, et on ne peut s'empêcher d'opérer avec rapidité dans les grandes plantations. On a donc dû couper les racines, et on l'a fait.

Mais jusqu'à quel point faut-il couper les racines ? Les jardiniers ou pépiniéristes qui n'en laissent presque point ont-ils raison ? Ce que je viens de dire répond à cette question. Tout plant ou tout arbre jeune ou vieux, auquel on attache beaucoup d'importance et pour lequel on ne regarde pas à la dépense, sera planté avec toutes ses racines saines, c'est-à-dire qu'on ne coupera que celles qui sont pourries en totalité, que l'extrémité de celles qui le seront en partie, ou qui par leur grosseur annonceroient plus de vigueur que les autres. (Il faut pour qu'un arbre isolé vienne bien que toutes ses racines soient de même force.) Tout arbre commun dont la reprise est difficile, le chêne par exemple, n'aura que le moins possible de ses racines coupées, c'est-à-dire qu'on ne les raccourcira qu'autant qu'il faudra pour qu'on puisse les mettre en terre convenablement et rapidement. Enfin tout arbre dont la reprise est aisée, principalement celui qui vient de bouture, peut avoir les racines raccourcies sans danger.

C'est au cultivateur qui est dans le cas d'opérer par lui-même de faire actuellement l'application de ces principes; car cette application doit varier et varie en effet autant qu'il y a d'espèces d'arbres, de nature de terrain, d'époque de plantation, etc. Les arbres résineux n'y sont pas soumis; ils ne souffrent jamais la mutilation de leurs racines.

Je n'ai parlé jusqu'ici que des racines en général. Il en est cependant une qui se trouve dans une catégorie particulière et qui a donné lieu à de grandes divergences d'opinions entre les praticiens et les théoriciens, c'est le Pivot. Je me réserve de développer à l'article qui le concerne ma manière de voir à son égard.

Quelquefois on met des arbres d'une reprise difficile, principalement des arbres verts, dans des petits pots ou dans des mannequins d'osier, et on enterre ces pots et ces mannequins. Les arbres croissent, une partie de leurs racines débordent le pot, passent à travers les mailles du mannequin; mais le reste remplit leur capacité. L'année suivante on peut les transplanter en cassant le pot, en coupant le mannequin, avec certitude de reprise. Ces moyens s'emploient fréquemment dans les pépinières des environs de Paris. L'augmentation de dépenses qui en est la suite est presque nulle, puisque les pots et les mannequins sont au plus de la valeur d'un à deux sous.

Actuellement il faut passer à la coupe du tronc ou des branches principales du plant que l'on plante.

Tout arbre a le tronc et les branches proportionnés à l'étendue de ses racines. C'est une loi générale, mais qui varie selon chaque espèce. Elle est fondée sur ce que les feuilles concourent autant que les racines à la nourriture des végétaux. Chaque fois que cet équilibre est rompu par la coupe du tronc, il tend à se rétablir naturellement; aussi voit-on des rejets d'autant plus nombreux et d'autant plus vigoureux sortir de la souche, que les racines sont elles-mêmes plus nombreuses et plus vigoureuses.(Il y a des exceptions, mais elles tiennent à des causes autres que celles dont il est ici question.) Il en est de même pour la reproduction des racines, quand on les coupe entre

deux terres à l'époque de la sève d'août, c'est-à-dire lorsque
les arbres sont garnis de toutes leurs feuilles; mais quand on
arrache les arbres en hiver pour les transplanter, on les met
dans une situation hors de la nature, et il faut raisonner d'après
d'autres principes.

Du plant transplanté en hiver, qu'on n'ait pas ou qu'on ait
coupé ses racines, ne peut pas d'abord fournir à son tronc et
à ses branches la quantité de sève nécessaire au remplacement
de celle qui s'y trouvoit et qui a été ou évaporée ou employée
au premier développement des bourgeons, parcequ'il faut qu'il
se forme de nouveaux suçoirs à ces racines; aussi y a-t-il toujours retard et foiblesse dans la végétation de ce plant; souvent
même l'extrémité de ses branches, toutes ses branches, son
tronc et même ses racines meurent par l'effet seul de cette
transplantation. L'expérience a prouvé aux jardiniers et aux
pépiniéristes que lorsqu'on diminuoit, dans du plant ou dans
un arbre arraché, l'espace que la sève avoit à occuper et à
parcourir, proportionnellement à ce que les racines pouvoint
en fournir par suite des premiers efforts de la végétation, la
reprise de cet arbre étoit plus assurée. Ils ont donc coupé
l'extrémité des branches, toutes les branches, le tronc même,
sans considérer qu'il y a souvent les circonstances qui militent
contre cette pratique.

On ne peut nier la vérité des principes ci-dessus et les bons
effets de la pratique qui les ont pour base; cependant encore
ici il faut les distinguer. Ainsi en arrachant du plant avec toutes
les précautions requises et en saison favorable, en le plantant
de suite avec toutes ses racines, disposées convenablement,
dans un bon terrain, en l'ombrageant pour diminuer sa transpiration (évaporation de sa sève), en l'arrosant copieusement,
on peut être assuré qu'il reprendra; mais toutes ces opérations sont difficiles, longues, coûteuses; et faire vite et à bon
compte est le désir de tout cultivateur qui travaille dans l'espoir d'un bénéfice. Je crois donc qu'il ne faut pas proscrire
la pratique générale de couper la tête des arbres, mais la régler. Ainsi toutes les fois qu'un arbre par sa rareté, la beauté
de sa forme, ou tout autre motif, vaudra la peine d'être planté
avec les précautions indiquées plus haut, on ne lui coupera
rien. Ainsi tous les arbres qu'on appelle *arbres faits dans les
pépinières*, c'est-à dire qui ont quatre à cinq ans et plus et
qui sont destinés à être plantés sur des routes, à former des
avenues, des quinconces, etc., n'auront pas la tête coupée sur
le tronc, comme on le fait généralement, mais sur les branches, de manière qu'il y reste quelques boutons dont le facile
développement favorise les efforts de la sève. *Voyez* PLANÇON
et ORME. Ainsi tous les plants d'un et même de deux ans, c'est-

à-dire dont la tige n'aura pas plus d'un pied de hauteur, ne seront point coupés.

Il est des arbres qui ne supportent point la coupe de leur tête sans se détériorer. De ce nombre sont les arbres résineux, tels que les pins, les sapins, etc ; les arbres à bois durs, tels que le chêne, le tulipier, etc. ; les arbres à flèches, tel que les érables, les frênes, les marronniers, etc. On ne doit donc les soumettre à cette pratique que lorsqu'on ne peut pas faire autrement.

Tout ce que j'ai dit ci-dessus des arbres s'applique en partie à la plupart des plantes annuelles ou vivaces qui se cultivent dans nos jardins pour l'utilité ou l'agrément. (B.)

PLANTAGE DU BLÉ. *Voyez* PLANTOIR.

PLANTAIN, *Plantago*. Genre de plantes de la tétrandrie monogynie et de la famille des plantaginées, qui renferme plus de soixante espèces, dont plusieurs sont si communes dans toute la France qu'elles doivent être connues des cultivateurs.

Le GRAND PLANTAIN, *Plantago major*, Lin., a les racines vivaces, fibreuses ; les feuilles toutes radicales, pétiolées, ovales, à sept nervures, presque glabres, luisantes, larges de deux ou trois pouces, rarement dentées ; les tiges ou hampes légèrement anguleuses, un peu velues, hautes de huit à dix pouces ; les fleurs verdâtres et disposées en un long épi à l'extrémité des tiges. Il est très commun dans les jardins, le long des haies, sur la berge des fossés, dans tous les lieux dont le terrain est gras et humide, et fleurit pendant une partie de l'été. Les chèvres, les moutons et les cochons le mangent, mais les bœufs et les chevaux le repoussent. Ses graines sont extrêmement du goût des petits oiseaux chanteurs, et on ne peut leur faire plus de plaisir que de leur en mettre des épis sur leur cage. Il est sous ce rapport, à Paris et autres grandes villes, l'objet d'un commerce qui fait vivre beaucoup de vieilles femmes. On le regarde comme vulnéraire et astringent ; mais les bons effets que produisent ses feuilles sur les plaies ne sont réellement que ceux résultans de la privation de l'air extérieur et de la conservation d'une humidité lubrifiante.

Ce plantain, et le suivant, sont nuisibles dans les prairies en ce que leurs feuilles sont étalées sur la terre, tiennent la place d'autres plantes qui produiroient un fourrage meilleur et plus abondant. En effet chaque pied embrasse un espace de huit à dix pouces de diamètre et ne fournit que huit à dix feuilles dont la faux épargne la partie qui est couchée, tandis que dans le même espace il croîtroit quatre à cinq touffes de graminées qui s'élèveroient à plus d'un pied de haut et donneroient vingt fois plus de nourriture aux bestiaux. Un bon agronome doit donc désirer en débarrasser ses prairies. Il le peut de deux manières ; savoir, en les faisant arracher avec une pioche à fer étroit, à la fin de l'hiver, ou en faisant labourer et semer une année en avoine et ensuite remettre en herbe son terrain. Ce dernier moyen est le plus avantageux à mon avis, car les plantains se multiplient principalement dans les prairies, lorsqu'elles sont fatiguées de porter des graminées, c'est-à-dire qu'elles sont épuisées et demandent ou d'autres plantes ou un renouvellement de terre.

Le PLANTAIN MOYEN, *Plantago media*, Lin., diffère du précédent en ce qu'il a les feuilles plus petites, un peu velues, exactement appliquées sur la terre ; les épis très courts, et qu'il croît dans les lieux secs et arides, sur-tout sur les montagnes calcaires.

Le PLANTAIN LANCÉOLÉ, *Plantago lanceolata*, Lin., a les racines vivaces, anguleuses ; des feuilles lancéolées, velues, blanchâtres, à cinq nervures et longues de cinq à six pouces ; des hampes anguleuses, velues, hautes de six à huit pouces ; des fleurs blanchâtres disposées en épis ovales à l'extrémité des tiges. Il est excessivement commun dans toute l'Europe le long des chemins, dans les pâturages, les prairies sèches, les gazons des jardins, etc. Il fleurit au milieu du printemps. Les bestiaux le mangent sans le rechercher beaucoup. Haller dit que c'est à lui que le laitage des Alpes doit ses bonnes qualités. On le cultive en Angleterre pour fourrage, et Gilbert a proposé d'en faire de même en France. Comme ses feuilles sont longues de six à huit pouces et qu'elles se tiennent droites, il est possible de le faucher lorsque le terrain sur lequel on l'a planté est très uni. Malgré les autorités ci-dessus, je doute qu'il soit avantageux d'en former des prairies, mais j'insiste pour qu'on le laisse dans celles où il se trouve.

Le PLANTAIN CORNE DE CERF, *Plantago coronopus*, Lin., a les racines annuelles, pivotantes ; les feuilles profondément divisées par des découpures inégales et presque linéaires ; des hampes à peine longues de six pouces ; des fleurs blanchâtres disposées en long épi terminal. Il croît dans l'Europe méridionale aux lieux secs et sablonneux. Souvent il couvre seul des espaces considérables. Les moutons le mangent. Il est des pays où les hommes le mangent également en salade ou cuit comme les épinards.

Le PLANTAIN MARITIME, *Plantago maritima*, Lin., a les racines vivaces ; les feuilles demi-cylindriques, érigées, entières, laineuses à leur base ; les hampes cylindriques ; les fleurs en épi allongé. Il croît sur les bords de la mer souvent en grande abondance. Tous les bestiaux le mangent. Les vaches et les chevaux, qui recherchent peu les espèces précitées, aiment celle-ci avec passion. Comme elle s'élève à plus d'un pied, que ses feuilles sont très nombreuses et relevées, qu'elle croît fort bien dans les terrains éloignés de la mer, c'est avec elle que je voudrois composer des prairies artificielles, si je n'avois de choix que parmi les plantains.

Le PLANTAIN PULICAIRE forme aujourd'hui un genre particulier. *Voyez* au mot PULICAIRE. (B,)

PLANTAIN. Arbre ; c'est le BANANIER.

PLANTAIN D'EAU. *Voyez* au mot FLUTEAU.

PLANTARD. Synonyme de PLANÇON.

PLANTATION. Lieu où on a planté des arbres.

Dans les colonies, ce mot est synonyme de propriété rurale.

Faire des plantations est l'objet d'une des deux divisions de la grande ainsi que de la petite agriculture. Bien planter doit être le but de tout cultivateur.

On ne peut trop planter en ce moment d'arbres en France. La diminution des forêts naturelles, la rareté des fruits dans beaucoup de parties de la France en font un devoir.

Il semble que jusqu'à Duhamel les plantations aient été livrées à la plus grossière impéritie ; et encore en ce moment, malgré les excellens préceptes qui se trouvent dans son savant traité des semis et des plantations, il est fort peu de localités où on plante conformément aux principes.

La matière que j'entreprends de traiter, après ce célèbre agronome, pourroit remplir plusieurs volumes, et je n'ai que quelques pages à lui consacrer. Heureusement qu'un grand nombre d'articles de théorie et de pratique de ce Dictionnaire serviront de complément à celui-ci.

Avec des précautions, on peut planter toute l'année ; mais on ne le fait ordinairement que pendant l'hiver, c'est-à-dire depuis l'époque de la chute des feuilles jusqu'à celle de leur renouvellement.

Toutes les fois qu'on plante des arbres, des arbrisseaux, des arbustes ou des plantes pendant l'été, il faut, autant que possible, les enlever avec la motte, les ombrager pendant plus ou moins de temps, et les arroser avec surabondance ; encore ces soins n'ont-ils pas toujours des résultats satisfaisans, sur-tout lorsque les pieds sont gros.

Couper les branches des arbres qu'on plante dans cette saison, leur ôter toutes leurs feuilles, sont des moyens d'assurer leur reprise ; mais ces suppressions les retardent d'un an, et par conséquent cette plantation n'a aucun avantage sur celle d'hiver, faite six mois plus tard.

Lorsqu'on fait les plantations d'été entre les deux sèves, c'est-à-dire à la fin de juillet ou au commencement d'août, dans le climat de Paris, les chances augmentent ; parceque la dernière sève, qui se porte principalement des feuilles aux racines, fait pousser ces dernières. La théorie indique même cette saison comme plus avantageuse, principalement pour les arbres résineux, du moins lorsqu'on a la facilité d'arroser abondamment ; et un grand nombre de faits anciens et modernes la confirment. *Voyez* un mémoire de M. Abrial sur une plantation de ce genre faite l'année dernière dans un jardin de Paris.

Mais les occupations multipliées des cultivateurs, et le plus haut prix de la main d'œuvre pendant l'été, joint à la nécessité des arrosemens et autres soins que n'exigent point les plantations d'hiver, feront toujours donner la préférence à ces dernières, lorsqu'on voudra travailler en grand.

On a souvent discuté la question de savoir si les plantations d'automne étoient plus avantageuses que celles du printemps. Le résultat, aujourd'hui généralement reconnu, c'est que les arbres qui poussent de très bonne heure au printemps, ceux qu'on destine à des sols légers, secs et chauds, doivent être plantés en automne ; ceux qui craignent les gelées, ceux qu'on destine à être placés dans des terrains argileux et humides, doivent l'être au printemps.

Il faut éviter de planter lorsque la terre est gelée, et quand l'air est sec et froid.

Les divers modes de plantations dépendent et de l'âge du plant et du motif de la plantation.

Planter des arbres d'un à deux ans dans une pépinière, et à six ou huit pouces de distance, dans l'intention de les relever un ou deux ans après, pour les mettre dans une autre partie de la même pépinière, et à une distance plus considérable, s'appelle REPIQUER. *Voyez* ce mot.

Disposer ce plant dans des tranchées de six pouces de large, sur une longueur indéterminée, à deux, trois, six pouces de distance, pour le repiquer l'année suivante, s'appelle mettre en RIGOLE, en JAUGE. *Voyez* ces mots.

Transplanter ce plant repiqué dans une autre partie de la pépinière, et à la distance de vingt-cinq pouces, terme moyen, s'appelle REPLANTER. *Voyez* ce mot et le mot PÉPINIÈRE.

On dit qu'on *plante définitivement*, qu'on *plante à demeure*, qu'on *met en place* les arbres qui sont destinés à ne plus sortir d'un lieu.

L'âge ou la grosseur à laquelle il convient de planter dépend du but de la plantation. Ainsi, lorsqu'on plante un bois, une haie, une palissade de charmille, etc., on emploie du plant d'un, deux à trois ans au plus. Lorsqu'on plante une route, il faut y mettre du plant qui ne puisse pas être facilement arraché à la main ou renversé par les bestiaux, c'est-à-dire du plant de quatre, cinq, six ans, et davantage. Ce plant s'appelle, en terme de pépiniériste, *plant fait, plant défensable.*

En principe général, plus les arbres sont jeunes, et plus ils sont d'une reprise assurée, et plus ils deviennent beaux, durent long-temps, donnent plus abondamment de fruits, etc. Les personnes qui pensent gagner du temps en plantant de plus forts pieds, celles sur-tout qui mettent une grande importance à ne planter que des ESPALIERS, des CONTR'ESPALIERS, des PYRAMIDES, des QUENOUILLES toutes dressées, se trompent bien lourdement. *Voyez* ces mots.

Ce n'est donc que lorsqu'on ne peut faire autrement qu'il faut se résoudre à planter des arbres d'un âge au-dessus de six ans. Il y a, au reste, une grande variation dans la *capacité* des arbres à cet égard. Il est quelquefois difficile de faire reprendre un chêne, un pin de plus de trois ans; et on peut presque toujours réussir à transplanter un tilleul, un peuplier de quinze à vingt ans.

Toute économie de main-d'œuvre doit être comptée pour beaucoup en agriculture, et il y en a une extrêmement considérable à ne planter que de jeunes arbres.

Quelque soin qu'on apporte aux plantations, il meurt toujours quelques arbres. Il faut donc se prémunir contre cet évènement, en mettant à part quelques pieds des plus forts pour les mettre l'année suivante à la place de ceux qui seront morts; je dis des plus forts, parceque deux déplantations successives nuiront beaucoup à leur croissance, et qu'il est important qu'ils soient et restent pareils à ceux déjà plantés.

Il arrive souvent qu'un arbre planté en hiver avec tous les soins convenables ne commence à pousser des bourgeons qu'en automne, quelquefois même seulement au printemps de l'année suivante. On assure même en avoir vu *bouder*, c'est le terme, pendant deux, trois et quatre ans. Il est probable que beaucoup de causes influent ou peuvent influer ensemble ou séparément sur cet effet, et que ces causes varient pour chaque cas. Je n'entreprendrai donc pas ici de discuter la valeur de ces causes qu'on ne peut éclaircir dans les applications que par une suite d'observations fort délicates, et même fort difficiles. J'ai cru plusieurs fois être sur le point de prendre la nature sur le fait, mais je n'en ai jamais pu acquérir la certitude d'y être parvenu. Il faudroit peut-être consacrer une vie entière pour pouvoir fixer des bases assurées à ces causes. J'engage les cultivateurs éclairés à prendre cet objet en considération.

Toujours il faut choisir, lorsqu'on plante des arbres destinés à croître librement, à devenir ce qu'on appelle des *arbres de ligne*, comme ceux des avenues, des routes, etc., des sujets à tige droite, et sans lésions sur leur écorce. On les fera arracher avec le plus de soin possible, afin que leurs racines ne soient point mutilées. S'ils ont un PIVOT, on le conservera.

Voyez ce mot et le mot PLANT. La tête ne sera pas coupée, comme on le fait si généralement, sur la tige même, mais sur les grosses branches, à une distance d'autant plus grande du sommet de la tige, que cette dernière sera plus grosse. On y laissera quelques brindilles, qui serviront à ATTIRER LA SÈVE, (*voyez* ce mot,) et favoriseront le développement des BOUTONS ADVENTIFS qui doivent percer à travers l'ÉCORCE (*voyez* ces deux mots), et qui la percent d'autant plus facilement qu'elle est moins épaisse que celle de la tige.

Il seroit très avantageux que les arbres destinés à être plantés à demeure le fussent dans un sol complètement défoncé, à deux ou trois pieds de profondeur; mais l'énorme dépense de cette opération ne le permet presque jamais. C'est dans des tranchées de six pieds de large et de deux de profondeur qu'on les place, lorsqu'on veut les mettre dans les circonstances les plus favorables, et dans des trous carrés de deux, trois, quatre pieds de large, lorsqu'on suit le mode le plus ordinaire. Ces trous se font plusieurs mois à l'avance, afin que les influences atmosphériques agissent sur la terre de leur fond et de leurs parois, ainsi que sur celle qui en a été tirée, et qui est dispersée à l'entour. *Voyez* LABOUR. Il n'est point indifférent de faire, sous le spécieux prétexte de l'économie, ces trous trop petits, ainsi que l'observation de tous les siècles le prouve, et ainsi que le montrent de la manière la plus rigoureuse les faits qui suivent.

M. Chalumeau, auteur du livre intitulé ma Chaumière, a placé quatre pêchers aussi semblables que possible, et auxquels il fit donner les mêmes soins et la même taille, dans des trous de capacité différente. Savoir, le premier dans un trou de trois pieds en tous sens, le second dans un de deux, les deux autres dans des trous de dix-huit pouces, tous dans la même terre et à la même exposition. Toutes les années les récoltes ont été d'autant plus abondantes que le pied avoit été planté dans un plus grand trou, et lorsque M. Chalumeau écrivoit, le premier avoit dix-huit pieds d'envergure et huit pouces de tour, le second neuf pieds d'envergure et cinq pouces et demi de tour, le troisième cinq pieds et demi d'envergure et trois pouces huit lignes de tour, le quatrième six pieds de développement et trois pouces de tour. Hé! qu'on dise, d'après cette expérience, qu'il est indifférent de donner de la terre facilement perméable aux racines!

La distance qu'il convient de mettre entre chaque trou doit varier suivant la nature du terrain, selon la grandeur à laquelle les arbres peuvent parvenir, la forme de leur tête et autres circonstances moins importantes. Ainsi ils seront plus écartés dans un bon que dans un mauvais fond, l'orme le sera plus que le robinier, le peuplier blanc plus que le peuplier d'Italie, le pommier plus que le poirier, etc. Le bel effet des plantations et la durée des arbres dépendent de leur éloignement. L'excès en plus est bien moins nuisible que l'excès en moins. Mais on en abattra un entre deux lorsqu'ils seront devenus grands, disent les partisans des plantations rapprochées. Presque jamais ce projet ne s'exécute, comme l'expérience le prouve, et la plantation reste toujours foible.

M. Rart Maupas, directeur de la pépinière départementale de Lyon, qui cultive depuis longues années, avec un grand succès, des arbres exotiques aux environs de cette ville, frappé des inconvéniens des plantations d'avenues trop peu espacées, et voulant en même temps satisfaire, et aux désirs des propriétaires qui veulent de l'ombre sur-le-champ, et à son goût pour la multiplication des arbres étrangers, a proposé de faire des plantations perpétuelles. Ne pouvant insérer ici l'intéressant mémoire qu'il a fait imprimer dans les Annales d'agriculture, je vais copier l'extrait qu'il en a fait lui-même.

« La vie des arbres étant aussi variée que celle des animaux, il est facile de les disposer de manière que des espèces différentes soient intercallées et se succèdent, sans inconvéniens, pendant une longue suite de siècles. Par exemple, en plantant des arbres capables de vivre quatre-vingt-dix ans, et assez espacés pour en admettre entre eux deux autres dont l'existence seroit de trente ans. Ceux-ci croissant ordinairement avec plus de vigueur, formeroient d'abord un aspect d'autant mieux garni et ombragé que les arbres seroient plus rapprochés. Au bout de trente ans les premiers auroient acquis assez de croissance pour former avenue malgré la destruction des deux intermédiaires qui auroient lieu alors. A la place de ces deux arbres abattus, et au milieu, on en plante un qui doit vivre quatre-vingt-dix ans; il a le temps de croître et de devenir fort pendant les trente années suivantes après lesquelles on doit exploiter les anciens plantés. On remplace ces anciens par des arbres d'une courte durée, et successivement, en suivant le même ordre ; cette avenue seroit ainsi continuellement garnie. Les connoissances agricoles trouveroient, dans cette disposition, un avantage difficile à rencontrer dans le mode actuel de plantation. C'est qu'au moyen de la grande variété d'espèces d'arbres on pourroit faire des expériences sur la durée, la bonté, la qualité de chaque arbre, expériences qu'il est presque impossible de faire dans les plantations des particuliers, l'existence d'un arbre étranger cessant presque toujours avec celle de celui qui l'a planté. »

Il est fâcheux, pour la science et la jouissance des habitans de Lyon, que le jardin de la Déserte n'ait pas été planté d'après les idées de M. Rart Maupas, idées parfaitement conformes aux vrais principes. *Voyez* Assolement et Orme.

Lorsqu'on place un arbre dans le trou qui lui est destiné, il y a plusieurs considérations importantes à envisager, 1° il faut donner un labour au fond du trou, et en enlever les pierres ou les feuilles sèches qui pourroient s'y trouver; 2° il faut placer l'arbre le plus perpendiculairement possible, et s'il doit être en avenue ou en quinconce, le mettre en ligne avec les autres; 3° disposer ses racines, après avoir coupé l'extrémité de celles de ces racines qui auroient été desséchées par le hâle ou mutilées en les arrachant, de manière qu'elles soient également écartées et nullement forcées; 4°·les recouvrir de terre, prise autant que possible à la surface du sol, en leur donnant, par de légers soulèvemens de la tige, des secousses propres à faire couler la terre entre leurs intervalles; 5° lorsque le trou est aux deux tiers plein, fouler légèrement la terre sur les racines avec les pieds, pour la Plomber. *Voyez* ce mot.

Les terres argileuses ou autres qui sont en mottes laissent souvent des cavités (*chambres* selon le langage des jardiniers) autour des racines, ce qui souvent est la cause de la mort des arbres. Il faut veiller sur les ouvriers, les empêcher de se presser, les obliger même à étendre chaque bêchée de terre pour diviser d'autant ces mottes. Ceci me conduit à observer qu'il est toujours bon d'attendre que la terre soit suffisamment ressuyée pour faire les plantations, quoiqu'un temps pluvieux et doux soit plus avantageux qu'un temps sec et froid.

Un arbre planté trop près de la superficie du terrain, dit Duhamel, peut être renversé par le vent; les grandes sécheresses ou les fortes gelées sont dans le cas d'atteindre ses racines et de le faire périr; mais si on le plante trop avant, ses racines sont moins à portée de s'étendre dans la meilleure terre, qui est toujours à la surface, et elles se trouvent privées des influences de la chaleur, de l'air, des petites pluies, etc. Aussi languit-il, et s'il est de nature à pousser aisément des racines, il en fera de nouvelles au-dessus des anciennes. Il y a donc un milieu à garder. Les arbres destinés à devenir fort grands, ceux qui sont exposés au midi, ceux qui sont dans des terres légères craignent moins d'être enterrés que les autres. Les arbres résineux, ceux des pays chauds, ceux qu'on plante sur les montagnes, dans un sol humide ou profondément défoncé doivent l'être fort peu. Les arbres greffés ne doivent l'être que jusqu'à la hauteur de la greffe. Dans les terrains fort secs il est bon que la surface de la terre s'incline vers la tige, c'est le contraire dans ceux qui sont humides.

Quelques personnes ont prétendu qu'il étoit important d'orienter les arbres en les plantant comme ils étoient dans la pépinière; mais des expériences positives et faites en grand par Duhamel ne permettent pas de croire à la nécessité de cette pratique, quoiquelle ne soit pas repoussée par la théorie.

Si un arbre nouvellement planté est exposé à toute la violence des vents, on lui donnera un tuteur d'une force suffisante. S'il est dans le cas d'être ébranlé ou brouté par les bestiaux, on l'entourera de branches d'épines attachées avec deux harts ou deux liens de fil de fer.

Pendant les trois premières années il est avantageux à la croissance des arbres de leur donner chaque hiver un labour au pied, labour d'autant plus large qu'il sera planté depuis plus long-temps, en ayant l'attention de ne blesser ni les racines ni le tronc. Plus tard on ne fera plus de labours que tous les deux et trois ans, et enfin on les cessera totalement.

On ne doit point toucher aux branches des arbres la première année de leur plantation. La seconde on commence à les disposer à la forme qu'on est dans l'intention de leur donner. *Voyez* aux mots ESPALIER, PYRAMIDE, QUENOUILLE, BUISSON (ARBRE EN), TAILLE DES ARBRES, PÊCHER, ABRICOTIER, POIRIER, ROUTE, PALISSADE, etc.

Quant à la plantation des JARDINS, des BOIS, des HAIES, des PALISSADES, *voyez* ces mots; et quant à celle des arbres en CAISSE, des plantes en POTS, *voyez* ceux EMPOTER, REMPOTER, RENCAISSER et ORANGER. (B.)

PLANTE. Être organisé, vivant, privé de sentiment et de la faculté locomobile, tirant sa nourriture de l'air et de la terre.

Cette définition générale convient réellement à toutes les plantes; mais si on veut la préciser davantage on tombe dans les exceptions, et on ne se reconnoît plus.

En effet, presque tous les végétaux ont des RACINES, et il semble que cette partie leur est essentielle; cependant les TRUFFES n'en montrent point. La plupart ont des tiges et elles manquent chez beaucoup. Il en est de même des BRANCHES, des FEUILLES, des FLEURS et parties des fleurs et même des FRUITS, si on range les CHAMPIGNONS, les CONFERVES, les VARECS, les NOSTOCS, les ULVES et les VARECS parmi elles. *Voyez* tous ces mots.

On ne peut nier que les végétaux soient organisés, car on leur reconnoît des pores, des vaisseaux de plusieurs sortes, des organes reproductifs, secréteurs et excréteurs, des fluides circulans, etc.

Les plantes vivent, puisqu'elles naissent, croissent, que beaucoup de circonstances, apparentes ou non, peuvent altérer ou détruire leurs fonctions, et que nous pouvons à volonté les faire mourir, en tout ou en partie, en les arrachant, en les coupant, etc.

Jusqu'à présent aucun fait ne nous induit à croire, même à supposer, que les plantes puissent éprouver de la douleur ou du plaisir, même dans l'acte de la génération, car les mouvemens de quelques feuilles, de quelques étamines, etc., paroissent n'être qu'automatiques, quoique souvent ils ne se développent que dans telle ou telle circonstance.

Des observations de tous les siècles et de tous les instans, des expériences positives faites dans ces dernières années, prouvent indubitablement que si quelques plantes vivent sans racines et sans feuilles, ou sans racines et avec des feuilles, ou sans feuilles et avec des racines, la plupart ont un besoin indispensable de ces deux organes. *Voy*. Racines et Feuilles.

L'Eau, un certain degré de Chaleur, une extrêmement petite quantité de Terre, de la Lumière et des Gaz, surtout celui qui est appelé Acide carbonique, sont, d'après les analyses les plus exactes, ce qui entre dans la composition des plantes, ce qui, au moyen de différentes combinaisons, constitue tous leurs solides et leurs fluides. Cependant, malgré les travaux des chimistes modernes, il reste encore beaucoup d'éclaircissemens à désirer sur ce point. *Voyez* les articles précités, et les mots Cendre, Alkali, Sève, Mucilage, Gomme, Résine, Sucre, Acide et Air.

Sans les plantes nul être n'existeroit. C'est aux dépens de leurs débris altérés par la putréfaction que se substantent ces singuliers animalcules dépourvus d'organes que le meilleur microscope peut à peine rendre visibles. C'est de leurs feuilles, de leurs fruits, de leurs racines, etc., que vivent tant d'insectes, tant d'oiseaux, tant de quadrupèdes, qui, à leur tour, servent de nourriture à d'autres animaux des mêmes ou des autres classes. L'homme par dessus tous se nourrit indifféremment de végétaux et d'animaux, ainsi que de leurs divers produits. C'est pour se procurer plus abondamment les uns et les autres, pour les avoir toujours à sa disposition, et de meilleure qualité, qu'il s'est fait agriculteur.

En ne considérant ici que les plantes, je remarquerai qu'il n'est pas une seule de leurs parties qui n'offre des exemples d'emploi utile pour notre nourriture, ou pour nos habillemens, nos ameublemens, etc.; qu'il n'est pas une de leurs parties que l'art n'ait altérée d'une manière avantageuse à l'objet pour lequel elle est destinée. Je ne crois pas devoir entrer dans le détail de toutes les considérations que ce sujet amène, parceque presque tous les articles de cet ouvrage sont des complémens de celui-ci; et que ce seroit faire un double emploi que de les développer de nouveau.

Excepté quelques rochers battus des vagues, quelques plages sablonneuses, journellement agitées par les vents, quelques places où la terre est annuellement entraînée par les eaux des torrens, etc., toute la partie solide du globe est couverte de plantes. Les pierres les plus dures fournissent attache à des Lichens, à des Jongermanes, à des Mousses (*voy.* ces mots), qui favorisent leur décomposition. Les sables les plus mobiles, les argiles les plus tenaces, donnent naissance à certaines plantes, qui, par leur décomposition, forment de l'humus, c'est-à-dire le principal aliment visible de toutes. *Voyez* Humus. Il en est de même des eaux. Des plantes d'une nature particulière vivent dans chacune d'elles, et élèvent le fond des Rivières, des Lacs, des Étangs, des Marais, par leurs dépouilles annuelles. *Voyez* ces mots et le mot Tourbe.

Les plantes cryptogames, que j'ai citées d'abord, paroissent être réellement la première base de toute végétation, parcequ'elles tirent toute leur nourriture de l'air et fournissent de l'humus à la terre. J'ai développé la marche que suit la nature dans cette opération aux mots Lichen et Mousse. J'y renvoie le lecteur.

Envisagées d'une manière absolue, il n'est pas une plante qui n'ait une valeur propre, et qui ne remplisse complètement sa destination; mais considérées par rapport à l'homme et aux animaux qu'il s'est assujettis, quelques unes sont d'une importance telle qu'on doit leur sacrifier la plus grande partie des autres. C'est sur ce principe que repose l'agriculture, laquelle ne consiste en définitif qu'à multiplier certaines plantes de préférence aux autres. La science du cultivateur consiste donc à savoir discerner les plantes utiles ou les agréables, et à en tirer le parti le plus avantageux à son intérêt, et par suite à la société. Il faut donc qu'il apprenne à les connoître; c'est pourquoi l'étude de la Botanique (*voyez* ce mot) lui est indispensable. C'est pourquoi je les ai toutes décrites à leur article.

Il est des plantes qui croissent par-tout où le hasard porte leurs graines; mais il en est un bien plus grand nombre qui affectent exclusivement certains sols, certaines positions. On peut bien contrarier, pendant quelque temps, le naturel de ces dernières; mais il n'est jamais avantageux de l'entreprendre. Sera-t-il possible de faire croître d'aussi belles luzernes dans un sol crétacé, aride et superficiel, que dans un sol gras, humide et très profond? N'y a-t-il pas toujours de l'avantage à préférer pour le premier le sainfoin, qui y croît spontanément?

Tous les bestiaux repoussent constamment certaines plantes, quelques uns d'entre eux mangent certaines autres, que d'autres dédaignent ; enfin , il en est que tous ou quelques uns d'eux repoussent d'abord , mais qu'on les accoutume petit à petit à manger. La connoissance de la qualité des plantes, sous ces trois rapports, est d'une grande importance. Linnæus a fait, sous le nom de *Pan de Suède*, un catalogue des plantes de sa patrie qui sont dans ces trois cas , et il y a de plus indiqué ce que tel ou tel animal préfère. Lamanon avoit entrepris un essai du même genre pour les plantes de la Crau. J'ai aussi fait quelques expériences isolées , relatives aux plantes des parties méridionales de l'Europe , et à celles étrangères qu'on cultive habituellement dans les jardins des environs de Paris ; mais le travail de Linnæus, malgré que son utilité soit généralement reconnue, n'a pas encore été appliqué à la France. Je sollicite les botanistes, amis de l'agriculture, de vouloir bien s'en occuper. Comme j'ai eu soin à chaque espèce de plante , comprise dans le catalogue de Linnæus, d'indiquer si les bestiaux, ou quelques uns des bestiaux, la mangent ou la repoussent , je me dispense de reproduire ici ce catalogue.

Les plantes qui s'élèvent beaucoup, qui croissent abondamment dans certains lieux, et que les bestiaux refusent, peuvent être utilisées de différentes manières par l'agriculteur instruit et actif.

Par exemple, en les faisant couper avant leur floraison , il sera profitable pour lui ou de les brûler pour en fabriquer de la potasse, ou de les jeter sur son fumier pour en augmenter la masse , ou de les stratifier avec de la terre et en former un compost qui servira l'année suivante à fumer ses champs. Il n'est point de pays qui ne présente plus ou moins de ces plantes ; mais les pays de bois et les pays marécageux en offrent plus que les autres. Je mets en fait qu'une famille nombreuse, propriétaire ou fermière de quelques arpens de terre , qui s'adonneroit à la récolte de ces plantes, auxquelles on n'a mis jusqu'à présent aucune importance , pourroit se placer dans une honorable aisance ; aussi ai-je , dans le cours de cet ouvrage, profité de toutes les occasions pour exciter l'attention des cultivateurs sur l'objet en question.

Les principales de ces plantes sont , la *millefeuille*, l'*aigremoine*, le *fluteau*, l'*amaranthe*, le *muflier*, l'*aristoloche*, l'*armoise*, le *roseau* , l'*asclépiade* , la *balotte* , le *bident* , le *buis*, le *caltha*, les *chardons*, les *laiches* , les *carthames*, les *centaurées* , la *chicorée*, la *ciguë* , la *clématite*, la *cardère*, la *vipérine* , l'*épilobe*, la *prèle* , la *bruyère*, l'*eupatoire*, les *euphorbes*, les *galéopes*, les *genets*, le *lierre*, l'*ellébore* , la *berce*, la *jusquiame*, les *millepertuis* , les *iris*, les *joncs*, le *gènevrier*, le *lamion* , le *troene*, le *lycope* , la *lysimaque*, la *salicaire*, la *mauve*, le *marrube* , les *menthes* , les *mousses* , la *bugrane* , les *fougères*, le *panais*, le *peucedan*, les *ronces*, les *sauges*, le *sureau*, la *scabieuse*, le *choin*, la *scrophulaire*, les *seneçons*, les *sarrètes*, les *sysimbres*, la *massette*, l'*ajonc*, les *orties*, les *molènes*, les *verveines*, le *glouteron*, le *rubanier*.

Il est aussi des plantes qui croissent en abondance dans les eaux, et qu'on doit récolter pour le même objet, telles que les calitriches, les potamots, les persicaires, les prêles, etc. J'en ai parlé au mot *curure des rivières et des étangs*.

Je ne puis me refuser à copier ici un passage de J. J. Rousseau relatif au sujet que je traite, parcequ'il peint.

« Les arbres, les arbrisseaux, les plantes sont la parure et le vêtement de la terre. Rien n'est si triste que l'aspect d'une campagne nue et pelée, qui n'étale aux yeux que des pierres, du limon et des sables; mais vivifiée par la nature et revêtue de sa robe de noce, au milieu du cours des eaux et du chant des oiseaux, la terre offre à l'homme, dans l'harmonie des trois règnes, un spectacle plein de vie, d'intérêt et de charmes, le seul spectacle au monde dont ses yeux et son cœur ne se lassent jamais.

« Plus un contemplateur a l'ame sensible, plus il se livre aux extases qu'excite en lui cet accord. Une rêverie douce et profonde s'empare alors de ses sens, et il se perd avec une délicieuse ivresse dans l'immensité de ce beau système, avec lequel il se sent identifié. Alors tous les objets particuliers lui échappent; il ne voit, il ne sent rien que dans le tout : il faut que quelque cause particulière resserre ses idées et circonscrive son imagination, pour qu'il puisse observer par parties cet univers qu'il s'efforçoit d'embrasser.

« Les odeurs suaves, les vives couleurs, les plus élégantes formes semblent se disputer à l'envi le droit de fixer notre attention. Il ne faut qu'aimer le plaisir pour se livrer à des sensations si douces; et si cet effet n'a pas lieu sur tous ceux qui en sont frappés, c'est dans les uns faute de sensibilité naturelle; et dans la plupart, que leur esprit, trop occupé d'autres idées, ne se livre qu'à la dérobée aux objets qui frappent leurs sens. »

Les plantes *hermaphrodites* sont celles qui ne portent que des fleurs en même temps mâles et femelles; les *monoïques*, celles qui offrent des fleurs mâles et des fleurs femelles sur le même pied; les *dioïques*, celles qui offrent des fleurs mâles seulement sur certains pieds, et des fleurs femelles seulement sur d'autres pieds; les *polygames*, celles qui ont en même temps des fleurs hermaphrodites et des fleurs monoïques ou dioïques.

Les plantes complètes ont, comme je l'ai dit plus haut, des racines, des tiges ou troncs, des branches, des feuilles, et leurs accompagnemens, des fleurs et des fruits ; et la plupart de ces parties diffèrent, dans chaque espèce, de forme, d'apparence, de consistance, de position, et ce sont elles qui servent à distinguer ces espèces ; aussi leur nomenclature est-elle d'une nécessité indispensable à ceux qui veulent apprendre à les connoître. Je vais donc la donner ici.

Les racines qui s'enfoncent peu, s'étendent parallèlement à la surface du sol, et poussent des tiges de distance en distance, s'appellent *rampantes* ou *traçantes*.

Lorsque les racines, d'abord fibreuses, grossissent subitement, s'arrondissent, on les appelle *tubéreuses*.

Une racine est dite *fusiforme* lorsqu'elle est épaisse à son sommet et pointue à son extrémité ; *rameuse*, quand elle se divise en plusieurs branches latérales ; *noueuse*, quand ses fibres se renflent de distance en distance ; *fasciculée*, quand elle est composée de plusieurs rameaux partant du collet ; *bulbeuse*, quand la base des feuilles, devenue charnue, entoure la partie supérieure de leur collet ; *grumeleuse*, quand le collet pousse en dessous plusieurs rameaux épais et subdivisés ; *pivotante*, quand elle s'enfonce perpendiculairement ; *horizontale*, lorsqu'elle s'étend parallèlement à la surface du sol sans pousser de tige ; *tronquée*, lorsque son extrémité est comme coupée net.

La tige est *herbacée* lorsqu'elle est tendre pendant toute sa durée ; *ligneuse*, lorsqu'elle est formée de Bois (*voyez* ce mot) ; *solide*, lorsqu'elle n'est pas creuse ; *fistuleuse*, lorsqu'elle est vide dans son intérieur ; *noueuse*, quand elle offre des renflemens plus durs de distance en distance ; *articulée*, quand elle offre des renflemens, et qu'elle se casse facilement à ces renflemens ; *simple*, lorsqu'elle ne se divise point ; *rameuse*, lorsqu'elle se divise ; *fourchue* ou *bifurquée* quand elle se divise en deux ; *dichotome*, quand elle se divise plusieurs fois de suite en deux ; *effilée*, quand elle est longue et mince ; *droite*, *verticale* ou *perpendiculaire*, lorsqu'elle s'élève perpendiculairement au sol ; *oblique*, lorsqu'elle fait un angle avec le sol ; *genouillée*, quand elle fait un angle ou coude ; *couchée*, lorsqu'elle s'étend sur la terre sans y prendre racine ; *rampante*, lorsqu'elle s'étend sur la terre et y prend racine ; *stolonifère*, lorsque des branches particulières s'étendent sur la terre et y prennent racine ; *radicante*, lorsqu'elle s'attache aux autres corps par des espèces de suçoirs ou de crochets ; *flexueuse*, lorsqu'elle forme des zigzags ; *sarmenteuse*, lorsqu'elle est très mince, très longue, et s'entortille autour des corps voisins ; *grimpante*, lorsqu'elle est très longue, très mince, et s'attache aux corps voisins par le moyen de VRILLES, *voyez* ce mot ; *entortillée* ou *voluble*, lorsqu'elle est très longue, très mince, et se roule en spirale autour des corps ; *cylindrique*, lorsqu'elle est ronde; *triangulaire*, *quadrangulaire*, *pentagone*, *hexago-ne*, lorsqu'elle offre trois, quatre, cinq ou six côtés; *polygone* ou *angulaire*, quand elle offre plus de six côtés; *comprimée*, quand elle est aplatie; *gladiée*, quand, étant comprimée, ses angles sont tranchans. Quand elle est garnie de feuilles, on dit qu'elle est *feuillée*; d'épines, qu'elle est *épineuse*; d'aiguillons, qu'elle est *aiguillonnée*; de poils, qu'elle est *velue*; d'écailles, qu'elle est *écailleuse*; de stipules, qu'elle est *stipulée*. Quand elle manque de feuilles, on l'appelle *non feuillée*; d'épines ou d'aiguillons, *inerme*; de poils, *glabre*; de feuilles, de branches, etc., *nue*. Elle est *ailée* quand elle présente des membranes saillantes; *lisse*, quand elle est unie; *striée*, quand elle offre de petites côtes ou des lignes longitudinales enfoncées; *sillonnée*, quand les lignes longitudinales enfoncées ont une certaine largeur; *âpre*, *rude*, quand elle paroît inégale au toucher; *tuberculeuse*, quand elle porte des saillies grosses et arrondies; *échinée* ou *muriquée*, quand ses tubercules sont longs, gros et pointus.

Les branches sont *droites* ou *érigées*, quand elles forment avec la tige des angles très aigus; *pyramidales*, lorsque étant érigées, leur ensemble se termine en pointe; *nivelées*, lorsque étant érigées, leur ensemble est à la même hauteur; *divergentes*, quand elles s'écartent de la tige; *étalées*, quand elles forment des angles presque droits avec la tige; *courbées*, quand elles sont arquées en dehors; *pendantes*, quand elles retombent presque perpendiculairement.

Les feuilles *séminales* sont celles qui sortent de terre au moment de la germination. Les *primordiales* leur succèdent.

On appelle feuilles *florales* ou Bractées (*voyez* ce mot) celles qui accompagnent les fleurs. Il en sera question plus bas, lorsque je parlerai des accessoires.

Les feuilles *radicales* sont celles qui sortent du collet de la racine; les *caulinaires*, celles qui s'insèrent sur la tige : les *pétiolées*, celles qui sont portées sur un pétiol; les *sessiles*, celles qui sont dépourvues de pétiole. Ces dernières se subdivisent en *amplexicaules*, qui entourent la tige par leur base; en *engaînantes*, qui embrassent la tige dans une portion de leur longueur; en *décurrentes*, dont la base forme un appendice sur la tige; en *perfeuillées*, ou *perfoliées*, lorsqu'elles sont traversées par la tige; en *connées*, lorsque deux feuilles opposées sont soudées par leur base.

On dit que des feuilles sont *géminées*, lorsqu'elles sont rapprochées et à la même hauteur sur un des côtés de la tige; *opposées*, quand elles sont à la même hauteur de chaque côté de la tige; *croisées* (*decussata*), quand les paires opposées se coupent à angles droits; *spirales*, lorsque chaque paire se coupe sous un angle très aigu ; *verticillées* , quand plusieurs sortent à la même hauteur et tout autour de la tige ; *ternées* ou *quaternées* , quand le verticille n'est que de trois ou de quatre feuilles ; *éparses* , lorsqu'elles n'offrent aucune disposition particulière sur la tige ; *alternes* , quand elles sont placées alternativement de chaque côté de la tige ; *fasciculées* , lorsque plusieurs sortent du même point.

Les feuilles sont *sans nervures*, quand leurs nervures sont peu visibles ; *nerveuses* , quand leurs nervures ne sont pas ramifiées ; *veinées* , quand leurs nervures sont nombreuses et anastomosées ; *grasses* ou *succulentes* , quand elles sont épaisses et abondamment pourvues de sucs aqueux ; *membraneuses*, quand au contraire elles sont minces , sèches et vertes ; *scarieuses* , quand elles sont encore plus minces , encore plus sèches et décolorées.

Des feuilles sont *orbiculaires*, lorsqu'elles ont la figure d'un cercle ; *arrondies* , lorsqu'elles approchent de la figure précédente ; *ovales* , lorsqu'elles sont plus longues que larges et également arrondies à leurs extrémités ; *ovées* , lorsqu'elles sont ovales , mais que leur base est plus large que leur sommet ; *obovées*, lorsqu'elles sont ovales et que leur sommet est plus large que leur base ; *oblongues* , lorsque leur longueur contient plusieurs fois leur largeur ; *cunéiformes* , lorsqu'elles sont tronquées et plus larges à leur sommet ; *spathulées*, lorsqu'elles sont plus larges et arrondies à leur sommet ; *lancéolées* , lorsqu'elles sont allongées et rétrécies également à leurs deux extrémités ; *linéaires* , lorsqu'elles sont étroites et d'égale largeur , excepté à leur sommet ; *subulées* ou en *alène* , lorsque leur base est linéaire et leur sommet allongé et pointu ; *capillaires* , *filiformes* , *sétacées* lorsqu'elles sont très longues et très minces ; *renflées* , lorsque étant charnues elles sont épaisses dans leur milieu ; *cylindriques* , lorsqu'elles sont épaisses , allongées et cylindriques ; *triquetres*, lorsqu'elles sont épaisses , ont trois côtés , et se terminent en pointe ; *deltoïdes*, lorsqu'elles sont épaisses , ont trois côtés et sont tronquées à leur sommet ; *ligulées*, lorsqu'elles sont épaisses , peu allongées, obtuses, et un peu bombées en dessous ; *comprimées*, lorsqu'elles sont épaisses et aplaties sur les côtés ; en *sabre*, lorsqu'elles sont épaisses , allongées, à trois côtés , dont deux sont plus larges, et à trois angles, dont l'un est tranchant ; en *doloir*, lorsqu'elles sont épaisses , allongées, à trois côtés, dont le supérieur est arrondi et à trois angles, dont l'un est plus saillant.

On distingue les feuilles en *échancrées*, lorsque leur sommet offre un angle rentrant ; en *dentées* ou *serrées* , lorsque leurs bords sont pourvus d'un grand nombre d'angles rentrans, ou peu ouverts, ou très ouverts, dont l'intervalle est aigu ; en *crénelées*, lorsque leurs bords sont pourvus d'un grand nombre d'angles rentrans dont l'intervalle est arrondi ; en *découpées*, ou *divisées*, ou *incisées*, ou *partagées*, lorsqu'elles offrent des sinuosités plus ou moins longues, plus ou moins larges ; en *lobées*, quand elles sont divisées jusqu'à la nervure principale, et que les intervalles des divisions sont obtus ; en *lyrées*, lorsqu'elles sont divisées, mais non jusqu'à la nervure principale, et que les intervalles des divisions sont obtus ; en *multifides*, ou *laciniées*, ou *déchiquetées*, ou *décomposées*, lorsque les divisions sont très nombreuses, égales ou inégales, régulières ou irrégulières ; en *bifides*, lorsqu'elles n'ont qu'une échancrure, mais qu'elle est très profonde ; en *pédiaires*, lorsqu'elles sont divisées, et que plusieurs des divisions sont sur les deux extérieures ; en *digitées*, quand elles sont divisées jusqu'à leur base, et imitent les doigts de la main ; en *tronquées*, quand leur sommet est coupé net ; en *aiguës*, lorsqu'elles se terminent petit à petit en courte pointe ; en *mucronées*, quand elles sont terminées en pointe subitement aiguë ; en *acuminées*, lorsqu'elles se terminent petit à petit en longue pointe ; *obtuses*, quand elles se terminent par un bord arrondi ; en *triangulaires*, *quadrangulaires*, *pentaèdres*, *exaèdres*, lorsqu'elles ont trois, quatre, cinq ou six angles saillans ; en *anguleuses*, lorsque leurs angles sont très multipliés ; en *rhomboïdes*, lorsque leurs bords offrent quatre angles, dont deux obtus et deux aigus ; en *deltoïdes*, lorsqu'elles ont quatre angles, dont les deux latéraux se rapprochent de la base ; en *cordiformes*, lorsqu'elles sont en pointe à leur sommet et échancrées à leur base ; en *réniformes*, lorsqu'elles sont arrondies à leur sommet, et échancrées à leur base ; en *lunulées*, lorsqu'elles sont très arrondies à leur sommet, et échancrées et terminées de chaque côté en pointe à leur base ; en *hastées*, lorsqu'elles sont triangulaires et terminées en pointe à leur trois angles, et échancrées à leur base ; en *roncinées*, lorsqu'elles sont découpées latéralement en lobes profonds et écartés, qui ne vont pas en diminuant vers leur base commune ; en *panduriformes*, lorsqu'elles sont élargies à la base et au sommet ; en *pinnatifides*, lorsqu'elles sont divisées par des sinus étroits presque parallèles qui n'atteignent pas la nervure principale ; en *sinuées*, lorsqu'elles sont divisées par des sinus larges et non parallèles ; en *rongées*, lorsque leurs sinus sont inégalement dentés ; en *composées*, lorsque sur un pétiole commun il se trouve plusieurs feuilles qu'on appelle folioles.

Les feuilles composées sont *conjuguées*, quand le pétiole commun ne porte que deux folioles ; *ternées* ou *trifoliées*, lorsqu'il porte trois folioles ; *quaternées*, *tétraphylles* ou *quadéfoliées*, quand il en porte quatre ; *quinées*, *pentaphylles*, ou *quinqeufoliées*, quand il y en a cinq ; *polyphylles*, quand il en à un grand nombre ; *pennées* ou *ailées*, quand les folioles sont rangées des deux côtés du pétiole, et dans tout ou partie de sa longueur ; *pennées avec* ou *sans impaire*, lorsque l'extrémité du pétiole porte ou ne porte pas une foliole ; *bigeminées* ou *biconjuguées*, lorsque étant conjuguées elles portent deux folioles conjuguées ; *biternées*, *triternées*, lorsque étant triphyllées elles portent des folioles biphylles ou triphylles ; *bipinnées* ou *deux fois ailées*, lorsqu'étant ailées, elles portent des folioles ailées.

Les feuilles sont *persistantes*, lorsqu'elles restent plusieurs années sur les plantes. Elles sont *caduques*, lorsqu'elles tombent avant la révolution de la saison, où dès qu'on les touche.

Les accompagnemens des feuilles sont les STIPULES. *Voyez* ce mot. Elles sont *caulinaires*, lorsqu'elles sont insérées sur la tige, et *pétiolaires*, quand elles sont insérées sur le pétiole.

Les fleurs sont *terminales*, lorsqu'elles naissent au sommet de la tige ; *latérales*, lorsqu'elles sortent des côtés ; *axillaires*, lorsqu'elles sont placées dans les aisselles des feuilles ; *extra* ou *supra-axillaires*, lorsqu'elles sont placées hors ou au-dessus des mêmes aisselles ; *sessilles*, quand elles reposent immédiatement sur la tige ; *pédonculées*, quand elles sont portées par un rameau particulier (*voyez* PÉDONCULE et HAMPE) ; *alternes*, *éparses*, *opposées*, *géminées*, *verticillées*, ou *spirales*, lorsque leur disposition sur la tige est la même que celle des feuilles de même nom ; en *ombelles*, quand plusieurs pédoncules sortent du même point à l'extrémité d'un pédoncule ; en ÉPI, lorsqu'elles sont sessiles le long d'un axe ; en *chaton*, quand elles ont la même disposition, et n'ont que des écailles pour calice et corolle ; en *grappe*, quand elles sont pédonculées le long d'un axe ; en *thyrse*, quand elles sont insérées aux sommets des pédoncules rameux sortant d'un axe ; en *panicule*, lorsque les pédoncules sont rameux et très écartés ; en *corymbe*, quand les pédoncules sont d'autant plus longs, qu'ils sont plus éloignés du sommet de l'axe ; en *cime*, quand elles sont placées latéralement sur des pédoncules sortant du même point ; en *tête*, quand elles sont presque sessiles et ramassées en grand nombre autour d'un centre ; *agrégées*, lorsqu'elles sont réunies en tête ; *composées*, lorsqu'elles sont insérées sur un réceptacle, et que leurs anthères sont réunies en un tube à travers lequel passe le pistil ; *flosculeuses*, lorsque dans ce dernier cas elles ne sont composées que de FLEURONS (*voyez* ce mot), c'est-à-dire de petites fleurs à cinq divisions régulières ; *radiées*, quand leur disque offre des fleurons et leur circonférence des DEMI-FLEURONS (*voyez* ce mot), c'est-à-dire de petites fleurs à languette ; *semi-flosculeuses*, lorsqu'elles n'ont que des demi-fleurons ; APÉTALES, quand elles manquent de corolles ; MONOPÉTALES, quand elles n'ont qu'un seul pétale ; POLYPÉTALE, lorsqu'elles offrent plusieurs pétales ; Labiées ou Personnées, lorsque la corolle a deux lèvres (*voyez* ces cinq derniers mots) ; *mâles*, lorsqu'elles ne renferment que des étamines ; *femelles*, lorsqu'elles ne renferment que des pistils ; *unisexuelles*, lorsqu'elles ne renferment que des étamines ou des pistils ; *hermaphrodites*, lorsqu'elles renferment des étamines et des pistils ; *simples*, lorsqu'elles n'ont que le nombre naturel de pétales ; *doubles*, lorsque les étamines et les pistils se sont changés en pétales ; *semi-doubles*, lorsqu'une portion de leurs étamines, ou de leurs pistils, sont changés en pétales. *Voyez* Fleurs doubles.

Les accompagnemens des fleurs s'appellent Bractées. *Voyez* ce mot.

Une fleur complète est composée du Calice, de la Corolle, des Etamines et du Pistil (*voyez* ces mots), parties que je vais passer successivement en revue. *Voyez* aussi Réceptacle et Nectaire.

Le calice est *monophylle*, lorsqu'il n'est que d'une pièce. Il est *polyphylle*, lorsqu'il est composé de plusieurs. Dans ce dernier cas on énumère souvent ses folioles, c'est-à-dire qu'on dit qu'il est *diphylle*, *triphylle*, etc. Il est *caduc*, lorsque ses folioles tombent au moment de la fécondation ; *persistant*, quand elles restent en place jusqu'à la maturité des graines ; *marcescent*, lorsqu'étant persistant il se dessèche ; *accrescent*, lorsqu'après la fécondation il continue de prendre de l'accroissement ; *inférieur*, quand il est placé sous l'ovaire ; *supérieur*, quand il est placé sur l'ovaire. Dans ce dernier cas on dit encore qu'il est *adhérent*.

La corolle monopétale est *entière*, lorsque son bord n'a aucune division ; *bipartite*, *tripartite*, etc., lorsqu'elle a deux, trois, etc., divisions ; *multipartite*, lorsqu'elle a plus de dix divisions aiguës, qui se prolongent au-delà de sa moitié ; *bilobée*, *trilobée*, etc., lorsqu'elle a deux, trois lobes obtus ; *bidentée*, *tridentée*, etc., quand elle a deux, trois dents peu saillantes ; *bifide*, *trifide*, etc., quand elle est divisée deux, trois fois, etc., au tiers de sa longueur ; *campanulée*, lorsqu'elle ressemble a une cloche ; *infundibuliforme*, lorsqu'elle ressemble à un entonnoir ; *hypocratériforme*, lorsqu'elle ressemble à une soucoupe à bords renversés ; en *roue*, lorsqu'elle ressemble à une roue, c'est-à-dire qu'elle n'a presque pas de tube ; *bilabiée*, quand elle offre deux divisions principales, une supérieure et l'autre inférieure ; *éperonnée*, quand elle porte à sa base un prolongement en forme de corne.

La corolle polypétale est *dipétale*, *tripétale*, etc. ; elle est *cruciforme*, lorsqu'elle est composée de quatre pétales disposées en croix ; *rosacée*, lorsqu'elle est composée de plus de quatre pétales égales ; *papillonnacée*, lorsqu'elle est composée de quatre à cinq pétales disposées en forme de papillon qui vole. *Voyez* Légumineuse, Étendard, Carène et Ailes.

La corolle *régulière* est celle dont toutes les divisions sont égales et également disposées les unes à l'égard des autres ou du pistil.

La corolle *irrégulière* est celle dont les divisions ne sont pas égales ou également disposées.

Les étamines sont *hypogynes*, lorsque leur filet prend naissance au-dessous de l'ovaire ; *perigynes*, lorsque leur filet prend naissance autour de l'ovaire ; *épigynes*, lorsque leur filet est inséré sur le pistil ; *syngénésiques*, lorsqu'elles sont toutes réunies par leurs anthères ; *monadelphes*, quand elles sont toutes réunies par leurs filets ; *diadelphes*, lorsqu'elles sont réunies par leurs filets en deux faisceaux ; *polyadelphes*, quand elles sont réunies par leurs filets en plusieurs faisceaux ; *didynames*, quand il y en a quatre dont deux plus grandes ; *tétradynames*, quand il y en six dont deux plus courtes.

Le pistil est *monogyne*, *digyne*, *trigyne*, etc., selon qu'il y a un, deux, trois, etc., styles ou stigmates. Il est *polygyne*, lorsqu'il y en a plus de douze. *Voyez* Pistil, Ovaire, Style et Stigmate.

Ce que j'appelle les accessoires des diverses parties des plantes sont les Glandes, les Poils, les Épines, les Aiguillons, les Vrilles ou Mains. *Voyez* ces mots.

Les principales espèces de fruit sont la Silique, le Légume ou la Gousse, le Drupe, la Pomme, la Baie, la Noix, la Capsule, la Follicule, la Coque. *Voyez* ces mots et les mots Graine et Semence.

Je termine ici cette longue énumération des parties des plantes, en renvoyant aux ouvrages des botanistes, principalement à la Flore française, édition de Décandolle, ceux qui voudroient de plus grands développemens. (B.)

PLANTES MARINES. On appelle quelquefois de ce nom les plantes qui croissent, dans les sols salés, sur le bord de la mer ou des marais formés par ses eaux, tels que les Soudes, les Salicors, les Troscarts, etc. ; mais plus généralement on le restreint aux plantes de la famille des conferves qui vivent dans la mer même. Les genres qu'offrent ces plantes sont peu nombreux. Ils se réduisent aux Varecs, aux Conferves, aux Ulves, mais les espèces qui les composent le sont beaucoup. Leur réunion, après qu'elles ont été arrachées, forme ce qu'on appelle *algues*, *varec*, *gœmon* dans quelques endroits.

Les cultivateurs voisins de la mer tirent un grand parti de ces plantes, soit qu'ils les arrachent du fond de l'eau avec de grands râteaux à dents de fer, soit qu'ils ramassent seulement celles que les vagues rejettent sur la plage. Les uns, après les avoir fait dessécher, les brûlent pour en tirer de la POTASSE. *Voyez* ce mot. Les autres les emploient à fumer leurs terres, soit sur les champs en les répandant sur le sol avant de le labourer, soit un an après, en les stratifiant avec de la terre, en en faisant ce qu'on appelle actuellement un COMPOST. *Voyez* ce mot et les mots VAREC, ENGRAIS. (B.)

PLANTEUR. C'est celui qui plante.

Ce mot n'est plus guère usité en France comme appellatif, mais il s'emploie encore dans les colonies pour désigner les propriétaires des terres.

PLANTOIR. C'est un morceau de bois rond et court, pointu à l'une de ses extrémités, recourbé à l'autre, quelquefois ferré par le bout, dont les jardiniers et les pépiniéristes se servent pour les repiquages de semis d'arbres, et pour la transplantation de jeunes plantes potagères ou d'ornement qui n'ont encore qu'un petit nombre de racines.

Les plantoirs doivent être faits en bois dur; ils sont ordinairement de chêne. La courbure qui se trouve à leur partie supérieure doit être telle qu'elle tienne lieu de poignée, au moyen de laquelle la main de l'ouvrier puisse facilement saisir l'instrument et l'enfoncer en terre sans trop d'efforts. La longueur et la grosseur des plantoirs sont toujours proportionnées à la force des plants qu'on repique; il est clair qu'il faut une ouverture plus large et plus profonde pour de jeunes arbres que pour de petites fleurs ou de menus légumes. Ils varient quelquefois de forme dans leur partie inférieure. Ainsi, pour les plantes à bordure, telles que le buis, le thym, la lavande, la sauge, on se sert d'un plantoir dont le bout est revêtu en tôle, et a la forme à peu près d'une langue. Celui avec lequel on plante les oignons de fleurs ne doit point être pointu, mais avoir un pouce environ de diamètre à son extrémité, et être traversé à quatre pouces au-dessus par deux chevilles horizontales, dont l'objet est d'arrêter l'instrument quand on l'enfonce, afin que tous les trous aient une égale profondeur. Pour les boutures et les plançons d'une certaine longueur on fait usage de plantoirs plus longs, dont la pointe est très aiguë et armée de fer, et qui sont aussi traversés par des chevilles.

Quelques agronomes ont pensé qu'il devoit être avantageux de planter le blé et autres grains au lieu de le semer, supposant, comme cela est vrai, qu'étant également espacé il profiteroit mieux et des sucs de la terre et des influences de l'atmosphère. Pour cela ils ont placé deux, quatre, six ou huit morceaux de bois pointus à deux pouces de distance le long d'une traverse surmontée d'un manche à potence, et ils ont appelé cet instrument un plantoir. Mais l'emploi de ce plantoir, qui ne peut servir qu'à de petites cultures, n'a pas eu un grand succès. (D.)

PLANTULE. Si on laisse quelque temps la semence dans la terre ou dans l'eau, les lobes pénétrés de parties aqueuses, chargés de sucs nourriciers, et que la chaleur met en mouvement, s'enflent et grossissent; l'air renfermé dans leur substance, en se dilatant, fait éclater l'enveloppe qui tient les deux lobes réunis: la radicule se montre; on dit alors que la semence est germée; en même temps les lobes sortent de terre en s'allongeant un peu sous la forme de deux feuilles très différentes de celles que la plante doit porter; on dit que la graine est levée. Dans cet état les lobes prennent le nom de cotylédons ou de feuilles séminales, c'est-à-dire de premières feuilles produites par la semence; ils travaillent à épurer la sève destinée à nourrir le fœtus de la plante; la radicule va bientôt chercher des sucs plus forts dans le sein de la terre; la plantule commence à paroître, mais ses parties augmentées en volume sont encore roulées et repliées sur elles-mêmes comme elles l'étoient dans la semence; les cotylédons, toujours unis à la plantule par les deux troncs de vaisseaux, l'accompagnent hors de terre comme deux mamelles destinées à allaiter le même sujet; sa force et le développement graduel continuent en raison de la chaleur et des sucs qui l'opèrent; enfin la plantule forme ensuite une plante, un arbrisseau ou un arbre. (R.)

PLAQUEMINIER, *Diospyros*, Lin. Nom de quelques arbres et arbrisseaux qui croissent naturellement dans les contrées chaudes ou tempérées des deux continens, et qui, la plupart, produisent des fruits bons à manger. Ils appartiennent à un genre et à une famille du même nom. Ils ont des fleurs hermaphrodites et femelles sur le même pied, et des fleurs mâles sur des pieds différens. Leurs feuilles sont entières et disposées alternativement sur les rameaux.

On compte sept à huit espèces de *plaqueminiers*, parmi lesquelles on distingue le PLAQUEMINIER D'EUROPE, *Diospyros lotus*, Lin., le PLAQUEMINIER DE VIRGINIE, et l'espèce qui produit la véritable ébène, c'est-à-dire l'ébène noire.

On trouve le premier dans les parties méridionales de l'Europe. C'est un arbre de moyenne grandeur, d'un port assez agréable, et qui produit des fruits gros comme une cerise, et d'une couleur jaunâtre; ils sont très astringens, mais on tempère leur astriction par la cuisson et le sucre. Ce plaqueminier est remarquable par ses feuilles, dont la surface supérieure est verte, et la surface inférieure rougeâtre. Il croît aussi en Barbarie. On a cru pendant long-temps que c'étoit avec ses fruits que se nourrissoient les lotophages de l'Afrique, d'où lui vient le nom de *lotus*. Mais M. Desfontaines a prouvé que le vérita-ble *lotus* des anciens appartenoit au *ziziphus lotus*, qui est une espèce de *jujubier*.

Le PLAQUEMINIER DE VIRGINIE, *Diospyros Virginiana*, Lin., a les feuilles de même couleur sur les deux surfaces. Il est beaucoup plus élevé que le précédent, et porte des fruits gros comme une noix, qui sont acerbes avant leur complète maturité, mais qui, cueillis à propos et conservés pendant quelque temps, deviennent mous, doux et sucrés. En écrasant leur pulpe dans l'eau on en compose une liqueur vineuse ; et en la faisant des-sécher on en fait une confiture fort bonne, et qui entre tou-jours dans les provisions d'hiver des sauvages. On cultive ce plaqueminier en pleine terre dans les environs de Paris, mais ses fruits y mûrissent difficilement.

Le PLAQUEMINIER ÉBÈNE, *Diospyros ebenum*, Lin., vient dans l'Inde et à Madagascar. Il a des feuilles oblongues, co-riaces, veinées et lisses des deux côtés. Son écorce brûlée ré-pand une odeur agréable. On sait le parti que les tabletiers et les ébénistes tirent de son bois. Plus il est dur, pesant et noir, plus il est recherché.

En France, on ne peut élever cette troisième espèce qu'en serre chaude, mais les deux autres peuvent y être multipliées en pleine terre par leurs graines qui germent aisément. Elles supportent même assez bien les plus grands froids de nos hi-vers quand elles ont acquis de la force. Si on veut qu'elles fassent dans les commencemens plus de progrès, il faut semer leurs graines dans des pots, et plonger ces pots dans une couche de chaleur modérée. On habitue insensiblement les jeunes plantes au plein air, et on les y expose tout-à-fait depuis le mois de juin jusqu'en novembre ; alors on les met sous des vitrages de couches pour les préserver des fortes gelées. Au printemps suivant on les transplante en pépinière, dans une situation chaude, où on peut les laisser pendant deux ans, après quoi on les place dans le lieu où elles doivent rester à demeure. (D.)

PLAQUER DU GAZON. C'est poser dans un lieu qu'on veut garnir d'herbe des mottes de gazon plus larges qu'é-paisses, enlevées sur le bord des chemins, dans les pâtu-rages, etc.

Voyez au mot GAZON.

PLATANE, *Platanus*. Genre de plantes de la monœcie polyandrie, et de la famille des amentacées, qui renferme deux arbres de première grandeur, dont la beauté et l'utilité n'est contestée par personne, et que tout ami de sa patrie doit désirer voir multiplier à millions chaque année sur le sol de la France.

De ces deux espèces l'une est originaire des bords de la mer Caspienne, et est appelée le PLATANE D'ORIENT ; l'autre croît dans l'Amérique septentrionale, et se nomme le PLATANE D'OCCIDENT. Tous les autres, indiqués par les auteurs comme espèces, ne paroissent être en réalité que des variétés, et je ne les mentionnerai pas ici, parceque leurs différences sont difficiles à saisir et peu importantes.

Le PLATANE D'ORIENT étoit connu des anciens, et même déjà célèbre dès le temps de la guerre de Troye, puisqu'on le préféra aux autres arbres pour le planter sur le tombeau de Diomède. Non seulement Pline et autres naturalistes ont vanté son vaste ombrage, sa grosseur monstrueuse, l'excellence de son bois, mais les historiens même ont plusieurs fois cité des pieds de cet arbre comme des objets remarquables. Les voyageurs modernes qui l'ont vu dans le voisinage de son pays natal ne tarissent pas sur sa grosseur, la beauté de son feuillage et l'excellence de son bois. *Voyez* Olivier, Voyage dans l'empire ottoman, vol. 1. Il fut apporté en Italie par les Romains, vers l'époque de la prise de Rome par les Gaulois, et cultivé avec grand soin dans le temps de la prospérité de leur république ; mais lorsqu'ils furent tombés sous le joug de maîtres féroces et destructeurs de toute industrie, il devint fort rare, et peut-être même disparut tout-à-fait de cette contrée. Ce n'est qu'en 1562 qu'il parut en Angleterre, et qu'en 1754 que Louis XV le fit venir en France. Aujourd'hui il est fort répandu par toute l'Europe méridionale et tempérée, mais on se contente de le planter dans les jardins, d'en faire des avenues, lorsqu'on devroit en former des forêts, en couvrir des cantons entiers.

La tige de ce platane est couverte d'une écorce d'un blanc grisâtre, qui se détache elle-même tous les ans en plaques irrégulières. Ses feuilles sont alternes, longuement pétiolées, a cinq lobes aiguës, glabres d'un vert luisant en dessus, légèrement velues en dessous aux angles de leurs nervures ; les moyennes ont quatre à cinq pouces de diamètre. Toutes ont une stipule perfoliée, arrondie, découpée, et assez grande. Ses fleurs sont disposées en boules, portées, au nombre de trois ou quatre, sur des pédoncules axillaires, longs de plus d'un demi-pied, dont une seule, la dernière, est mâle.

La croissance du platane est assez rapide. Dans un terrain léger, profond et frais, j'ai vu pousser ses marcottes, de trois ans de plantation, de près de huit pieds en une saison. Cette sorte de terrain est celui qui lui convient le mieux ; cependant il vient assez bien dans les autres, pourvu qu'elles ne soient pas trop sèches ou trop aquatiques. Son bois a l'apparence de celui du hêtre ; il n'a presque pas d'aubier. Il est moins dur, mais a le grain plus fin, plus serré et plus susceptible d'un beau poli. Il prend beaucoup de retraite en séchant, et a beaucoup de disposition à se fendre. Les anciens en faisoient le plus grand cas. Dans l'Orient on l'emploie à la charpente, ainsi qu'à la menuiserie et à l'ébenisterie. Les meubles qu'on en fait sont d'une beauté égale à celle de beaucoup d'arbres des Indes et d'Amérique. Encore quelques années et on pourra en tirer parti, en France, sous les mêmes rapports, si le goût des plantations subsiste avec la même vivacité. L'amateur des jardins ne peut trop le multiplier, car il produit les effets les plus agréables, soit qu'on le plante en avenue, en allée, ou en massifs. Il n'est point d'arbres plus imposans que lui, lorsqu'il est isolé. Son ombre est impénétrable aux rayons du soleil; et l'œil se repose volontiers sur la douce verdure de son feuillage. On peut le tailler en éventail, comme le tilleul, sans plus d'inconvéniens pour sa croissance. Il conserve ses feuilles très tard.

Le PLATANE D'OCCIDENT, OU PLATANE DE VIRGINIE, a les feuilles plus grandes que celles du précédent; a trois grandes divisions, anguleuses et lobées avec les nervures principales cotonneuses en dessous. Son écorce est plus blanche et ses écailles plus grandes, ses boules de fruit plus grosses. Du reste, il lui ressemble si fort, qu'il faut de l'habitude pour les distinguer lorsqu'ils ne sont pas rapprochés. Sa grosseur et sa hauteur ne sont pas inférieures aux siennes. Michaux fils en a vu qui avoient cinq à six pieds de diamètre. J'en ai aussi observé de superbes sur le bord des rivières de la Haute-Caroline; mais ils n'approchoient cependant pas de ces dimensions. Varennes de Fenilles a constaté par le calcul qu'il grossissoit de neuf lignes et demi de diamètre par an dans un bon fond des environs de Bourg, département de l'Ain. Sa vaste cime donne beaucoup de prise aux vents, ce qui occasionne souvent la rupture de ses branches, et oblige de le planter dans des lieux abrités. Il est préférable au premier pour l'ornement; mais il présente un inconvénient qui a obligé beaucoup de colons américains à le couper dans les environs de leur demeure; c'est que, dans les chaleurs de l'été, les poils de ses feuilles se détachent naturellement, voltigent dans l'air, et affectent les yeux de démangeaisons insupportables. On ne s'est pas encore plaint de cet inconvénient en France; mais il est probable qu'il doit y avoir lieu comme en Amérique.

Le bois de ce platane diffère peu, pour ses qualités physiques, de celui du précédent. On en fait des meubles, de la charpente, et du charronnage dans le Canada, où il est commun. Les Américains l'estiment beaucoup. Il pèse sec cinquante-une livres huit onces sept gros par pied cube.

L'estimable Malsherbes a trouvé dans ses semis une variété

de ce platane, qu'il a appelé *tortilard*, parcequ'il étoit entouré de nodosités, qui rendoient ses fibres déviantes, et par conséquent aussi difficiles à fendre que celles de l'orme du même nom. Il présumoit, et il en a fait l'essai en petit, que cette variété seroit très précieuse pour fabriquer des moyeux. J'ignore si elle subsiste encore dans ses domaines.

Ces deux platanes se multiplient de la même manière, c'est-à-dire par semences, par marcottes et par boutures. Les semences sont sujettes à avorter dans le climat de Paris, et, lorsqu'elles sont fécondes, les premières gelées de l'automne les frappent souvent : ces deux causes, jointes à ce que peu de jardiniers savent qu'elles ne veulent pas être enterrées, font que leurs semis réussissent rarement. La bonne graine se tire des parties méridionales de l'Europe. Pour la faire bien lever, il faut la répandre, aussitôt qu'elle est cueillie (ou arrivée), sur une terre préparée, au levant ou au nord, la fixer par un ou plusieurs arrosemens copieux, exécutés de haut, et ensuite la couvrir d'un demi-pouce de mousse, ou de paille, ou d'une claie, ou de toute autre chose qui intercepte le grand air, et entretienne une constante humidité. On distingue facilement les deux espèces à leurs boules, celle d'Orient les ayant rarement d'un pouce de diamètre et brunes, celle d'Occident les ayant toujours de plus d'un pouce et jaunâtres.

Le plant qui provient de ces graines est laissé ordinairement dans la planche pendant deux ans. Il ne demande que des sarclages et quelques arrosemens la première année seulement, et lors des grandes sécheresses. Au printemps de la seconde, on le repique à vingt ou vingt-quatre pouces, plus ou moins, selon que le terrain est bon ou mauvais, dans un lieu profondément labouré, sans lui couper la tête, et on l'y laisse jusqu'à ce qu'il soit assez fort pour être planté définitivement, c'est-à-dire pendant quatre à cinq ans, en lui donnant tous les ans un labour et deux binages, et en coupant la seconde année ses branches latérales en crochet. Quelquefois sa tête se dessèche ou gèle ; mais il ne faut pas s'en inquiéter, sa disposition à pousser en zigzag faisant que le bourgeon supérieur reprend toujours de lui-même la direction perpendiculaire.

Le plant provenant de semis est préférable à tout autre, parcequ'il a plus de vigueur et conserve souvent son pivot, ce qui est très important pour un arbre qui donne tant de prise aux vents ; mais il faut attendre deux ans de plus les arbres qui en proviennent ; aussi en trouve-t-on rarement dans les pépinières.

La multiplication par marcottes est très assurée. Il suffit de coucher les branches de l'année précédente dans la terre pendant le cours de l'hiver, pour être assuré qu'à moins de sécheresse extraordinaire elles auront toutes des racines un an après. Dans les grandes pépinières on consacre un certain nombre de pieds uniquement à cet objet; et ces pieds, devenant gros, fournissent souvent d'un à deux cents marcottes chacun. On les relève à la fin de l'hiver, on coupe la crosse immédiatement au-dessous du plus fort paquet de racines, et on les plante à vingt ou vingt-quatre pouces. Le plant se conduit ensuite comme celui provenant de semis; mais il croît d'abord bien plus rapidement. Ce n'est qu'au bout de douze ou quinze ans de plantation définitive que ce dernier prend le dessus.

On doit faire les boutures de platanes pendant l'hiver. Les premières mises en terre sont toujours celles qui reprennent le plus certainement. C'est le bois de l'année précédente, autant que possible, avec un petit talon de deux ans, qu'il faut préférer. Les petites branches coupées avec une portion du vieux bois, sur la partie voisine du pied des marcottes et hors de terre, en font d'excellentes. Elles doivent avoir au moins un pied de long, et il vaut mieux leur en donner deux lorsque cela se peut. Une terre légère et fraîche, ou au moins ombragée, leur est indispensable. On les y place à quatre ou cinq pouces et obliquement, au moyen de rigoles faites à la bêche, de manière qu'il n'y ait que les deux ou trois yeux supérieurs qui sortent. En remplissant ces conditions à la rigueur, si l'été n'est pas extraordinairement sec, on peut être assuré que peu de ces boutures manqueront. Toutes celles reprises seront, l'hiver suivant, repiquées comme les plants de semis et de marcottes.

Il est souvent avantageux de recéper le plant de platane la seconde année de son repiquage, pour lui faire pousser une tige plus vigoureuse et plus droite; mais lorsque la terre est bonne et qu'il a été bien conduit, on peut aussi souvent s'en dispenser. C'est au jardinier à juger des cas où il convient de faire cette opération qui retarde d'un an la jouissance, mais qui fait de plus beaux arbres. Il faut n'y soumettre qu'à regret celui provenant de semis.

Les platanes doivent être plantés, lorsqu'on les destine à former des avenues, à trente pieds de distance dans les terrains médiocres et à quarante dans les bons. Celui d'orient sera mis de préférence dans ceux qui seront secs, et celui d'occident dans ceux qui seront humides. Lorsqu'on veut en former des quinconces, la moitié de cette distance suffit, et encore moins si ce sont des massifs. Ils poussent leurs feuilles de bonne heure au printemps en même temps que leurs fleurs et les gardent assez tard en automne.

Les vieux platanes coupés forment, en repoussant, de su-

perbes buissons, souvent hauts de dix pieds la première année.
Je ne doute pas que les taillis qui en seroient composés ne fussent très productifs. On dit que leur bois donne peu de chaleur
en brûlant ; mais a-t-on fait des observations bien exactes sur ce
point ? Il donne au moins beaucoup de flamme, ainsi que je
l'ai observé plusieurs fois. Je conseillerai donc à tout propriétaire, jaloux d'enrichir ses possessions, de planter des bois de
platane, sur-tout d'en regarnir ses forêts, car il vient bien à
l'ombre et il diffère beaucoup par sa constitution des autres
arbres, ce qui fait croire qu'il pourra vivre dans le terrain
le plus épuisé. Que d'expériences restent encore à faire à son
égard ! (B.)

PLATE-BANDE. Pièce de terre longue et étroite qu'on
dispose dans les jardins pour y cultiver des légumes, des
fleurs, des arbustes, etc.

La largeur des plates-bandes varie, mais dans des limites
assez étroites, parcequ'il faut qu'elles plaisent à la vue et qu'on
puisse les sarcler, les biner sans entrer dedans. Rarement on
en voit de moins de trois ni de plus de huit pieds de large.
Leur mesure ordinaire est quatre, cinq ou six pieds.

Dans les jardins légumiers elles entourent les carrés, longent les murs et sont plantées d'arbres fruitiers, en contr'espalier, en quenouille, en pyramide, quelquefois, mais rarement, cultivées en légumes. Nos yeux y sont si accoutumés,
qu'un jardin qui en est privé semble manquer d'un objet
essentiel. Presque toujours on les borde d'oseille, de pimprenelle, de chicorée sauvage, de rocambolle, de persil, de
cerfeuille et autres plantes de ce genre qui retiennent les
terres et dessinent leur contour. Leur milieu est généralement
peu bombé.

Dans les parterres les plates-bandes sont plus importantes,
puisqu'elles sont les seules cultivées. Autrefois on leur donnoit
des formes très variées et souvent baroques, aujourd'hui on est
revenu à la simplicité. On se contente d'en entourer les gazons.
Là elles sont ordinairement très bombées, plantées dans leur
milieu d'un rang d'arbustes que le mauvais goût taille encore
trop souvent en boule, ou en cône, et de grandes plantes vivaces
et, sur leurs côtés, de plantes vivaces et de plantes annuelles
moins élevées. Rarement elles offrent plus de cinq rangs de ces
plantes et le plus souvent seulement trois. Une bordure de buis,
de gazons, de petits œillets, de violettes et autres petites plantes
vivaces les dessine toujours. On leur donne un bon labour pendant l'hiver, quatre à cinq binages pendant l'été et des arrosemens au besoin. On les garnit chaque saison de fleurs annuelles
qu'on élève dans une autre partie du jardin. L'important est
qu'elles se succèdent sans interruption, et que leur disposition

soit telle que leur grandeur, leur couleur et même leur forme contrastent et se fassent réciproquement valoir. Généralement on ne varie pas assez les espèces. On voit que ce sont toujours dans le rang du milieu des ROSIERS, des ALTHEA, des JASMINS jaunes, des LILAS, des OBIERS STÉRILES, des IFS, des ASTÈRES, des VERGES D'OR, des ALCÉES, des PIVOINES, des IRIS, des MATRICAIRES, des FRITILLAIRES, des LIS blancs, jaunes, rouges, des ORNITHOGALES, des ASPHODÈLES. Dans les rangs latéraux des ANCOLIES, des TAGETS, des ZINNIA, des PIEDS D'ALOUETTE, des MARGUERITES, des ŒILLETS, des ALYSSONS, des PAVOTS. *Voyez* tous ces mots.

On remarque, en général, que les plates-bandes des parterres des grands jardins ne sont pas assez amendées pour la quantité de plantes qu'elles nourrissent ; aussi le plus souvent ces plantes sont-elles grêles, jaunes et ne remplissent-elles que fort incomplètement le but qui les y a fait placer. Souvent aussi ces plantes sont si rapprochées qu'elles se nuisent réciproquement.

Dans les parterres des fleuristes, les plates-bandes sont très rapprochées et parallèles les unes aux autres. On préfère les border en dalles de pierre, en planches, en briques, parcequ'on a remarqué que les buis et autres grandes plantes donnoient retraite aux escargots, aux limaces et à des myriades d'insectes. *Voyez* pour le surplus au mot PARTERRE. (B.)

PLATE-BANDE DE TERRE DE BRUYÈRE. On a donné ce nom à un local disposé pour recevoir les semis, les plants et même les pieds faits, des arbres et arbustes, qui, à raison de la ténuité de leurs racines, ne croissent bien que dans la terre de bruyère. C'est une culture nouvelle, mais qui a pris une extension telle qu'il n'est plus de jardin d'amateur, plus de fleuriste, plus de pépiniériste qui puisse s'en passer. *Voyez* au mot BRUYÈRE (TERRE DE).

Voici comme on la construit :

Sur la longueur septentrionale d'un mur de huit à dix pieds de haut, quelquefois moins, on fait une tranchée au plus de même largeur et d'une profondeur de huit, dix, douze pouces et plus, selon l'espèce des plantes qu'on veut y placer, selon la nature plus ou moins légère du sol, enfin selon l'abondance de la terre de bruyère qu'on a à sa disposition. Le fond de cette tranchée est ensuite couvert de quatre pouces de sable pur et ensuite de terre de bruyère passée à la claie, jusqu'à six à huit pouces au-dessus du sol.

Lorsqu'on n'a pas suffisamment de terre de bruyère, on peut la suppléer, dans le fond, par des feuilles pourries, stratifiées avec une terre végétale légère, ensuite on couvre le tout de quelques pouces de terre de bruyère ; si on n'en a pas du tout de cette dernière, on la supplée par du sable dans lequel on mêle un quart ou un sixième de terre végétale légère.

Le sable pur que j'ai conseillé de mettre au fond de la fosse est destiné à empêcher les larves de hanneton et les lombrics, qui, pendant l'hiver, s'enfoncent à plus de six pieds, de monter au printemps dans la plate-bande, car ces animaux n'entrent pas volontiers dans le sable, où ils ne trouvent pas de moyens de subsistance. On éloigne par cela même les courtilières, qui vivent de lombrics et qui ne se trouvent abondamment que dans les lieux où ils sont communs. *Voyez* HANNETON, LOMBRIC et COURTILIÈRE.

Une plate-bande ainsi construite peut durer un grand nombre d'années sans être renouvelée entièrement ; mais comme elle s'épuise et s'affaisse, il convient de la recouvrir, la CHARGER (*voyez* ce mot) tous les deux ou trois ans de quelques pouces de nouvelle terre. Jamais ou presque jamais il ne faut la fumer, le fumier étant nuisible à la plupart des plantes qui lui sont destinées.

C'est dans cette plate-bande qu'on sème les graines des plantes délicates qui exigent de la fraîcheur et de l'ombre, qu'on repique leur plant, qu'on place enfin les plantes mêmes. Cependant, par économie, on fait les semis et les repiquages dans des plates-bandes particulières où l'épaisseur de la terre de bruyère n'est que de quatre à six pouces au plus.

En général, tout arbre, tout arbuste, toute plante vivace ou annuelle, croît beaucoup mieux dans la terre de bruyère, lorsqu'elle est tenue par des arrosemens dans un état constant de fraîcheur, parceque ses racines y pénètrent plus facilement, et y trouvent plus d'humus à l'état soluble ; cependant la nécessité d'économiser fait qu'on ne place guère dans les plates-bandes en question que les arbres, arbustes et plantes à qui cette terre est indispensable, tels que les BRUYÈRES, les ANDROMÈDES, les AIRELLES, les CÉANOTHES, les FOTHERGILLES, les ARALIES, les ARBOUSIERS, les AZALÉES, les CALICARPES, les CALYCANTS, les CÉPHALANTHES, les CLETHRA, les HYDRANGÉES, les ITÉES, les KALMIES, les LÈDES, les ROSAGES, les RHODORES, quelques SPIRÉES et autres arbustes qui seront mentionnés à leur article, presque tous originaires de l'Amérique septentrionale.

La distance qu'il convient de donner aux arbustes dans les plates-bandes de terre de bruyère dépend de leur grandeur et de l'objet qu'on se propose. Ceux qui doivent s'y développer pour l'ornement seront plus écartés que ceux qui y attendent un acquéreur, que ceux qui sont destinés à servir à la reproduction par le moyen des marcottes. Comme presque tous aiment à avoir le pied ombragé, on peut les rapprocher jusqu'a un certain point. Cependant je dois dire que, sur-tout dans les pépinières marchandes, ils le sont trop pour la facilité de l'arrachis des rejetons, du couchage des marcottes, etc.

Deux ou trois binages pendant l'été, un labour pendant l'hiver, et des arrosemens pendant les chaleurs et dans les longues écheresses sont indispensables à une plate-bande de terre de bruyère. C'est lors du labour d'hiver qu'on fait la plupart des opérations de jardinage qu'elles exigent, telles que fabrication et séparation des marcottes, enlèvement des rejets, suppression des branches mortes, etc. Cependant toute l'année un amateur ou un pépiniériste y trouve à travailler. (B.)

PLATRAS. On donne à Paris le nom de plâtras aux débris des murs, parceque la plupart sont construits en plâtre. Par suite on a étendu l'acception de ce mot à tous les Décombres. *Voyez* ce mot.

La différence des plâtras et du plâtre est trop peu considérable pour que leur manière d'agir ne soit pas à peu près la même ; mais je ne sache pas qu'on ait fait des expériences comparatives propres à donner quelques lumières sur le degré de supériorité de l'un sur l'autre. Le vieux plâtre calciné de nouveau ne reprend qu'à un foible degré la faculté de se *gâcher* ; mais aussi il contient presque toujours des nitrates de potasse, de soude et de chaux, des muriates à base de même nature. Or, ces sels, sur-tout le sel marin, sont dans quelques circonstances de très bons amendemens.

L'effet des plâtras peut agir mécaniquement ou chimiquement, ou l'un et l'autre à la fois ; mais il est toujours assuré, quelle que soit la nature de la terre et l'objet de la culture. On les concasse avec des massues, et on les mêle avec la terre lors des premiers labours d'automne. Il n'y a que l'excès qui soit nuisible, parcequ'ils peuvent rendre la terre trop meuble, ou donner un trop prompt passage à l'eau des pluies, comme on le voit souvent dans les jardins des faubourgs de Paris. Des observations prouvent qu'il y a beaucoup à gagner à les employer immédiatement après la démolition des bâtimens. Réduits en poudre fine et mêlés avec les fumiers, ils augmentent beaucoup l'énergie de ces derniers. Enfin ils n'ont contre eux que l'inconvénient de coûter beaucoup pour être transportés.

Je dois remarquer ici, comme je l'ai déjà remarqué au mot plâtre, qu'il ne paroît pas que l'eau qui dissout nécessairement les molécules des plâtras répandus sur la terre soit ensuite nuisible aux racines des plantes sur lesquelles elle passe.

Voyez au mot Sélénite. Si les arbres plantés dans les jardins composés en plus grande partie de plâtras meurent souvent pendant les grandes sécheresses de l'été, c'est qu'ils manquent d'humidité, et non parceque leurs racines sont encroûtées. J'en ai acquis plusieurs fois la preuve. (B.)

PLATRE. Pierre dont on voit les montagnes de quelques cantons en partie formées, et qui est le mélange du gypse ou sélénite avec de la pierre calcaire, de l'argile et du sable dans des proportions fort variables.

Il ne paroît pas qu'il y ait en Europe plus de trois dépôts de plâtre ; savoir, celui des environs de Paris, celui des environs d'Aix, et celui des environs de Burgos, dépôts fort étendus, et que j'ai tous visités. Ceux qu'on cite dans les Alpes, les Pyrénées, les Apennins, etc., sont, ainsi que j'ai pu m'en assurer pour quelques uns, des gypses primitifs purs ou presque purs. *Voyez* aux mots Gypse et Sélénite.

Une propriété très remarquable du plâtre, et que je dois indiquer ici, c'est d'être très septique, c'est-à-dire de favoriser singulièrement la décomposition des viandes. On n'a pas encore donné d'explication à ce fait.

Le plâtre est plus dur et est moins susceptible d'être dissout par l'eau que le gypse, à raison des matières étrangères qu'il contient ; c'est ce qui le rend bien plus propre aux constructions que le gypse, sur-tout à celles de ces constructions qui sont exposées à l'air. Les trois quarts des maisons de Paris sont bâties avec du plâtre. Pour l'employer sous ce rapport, on le fait *cuire*, c'est-à-dire calciner, à peu près comme la chaux ; on le réduit en poudre grossière ; on lui rend l'eau ; on le remue (gache), et on le met en place sur-le-champ, parceque dès que sa combinaison avec l'eau est complètement effectuée, il durcit, se refuse à prendre la forme désirée, ou ne peut plus s'étendre sous la truelle.

Pour calciner le plâtre, on peut se servir de fourneaux à chaux. Aux environs de Paris, malgré la cherté du bois, et la grande perte de chaleur qui en résulte, on cuit le plâtre entre trois murs, sous des hangars, après l'avoir cassé en morceaux plus ou moins gros. Dans cette intention on fait une voûte de deux pieds de haut, avec les plus gros morceaux et de toute la longueur du tas ; sur cette voûte on jette les morceaux moyens, ensuite les plus petits, et on fait dessous cette voûte un feu de fagots. Lorsque le plâtre est trop cuit, il se *prend* (se consolide) moins bien ; ainsi il faut savoir arrêter le feu au moment convenable. L'expérience seule peut indiquer ce point qui varie dans chaque carrière, à raison de la différence de proportion des composans du plâtre, le plâtre où il y a beaucoup d'argile (c'est le moins bon pour la bâtisse) se calcinant plus tôt que celui qui renferme beaucoup de calcaire.

Pour pulvériser le plâtre, on pourroit faire usage de machines fort simples, fort expéditives et sans dangers, comme une meule de pierre tournant de champ sur une large pierre (*voyez* MOULIN A HUILE); comme deux meules horizontales et presque parallèles, dont l'une est fixe et l'autre tourne (*voyez* MOULIN A FARINE); comme deux ou trois cylindres cannelés, écartés d'un demi-pouce, et tournant horizontalement en sens contraire; comme un cône cannelé, renfermé dans une chemise également cannelée, et tournant perpendiculairement. Les cylindres et le cône pouvant être ou de fer fondu et creux, ou de bois recouvert de fer forgé. Au lieu de cela, on n'emploie, aux environs de Paris, que des bras armés d'un large bâton un peu recourbé; de sorte qu'on fait peu de besogne, de la mauvaise besogne, et que la santé des ouvriers est compromise, à raison de la poussière qu'ils aspirent continuellement. Il est remarquable que l'art de fabriquer le plâtre soit encore dans l'enfance à la porte de Paris, lorsqu'il est plus perfectionné en Espagne, en Allemagne, et même en Russie. Les plâtriers disent, pour leur excuse, que le plâtre trop fin, ou trop également pulvérisé, n'est pas d'un emploi aussi avantageux; mais est-il donc si difficile d'avoir un résultat semblable avec une machine? Il suffit de tenir les cylindres ou le cône à une distance assez considérable pour que quelques morceaux de plâtre échappent à leur action.

Il est bon de faire usage du plâtre pour la bâtisse aussitôt qu'il est cuit et pulvérisé, parcequ'il attire promptement l'humidité de l'air et qu'il perd par-là la faculté de se gacher. Lorsqu'on est forcé de le garder quelque temps, c'est dans des tonneaux défoncés et dans un lieu très sec qu'il faut le renfermer.

Il y a lieu de croire que l'usage du plâtre comme amendement des terres est très ancien, mais on ne trouve rien qui le constate dans les écrits antérieurs au siècle dernier.

Mayer est le premier qui ait fait des expériences sur ses propriétés sous ce rapport, et qui en ait publié le résultat. Depuis, presque tous les agronomes l'ont vanté, et son emploi s'est étendu. Aujourd'hui on s'en sert dans un grand nombre de lieux de l'Allemagne, de la Suisse, de l'Italie, de l'Angleterre, de l'Amérique septentrionale et de la France; mais on ne s'en sert pas encore par-tout où on le pourroit, et où, par conséquent, on le devroit. Les amis de la prospérité de l'agriculture doivent faire des vœux pour que les cultivateurs ouvrent leurs yeux sur les avantages qu'il offre. N'est-il pas remarquable, par exemple, que les cultivateurs anglais et américains viennent chercher le plâtre des environs de Paris pour améliorer leurs récoltes, et que ceux qui sont possesseurs des fonds d'où on le tire n'en connoissent pas la propriété? En effet, il est très peu de laboureurs du département de la Seine ou de Seine-et-Oise, ou de Seine-et-Marne, qui en fassent usage.

Quoique personne ne doute aujourd'hui de l'utilité du plâtre, il est des écrivains qui prétendent n'en avoir obtenu aucuns bons effets. Cela tient sans doute à des circonstances particulières qui auroient besoin d'être étudiées. J'ai déjà observé que les proportions des divers composans du plâtre varioient. Si on met du plâtre de Vaux, près Meulan, qui est surchargé d'argile, dans un terrain argileux, il n'y fera pas autant de bien que du plâtre de Montmartre, dans lequel le calcaire et le siliceux dominent. Au reste, on ne connoît pas encore la manière d'agir du plâtre. Quelques personnes, il est vrai, ont prétendu que cette manière d'agir ne différoit pas de celle de la marne, et c'est dans leur sens que je viens de parler ; mais j'observerai qu'une quantité de plâtre double de la semence suffit pour produire tout l'effet possible sur un champ, et qu'on n'obtiendroit pas d'action de la même quantité de marne, ce qui ne permet pas d'admettre leur théorie.

Mon collaborateur Yvart est dans l'opinion que l'action du plâtre tient à l'acide sulfurique qui entre dans sa composition, et il se fonde sur ce que les cendres de tourbe, qui contiennent du sulfate de fer et du sulfate d'alumine, agissent de la même manière. Cette idée est très probable ; mais avant de l'adopter définitivement il faudroit qu'elle fût appuyée d'expériences directes et multipliées. Il a été observé, ainsi que je l'ai dit plus haut, que le gypse favorisoit la putréfaction des corps. Il se pourroit que ce fût d'après le même principe qu'il agît sur la végétation. Comme je manque de données pour expliquer ces faits, je n'en entretiendrai pas plus longuement le lecteur.

Une singularité digne de remarque, c'est que les eaux séléniteuses, c'est-à-dire qui tiennent un des principes du plâtre en dissolution, sont pernicieuses à la végétation, tandis que le plâtre ou le gypse la favorisent puissamment *Voyez* au mot Sélénite.

Les cultivateurs qui se sont servis avec le plus de succès du plâtre comme amendement, ne sont pas d'accord sur la question de savoir s'il convient mieux de l'employer tel qu'il sort de la carrière, ou après qu'il a été cuit. Ils citent des expériences qui semblent prouver également le pour et le contre. Je ne puis prendre parti dans cette discussion ; cependant il semble que le plâtre cuit doit être préféré comme absorbant plus facilement et plus abondamment et l'humidité et le gaz acide carbonique de l'atmosphère. Au reste les partisans du plâtre cuit conviennent généralement qu'il faut qu'il le soit moins que pour les bâtimens, c'est-à-dire fort peu.

Il est bien plus avantageux de répandre le plâtre en poudre fine et en petite quantité sur les terres, le semant en automne ou au printemps, que du plâtre grossièrement concassé en grande quantité et avant les labours. Ce n'est qu'autant qu'il reste à la surface, ou près de la surface de la terre, c'est-à-dire sur les feuilles des plantes, qu'il remplit complètement le but qui le fait employer.

On peut répandre le plâtre sur toutes sortes de terres et pour toutes espèces de cultures, mais c'est principalement sur les terres légères ou sablonneuses, sur les prairies naturelles ou artificielles qu'il produit d'étonnans résultats. Quelques observations semblent même indiquer qu'il est quelquefois dans ces cas plus avantageux que les engrais mêmes. On en a obtenu aussi de très bons effets dans les sols argileux et non humides. Il donne aux plantes une énergie de végétation telle, qu'il les fait trop pousser et pousser trop long-temps, de sorte qu'il ne faut pas l'employer ou l'employer avec beaucoup de modération dans le cas où on veut avoir de la graine. C'est sur les céréales, telles que le froment, le seigle, l'orge et l'avoine qu'il paroît avoir le moins d'action.

Uni au fumier, soit dans la cour, soit sur le champ, le plâtre augmente son énergie. Beaucoup de cultivateurs trouvent par ce moyen le secret d'en diminuer la consommation et d'améliorer cependant les produits de leurs cultures.

Mais le plâtre cesse de produire de bons effets si on le répand toutes les années sur le même champ. L'expérience a prouvé qu'il falloit en suspendre l'usage, au bout de trois à quatre ans au plus, pour y revenir après pareille intervalle. Des cultivateurs qui en ont trop répandu à la fois ont vu leurs champs frappés de stérilité pour plusieurs années, ce qui les a dégoûtés de son emploi. L'état actuel de la science ne permet ni d'expliquer ce fait, ni d'en déterminer les circonstances pour telle ou telle nature de terrain, pour telle ou telle variété de plâtre.

Lasteyrie, à qui on doit un excellent traité sur l'usage du plâtre dans la grande culture, traité que j'aurois voulu employer ici en entier, observe que le plâtre agit sur les plantes à raison de ce que leurs racines s'éloignent moins de la superficie du sol. Cet effet s'explique naturellement, dit-il, en supposant, ainsi qu'il paroît très vraisemblable, que le plâtre s'empare des élémens propres à la végétation disséminés dans l'atmosphère, et les leur transmet directement. C'est par la même raison qu'on observe des effets bien plus sensibles lors-qu'on le répand sur les feuilles et les tiges des plantes.

Cette théorie peut être vraie ; cependant il est probable que la qualité septique du plâtre agit dans ce cas, ainsi que je l'ai déjà observé.

« Le temps le plus avantageux pour répandre le plâtre, con-tinue Lasteyrie, c'est lorsque l'atmosphère et la terre ne sont ni trop sèches, ni trop humides, lorsque les plantes ont com-mencé à pousser, ou qu'elles sont élevées de quelques pouces au-dessus du sol. On peut faire cette opération dans toutes les saisons, lorsque les autres circonstances sont d'ailleurs favo-rables. Il faut cependant en excepter l'hiver, lorsque toute végétation est interrompue ; si on sème du trèfle, ou les plantes propres aux prairies artificielles, parmi l'avoine ou les autres céréales, on pourra répandre le plâtre aussitôt après la ré-colte. Quelques agriculteurs trouvent de l'avantage à le faire après la première coupe de ces prairies, lors même qu'elles l'auroient déjà été avant l'hiver ou au printemps : il faut seu-lement le ménager davantage chaque fois.

« Si le climat et le sol sur lequel on veut répandre le plâtre sont secs, chauds et arides, on exécutera l'opération de bonne heure au printemps, avant que la terre et l'air aient perdu l'humidité dont ils sont alors imprégnés. On doit choisir au-tant que possible l'instant où le ciel est couvert de nuages, celui qui succède à une pluie douce et légère : les pluies d'o-rage ou continues entraînent le plâtre et font perdre une partie des effets qu'on auroit obtenus. Il en est de même des vents, car, on le répète, il est plus utile que le plâtre soit répandu sur les feuilles et les tiges que sur la terre ; cepen-dant si le soleil vient à frapper les plantes qui en sont couver-tes, il les dessèche et les brûle par son intermédiaire.

« Il est difficile de déterminer d'une manière précise la quantité de plâtre qui doit être répandue sur une superficie de terrain donnée. On a vu par ce qui a été dit plus haut qu'elle devoit varier d'après la nature du sol, le genre de culture, la saison dans laquelle on l'emploie, les effets plus ou moins du-rables qu'on veut obtenir, la crudité, la cuisson, la pulvéri-sation plus ou moins grande de cette substance, etc. On peut donner, pour règle générale, qu'il suffit de vingt sacs, tels qu'on a coutume de les vendre aux environs de Paris, pour chaque arpent. Chaque sac est du poids de cinquante livres. »

M. de Saint-Genis a fait à Pantin, près Paris, des expérien-ces sur l'effet du plâtre, qui n'ont rien offert d'avantageux. Ce résultat est facile à expliquer lorsqu'on sait que les terres de ce village sont sur une masse de plâtre ; qu'il y a plusieurs carrières ouvertes sur son territoire, et que par conséquent elles en sont saturées : il faut conclure, de l'observation faite plus haut, que quand on donne du plâtre à la même terre plusieurs années consécutives, il finit par n'avoir plus d'action. Résultat que M. de Saint-Genis a obtenu et devoit obtenir.

On trouve dans le quatrième volume des Annales d'agriculture, outre les observations de M. de Saint-Genis, celles qui ont été faites en Angleterre par le bureau d'agriculture, et une lettre de M. Charles Pictet, lettre dont je crois devoir ici copier un passage, parcequ'il y est parlé d'après une expérience de vingt-cinq années.

« La calcination du plâtre est une opération préliminaire indispensable; on le pulvérise ensuite sous une meule tournante, et on peut le garder dans cet état plusieurs mois sans inconvénient. Le plâtre a un effet très marqué sur les trèfles, les luzernes, les sainfoins et les vesces. Il ne paroît pas qu'il agisse sensiblement sur les autres récoltes. On choisit pour le semer le moment où la végétation commence à être active; pour les trèfles et les luzernes, entre le 10 et 20 avril (aux environs de Genève); le mieux est d'attendre que la terre soit à peu près cachée par les plantes : on le répand à la main, comme on sème les graines; cette poussière s'attache aux feuilles, et il n'en tombe qu'une petite partie sur la terre. La quantité qu'on en répand doit être égale (en mesure et non en poids) à la quantité de froment qu'on sèmeroit sur la même étendue de terrain. On prend pour cette opération un temps calme, brumeux, un moment où les feuilles soient humides, pour que la poussière du plâtre s'y attache mieux.

« L'effet est moins grand quand il survient une sécheresse après l'opération; mais s'il tombe un peu de pluie dans les quinze jours qui suivent, les progrès de la plante sont incomparablement plus rapides, et les récoltes beaucoup plus fortes. Cette pratique est très répandue sur le territoire de Genève et dans la partie des départemens du Mont-Blanc et de l'Ain qui l'avoisine. »

Les effets du plâtre durent au moins six ans sur la luzerne et le sainfoin; de sorte qu'il est plus avantageux de l'employer sur ces plantes que sur le trèfle et autres plantes annuelles ou bisannuelles.

Il résulte de ce que je viens de dire qu'il n'y a pas de doute que l'emploi du plâtre ne soit très fructueux, mais que le mode de son action n'est pas encore suffisamment connu. Ce sujet seroit digne de l'examen d'un chimiste éclairé.

Je ne sache pas qu'il ait été fait des expériences comparatives propres à constater lequel du plâtre ou du gypse pur devoit être préféré pour l'amendement des récoltes ; mais il est certain qu'on les emploie l'un et l'autre avec succès. (B.)

PLEINE TERRE. Les jardiniers qui cultivent dans les climats froids, dans celui de Paris par exemple, appellent plantes de pleine terre celles qui ne craignent pas la gelée et peuvent rester à l'air pendant toute l'année, et ce, par opposition aux plantes des pays chauds, qu'on est obligé de rentrer dans l'orangerie ou la serre pendant l'hiver.

Il résulte de cette définition que telle plante qui est de pleine terre dans le midi de la France ne l'est pas dans le nord ; que telle autre qui n'étoit pas de pleine terre à Paris, il y a cent ans, l'est devenu aujourd'hui, du moins selon l'opinion générale, par l'effet de son acclimation.

On sent, d'après cela, que ce mot n'a pas de signification dans la grande culture, et varie d'application selon les lieux dans la petite. Aussi je ne lui consacre un article que parceque les amateurs de plantes étrangères sont devenus très nombreux, et que plusieurs ont besoin d'être guidés dans leurs déterminations à cet égard.

On peut distinguer les plantes de pleine terre, en plantes de terre ordinaire et en plantes de terre de bruyère, parmi lesquelles sont des arbres et des arbustes. Voici le catalogue, d'après Dumont-Courset, de celles qui sont cultivées le plus ordinairement dans les jardins des environs de Paris. L'étoile signifie que la plante peut être frappée par les gelées extraordinaires, et le B, qu'elle exige la terre de bruyère.

BOSQUET D'HIVER.

arbres et arbustes.

Les Pins et Sapins.
Les Génevriers.
Les Cyprès.
Les Thuya.
L'If.
Les Alaternes. *
Les Filaria. *
Les Arbousiers. *
Le Buplève en arbre.
Le Laurier cerise.
Le Laurier thym. *
Le Laurier commun. *
Les Buis.
Les Houx.

Les Chênes verts. *
Les Fragons.
La Lauréole.
Les Rosages. B
Les Kalmies. B
Le Buisson ardent.
La Bacchante. *
Le Budlege. *
Le Phlomide *
Les Genets.
Le Jasmin jaune.
L'Othone. *
La Rue.
Les Pervenches.

Les Santolines.
Le Gualtherie. *
Le Romarin. *
La Sauge.
La Lavande.
La Camelée. *
La Germandrée.
La Soude en arbre.
Le Polium.
Les Stechas.
Le Prinos. B
Le bois Gentil.

Plantes vivaces.

Les Hellébores.
La Galantine.

La Perce-Neige.
Les Anémones.

Le Safran printanier
Les Saxifrages

BOSQUET DU PRINTEMPS.
Arbres et arbustes.

Les Cornouillers.
Les Amandiers.
Les Pêchers.
Le Rhodore.
Le Sureau à grappes.
Les Lilas.
Les Marroniers.
Les Cerisiers.
Le Frêne à fleur.
Le Cytise.
Les Sorbiers.
Les Alisiers.
Les Néfliers ou épines.

Les Camécerisiers.
Les Gaigniers.
L'Émerus.
La Quintefeuille en arbre.
Les Mélèzes.
Les Robiniers.
Les Seringas.
Les Obiers ou Viornes.
Les Spirées.
L'Épine-Vinette.
Les Érables.
L'Halezier. B

Les Calycants. B
Les Engranes.
Les Magnoliers. B
Les Andromèdes. B
Les Bruyères. B
Les Lédons. B
Les Airelles. B
Les Cytises.
Les Cystes.
Les Pruniers.
Les Poiriers.

Plantes vivaces.

Les Violettes.
Les Primevères.
Les Juliennes.
Les Pivoines.
Le Populage.
Les Renoncules.
Les Anémones.
Les petits Œillets.

Les Lychnides.
Les Coquelourdes.
Les Muguets.
Les Pâquerettes.
Les Alysses.
Les Valérianes.
Les Iris.
Les Globulaires.

La Gyroselle.
Les Polémoines.
Les Géranions.
Les Campanules.
Les Véroniques.
Les Fumeterre.

BOSQUET D'ÉTÉ.
Arbres et arbustes.

Les Magnoliers. B
Le Catalpa.
Le Tulipier.
Les Peupliers.
Les Platanes.
Les Chênes.
Les Tilleuls.
Les Mûriers.
Le Chionanthe. B
Les Hêtres.
Les Saules.
Les Noyers.
Le Chicot.
Les Sumacs.
L'Aylanthe.

Les Frênes.
Les Robiniers.
Les Gleditzia.
Le Cyprès distique.
Le Sophore du Japon.
L'Amorpha.
Le Mélèze.
Le Ptélée.
Le Ginkgo.
L'Aralie.
Les Cornouillers.
L'Émerus.
Les Fusains.
Les Rosiers.
Les Bagnaudiers.

Le Céphalanthe. B
L'Itée. B
Le Cléthra. B
Le Céanothe. B
La Ketmie. *
La Grenadille.
Le Tamarin.
Les Framboisiers.
L'Hydrangée. B
Les Liciets.
Le Jasmin blanc.
Les Clématites.
Les Vignes.
Les Cistes.

Plantes vivaces.

Les Verveines.
Les Monardes.
Les Pimprenelles.
Les Phlox.
Les Asclépiades.
Les Gentianes.
Les Panicauts.
Les Épilobes.
Les Dauphinelles.
Les Aconits.
Les Onagres.
Les Dracocéphales.
Les Mufliers.
Les Acanthes
Les Mauves.

Les Guimauves.
Les Alcées.
Les Fumeterres.
Les Gesses.
Les Sainfoins.
Le Galega.
Les Astragales.
Les Absynthes.
Les Tanésies.
Les Séneçons
Les Astères.
Les Verges d'or.
Les Chrysanthèmes.
Les Camomilles.
Les Achillées.

Les Hélénies.
Les Hélianthes.
Les Coréopes.
Les Centaurées.
Les Rudbecks.
Les Boulettes.
La Spigèle.
Les Miliepertuis.
Les Pigamons.
Les Salicaires.
La Belle de Nuit.
Les Liserons.
Les Sylphions.
Les Colchiques.

Cet article seroit susceptible d'une grande extension, si on vouloit le traiter sous le point de vue général ; mais, je le répète, il peut être considéré comme un hors d'œuvre, puisque dans l'acception naturelle toutes les plantes sont de pleine terre et que je parle ici pour tous les climats. On trouvera au reste à chacun des mots qui font partie de la liste ci-dessus la distinction des espèces qui, dans le climat de Paris, sont dans le cas de craindre la gelée et qui exigent par conséquent des soins particuliers. On trouvera aussi aux mots COUCHE, BACHE, CHASSIS, ORANGERIE et SERRE CHAUDE des préceptes relativement à celles qui ne peuvent passer qu'une partie de l'année à l'air, c'est-à-dire qui, à Paris, ne sont pas de pleine terre. (B.)

PLEIN-VENT. Arbre fruitier à haute tige, abandonné à lui-même.

Nos pères ne connoissoient que les arbres en plein vent ; c'étoit de leurs vergers qu'ils tiroient tous leurs fruits. Aujourd'hui on préfère les DEMI-TIGES, les ESPALIERS, les QUENOUILLES, les NAINS, etc. A-t-on raison ? Certainement, depuis La Quintinie, qui assure avoir vu naître la mode des espaliers, nos tables (je parle des environs de Paris) sont garnies de plus beaux et meilleurs fruits ; mais les fruits sont-ils devenus plus communs, malgré l'immense quantité d'arbres qui se plantent tous les ans ? J'en doute. Loin de moi l'idée d'empêcher qu'on cultive les sortes d'arbres désignés plus haut, arbres qui sont une véritable conquête de la science sur la nature, et qui augmentent réellement nos jouissances ; mais je voudrois qu'on n'abandonnât pas entièrement les pleins vents ; que chaque cultivateur, en pensant à soi, pensât aussi aux pauvres et à la postérité. En effet, des arbres qui demandent à être labourés, taillés, ébourgeonnés tous les ans, qui ne donnent que quelques fruits, qui ne durent que quelques années, ne peuvent jamais être qu'à l'usage des riches, au lieu qu'un plein-vent qui, une fois planté, ne demande plus aucun soin, qui rapporte des charretées de fruits, qui vit des siècles, semble être une propriété publique et ne devoir produire que le salaire de la peine de cueillir ses fruits et de les apporter au marché. De fait, très fréquemment il en arrive ainsi. Plantez donc des plein-vents, propriétaires du sol ; rendez-vous utiles à vos concitoyens, non seulement au moment présent, mais encore dans la postérité. Pensez que si vos pères n'avoient pas planté des plein-vents, votre domaine auroit une valeur bien inférieure à celle qu'elle a, que vous n'auriez point de noix, point de prunes, peu de poires, de pommes, etc.

Avant l'établissement des pépinières, sur-tout des pépinières marchandes, on ne greffoit les poiriers et les pommiers que sur des sauvageons arrachés dans les bois. Les plantations manquoient souvent, ne commençoient à porter du fruit qu'à quinze ans, n'en donnoient que tous les deux ou trois ans, et il étoit de qualité inférieure ; mais les arbres duroient sans fin. J'ai connu, et je connois encore tel de ces arbres qui égale presque un chêne en grandeur, qui produit des milliers de poires, de pommes. Aujourd'hui on ne greffe plus, du moins aux environs de Paris, que sur des FRANCS (*voyez* ce mot), dont les plus rapprochés des sauvageons proviennent des poires et des pommes à cidre, et qui ne forment que des arbres d'environ vingt à trente pieds de haut, qu'on appelle des tiges, qui vivent à peine un siècle et qui produisent médiocrement. Je voudrois donc que, sans renoncer à ces francs, qui donnent du fruit plus beau, on élevât dans les pépinières des véritables sauvageons, résultat du semis des poires et des pommes cueillies dans les bois, pour les greffer en bonnes espèces.

Ordinairement on réserve dans les pépinières les plus beaux pieds des francs, sous le nom d'EGRAINS (*voyez* ce mot), pour en faire des plein-vents, et alors on les greffe à six ou huit pieds de haut. Dans les départemens, où on ne connoît encore que les sauvageons, on ne les greffe quelquefois que lorsqu'ils ont dix à douze ans et plus, et alors on place des greffes nombreuses sur le tronçon des grosses branches.

Quelques personnes pensent qu'il est avantageux, relativement à la durée et à la vigueur de l'arbre, d'attendre ainsi. Mon opinion n'est pas encore fixée sur ce fait ; cependant j'ai eu long-temps sous les yeux un poirier de beurré d'Angleterre, greffé à deux pieds de terre, qui a plus d'un siècle, cinquante ou soixante pieds de haut, et qui fournit quelquefois en fruits la charge d'une charette à un fort cheval.

Plus les plein-vents sont espacés et plus ils sont productifs, et plus leur fruit est savoureux. Cependant ils gagnent, comme tous les autres arbres, à être abrités et des grands vents et des vents froids. J'ai indiqué au mot VERGER quelques principes de pratique pour leur plantation.

Les NOYERS et les CHATAIGNERS sont les plein-vents des plus vastes dimensions. Ils ne souffrent aucune gêne dans leur développement.

Les CERISIERS sont presque par-tout des plein-vents, attendu qu'ils se prêtent difficilement à la taille, et que leurs produits en espaliers, en quenouille, etc. sont fort peu considérables. Les guigniers et les bigareautiers, qui sont des variétés du merisier perfectionnées par la culture, s'élèvent à une grande hauteur. Les cerisiers proprement dits et les griottiers, qui appartiennent à une autre espèce, sont toujours de médiocres arbres.

Tout ce que je viens de dire du cerisier s'applique aux pruniers, qui forment toujours des plein-vents d'une hauteur moyenne.

Il en est de même de l'amandier.

Quoique les abricotiers et les pêchers s'accommodent fort bien de la taille, qu'ils fournissent beaucoup de beaux et bons fruits en espaliers, on les laisse souvent s'élever en plein-vent, sur-tout dans les parties méridionales de la France. Le dernier, chose remarquable, subsiste moins long-temps lorsqu'il est ainsi abandonné à la nature, que lorsqu'il est tourmenté par la taille, le palissage, etc.

Le COGNASSIER, le NÉFLIER, le CORMIER, l'AZAROLIER, le CORNOUILLER, le NOISETIER, le FIGUIER, l'OLIVIER, etc. etc., se tiennent presque toujours en plein vent.

Les opérations de jardinage que demandent les plein-vents se réduisent, 1° à un ou deux labours au pied tous les ans ; 2° à la suppression des branches mortes et des branches chiffonnes ou gourmandes ; 3° à l'enlèvement du gui et des mousses ou lichens qui naissent sur eux ; 4° à les rajeunir lorsqu'ils commencent à devenir vieux, c'est-à-dire à couper toutes leurs branches pour leur en faire pousser de nouvelles. Cette dernière opération ne doit être faite qu'avec beaucoup de prudence. *Voyez* aux mots TÉTARD, RAPPROCHEMENT, RAJEUNISSEMENT. (B.)

PLÉTHORE. MÉDECINE VÉTÉRINAIRE. Nous entendons par pléthore une augmentation du volume ou de la quantité du sang dans les vaisseaux de l'animal.

Les vaisseaux qui rampent sur la surface du corps sont distendus ; les veines de l'œil, des lèvres et de la bouche sont apparentes ; les artères offrent au tact un pouls plein et des tuniques plus ou moins tendues.

On distingue deux sortes de pléthores ; l'une vraie et l'autre fausse. Nous allons parler en détail de l'une et de l'autre.

Fausse pléthore. Lorsque la chaleur augmente le volume du sang les artères battent plus fréquemment que dans l'état naturel, la respiration est plus grande, sans diminution sensible des forces musculaires ; les artères sont à proportion presque plus dilatés que les veines, leurs parois un peu tendues, les vaisseaux qui rampent sur les tégumens de la tête, du ventre et de la face interne de la cuisse, présentent un diamètre considérable ; les vaisseaux sanguins de l'œil sont dilatés, la peau est chaude ; la soif assez grande, l'appétit diminue, les matières fécales sont un peu sèches, l'urine colorée, quelquefois trouble et d'une odeur forte ; enfin l'animal est plutôt inquiet et éveillé que las et assoupi.

Les principes les plus fréquens de cette maladie sont, 1° la grande chaleur de l'été; 2° l'exposition trop longue aux ardeurs du soleil ; 3° l'usage immodéré des plantes aromatiques et des plantes âcres ; 4° les vapeurs qui s'élèvent des animaux et du fumier abandonné à la fermentation putride ; 5° les travaux excessifs, les courses violentes et les marches forcées ; 6° la grandeur et la quantité de la laine dont le mouton est surchargé, sur-tout lorsque les chaleurs de l'été commencent à se faire sentir ; 7° le long séjour dans des écuries ou bergeries où l'air n'est pas renouvelé.

La durée et l'intensité de la chaleur intérieure ou extérieure font tout le danger : plus la chaleur est douce et momentanée, moins l'animal en éprouve de mauvais effets ; au contraire, plus elle est de longue durée et se fait sentir avec force, plus il faut s'attendre à des accidens fâcheux.

En Languedoc, le mouton, et après lui le cheval, sont plus sujets à cette espèce de pléthore que la chèvre, le bœuf et le porc. La chèvre est de tous les bestiaux celui qui craint le moins les grandes chaleurs ; elle dort au soleil, et s'expose volontiers aux rayons les plus vifs de cet astre sans en être incommodée.

Le repos, les bains, les lavemens, les alimens rafraîchissans et aqueux sont les remèdes indiqués pour modérer la raréfaction du sang. Le cheval restera tranquille dans une écurie propre, bien aérée et exposée au vent du nord ; le bœuf et les moutons seront envoyés à la pâture dans les bois de haute futaie, ou resteront dans l'étable parfumée, plusieurs fois le jour, avec du vinaigre : là, on leur donnera pour nourriture des plantes récemment cueillies, abondantes en mucilage aqueux, douces et privées de parties aromatiques ; pour boisson, du petit lait ou de l'eau dans laquelle on aura mêlé deux poignées de farine d'orge, et une once de crême de tartre, sur environ vingt livres d'eau pure. Le cheval ou le bœuf boiront trois ou quatre fois par jour de cette eau : le mouton seulement deux fois. Pour favoriser l'effet de ces boissons, si la saison le permet, on fera baigner les animaux malades. Le bœuf, qui se plaît naturellement au milieu des eaux, doit y rester plus long-temps que le cheval ; par exemple, deux bains de rivière par jour, d'une heure chacun, suffiront pour le bœuf, un pour le cheval ; tandis que le mouton, plus timide et moins ami de l'eau, n'en prendra qu'un par jour, d'une demi-heure seulement. Les lavemens rafraîchissans ne sont pas moins utiles pour s'opposer à la grande chaleur du sang ; on en donne deux ou trois par jour au bœuf et au cheval, avec la seule infusion de feuilles d'oseille, ou avec la décoction d'orge saturée de crême de tartre. On donnera au mouton du son humecté avec de l'eau saturée de nitre, et aiguisée de sel marin. On tiendra la nuit les bestiaux malades dans des écuries où l'air se renouvelle souvent ; on évitera de les faire travailler, de leur donner des remèdes et des alimens échauffans, de les faire marcher au soleil, et de leur donner d'autre nourriture que le son humecté et la paille. Lorsque la chaleur est excessive, que les vaisseaux offrent beaucoup de distension, malgré les boissons tempérantes, les bains, les lavemens et les alimens rafraîchissans que nous venons de prescrire, une évacuation de sang par la veine la plus propre à chaque animal (*voyez* SAIGNÉE DES ANIMAUX), à la dose de quatre livres pour le bœuf, de deux livres pour le cheval, de six onces pour le mouton, etc., soulagera le malade : on doit bien comprendre que si ces animaux étoient accablés de fatigue, la saignée, sur-tout à cette dose, ne serviroit qu'à les affoiblir sans condenser le sang. Dans cette maladie, entretenir les forces vitales et musculaires, condenser le sang sans le coaguler, telles sont les seules indications à saisir et à remplir.

Pléthore vraie. Dans cette espèce de pléthore la chaleur de la peau est tempérée ; la respiration grande et fréquente. Lorsque l'animal marche avec ardeur, les vaisseaux de la tête, de l'œil, du ventre et de la face interne des cuisses sont dilatés ; le pouls qu'on sent aux artères maxillaires est plein, et un peu moins fréquent que dans l'état naturel ; l'assoupissement et la diminution des forces musculaires ordinairement sensibles ; les forces musculaires presque toujours proportionnées aux forces vitales ; l'urine, comme dans l'état de parfaite santé ; les matières fécales un peu humectées, la langue fraîche et vermeille ; le désir de la boisson peu considérable.

Les causes de cette maladie se réduisent au défaut d'exercice, à la diminution de la transpiration insensible, à la qualité et à la quantité des alimens ; ou ils sont trop nourrissans, ou les animaux en prennent une trop grande quantité, excès ordinaire au cheval et au porc ; aussi les voit-on plus souvent attaqués de cette maladie que le bœuf et le mouton. La tête et la poitrine sont les parties du corps les plus exposées dans cette affection. L'inflammation du cerveau, l'inflammation des poumons n'en sont que trop fréquemment les funestes suites. *Voyez* APOPLEXIE, PÉRIPNEUMONIE, VERTIGE.

Pour remédier à la pléthore vraie il faut s'attacher à diminuer promptement la quantité du sang ; la diète, l'exercice modéré, et la saignée, remplissent cette indication ; pour cet effet promenez le cheval au pas, deux heures le matin, autant le soir ; bouchonnez-le avec soin lorsqu'il sera de retour à l'écurie (*voyez* BOUCHONNER). Faites labourer le bœuf trois heures par jour ; que la brebis parque jour et nuit ; que le cochon aille loin de son écurie exciter son appétit vorace dans des terrains arides. Ne donnez au cheval et au bœuf pour nourriture que de la paille et un peu de son humecté ; que l'entrée des pâturages fertiles en plantes nutritives leur soit interdite ; qu'ils parcourent des terrains stériles, plus propres à donner de l'exercice qu'une nourriture abondante.

Si la quantité de sang n'est pas excessive, ces moyens peuvent suffire pour la diminuer ; mais lorsque le sang abonde au point d'affoiblir les forces musculaires et de déranger les forces vitales, il faut sur-le-champ avoir recours à la saignée. La quantité de sang à évacuer par cette opération doit varier selon l'intensité du mal, la taille de l'animal, l'espèce de sujet, sa constitution naturelle, la saison, les qualités de l'air, la nature du pays et l'âge du malade. *Voyez* SAIGNÉE DES ANIMAUX, où, d'après l'expérience et l'observation, et pour l'instruction des maréchaux et des habitans de la campagne, nous entrerons dans le plus grand détail sur toutes ces circonstances. (R.)

PLÉTHORE. JARDINAGE. Plenck, à qui on doit un assez bon ouvrage sur les maladies des végétaux, a transporté ce nom dans le jardinage en l'appliquant aux plantes que leur excès de nourriture empêche de porter des fleurs et des fruits. C'est en coupant les feuilles des céréales qu'on peut prévenir en elles cet inconvénient ; c'est en enlevant les feuilles des arbres, en les ébourgeonnant rigoureusement, en courbant leurs branches, en retranchant quelques unes de leurs racines, en substituant de la mauvaise terre à celle qui entoure leurs racines, etc., qu'on parvient principalement à diminuer et même à faire cesser la pléthore. *Voyez* les mots EFFEUILLER, FEUILLE, COURBURE, EBOURGEONNEMENT, RACINE, TERRE. (B.)

PLEURÉSIE. MÉDECINE VÉTÉRINAIRE. Ce nom vient de *plèvre* ou *pleure* ; la plèvre est une membrane qui est étendue sur toute la partie interne de la poitrine, sur la partie convexe du diaphragme et sur tous les poumons. Lorsque cette membrane est enflammée, on dit que l'animal est attaqué de la pleurésie vraie ; lorsque la matière morbifique ne comprime pas seulement la plèvre, mais qu'elle a principalement son siège dans les muscles intercostaux, il est atteint de la fausse pleurésie ; enfin, si l'inflammation affecte la portion de la plèvre qui recouvre le diaphragme du côté qui regarde la poitrine, pour lors l'animal est atteint de la paraphrénésie. De là, nous diviserons les maladies de la plèvre en trois sections ; la première traitera de la vraie pleurésie ; la seconde, de la fausse ; et la troisième, de la paraphrénésie.

De la pleurésie vraie ou inflammation de la plèvre. On divise la vraie pleurésie en pleurésie humide et en pleurésie sèche. Dans la première, le bœuf, ainsi que les autres animaux expectorent facilement ; dans la seconde , la toux est sèche , elle fatigue l'animal qui, en est atteint sans le soulager. Les bœufs y sont plus sujets que les vaches. Parmi les premiers , ceux qui sont les plus exposés à la pleurésie sont les bœufs maigres et secs ; ceux dont le tempérament est bilieux, les pléthoriques sur-tout ; enfin ceux à qui la nature ou le travail a donné des fibres fortes ou élastiques.

Les animaux qui ont déjà essuyé cette maladie contractent une disposition qui les y rend très sujets par la suite ; et il n'est pas douteux qu'elle ne soit pour eux des plus dangereuses. Le printemps est la saison dans laquelle on la voit le plus fréquemment.

La pleurésie peut être occasionnée par tout ce qui est capable de supprimer la transpiration ; en conséquence , par les vents froids du nord, les boissons d'eau froide quand les animaux ont chaud ; ceux qui couchent et habitent dans des étables ou des écuries humides, etc. , sont exposés à cette maladie.

Les bœufs et les chevaux courent encore risque de la gagner lorsqu'étant en sueur on les laisse exposés à l'air froid , ou qu'on les conduit dans l'eau froide , ou que pour les débarrasser de la boue et de l'écume dont ils se trouvent souvent couverts après leurs courses, on voit des cochers, esclaves d'une routine meurtrière , mettre pied à terre , dépouiller leurs chevaux de leurs harnois , et jeter des seaux d'eau froide sous le ventre , sur les parties latérales de la poitrine , contre le poitrail et entre les jambes de devant , sur le dos, sur les reins , sur les flancs , entre les cuisses, et sur les quatre extrémités, jusqu'à ce qu'il n'y ait plus de boue , plus d'écume , et que l'eau qui en découle soit limpide.

Cette maladie peut aussi être causée par la suppression de quelque évacuation accoutumée, comme celle de vieux ulcères, de cautères , des eaux aux jambes , etc.

On a vu encore la rentrée subite de quelque éruption, telle que la gale, les gourmes, l'occasionner.

Les écuries et les étables trop chaudes, trop fermées, disposent encore singulièrement à cette maladie.

Enfin la pleurésie peut être produite par les travaux excessifs , par les courses violentes qu'on fait faire aux animaux, et même par des coups sur la poitrine.

La seule conformation du corps de l'animal, comme une poitrine trop étroite et le peu de capacité des artères de la plèvre, rendent quelques animaux sujets à cette maladie ; de même il n'est pas douteux que le cavalier qui profite du moment de l'expiration de son cheval pour le sangler de toutes ses forces , ne diminue avec plus de facilité la capacité de la poitrine , que la sangle trop tendue n'en occasionne le resserrement , ne gêne les viscères qu'elle renferme, et ne soit une cause éloignée de la pleurésie.

La pleurésie, comme la plupart des autres fièvres, commence en général par le frisson et le tremblement qui sont suivis de chaleur, de soif et d'insomnie. Le médecin vétérinaire s'assure de son existence en passant les mains à rebrousse-poil sur les vraies et fausses côtes; il distingue par-là si le siège du mal occupe le côté droit ou le côté gauche, il juge de sa violence par le plus ou le moins de sensibilité que l'animal éprouve lorsqu'il le touche. Quelquefois la douleur s'étend jusque vers l'épine du dos, quelquefois jusque vers les épaules, d'autres fois jusque vers le poitrail. Cette douleur est toujours plus aiguë dans le moment où l'animal fait le mouvement d'inspiration, et lorsqu'il tousse il se porte avec peine sur ses extrémités antérieures, et se plaint plus vivement chaque fois qu'il change de place.

Le pouls, dans cette maladie, est pour l'ordinaire vite et dur; les urines sont rougeâtres. Le sang, après être sorti de la veine, se couvre d'une croûte dure. L'écoulement qui se fait par les narines n'a d'abord aucun caractère; mais il s'épaissit bientôt et présente souvent une couleur sanguinolente.

La nature tente ordinairement de se débarrasser de cette maladie au moyen d'une hémorrhagie, par quelques unes des parties du corps, ou par une expectoration abondante, ou par la sueur, des déjections séreuses, ou par des urines très chargées, etc.

La marche du médecin vétérinaire est de seconder les intentions de la nature, en modérant l'impétuosité de la circulation, en relâchant les vaisseaux, en délayant les humeurs et favorisant l'expectoration.

En conséquence le régime doit être léger, rafraîchissant et délayant.

La boisson sera une décoction d'orge; elle se fait de la manière suivante:

Prenez d'orge perlée, une demi-livre; faites bouillir dans six pintes d'eau jusqu'à réduction d'un tiers; passez; et si le miel étoit du goût de l'animal, ajoutez-en plus ou moins.

La décoction de figues, de raisins secs et d'orge convient également dans la pleurésie.

Quelle que soit la boisson que l'animal préfère, il lui en faut donner peu à la fois; il faut au contraire ne la lui faire boire que par gorgées et cela continuellement, afin qu'il ait sans cesse la bouche et le gosier humectés. Les boissons qu'on lui fera avaler doivent être toujours un peu chaudes; il seroit même à désirer que les alimens qu'il prendroit le fussent aussi.

L'animal malade doit être dans une température modérée, et le plus à son aise possible, ayant toujours sur le dos une légère couverture, une bonne litière, et son habitation tenue très proprement.

On doit lui donner plusieurs lavemens par jour avec les décoctions de graines de lin ou des racines de mauve, de guimauve. On pourra mettre dans chaque lavement un gros de sel de nitre.

Les bains de pieds ne produiroient que de très bons effets dans cette maladie; les chevaux les prennent fort aisément, et sans même qu'on ait besoin de les y tenir; les bœufs exigent un peu plus de peine.

La pleurésie étant accompagnée d'une douleur violente, d'un pouls vif et dur, la saignée est nécessaire. Lorsque ces symptômes sont manifestes, plus on saigne promptement, mieux le malade s'en trouve.

Il faut que cette première saignée soit assez copieuse, pourvu toutefois que l'animal puisse la soutenir. Une forte saignée, dans le commencement d'une pleurésie, fait infiniment plus d'effet que de petites saignées répétées plusieurs fois dans le cours de la maladie. On peut tirer à un animal formé trois à quatre livres de sang, dès qu'on s'est assuré qu'il est attaqué d'une pleurésie. On en tire moins, bien entendu, à un animal plus jeune ou plus délicat.

Si, après la première saignée, la violence des symptômes continue, il faudra au bout de douze, ou de dix-huit heures, tirer encore environ deux ou trois livres de sang. Si, après cette seconde saignée, les symptômes ne diminuent pas encore, et que le sang se couvre de la couenne, ou de la croûte dure dont nous avons parlé, il faudra alors une troisième saignée; mais, dès que la douleur diminue, que le pouls devient plus mollet, que l'animal commence à expectorer et à respirer plus librement, la saignée n'est plus nécessaire. Ce remède est rarement utile après le troisième ou quatrième jour de la maladie, et, passé ce temps, il ne doit point être employé, à moins que des circonstances pressantes ne l'exigent.

Par exemple, quoiqu'il y ait déjà plusieurs jours que la maladie dure lorsqu'on commence à la traiter, si la fièvre et la douleur de côté sont encore violentes, si la respiration est difficile, si l'animal n'expectore point, ou s'il n'a point eu d'évacuation sanguinolente, il faut, sans s'embarrasser du jour, faire une saignée.

Au reste, on peut diminuer la viscosité du sang par beaucoup de moyens, sans avoir recours aux saignées multipliées:

on peut même, sans leur secours, alléger la douleur de côté par différens remèdes.

Ces remèdes sont les fomentations émollientes, que l'on applique sur la partie malade, après la première ou la seconde saignée. Ces fomentations se font de la manière suivante.

Prenez fleurs de sureau, de camomille, de mauve, de chaque deux poignées. Faites bouillir ces plantes, ou toutes autres plantes adoucissantes, dans une quantité suffisante d'eau.

Mettez ces plantes ainsi bouillies dans un sac de toile, et appliquez-les toutes chaudes sur le côté.

On trempe encore une serviette ou un essuie-main dans la décoction de ces plantes; on l'étend sur le sac, et on contient tout ce topique, à l'aide de la couverture, qui doit être habituellement sur le corps de l'animal, et cette couverture y sera pareillement assujettie à l'aide d'un surfaix. A mesure que ce remède se refroidit, on a soin de l'humecter avec la décoction des plantes adoucissantes, dont le degré de chaleur sera aussi fort que les mains de la personne qui soignera l'animal pourront le supporter. Pendant que ce topique sera sur la partie douloureuse, on aura grand soin que l'animal ne prenne point de foid.

Les fomentations, non seulement apaisent les douleurs, mais encore elles relâchent les vaisseaux, et s'opposent à la stagnation du sang et des autres humeurs.

On peut encore frotter souvent dans la journée le côté malade avec un peu du liniment volatil suivant :

Prenez huile d'amandes douces ou d'olives, quatre onces; d'esprit de corne de cerf, deux onces. Mettez dans une bouteille, secouez vivement, jusqu'à ce que ces deux substances soient parfaitement mêlées.

On en verse quelques gouttes sur le côté malade; on l'étend avec la main chauffée, et l'on frotte fortement, jusqu'à ce qu'il ait entièrement pénétré. On verse et on frotte de nouveau, jusqu'à ce que l'on ait employé la valeur d'une demitasse à café de ce liniment. On recommence cette opération trois ou quatre fois par jour.

On peut, à la place de ce liniment, ou lorsqu'on ne pourra s'en procurer, employer à la même dose et de la même manière la teinture de cantharides, qui produit le même effet et même plus promptement.

On retire souvent de grands avantages, dans la pleurésie, des saignées locales faites avec des ventouses appliquées sur la partie affectée; on peut même y appliquer un nombre convenable de sangsues; lorsqu'elles sont gorgées, et qu'elles ne

tirent plus de sang, pour rendre ces saignées locales plus co-
pieuses, il est un moyen bien simple : c'est de couper à ces
sangsues le bout de la queue avec des ciseaux. Le sang dont
elles sont pleines s'échappe par cette ouverture, et à mesure qu'elles se sentent débarrassées, elles se remplissent en
suçant de nouveau les parties sur lesquelles elles sont appliquées.

On peut encore appliquer avec avantage, sur le côté malade, les feuilles de jeunes choux toutes chaudes : non seulement elles relâchent les parties, mais encore elles excitent
une douce moiteur, et peuvent dispenser le malade de l'application du vésicatoire, auquel il faut cependant recourir quand
les autres moyens n'ont pas réussi.

Si la douleur du côté persiste après les saignées répétées,
après les fomentations et les autres moyens recommandés à
l'article du RÉGIME et à celui des REMÈDES, il faut appliquer
un vésicatoire sur la partie affectée, et l'y laisser pendant deux
jours : il excite non seulement une évacuation, dans cette
partie, mais encore il en détruit le spasme, et par conséquent
aide la nature à expulser la cause de la maladie.

Pour prévenir la strangurie à laquelle les vésicatoires
donnent lieu dans certains sujets, on fera boire abondamment au malade de l'émulsion de gomme arabique suivante :

Prenez, d'amandes douces, quatre onces; mettez-les dans
de l'eau chaude, pour pouvoir en ôter les enveloppes; pilez-
les fortement dans un mortier, avec une égale quantité de
sucre; ayez quatre pintes de décoction d'orge chaude, à laquelle vous ajouterez, de gomme arabique, quatre onces.
Remuez pour la faire dissoudre; laissez refroidir; versez cette
liqueur peu à peu sur les amandes et le sucre triturés ensemble, ayant soin de remuer continuellement, jusqu'à ce que
la liqueur devienne également blanche ou laiteuse; pesez;
faites-en boire, de deux en deux heures, une pinte à l'animal
malade.

Si l'animal est constipé, on lui donnera, chaque jour, deux
lavemens composés d'une décoction de mauve ou de graine
de lin, ou de toute autre plante émolliente, en ajoutant à
chaque lavement deux gros de sel de nitre. Ces lavemens,
non seulement évacueront les intestins, mais encore produiront l'effet des fomentations chaudes appliquées aux viscères
du bas ventre, et causeront par-là une dérivation des humeurs
de la poitrine.

Il n'y a pas de médicamens plus utiles dans les maladies fié-
vreuses que les lavemens, sur-tout si les urines ne sont pas
abondantes, ou si elles sont rouges, et si la fièvre est forte : dans
tous ces cas, les lavemens soulagent ordinairement plus que

si l'on faifoit boire quatre ou cinq fois la même quantité de liquide : il faut en donner, quand même l'animal ne seroit pas constipé ; mais il faut les supprimer, passé le cinquième jour, parceque des évacuations abondantes empêcheroient l'expectoration.

Pour exciter l'expectoration, on donnera des remèdes incisifs, huileux et mucilagineux, tels que le suivant :

Prenez d'oximel ou de vinaigre scillitique deux onces, que vous mêlerez dans la décoction suivante.

Prenez, d'orge mondée et lavée, quatre onces ; faites bouillir dans cinq pintes d'eau, jusqu'à ce qu'elle soit crevée, et que l'eau soit réduite à quatre pintes ; retirez du feu ; ajoutez aussitôt, de réglisse ratissée et coupée menue, de racine de guimauve, dont vous aurez ôté le cœur ligneux, et coupée menu, de feuille de capillaires de Canada, demi-once ; de fleurs de coquelicot, demi-once ; de fleur de tussillage, une once ; laissez infuser le tout pendant quatre heures ; passez ; faites-en boire à l'animal un quart de bouteille toutes les deux heures.

S'il s'agit, dans la pleurésie, de tempérer la chaleur du sang, prenez d'orge perlée, quatre onces ; faites bouillir dans cinq pintes d'eau, ajoutez de raisins secs, de figues sèches, de chaque, quatre onces ; de réglisse épluchée, une once.

Continuez de faire bouillir jusqu'à réduction de moitié. On peut ajouter deux ou trois gros de nitre. Administrez cette tisane au malade à la même dose que la précédente.

Les émulsions huileuses conviennent dans la pleurésie.

Prenez, d'eau distillée, douze onces ; d'esprit volatil aromatique, demi-once ; d'huile d'olive de Provence, deux onces. Mêlez le tout ensemble ; ajoutez de sirop commun une once ; faites-la avaler à l'animal, par demi-tasse, à deux heures de distance l'une de l'autre.

L'électuaire huileux produit aussi de bons effets.

Prenez, d'huile d'amandes douces ou d'olives, de sirop de violette, de chaque demi-livre. Mêlez ; ajoutez autant de sucre candi qu'il sera nécessaire pour faire un électuaire qui ait la consistance du miel. On le fera avaler à l'animal, chaque fois, deux onces, sur-tout lorsqu'il sera fatigué de la toux.

On peut encore lui donner une dissolution de gomme ammoniac dans de l'eau d'orge.

Voici la manière dont elle se fait.

Prenez, de gomme ammoniac, une once ; triturez parfaitement dans un mortier ; versez peu à peu, en remuant toujours, deux pintes de décoction d'orge, jusqu'à ce que la gomme soit entièrement dissoute. On peut ajouter sept à huit onces d'eau distillée simple de pouliot. On en fera prendre au malade trois ou quatre fois par jour, une demi-tasse chaque fois.

Si l'animal attaqué de la pleurésie ne transpire point, si, au contraire, une chaleur brûlante se fait sentir à la peau, et s'il urine très peu, on donnera quelques petites doses de nitre purifié et de camphre, combinés de la manière suivante.

Prenez, de nitre purifié, une once; de camphre, dix-sept à dix-huit grains; triturez dans un mortier ces deux substances; mêlez parfaitement; divisez en six doses égales; faites prendre à l'animal une de ces doses, toutes les cinq à six heures, dans une tasse de sa tisane, ou de quelques unes de ses boissons.

Enfin la décoction de sénéka produit les meilleurs effets dans la pleurésie, outre celui que cette racine produit contre la morsure du serpent à sonnettes.

Prenez, racines de sénéka, deux onces; faites bouillir dans trois pintes d'eau, jusqu'à réduction de deux pintes; laissez reposer; passez. La dose est d'un quart de pinte, trois ou quatre fois par jour, ou même plus souvent.

Cette tisane ne doit être employée qu'après avoir fait les saignées convenables, et avoir pourvu aux autres évacuations.

Si ce remède fatigue le malade, il faudra mêler à cette décoction quatre ou cinq onces d'eau de cannelle simple, ou le donner à plus petite dose.

Comme cette décoction favorise la transpiration, excite les urines et lâche le ventre, elle est capable de remplir la plupart des indications dans la curé de la pleurésie et des autres maladies inflammatoires de la poitrine.

On ne s'imaginera pas, sans doute, qu'il faille faire usage de tous ces remèdes à la fois. Si nous en recommandons plusieurs, c'est afin que l'on puisse choisir, et que si l'on ne peut se procurer celui pour lequel on s'est décidé, on puisse lui en substituer d'autres; d'ailleurs les différentes périodes d'une maladie demandent différens remèdes; et, quand l'un n'a pas le succès qu'on en attend, il faut recourir à un autre, car les remèdes les plus puissans ne réussissent que par l'application convenable qu'on en fait.

L'instant le plus avancé d'une maladie aiguë, que l'on appelle crise, est quelquefois accompagné d'une difficulté très grande de respirer, d'un pouls vif, irrégulier, de mouvemens convulsifs, etc., symptômes qui sont fort sujets à effrayer les assistans, et qui les portent souvent à faire des choses très contraires au malade, comme de le faire saigner, de lui donner des remèdes forts et irritans, etc.

Cependant tous ces symptômes ne sont produits que par les efforts de la nature pour vaincre la maladie, efforts qu'il faut seconder par d'abondantes boissons délayantes, qui alors sont singulièrement nécessaires. Toutefois si les forces du malade étoient fort épuisées par la maladie, on pourroit à cette période le soutenir avec une pinte de petit-lait dans laquelle on auroit mêlé eau de cannelle simple, quatre onces.

Lorsque les douleurs de la fièvre auront disparu, et que l'animal aura recouvré un peu ses forces, on lui donnera quelques doux purgatifs.

Dans la convalescence, la diète sera toujours légère, et de facile digestion.

De la pleurésie fausse ou bâtarde. On donne le nom de *pleurésie fausse*, ou *de pleurésie bâtarde*, à celle dont le siège de la douleur est plus externe que dans la pleurésie vraie, sèche, ou humide, dont nous venons de parler. Ainsi, dans la pleurésie fausse, la douleur se fait sentir principalement dans les muscles intercostaux.

Les animaux qui sont sujets aux deux autres pleurésies sont également sujets à celle-ci. Elle n'a rien d'inflammatoire; mais elle peut en acquérir le caractère, si elle est mal traitée, en se jetant sur la plèvre ou le poumon, et même sur le foie, ainsi qu'on ne sauroit douter que cela puisse arriver, d'après l'ouverture d'un grand nombre de cadavres. La durée de la pleurésie fausse est assez incertaine; elle ne va guère au-delà du septième jour, et se termine souvent plus tôt; mais elle est sujette à des retours auxquels on ne s'attend pas; elle a communément sa source dans la cause commune des fluxions; mais la rentrée de la gale ou du roux vieux peuvent aussi y donner lieu. Cependant elle n'est pas dangereuse lorsqu'elle ne se jette point sur les parties internes; la douleur qui change de place rassure contre cet accident.

Elle se manifeste par une toux sèche, un pouls vif, et une difficulté de se coucher sur le côté affecté; symptôme qui mérite d'autant plus d'être remarqué, qu'il ne se rencontre pas toujours dans la pleurésie vraie. Si la pleurésie fausse est produite par des flatuosités, elle excite des douleurs plus vives, et gêne même la respiration, ainsi que le pouls qui est alors lent et concentré. Elle attaque principalement les animaux qui font peu d'exercice, elle se dissipe ordinairement dans peu de temps et sans remèdes; il suffit de tenir chaudement les animaux qui en sont atteints, et de leur appliquer les topiques prescrits pour le traitement de la pleurésie vraie. Elle peut encore être produite par des vers ; celle-ci regarde principalement les jeunes animaux ; la puanteur de leur bouche, et la fièvre irrégulière, pour ne pas faire mention des autres signes qui annoncent les vers, la décident.

Elle se guérit en tenant chaudement les animaux qui en sont atteints, en leur faisant prendre abondamment des boissons délayantes, et qui portent un peu à la peau ; telle est l'infusion de fleurs de sureau ; la saignée, les purgatifs, ne doivent être employés, que lorsque la violence de la douleur, le degré de la fièvre et l'état des premières voies, demandent ces sortes de secours.

Si cependant cette maladie devient opiniâtre, il faut avoir recours à la saignée, aux vésicatoires, aux ventouses et aux scarifications de la partie affectée ; ces remèdes et l'usage des boissons nitrées et rafraîchissantes manquent rarement de guérir la fausse pleurésie.

De la paraphrénésie, ou inflammation du diaphragme. La paraphrénésie, ou inflammation du diaphragme, approche de si près de la pleurésie, et quant aux symptômes et quant au traitement, qu'il est à peine nécessaire de la considérer comme une maladie différente.

Cette maladie est accompagnée d'une fièvre très aiguë, d'une douleur violente dans la partie affectée, qui en général augmente lorsque l'animal tousse, lorsqu'il respire, lorsqu'il rend ses excrémens et qu'il urine ; aussi a-t-il la respiration courte, fort haute, fréquente, étouffée, qui se fait par la seule action du thorax, pendant que le bas-ventre est en repos ; on connoît encore ce mal par un délire perpétuel, par la révulsion des hypocondres, qui se jettent vers le diaphragme, par les convulsions, la fureur, les espèces de grimaces, et la gangrène.

Elle a les mêmes suites que la pleurésie ; mais le mouvement continuel de la partie, la nécessité dont elle est pour la vie, la tension de ses membranes nerveuses, tout cela rend les progrès de la paraphrénésie plus rapides et plus funestes, et produit l'ascite purulente.

Dans ce cas on doit tout employer pour prévenir la suppuration du diaphragme ; parceque si ce malheur arrive, il est impossible de sauver l'animal.

Le régime et les remèdes sont les mêmes que nous avons prescrits pour la pleurésie.

Nous ajouterons seulement que dans la paraphrénésie, les lavemens émolliens sont singulièrement utiles, parcequ'en relâchant les intestins, ils détournent l'humeur de la partie affectée.

Mais si le diaphragme vient à suppurer, l'abcès se rompt, la cavité de l'abdomen est inondée de pus, qui venant à se putréfier, à s'amasser et s'accumuler de plus en plus, ronge les viscères, produit une consomption et la mort. (R.)

PLEURS DE LA VIGNE. On apppelle ainsi la sève aqueuse qui sort goutte à goutte par l'endroit des coupures faites au cep et au sarment lors de la taille.

Ces pleurs sont une sève trop abondante, trop fluide, que la chaleur de la saison attire au sommet du cep, et qui s'arrête s'il survient un temps froid, pour reprendre ensuite son cours, lorsque le degré de chaleur ambiante est au point nécessaire à son ascension. Dès que cette sève mal évaporée prend de la consistance, dès que les bourgeons commencent à s'ouvrir, alors elle change de direction, et trouve les filières des bourgeons ouvertes et propres à la recevoir, elle y pénètre, ne coule plus par les anciennes plaies; elle est entièrement absorbée par les bourgeons.

Si, lorsqu'elle sort sous forme de pleurs, on taille le sarment, ou si l'on fait une nouvelle plaie au cep, on augmente le cours des pleurs, et, en répétant sans cesse cette opération, on parviendroit à épuiser entièrement le cep. Ce qui prouve combien il est funeste d'attendre que la vigne pleure pour la tailler, et qu'il vaut beaucoup mieux tailler avant l'hiver, ainsi qu'il sera dit au mot VIGNE, afin de donner à la plaie le temps de se cicatriser, et qu'au renouvellement de la sève, elle ne laisse échapper que celle qui est surabondante, et qu'il lui est impossible de retenir.

L'homme met du merveilleux à tout, et la charlatanerie a imaginé, pour lui plaire, que les pleurs de la vigne avoient, par analogie, des propriétés admirables pour les inflammations des yeux. Ces pleurs sont une eau distillée, pure et simple, sans saveur ni odeur particulière, et qui n'a aucune qualité de plus que l'eau pure de rivière. (R.)

PLEYON. Brin de bois long et mince avec lequel on fait des liens. *Voyez* HART.

Dans quelques endroits ce sont les sarmens de la vigne recourbés pour leur faire porter plus de fruit. *Voyez* VIGNE et COURBURE DES BRANCHES.

Ce mot a encore d'autres acceptions dont je n'ai qu'une idée confuse. Au reste, on ne l'emploie pas dans l'usage ordinaire.

PLOMBAGE. Ce n'est pas tout que d'enterrer les graines après les avoir répandues sur le sol, il faut encore comprimer la terre pour rapprocher ses molécules, afin que ces graines les touchent de tous côtés, et que leur radicule, lorsqu'elle poussera, ne trouve pas de vides, ou elle se dessècheroit. On appelle ation. On se sert, pour l'effectuer, de différens moyens, calculés sur l'espèce des graines, sur la nature des terres, et même sur la saison.

Les grosses graines, qui demandent à être profondément enfouies, les terres fortes, que les pluies ne plombent le plus souvent que trop, les semis d'automne, qui sont suivis de pluies abondantes, n'en ont pas besoin.

C'est le rouleau de bois qui est le plus généralement employé pour plomber la terre qui recouvre les semis des plantes céréales et autres qui composent la grande agriculture. *Voyez* ROULEAU. Il remplit fort bien cet objet, c'est-à-dire qu'il raffermit la surface du sol sans trop la durcir. Les rouleaux en pierre et en fonte ne sont guère d'usage que dans les jardins ; mais ils seroient utiles dans la campagne, sur-tout dans les climats secs et chauds, pour les terres légères et les semis de la fin du printemps. *Voyez* ROULAGE.

On plombe avec les pieds dans les jardins légumiers. Pour cela le jardinier, marchant de côté, appuie successivement ses pieds sur tout le terrain qui a été semé. Il appuie d'autant plus fort, que cette opération convient mieux à l'objet de sa culture. La CAMPANULE-RAIPONCE, par exemple, aime à être dans une terre très plombée, et l'oignon au contraire pousse moins bien dans ce cas. On appelle aussi ce plombage PIÉTINEMENT.

Les semis qui se font dans des AUGETS, dans des FOSSETTES, dans des CAISSES, dans des TERRINES, dans des POTS, etc., se plombent avec le dos de la main, ou avec une espèce de BATTE fort légère. *Voyez* ces mots et ceux LABOUR, SEMIS, et TERRE.

On plombe avant ou après la plantation, selon les circonstances.

Il peut paroître singulier que, labourant la terre pour la diviser, pour rendre plus facile la croissance et l'action des racines, pour ouvrir son sein aux influences atmosphériques, on détruise ces effets par le plombage ; mais c'est que l'excès est souvent un défaut. Les terres trop légères, ou trop ameublies par les labours, perdent trop facilement l'eau si nécessaire à toute végétation, soit par l'infiltration, soit par l'évaporation : laissent trop d'intervalle entre leurs molécules pour que la radicule des grains qu'on y sème, les racines des plantes ou des arbres qu'on y met, y trouvent constamment l'humidité qui est si nécessaire, non seulement à leur accroissement, mais même à leur existence, croissent foiblement ou meurent.

Ce sont par conséquent les plantes les plus délicates qui exigent le plus impérieusement d'être dans une terre plombée.

Toutes les fois qu'on peut arroser constamment dans la sécheresse, il n'est pas nécessaire, il est même presque toujours
nuisible de plomber.

Je ne puis donner de règles générales pour le plombage,
puisque ces règles varient selon la nature des terrains, selon
l'espèce des plantes, et selon la saison. C'est au jardinier à
juger du cas dans lequel il se trouve. Je l'engagerai seulement,
lorsqu'il plombe après avoir planté, de ne pas trépigner la terre
avec trop de force ; car, lorsqu'on fait prendre aux racines des
inflexions contre nature, on nuit beaucoup à la reprise ou au
prompt accroissement de l'objet planté. Presque tous les plan-
teurs plombent trop.

Une pluie battante plombe un champ nouvellement labouré,
de manière à exiger quelquefois un nouveau labour, ou un
hersage avant de semer. (Th.)

PLOUTER. C'est herser avec une herse à dents de fer,
chargée de pierres afin de briser les mottes de terre, de rendre les champs meubles et unis. Cette bonne opération qu'on
peut beaucoup faciliter au moyen d'une Houe a cheval,
d'un Rouleau armé de pointes de fer, *voyez* ces mots et le
mot Labour, n'est souvent pratiquée que sur les terres très
argileuses. Il faut la faire par un temps ni sec ni pluvieux.

PLOYON. On donne ce nom dans le département des Ardennes à un bâton de trois pieds de long, aplati dans presque toute sa longueur, et qui s'entrelace, sur la charrue,
entre deux chevilles et le coutre, et qui sert à l'assujettir dans
les changemens de sillon.

PLUIE. Sans eaux, ai-je déjà dit plusieurs fois dans le cours
de cet ouvrage, la nature vivante cesseroit d'exister ; la pluie
qui rend à la terre l'eau que l'évaporation et l'assimilation animale, végétale et minérale lui avoient enlevée, est donc un des
phénomènes les plus importans qui existent.

L'article que j'entreprends de rédiger pour rappeler les principaux faits que présente la pluie, et les avantages indirects ou
directs qu'en retire l'agriculture, seroit d'une grande étendue
si j'y faisois entrer l'ensemble des considérations que le sujet
appelle, mais d'autres articles tels que Eau, Évaporation,
Brouillard, Nuage, Brume, Rosée, Humidité, Air, Vent,
Orage, Tonnerre, Grêle, Neige, Givre, Fontaine, Rivière, Puits, Montagne, Calorique, Chaleur, Froid,
Arrosement, Irrigation, Sécheresse, Hygromètre, Baromètre, Atmosphère, ont tant de connexion avec celui-ci,
qu'on peut les regarder comme ses complémens ; de sorte que
pour éviter des redites j'y renvoie le lecteur.

On appelle pluie une suite de gouttes d'eau plus ou moins

grosses qui tombent de l'atmosphère dans une étendue plus ou moins grande de pays, et pendant un temps plus ou moins long.

Les physiciens modernes ont reconnu deux origines à la pluie. Les pluies ordinaires, selon eux, sont simplement dues à l'abandon que fait l'air de l'eau qu'il tenoit en dissolution, et les pluies d'orage sont produites par une véritable action chimique formant de l'eau, c'est-à-dire par la combinaison de l'hydrogène et de l'oxygène qui se trouvent dans les parties supérieures de l'atmosphère ; combinaison opérée par l'intermédiaire de la foudre. *Voyez* au mot ORAGE.

L'air dissout d'autant plus d'eau que sa température est plus élevée, sa densité plus grande, ou que son mouvement est plus rapide ; ainsi toute l'eau qui est à la surface de la terre est souvent dans le cas d'être élevée dans l'atmosphère jusqu'à ce qu'elle y trouve un degré de froid suffisant pour se condenser d'abord en nuage, ensuite en pluie. *Voyez* aux mots NUAGE et EVAPORATION.

Mais l'air étant continuellement refoulé sur lui-même par les vents, l'eau qu'il a dissoute est presque toujours entraînée loin du point d'où elle sort ; de là vient l'irrégularité des pluies, leur manque de proportion avec la quantité d'eau fournie par tel ou tel canton ; de là vient que ce sont les vents qui décident presque toujours de la chute de la pluie.

Ainsi l'agriculteur qui désire si souvent la pluie, qui se plaint si souvent de l'excès de la pluie, ne peut ni déterminer, ni empêcher sa chute ; il faut qu'il sache profiter de ses utiles effets, et souffrir ses inconvéniens.

J'ai dit plus haut que l'eau dissoute dans l'air se résout en nuage lorsque cet air éprouve un certain degré de refroidissement ; un grand nombre de circonstances peuvent causer ce refroidissement, mais les principales sont sa plus grande élévation, l'action de l'étincelle électrique, un vent froid, l'attraction des hautes chaînes de montagnes.

Cette dernière cause est celle qui donne lieu aux pluies dominantes, qui fait qu'à raison de la position des Alpes, le vent du sud-ouest est celui qui les amène dans le climat de Paris. *Voyez* au mot MONTAGNE. Cette direction change à mesure qu'on tourne autour des Alpes ; de sorte qu'à l'opposé, aux environs de Venise, par exemple, c'est le vent de nord-est qui donne la pluie.

Les plus hautes montagnes sont celles sur lesquelles il tombe le plus de pluie. On trouve encore quelques jours sereins sur le sommet des Alpes ; mais sur les Cordillières, beaucoup plus élevées, il n'y en a plus, au rapport de La Condamine et autres voyageurs; les averses y sont journalières depuis le commencement de l'année jusqu'à la fin.

Il résulte de cette observation que, lorsque les Alpes et autres grandes chaînes étoient plus élevées qu'elles le sont en ce moment, les pluies dominantes devoient également être plus abondantes: aussi l'inspection des vallées dans lesquelles coulent non seulement les rivières qui descendent des Alpes, mais même toutes celles de la France, prouve qu'elles ont eu autrefois dans leurs crues un lit vingt à trente fois plus considérable qu'aujourd'hui.

C'est des Alpes que descendent le Rhône, le Rhin, le Danube, le Pô et tant d'autres rivières. Ce sont les Cordillières qui donnent naissance à l'Amazone, à l'Orénoque, et autres immenses fleuves de l'Amérique méridionale.

Après les Alpes ce sont les Pyrénées, les Cévennes, le Cantal, le Puy-de-Dôme et autres sommets du centre de la France qui ont le plus d'influence sur la chute de la pluie. Au reste, toute chaîne doit avoir, dans ce cas, une influence proportionnée à sa hauteur. Il est reconnu même que les collines des environs de Paris, collines dont l'élévation est si peu considérable, agissent sur la direction des nuages, sur-tout lorsqu'ils sont bas, et que tel village, Charenton, par exemple, reçoit moins de pluie que Vincennes, qui n'en est éloigné que d'une demi-lieue.

Il est des lieux tellement placés relativement aux montagnes, qu'il n'y pleut jamais, ou presque jamais. Le bas Pérou est dans premier de ces cas; une partie de l'Egypte est dans le second. Des rosées abondantes suppléent au manque ou à la rareté des pluies.

Les bois augmentent l'élévation des montagnes de toute la hauteur de la tige des arbres qui les composent, et ayant spécialement la propriété d'attirer les nuages, à raison du mouvement de leurs feuilles, etc., devroient, pour l'avantage de l'agriculture, être religieusement conservés sur leur sommet. C'est à la destruction des bois ainsi placés, que tant de cantons doivent la diminution et même la disparition de leurs fontaines.

Que les montagnes agissent ou n'agissent pas dans un cas quelconque de pluie, sa chute est toujours déterminée par la diminution de la température ou de la densité de l'air, souvent par les deux causes à la fois, et l'air n'abandonne pas son eau sans qu'il se produise une grande humidité. C'est sur ces importantes circonstances que sont fondées les théories du THERMOMÈTRE, du BAROMÈTRE et de L'HYGROMÈTRE (v. y. ces mots) et les services qu'on tire de ces instrumens pour prévoir plusieurs jours d'avance le temps qu'il doit faire, et régler en conséquence les travaux de l'agriculture.

L'air ayant une action puissante sur tous les êtres vivans, et changeant de densité selon qu'il est plus ou moins chargé d'eau, la pluie et la sécheresse s'annonce depuis quelque temps à l'avance, par des circonstances qui permettent souvent à l'observateur de connoître les changemens de temps sans le secours de ces instrumens. Il est d'une si grande importance pour les cultivateurs de savoir quand il fera beau ou quand il pleuvra, que les plus ignorans d'entre eux sont très instruits à cet égard. J'ai rassemblé au mot PRONOSTIC, d'après Aratus et Toaldo, la plupart de ces circonstances.

La direction des vents, relativement aux montagnes, étant la cause la plus commune de la pluie, il en résulte que la quantité moyenne de pluie qui tombe dans un lieu donné est à peu près la même chaque année ; et comme depuis long-temps on mesure cette quantité dans quelques unes des grandes villes d'Europe, il est connu qu'à Paris c'est 19 pouces, à Londres 37 pouces, à Rome 20 pouces, à Pise 34 pouces et demi, à Padoue 37 pouces et demi, à Leyde 29 pouces et demi, à Zurick 32 pouces, à Lyon 37 pouces. Cette connoissance de la quantité moyenne d'eau qui tombe annuellement dans un lieu donné peut être extrêmement importante à l'agriculture, quoique nulle part peut-être les cultivateurs aient cherché à l'acquérir. En effet, en la combinant avec celle de la nature du sol, elle doit fixer le genre de plantes qu'il est le plus avantageux de cultiver. Pour se la procurer il suffit d'un vase de fer-blanc d'un pied carré de large et de six pouces de profondeur, placé au haut d'un bâtiment, vase communiquant, au moyen d'un tuyau de même matière et de quelques lignes de diamètre, avec un grand flacon de verre blanc dont la jauge a été comparée à celle du vase supérieur. Son ouverture est exactement fermée pour empêcher l'évaporation. Tous les jours, toutes les semaines, tous les mois même, selon sa capacité ou l'abondance de la pluie, on mesure la quantité d'eau qu'il contient, on en tient note et on la jette. À la fin de l'année on additionne toutes ces quantités, on les réduit à la mesure du vase supérieur, et on a pour résultat une masse d'eau d'un pied carré de base sur tant de pouces de hauteur qui est la mesure désirée. Cette opération répétée pendant dix ans donne avec une exactitude plus que suffisante, par une simple règle de proportion, la quantité moyenne d'eau qui est tombée pendant ce temps, quantité que l'expérience a prouvé être presque par-tout à peu près la même pendant des périodes semblables.

Abstraction faite des montagnes, il paroît qu'il pleut plus

souvent dans les pays froids, et plus abondamment dans les pays chauds. Entre les tropiques la saison des pluies dure six mois. C'est leur hiver, mais cet hiver est fort différent du nôtre, puisque c'est l'époque où la végétation se renouvelle, où les plantes fleurissent, où les cultures s'exécutent, etc.

C'est au printemps et en automne qu'il tombe généralement le plus de pluie en Europe ; souvent aussi il en tombe beaucoup en hiver et en été, mais alors c'est aux dépens des autres saisons, puisque, quelle que soit l'époque de leur chute, la quantité en est presque toujours la même.

Le manque des pluies et leur surabondance sont également nuisibles aux produits des cultures, mais la quantité n'est pas absolue, elle est relative à la nature du sol et à l'espèce de plantes. Par exemple, une terre crayeuse ou sablonneuse et des navets, en demandent davantage qu'une terre argileuse, du blé ou du sainfoin.

Les effets du manque de pluie sont d'empêcher les graines de germer, les plantes de prendre de nouveaux développemens, les graines de se former, de donner à l'air un degré d'insalubrité remarquable, enfin de dessécher les fontaines.

Les années sèches sont généralement peu abondantes en productions de la culture ; mais ces productions sont hâtives, savoureuses et susceptibles de se conserver.

Les années pluvieuses font pousser les plantes en feuilles, et sont par conséquent favorables aux prairies qui ne sont pas marécageuses, aux choux, aux salades et autres plantes cultivées pour leurs feuilles; mais ces feuilles ont peu de saveur et se pourrissent facilement. Elles nuisent aux récoltes des fruits en les empêchant de se former, et en diminuant leur bonté et leurs moyens de conservation.

Mais pour mettre de l'ordre dans les avantages et les inconvéniens des pluies, il faut étudier leurs effets dans toutes les saisons de l'année.

En hiver, les pluies humectent profondément la terre, fournissent, pour presque toute l'année, à l'aliment des fontaines. Leur abondance n'est presque jamais nuisible directement qu'aux terrains argileux et bas, semés en blé; mais elles causent des inondations destructives, sont accompagnées d'un temps mou, très malsain pour les hommes et les animaux, etc.

Pendant la première moitié du printemps, des pluies douces favorisent les labours, la germination des graines, les plantations d'arbres, augmentent le produit des prairies, etc. Les pluies continuelles s'opposent à l'ensemencement des mars, à tous les travaux du jardinage, font pourrir les graines déjà mises en terre. Les pluies battantes déchaussent les blés, etc.

Pendant la seconde moitié de cette époque, les premières de-
ces pluies accélèrent le développement des feuilles et des
fleurs, donnent de l'amplitude à toutes les parties des plantes, tandis que les secondes et les troisièmes nuisent au produit futur des récoltes, les unes en portant toute la force végétative dans les tiges et les feuilles aux dépens du fruit qui est
peu abondant et maigre, les autres s'opposent à la fécondation par l'entraînement du pollen des fleurs. Elles empêchent
de plus la coupe des foins, etc.

Il est bon de faire remarquer ici qu'il y a des pluies chaudes
et des pluies froides dans toutes les saisons de l'année, selon
que le vent souffle du sud ou de l'ouest, du nord ou de l'est,
et que ces circonstances influent prodigieusement sur la végétation, sur-tout au printemps, les premières l'accélérant et les
secondes la retardant. Dans les jardins, au moyen des châssis,
des paillassons et autres abris, on peut garantir les semis qui
en sont principalement affectés des effets de ces dernières,
mais dans la grande culture il faut souffrir le mal.

Ordinairement les pluies sont plus rares en France en été
qu'à aucune autre époque de l'année. Lorsqu'elles ont lieu avec
modération dans cette saison, elles assurent l'abondance et la
bonne qualité des récoltes d'automne. Quand elles sont trop
continues elles s'opposent à la récolte des céréales, font germer ou pourrir le blé dans son épi, gênent les travaux de la
vigne, etc.

Les petites pluies du commencement de l'automne concourent à faire grossir les fruits, à favoriser l'ensemencement des
raves, des blés, etc., à prolonger la végétation. Les grosses
empêchent que les fruits prennent toute la saveur qui leur est
propre, déterminent leur moindre conservation, les font même
pourrir sur pied. C'est sur-tout sur les produits de la vigne
qu'elles exercent leur désastreuse action, soit en retardant
la vendange, soit en rendant le vin sans force et sans durée.
Celles de la fin se confondent avec celles de l'hiver.

Les années pluvieuses sont généralement mauvaises pour le
cultivateur, puisque, ainsi que je viens de le faire voir, si
elles offrent quelquefois d'abondantes récoltes, les objets de
ces récoltes sont de médiocre, même de mauvaise qualité, et
d'une difficile, quelquefois d'une impossible conservation. Heureusement qu'il est des terrains qui demandent une grande
quantité d'eau, ou sur lesquels l'excès des pluies ne produit
aucun effet nuisible, les terrains sablonneux et graveleux ; de
sorte que les inconvéniens de ces années pluvieuses ne sont
jamais généraux.

Lorsque les pluies d'orage ne sont pas trop violentes, elles produisent quelquefois, pendant les chaleurs de l'été, des effets étonnans. Il semble qu'elles rendent visible la végétation, tant elles l'accélèrent. Elles ne sont pas moins utiles aux animaux en purifiant l'air, en le débarrassant de l'excès d'acide carbonique, de l'excès d'électricité, de l'excès de calorique qu'il contenoit. Qui n'a pas été à portée de connoître cette odeur désagréable qu'on ressent lorsqu'il commence à pleuvoir après une longue sécheresse? Qui n'a pas ressenti cette pesanteur de tête, ce malaise général qui précèdent les orages, et cet agréable sentiment de bien-être qui les suit toujours?

On ne peut se refuser à regarder l'eau des pluies comme une véritable eau distillée, cependant elle n'est pas parfaitement pure. Elle contient toujours, 1° de l'air; 2° de l'acide carbonique; 3° plus ou moins d'électricité; 4° une petite quantité de sels et de terre.

Ces faits sont la suite des analyses faites à différentes époques par les chimistes les plus exacts, et se confirment de plus par des observations nombreuses. Il a été reconnu, par exemple, que les plantes aquatiques, quoique toujours dans l'eau, reçoivent comme les autres une augmentation d'accroissement de la chute de la pluie, sur-tout de la pluie d'orage; ce qui prouve qu'elle entraîne avec elle des principes utiles à la végétation et étrangers à la nature de l'eau. Ces principes utiles, dans l'état actuel de nos connoissances, ne peuvent être supposés autres que le gaz acide carbonique ou le fluide électrique.

Dans les pays chauds les hommes et les animaux domestiques ont à craindre des maladies graves, des fièvres aiguës, lorsqu'ils ont été mouillés par des pluies d'orage qui arrivent après de longues sécheresses. En France, cet inconvénient est moins remarqué, parcequ'il n'a pas de suites aussi dangereuses, mais il n'en a pas moins lieu. Les cultivateurs, malgré que l'habitude d'être exposés à la pluie leur soit favorable, doivent donc prendre à cet égard plus de précautions qu'ils n'en prennent ordinairement.

Les premières goutes de pluies qui tombent par suite d'un orage sont ordinairement peu nombreuses, très larges et très chaudes. Petit à petit elles augmentent en nombre et diminuent en largeur et en chaleur. La grêle leur succède souvent, et la terminaison est une pluie très froide. Toute pluie qui tombe d'un nuage élevé est petite et froide.

A Paris les pluies, comme je l'ai dit plus haut, tombent plus souvent par le vent du sud-ouest; ensuite ce sont celles du sud et de l'ouest. Celles de l'est y sont les plus rares et les plus froides en été. Celles du nord sont très froides et assez fréquentes en hiver.

Les eaux des pluies, sur-tout des pluies d'orage, entraînent les terres des coteaux dans les vallées, des vallées dans les plaines, des plaines dans la mer. C'est cette cause qui occasionne la diminution progressive et continuelle des montagnes, diminution dont j'ai parlé plus haut. C'est cet effet qui doit engager tous les propriétaires éclairés de planter en bois le sommet et les pentes trop rapides des montagnes, de préférer la culture des prairies artificielles à celle des céréales sur les coteaux. Des HAIES transversales sont, ainsi que je l'ai dit à leur article, un moyen de retarder l'éboulement des terres dans tous les lieux où il peut avoir lieu. Je les regarde comme remplissant plus sûrement et plus économiquement leur objet que ces terrasses qu'on construit dans quelques pays, dans les Cévennes par exemple.

Il est beaucoup de cantons dépourvus d'eau de source et de rivières, qui n'ont d'autre boisson que l'eau de pluie qu'on rassemble dans les citernes, dans des étangs, dans des mares, Cette eau, supposée pure, est la meilleure pour tous les usages d'économie domestique et d'agriculture, à raison de l'abondance d'air qu'elle contient. *Voyez* aux mots EAU, CITERNE et MARE.

S'il n'est pas en la puissance des hommes d'empêcher la pluie de tomber il peut diminuer ses mauvais effets par divers procédés. Ainsi dans les jardins on garantit les semis, les arbres en fleurs, etc., des pluies battantes, violentes, qui déchaussent les premiers et empêchent les fruits des seconds d'être fécondés; des pluies froides qui empêchent les uns et les autres de se développer, au moyen de toiles, de paillassons ou autres abris. Ainsi dans les champs on empêche l'eau des pluies d'entraîner les terres cultivées, de séjourner sur les champs semés, en faisant des RIGOLES, des FOSSÉS, des EMPIERREMENS, des DIGUES, etc., qui favorisent son écoulement, qui l'empêchent d'arriver au lieu où elle peut nuire. La manière de labourer en DOS D'ANE dans les jardins, en BILLON dans les champs, est encore un moyen de diminuer les effets nuisibles des pluies sur les semis et même les plantes qui redoutent leur excès. Entrer dans les détails que ce sujet appelle seroit répéter ce qu'on trouvera à presque tous les articles de culture pratique de cet ouvrage.

Je ne crois pas qu'il soit fort nécessaire de m'étendre longuement ici sur la nécessité de mettre à l'abri de la pluie non seulement les produits des récoltes, mais encore tous les instrumens d'agriculture susceptibles d'être pourris ou rouillés par elle; de l'empêcher de pénétrer dans les greniers, les appartemens, les caves, les écuries, etc. de séjourner trop long-temps dans le voisinage de la maison, etc.

L'ignorance, appuyée de la superstition sa compagne ordinaire, a fait croire à des pluies de soufre, de sang, de sable, de crapeaux, de limaces, etc. Les premières sont la poussière fécondante des pins chassés par les vents loin des forêts. Les secondes la liqueur rouge que tous les papillons rendent par l'anus quelques instans après leur sortie de la coque, et qu'ils déposent sur les murs, les arbres et autres lieux où ils se posent. Les troisièmes du sable enlevé par un vent d'orage et porté loin du lieu où il étoit déposé. Les pluies de crapauds et de limaces sont simplement des crapauds et des limaces nés de l'année et extrêmement nombreux dans certains endroits, qui sortent de leurs retraites au moment de la pluie pour jouir de ses bénignes influences, et qui y rentrent dès que les effets de cette pluie sont cessés.

Quant aux pluies de pierres, dont l'antiquité ne doutoit pas et qu'on a cru être le fruit de l'erreur, il vient d'être prouvé qu'elles sont réelles. *Voyez* au mot MÉTÉRÉOLITES. (B.)

PLUMBAGO. Nom latin de la DENTELAIRE. *Voyez* ce mot.

PLUME. C'est le vêtement et le moyen du vol des oiseaux. Elles sont toutes composées d'un tuyau, d'une tige et de barbes. Chaque partie du corps en offre de différentes. Celles des ailes qui servent à voler, et celles de la queue qui servent à diriger le vol, se remarquent principalement à leur grosseur, à leur longueur, et à leur disposition.

La plupart des plumes tombent successivement tous les ans et sont remplacées par d'autres. On appelle cet état, qui est pour les jeunes oiseaux une crise qui en enlève beaucoup, la MUE. *Voyez* ce mot.

Si je voulois entrer dans les considérations physiologiques que le sujet amène, je pourrois beaucoup étendre cet article; mais comme ce n'est que sous le rapport économique qu'il peut intéresser les cultivateurs, je renvoie aux mots OISEAUX DE BASSE-COUR, où mon collaborateur Parmentier a traité de ce qui les concerne.

Il est cependant bon que j'invite les cultivateurs à s'occuper avec plus de soin qu'ils le font généralement de ramasser les plumes des oiseaux qu'ils mangent, au lieu de les laisser perdre. Certainement la dépouille d'un poulet est fort peu de chose; mais en joignant cette dépouille à une, deux, trois, dix, vingt autres, cela fait déjà une masse. Il est si facile de mettre ces plumes dans un vieux tonneau, au grenier, après les avoir laissé dessécher pendant quelques jours à l'air, qu'en vérité il faut être bien insouciant pour ne pas le faire.

Je répèterai ici que les plumes des oiseaux morts et même celles de ceux tués depuis long-temps sont inférieures aux autres, et ne doivent pas être mises dans le tonneau. Le meilleur emploi qu'on puisse en faire c'est de les enterrer comme engrais au pied des espaliers ou autres arbres malades, ou de les jeter sur le fumier. Les effets de l'engrais qu'elles fournissent durent plusieurs années à raison de la lenteur de leur décomposition, et sont d'autant plus énergiques que la plante est plus en végétation, parceque leur décomposition est proportionnelle au degré de chaleur de l'atmosphère et de l'humidité de la terre. *Voyez* CORNE et POIL, parties des quadrupèdes qui donnent à l'analyse les mêmes produits que les plumes et qui par conséquent ont la même manière d'agir.

Ce que j'ai dit plus haut indique qu'une ménagère éclairée doit faire plumer les volailles qu'elle tue pour sa consommation aussitôt qu'elles sont mortes, avant même qu'elles soient refroidies. (B.)

PLUMULE. Partie du germe qui est destinée à devenir la tige.

C'est la plumule qui sort de terre lorsqu'une graine lève. Elle est souvent accompagnée du ou des cotylédons. Presque toujours la plante meurt lorsqu'on la coupe ou la casse; c'est pourquoi les jardiniers doivent être fort attentifs à éloigner les insectes, les chiens et autres animaux de leurs SEMIS. *Voyez* ce dernier mot et le mot GERMINATION.

PLUVIER DORÉ. Oiseau de passage, qui habite pendant l'été les plaines humides du nord de l'Europe, et qui, lorsqu'elles sont couvertes de neige, vient chercher des moyens de subsistance dans nos climats.

On reconnoît le pluvier à son plumage varié de brun, de blanc et de jaune, à son ventre blanc, à son bec effilé, à ses longues pattes, pourvues seulement de trois doigts, et à sa longueur d'environ dix pouces. Il vit principalement de vers de terre, et se réunit en troupes nombreuses.

Quoique généralement maigre, la chair des pluviers est recherchée; et en conséquence on leur fait une chasse continuelle, principalement à leur arrivée, c'est-à-dire en septembre.

La chasse au fusil n'est pas toujours fructueuse, quoiqu'on emploie la hutte ambulante, la vache artificielle et autres subterfuges, à raison du caractère défiant des pluviers. Aussi est-ce généralement avec des filets qu'on cherche à les atteindre. Il en est deux principaux qu'on préfère; l'un le rets saillant, c'est-à-dire un filet long et élevé, tendu un peu obliquement, et qui tombe dès qu'il est frappé par le côté incliné. On le tend avant le jour dans le voisinage du lieu où on a vu le soir précédent les pluviers s'abattre pour passer la nuit ; et ensuite, prenant un grand détour, on vient épouvanter la volée du côté opposé au filet. Elle part en rasant la terre, et se jette dans le filet, qui tombe sur elle. On prend ainsi quelquefois des centaines de ces oiseaux d'un seul coup.

Une autre manière de les prendre, c'est de porter pendant la nuit, à deux, et sans faire de bruit, un long et large filet, qu'on appelle nappe, et de le poser successivement sur toutes les parties des champs. Lorsqu'on le pose sur la bande de pluviers, elle s'envole et se trouve prise. Cette chasse est moins certaine et moins agréable que la précédente. (B.)

POIGNÉE, POIGNEUX, POIGNARDIÈRE. Anciennes mesures de capacité et agraires. *Voyez* MESURE.

POIL. Corps plus ou moins délié, plus ou moins long, plus ou moins dur, qui sort de la peau des hommes, des quadrupèdes et de quelques autres animaux. Ils ont pour base ou pour germe une bulbe implantée dans le tissu cellulaire sous la peau. On a beau couper les poils, ils repoussent toujours, jusqu'à ce que la bulbe soit desséchée. Ils ont beaucoup de rapport avec la manière de croître des végétaux. Leur couleur dépend de celle du tissu cellulaire ; ce que l'on voit très clairement dans différens animaux, dont le poil est de plusieurs couleurs, et analogue à la couleur que paroît avoir la peau dans la place qu'il occupe ; car la peau n'a point de couleur par elle-même ; celle d'un Nègre est aussi blanche que celle d'un Européen ; elle paroît noire à cause de la couleur du tissu réticulaire qu'elle recouvre ; il en est de même dans les fleurs et dans les plantes.

Dans les pays froids, les cheveux sont lisses et droits ; crépus et frisés au contraire dans les pays chauds. En général les animaux destinés par la nature à vivre dans les premiers de ces pays ont les poils ou plus fins ou plus serrés, ou plus longs que ceux des seconds. Leur poil tombe en grande partie pendant l'été, et il en revient d'autres qu'on appelle leur robe d'hiver, pour les garantir du froid ; ce qui a beaucoup de rapport avec la mue des oiseaux.

Le poil lisse, luisant et serré, est l'indice de la bonne santé dans l'animal : s'il est terne et hérissé, c'est un signe de maladie, et encore plus s'il tombe de lui-même lorsqu'on le touche. Si aucune maladie ne se déclare, il faut se contenter de laver tous les jours la partie où le poil tombe avec de l'eau simple, et non avec des corps graisseux, ni huileux, ni butireux, suivant la pratique ordinaire de quelques maréchaux. Les corps graisseux s'opposent à la transpiration insensible, et leur application est souvent la cause de maladies très graves. Les chevaux, ainsi qu'il a déjà été dit, le bœuf, la chèvre, perdent leur robe d'hiver dans le mois de mars, avril ou mai, suivant le climat, et ce poil est remplacé par un autre plus court et plus fin. La chute ordinaire de la laine des brebis est au printemps, chacun suivant son climat ; mais cette chute est accélérée lorsque l'animal a été tenu pendant l'hiver dans une bergerie trop petite, trop chaude, et dont l'air étoit malsain et brûlant. Si elles ont souffert, si elles ont manqué de nourriture, la chute est encore accélérée. La gale, les dartres, la clavelée, etc., font tomber la laine en tout ou en partie, suivant que l'animal en est affecté ; il en est ainsi du farcin volant du cheval.

Les poils des animaux ne sont pas perdus après leur mort. Le principal mérite de plusieurs réside même dans leur poil. Le cheval offre son crin à plusieurs arts ; le poil du bœuf et de la vache s'emploie, sous le nom de BOURRE, à garnir les chaises, les fauteuils, les selles, les colliers ; à consolider la chaux ou la terre dont les maisons rurales sont bâties. Qui ne connoît les importans usages de la laine, qui n'est que le poil du mouton ? Celui de la chèvre, et sur-tout de la chèvre d'Angora, sert comme la laine, après avoir été filé, à fabriquer des tissus propres à notre habillement. Il en est de même de celui des variétés de lapin et de chat appelés du même surnom. Le castor, le lapin ordinaire, le lièvre, le chameau, etc., fournissent la plus grande partie du poil qui entre dans la composition des chapeaux fins. Ce sont des ours, des blaireaux, des renards, des loups, des chiens, des fouines, des martres, des loutres, etc., qu'on obtient ces fourrures qui, portées en habillement, empêchent la perte de notre chaleur pendant l'hiver, et ornent notre demeure. Les cultivateurs doivent donc employer tous les moyens qui sont en leur pouvoir, à l'effet de conserver les peaux propres aux fourrures et à la chapellerie, qui sont le résultat de leur chasse ou de la mort naturelle ou violente des animaux qu'ils nourrissent. *Voyez* au mot PEAU.

On coupe le crin aux chevaux ; on tond les moutons, les chèvres et les chiens à longs poils ; on épile les lapins d'Angora, le tout pour avoir leur poil. Le dernier article, encore peu connu, peut être l'objet d'un grand produit dans les pays où la nourriture des lapins est peu coûteuse.

La nature des poils diffère peu de celle de la corne ; ils sont composés comme elle de gélatine endurcie. La soude et la potasse caustique les dissolvent, et forment avec eux des savons : de là l'inconvénient de laver avec du savon les habillemens de laine. Ils deviennent un excellent engrais qui agit avec lenteur, et toujours proportionnellement aux besoins des

plantes, parceque leur décomposition est d'autant plus active
que la terre est plus chaude et plus humide. C'est donc contre
leurs intérêts qu'ils agissent ces cultivateurs qui laissent perdre
sur les chemins, dans leurs cours, leurs greniers, etc., les
poils des animaux qu'ils ont perdus ou qu'ils ont tués, au
lieu de les jeter sur leurs fumiers, ou mieux de les enterrer
au pied de leurs arbres fruitiers, qu'ils fertilisent pour plusieurs années consécutives. (B.)

POINCILLADE, *Poinciana pulcherrima*, Lin. Nom d'un
arbrisseau étranger de la famille des légumineuses, qui croît
sur le continent de l'Amérique et aux Antilles, où on le cultive dans les jardins pour la beauté de sa fleur. Il s'élève à dix
ou douze pieds sur une tige droite, qui se divise au sommet
en plusieurs branches, munies à chaque nœud de deux épines
courtes et courbées. Ses feuilles sont composées, très grandes
et d'un vert clair. Ses fleurs sont disposées en épis lâches à
l'extrémité des rameaux; elles répandent une odeur agréable;
leur bord est jaune, et leur centre couleur de feu et quelquefois tacheté de vert. Elles sont composées d'un calice coloré
à cinq feuilles, d'une corolle à cinq pétales, dont quatre sont
à peu près égaux et ronds, et le cinquième plus petit, irrégulier, et dentelé; de dix étamines très saillantes et velues à
leur base, et d'un long style terminé par un stigmate aigu.
Le fruit de poincillade est un légume long de trois à quatre
pouces, divisé par des partitions transversales en plusieurs cellules, renfermant chacune une semence plate et irrégulière.

Cet arbrisseau fait en Amérique un des plus beaux ornemens des jardins. Il offre deux variétés, l'une à fleurs rouges,
l'autre à fleurs jaunes : elles sont moins épineuses que l'espèce
commune. Avec celle-ci on fait quelquefois des haies qui sont
très défensives, et d'un aspect brillant. Le poincillade se multiplie par ses graines; il croît avec rapidité et fleurit deux fois
par an. Il se plaît dans une terre fraîche, légère et sablonneuse, et ne demande pas à être beaucoup arrosé. En Europe
on ne peut élever cet abrisseau qu'en serre chaude; il exige
les mêmes soins que les autres plantes exotiques de la zone
torride, et l'on est obligé de faire venir ses graines d'Amérique.

Les feuilles sèches du poincillade sont purgatives; dans
quelques Antilles on les emploie en guise de séné. Ses fleurs
sont renommées pour la guérison des fièvres quartes. J'en ai
fait l'essai sur moi-même avec succès dans cette maladie. On
les prend en infusion comme du thé. (D.)

POIRE. *Voyez* l'article POIRIER ci-après.

POIRÉ, *Vinum piracium*. Liqueur que l'on tire des poires.
Peu de recherches ayant été faites sur cette boisson, on a

peu de renseignemens sur son origine. On sait seulement que l'usage du poiré a suivi de très près celui du cidre, en Normandie, d'où il a passé successivement dans quelques unes des provinces voisines.

Moins sain et moins bienfaisant que le cidre, le poiré a cependant de bonnes qualités reconnues. On assure que les nourrices qui en boivent ont plus de lait. Il est très apéritif; et c'est vraisemblablement la raison qui en fait recommander l'usage aux personnes qui ont trop d'embonpoint, et à celles qui sont menacées d'hydropisie. Il est si clair et si limpide, que la friponnerie et la mauvaise foi de certains marchands de vin l'a souvent substitué avec succès à cette dernière liqueur, et sur-tout au vin mousseux de Champagne.

Cette liqueur, dont le goût est souvent plus agréable que celui du cidre, donne de bon alcohol et en assez grande quantité. D'un kilolitre de poiré on tire un hectolitre d'alcohol, que l'on peut employer aux mêmes usages que celui que l'on tire du vin.

Moins estimé que le cidre, le poiré est toujours d'un prix fort inférieur. Souvent un tonneau de poiré ne coûte que le tiers d'un tonneau de cidre. (Cette année, 1808, le meilleur tonneau de poiré, contenant plus d'un kilolitre, ne vaudra pas plus de 30 fr.) Il est d'ordinaire la boisson du pauvre, pour lequel il est peu économique, n'étant pas aussi nourrissant que le cidre.

Le poirier étant moins difficile, sur la qualité du terrain, que le pommier, réussira très bien dans les terres légères et peu substantielles. Il réussira également dans la glaise et l'argile; et il est d'observation que les poires qui viennent dans un tel sol donnent le meilleur poiré; aussi la contrée de Normandie connue sous le nom de *Bocage* a-t-elle une grande supériorité, sous ce rapport, sur tous les pays où l'on fait du poiré.

Les poires les plus âpres sont celles dont on tire le meilleur et le plus agréable poiré. Les procédés à employer sont les mêmes que pour faire le cidre, à la différence près que, les poires fournissant presque moitié plus de liqueur que les pommes, il faut conséquemment moitié moins de poires pour avoir la même quantité de liqueur.

Le poiré se conservant moins long-temps que le cidre, on ne met de l'eau, et en petite quantité, que lorsqu'il y a disette de poires, ou dans celui qu'on se propose de boire immédiatement après qu'il a passé à l'état de fermentation. A l'ordinaire on le fait pur, soit pour le boire, soit pour le distiller. Fait de cette dernière manière, le bon poiré pourroit se conserver plusieurs années. Mis en bouteilles, il se garde encore plus long-temps; et, comme nous l'avons déjà dit, il prend souvent le masque du vin.

Deux époques différentes pour la maturité des poires les font désigner sous le nom de *poires tendres* et *poires dures*. Elles ne doivent pas avoir le même degré de maturité que les pommes. Non seulement il ne faut pas qu'il y en ait de pourries, il ne faut pas même qu'il y en ait de molles pour qu'elles soient bonnes à piler. Il suffit qu'elles soient jaunes, et que leur odeur indique qu'elles sont mûres.

Les poires tendres se cueillent et se pilent dans le mois de septembre, et les dures dans celui d'octobre. On ne fait aucune différence entre la qualité du poiré de poires tendres et celui de poires dures. Le seul choix qu'il y ait à faire consiste dans certaines espèces de poires dont la qualité est de beaucoup supérieure aux autres. Dans un catalogue des poires à piler, que nous nous proposons de donner à la suite du mot Poirier, nous ferons la distinction des espèces que l'on regarde comme les meilleures et les plus avantageuses à cultiver.

De la réunion des pommes et des poires, les premières tombées, on fait quelquefois une boisson (nommée *halbi*) qui est très médiocre et qui n'est supportable qu'autant qu'elle est bue nouvellement faite.

Le résidu des poires, traité comme celui des pommes, brûle et chauffe beaucoup mieux que ce dernier. Les cendres en sont préférables. (Brébisson.)

POIREAU, ou PORREAU, ou POURREAU. Espèce du genre de l'Ail (*voyez* ce mot) qui se distingue par son bulbe oblong tuniqué ; par sa tige unique, cylindrique, solide, haute de deux pieds ; par ses feuilles toutes radicales, toutes engaînantes, toutes lancéolées, creusées en gouttière, longues et glabres ; par ses fleurs rougeâtres disposées en tête au sommet de la tige.

C'est des parties méridionales de l'Europe, principalement de l'Espagne, où j'en ai vu les champs infestés, qu'est originaire le poireau, qu'on cultive de temps immémorial dans tous les jardins pour l'usage de la cuisine. Il est bisannuel, et fleurit au milieu du printemps, plus tôt ou plus tard, selon le climat.

Il y a plusieurs variétés de poireaux, mais elles sont peu saillantes. Les deux qu'on cite le plus souvent sont celles appelées *longue*, parceque la racine s'enfonce beaucoup en terre, et celle appelée *courte*, parcequ'elle n'a qu'un pouce ou deux de blanc. Cette dernière est plus bulbeuse, plus âcre et moins sensible aux gelées.

Généralement les poireaux ne servent qu'à donner du goût aux potages et aux sauces. Nulle part que je sache on les mange seuls, cuits et assaisonnés ; mais en Espagne, et peut-être aussi en France, les pauvres les mangent crus avec leur pain.

La consommation qui se fait des poireaux, seulement pour la soupe, est très considérable dans toutes les parties méridionales et moyennes tempérées de l'Europe, attendu qu'ils économisent, par leur saveur forte, la graisse ou le beurre qui entre dans sa composition. Les cultivateurs sur-tout ne peuvent s'en passer sous ce rapport; aussi en voit-on dans tous leurs jardins. C'est un diurétique puissant et un sudorifique salutaire, de sorte qu'on doit en recommander l'emploi à ceux qui par leurs travaux sont exposés à des variations de température qui amènent des maladies causées par suppression de transpiration.

On sème la graine de poireaux, tantôt avant l'hiver à une exposition chaude, tantôt après l'hiver, lorsqu'il n'y a plus de gelées à craindre, en planche ou en plein champ. Excepté dans ce dernier cas, on repique ordinairement le poireau lorsqu'il a six pouces de haut. Cette opération a pour but de lui donner plus d'espace, et de le faire jouir plus également de l'influence du soleil. Lorsqu'on veut y procéder on arrose largement la planche, afin de rendre plus facile l'extraction du plant. Quelques jardiniers, dans cette circonstance, diminuent de moitié la longueur des racines et des feuilles; mais on ne doit le faire que lorsqu'on a beaucoup de plant à mettre en terre, qu'il est très fort, et qu'on manque d'eau pour les arrosemens. *Voyez* au mot PLANT.

Le poireau mutilé reprend en effet, mais celui qui ne l'est pas et dont les racines ont été convenablement disposées reprend encore mieux, et donne par la suite des individus beaucoup plus beaux.

Six pouces est la profondeur moyenne à laquelle on doit enfoncer les poireaux de la première variété, qui est celle qu'on préfère dans les environs de Paris.

La distance à laquelle on replante le poireau ne doit pas être moindre que six pouces en tous sens. Dans les départemens méridionaux on ne les place qu'à quatre pouces, mais on écarte les lignes d'un pied pour faciliter les irrigations.

Une terre substantielle, ni trop forte, ni trop légère, est celle qui convient le mieux aux poireaux. Si elle n'est pas naturellement fraîche, il faut lui donner de fréquens arrosemens, au moins pendant les chaleurs de l'été.

Assez souvent on coupe les feuilles des poireaux dans l'intention de faire grossir leur tige. Faite en temps opportun, c'est-à-dire au moment de la suspension de la sève, cette opération a des résultats utiles; mais il vaut mieux obtenir le même effet par des binages fréquens et exécutés pendant la pluie. J'ai été à portée plusieurs fois d'apprécier la différence de ces deux méthodes, et toujours l'avantage a été en faveur de la dernière.

Lorsqu'on cultive des poireaux en plein champ, il faut choisir un sol frais, les éclaircir convenablement, et les biner deux ou trois fois au moins.

Dans les climats plus froids que Paris, on relève tous les poireaux aux approches des grandes gelées, et on les enterre près à près, jusqu'à la moitié, dans le voisinage de la maison, pour, en les couvrant de litière, en avoir chaque jour malgré la rigueur de la saison. Cela donne de plus le moyen de ne pas perdre un instant pour donner les premières façons au terrain où ils étoient placés même pour le semer. Quelques personnes les mettent dans la cave ; mais s'ils n'y pourrissent pas ils y perdent au moins une partie de leur saveur. Dans le midi, pays où le jardinage est généralement peu perfectionné, on les laisse en terre jusqu'à consommation.

Assez fréquemment on conserve, dans les jardins de Paris, une tête de planche de poireaux pour obtenir de la graine. Dans d'autres localités on en repique pour cet objet dans un coin du jardin. Les pieds qu'on repique après l'hiver, à moins qu'on ne les mette dans un bon sol, à une exposition chaude, et qu'on ne les arrose copieusement pendant les chaleurs, donnent des graines plus petites et en moindre nombre que ceux qui ont été repiqués dès l'année précédente ; et on sait que, toutes choses égales d'ailleurs, la plus belle semence donne les plus beaux produits. Il est nécessaire d'assurer les tiges contre les efforts des vents, au moyen de tuteurs, car elles se cassent souvent.

Lorsque la capsule commence à s'ouvrir on coupe les tiges par le pied, et on les suspend dans un grenier où la graine achève de mûrir. Celle qui tombe naturellement est la meilleure. Ensuite vient celle qui tombe en frappant légèrement les têtes contre un corps dur. Enfin, la plus mauvaise provient du froissement des têtes entre les mains. La graine, conservée dans les capsules, reste bonne pendant trois ans. Elle cesse de l'être à deux ans lorsqu'on la nettoie, comme on le fait généralement, immédiatement après la récolte. (B.)

POIREAU, VERRUE ou FIC. Le poireau est une petite tumeur charnue, dure, indolente, qui se montre à la peau et s'élève indistinctement sur toutes les parties du corps.

Dans le cheval, il occupe le plus souvent la tête, les ars, la peau du ventre et celle du fourreau.

Dans le chien, c'est la gueule et les parties de la génération qui en sont ordinairement le siège. Cet animal en est souvent affecté ; j'ai vu, il y a quelques années, une chienne de chasse qui en avoit une quantité prodigieuse autour des lèvres, sur la langue et dans l'intérieur de la gueule ; ces poireaux se sont passés sans qu'on leur fît rien.

Les poireaux n'ont pas tous la même forme ; les uns sont ronds et à base étroite, et ressemblent un peu à la tête du chou-fleur ou du poireau, d'où ils tirent vraisemblablement leur nom ; les autres sont aplatis, et, par conséquent, à base large.

Comme en médecine humaine le mot fic a la même acception que le mot poireau, nous croyons devoir prévenir qu'en vétérinaire on entend plus particulièrement par fic une excroissance charnue qui produit un ulcère fétide, auquel on donne aussi le nom de crapaud ; cette maladie affecte le pied du cheval.

Le mot fic est encore employé pour désigner une tumeur inflammatoire qui vient aux pieds des bêtes à corne ; mais dans ce cas il n'a pas de rapport avec ce qu'on nomme poireau ou verrue.

Les poireaux varient de grosseur depuis le volume d'un pois jusqu'à celui d'un gros œuf ; arrivés à ce dernier point, ils sont ou assez désagréables, ou assez incommodes pour qu'on s'occupe d'en débarrasser l'animal qui en est affecté.

La cure des poireaux porte principalement sur la destruction de la racine.

La ligature et le cautère actuel sont les moyens à employer pour y parvenir.

Il seroit peut-être nécessaire de dire ici ce que c'est que cette racine ; mais il nous semble qu'un ouvrage de la nature de celui pour lequel cet article est fait ne comporte pas de descriptions anatomiques et physiologiques.

Nous nous contenterons donc de dire qu'on doit lier avec un fil ciré ceux à base étroite ; il faut serrer ce fil le plus qu'il est possible afin de détruire la vie dans la partie.

On doit cependant observer de ne pas couper le poireau en le serrant ; la compression n'ayant plus lieu, il reviendroit ; si cela arrivoit, on le cautériseroit avec un fer rouge.

Quant à ceux à base large on les coupera avec l'instrument tranchant et on en cautérisera la racine le plus profondément possible et jusqu'à ce qu'on l'ait pour ainsi dire charbonnée. Le degré de cautérisation doit être basé sur la nature des parties sur lesquelles on opère, et aussi sur la nature de celles qui les environnent.

Les poireaux qui se montrent aux jambes des chevaux, à la suite des eaux, sont très rebelles. Il n'est pas toujours possible de leur appliquer le traitement que nous venons d'indiquer ; il en découle une sanie abondante et d'une odeur insupportable ; la peau des parties qu'ils affectent en est souvent désorganisée.

Dans une maladie de cette nature le traitement externe ne

peut suffire ; il faut mettre les chevaux à l'usage des fondans ; donner le matin, dans du son, dans l'avoine, ou incorporée avec le miel, une once (trente-deux grammes) d'une poudre composée de résine pulvérisée et de limaille de fer porphyrisée, dans la proportion d'un tiers pour cette dernière ; les différens oxides de fer, à la dose d'une demi-once à une once, seize à trente-deux grammes par jour, peuvent encore être donnés avantageusement. On continue ces médicamens jusqu'à ce que les effets en soient plus ou moins marqués, ce qui n'arrive assez communément qu'après une quinzaine de jours de leur usage.

Lorsque des poireaux affectent les jambes de derrière, on place des sétons aux fesses, et lorsqu'ils se montrent à celles de devant, on les met au poitrail. (Ils se manifestent plus généralement à celles de derrière).

Nous avons dit qu'il n'étoit pas toujours possible de faire la ligature des poireaux qui viennent aux extrémités, 1° parcequ'ils sont souvent à base large ; 2° parcequ'ils sont quelquefois très multipliés.

Dans ce cas on coupe les plus gros avec un bistouri courbe sur plat, afin de les raser de plus près, et on cautérise la racine avec le cautère actuel ; on appliquera ensuite sur la jambe des cataplasmes faits avec de la mie de pain et l'eau végéto-minérale (acétate de plomb liquide affoibli) ou des plumasseaux chargés d'onguent egyptiac ; on doit se mettre en garde contre l'inflammation qui peut résulter de ces moyens irritans. On la fera cesser par les boissons d'eau blanche et un régime adoucissant, quelquefois même une saignée, si l'inflammation est considérable et si la douleur est grande.

Les poireaux qui sont la suite des eaux et qui les accompagnent le plus souvent ne peuvent être considérés comme de simples verrues ; on devra suivre, pour les guérir, le traitement de la maladie principale. (Des.)

POIRE-COLOQUINTE. *Voyez* Cougourdette.

POIRÉE ; *Bette-poirée.* Espèce du genre des bettes (*Beta cicla*), Linn, qui croît naturellement sur les bords de la mer, qu'on cultive pour la nourriture des hommes et des bestiaux, et qu'on croit être le type de la *betterave*, quoiqu'il y ait quelques motifs pour croire qu'elle en diffère spécifiquement. *Voyez* au mot Betterave.

Toute la feuille de la poirée se mange en guise d'épinards ; mais l'usage a prévalu en France de se contenter du pétiole et de sa grande nervure qui en est la prolongation. Celles de ses variétés qui ont le pétiole le plus large et le plus épais doivent donc être préférées. Or, la poirée dite de *Hollande* est celle qui réunit le plus éminemment ces deux qualités.

Celle à *pétiole vert* est peut-être plus savoureuse, mais c'est souvent un défaut.

La terre la plus convenable à la poirée est celle qui est un peu consistante, un peu humide et engraissée avec du fumier très consommé. Les sables ou les argiles sèches lui sont complètement contraires. Il faut de plus qu'elle soit profondément labourée et bien émiettée. Rarement on sème la graine de cette plante en place dans les jardins. Il y a à gagner de la faire lever en pépinière, contre un mur exposé au midi ou au levant, pour en transplanter les produits en planches ou en bordures ; ces deux dispositions sont également fréquentes. C'est à la fin de mars qu'on la confie à la terre, et au commencement de mai qu'on en repique le plant dans le climat de Paris ; mais, ces époques ne sont pas tellement de rigueur qu'on ne puisse les avancer et les reculer de quelques jours suivant les convenances. La distance à laisser entre chaque pied, sur-tout si c'est la variété dite de Hollande, ne peut pas être de moins de quinze à dix-huit pouces. Des arrosemens pendant les chaleurs, et des binages tous les mois sont les soins que demande cette plante. On peut commencer à en consommer les feuilles dès qu'elles ont la largeur de la main ; mais il est plus convenable d'attendre leur complet développement, principalement si c'est seulement le pétiole qu'on ait en vue. Généralement on coupe toutes les feuilles avec un couteau lorsque le moment de les employer est venu ; mais, il est bien plus avantageux à leur prompte reproduction de ne casser que les plus grosses, c'est-à-dire les plus extérieures. Une planche ainsi conduite peut fournir une récolte toutes les semaines pendant la plus grande partie de l'année. Quoique supportant assez bien les hivers, il sera bon de la couvrir pendant les fortes gelées avec des feuilles sèches, de la fougère ou de la litière.

Cette plante, étant bisannuelle, monte en fleur au printemps de l'année suivante. Il faut donc l'arracher à la fin de l'hiver, excepté les pieds destinés à fournir de la graine. Le mieux est même de planter des pieds uniquement pour cet objet, pieds dont on n'enlève point les feuilles ; car, comme je l'ai dit un grand nombre de fois, leur soustraction influe toujours sur la petitesse de la graine, et la petitesse de la graine sur la foiblesse des produits à venir. La graine peut se garder bonne pendant plusieurs années.

Les pétioles de la poirée s'appellent *cardes*, par comparaison avec ceux de l'artichaut à demi sauvage, qu'on nomme *cardons*. On ôte la totalité de leur parenchyme avant de les faire cuire, et on les assaisonne de diverses manières. Ils sont sujets à avoir un goût de fumier lorsqu'ils proviennent de pieds venus dans les jardins, et un goût âcre et sauvage lorsqu'ils sortent d'une terre sèche.

. Lorsqu'on veut cultiver la bette uniquement pour en manger les feuilles en guise d'épinards, ou pour adoucir l'acidité de l'oseille, on la sème à la volée en planche et beaucoup plus serrée qu'il n'a été dit plus haut. Alors on la coupe avec le couteau aussi souvent qu'on le peut ; car dans ce cas plus elle est jeune et meilleure elle est.

Une des variétés de cette plante a les feuilles plus longues et plus étroites que les autres ; on l'appelle la *bette élevée*, et on la cultive en plein champ pour la nourriture des bestiaux. Les nourrisseurs de vaches à lait des environs de Paris la recherchent pour l'usage de ces animaux, parcequ'ils ont remarqué qu'elle leur donnoit beaucoup de lait. Dans ce cas on prépare la terre comme pour le blé, et on sème la graine à la volée, ainsi que je l'ai indiqué au paragraphe précédent. C'est après une hâtive récolte de pois, de haricots ou autres de ce genre qu'on la place. On fauche deux ou trois fois les produits avant qu'ils aient acquis tout le développement dont ils sont susceptibles, et on laboure de nouveau en automne pour mettre autre chose en place. Cette sorte de culture qui ne dure que trois ou quatre mois, et qui donne un produit très avantageux, devroit être plus répandue qu'elle ne l'est. (B.)

POIRES MOLLES. Altération qu'éprouvent la plupart des poires d'été avant de pourrir. *Voyez* aux mots BLOSSISSEMENT et POURRITURE. (B.)

POIRIER, *Pyrus*. Genre de plantes de l'icosandrie monogynie et de la famille des rosacées, qui renferme une douzaine d'espèces, toutes arborescentes, dont trois sont l'objet d'une culture de première importance, et dont quelques unes des autres se voient dans les jardins des amateurs de plantes étrangères.

Des trois espèces que je suis principalement dans le cas de prendre en considération, deux seront l'objet d'articles particuliers ; savoir, le POMMIER et le COGNASSIER ; ainsi c'est seulement du poirier proprement dit et de ses variétés dont j'ai à m'occuper en ce moment.

Quelques botanistes, et en dernier lieu Wildenow, ont fait entrer dans ce genre des espèces placées par d'autres parmi les NEFLIERS et les ALIZIERS. Je les ai énumérées aux articles de ces derniers.

Le poirier est du petit nombre des arbres fruitiers indigènes, c'est-à-dire croissant dans nos forêts dans l'état sauvage. Il prend naturellement la forme pyramidale, et s'élève à cinquante ou soixante pieds. Son écorce est crevassée ; ses rameaux sont pour la plupart terminés par des épines; ses branches inférieures fort écartées du tronc; ses feuilles alternes, coriaces, ovales, dentées, légèrement velues en dessous dans leur jeunesse; ses fleurs sont blanches, disposées en corymbes sur de petites branches particulières (rarement au sommet des rameaux); ses fruits sont ovales, allongés, très durs et très âpres au goût. On ne peut les manger que lorsqu'après leur chute de l'arbre ils sont parvenus à cet état voisin de la pourriture, qu'on appelle BLOSSISSEMENT (voyez ce mot), état qui ne leur est commun qu'avec quelques autres fruits de la même famille.

On voit peu de poiriers sauvages dans les bois des plaines; mais ils sont quelquefois extrêmement communs dans ceux des pays de montagnes. Ils l'étoient jadis tellement dans ceux qui sont sur la chaîne qui est entre Langres et Dijon, par suite du principe établi de toute ancienneté, qu'il falloit toujours laisser sur pied les arbres fruitiers des forêts, que quelques années avant la révolution on fut obligé de les faire couper par un arrêt du conseil, parcequ'ils nuisoient à la reproduction des taillis. Ils ne sont pas moins communs dans les haies et au milieu des champs des mêmes pays et de beaucoup d'autres que j'ai visités. La cause en est moins leur bois, quoique d'excellente qualité, comme je le dirai plus bas, que la grande quantité de fruits dont ils se chargent, fruits avec lesquels on fait ce qu'on appelle dans le pays de la PIQUETTE, et autre part de la BOISSON, c'est-à-dire une espèce de POIRÉ de fort mauvaise nature, et qu'il seroit à désirer qu'on abandonnât. *Voyez* ces trois mots.

Quoique en général le poirier sauvage préfère les terrains fertiles et profonds, il s'en trouve de fort beaux dans des sols de mauvaise qualité. Il doit l'avantage de croître presque partout à la faculté d'approfondir son pivot, de pousser des racines dans les fentes des rochers.

Comme la plupart des arbres dans l'état de nature, les poiriers sauvages sont biennes ou triennes, c'est-à-dire ne produisent du fruit que tous les deux ou trois ans; mais les années de production ils en sont le plus souvent si surchargés que leurs branches plient sous le poids. Non seulement ils servent, comme je viens de le dire, à faire du poiré, mais encore à nourrir les cochons et les vaches qui les aiment beaucoup.

Malgré ces avantages, je ne conseillerai jamais à un cultivateur de laisser croître des poiriers sauvages dans ses champs, parcequ'il est des variétés déjà perfectionnées, variétés dont j'énumèrerai quelques unes dont les fruits jouissent des mêmes qualités, et qui sont en même temps plus gros, plus juteux et plus doux. J'insiste sur cette dernière considération, parcequ'il est d'expérience que les hommes et les animaux qui mangent des poires sauvages en trop grande quantité éprouvent, à raison de leur excessive âpreté, peut-être aussi de leur astringence, des accidens semblables à ceux qu'on appelle MAL DE BOIS ou MAL DE BROUT. *Voyez* BOIS (MAL DE).

La croissance des poiriers sauvages est plus lente que celle des variétés cultivées. Le grain de leur bois est plus fin, plus rouge. Ce bois pèse vert, d'après Varennes de Fenilles, soixante-dix-neuf livres cinq onces quatre gros., et sec, cinquante-trois livres deux onces par pied cube. Il se tourmente et diminue d'un douzième de son volume, mais se fend rarement par la dessiccation. Il prend très bien la teinture noire, et alors il ressemble si fort à l'ébène, qu'on a de la peine à l'en distinguer. Après le buis et le cormier, c'est le meilleur de ceux que puissent employer les graveurs en bois. On en fait aussi un grand emploi dans la marqueterie, pour le tour et pour les outils de menuiserie. Il est facile à travailler. On ne doit pas le faire macérer dans l'eau, comme quelques ouvriers le pensent, parceque cela altère sa couleur et sa dureté. Sa qualité est excellente pour le feu.

Lorsqu'on veut avoir des poiriers à bons fruits d'une très longue durée, c'est sur des poiriers sauvages, c'est-à-dire sur de véritables sauvageons, crus de pépin et en place, qu'il faut les greffer. J'en ai connu de tels auxquels on attribuoit trois à quatre siècles, et qui étoient encore extrêmement productifs ; mais toutes les variétés ne réussissent pas également bien sur ces poiriers. *Voyez*, PÉPINIÈRE, GREFFE, SUJET, SAUVAGEON, et FRANC. Nos pères greffoient presque toujours sur sauvageon. On n'y greffe plus dans les pépinières des environs de Paris, parcequ'on a remarqué que dans ce cas les fruits sont moins gros, moins doux, et plus longs à paroître. A-t-on raison, a-t-on tort ? Je ne discuterai pas cette question, chacun peut décider d'après les seules considérations que je viens de présenter. Au reste, il est beaucoup de francs qui s'écartent fort peu, par leur constitution, du véritable sauvageon.

L'ordre des progrès du perfectionnement des fruits du poirier, et la moins grande complication de la culture, devroient me conduire à parler d'abord des poiriers à poiré ou à cidre de poire ; mais, pour me conformer à l'usage, je vais traiter des variétés véritablement jardinières.

Il paroît, par les écrits qui nous restent des Grecs et des Romains, que le poirier étoit cultivé chez eux de temps immémorial et qu'il y fournissoit déjà un grand nombre de variétés. Olivier de Serres en comptoit soixante-deux à la fin du quinzième siècle. Nous en comptons aujourd'hui plus de trois cents, et chaque année il en paroît de nouvelles. Un traité général sur la culture de cet arbre, que Van Mons fait imprimer en ce moment, et dont il m'a envoyé quelques feuilles, double ce nombre. Il n'y a que les variétés de pommes, parmi les arbres fruitiers, qui puissent entrer en comparaison avec elles sous ce rapport. Je dois cependant observer que si on en gagne on en perd, soit parceque les moins bonnes sont, comme de raison, négligées, soit parceque les meilleures même s'altèrent ou par la transmutation des greffes, ou la différente nature des terrains et des expositions. Ce seroit chose impossible que de chercher à établir la concordance entre les variétés citées par Olivier de Serres, et celles décrites par Duhamel. Plusieurs de ces dernières semblent déjà assez différentes de ce qu'elles étoient, lorsqu'il les observoit, c'est-à-dire il y a cinquante ans, pour qu'il soit quelquefois difficile de les reconnoître, malgré l'exactitude de ses descriptions et la précision de ses gravures. Ce fait est encore plus remarquable, quand on remonte à La Quintinie, ainsi que j'ai pu m'en assurer sur cinq à six arbres plantés par ce fondateur de l'art du jardinage, que, sans nécessité, à mon grand déplaisir et malgré mon opposition, on a arrachés l'année dernière (1807) dans le potager de Versailles.

Duhamel établit en fait que les variétés des poiriers, qu'il divise en deux branches principales, sont dues à la fécondation du poirier sauvage par le cognassier, même par les aliziers et les aubépines. Je n'ose ni appuyer ni combattre cette opinion. (*Voyez* au mot HYBRIDE.) Mais la cause du grand nombre de ces variétés peut être raisonnablement attribuée à l'ancienneté de la culture de l'espèce.

En se perfectionnant, les poiriers perdent leurs épines, et leurs feuilles augmentent de largeur. Tous prennent des caractères secondaires qui permettent de les distinguer à toutes les époques de l'année ; mais ces caractères sont si peu saillans, qu'il est fort difficile de les fixer par la description et même par des figures. La connoissance de ces caractères, lorsqu'ils sont privés de fruit, principalement pendant l'hiver, n'est presque jamais que l'effet de l'habitude locale. Tel jardinier, très savant sur son terrain, devient fort sujet à se tromper lorsqu'il veut nommer ceux d'un jardin dont le sol et l'exposition sont différens, à plus forte raison ceux qui croissent dans une autre climat. Je ne parlerai donc que légèrement de ces caractères, pour ne pas allonger cet article outre mesure ; ceux tirés des fruits, comme plus susceptibles d'être appréciés seront ceux sur lesquels je m'appesantirai davantage, renvoyant à l'ouvrage de Duhamel, et encore mieux à la nouvelle édition qu'en donnent en ce moment MM. Poiteau et Turpin, ceux qui voudroient des détails plus étendus.

C'est l'ordre de maturité que je vais suivre, en rapprochant cependant les variétés qui portent le même nom de celle d'entre elles qui est la première susceptible d'être mangée. On sent qu'un pareil tableau ne peut être d'une exactitude rigoureuse, puisque la maturité de certaines d'entre elles est avancée ou reculée, relativement à certaines autres, selon le climat et même l'année. Duhamel me servira de guide principal ; mais les variétés qui ont été décrites depuis la publication de son immortel ouvrage ne seront pas oubliées.

L'AMIRÉ JOANNET, ou *poire Saint-Jean*. Fruit petit, allongé, jaune, quelquefois roussâtre du côté du soleil. Sa chair est blanche, tendre, peu relevée. Il mûrit vers la fin de juin dans le climat de Paris.

Le PETIT MUSCAT, ou *sept en gueule*. Poire très petite, arrondie, vert jaunâtre, rouge brun du côté du soleil. Sa chair est d'un blanc un peu jaunâtre, agréable au goût et musquée. Elle mûrit au commencement de juillet et est meilleure sur les vieux pieds. *Voyez* Duh. *pl.* 1.

Cette variété réussit fort bien en plein vent et dans un terrain sec.

Le MUSCAT ROBERT, ou *poire à la reine*, ou *poire d'ambre*. Poire de deux pouces de diamètre, presque ronde, d'un vert un peu jaunâtre, à chair tendre et sucrée, très relevée. Elle mûrit à la mi-juillet. *Voyez* Duh. *pl.* 2.

L'observation faite à l'occasion de la précédente lui est applicable.

Le MUSCAT FLEURI. Poire très petite, globuleuse, comprimée, d'un jaune verdâtre du côté de l'ombre, d'un rouge fauve du côté du soleil. Sa chair est verdâtre, musquée, mais peu relevée.

Le MUSCAT ROYE. (Calvel.) Fruit petit, allongé, rude au toucher, d'un vert jaunâtre du côté de l'ombre, d'un rouge agréable au soleil. Sa chair est cassante, parfumée. Il mûrit à la fin d'août.

L'arbre est vigoureux.

Le MUSCAT ROYAL. Fruit très petit, presque rond, gris. Sa chair est blanche, demi-cassante, musquée. Il mûrit au commencement de septembre.

Le MUSCAT L'ALLEMAN. Fruit ovale, de trois pouces de diamètre, gris du côté de l'ombre, rouge du côté du soleil. Sa chair est jaunâtre, un peu fondante, musquée, agréable. Il mûrit en mars ou en avril. *Voyez* Duh. *pl.* 36.

L'AURATE, ou *muscat de Nanci*. Poire turbinée, de quinze lignes de diamètre, d'un jaune pâle du côté de l'ombre, d'un rouge clair du côté du soleil. Sa peau est fine. Sa chair un peu sèche, quelquefois pierreuse. *Voyez* Duh. *pl.* 3.

Il se greffe sur franc et sur cognassier, mais réussit mieux sur le premier.

La MADELEINE ou le *citron des carmes*. Poire ovale, de deux pouces de diamètre, d'un vert jaunâtre un peu teint de roux du côté du soleil. Sa chair est blanche, fine, fondante, légèrement parfumée, mais devient cotonneuse par excès de maturité. *Voyez* Duh. *pl.* 4.

L'arbre est vigoureux.

Le HASTIVEAU. Poire très petite, turbinée, d'un jaune clair, excepté du côté du soleil, où il y a de petites marbrures d'un rouge vif. Sa chair est jaunâtre, musquée, mais cependant peu agréable au goût. Elle mûrit vers le milieu de juillet.

L'arbre est très productif.

Le ROUSSELET HATIF, *perdreau*, *poire de Chypre*. Poire petite, turbinée, jaune, avec du rouge vif parsemé de gris du côté du soleil. Sa chair est jaune, demi-cassante, souvent pierreuse, très parfumée et sucrée.

L'arbre est assez vigoureux.

Le ROUSSELET DE REIMS. Poire petite, turbinée, verdâtre et jaunâtre, tachée de brun, d'un rouge brun du côté du soleil. Sa chair est demi-beurrée, parfumée, d'un goût particulier très agréable.

Le ROUSSELET (GROS), *roi d'été*. Poire de même forme que la précédente, mais plus grosse, d'un vert foncé, ponctuée de gris et d'un rouge brun du côté du soleil. Sa chair est demi-cassante, parfumée, un peu aigrelette. Mûrit au commencement de septembre.

Le ROUSSELET D'HIVER. Poire moins grosse que le rousselet de Reims, mais de même forme, un peu plus jaune du côté de l'ombre, et un peu plus brune du côté du soleil. Sa chair est demi-cassante, aqueuse et d'un goût assez relevé. Elle mûrit en février et mars.

La CUISSE MADAME. Poire de médiocre grosseur, très allongée, luisante, d'un vert jaunâtre du côté de l'ombre, d'un rouge brun du côté du soleil. Sa chair est à demi cassante, sucrée, un peu musquée. Elle mûrit à la fin de juillet. *Voy.* Duh., *pl.* 5.

Réussit mal sur cognassier, et même sur franc; il se met difficilement à fruit.

Le GROS BLANQUET, ou *blanquette*. Fruit petit, allongé, blanc, jaunâtre à l'ombre, et d'un rouge clair au soleil. Sa chair est cassante, sucrée et relevée. Il mûrit à la fin de juillet.

C'est une belle et bonne variété qui est très vigoureuse.

Le GROS BLANQUET ROND. Fruit moins allongé que le précédent; chair plus parfumée, du reste fort peu différent.

Le PETIT BLANQUET, ou *poire à la perle.* Fruit petit, allongé, blanchâtre; chair blanche, demi-cassante, musquée, et assez agréable. *Voyez* Duh., *pl.* 6.

L'arbre est très productif.

Le BLANQUET A LONGUE QUEUE. Fruit petit, allongé, blanchâtre, quelquefois teint de roux du côté du soleil. Sa chair est demi-cassante, blanche, parfumée et sucrée. Il mûrit au commencement d'août. *Voyez* Duh., *pl.* 6.

Cette variété est plus vigoureuse greffée sur franc que sur cognassier.

L'ÉPARGNE, *beau présent*, *Saint-Samson*, *grosse cuisse madame.* Fruit très allongé, de grosseur moyenne, verdâtre, marbrée de fauve, quelquefois de rouge du côté du soleil. Sa chair est fondante, d'un aigre fin très agréable dans certaines localités. Il mûrit à la fin de juillet. *Voyez* Duh., *pl.* 7.

L'arbre est vigoureux.

L'OGNONET, ou *archiduc d'été*, ou *amiré roux.* Fruit presque rond, de moyenne grosseur, jaunâtre du côté de l'ombre, d'un rouge vif du côté du soleil. Sa chair est demi-cassante, souvent pierreuse, relevée, d'un goût rosat. Il mûrit au commencement d'août. *Voyez* Duh., *pl.* 8.

L'arbre produit beaucoup, mais veut être greffé sur franc plutôt que sur cognassier.

Le SAPIN. Fruit petit, allongé, vert jaunâtre; sa chair est blanche, peu relevée, quoique parfumée. Il mûrit vers la fin de juillet.

Le DEUX TÊTES. Fruit moyen, d'un vert jaunâtre du côté de l'ombre, d'un rouge brun du côté du soleil, à œil rétréci dans son milieu par deux saillies qui le font paroître double. Sa chair est blanche, un peu parfumée, mais peu délicate.

La BELLISSIME D'ÉTÉ, ou *suprême*, ou *poire figue.* Fruit petit, peu allongé, jaune citron, taché de rouge du côté de l'ombre, d'un très beau rouge foncé taché de jaune du côté du soleil. Sa chair est demi-cassante, d'un goût assez agréable quoique peu relevé. Il mûrit en juillet, et demande à être cueilli avant sa maturité, parcequ'il devient promptement fade et cotonneux. *Voyez* Duh., *pl.* 42.

L'arbre est vigoureux.

La BELLISSIME D'AUTOMNE, le *vermillon.* Fruit de moyenne grosseur, très allongé, jaune rougeâtre, ponctué de brun du côté de l'ombre, rouge foncé, ponctué de gris du côté du soleil. Sa chair est blanche, cassante, quelquefois pierreuse, d'un goût peu relevé. Il mûrit vers la fin d'octobre. *Voyez* Duh., *pl.* 19.

La BELLISSIME D'HIVER. Fruit extrêmement gros, c'est-à-dire de près de quatre pouces de diamètre, presque rond, jaune ponctué de fauve du côté de l'ombre, rouge ponctué de gris du côté du soleil. Sa chair est tendre, douce, mais sauvage. Il se conserve jusqu'en mai, et ne se mange que cuit. Il est beaucoup meilleur que le catillac.

Le BOURDON MUSQUÉ. Fruit petit, presque rond, verdâtre, ponctué de la même couleur. Sa chair est cassante, musquée, un peu sucrée. Il mûrit en juillet.

La POIRE D'ANGE. Fruit petit, d'un vert jaune. Sa chair est demi-cassante, très musquée. Il mûrit au commencement d'août; se rapproche du salviati.

La SANS PEAU, ou *fleur de guignes*. Fruit de médiocre grosseur, allongé, d'un vert clair ponctué de gris du côté de l'ombre, d'un rouge pâle du côté du soleil. Sa chair est fondante, parfumée, très agréable.

L'arbre est plus vigoureux lorsqu'il est greffé sur franc que lorsqu'il l'est sur cognassier.

Le SAINT-LAURENT. Fruit moyen, turbiné, d'un vert jaunâtre. Sa chair est âcre, mais est très bonne en compote. Il mûrit au commencement d'août. M. Calvel, à qui on en doit la connoissance, dit qu'elle est commune dans les départemens méridionaux, et qu'elle mérite peu d'être cultivée.

Le PARFUM D'AOUT. Fruit petit, allongé, d'un jaune citron ponctué de fauve du côté de l'ombre, d'un beau rouge foncé ponctué de jaune du côté du soleil. Sa chair est un peu grossière, mais très musquée. Il mûrit à la mi-août.

L'arbre est très productif.

La CHAIR A DAME. Fruit de moyenne grosseur, presque rond, jaunâtre, tacheté de gris, un peu teint de rouge du côté du soleil. Sa chair est douce, parfumée, agréable. Il mûrit à la mi-août. *Voyez* Duh., *pl.* 16.

Le FIN OR D'ÉTÉ. Fruit de moyenne grosseur, d'un vert jaunâtre ponctué de rouge du côté de l'ombre, d'un rouge foncé brillant du côté du soleil. Sa chair est verdâtre, demi-cassante, un peu aigre, mais agréable. Il mûrit en même temps que la précédente.

Le FIN OR DE SEPTEMBRE. Fruit plus gros que le précédent, d'un vert gai du côté de l'ombre, rouge marbré du côté du soleil. Sa chair est blanche, tendre, aigrelette, agréable. Il mûrit au commencement de septembre.

L'ÉPINE ROSE, ou *poire de rose*, *poire tulipée*, de *merlet*, d'*eau rose*, de *Malte*. Fruit gros, presque rond, d'un vert jaunâtre, pointillé et marbré de brun du côté de l'ombre, et lavé de rouge fauve du côté du soleil. Sa chair est blanche, tendre, musquée, sucrée. Il diffère peu de l'ognonet.

L'ÉPINE D'ÉTÉ, ou *fondante musquée*, ou *bergiarda*. Fruit

moyen, allongé, lisse, vert pré près l'œil, vert jaunâtre près la queue. Sa chair est fondante, relevée, très musquée. Il mûrit en septembre. *Voyez* Duh., *pl.* 30.

L'épine d'hiver. Fruit gros, long, lisse, d'un vert jaunâtre. Sa chair est fondante, quelquefois musquée et d'un goût très agréable, d'autrefois insipide. Il se conserve jusqu'en janvier.

L'arbre veut être greffé sur franc dans les terrains secs, et sur cognassier dans les terrains humides. Le plein vent et une bonne exposition lui conviennent le mieux. Les années froides nuisent beaucoup à la qualité de son fruit.

Le salviati. Fruit moyen, rond, jaune de cire, un peu rouge du côté du soleil, quelquefois marbré de rouge. Sa chair est demi-cassante, sucrée, parfumée, excellente. Il mûrit en août, et se confit au sucre ou sert à fabriquer du ratafiat. *Voyez* Duh., *pl.* 9.

L'arbre est vigoureux sur franc, mais réussit mal sur cognassier.

L'orange musquée. Fruit moyen, arrondi, tuberculeux, jaunâtre du côté de l'ombre, rouge clair du côté du soleil. Sa chair est cassante, musquée, relevée, très agréable. *Voyez* Duh., *pl.* 10.

L'orange rouge. Fruit gris du côté de l'ombre, rouge du côté du soleil, plus gros que le précédent. Sa chair est cassante, musquée, sucrée. Il mûrit en même temps que le précédent, c'est-à-dire en août.

L'arbre est vigoureux.

L'orange tulipée, ou *poire aux mouches*. Fruit gros, ovale, vert ponctué de gris du côté de l'ombre, rouge brun et vergeté de rouge du côté du soleil. Sa chair est demi-cassante, succulente, d'un goût agréable, quoique quelquefois un peu âcre. Il mûrit au commencement de septembre. *Voyez* Duh., *pl.* 41.

L'orange d'hiver. Fruit de moyenne grosseur, arrondi, d'un vert sale, parsemé de taches d'un vert foncé, et souvent de saillies. Sa chair est blanche, cassante, musquée, assez agréable. Il mûrit en mars ou avril. *Voyez* Duh., *pl.* 19.

La robine, ou *royale d'été*. Fruit rond, petit, d'un vert jaunâtre, ponctué de brun ; sa chair est blanche, demi-cassante, un peu sèche, très musquée et sucrée, non sujette à mollir. Il mûrit en août. *Voyez* Duh., *pl.* 27.

L'arbre se greffe sur franc et sur cognassier ; mais il se met plus facilement à fruit, et donne de plus gros fruits sur ce dernier.

La sanguinole. Fruit médiocre, allongé, un peu ponctué de

gris du côté de l'ombre et de rouge du côté du soleil. Sa chair est rouge et peu agréable. Il mûrit en août.

Le VERMILLON D'ÉTÉ. (Calvel.) Fruit de moyenne grosseur, presque rond, d'un vert jaunâtre du côté de l'ombre, d'un rouge clair du côté du soleil; sa chair est blanche, demifondante, assez parfumée. Il mûrit à la fin d'août.

Cette poire ne doit pas être confondue avec la bellissime d'été, quoiqu'elle en soit très rapprochée.

La GROSSE ALLONGÉE. (Calvel.) Fruit gros, très long, d'un vert jaune pointillé de roux; il est plus gros que la verte longue et se rapproche du Saint-Germain.

Le BON CHRÉTIEN D'ÉTÉ MUSQUÉ. Fruit moyen, allongé, jaune, fouetté de rouge du côté du soleil; sa chair est blanche, parsemée de points verdâtres, cassante, sucrée, très musquée. Il mûrit à la fin d'août. C'est un très beau et très bon fruit, mais sujet à se crevasser. *Voyez* Duh., *pl.* 48.

L'arbre est délicat. Il ne se greffe pas sur le cognassier.

Le BON CHRÉTIEN D'ÉTÉ, ou *gracioli*. Fruit gros, allongé, un peu recourbé, jaunâtre ponctué de vert foncé; sa chair est blanche, demi-cassante, sucrée. Il mûrit au commencement de septembre. *Voyez* Duh., *pl.* 47, *fig.* 4.

L'arbre est très productif.

Le BON CHRÉTIEN D'ESPAGNE. Fruit très gros, de trois pouces de diamètre, allongé, courbé, bosselé, jaune pâle, ponctué de brun du côté de l'ombre, et d'un beau rouge vif également ponctué du côté du soleil; sa chair est blanche, parsemée de points verdâtres, sèche ou juteuse, selon le terrain, et d'assez bon goût. Il mûrit en novembre et décembre. C'est une des plus belles poires, mais qui n'est susceptible d'être mangée crue que lorsque l'arbre est à une bonne exposition et dans un terrain léger. *Voyez* Duh., *pl.* 46.

Le BON CHRÉTIEN D'HIVER. Fruit très gros, quelquefois de quatre pouces de diamètre, très allongé, bosselé, d'un jaune clair du côté de l'ombre, et incarnat du côté du soleil; sa chair est cassante, juteuse, sucrée, parfumée et même vineuse. Il mûrit en janvier et février. *Voyez* Duh., *pl.* 45.

Cette poire est extrêmement sujette à varier en forme, en couleur et en qualité. Rarement deux pieds du même jardin en donnent de parfaitement semblables. On pourroit même trouver sur un seul pied les six espèces de quelques auteurs, telles que du *vert*, du *doré*, du *rond*, du *long*, d'*Auch*, de *Vernon*, etc. Toutes les différences qu'elle présente ne constituent point des variétés; elles dépendent du terrain, de la culture, du sujet, de l'exposition, de l'âge, de la vigueur, etc., l'arbre étant plus sujet à l'influence de ces circonstances que la plupart des autres poiriers. Ce que dit M. Calvel pour prouver que le bon chrétien d'Auch est une variété distincte appuie l'opinion de Duhamel.

Cet arbre se greffe sur franc et sur cognassier. Sur franc il est tardif à se mettre à fruit et exposé à être dévoré par les PUNAISES-TIGRES lorsqu'il est sur-tout placé en espalier au midi. On le met rarement en plein vent dans le climat de Paris, attendu qu'il lui faut beaucoup de chaleur. Greffé sur cognassier et en espalier au couchant, il donne des fruits plus gros, plus colorés, d'une chair plus fine et ordinairement privés de pepins. Il y en a une sous-variété à bois panaché.

La MANSUETTE, ou *solitaire* Fruit gros, allongé, arqué, jaunâtre, bosselé, vert taché de brun et rouge du côté du soleil; sa chair est blanche, demi-fondante, un peu âcre. Il mûrit vers le commencement de septembre et est sujet à mollir.

L'arbre se greffe mieux sur cognassier que sur franc.

L'ŒUF, ou *poire d'œuf*. Fruit petit, ovale, vert jaunâtre taché de roux, mêlé de rougeâtre du côté du soleil; sa chair est demi-fondante, sucrée, musquée, agréable. Il mûrit au commencement de septembre.

L'arbre est vigoureux sur franc et foible sur cognassier. Sa fertilité est très médiocre.

La CASSOLETTE, *muscat vert*, *fiolet*, *lechefrion*. Fruit petit, ovale, d'un vert tendre jaunâtre, légèrement fouetté de rouge du côté du soleil; sa chair est cassante, sucrée et musquée. Il mûrit à la fin d'août. *Voyez* Duh., *pl.* 18.

Cet arbre réussit également sur franc et sur cognassier.

La GRISE BONNE, *poire de forét*, *crapaudine*, *ambrette d'été*. Fruit médiocre, arqué, d'un vert gris très ponctué de blanc et de roux; sa chair est fondante, sucrée et relevée. Il mûrit à la fin d'août.

La JARGONNELLE. Fruit petit, allongé, très jaune du côté de l'ombre, et d'un beau rouge du côté du soleil; sa chair est blanche, demi-cassante, fine, musquée. Il mûrit au commencement de septembre. On la confond mal à propos avec la bellissime d'automne.

Le HA MON DIEU, ou *mandieu*. Poire moyenne, ovale, jaune clair du côté de l'ombre, rouge clair ponctué de rouge foncé du côté du soleil; sa chair est blanche, demi-cassante, sucrée et parfumée. Elle mûrit au commencement de septembre.

L'arbre est très productif et c'est son plus grand mérite.

L'INCONNUE DE CHENEAU, ou *fondante de Brest*. Fruit moyen, un peu arqué, luisant, ponctué de brun et de gris, lavé de rouge du côté du soleil; sa chair est blanche, cassante, quoique portant le nom de fondante, sucrée, aigrelette et agréable. Il mûrit au commencement de septembre. *Voyez* Duh., *pl.* 17.

L'arbre est fertile et vigoureux sur franc, et ne pousse jamais droit sur cognassier.

La POIRE FIGUE. Fruit de moyenne grosseur, très allongé, d'un vert brun; sa chair est blanche, fondante, sucrée. Il mûrit au commencement de septembre. Il ne faut pas le confondre avec la bellissime d'été qui porte aussi ce nom.

La BERGAMOTTE D'ÉTÉ, ou *milan de la beuvrière.* Fruit gros, (deux pouces et demi), rude au toucher, d'un vert gai ponctué de fauve, quelquefois roux du côté du soleil; sa chair est à demi fondante, d'une acidité assez agréable. Il mûrit au commencement de septembre, et demande à être mangé un peu vert parcequ'il devient promptement cotonneux.

La BERGAMOTTE D'ANGLETERRE OU DE HAMDEN. (Calvel.) Fruit gros, arrondi, d'un vert jaunâtre; sa chair est fondante, parfumée. Il mûrit au commencement de septembre. Ses rapports avec le précédent sont nombreux.

L'arbre veut le plein vent, un bon terrain et une bonne exposition. Il est commun à Boulogne.

La GILOGILE, ou *poire à gobert*, ou *garde écorce*, (Calvel.) Fruit gros, turbiné, vert à l'ombre, d'un rouge noir au soleil; sa chair est cassante, parfumée. Il mûrit à l'époque de la précédente.

La BERGAMOTTE ROUGE. Fruit moyen, ovale, arrondi, d'un jaune foncé couvert de rouge du côté du soleil; sa chair est presque fondante, très parfumée, mais sujette à devenir cotonneuse. Il mûrit au milieu de septembre. *Voyez* Duh., *pl.* 19, *fig.* 6.

L'arbre est très productif, quelquefois même trop.

La BERGAMOTTE SUISSE. Fruit de moyenne grosseur, presque rond, rayé de vert et de jaune, rougeâtre du côté du soleil; sa chair est fondante et sucrée. Il mûrit en octobre. *Voyez* Duh., *pl.* 20.

L'arbre est vigoureux et produit beaucoup. Il n'aime pas une exposition trop chaude.

Le CRAMOISI, ou *poire cramoisi.* (Calvel.) Fruit gros, globuleux, d'un vert jaunâtre du côté de l'ombre, et d'un rouge clair du côté du soleil; sa chair est cassante, odorante, parfumée. Il mûrit au commencement de l'automne.

La BELLE DE BRUXELLES. (Calvel.) Fruit gros, pyriforme, d'un vert jaunâtre; sa chair est blanche, fine, d'une saveur agréable. Il mûrit en même temps que le précédent.

Le PENDARD, ou *poire de pendard.* (Calvel.) Fruit assez gros, oblong, d'un jaune cendré du côté de l'ombre et un peu coloré en rouge du côté du soleil ; sa chair est cassante et agréablement musquée. Il mûrit vers la mi-octobre.

Le BON CHRÉTIEN TURC. (Calvel.) Fruit gros, pyriforme, un peu arqué. Il diffère fort peu du précédent, mais mûrit plus tard. C'est une très bonne variété.

La PAYENCY, ou *poire de Périgord*. (Calvel.) Fruit moyen, allongé, d'un vert jaunâtre, parsemé de points gris ; sa chair est demi-fondante et parfumée. Il mûrit au commencement de l'automne.

La BERGAMOTTE CADETTE, ou *poire cadet*. Fruit gros, presque rond, jaunâtre, rouge du côté du soleil ; sa chair est bonne, quoique inférieure aux autres bergamottes. Il mûrit en octobre et devient pâteux après sa maturité. *Voyez* Duhamel, *pl.* 44.

L'arbre est très vigoureux et charge beaucoup.

La BERGAMOTTE D'AUTOMNE. Fruit presque rond, de grosseur moyenne, jaunâtre du côté de l'ombre, rouge brun foible ponctué de gris du côté du soleil ; sa chair est fondante, sucrée, parfumée. Il mûrit en novembre. *Voyez* Duhamel, *pl.* 19 et 21.

C'est une des poires les plus anciennement connues et qui mérite le plus d'être cultivée.

L'arbre veut l'espalier.

La BERGAMOTTE DE SOULERS, ou *bonne de Soulers*. Fruit de grosseur moyenne, rond, luisant, jaune, ponctué de vert, rouge-brun clair du côté du soleil ; sa chair est fondante, sucrée, agréable. Il mûrit en février ou mars. *Voyez* Duhamel, *pl.* 44.

La BERGAMOTTE DE PAQUES ou D'HIVER. Fruit très gros (de trois pouces de diamètre), rond, d'un vert jaunâtre, ponctué de gris, lavé de roux du côté du soleil ; sa chair est très blanche, demi-fondante, aigrelette, agréable. Il mûrit en février. *Voyez* Duhamel, *pl.* 24.

L'arbre est vigoureux.

La BERGAMOTTE DE HOLLANDE OU D'ALENÇON, ou *Armoselle*. Fruit de la grosseur du précédent, rond, vert, jaunâtre, ponctué de brun ; sa chair est demi-fondante, d'un goût relevé, agréable. Il mûrit en juin. *Voyez* Duhamel, *pl.* 25.

L'arbre pousse bien.

La VERTE LONGUE, ou *mouille-bouche*. Fruit gros, très allongé, vert ; sa chair est blanche, très fondante, sucrée et parfumée. Il mûrit au commencement d'octobre.

L'arbre est très productif et réussit mieux sur franc que sur cognassier. Il veut un terrain chaud et léger.

La VERTE LONGUE PANACHÉE, ou *culotte de Suisse*, ne diffère de la précédente que parcequ'elle est rayée de jaune. *Voy.* Duhamel, *pl.* 37.

Le BEURRÉ ROMAIN. (Calvel.) Fruit gros, presque rond, aplati au sommet, d'un vert jaunâtre à l'ombre, et légèrement coloré en rouge du côté du soleil ; sa chair est fondante et exquise, mais demande à être mangée à point ; car elle devient promptement pâteuse. Il mûrit au commencement de septembre.

L'arbre réussit mieux sur franc, mais il vient sur cognassier dans les terrains sablonneux et gras.

Le BEURRÉ GRIS, ou simplement le *beurré*. Fruit ovale, très gros, c'est-à-dire de trois pouces de diamètre, de couleur grise; sa chair est fondante, sucrée, très agréable au goût. Il mûrit à la fin de septembre. C'est une des meilleures poires. C'est à tort qu'on a indiqué les beurrés vert, rouge, ou d'Amboise, d'Isambert, car les arbres jeunes et vigoureux donnent ordinairement leurs fruits gris ; ceux qui sont greffés sur cognassier ou d'une vigueur médiocre en produisent de verts ; ceux qui sont dans un terrain très sec, à une exposition très chaude, ou languissans, en produisent de rouges. *Voyez* Duhamel, *pl.* 38.

L'arbre est très productif et s'accommode de tous les terrains et de toutes les expositions.

Le BEURRÉ D'ANGLETERRE, ou la *poire d'Angleterre*. Fruit médiocre, allongé, d'un vert grisâtre, ponctué de roux; sa chair est fondante, relevée, d'un goût agréable lorsqu'elle est juste à son point de maturité. Il mûrit en septembre. C'est un de ceux qu'on peut le plus avantageusement dessécher au four ou employer à faire des marmelades. *Voyez* Duhamel, *pl.* 39.

L'arbre ne réussit que sur franc. Il charge beaucoup, et manque rarement de produire.

Le BEURRÉ D'ANGLETERRE D'HIVER. Fruit moyen, allongé, jaunâtre, tacheté de jaune foncé ; sa chair est très blanche, très fondante, fort douce, mais peu relevée. Il mûrit en janvier.

Le BEURRÉ D'HIVER, ou *bézi de Chaumontel*. Fruit très gros, ovale, relevé par des côtes, jaune du côté de l'ombre, rouge du côté du soleil ; sa chair est demi-fondante, quelquefois pierreuse, très sucrée, relevée, excellente. Il mûrit à la fin de janvier. *Voyez* Duhamel, *pl.* 4.

Cette poire varie beaucoup. Elle est plus jaune lorsque l'arbre est greffé sur cognassier ou planté dans une terre légère, plus grosse en espalier qu'en plein vent. Sa forme n'a aucune constance. Il faut être attentif pour saisir le vrai point de sa maturité.

Le bézi de Montigny. Fruit de moyenne grosseur, ovale, jaunâtre; sa chair est blanche, fondante, musquée, très agréable. Il mûrit à la fin de de septembre. *Voyez* Duhamel, *pl.* 44, *fig.* 6.

Le bézy de La Motte. Fruit de moyenne grosseur, d'un vert jaunâtre, ponctué de gris; sa chair est blanche, fondante, douce et bonne. Il mûrit en octobre. *Voyez* Duhamel, *pl.* 44, *fig.* 5.

L'arbre est épineux et vient mieux en plein vent qu'autrement.

Le bézy de Caissoi, ou *Quessoy*, ou *roussette d'Anjou*. Fruit petit, presque rond, vert jaunâtre, très chargé de taches brunes; sa chair est fondante et d'un goût très agréable lorsqu'il provient d'un arbre planté dans une terre franche et un peu fraîche. Il mûrit en novembre. *Voyez* Duhamel, *pl.* 29.

Cet arbre ne se greffe pas sur cognassier. C'est en Bretagne qu'on le cultive le plus.

Le doyenné, ou *beurré blanc*, ou *Saint-Michel*, ou *bonne ente*. Fruit gros, presque rond, jaune du côté de l'ombre, rouge du côté du soleil; sa chair est fondante, sucrée, relevée. Il mûrit en octobre. *Voyez* Duhamel, *pl.* 43.

C'est une fort bonne variété, mais difficile à prendre à son vrai point de maturité, parcequ'elle passe promptement. Elle est aussi fort sensible aux influences du sol, de l'exposition, de la saison, etc.

La vallée franche. (Calvel.) Fruit très gros, allongé, arqué, d'un vert jaunâtre, luisant; sa chair est verte, agréable, mais souvent pâteuse.

La vallée batarde (Calvel) diffère peu de la vallée franche. Son fruit est plus petit.

L'amiral, ou *poire d'amiral*. (Calvel.) Fruit moyen, pyriforme, d'un vert jaunâtre du côté de l'ombre, et rougeâtre du côté du soleil; sa chair est demi-fondante et agréable. Il mûrit à peu près à l'époque des précédens.

Le mauni, ou *poire de mauni*. (Calvel.) Fruit moyen, oblong, d'un vert jaunâtre rouge du côté du soleil; sa chair est demi-fondante, et d'une eau agréable. Il mûrit à la fin de septembre.

La jalousie. Fruit très gros, presque rond, fauve clair du côté de l'ombre, rougeâtre du côté du soleil, parsemé de petits tubercules gris; sa chair est fondante, sucrée, excellente. Il mûrit à la fin d'octobre. *Voyez* Duhamel, *pl.* 47. *fig.* 3.

L'arbre ne se greffe que sur franc, parcequ'il languit et périt promptement sur cognassier.

La franchipane. Fruit de moyenne grosseur, allongé, un peu arqué, gras au toucher, d'un jaune clair du côté de l'ombre, et d'un rouge vif du côté du soleil ; sa chair est à demi fondante, douce, sucrée, d'un goût particulier analogue à celui de la franchipane. Il mûrit à la fin d'octobre.

L'arbre est très vigoureux.

La ROUSSETTE DE BRETAGNE. (Calvel.) Fruit moyen, comprimé, turbiné, d'un fauve clair ; sa chair est très blanche, à demi fondante, un peu âpre. Il se rapproche de la crassane et perd de sa qualité en quittant son sol natal.

Le LANSAC, ou *dauphine*, ou *satin*. Fruit moyen, presque rond, jaune ; sa chair est sucrée, d'un goût agréable, relevée d'un peu de fumet. Il mûrit à la fin d'octobre. *Voyez* Duhamel, *pl.* 57.

La VIGNE, ou *demoiselle*. Fruit ovale, petit, cendré, à queue très longue, à peau rude, d'un gris brun un peu rougeâtre et ponctué de gris du côté du soleil ; sa chair est fondante, d'un goût relevé, mais devient molle ou pâteuse. Il mûrit en octobre. *Voyez* Duhamel, *pl.* 58 , *fig.* 2.

L'arbre est vigoureux.

La PASTORALE, ou *musette d'automne*. Fruit gros, allongé, jaune, cendré, ponctué de roux, sa chair est à demi fondante, musquée et très bonne. Il mûrit en novembre. *Voyez* Duhamel, *pl.* 55.

L'arbre profite davantage greffé sur franc que sur cognasssier.

Le MESSIRE JEAN. Fruit gros, presque rond, un peu rude au toucher, jaune doré, très ponctué de gris ; sa chair est cassante, souvent pierreuse, d'un goût relevé, excellent. Il mûrit en octobre. *Voyez* Duhamel, *pl.* 46.

La couleur des poires de messire Jean varie suivant l'âge, la vigueur de l'arbre, le sujet sur lequel il est greffé. Si le pied est vieux ou languissant le fruit est *blanc ;* s'il est jeune, vigoureux et sur franc, il est *doré ;* il devient moins gros, plus pierreux et plus *gris* sur le cognassier. De là les trois variétés que quelques personnes séparent de lui.

Le SUCRÉ VERT. Fruit moyen, ovale, toujours ponctué de gris ; sa chair est très fondante, très sucrée, agréable au goût. Il mûrit à la fin d'octobre. *Voyez* Duhamel, *pl.* 34.

L'arbre est vigoureux et productif.

Le FRANC RÉAL, ou *gros micet*. Fruit gros, rond, d'un vert jaunâtre, ponctué de roux ; sa chair est très bonne cuite. Il mûrit en octobre.

La ROUSSELINE. Fruit petit, presque rond, quelquefois arqué, d'un fauve clair ; sa chair est demi-fondante, sucrée, musquée, très agréable. Il mûrit en novembre. *Voyez* Duhamel, *pl.* 15.

L'arbre ne veut pas être greffé sur cognassier.

La CRASSANE, ou *bergamotte crassane*. Fruit gros, presque rond, d'un gris verdâtre ponctué de roux; sa chair est fondante, sucrée, un peu parfumée, relevée d'une petite âpreté qui ne déplaît pas. Il mûrit en novembre. C'est une des bonnes poires, mais dont la qualité varie suivant le terrain, l'exposition, etc. *Voyez* Duhamel, *pl.* 22.

L'arbre est vigoureux et demande un bon terrain, un peu humide. Il réussit mieux greffé sur franc que sur cognassier.

La MERVEILLE D'HIVER, ou *petit oin*. Fruit de moyenne grosseur, ovale, rude au toucher, d'un vert.jaunâtre. Sa chair est fondante, sucrée, musquée, très agréable. Il mûrit en novembre. *Voyez* Duh., *pl.* 33.

L'arbre est très productif sur franc, mais réussit mal sur cognassier. Il demande un terrain sec et chaud.

La LOUISE BONNE. Fruit gros, allongé, blanchâtre, ponctué de vert. Sa chair est à demi fondante, douce, relevée, d'un fumet abondant. Il mûrit en novembre. *Voyez* Duh., *pl.* 53.

L'arbre est grand, très productif, et préfère le plein vent.

Le MARTIN SEC. Fruit moyen, très allongé, bosselé, d'un brun clair du côté de l'ombre, et rouge ponctué de blanc du côté du soleil. Sa chair est cassante, quelquefois pierreuse, sucrée, parfumée, agréable. Il mûrit en décembre. *Voyez* Duh., *pl.* 14.

L'arbre est très fertile.

Le MARTIN SIRE, ou *rouville*, *poire de Bunville*, *de Hocrenaille*. Fruit gros, allongé, satiné, jaunâtre, rouge du côté du soleil. Sa chair est cassante, quelquefois pierreuse, douce, sucrée, même parfumée. Il mûrit en janvier. *Voyez* Duh., *pl.* 19, *fig.* 5.

Le SAINT-LEZAIN. (Calvel.) Fruit gros, allongé, arqué. Sa chair est dure, âpre, et n'est bonne que cuite.

La MARQUISE. Fruit gros, ovale, allongé, jaunâtre, piqueté de vert, quelquefois rougeâtre du côté du soleil. Sa chair est fondante, sucrée, même un peu musquée. Il mûrit en décembre. *Voyez* Duh., *pl.* 49.

L'arbre est des plus vigoureux, et demande à être chargé à la taille.

L'ÉCHASSERY, ou *bezi de Chassery*. Fruit moyen, ovale, jaunâtre. Sa chair est fondante, sucrée, musquée, d'un goût fort agréable. Il mûrit en décembre. On doit le regarder comme un des meilleurs, lorsqu'il est bien conditionné. *Voyez* Duh., *pl.* 32.

L'arbre est grand, productif, et se met promptement à fruit; mais il lui faut une terre douce et légère.

L'AMBRETTE. Fruit de médiocre grosseur, arrondi, blanchâtre ou gris. Sa chair est un peu verdâtre, fondante, sucrée, excellente dans les années et les terrains favorables. Il mûrit en décembre. *Voyez* DUH., *pl* 31.

L'arbre est épineux. Il se greffe sur franc, mais mieux sur cognassier. Il veut un terrain sec et chaud, et une bonne exposition. Le plein vent lui est plus avantageux que l'espalier : les années pluvieuses ou froides sont contraires à la bonté de son fruit.

Le VITRIER. Fruit gros, ovale, vert ponctué de vert plus foncé du côté de l'ombre, rouge foncé ponctué de brun du côté du soleil. Sa chair est blanche, d'un goût assez agréable. Il mûrit en décembre. *Voyez* Duh., *pl.* 44, *fig.* 4.

Il est une autre poire de vitrier, qui est jaune du côté de l'ombre, et dont la chair est musquée.

La BEQUESNE. Fruit gros, allongé, arqué, jaune du côté de l'ombre, rougeâtre du côté du soleil, par-tout couvert de points gris. Sa chair est un peu fade quand elle est très mûre ; mais verte, elle fait d'excellentes compotes. Elle mûrit en décembre.

La VIRGOULEUSE. Fruit gros, ovale, jaune, légèrement ponctué de roux, rougeâtre du côté du soleil. Sa chair est fondante, sucrée, relevée, excellente, et prend facilement le goût des choses sur lesquelles elle a mûri. Il se mange en décembre. *Voyez* Duh., *pl.* 51.

L'arbre charge beaucoup, et se met difficilement à fruit. Il est peu difficile sur la nature du terrain. L'exposition du midi lui convient peu, parceque son fruit s'y crevasse. On ne peut cependant trop le multiplier.

La JARDIN. Fruit gros, arrondi, rude au toucher, jaune de diverses nuances du côté de l'ombre, rouge foncé ponctué de jaune du côté du soleil. Sa chair est à demi cassante, quelquefois un peu pierreuse, sucrée, de fort bon goût. Il mûrit en décembre. *Voyez* Duh., *pl.* 19, *fig.* 5.

Le SAINT-GERMAIN, ou *l'inconnue la fare*. Fruit gros, allongé, jaunâtre, rude au toucher, ponctué de brun ou taché de roux. Sa chair est blanche, fondante, souvent pierreuse, excellente lorsque le terrain et l'année sont favorables. Il mûrit en janvier. *Voyez* Duh., *pl.* 52.

L'arbre est vigoureux et fertile ; mais pour donner de bons fruits, il faut le planter dans un sol ni trop sec ni trop humide, à une exposition ni trop chaude ni trop froide ; encore malgré ces soins ses fruits varient-ils chaque année en qualité.

Il y en a une sous-variété à bois et à fruit panaché.

La CHAPTAL. (Calvel.) Fruit gros, pyramidal, régulier, vert jaunâtre. Sa chair est fondante, peu pierreuse, acidule, sucrée. Il mûrit en janvier, et se conserve tout le printemps. C'est une excellente acquisition faite dans ces dernières années à la pépinière du Luxembourg.

La ROYALE D'HIVER. Fruit gros, allongé, jaune, ponctué de fauve du côté de l'ombre, rouge ponctué de brun du côté du soleil. Sa chair est demi-fondante, jaunâtre, très sucrée. Il mûrit en janvier. *Voyez* Duh., *pl.* 35.

L'arbre est vigoureux, demande un terrain sec et chaud, et réussit mieux sur sauvageon et en plein vent que sur coguassier et en espalier.

L'ANGÉLIQUE DE BORDEAUX, ou *Saint-Martial*. Fruit gros, allongé, aplati, d'un jaune très pâle du côté de l'ombre, rouge du côté du soleil. Sa chair est cassante, douce et sucrée. Il mûrit en janvier.

L'arbre est très délicat. Il réussit mal sur cognassier, et demande un terrain sec et en bonne exposition.

L'ANGÉLIQUE DE ROME. Fruit moyen, allongé, rude au toucher, jaune du côté de l'ombre, rouge du côté du soleil. Sa chair est jaunâtre, demi fondante, un peu pierreuse, sucrée et d'un goût relevé. Il mûrit en janvier.

L'arbre est vigoureux, mais il demande un terrain léger et frais pour produire de gros et de bons fruits.

Le SAINT-AUGUSTIN, *poire de Pise*. Fruit petit, allongé, jaune, ponctué de brun du côté de l'ombre, rougeâtre du côté du soleil. Sa chair est dure, mais musquée. Il mûrit en janvier. *Voyez* Duh., *pl.* 58, *fig.* 3.

L'arbre demande une bonne terre un peu fraîche pour donner des fruits estimables.

Le CHAMP RICHE D'ITALIE. Fruit gros, long, d'un vert clair ponctué de gris. Sa chair est blanche, demi-cassante, et fort bonne cuite. Il mûrit en janvier.

La LIVRE. Fruit très gros (ayant trois à quatre pouces de diamètre), aplati, inégal, vert jaune ponctué de roux. Sa chair est cassante et se mange cuite. Il mûrit en janvier et février.

L'arbre est très vigoureux, mais ne réussit pas sur coguassier.

Le TRÉSOR, ou *amour*. Fruit encore plus gros que le précédent, allongé, rude au toucher, jaune ponctué de brun ou de fauve. Sa chair est blanche, presque fondante, très bonne cuite.

L'arbre est trop vigoureux pour subsister sur cognassier.

Le COLMAR, ou *poiremanne*. Fruit très gros, pyramidal, d'un vert jaunâtre ponctué de brun, légèrement fouetté de rouge du côté du soleil. Sa chair est jaunâtre, fondante, très douce, sucrée, relevée. Il mûrit en janvier, et se conserve jusqu'en avril. C'est un de ceux qui méritent le plus d'être cultivés. *Voyez* Duh., *pl.* 5.

Le TONNEAU. Fruit très gros, allongé, d'un jaune verdâtre du côté de l'ombre, rouge du côté du soleil. Sa chair est très blanche, un peu pierreuse, et excellente en compote. Il mûrit en février. *Voyez* Duh., *pl.* 58, *fig.* 5.

Le DONVILLE. Fruit de médiocre grosseur, allongé, luisant, d'un jaune citron ponctué de fauve du côté de l'ombre, d'un rouge vif ponctué de gris du côté du soleil. Sa chair est blanche, cassante, un peu âcre. Il mûrit en février.

Une autre poire, dont la forme est conique, la chair jaune et pierreuse, porte le même nom.

La TROUVÉE. Fruit moyen, allongé, jaune citron vergeté et ponctué de rouge du côté de l'ombre, rouge ponctué de gris du côté du soleil. Sa chair est d'un jaune pâle, cassante, sucrée, agréable. Il se mange cuit en janvier et février, et mûrit en mars.

Le CATILLAC. Fruit très gros (trois à quatre pouces de diamètre), arrondi, bosselé, d'un gris jaunâtre du côté de l'ombre, d'un brun rougeâtre du côté du soleil. Sa chair est cassante, blanche, et bonne cuite depuis novembre jusqu'en mai.

Le CATILLAC ROSAT. (Calvel.) Fruit très gros, arrondi; d'un vert gris coloré au soleil. Sa chair n'est bonne qu'à cuire.

La CUISINE, ou *poire de cuisine de Varin.* (Calvel.) Fruit très gros, roussâtre, ponctué de gris. Sa chair n'est également bonne qu'à cuire.

Le RATEAU, ou *poire rateau.* (Calvel.) Fruit très gros, d'un fauve clair. Sa chair est très dure, très âpre, uniquement bonne à cuire.

L'arbre ne se greffe que sur franc.

La DOUBLE FLEUR. Fruit gros, rond, vert jaunâtre du côté de l'ombre, rouge du côté du soleil, par-tout ponctué de gris. Sa chair est cassante, et ne se mange que cuite en février, mars et avril. *Voyez* Duh., *pl.* 28.

Il a une sous-variété rayée de vert et de jaune, qu'on appelle DOUBLE FLEUR PANACHÉE.

L'arbre est vigoureux. Il doit son nom à ce que ses fleurs sont semi-doubles.

Le PRÊTRE, ou *poire de prêtre.* Fruit gros, presque rond, gris ponctué de gris moins foncé. Sa chair est blanche, demi-cassante, pierreuse, aigrelette. Il mûrit en février.

Le NAPLES. Fruit moyen, un peu arqué, vert jaunâtre

légèrement teint de rouge du côté du soleil ; sa chair est demi-cassante, douce et agréable. Il mûrit en mars. *Voyez* Duh., *pl.* 56.

L'arbre est vigoureux.

Le CHAT BRUSLÉ, ou *pucelle de Saintonge.* Fruit moyen, allongé, luisant, jaune citron du côté de l'ombre, d'un rouge vif du côté du soleil ; sa chair est cassante, fine et très propre à faire des compotes. Il se conserve jusqu'en mars.

Le TARQUIN. Fruit moyen, très allongé, d'un jaune verdâtre marbré de fauve ; sa chair est cassante, aigrelette et assez fine. Il mûrit en avril et mai.

L'IMPÉRIALE. Fruit moyen, allongé, d'un jaune verdâtre ; sa chair est demi-fondante, sucrée et agréable. Il mûrit en avril et mai. *Voyez* Duh., *pl.* 54.

L'arbre est très vigoureux. Ses feuilles sont sinuées et profondément incisées, ce qui leur donne l'apparence d'une *feuille de chêne.*

Le SAINT-PAIRE, ou *saint-père.* Fruit moyen, pyramidal, rude au toucher, jaunâtre ; sa chair est blanche, tendre, très bonne cuite et peut se manger crue dans la maturité. Il mûrit en mars et se conserve jusqu'en juin.

La GOBERT. Fruit gros, presque rond, vert jaunâtre du côté de l'ombre, rougeâtre du côté du soleil ; sa chair est demi-cassante, blanche, musquée. Il se garde jusqu'au mois de juin.

Le SARRASIN. Fruit moyen, allongé, jaune pâle du côté de l'ombre, rouge brun ponctué de gris du côté du soleil ; sa chair est blanche, presque fondante, sucrée, parfumée. Il se garde une année sur l'autre et plus. On en fait d'excellentes compotes.

On cultive de plus dans les pépinières du Jardin des plantes, du Luxembourg et de Versailles, quelques variétés de poires que je n'ai pas comprises dans ce catalogue, parceque n'ayant pas encore porté de fruits, je n'en ai pas pu établir les caractères distinctifs ou je ne les ai pas étudiées.

Le chimiste Van Mons, de Bruxelles, qui porte aujourd'hui son activité sur la culture des arbres fruitiers, a envoyé à Thouin une collection des variétés nouvelles qu'il s'est procurées par des semis ou par sa correspondance. Je crois devoir donner ici la nomenclature de celles de ces variétés qui se trouvent aujourd'hui dans nos jardins, et de la multiplication desquelles on peut s'occuper dès ce moment, quoique je n'en connoisse pas encore les fruits. Les amis de la science seront sans doute bientôt en état d'apprécier la valeur des travaux de Van Mons, car il y a déjà quelque temps que l'ouvrage qu'il a rédigé sur la culture des arbres fruitiers est imprimé, et sa publication ne tient qu'à des circonstances de librairie qui lui sont étrangères.

Doyenné d'été.	souveraine.	Bezy Waat.
	S.-Germain d'été.	Dorothée royale.

Beurré.
- Duquesne.
- d'hiver
- roux d'hiver.
- d'hiver de Mons.
- rance.
- bronzé.
- Bosc.
- Thouin.
- Sickler.
- de Neufmaison.
- d'Hardenpont.
- Beauchamps.

souveraine.
S.-Germain d'été.
S.-Ghislain.
d'Anxande précoce.
délice d'Hardenpont.
Tentole.
Noirchain.
calebasse belail.
princesse d'Orange.
inconnue d'été.
Micil d'hiver.
Chartrier.
sans pareille.

Bezy Waat.
Dorothée royale.
passe Colmar.
——————————— épineux.
de Neuville.
de Belot.
belotte.
monstrueuse.

Bergamotte
- de Guime.
- doyenné.
- pentecôte.

d'Harer.
Beaumont.

Il est des variétés de pêches, de prunes, etc., qui se reproduisent par le semis de leurs graines, mais il n'y a pas de variétés de poires dans la longue série que je viens de mettre sous les yeux du lecteur qui soient dans ce cas. On ne peut multiplier les poiriers que par BOUTURES, par MARCOTTES et par la GREFFE sur SAUVAGEON, sur FRANC, ou sur COGNASSIER. *Voyez* tous ces mots.

Rarement on emploie le moyen des boutures ou des marcottes, parceque les pieds qui en proviennent sont foibles et de peu de durée. Les rejetons qu'ils fournissent assez souvent sont également peu estimés. C'est donc par la greffe qu'on transmet presque exclusivement aux générations futures les variétés qui ont des qualités propres à les faire rechercher.

L'expérience a prouvé qu'en employant les sauvageons pour sujet, on obtient des arbres très vigoureux et d'une longue vie, mais qui se mettoient très tard à fruit, après vingt ans et plus, et donnoient des productions moins perfectionnées que celles de la greffe sur cognassier. Aussi aujourd'hui n'en fait-on presque plus usage.

Par opposition, en employant le cognassier pour sujet, on obtient des arbres foibles de peu de durée, mais qui se mettent promptement à fruit (après deux ou trois ans) et donnent des productions plus perfectionnées.

Le franc, qui est le produit du semis des graines des variétés déjà perfectionnées, tient le milieu entre ces deux extrêmes; mais il est à observer que ce franc, tel qu'il est produit dans les pépinières, est un mélange de plusieurs variétés, les unes plus perfectionnées, qui doivent par conséquent améliorer la variété greffée, les autres moins perfectionnées et qui doivent la détériorer. D'un côté les pepins des bonnes variétés sont les plus sujets à avorter, et de l'autre la difficulté de s'en procurer suffisamment et la nécessité d'économiser obligent les pépiniéristes à semer des pepins de poires à poiré achetés chez les fabricans de cidre ou de bière, dont la nature diffère peu de celle des sauvageons, ce qui produit un bien et un mal en même temps. C'est probablement autant à cette grande variation des sujets qu'à la qualité de la terre, à l'exposition, au temps, etc., qu'on doit les altérations qu'on remarque dans la saveur, la grosseur, la couleur, etc., des variétés les plus recherchées décrites par Duhamel, et les sous-variétés qu'on trouve dans presque tous les jardins et les parties d'un même jardin.

Il doit paroître surprenant que, dès qu'une variété de poire reprend à la greffe sur le cognassier, toutes n'y reprennent pas également, mais il doit le paroître encore plus qu'il y ait de ces variétés qui reprennent plus facilement sur cet arbre que sur le franc. Ce fait qui, d'après Duhamel, se remarque principalement dans la royale d'été, l'épine d'hiver, l'ambrette et la mansuette, nous prouve qu'il y a encore bien des découvertes à faire dans les élémens de l'organisation végétale.

Il y a tout lieu de croire qu'il est des francs qui se refusent également à recevoir les greffes de certaines variétés, car les pépiniéristes rencontrent souvent des sujets sur lesquels ils ne peuvent parvenir à la faire prendre, ce qu'ils attribuent aux diverses causes qui peuvent faire manquer les greffes.

En général on préfère greffer sur cognassier dans tous les cas où on veut former des espaliers, contr'espaliers, buissons, pyramides, quenouilles et même demi-plein vent, afin de régler plus facilement les arbres faits, d'en obtenir de plus beaux fruits et de les amener à en produire plus tôt. C'est une erreur de croire qu'on puisse, par le moyen de la taille, arriver aux mêmes résultats. Il n'y a que la COURBURE des branches, la suppression des maîtresses RACINES, l'enlèvement de la bonne TERRE et autres moyens affoiblissans, ou l'INCISION ANNULAIRE et la LIGATURE, qui puissent faire arriver au même résultat. *Voyez* tous ces mots.

En général le cognassier ne convient qu'aux variétés déjà foibles par leur nature; cependant, d'après ce principe, celles qui ont de la vigueur devroient pouvoir être greffées sur le cognassier de Portugal qui est plus grand que l'espèce; mais il en est qui s'y refusent aussi, ce qui doit faire supposer qu'il y a réellement une hétéréogénéité dans les principes.

Toutes les espèces de greffes s'appliquent au poirier; cependant dans les pépinières on ne fait guère usage que de celle à écusson à œil dormant, lorsque le franc n'a que deux ou trois ans, et lorsqu'on opère sur le cognassier, et en fente, à quatre à cinq pieds, lorsqu'on n'a plus que des francs de quatre à cinq ans et au-delà. On trouvera aux mots GREFFE et PÉPINIÈRE les motifs qui dirigent dans ce cas la conduite des cultivateurs.

Une terre profonde, fertile, légère et un peu humide, est celle qui convient le mieux aux poiriers de semis ou greffés sur franc. Ils jaunissent, ne vivent pas long-temps et portent des fruits inférieurs dans les sols trop arides, n'importe qu'ils soient sablonneux ou argileux, et dans ceux qui sont trop aquatiques. Ils s'accommodent de toutes les expositions; cependant il est des variétés qui préfèrent l'une plutôt que l'autre. Leurs fruits, par exemple, sont rarement bons à celle du nord.

Comme le cognassier est un arbre du bord des eaux et des pays méridionaux, il faut que les poiriers greffés sur lui soient dans un sol encore plus humide et à une exposition encore plus chaude. Dans ce cas il n'est pas nécessaire qu'il y ait autant de profondeur de terre, parceque le cognassier a les racines traçantes.

Cependant il ne faut pas croire que les poiriers ne veulent pas de chaleur. Les printemps froids et pluvieux empêchent leurs fruits de nouer, les étés pluvieux les rendent fades, les automnes pluvieux les empêchent de mûrir et de se conserver. Dumont Courset a observé que dans ces deux derniers cas on perdoit, outre les fruits de l'année, ceux des années suivantes, parceque les BRINDILLES (voyez ce mot), à raison de la sève surabondante qu'elles reçoivent, se transforment en branches à bois. C'est, ajoute cet excellent cultivateur, la raison pour laquelle les poiriers rapportent moins depuis quelques années, que les étés sont constamment froids et pluvieux.

D'un autre côté, si un été très sec et très chaud est favorable à la bonté et à la conservation des poires, il les empêche de grossir et les rend pierreuses.

Dans les années trop sèches les poiriers en général, et surtout ceux greffés sur cognassiers, et à plus forte raison, quand à cette circonstance se joint un terrain aride, sont exposés à perdre au moins leurs boutons les plus élevés, et souvent l'extrémité de leurs branches; souvent à cela se joint le dessèchement complet de leurs feuilles. Des arbres ainsi maltraités se rétablissent difficilement et sont toujours plusieurs années sans porter de fruit.

C'est donc un été ni trop sec ni trop humide que les amateurs doivent désirer, et ils sont rares dans le climat de Paris; aussi combien souvent les poires manquent-elles !

Quoique le poirier soit indigène à la France, il est sensible aux gelées lorsqu'il commence à pousser au printemps. Ses fleurs sur-tout en sont souvent frappées, ce qui est encore une cause du manque des récoltes. Toutes les variétés ne sont pas également susceptibles d'en ressentir les effets; celles à bois dur y résistent davantage que les autres.

Il est d'autres circonstances qui concourent aussi à faire manquer les récoltes des poiriers ; mais comme elles sont communes à presque tous les arbres, je renvoie aux articles généraux, tels que FÉCONDATION, COULURE, etc.

Plusieurs insectes nuisent spécialement aux poiriers ; le plus dangereux de tous est la TINGIS, connue sous le nom de *tigre*, et dont il sera question à la fin de l'article PUNAISE. Il s'oppose quelquefois totalement à la culture en espalier de certaines variétés qu'il préfère.

Après lui je dois citer le CHARANÇON GRIS qui dévore au printemps les bourgeons naissans, comme je l'ai observé encore cette année. Il n'y a d'autre moyen que de leur faire la chasse au moment de leur apparition.

Les chenilles des BOMBICES COMMUN et LIVRÉE, de la NOCTUELLE PSY, et quelques autres moins abondantes mangent ses feuilles. Il en est de même de la larve du TENTHRÈDE du CERISIER, qui quelquefois ne laisse à ses feuilles que le rézeau, ce qui les empêche de remplir leur destination et leur donne une apparence de brûlé dès le milieu de l'été. Une COCHENILLE et une ou peut-être deux espèces de PUCERONS leur nuisent également beaucoup.

Les larves de L'ATTELABLE BLEU, du CHARENÇON DES POMMES et peut-être quelques autres, ainsi que celles de la TEIGNE-POMMONÉLLE, d'une MOUCHE et d'une TIPULE, vivent dans l'intérieur des fruits. Ce sont ces larves qui les rendent verreux et les font tomber avant le temps. Je suis entré dans quelques détails sur ce qui les concerne aux articles qui les ont pour objet.

Les pépiniéristes ne semant presque que des pepins de poire à poiré, pour avoir des sujets pour la greffe, et les tirant des pressoirs à cidre, ils ne savent, par conséquent, ni de quelles variétés ils proviennent, ni de quelle qualité ils sont. Le hasard seul préside donc aux résultats qu'ils en doivent obtenir. Ils les répandent avec le marc dans des planches bien labourées, à une exposition orientale et abritée, ou en plein champ lorsqu'ils ne peuvent faire autrement, tantôt à la volée, tantôt en rayons écartés de six à huit pouces. Comme ils sont certains que beaucoup de pepins ne valent rien, soit parcequ'ils ne sont pas arrivés à leur point de maturité, soit parcequ'ils ont été écrasés par suite du pressurage, ils les répandent fort épais. Les pepins sont recouverts, dans les deux cas, d'un pouce de terre très meuble, sur laquelle on répand un demi-pouce de litière courte ou de mousse, ou de feuilles sèches, pour empêcher la trop grande évaporation de l'humidité du sol. Cette opération peut être faite en automne ou au printemps ; cependant, comme il est facile de conserver le marc dans des tonneaux pendant tout l'hiver, beaucoup de pépiniéristes ne l'exécutent qu'en février et mars.

Le plant sort de terre en mai, plus tôt ou plus tard, selon le climat, l'exposition, la nature de la terre et la chaleur de la saison. On le sarcle deux ou trois fois pendant le cours du premier été, et on l'arrose, si besoin et possibilité s'y trouvent, lorsque les sécheresses sont trop prolongées.

Il est des pépiniéristes qui lèvent ce plant dès le printemps suivant pour le mettre en rigole, d'autres le laissent dans la planche du semis pendant la seconde année. Les avantages et les inconvéniens de ces deux modes de pratique sont à peu près compensés. *Voyez* PÉPINIÈRE.

Parmi ce plant il en est qui est épineux, d'autre qui ne l'est pas. Ce dernier, annonçant par cela seul un plus haut degré de perfection, devroit être mis à part pour être greffé des meilleures variétés, sur-tout des variétés fondantes, telles que le beurré, la virgouleuse, le colmar, etc. ; mais on n'a nulle part cette attention, ce qui prouve avec combien peu de réflexion travaillent les pépiniéristes.

La plus grande partie du plant de poirier est propre à être greffée en écusson à œil dormant, dès l'automne de l'année de sa transplantation, à une petite distance de terre pour faire des ESPALIERS, CONTR'ESPALIERS, BUISSONS, VASES, PYRAMIDES et QUENOUILLES ; le reste est mis en RIGOLE (*voyez* ce mot) pour lui donner le temps de se fortifier. Quelques personnes pensent cependant qu'il est mieux d'attendre la seconde année après cette transplantation ; mais les inconvéniens compensent encore ici les avantages.

Lors de la greffe on a soin de réserver çà et là quelques uns des pieds les mieux filés, pour en faire ce qu'on appelle des ÉGRAINS, c'est-à-dire pour les laisser monter jusqu'à cinq à six pieds, et les greffer en fente à cette hauteur trois à quatre ans après. Ces égrains qui, dans quelques pays, sont préférés pour les plantations de plein-vent, par l'idée, peut-être bien fondée, où on est qu'ils donneront des arbres plus vigoureux et d'une plus longue durée que ceux qui ont été greffés plus jeunes et plus près de terre, se vendent souvent aussi chers que les pieds greffés, quoiqu'ils aient moins coûté de travail.

C'est parmi ces égrains qu'on peut espérer de découvrir de nouvelles variétés préférables sous un ou plusieurs rapports à celles connues. Des bourgeons gros et obtus, des feuilles larges, épaisses et rondes, le défaut absolu d'épines, un ensemble différent des autres, sont des caractères qui peuvent mettre sur la voie ; mais il est cependant de très bonnes poires qui naissent sur des arbres à rameaux grêles, à petites feuilles, et épineux. Ce n'est donc qu'en attendant les fruits qu'on peut être assuré de faire des découvertes en ce genre. Les personnes se livrant à cette sorte de recherche étoient plus nombreuses jadis qu'en ce moment.

Ce que j'ai déjà fait observer plusieurs fois relativement à la différence de vigueur, de durée, de qualité de fruit, etc. entre le poirier greffé sur franc et sur cognassier, doit décider la question de savoir laquelle de ces deux greffes il faut employer dans tel ou tel cas. Les pépiniéristes tiennent pour greffer le plus possible sur cognassier et à quelques pouces de terre, pour que les demandes des amateurs qui veulent jouir promptement soient en concordance avec leur intérêt personnel, qui les porte à fournir des arbres de peu de durée. D'ailleurs les plein-vents ne sont plus de mode. Je ne blâmerai pas plus qu'il ne convient ce goût du public et cette conduite des marchands; mais je regretterai ces poiriers séculaires, dont on ne trouve plus des exemples que dans les départemens éloignés de Paris, poiriers aux dépens desquels plusieurs générations avoient vécu. En principe général les poiriers en plein-vent, ceux en demi-tige et ceux en buisson devroient être, pour la plus grande partie, greffés sur franc, ainsi que ceux en espaliers, contr'espaliers et quenouilles, destinés à être placés dans des terrains un peu secs.

La distance entre les poiriers ne peut être ici fixée, puisqu'elle dépend de la nature du sol, de la variété, de la forme, etc. J'ai donné aux mots PLEIN-VENT, ESPALIER, BUISSON, PYRAMIDE, QUENOUILLE, etc., des bases propres à guider celui qui est dans le cas d'opérer. Je n'en parlerai donc pas; il me paroît cependant bon de citer un passage de Rozier.

« N'est-il pas démontré, dit cet estimable écrivain, que le franc est plus vigoureux que le cognassier? Si cela est, pourquoi planter à la même distance l'un et l'autre? La végétation est inégale entre eux et très inégale, chacun en convient. Le plus fort doit donc de toute nécessité venir, à la longue, manger le plus foible, c'est-à-dire occuper sa place. Point du tout, le tailleur d'arbres n'entend point cela; il taille chacun à sa place, tant pis pour lui si chaque année il pousse trop vigoureusement. Ce franc, ainsi perpétuellement retenu, est forcé de pousser sans cesse du bois; mais du fruit c'est autre chose; ce n'est pas sa faute. Pour que le bouton à fruit se forme, il faut que le bois soit au moins de deux ans, et on ne donne pas à cet arbre le temps d'en former. Le jardinier tout fier prononce hardiment devant son maître, qui n'y entend pas plus que lui, qu'il faut arracher cet arbre, et qu'il ne donnera jamais de fruit. Combien de fois n'ai-je pas entendu de pareils raisonnemens; combien de fois n'ai-je pas vu l'arbre vigoureux et magnifique de la virgouleuse réduit à un espace de six à huit pieds sur neuf à dix de hauteur, donner chaque année un gros fagot de bourgeons et de branches, et pas un seul fruit ! Pour le mettre à fruit on lui supprime deux grosses branches, on le mutile, etc., et le tout très inutilement ; tandis que si on avoit arraché les deux voisins, si on avoit étendu ses branches sans les rogner, si dans cette position on les avoit laissé pousser à volonté, elles auroient donné du fruit dès la seconde année. »

Le résultat de ce passage de Rozier est qu'il faut beaucoup écarter les poiriers, et que ce n'est pas par une taille courte qu'on peut les amener à fruit lorsqu'ils sont vigoureux. Je ne puis qu'applaudir aux principes qu'il renferme.

Dès la seconde année de la plantation des poiriers dont on veut faire des espaliers, des contr'espaliers, des pyramides ou des quenouilles, il faut s'occuper de les régulariser par la taille, soit qu'ils aient été ou non déjà disposés pour telle ou telle dans la pépinière.

Quelques amateurs croient gagner du temps en achetant des arbres de cinq à six ans et plus, entièrement formés, soit dans la pépinière, soit dans un autre jardin ; mais une constante expérience prouve que leur but, non seulement n'est pas rempli, mais que, le plus souvent, ces arbres restent foibles et vivent peu long temps. Ce sont des pieds de trois ans qu'il faut toujours préférer, mais les choisir bien sains, et les tirer d'un terrain moins bon que celui où on doit définitivement les placer. J'en ai dit la raison au mot PÉPINIÈRE.

Quoique les poiriers en espaliers, disposés selon la méthode de Montreuil, c'est-à-dire sur deux mères-branches formant le V, soient très avantageux, et pour le coup d'œil et pour le produit, cependant il y a quelque tendance en ce moment à préférer d'en former des quenouilles en palmette, selon la méthode de Forseyth. Il m'a paru que les inconvéniens de cette nouvelle pratique étoient plus nombreux que ceux de celle la plus en usage. En effet, on reproche à cette dernière de ne pouvoir pas être conservée, quel que soit le talent du jardinier, exactement dans les principes de la taille du fort au foible, parceque cet arbre pousse des bourgeons sur le vieux bois ; mais très peu des pieds de quenouille en palmette que j'aie connus m'a offert, après trois à quatre ans, des arbres réguliers, parceque quelques unes des branches latérales ont péri, et n'ont pu être remplacées ; la greffe réussissant très rarement dans ce cas.

Un poirier en espalier, quelque soin qu'on apporte à le bien conduire, se transforme toujours en palissade en vieillissant, c'est-à-dire qu'il se garnit sur le devant de rameaux qu'il n'est plus possible de fixer au mur ni de supprimer. Dans cet état, il est quelquefois encore très productif. On voyoit il y a deux ans, dans le potager de Versailles, cinq à six pieds plantés par La Quintinie qui offroient cette disposition. Des barbares les ont arrachés, ainsi que je l'ai déjà dit, sans respect pour la mémoire du père du jardinage, et de leur âge de cent soixante ans. Ils produisoient encore, dans les années favorables, une abondance de fruits excellens, quoiqu'un peu pierreux, et annonçoient devoir vivre encore long-temps. Ils étoient à l'exposition du couchant.

Quant aux arbres greffés sur franc, ou aux égrains, dont on veut faire des plein-vents, on peut les prendre beaucoup plus vieux; cependant je conseillerai toujours de préférer ceux de cinq à six ans au plus, comme étant plus assurés à la reprise, et plus susceptibles de s'accoutumer au sol dans lequel on les place.

Je ne répèterai pas ici ce que j'ai dit aux articles qui les concernent sur la manière de former les espaliers, contr'-espaliers, pyramides, quenouilles, plein-vents, etc., j'observerai seulement que le poirier se prête fort bien à toutes ces formes; mais qu'il est des variétés d'une nature si vigoureuse, qu'il est difficile de les amener à fruit, quoique greffées sur cognassier, lorsqu'on ne leur laisse pas un grand développement de branches. J'ai eu soin de noter cette circonstance dans le tableau des variétés, afin de guider ceux qui voudront faire des plantations. C'est pour n'avoir pas donné l'attention convenable à cette circonstance que tant d'amateurs ont fait arracher leurs poiriers après quelques années de plantation, comme incapables de leur donner jamais de fruit, quoiqu'au moyen d'une autre taille ils eussent pu en tirer un excellent parti. Ce sont sur-tout les plantations exécutées dans les bons terrains qui offrent ce cas. Il faut donc laisser arriver d'autant plus promptement les poiriers à toute la grandeur qu'on veut leur donner, qu'ils s'annoncent pour être plus vigoureux, sans cependant négliger de leur faire subir les opérations qui doivent les amener à la forme qui leur est destinée. Pour cela tailler long et courber. *Voyez* TAILLE et COURBURE.

Il est des variétés de poires, telles que la crassane, le bon chrétien d'été, qu'on laisse très longues, c'est-à-dire qu'on taille d'un à trois pieds. La pratique du fort au foible doit être employée, mais au moment du palissage seulement. Lorsque l'équilibre est rétabli on supprime, à la taille, les branches surnuméraires conservées du côté le plus foible. *Voyez* au mot PÊCHER.

Le bon chrétien d'hiver, la virgouleuse, la crassane, le Saint-Germain, le Martin sec, le colmar, le beurré d'hiver, sont les espèces qu'on place le plus souvent en espalier dans les environs de Paris. Les deux premières l'exigent même, car elles donnent autrement très peu de fruit. Le bon chrétien au midi, la virgouleuse au couchant ou au nord ; les autres s'accommodent de toutes les expositions, mais celles du levant et du midi valent mieux.

Bien différent du pêcher et autres arbres à noyau, le poirier porte son fruit sur des branches qui sont trois, quatre et même cinq ans à se former. On appelle cependant aussi ces branches des lambourdes et des brindilles. C'est cette circonstance qui permet de tailler cet arbre à telle époque de l'hiver qu'on le désire, puisqu'on voit toujours quelles sont les branches qu'il faudra conserver pour avoir la même quantité de fruit, non seulement l'année de la taille, mais encore les deux ou trois suivantes. *Voyez* BRANCHES.

Un poirier est-il trop chargé de brindilles, annonce-t-il qu'il souffre par la couleur jaune de ses feuilles, et encore plus par le dessèchement de l'extrémité de ses rameaux, il faut le tailler court sur ces brindilles mêmes, afin de les transformer en branches à bois, et renouveler les secondes par une taille semblable.

Les poiriers en plein-vent qui poussent foiblement, et qui annoncent leur fin prochaine, peuvent être remis en vigueur par le retranchement de leurs branches. Cette opération, qu'on appelle RAJEUNISSEMENT (*voyez* ce mot), est cependant sujette à quelques inconvéniens.

Je ne chercherai point à fixer le rang que tiennent les poires parmi les fruits de nos jardins. Chacun peut l'assigner conformément à son goût; mais je dirai qu'une bonne poire est un excellent fruit, et je ne serai démenti par personne ; non seulement on les mange crues, mais encore cuites au four, en compotes, en marmelade. Certaines variétés, que j'ai indiquées dans le catalogue, qui ne peuvent se manger crues à raison de leur âpreté, sont non seulement bonnes cuites, mais même meilleures dans cet état que certaines des plus estimées.

Un avantage que les poires ne partagent qu'avec les pommes (en ne comparant que les fruits pulpeux s'entend), c'est qu'un certain nombre de variétés peuvent se conserver une année sur l'autre et même plus.

Quant à celles de ces variétés qui ne jouissent pas de la faculté de se conserver long-temps en nature, il est encore plusieurs moyens d'en prolonger la consommation, même au-delà du terme des autres, c'est-à-dire en les faisant sécher au four, en les transformant en confiture, en pâtes, enfin en les mettant dans l'eau-de-vie.

On trouvera aux mots FRUIT et FRUITIER les indications nécessaires pour effectuer la récolte des poires de la manière la plus convenable et les conserver aussi long-temps que possible. Je n'en parlerai donc point ici.

Il y a deux manières de dessécher les poires au four.

La première consiste à les mettre simplement dans le four, après qu'on en a tiré le pain, soit sur l'âtre même, préalablement nettoyé, soit sur des claies, des planches, etc. On les y remet une seconde, une troisième fois, et même une quatrième, selon leur grosseur et le degré de chaleur qu'elles trouvent dans ce four. L'important est que ce degré de chaleur ne soit pas assez fort pour les brûler, et qu'on ne les y expose pas assez long-temps pour qu'elles se durcissent. On les conserve dans des sacs qui se placent dans l'endroit le plus sec de l'habitation. Les variétés de médiocre grosseur, fondantes et sucrées, sont les meilleures à soumettre à ce procédé qui est sûr lorsqu'il est bien exécuté. Il est des cantons où tous les ans les cultivateurs se procurent par ce moyen un supplément de subsistance extrêmement sain et agréable pour l'hiver et le printemps ; mais dans la majeure partie de la France on aime mieux donner les poires d'été aux cochons, lorsqu'elles commencent à s'altérer, que de les employer. Les rousselets, les beurrés, le doyenné, etc., sont principalement dans le cas d'être préférés. Un seul arbre de beurré d'Angleterre peut certaines années faire la provision d'une famille. J'invite donc tous les cultivateurs à ne pas négliger cette ressource.

La seconde manière est plus recherchée. On la pratique principalement sur les rousselets, les messire Jean et Martin sec ; mais beaucoup d'autres variétés peuvent leur être jointes. Les poires se cueillent un peu avant leur maturité, avec le soin de conserver leur queue. On les fait cuire à demi dans un chaudron avec un peu d'eau, puis on les pèle et on les met sur des plats la queue en haut. Il en découle une espèce de sirop qu'on met à part. Elles sont ensuite rangées sur des claies et portées dans le four dont on vient de tirer le pain ou chauffé au même degré. On les y laisse pendant douze heures, après quoi on les retire pour les tremper dans le sirop que l'on a édulcoré avec du sucre et dans lequel on a mis un peu de cannelle, de girofle et d'eau-de-vie. Ces poires sont de nouveau exposées à la chaleur du four ; mais il est bon qu'elle soit moins élevée que la première fois. On répète cette opération jusqu'à trois fois, et on finit par laisser les poires dans le four jusqu'à ce qu'elles soient suffisamment sèches, ce qu'on reconnoît à leur couleur brun clair, à leur chair ferme et demi-transparente. On les conserve dans des boîtes garnies de papier et déposées dans un lieu très sec. J'en ai mangé après trois ans de fabrication qui étoient encore très bonnes ; mais cependant il est préférable de les consommer dans l'année.

Quelques personnes, pour augmenter la quantité de sirop, font bouillir les pelures dans une petite quantité d'eau et en expriment le jus.

Il y a aussi deux sortes de confitures de poires.

Les plus communes sont celles qui se fabriquent en faisant bouillir des quartiers de poires pelées dans du moût de vin. On appelle cette confiture RAISINÉ. *Voyez* ce mot.

Les secondes se font en pelant les poires, en les coupant par morceaux, en les faisant cuire sans eau, ou avec une très petite quantité d'eau jusqu'à ce qu'elles soient réduites en pâte, à laquelle on ajoute du sucre plus ou moins selon la variété, mais suffisamment pour que le résultat ne soit pas susceptible de moisir. C'est à l'expérience à fixer cette quantité dans chaque localité et même chaque année ; car la matière sucrée n'est pas aussi abondante dans les poires, comme je l'ai observé plus haut, dans les années humides et froides, que dans les années sèches et chaudes.

La pâte de poire ne diffère des confitures que parcequ'on a fait évaporer la plus grande partie de l'eau que contenoient ces dernières, de sorte qu'elle prend la consistance de la pâte de farine et peut se conserver, en morceaux très aplatis, dans des boîtes entre des feuilles de papier blanc, pourvu qu'on place ces boîtes dans un lieu très sec.

Les autres espèces de poiriers qui sont dans le cas d'être citées ici sont,

Le POIRIER A FEUILLES COTONNEUSES, *Pyrus polveria*. Il ne diffère du précédent que parcequ'il est plus petit dans toutes ses parties, et qu'il a les feuilles velues en dessous. Il se trouve en Allemagne. On ne le cultive dans aucun jardin des environs de Paris. Je n'ai pas une opinion bien fixée sur son compte, attendu que dans les semis des pepins des poires à poiré il s'en trouve souvent qui, quoique provenant des fruits d'un même arbre, donnent des pieds qui ont les caractères indiqués par les botanistes allemands comme lui étant propres.

Le POIRIER A FEUILLES DE SAULE a les rameaux épineux ; les feuilles linéaires, lancéolées, blanches en dessus, cotonneuses en dessous ; les fleurs axillaires, presque solitaires, presque sessiles. Il est originaire de Sibérie. On le cultive beaucoup dans les jardins où on le greffe sur le franc, ou mieux, sur l'épine, et où il porte fréquemment du fruit. La couleur remarquable de ses feuilles et la disposition diffuse, même un peu réclinée, de ses rameaux, le rendent très propre à l'ornement des jardins paysagers, où il se place sur le premier ou le second rang des massifs. Ses fleurs sont de peu d'effet en ce qu'elles se confondent avec les feuilles. Ses graines semées donnent, au rapport de mon savant collaborateur Thouin, des variétés qui le rapprochent du précédent et du suivant.

Le POIRIER DU MONT SINAÏ a les rameaux épineux; les feuilles ovales, blanchâtres en dessous. Il est originaire du mont Sinaï, d'où il a été rapporté par les naturalistes de l'expédition d'E-gypte. On le cultive comme le précédent; mais il produit bien moins d'effet que lui dans les jardins paysagers. Je n'ai pas encore vu ses fleurs.

Le POIRIER DE LA CHINE a les feuilles ovales, acuminées, d'un vert tendre, bordées de dents épineuses; les fleurs couleur de rose, solitaires et axillaires, l'ovaire cylindrique et très allongé. Il vient de la Chine. On le cultive depuis peu d'années dans nos jardins. C'est celle-ci (1809) que j'ai vu ses fleurs pour la première fois. Il n'y a pas de doute qu'il ne contribue un jour beaucoup à l'ornement de nos jardins paysagers, à raison de la fraîcheur de son feuillage et de la belle couleur de ses fleurs. Sa multiplication par la greffe sur franc ou sur épine est aussi facile que celle des précédens. (B.)

Le poirier à faire du *poiré* étant le seul dont nous nous proposons de parler, nous observerons que les meilleures, et en quelque sorte les seules espèces de poires, sous ce rapport, étant celles dont la saveur est d'une âcreté, ou plutôt d'une âpreté rebutante, souvent il nous sembleroit inutile de recourir à la greffe pour avoir de bonnes poires à poiré, si, comme nous l'avons dit à l'article POMMIER, ce procédé n'étoit reconnu comme susceptible de perfectionner les espèces et sur-tout de les rendre plus fécondes. En effet les fruits d'un arbre greffé sont toujours plus beaux, plus savoureux et plus abondans.

La culture du poirier à poiré offre de plus un avantage qui doit encore ne la pas faire dédaigner. Les poiriers sont de grands arbres qui, soutenant mieux leurs branches que le pommier, les tiennent naturellement assez élevées pour ne pas faire tort aux productions du sol; fleurissant à une époque différente de celle des pommiers, et leurs fleurs étant moins délicates, ils seront une chance de plus en faveur de celui qui en aura quelques uns dans son verger, chance qui peut le dédommager de la privation des pommes.

La récolte des poires se faisant avant celle des pommes, et les poires, n'ayant pas besoin du même degré de maturité, fourniront une liqueur qui, fermentant plus promptement, offrira encore des ressources précoces aux personnes dont les provisions seroient ou épuisées ou sur le point de l'être.

La culture du poirier à poiré étant moins répandue, la liqueur qu'on en tire moins estimée, il en résulte que cet article d'économie est presque neuf, ou qu'il a été traité si légèrement et si superficiellement par les auteurs qui en ont parlé, qu'il n'est en quelque sorte qu'indiqué. Ce sont vraisemblablement les mêmes motifs qui rendent la liste des poiriers beaucoup moins nombreuse que celle des pommiers, mais d'une synonymie tout aussi embarrassante à débrouiller. Le catalogue que j'en vais donner est une suite de renseignemens qui m'ont été communiqués par des agronomes également distingués par leurs lumières et leur amour pour l'avancement de la science. J'y joindrai le fruit de mes recherches et les comparaisons que j'ai faites sur différentes espèces. Quant à celles indiquées par quelques auteurs, comme souvent elles ne sont que nommées et qu'elles ne seroient que des synonymes de celles qui sont connues, je ne ferai que les citer.

Les mêmes considérations qui m'ont fait caractériser les espèces de pommiers, dans le catalogue que j'en ai donné, se retrouvant à peu près ici, celles qui sont marquées d'une X sont d'une désignation certaine et sur laquelle on peut compter sous tous les rapports. Celles qui sont marquées par un Y ont été communiquées par des agronomes et des observateurs instruits.

Poiriers précoces ou de première saison.

X Le Moque-friand { rouge. } Bonnes espèces, très fertiles. { blanc. } Bon poiré. Orne, Falaise ; (Robin. Pays-d'Auge) (Huchet. Eure.) (Garçon, Gris-cochon. (Avranches.)

X Le Plessis. Espèce médiocre, produit beaucoup. Poiré sans qualité. Orne, Falaise. (Griffe-de-loup. Manche.)

X Paronnet. Bonne espèce, peu productive. Bon poiré. Orne, Bocage, Falaise. (Ramparonnet. Pays-d'Auge, Bernay.)

X Gréal. Bonne et fertile espèce. Bon poiré. Orne, Falaise.

X Sauvagel. Espèce et poiré médiocre. Orne, Falaise. (Gros-Boquet. Pays-d'Auge.)

X Raguenet. Bonne espèce, très fertile. Poiré délicieux. Manche, Falaise. (Heugnon. Pays-d'Auge.)

X D'Angoisse. Bonne et fertile espèce. Poiré très spiritueux. Falaise. (Grosse-grise, Pays-d'Auge.) (Blanc-collet. Bernay.)

Y Hectot. Bonne espèce. Bon poiré. Bernay, (Càtillon, Pays-d'Auge.)

Y De Marc. Espèce qui produit peu. Bon poiré. Bocage.

Y De Mier. Très bonne et très fertile espèce. Excellent poiré. Bocage.

X De Chemin. L'une des meilleures et des plus fertiles espèces. Poiré délicieux. Bocage, Pays-d'Auge, Bernay, Pays-de-Caux, Manche, Orne, Ille-et-Vilaine.

X Grippe { grosse. } Bonnes et fertiles espèces. Excellent
       { petite. } Poiré. Bocage , Orne , Falaise, Pays-
d'Auge , Bernay, Seine-Inférieure.

X Gros-vert. Bonne espèce, fertile. Bon poiré. Falaise, Bernay, (verte, Pays-d'Auge.)

X Carisi { rouge. } Bonnes et fertiles espèces. Bon poiré. Fa-
       { blanc. } laise, Bocage, Orne , Eure , Seine-Infé-
rieure. (Pochon. Pays-d'Auge.)

Y Rochonnière. Bonne espèce, peu fertile. Bon poiré. Pays-
d'Auge.

Y Le Billon. Bonne espèce, bon poiré. Pays-d'Auge, Bernay,
Seine-Inférieure.

X Rouge-Vigny. Très bonne, mais peu productive espèce.
Très bon poiré. Falaise, Bocage, Eure, Orne, Manche, Ille-et-Vilaine.

X Binetot. Bonne et fertile espèce quoique douce. Bon poiré.
Bocage, Falaise , Orne , Ille-et-Vilaine.

X. De Branche; La meilleure et l'une des plus fertiles espèces.
Poiré réunissant toutes les bonnes qualités. Bocage,
Falaise , Orne , Pays-d'Auge , (Court-cou. Manche,
Ille-et-Vilaine.)

Y De Bisson. { Espèces estimées dans les environs d'Avran-
De Bou-son. } ches.

X Lantricotin. Très bonne espèce , fertile. Excellent poiré.
Orne , Manche, Bocage, Falaise.

Y De Valmont. Bonne espèce. Bon poiré. Bocage.

Y De Gnoney. Espèce et poiré estimés dans le Bocage , Manche , Ille-et-Vilaine.

X De Bernay. Espèce fertile , mais douce. Poiré médiocre.
Bocage , Manche , Orne , Falaise.

X Bedou. Espèce peu fertile. Poiré de peu de qualité. Orne ,
Manche, Ille-et-Vilaine, Bernay , Seine-Inférieure,
Falaise.

Y Trochet. Bonne espèce et bon poiré. Orne.

Y Fourmi. Mauvaise espèce, poiré foible. Orne.

X De fer. Bonne, fertile, mais très tardive espèce. Poiré
excellent. Orne, Falaise, Pays-d'Auge, Pays-de-Caux,
Somme , Eure.

Y De roux. Bonne espèce, poiré délicat. Orne, (Rousseau ,
Ille-et-Vilaine).

Y Gros-mesnil. Grosse , bonne et fertile espèce. Bon poiré.
Pays-d'Auge, Bernay, Seine-Inférieure , Eure.

X Musquette. Espèce et poiré mauvais. Falaise , Orne.

X Sabot. Belle , bonne et fertile espèce. Poiré délicieux. Falaise, Orne ,(de coq. Eure, Pays-de-Caux, Somme).

X De Maillot. Bonne et productive espèce. Très bon poiré.
Falaise, Orne, Pays-de-Caux, (Brionne. Manche,
Bocage, Ille-et-Vilaine.

L'Ecuyer.
Le Jacob.
Le Rouillard.   } Espèces, citées par M. de Chambray, qui ne
Le Blin.   sont pas connues sous cette dénomination.
Le Bois-prieur.

Espèces citées par M. Louis Dubois.

La Cirette.
Le Tahon.
Le Couillart.
Le Certeau à deux têtes (est, je crois, une poire à cou-
    teau un peu précoce).
Le Bois-Jérôme.
La Marche.
Le Libord.
La Vache.
Le Grosse-queue.
Le Vignolet.
L'Hyverne (est, je crois, la poire de fer du département
    de l'Orne, etc.)
Rifau.
Le Pas.
La Livre ou Saint-Jean (ne seroit-ce pas notre poire de
    livre qui est meilleure à cuire qu'à faire du poiré ?)
Le Coigny.
Le Fizé ou Margot.

Gosselin.
Ruette.
Coupré.
Meziras.
Blanchard.   Le nom des espèces ci-contre, que nous n'avons
Tourelle.   pas été à portée de comparer, nous a été com-
Perocrelle.   muniqué par un propriétaire de Lieuvain,
Feugier.   près Lisieux.
Cidreux.
Platé.
Amberville.
Morin.   (BRÉBISSON.)

POIS, *Pisum*. Genre de plantes de la diadelphie décandrie
et de la famille des légumineuses, qui renferme quatre à cinq
espèces, qui toutes peuvent être l'objet d'une culture utile,
mais dont une sur-tout, et ses nombreuses variétés, mérite la
plus sérieuse attention, à raison de son importance pour la
nourriture des hommes et des animaux.

Le POIS CULTIVÉ a les racines annuelles, grêles, fibreuses, pivotantes; les tiges herbacées, fistuleuses, anguleuses; les feuilles alternes, pétiolées, ailées, à deux folioles, ovales, opposées, entières, sessiles, à pétioles cylindriques, terminés par une vrille à trois filets, et accompagnés de deux larges stipules arrondis et crénelés, les fleurs grandes, portées, plusieurs ensemble, sur de longs pédoncules axillaires; les fruits de deux à trois pouces de long sur six à huit lignes de large.

Le POIS DES CHAMPS diffère du précédent, parcequ'il est plus petit dans toutes ses parties, que ses pédoncules ne portent qu'une seule fleur, et que ses folioles sont presque toujours crenelées.

Quelques botanistes regardent le pois cultivé comme une espèce distincte; mais comme ils ne peuvent pas indiquer son pays natal, et qu'il n'y a pas de motifs pour se refuser à le croire une simple variété de celui des champs, je me rangerai à cette dernière opinion, et je dirai en conséquence que le pois est originaire des parties méridionales de l'Europe, où on le trouve dans les champs.

Ainsi que je l'ai observé plus haut, les pois étant cultivés de temps immémorial ont dû fournir et ont fourni en effet un grand nombre de variétés. Par-tout où j'en ai mangé, je les ai trouvés différens de ceux qui se cultivent aux environs de Paris. Dans l'impossibilité de détailler toutes les variétés, je me bornerai à mentionner ces dernières, les seules d'ailleurs dont il soit facile de se procurer de la graine par la voie du commerce.

On doit diviser, pour faciliter la recherche, les variétés de pois en pois à parchemin, c'est-à-dire dont la gousse est coriace comme le parchemin et ne peut se manger; et en pois sans parchemin, dont toute la gousse est tendre et se mange. Les premiers se subdivisent de plus en pois nains et pois ramés.

Pois nains dans l'ordre de leur maturité.

Pois de Francfort, ou *Michaux de Hollande*, s'élève à dix-huit ou vingt pouces. Il rapporte beaucoup.

Pois Baron. Il s'élève un peu plus que le précédent, mais ses gousses sont plus petites et ses graines moins sucrées.

Petit pois de Blois. S'élève moins et a les graines plus petites et plus lisses.

Pois nain, *pois à bouquet*, ne rame point. Il n'est pas d'une excellente qualité, mais il fournit beaucoup. On le cultive fréquemment aux environs de Lyon.

Pois Michaux, *pois chaux*, *pois hâtif ordinaire*, *pois quarantain.* C'est celui dont on fait une si grande consommation à Paris. Ses tiges s'élèvent jusqu'à deux ou trois pieds de hauteur. Ses gousses sont abondantes, et ses grains tendres et sucrés.

La culture des pois hâtifs étant un peu différente de celle des pois tardifs, je la décrirai séparément.

Dans les faubourgs de Paris on sème une petite quantité de pois en pleine terre et sous châssis, pour fournir au luxe de quelques riches de cette capitale; mais leur culture n'est ni assez importante, quoique les produits en soient quelquefois, dit-on, vendus 300 francs le litron, ni assez intéressante, quoiqu'elle présente sans doute des faits particuliers, pour que je doive m'y arrêter.

Quelques jardiniers sèment des pois de primeur sur couche, mais ils réussissent très rarement, et lorsqu'ils réussissent ils ne donnent presque pas de graines, à raison de ce qu'ils s'élèvent trop vite, qu'ils sont toujours grêles et comme étiolés. D'autres les sèment dans des terrines ou des paniers pour les repiquer ensuite en pleine terre, quoique le pois, quelque précaution qu'on prenne, ne devient jamais beau à la suite d'une transplantation. D'ailleurs, dans l'un et l'autre cas, la dépense est très considérable.

Dans les jardins, la culture des pois hâtifs n'est pas tout-à-fait la même que dans la campagne.

Toute espèce de terre convient aux pois, mais les hâtifs prospèrent mieux et sont plus précoces dans une terre légère et sablonneuse que dans toute autre. Aux environs de Paris ce sont les plaines du Point-du-Jour, de Clichy, de Génévilliers, de Colombes, de Houilles, etc., plaines arides et formées de pur sable, qui fournissent les premiers de ceux que la grande culture amène à la halle. Ils épuisent le terrain au point qu'on n'en peut mettre dans un lieu donné qu'après un intervalle de six à sept ans. Même, au dire de M. Sageret, les cultivateurs de la première des plaines ci-dessus craignent d'en mettre dans les localités où il y en a eu dix ans auparavant; ils louent celles où il n'y en a jamais eu, à leur connoissance, beaucoup plus cher que le prix commun, uniquement à cause de cette circonstance. Le fumier leur est très nuisible en ce qu'il les fait pousser vigoureusement, et que cette vigueur de végétation s'oppose à ce qu'ils donnent des fruits. Ce sont des labours fréquens et profonds, même des défoncemens, des transports de terre, du terreau bien consommé, des débris de végétaux et des immondices de rue, long-temps exposés à l'air, qu'il convient d'employer pour rapprocher la distance, ci-dessus indiquée, de leur culture, dans le même local.

La graine de pois ne vaut rien passé deux ans, encore faut-il qu'elle ait été laissée dans sa gousse pour se conserver jusqu'à cette dernière époque. Son immersion pendant vingt-quatre heures dans l'eau accélère beaucoup sa germination.

C'est contre un mur exposé au midi et abrité des vents de l'est, ou contre un abri en paille, qu'on doit placer les pois de primeur, autant que possible, sur un talus incliné de vingt-cinq à trente degrés, après avoir donné au moins deux bons labours à la terre. On les met en terre à la fin de novembre ou au commencement de décembre (je parle pour le climat de Paris), soit en touffes, soit en rangées. Cette dernière manière mérite la préférence en ce qu'elle donne plus d'espace à chaque pied, lui laisse toute l'influence des rayons solaires et facilite les sarclages.

Les pois ainsi semés et recouverts de terreau gras ou d'immondices des villes, ou de colombine, lèvent au bout de quinze jours, et acquièrent, avant les gelées, assez de force pour résister à celles de ces gelées qui ne passent pas cinq à six degrés au-dessous du zéro ; mais lorsqu'on a lieu d'en craindre de plus fortes, il faut les couvrir, soit avec des paillassons, soit (et mieux) avec de la litière ou de la fougère soutenue sur des perches. On augmente l'épaisseur de cette couverture à mesure que la gelée augmente elle-même. Aussitôt le dégel on leur donne de l'air et ensuite de la lumière, mais petit à petit et par un temps couvert.

Quelques jardiniers font avec des cercles de tonneaux enfoncés dans la terre et liés les uns aux autres par des perches des espèces de berceaux au-dessus des pois, berceaux qu'ils recouvrent de paillassons pendant la nuit.

Vers le mois de mai, époque où les gelées cessent ordinairement d'être rigoureuses, on enlève tout-à-fait les couvertures, on donne un binage, et on renouvelle les engrais indiqués plus haut, si on le juge nécessaire. Quinze jours après on recommence les binages et on chausse les pieds. Il convient alors de les ramer, car, quoique de petite taille, cela leur est très avantageux. Bientôt ils montrent leurs premières fleurs.

L'usage presque général des jardiniers est de les pincer à leur troisième ou quatrième fleur pour augmenter la grosseur des fruits alors noués, et accélérer leur maturité. Cette opération, critiquée par quelques écrivains, diminue la masse de la récolte, mais remplit réellement ses objets, et est fondée en principe. *Voyez* au mot PINCEMENT. Ensuite on sarcle et chausse encore une seconde fois. La récolte ne tarde pas alors à récompenser les soins du jardinier, pour peu que le temps soit favorable. Malgré tous les soins ci-dessus on est cependant quelquefois exposé à perdre les pois. En ce cas il faut semer de nouvelle graine. En général, les semis d'automne doivent être peu abondans. Il est toujours préférable de multiplier ceux du printemps, c'est-à-dire d'en faire toutes les semaines, dès que la cessation des gelées le permet; car, lorsque les premiers réussissent, ils ne gagnent que quinze jours ou trois semaines au plus sur ceux-ci.

Ces semis du printemps, qu'on exécute comme ceux dont il vient d'être question, se couvrent avec des paillassons pendant la nuit, et même pendant les jours froids où le soleil ne paroît pas. On leur donne trois binages; savoir, un lorsque les plantes ont six à huit pouces de haut, un lorsque les premières fleurs paroissent, et le troisième deux à trois jours après qu'on a pincé l'extrémité des tiges. Il faut les faire autant que possible par un temps humide, ou à la suite d'une petite pluie. Des arrosemens dans la sécheresse leur sont toujours très avantageux.

Autour de Paris, la culture des pois de primeur en grand est l'objet d'un produit de première importance, puisqu'on en a évalué le résultat, dans une bonne année, à un million de francs. Ce sont toujours les terrains sablonneux, et principalement les plaines ci-dessus citées qui y sont consacrés. On laboure à la charrue ou à la houe; mais plus souvent avec ce dernier instrument pour pouvoir faire des ados en plan incliné du côté du midi, ados auxquels on donne deux pieds de large, et sur chacun desquels on place trois rangs de pois, ou trois rangs de touffes de pois, dès la fin de janvier ou le commencement de février, et de huit jours en huit jours. Pour expédier un grand semis en peu de temps, une femme accompagne l'homme qui fait les trous, et jette cinq ou six pois dans chaque trou, que l'homme recouvre avec la terre qu'il tire du trou suivant. Il en est de même quand on sème à la charrue, c'est-à-dire qu'une femme suit le laboureur, et fait tomber des graines à peu près de quatre pouces en quatre pouces, graines qui sont recouvertes par la terre du sillon suivant. Dans ce cas, il faut très peu enfoncer la charrue, car les pois trop recouverts pourrissent au lieu de germer.

On étend sur le semis, ou au moins sur chaque touffe, force boue des rues de Paris conservée de l'automne précédent; on bine deux à trois fois en chaussant chaque fois le pied des pois, et on pince. Le succès de la récolte dépend beaucoup de la succession des pluies et des chaleurs; le froid, la sécheresse et les pluies trop prolongées leur étant également contraires.

Jamais, à raison de la dépense, on ne rame les pois de primeur cultivés en plein champ; mais on a soin de les espacer de manière qu'ils ne se gênent point, ou peu, en rampant. D'ailleurs, comme les premiers petits pois se vendent dix à douze fois plus cher que les derniers, et qu'ils ne coûtent cependant pas davantage de frais de culture, non seulement on les sème le plus tôt possible, mais on les pince dès qu'ils ont deux ou trois fleurs, ce qui les empêche de s'élever beaucoup au-delà d'un pied.

En mars et en avril on sème encore des pois, et même en grande quantité, mais alors on les place dans des terres franches.

En automne, c'est-à-dire en septembre, on sème de nouveau des pois de primeur qu'on mange en octobre et en novembre. Ils se conduisent comme ceux du printemps. Leur culture n'est pas un objet bien considérable, même aux environs de Paris, puisqu'elle se fait rarement en pleine campagne.

Je reviens aux variétés des pois.

Pois dominé. S'élève plus que le pois Michaux auquel il succède dans l'ordre de la maturité. Il produit davantage, et résiste mieux aux circonstances atmosphériques. Son grain est blanc, aussi gros, aussi bon et moins rond. Il vient bien partout et en tout temps.

Pois Laurent. Son grain est gros et sucré. Il demande une terre légère, et ne réussit bien qu'au printemps.

Pois suisse ou *grosse cosse hâtive.* Il est moins délicat qu'aucun des précédens, et fournit beaucoup; sa forme est ronde et unie; sa couleur jaune verdâtre. On peut le semer jusqu'à la fin de juin. Il demande une bonne terre.

Pois commun. Se rapproche du précédent pour les produits, l'époque de la maturité et la nature du sol. Son grain est un peu aplati sur les côtés, à raison de la gêne qu'il éprouve dans sa gousse qu'il remplit autant que possible. C'est celui dont on mange le plus en sec.

Pois sans pareil. Est gros, allongé, très tendre, ne se cultive que dans quelques jardins particuliers.

Pois Marly. Son grain est gros et parfaitement rond. Il a joui d'une grande estime; mais il paroît aujourd'hui moins recherché.

Pois carré blanc. Il est très sucré, très gros, et ne se mange qu'en vert. Ce n'est que dans une terre médiocre qu'il est productif, et encore l'est-il peu. On le sème depuis la fin de mars jusqu'à la fin de mai, très clair, à raison de sa grandeur.

Pois cul noir. Sa forme et sa couleur ne diffèrent pas de celles du précédent, mais son ombilic est noir. Il n'est pas bon à manger sec, fournit beaucoup, se sème depuis la fin d'avril jusqu'au commencement de juin, et demande une terre fertile.

Pois carré vert. N'est pas aussi délicat en vert que le pois carré blanc; mais il lui est supérieur pour les purées en sec. Il devient très dur dans les bonnes terres. On doit le semer peu épais.

Pois normand. Se rapproche du précédent pour la forme

et la couleur ; mais il est plus gros, plus tendre et plus moelleux en vert et en sec. Sa peau est très fine, ce qui le rend supérieur à tous autres pour faire des purées ; mais ses productions sont peu abondantes. On le sème dans une bonne terre depuis la fin de mars jusqu'à la fin de juin.

Pois à longue cosse. Il est de grosseur médiocre, mais offre douze à quinze grains dans chaque cosse ou légume. Il réussit très bien dans l'arrière-saison, aussi ne se sème-t-il que depuis le milieu d'avril jusqu'au milieu de juillet. On doit tenir les pieds très écartés, parcequ'il s'élève et fourche beaucoup.

Pois vert d'Angleterre. S'élève fort haut, se garnit de fleurs depuis la racine. Sa cosse est totalement remplie de grains allongés, très gros et d'un excellent goût en vert et en sec. Il demande une terre substantielle.

Pois Clamart ou *carré fin.* Très recherché aux environs de Paris, à raison de son grand produit et de son excellence. Ses grains sont petits, aplatis, et d'un blanc un peu roux. On le sème en même temps que les précédens, et encore en automne. Quelques jardiniers, pour satisfaire les amateurs de cette variété, qui sont très nombreux à Paris, le mettent en terre en même temps que le *pois dominé*, c'est-à-dire au commencement de la seconde saison (fin de février).

Ces derniers pois, qui fleurissent après que le puceron (*voyez* au mot BRUCHE) a déposé ses œufs, sont exempts de ses ravages, d'après l'observation de M. Villemorin fils, ce qui doit être un motif pour les cultiver de préférence lorsqu'on veut des grains secs pour l'hiver, emploi auquel on consacre généralement le pois commun, quoique moins délicat et moins productif.

Les *pois sans parchemin*, ou *pois mange-tout*, ou *pois goulus*, *pois gourmands* diffèrent des précédens, en ce qu'ils ont la cosse tendre, sucrée et bonne à manger. On en connoît six variétés ; mais elles sont peu communes aux environs de Paris.

1° *A fleurs blanches*, haute de cinq à six pieds, et à grain blanc.

2° *A fleurs rouges*, haute de sept à huit pieds ; ses cosses sont très grosses. Le grain est rougeâtre et ponctué de violet.

3° *A fleurs blanches*, haute de sept à huit pieds, et à grain blanc.

4° *A fleurs blanches*, haute de trois à quatre pieds, fournit de très belles cosses, très tendres et très sucrées.

5° Nain à fleurs blanches et à grains blancs.

6° Nain à fleurs rouges et à grain gris.

Ces deux dernières variétés forment de petites touffes arrondies dont les cosses sont beaucoup moins grosses que celles des précédentes.

La culture de ces six variétés n'a jamais lieu que dans les jardins. On les sème depuis mars jusqu'en mai seulement, et ce tous les quinze jours. Ils doivent être fréquemment arrosés. On mange le fruit positivement comme les haricots verts.

Les pois de la seconde saison s'élevant beaucoup, il faut les planter à une certaine distance les uns des autres, afin qu'ils puissent jouir du bénéfice des rayons du soleil et de la circulation de l'air. Une fausse économie est souvent la cause de leur peu de produit. Il faut également ne jamais négliger de les ramer : je ne puis trop recommander, sur-tout aux cultivateurs éloignés de Paris, de séparer les variétés par de grandes distances, afin d'éviter que leurs poussières fecondantes se mêlent, et que les qualités qui les distinguent s'altèrent. C'est principalement l'oubli de cette précaution qui fait qu'on se plaint dans les départemens que les graines tirées de la capitale dégénèrent à la troisième et même quelquefois à la seconde génération. Il est toujours avantageux à la bonne culture d'isoler chaque planche par un intervalle de plusieurs autres semées en d'autres graines, qui veulent, ainsi que le plant qu'elles fournissent, de la fraîcheur et des abris.

La culture des pois montans diffère de celle des pois de primeur, en ce qu'ils demandent une terre moins légère et des arrosemens moins abondans; qu'on ne les bine qu'une ou deux fois, qu'on les rame plus tôt, et qu'on se dispense le plus souvent de les arrêter. Leurs productions sont presque toujours plus abondantes. En général, moins les pois sont précoces, et moins ils sont bons en vert, mais plus ils sont productifs et mieux ils valent en purée, soit lorsqu'ils sont encore verts, soit lorsqu'ils sont complètement secs. Ils perdent de leur qualité à mesure qu'ils s'éloignent du moment de leur récolte ; cependant on peut les conserver mangeables un grand nombre d'années. Ils font, avec les haricots, le fond de la nourriture végétale des gens de mer, des prisonniers et des pauvres.

Les riches ne mangent guère les pois qu'en vert, sur-tout à Paris, et cette circonstance est principalement due à l'insecte dont ils sont presque toujours infestés. J'ai indiqué, au mot BRUCHE, les moyens de l'empêcher de se propager dans les pois secs; mais je n'en connois de propres à s'opposer à sa multiplication dans les champs que de tuer les femelles lorsqu'elles vont déposer leurs œufs, et il est impraticable en grand.

Lorsque les pois sont vieux ils sont aussi rongés par la larve du BTINE VOLEUR.

Les rames dont j'ai déjà parlé sont des branches de bois garnies de leurs rameaux, et auxquelles les tiges des pois s'attachent à mesure qu'elles montent, au moyen des vrilles de leurs pétioles. Ces rames s'enfoncent en terre à la profondeur de six pouces, afin qu'elles puissent résister à la fureur des vents; on les dispose de manière que leur sommet converge du côté du milieu de la planche; mais si le coup d'œil y gagne, les plantes de l'intérieur sont moins aérées. Il vaudroit mieux que les rames divergeassent; mais comme cela nuiroit aux cultures voisines, la position mitoyenne, c'est-à-dire la perpendiculaire, est celle qu'on doit adopter. Un jardinier, désireux de bien faire, passe de temps en temps autour de ses planches de pois pour relever les tiges tombées, et donner une bonne direction à celles que les vents ou autres causes ont dérangées.

Hors les environs de Paris et de quelques autres grandes villes la véritable récolte des pois est celle des pois secs; elle s'annonce par le jaunissement de la tige : alors on arrache le tout et on le transporte sous des hangars, dans des greniers où on le met en meule, où il achève de se dessécher et les pois de mûrir. Arrivés au point convenable, on écosse à la main ou on bat avec le fléau, et on vanne les grains comme le blé. Les tiges sont une excellente nourriture d'hiver pour les vaches et les autres bestiaux. Si par défaut de soin elles s'étoient moisies, on les emploiroit pour litière.

Les pois verts sont un aliment agréable et sain lorsqu'ils sont très jeunes; plus vieux ils augmentent en qualité nutritive, mais deviennent plus indigestes, à raison de la nature coriace de la peau qui les recouvre. Il n'y a que les estomacs les plus robustes qui puissent les manger quand ils sont secs, aussi dans les villes n'en use-t-on alors qu'en purée. On les accuse de plus, dans cet état, d'être très venteux, et de rendre lourds ceux qui en font leur nourriture habituelle. En Angleterre où ce qui est utile est mieux accueilli qu'en France, on ne les vend jamais au détail revêtus de leur enveloppe, qu'on leur enlève, sans les briser, entre deux meules de moulin convenablement écartées, positivement comme lorsqu'on fabrique le gruau d'orge ou d'avoine. Cette pratique a de plus l'avantage de n'offrir jamais de pois contenant encore des bruches, pois qui dégoûtent tant de personnes.

La bonté des petits pois a fait désirer de les conserver en vert pour en manger pendant toute l'année : il y a deux méthodes principales pour arriver à ce but.

La plus ancienne est de les mettre dans de l'eau bouillante pendant deux ou trois minutes, et de les faire refroidir dans l'eau fraîche, ensuite de les sécher à l'ombre, et de les conserver dans des sacs de papiers dans un lieu aéré. Lorsqu'on veut les manger on les fait revenir dans l'eau vingt-quatre heures à l'avance.

La plus nouvelle est de les renfermer dans une bouteille hermétiquement bouchée, et de mettre cette bouteille dans de l'eau bouillante pendant un quart d'heure : la cassure de la bouteille est très à redouter. Lorsqu'on veut les manger on met tout ce qui se trouve dans la bouteille, dans la casserole où ils doivent cuire.

Toutes les variétés des pois ne sont pas également propres à ces préparations, qui, tout bien considéré, ne valent pas la peine qu'elles donnent. J'ai indiqué la variété qu'il est le plus avantageux d'employer.

Les pois sans parchemin se préparent comme les jeunes haricots, c'est-à-dire qu'on les sèche ou on les met dans une saumure.

Ordinairement on donne aux vaches ou aux cochons qui les aiment avec fureur, ainsi que tous les animaux herbivores, les cosses des pois qu'on mange en vert. Il est possible de les utiliser aussi pour la nourriture de l'homme. Pour cela on les fait long-temps bouillir, et on les frotte les unes contre les autres. La pulpe qui les recouvre s'en sépare facilement, et sert à faire d'excellentes soupes.

Les produits des semis étant toujours proportionnés à la grosseur des graines et à leur bonté, il est beaucoup mieux de réserver une planche ou un carré pour les semis de l'année suivante, que de se contenter, comme on le fait ordinairement, des restes des planches, c'est-à-dire des cosses qui ont échappé aux différentes cueilles, attendu que ce sont le plus souvent les dernières et les plus foibles.

Il ne me reste plus, pour compléter ce qu'il y a à dire sur les pois, que de parler de la culture des pois des champs, ou des pois gris pour engrais, pour fourrage, et pour la nourriture des bestiaux ainsi que des volailles.

Quoique les variétés de pois ci-dessus mentionnées puissent être toutes cultivées en plein champ et à la volée, cependant on préfère celui qui sert de type à l'espèce, qui se rapproche le plus de la nature, le pois dit des champs, dont j'ai établi les caractères distinctifs au commencement de cet article, comme plus robuste qu'aucune d'elles.

Ce pois se sème sur deux labours dès que les fortes gelées ne sont plus à craindre. Il paroît, par les observations d'Arthur Young, qu'il peut succéder à toutes sortes de cultures avec le même avantage. On le répand à la volée et un peu clair, et on le herse. Il faut garder le semis pendant quelques jours pour empêcher les pigeons, les corbeaux, et autres oiseaux qui en sont très friands, de le manger. En Angleterre on le sème quelquefois en rangées, pour pouvoir le biner avec la charrue, opération qui lui est très utile. La dépense des binages à la houe s'oppose à ce qu'on lui donne cette façon en France. La même raison ne permet pas non plus de le ramer, de sorte qu'il est abandonné jusqu'au moment de la récolte. Souvent on le sème avec de l'avoine, du seigle, de la vesce, etc., soit pour le couper en vert, soit pour l'enterrer et le faire suppléer au fumier sur une jachère. Ces deux méthodes sont très estimables. Le fourrage qui en résulte est excellent, améliore de plus la paille avec laquelle on le stratifie au moment même de sa rentrée. L'engrais qu'il fournit équivaut, dans toutes sortes de terrains, excepté ceux qui sont très humides, à une demi-fumure. Ils sont donc blâmables les cultivateurs qui ne sèment pas toutes les années une certaine quantité de ce pois, et ce d'autant plus, que, n'ayant d'affinités qu'avec la gesse et la vesce, il offre le moyen d'allonger la série des assolemens, et, portant beaucoup d'ombre, favorise la destruction des mauvaises herbes, les étouffe, comme on dit vulgairement, cependant moins que les Vesces et les Gesses. *Voyez* ces mots et ceux Mélange et Assolement.

On fauche le pois des champs dès que la moitié de ses graines est arrivée à sa maturité, 1° afin que la fane, c'est-à-dire les tiges et les feuilles, aient encore suffisamment de suc pour être mangées par les bestiaux, et que les pois non encore mûrs les engraissent; 2° pour éviter que les campagnols, les mulots, les souris, les pigeons, les geais, les corbeaux, les moineaux et autres animaux, qui sont fort avides de leur graine, la mangent; encore pour que les cosses qui sont au bas des tiges ne pourrissent pas.

On bat les pois gris comme le blé, lorsqu'ils sont assez desséchés pour que les cosses s'ouvrent avec facilité. On vanne ensuite.

Tous les animaux pâturans aiment les pois gris avec passion. Ils les engraissent mieux peut-être qu'aucune autre graine, aussi les emploie-t-on beaucoup à cet usage, principalement pour les bœufs et les cochons. Il est toujours avantageux d'en donner pendant une quinzaine de jours par an aux chevaux et aux vaches, à la sortie de l'hiver, lorsqu'on les remet à l'herbe nouvelle, pour les *équilibrer* du peu de substance nutritive qu'ils y trouvent alors.

La commission d'agriculture a publié une instruction sur la culture des pois. *Voyez* Feuille du cultivateur, volume 5. (B.)

POIS D'ANGOLE. On donne ce nom au fruit du Cytise cajan. *Voyez* ce mot.

POIS CHICHE. *Voyez* Chiche.

POIS DE MERVEILLE. Nom jardinier de la corinde.

POIS DE PIGEON. C'est l'OROBE CULTIVÉE.

POIS DE SENTEUR. Nom jardinier de la GESSE ODORANTE.

POISON. MÉDECINE RURALE ET VÉTÉRINAIRE. On donne ce nom à toutes les substances qui peuvent conduire les hommes ou les animaux à la mort, en agissant sur leurs organes ou sur les liqueurs qu'ils contiennent. Ils ne diffèrent pas des venins en principe général ; mais cependant on applique principalement ce dernier nom aux poisons introduits par les animaux vivans dans les veines. On dit le venin de la vipère, de la guêpe, du scorpion, de l'araignée, etc. *Voyez* VENIN ; mais on ne dit point le venin des plantes, quoiqu'on appelle plantes vénéneuses celles qui sont des poisons.

Il y a des poisons dans les trois règnes de la nature.

Ceux que fournissent les animaux, outre les venins et la rage, ne se rencontrent guère que parmi les poissons, les insectes et les vers. En France le seul qui soit réellement redoutable est celui des CANTHARIDES. *Voyez* ce mot.

Ceux que fournissent les végétaux sont extrêmement nombreux ; ils se trouvent principalement dans la famille des solanées, des ombellifères, des renonculacées, des daphnoïdes, des titimaloïdes, des aroïdes, des champignons. *Voyez* aux mots BELLADONE, JUSQUIAME, MORELLE, STRAMOINE, CIGUE, PHELLANDRE, CICUTAIRE, ŒNANTHE, RENONCULE, ANEMONE, ACONIT, VÉRATRE, DAUPHINELLE, ELLÉBORE, CYCLAME, EUPHORBE, GOUET, AGARIC, BOLET, ORONGE, etc.

Quoique la manière d'agir des poisons végétaux soit fort différente dans chaque espèce, cependant l'expérience a prouvé que les vomitifs les plus légers et ensuite les acides végétaux étoient les antidotes de tous. Ainsi, quand un cultivateur se trouvera dans le cas de secourir quelqu'un, il aura recours à l'eau tiède et au chatouillement de la luette avec une plume, ou à l'ipécacuanha, ou enfin à l'émétique, et immédiatement après à d'abondantes boissons d'eau froide et de vinaigre. La gravité des accidens cessant, on aura le temps de faire venir un médecin pour compléter la cure.

Quoique les animaux herbivores soient journellement exposés à manger des plantes vénéneuses, il n'y a guère que les jeunes, c'est-à-dire ceux qui sont encore sans expérience, à qui cela arrive quelquefois ; leur odorat suffit pour les guider, comme il n'est personne qui n'ait pu s'en apercevoir en suivant un troupeau de bœufs ou de moutons au pâturage : d'ailleurs, il faut une certaine quantité de la plupart de ces plantes pour que leurs effets délétères puissent être produits, et il est probable de plus que leur mélange avec d'autres plantes les affoiblissent encore, soit en les atténuant, soit en agissant dans le sens contraire; de sorte qu'il est extrêmement rare qu'ils meurent par cette cause.

Je dois déclarer ici que très souvent on attribue l'empoisonnement des bestiaux à des plantes qui n'y ont jamais pu concourir, et que même on appelle empoisonnement des accidens qui ont une toute autre cause que des poisons. Si une grande incertitude règne à cet égard dans la médecine humaine, peut-on croire qu'elle n'existe pas dans la médecine vétérinaire?

Les poisons minéraux seroient peu à craindre pour les habitans des campagnes, et encore moins pour leurs bestiaux, si quelques métaux d'un usage fréquent, tels que le cuivre et le plomb ne passoient pas dans leur classe en s'oxidant, et si d'autres oxides, encore plus dangereux, tels que l'arsenic, les préparations antimoniales et mercurielles, enfin les acides tels que le sulfurique, le nitrique et le muriatique, ou quelques uns de leurs composés, tels que le sulfate de fer et de cuivre, le nitrate d'argent (pierre infernale), le muriate de zinc, etc., n'avoient pas un emploi utile et fréquent dans les arts et la médecine.

Tous les poisons minéraux agissent en corrodant la peau ou les viscères. Un homme ou un animal empoisonné par eux doit donc être traité différemment que celui qui l'a été par des plantes. Dans ce cas un cultivateur le fera vomir comme il a été dit plus haut; puis on lui fait avaler en abondance de légères dissolutions de savon, des huiles, des mucilages, tels que la gomme dissoute dans l'eau, de la crême, du lait, etc. Les alkalis purs, que, d'après des données théoriques on doit regarder comme de très bons contre-poisons, sont souvent dangereux. Comme l'action des poisons minéraux est très rapide, il faut que les secours soient très prompts pour produire quelque effet. Rarement dans les campagnes on peut espérer avoir le temps de faire venir un médecin pour les administrer, c'est pourquoi il est nécessaire que les cultivateurs puissent le suppléer d'abord, et c'est cette considération qui m'a déterminé à rédiger cet article.

Très souvent les cultivateurs s'empoisonnent sans le savoir, comme il y en a eu souvent de tristes preuves; ainsi on a vu des familles entières périr pour avoir mangé du pain cuit dans un four chauffé avec des planches peintes, 1° en blanc avec de la céruse (oxide de plomb); 2° en vert avec du verdet, ou vert-de-gris (oxide de cuivre); 3° en rouge avec du minium (oxide de plomb, ou avec du cinabre (oxide de mercure). Il faut donc éviter d'employer à cet usage aucun bois peint : ainsi il en périt chaque année beaucoup, sans même qu'on s'en doute, pour avoir préparé ou laissé séjourner des alimens dans des vases de cuivre ou de plomb. Il faut donc que les ménagères surveillent constamment ces vases pour les faire nettoyer exactement, et n'y pas oublier des corps gras ou des substances acides. Le cuivre doit être étamé aussi souvent que cela est nécessaire; dans ce cas, comme dans tant d'autres, une petite économie peut amener de grands malheurs. En général, l'ordre et la propreté est ce qui manque le plus dans l'intérieur des pauvres ménages; et c'est cependant de ces deux qualités que résultent l'économie et la santé.

Il est encore des poisons qui appartiennent à tous les règnes, ce sont le phosphore et les alkalis, tels que la potasse, la soude et l'ammoniac, sur-tout quand elles sont pures ou caustiques. *Voyez* ces mots. (B.)

POISSON. Tout moyen de multiplier la subsistance des hommes est du ressort de l'agriculture. Les poissons qui fournissent un aliment si agréable et si sain doivent donc être l'objet des considérations de l'agronome. C'est pour mettre les cultivateurs à portée d'apprécier l'importance dont ils sont à la société en général, et les avantages dont eux personnellement peuvent en retirer, que j'ai parlé dans cet ouvrage de la plupart des poissons d'eau douce; si je n'ai pas fait mention des poissons de mer, c'est qu'ils sont l'objet d'une pêche à laquelle les cultivateurs ne peuvent jamais se livrer sans abandonner leurs intéressans travaux. Parmi ces poissons d'eau douce, je me suis principalement appesanti sur ceux que leur nature appelle à vivre dans les eaux stagnantes, à y multiplier beaucoup, et à y arriver rapidement à un certain degré de grosseur, parceque c'est sur eux que l'industrie peut s'exercer avec le plus de succès. Ce que j'ai rapporté aux différens articles qui les concernent, ainsi qu'au mot ÉTANG, me dispense de m'étendre ici sur les généralités qui ont rapport à leur multiplication et à leur pêche; mais il me reste à parler de leur emploi comme engrais.

Il paroîtra peut-être surprenant à beaucoup de cultivateurs français qui payent si cher le poisson, que je propose d'en faire usage comme engrais; cependant il est certain que dans le nord de l'Europe, et sur-tout en Angleterre, on applique fréquemment à cet objet non seulement celui qui est gâté, mais encore qu'on le pêche exprès, et dans la mer, et dans les lacs ou les rivières. C'est un excellent engrais, au rapport des personnes qui ont observé ses effets; par conséquent les amis de l'agriculture doivent désirer que les localités qui, en France, sont dans le cas d'en profiter, apprennent à en faire usage, au lieu de le voir se perdre et d'en être infecté.

Je sais bien que le poisson n'est pas assez abondant sur nos côtes et dans nos rivières pour qu'il puisse être pêché uniquement pour cet objet ; mais il est des espèces qui ne se mangent point, mais il est des individus qui se gâtent très rapidement, mais il est des parties, comme la tête, les ouïes, les intestins, les nageoires qu'on rejette à la mer et qui pourroient être réservées. Dans la pêche de la morue, par exemple, on peut gagner une partie des frais en empilant dans des tonneaux tous ces restes. Combien d'objets du même genre qui infectent les faubourgs de Dieppe, comme j'en ai acquis personnellement la preuve, et qui pourroient être utilisés si quelqu'un se consacroit à les ramasser chez les pêcheurs. Il en est sans doute de même dans les autres ports de pêche. Je voudrois que dans tous ces ports, pour la salubrité des villes et l'utilité des campagnes, une loi de police exigeât que les pêcheurs jetassent chaque jour les poissons gâtés, les restes des poissons qu'ils préparent, etc., dans une fosse commune, où chaque jour aussi on recouvriroit ces restes d'une couche de terre proportionnée à leur plus ou moins grande épaisseur ; on feroit ainsi petit à petit un COMPOST (*voyez* ce mot) dont la vente annuelle produiroit certainement un revenu à la commune.

Parmi les poissons d'eau douce je ne vois que le gasteroste épinoche et les têtards des grenouilles qui, parmi ceux non employés à la nourriture de l'homme, soient assez abondans dans quelques localités pour être pêchés pour engrais. J'ai vu des mares desséchées en offrir à leur centre une couche d'un demi-pied d'épaisseur ; qui ne sent que si on les eût pêchés avant la dessiccation complète de ces mares, on eût pu les utiliser pour cet objet. Quelquefois aussi la foudre, pendant l'été, les gaz délétères qui se développent sous la glace pendant l'hiver, font périr en un instant la totalité des poissons d'un étang ; c'est le cas de les ramasser et de les employer au même objet, soit directement, soit, et mieux, en en fabriquant un compost sur les bords mêmes de l'étang.

Un autre moyen d'utiliser les poissons, c'est de les faire servir à la nourriture des animaux domestiques, non des vaches et des chevaux, comme en Norwège, mais des cochons, des dindons, des canards, des oies, des poules. On m'a dit que dans quelques ports de France on commençoit à tirer parti des restes de la pêche, en en nourrissant de jeunes cochons, qu'à six mois on envoie dans l'intérieur des terres pour les mettre à une nourriture végétale, et faire disparoître le goût huileux que leur chair contracte. Je ne puis qu'applaudir à ce perfectionnement de notre industrie agricole. (B.)

POIVRE D'EAU. *Voyez* au mot RENOUÉE PERSICAIRE.

POIVRE LONG. *Voyez* PIMENT.

POIVRE DES MURAILLES. C'est l'orpin brulant.

POIVRETTE. On donne ce nom à la nigelle commune.

POIVRIER, *Piper aromaticum*, Lam. *Nigrum*, Lin. Plante exotique qui donne le poivre. Le genre auquel elle appartient porte le même nom, et renferme un assez grand nombre d'espèces toutes originaires des pays situés entre les tropiques ou dans leur voisinage : celle-ci s'appelle le *poivrier aromatique*, à cause du parfum de sa graine connue de tout le monde, et qui forme une des branches importantes du commerce des épiceries. On trouve ce poivrier aux Grandes-Indes, particulièrement sur la côte de Malabar, et aux îles de Java et de Sumatra. Il a une petite racine fibreuse, flexible et noirâtre. Ses tiges sont vertes, ligneuses et sarmenteuses ; elles grimpent sur les arbres voisins ou se couchent sur la terre, lorsqu'elles manquent d'appui. De chacun de leurs nœuds sortent des feuilles solitaires, disposées alternativement, et soutenues par de courts pétioles. Ces feuilles sont à cinq nervures, arrondies, larges de deux ou trois pouces, longues de quatre, terminées en pointe, d'une consistance ferme, et d'un vert clair en dessus. Les fleurs viennent en grappes portées sur un seul pédoncule ; elles sont découpées à leur bord en trois segmens, n'ont ni calice ni corolle, mais deux anthères opposées, et un style à trois ou quatre stigmates. Tantôt les grappes de fleurs naissent dans la partie moyenne des tiges, sur les nœuds, et opposées aux pétioles des feuilles ; tantôt elles viennent à l'extrémité des tiges. Quand les fleurs tombent, il leur succède des fruits ou des grains de plusieurs grosseurs, communément de celle d'un pois moyen. Il y en a jusqu'à vingt, quelquefois jusqu'à trente attachés au même pédoncule. Ils sont d'abord verts, et ensuite rouges à l'époque de leur maturité ; leur surface, qui est alors unie, se noircit peu après, et se ride en séchant.

Ces grains ou fruits forment ce qu'on appelle le *poivre noir du commerce*. En ôtant à ce poivre son écorce on en fait le *poivre blanc*, qui est celui qu'on nous apporte des Indes en plus grande quantité. On enlève cette écorce en faisant macérer dans l'eau de la mer le poivre noir ; l'écorce extérieure s'enfle et s'ouvre par la macération, et on en retire très facilement le grain qui est blanc et que l'on sèche ; il est beaucoup plus doux que le noir et lui est préférable.

Le poivre a été recherché dans tous les temps. Il étoit connu des anciens Grecs, qui en faisoient le même emploi que nous. Son usage est général. On le mêle aux alimens, soit pour exciter l'appétit, soit pour faciliter la digestion. Le poivre noir est celui dont on se sert le plus dans les cuisines ; le blanc, comme moins fort, est servi sur les tables, et préféré par les gens d'un goût délicat.

Autrefois les Hollandais étoient seuls en possession de vendre cette épicerie. Mais l'illustre intendant de l'Ile-de-France, M. Poivre, a introduit dans cette île le poivrier qu'on y cultive avec succès, ainsi que dans la Guiane française, où M. Martin l'a apporté. Sa culture peut offrir de grandes ressources à la Guiane, en mettant en valeur beaucoup de terrains restés en friche dans cette vaste contrée. Je vais en dire un mot d'après M. de Velloso et M. Le Blond. Le premier a composé en portugais un petit traité pour enseigner aux habitans du Brésil la manière de cultiver avec succès le poivrier ; et M. Le Blond a adressé au Muséum d'histoire naturelle un mémoire sur le même objet, dont on trouve un extrait rédigé par M. Desfontaines dans les Annales de cet établissement. Ce qui suit est copié, en grande partie, de ce dernier écrit.

Suivant M. de Velloso, la récolte du poivre se fait à Goa depuis le mois de février jusqu'en mai ; et c'est pendant la saison des pluies, qui continuent depuis juin jusqu'en novembre, que les graines tombent à terre, germent et produisent de nouveaux individus. On multiplie aussi le poivrier de bouture, et l'on choisit les jeunes branches qui n'ont pas encore porté du fruit, parcequ'elles sont plus vigoureuses. Le poivrier aime les bonnes terres, et il y vient presque sans soins et sans culture. M. de Velloso dit que les terres argileuses, qui ressemblent au bol d'Arménie, sont préférables ; et il assure que le poivrier ne réussit pas dans les terrains sablonneux. Cette observation est d'une grande importance pour les habitans de la Guiane française, où le sol des montagnes, des vallées et de la plupart des plaines est formé d'une argile ferrugineuse jaune ou rougeâtre qui convient peu à d'autres cultures, à moins qu'on n'emploie le secours des engrais.

Les climats les plus chauds des tropiques sont les seuls qui conviennent au poivrier. Il ne réussit point à Bombay, à Diue, à Surate, et autres pays situés au nord de Goa. Le plus aromatique et le meilleur croît à Bragare, Talicheri et Calicut ; les îles de Malaca, de Java, et particulièrement celle de Sumatra, en produisent aussi d'excellent.

Le poivrier grimpe sur les arecs, sur les cocotiers, les manguiers et autres arbres des forêts qu'il couvre de sa verdure. Il s'élève jusqu'à trente coudées, et le tronc a quelquefois six pouces d'épaisseur. Lorsque les sarmens des jeunes poivriers ne s'attachent pas d'eux-mêmes aux arbres destinés à leur servir d'appui, les Portugais ont soin de les y fixer, soit avec des liens, soit avec de la terre glaise, ou toute autre substance convenable, afin que leurs radicules puissent s'implanter dans l'écorce. M. de Velloso observe que les poivriers qui croissent le long des murs, ou qui rampent à terre, ont des tiges plus grosses que ceux qui montent sur les arbres; mais les premiers ne produisent presque pas de fruits, sans doute parcequ'ils sont privés de la nourriture que les autres tirent des arbres auxquels ils s'attachent.

Après avoir fait connoître ce que M. de Velloso dit de la culture du poivrier aux Grandes-Indes, M. Le Blond expose la méthode employée à la Guiane pour la culture de la même plante, et il rapporte les observations qu'une expérience de douze années a fournies à M. Hussenet, l'un des cultivateurs les plus distingués de cette colonie.

Huit mois après que les poivriers eurent été apportés de l'Ile-de-France à Cayenne, par M. Martin, que le gouvernement avoit chargé de cette mission, M. Hussenet s'en procura trois individus qu'il planta l'un auprès d'un *immortel* (*erythrina*), le second près d'un *monbin*, et le troisième au pied d'un *mammea*. Les deux individus plantés auprès de l'immortel et du monbin fleurirent et donnèrent quelques grappes de fruits au bout de dix-huit mois; mais celui auquel le monbin servoit de soutien périt bientôt après, et sans doute les sucs âcres et astringens de cet arbre, joints à la dureté de son écorce à laquelle le poivrier ne s'attache que difficilement, en furent la principale cause. Le même cultivateur tenta ensuite des essais sur d'autres arbres tels que l'avocatier, l'oranger, le manguier, l'acajou, le corossolier, le calebassier, et il résulta de ces essais que le calebassier est celui qui convient le mieux au poivrier. L'écorce du calebassier est spongieuse et épaisse; les griffes du poivrier la pénètrent avec facilité, et y adhèrent fortement; c'est d'ailleurs un arbre peu élevé, et qu'on peut réduire, en le taillant à la hauteur qu'on veut sans qu'il en souffre; ses branches flexibles et peu cassantes s'étendent horizontalement, ses feuilles se conservent long-temps, et lorsqu'il les perd, elles se renouvellent en huit jours; les chenilles ne l'attaquent point; il procure au poivrier de l'ombrage pendant les fortes chaleurs de l'été. Enfin l'expérience a appris que les poivriers auxquels ces arbres servent d'appui produisent des récoltes plus abondantes. Un autre avantage du calebassier, c'est que ne s'élevant qu'à douze ou quinze pieds, on peut, au moyen d'une échelle double de même longueur, récolter le poivre avec une extrême facilité. Il faut l'élaguer, afin de donner de l'air au poivrier, et couper toutes les branches gourmandes, pour que celles qui restent acquièrent plus de vigueur. Le calebassier se multiplie aisément de bouture; il croît fort vite et s'accommode de toute sorte de terrains.

Ces observations de M. Hussenet, rapportées par M. Le Blond, sont confirmées par celles de M. Martin. « J'ai abandonné, dit ce dernier (*lettre à M. Thouin du 8 floréal an X*), l'idée que j'avois d'abord de planter des monbins pour soutenir les poivriers, parceque je me suis aperçu que le poivrier, en s'attachant à ces arbres, en recevoit un effet préjudiciable à sa fleur. Plusieurs personnes ont planté des poivriers sous des manguiers, des abricotiers, et même contre des cannelliers, dans des vergers ou jardins, à Cayenne. Ils fleurissent bien tous les ans ; mais ensuite les chatons tombent. Je suis tenté de croire, d'après mes propres observations, que la sève de ces arbres qui servent de tuteurs aux poivriers, étant résineuse et gommo-astringente, et par conséquent âcre, doit nuire à la sève aromatique du poivrier, et causer instantanément la chute des fleurs et des feuilles. Le poivrier, en mêlant à sa sève celle de ses tuteurs, qu'il pompe à l'aide de ses griffes ou suçoirs, et en l'imbibant pour ainsi dire de cette sève échauffante et hétérogène, perd alors ses fleurs avant leur fécondation, et ses feuilles encore toutes vertes. »

M. Hussenet a fait le premier, à la Guiane, une plantation régulière de poivriers ; elle en renferme deux cents, et autant de calebassiers, séparés par des espaces de dix pieds carrés. Chaque poivrier a été mis à la distance de cinq à six pouces de chaque calebassier un an après la plantation de ces derniers. Car, si les calebassiers n'avoient pas acquis assez de vigueur lorsqu'on plante à leur pied le poivrier, ils ne pourroient en soutenir le poids, et seroient étouffés en peu de temps, parceque le poivrier croît avec beaucoup de rapidité.

Il convient d'enlever les bourgeons des calebassiers jusqu'à six pieds au-dessus de terre, afin que l'arbre s'élève davantage, et de ne laisser que sept à huit branches sur le tronc, pour qu'elles acquièrent plus de force et puissent soutenir le poivrier, qui peut alors s'étendre sans être trop ombragé. Par cette pratique, il produit beaucoup de fleurs et de fruits.

Un pied de poivrier suffit pour chaque calebassier. Lorsqu'on propage le poivrier de bouture, il faut, comme on l'a dit, choisir des jets qui n'aient pas encore produit, dont le bois soit bien formé, leur laisser quatre à cinq nœuds, les planter obliquement et enfouir trois ou quatre de ces nœuds.

Chaque pied de poivrier vigoureux, sur un calebassier bien développé, peut donner quinze livres de poivre sec. Ainsi les deux cents pieds de la plantation dont nous venons de parler, et qui n'occupent guère que deux tiers d'arpent, en produisent trois mille livres qui, à raison de quarante sous la livre, formeroient un revenu de six mille francs. M. Laforêt, colon de la Guiane française, a cueilli vingt-neuf livres de poivre sur un seul plant. Il étoit vert, il est vrai, quand on l'a pesé ; mais séché, il n'a été réduit qu'à la moitié de ce poids. Ce poivre, dit M. Martin, étoit d'une excellente qualité, gros, bien plein, d'une belle couleur, très piquant, aromatique, supérieur même à celui qu'on nous apporte de l'Inde.

Le poivrier réussit aussi sur l'immortel ; mais cet arbre a l'inconvénient de perdre ses feuilles en été et d'en rester dépouillé pendant deux mois, ce qui expose le poivrier à l'ardeur du soleil et le fait souffrir. L'immortel a d'ailleurs le bois très cassant ; il s'élève fort haut, et si on le taille souvent pour l'empêcher de croître, on le fait périr. Le poivrier a mal réussi sur les autres arbres qu'on a essayés.

Lorsqu'il commence à monter, on lui fait prendre une bonne direction, en conduisant ses sarmens le long des tiges et des branches du calebassier, et en les y fixant avec des liens souples qu'on serre peu, afin de ne pas arrêter les sucs et occasionner des engorgemens. On continue cette opération jusqu'à ce que le poivrier soit bien établi sur l'arbre qui lui sert de soutien.

. Comme tous les arbres fruitiers, le poivrier donne alternativement de bonnes et de mauvaises récoltes. Les grandes pluies font couler ses fleurs. Mais les vents du nord qui, lorsqu'ils soufflent long-temps, endommagent les cultures de la Guiane, ne leur sont pas très nuisibles, parceque les feuilles des calebassiers lui servent d'abri, et que ces derniers arbres résistent bien à l'influence des vents.

Le poivrier fleurit tous les ans et même deux fois par an, quand il est vigoureux. Sa fleur paroît ordinairement un ou deux mois après les premières pluies qui succèdent à la saison sèche. Les fruits nouent en mars et avril, quelquefois plus tard. Ils se teignent en rouge lorsqu'ils sont mûrs ; mais on les cueille dès qu'ils se colorent en jaune, et que quelques uns des grains commencent à rougir, parceque les oiseaux les mangent avec avidité quand ils sont parvenus au dernier terme de maturité.

La récolte se fait quatre mois après la chute des fleurs ; elle est très facile. Un nègre monte sur une échelle avec un panier attaché à sa ceinture ; il cueille une à une les grappes qui se cassent sans effort ; puis on les expose au soleil sur des planches, ou sur des draps, et elles sont sèches au bout de cinq à six jours. Quand une plantation de poivriers a été faite, un seul nègre peut en cultiver et soigner huit cents à mille plants, et en récolter les fruits.

Le poivrier est sujet à la piqûre d'un ver qui s'insinue entre le bois et l'écorce, et le fait quelquefois périr. (D.)

POIX, ou POIX-RESINE. On donne généralement ce nom à toutes les résines qui fluent naturellement ou par incision des arbres du genre des pins et des sapins ; mais plus particulière-ment à celle que fournit le Sapin-pesse. *Voyez* ce mot.

Lorsqu'on met la poix-résine du sapin-pesse dans de l'eau, sur le feu, elle se fond, et on peut la filtrer à travers une toile claire. Cette poix purifiée perd alors le nom de *poix grasse*, *de poix de Bourgogne*. Lorsqu'on y mêle du noir de fumée, elle devient la *poix noire ;* mais aussi quelquefois la poix noire n'est que du Goudron épaissi. *Voyez* ce mot.

Pour beaucoup de personnes la poix n'est que le goudron épaissi par l'évaporation des parties aqueuses qui lui sont unies. Telle est principalement celle dont les cordonniers font usage. (B)

POLDERS. Nom qu'on donne aux grands dessèchemens dans la ci-devant Flandre maritime.

Il existoit entre les villes de Dunkerque, Berg-Saint-Vi-nox, Honscoote et Furnes des lacs connus sous le nom de moërs. Ces lacs furent desséchés au commencement du sei-zième siècle et furent cultivés jusqu'en 1746, que ces terrains furent inondés avec les eaux de la mer pour la défense de Dunkerque alors assiégée. Plusieurs tentatives, faites pendant la fin de ce siècle et la première moitié du suivant pour rendre de nouveau ces lacs à la culture, n'eurent pour résultat que la ruine de ceux qui les ont entreprises. Enfin les frères Herwyn conçurent le hardi projet de séparer les lacs en deux par une chaussée, ce qui forma trois polders contenant en-semble trois mille arpens séparés par des digues et des écluses. Pour élever les eaux ils construisirent cinq moulins à vent qui les versèrent dans un canal de ceinture d'où elles s'écou-loient au port de Dunkerque. Leurs dépenses furent presque entièrement perdues en 1793 par suite de la guerre ; les polders furent de nouveau submergées. Forts de leurs connoissances locales, les frères d'Herwyn n'ont pas craint d'y mettre de nouveaux fonds. Aujourd'hui ce terrain est couvert d'arbres, de moissons, de prairies, de bestiaux dans la plus grande partie de son étendue, et dès que les eaux des pluies auront dessalé la partie que les eaux de la mer ont le plus long-temps couverte le tout sera en état de reproduction complet.

Cette belle entreprise, qui a fait le plus grand honneur aux frères d'Herwyn, est dans le cas d'être citée pour modèle aux propriétaires de tant de marais insalubres et d'un rapport pres-que nul. *Voyez* Dessèchement. (B.)

POLÉMOINE, *Polemonium.* Genre de plantes de la pen-tandrie monogynie et de la famille des polémonacées, qui ren-ferme une demi-douzaine d'espèces, dont une est fréquem-ment cultivée dans les jardins d'agrément, qu'elle orne de ses beaux bouquets de fleurs bleues.

Cette plante, qu'on appelle vulgairement la *valériane grec-*
que, est originaire des parties moyennes de l'Asie. Ses racines
sont vivaces et fibreuses ; ses tiges hautes de deux pieds, droites
et nombreuses ; ses feuilles alternes, sessiles, ailées, à folioles nombreuses, oblongues, entières, glabres, et d'un vert
foncé ; ses fleurs sont larges de cinq à six lignes, bleues ou
blanches, et disposées en bouquets à l'extrémité des tiges. Elle
se place dans les plates-bandes des parterres et dans les corbeilles, ou même sur le bord des massifs des jardins paysagers,
où ses grosses touffes font un très bon effet lorsqu'elles sont en
fleurs et qu'elles contrastent avec quelques autres plantes de
couleur et de forme différente. Son seul feuillage même se con-
sidère avec plaisir parcequ'il est élégant. Elle est fort rustique
et se plaît dans tous les terrains ; mais il lui faut du soleil.
On la multiplie de graines et par déchirement des vieux pieds.
On préfère ordinairement ce dernier moyen comme le plus expéditif. En effet, les nouveaux pieds qui résultent de cette opération qui se fait en hiver portent des fleurs dès la même année, tandis que ceux provenant de graines n'en donnent
guère que la troisième. Les soins communs à tous les jardins
lui suffisent ; cependant elle aime à être arrosée dans les
grandes chaleurs et amendée avec du terreau, lorsqu'on veut
qu'elle développe toute sa beauté. Les plus fortes gelées ne lui
font aucun tort. Elle fleurit en mai et juin.

Lorsqu'on désire obtenir des variétés de polémoines ou des
polémoines à fleurs doubles, on sème ses graines au printemps
sur couche et sous châssis dans des terrines remplies d'une
terre appropriée. Le plant qui en provient se repique ensuite
en pleine terre dans un sol bien fumé et à une bonne exposition. Mais ces variétés, excepté la blanche, sont peu recherchées ; la double même se voit rarement dans les jardins (B).

POLLEN. Poussière fécondante des étamines et dont les
abeilles nourrissent leurs petits. *Voyez* ETAMINE et ABEILLE.

POLLENTA. Nom italien de la BOUILLIE de MAÏS. *Voyez*
ces deux mots.

POLYGALA, *Polygala*. Genre de plantes de la diadelphie
octandrie et de la famille des rhinanthoïdes, qui renferme
plus de quatre-vingts espèces, dont deux, parmi les cinq qui se
trouvent en Europe, sont dans le cas d'être mentionnées ici.

Le POLYGALA VULGAIRE a les racines fibreuses, vivaces ; les
tiges herbacées, simples, souvent couchées à leur base ;
les feuilles alternes, linéaires, lancéolées ; les fleurs bleues,
rougeâtres ou blanches, disposées en épis à l'extrémité des
tiges. Il est extrêmement commun dans les pâturages des
montagnes, le long des bois ou autres lieux incultes, fleurit
au milieu de l'été et s'élève à cinq à six pouces. C'est une plante

d'un aspect très agréable et qu'on doit ne pas repousser des gazons des jardins paysagers, mais dont la culture dans les parterres n'est rien moins que facile. On la connoît dans quelques endroits sous le nom de *laitier* ou *d'herbe à lait*, parcequ'on croit qu'elle donne beaucoup de lait aux bestiaux et par suite aux nourrices qui en mangent. Les vaches et les chevaux l'aiment avec passion. Il est fâcheux qu'elle pousse tard et qu'elle ne s'élève pas davantage, car elle seroit sans cela très propre à former des prairies artificielles dans les terrains secs et arides, où elle se plaît de préférence et où il n'est pas toujours facile d'en établir. Je ne sache pas, au reste, qu'on ait tenté aucun essai à cet égard. Elle passe pour le meilleur béchique et le meilleur incisif que possède la médecine en Europe.

Le POLYGALA AMER ressemble beaucoup au précédent, mais il s'élève moins, a les feuilles inférieures rondes et plus grandes, et la saveur amère. Il croît très abondamment sur les collines calcaires. Ses propriétés médicinales sont encore plus prononcées que celles du précédent et il est plus purgatif. (B.)

POLYGAMIE. C'est la vingt-troisième classe du système sexuel de Linné. Elle renferme les plantes qui portent, ou sur le même individu, des fleurs hermaphrodites et des fleurs d'un seul sexe, mâles ou femelles ; ou sur deux individus de la même espèce, des fleurs hermaphrodites et des fleurs mâles sur l'un, et des fleurs hermaphrodites avec des fleurs femelles sur l'autre, ou bien encore des fleurs mâles sur un individu, et des fleurs femelles sur un autre, et des fleurs hermaphrodites sur un troisième individu de même espèce. (R.)

POLYPE. MÉDECINE VÉTÉRINAIRE. Nous entendons ici sous ce nom une excroissance fibreuse, flasque, spongieuse et indolente, qui se forme quelquefois ou sur la membrane pituitaire, ou sur la tunique qui recouvre le larynx et le pharynx ; il se présente comme une espèce de chair morte, dans laquelle on aperçoit néanmoins des vaisseaux sanguins, et c'est proprement cette excroissance que les auteurs vétérinaires ont désignée sous le nom de *souris* ; mais la bizarrerie de cette expression ne doit pas étonner, et n'est qu'une preuve très sensible des ténèbres qui jusqu'ici ont obscurci l'art que nous professons.

L'effet ordinaire de cette tumeur dans les fosses nasales est de s'opposer plus ou moins considérablement à l'entrée et à l'émission de l'air inspiré et expiré, et lorsqu'elle a son siège dans la gorge, elle peut s'opposer encore à la déglutition, et rendre la respiration plus ou moins laborieuse ; ces suites différentes dépendent entièrement de son volume.

Les causes les plus ordinaires sont des commotions, la fracture, la perforation des os du nez, des cornets, des conques, des sinus maxillaires, la respiration d'un air échauffé, un flux très long et très copieux par les naseaux, soit à raison d'une Gourme, soi à raison d'un Catarrhe ou d'une Morfondure (*Voyez* ces mots), une blessure faite à la membranne pituitaire par un tuyau de paille qui se sera insinué dans l'une ou l'autre des fosses, ou par une autre cause quelconque, comme un clou ou un autre instrument pointu avec lequel un maréchal ignorant entreprend de saigner un animal dans ces parties, et alors il n'est pas étonnant que cette membrane séparée et détachée des parties osseuses forme une ou quelquefois plusieurs espèces de sacs tuméfiés par l'humeur qui se rassemble dans son tissu cellulaire.

Ces sortes de polypes sont ordinairement à bases étroites, c'est-à-dire suspendus par un pédicule; mais s'ils sont produits par des abcès farcineux ou morveux (*voyez* Farcin, Morve), s'ils sont dus aux vices ou à l'impureté de la masse du sang, la base en est large, leur exposition ayant lieu plutôt en largeur et en profondeur qu'en hauteur; ils sont livides, noirs, douloureux, et bien loin d'être bénins comme les autres, ils portent avec eux tous les caractères de la malignité, et sont bientôt suivis de la carie des os du nez, du *spina acutosa* dans les tables osseuses, de l'infection de l'haleine, du marasme et de la mort, sur-tout si l'on entreprend de les traiter par des médicamens locaux, ressources malheureuses et les seules le plus souvent employées par le commun des maréchaux qui ne savent pas que l'extirpation de ces excroissances en hâte toujours la renaissance et la végétation, et qui, incapables de faire la moindre distinction des cas, ne pensent pas que dans celui-ci les astringens, les caustiques, le feu, et tous les moyens propres à réprimer des tumeurs bénignes et à en arrêter les progrès, ne peuvent qu'irriter et ne servent qu'à enflammer les polypes dont il s'agit, corrompant presque toujours les parties adjacentes et voisines, et exigent principalement des remèdes intérieurs, et extérieurement des topiques anodins, plutôt que des substances fortes et destructives qui accroissent sans cesse le mal et multiplient les désordres qui l'occasionnent.

Les polypes qui surviennent dans la gorge peuvent naître d'une expension des polypes du nez, lorsqu'ils sont situés très près des arrières-narines, c'est-à-dire des orifices postérieurs des fosses nasales; ils sont assez souvent une suite de l'inflammation excessive de l'arrière-bouche, ainsi que de la tuméfaction et de l'engorgement de la glande palatine, de la velo-palatine, des arithénoïdiennes, des pharyngiennes, etc.; ils peuvent encore être attribués à des angines, à des aphthes et à d'autres ulcères malins qui les font placer parmi les tumeurs d'un genre vraiment dangereux.

A l'égard du prolongement et du relâchement de la membrane du voile du palais, et principalement de la tunique qui ceint et qui entoure le cartilage épiglootique, prolongement ou relâchement qui peuvent être tels qu'ils opposent un obstacle au passage des alimens solides et même liquides, il n'en résulte pas proprement ce que nous appelons un polype. Si néanmoins le corps ou le ligament pulpeux ou onctueux, dans lequel le cartilage dégénère, et par lequel il s'attache à l'angle du tiroïde, se tuméfie et s'abcède, cette tuméfaction forme une excroissance polypeuse très redoutable pour les chiens, ainsi qu'il est prouvé par l'expérience.

Le larynx des volatiles, sur-tout dans les poules et dans les dindes, est très sujet à ces sortes de végétation ; mais la facilité que l'on a d'atteindre dans ces animaux les parties attaquées, de les couper, et d'y porter des topiques convenables, en rend la présence bien moins effrayante.

On ne doit pas confondre au surplus la maladie que nous considérons ici avec celle à laquelle l'exsudation des fluides entre les deux lames de la membrane pituitaire, ou entre cette tunique et les os qu'elle recouvre, peut donner naissance. La tumeur s'abcède bientôt ; d'ailleurs on la distingue aisément par le lisse et le poli de sa surface, par l'évasement de sa base, et par la fluctuation dont il est possible de s'assurer en y portant la main si la chose est praticable, ou en introduisant une sonde aplatie, si le mal est très profond ou plutôt trop voisin des orifices postérieurs des fosses.

Il y a peu de temps que l'on a vu à l'Ecole vétérinaire près de Paris deux abcès de cette espèce, placés dans les deux cavités nasales à la hauteur de la partie supérieure des os du nez : leurs effets ne différoient point de ceux des polypes ; ils gênèrent également la respiration qui étoit très difficile ; leur ouverture donna issue à une grande quantité de matière suppurée, assez fluide, blanche et sans odeur. Cette évacuation dégagea le passage de l'air ; l'animal expira et inspira librement ; de simples injections d'eau d'orge miellée détergèrent, consolidèrent et cicatrisèrent promptement les ulcères. Du reste, l'état sain des os qui ne furent point à découvert prouve ici que la collection de l'humeur exsudée s'étoit faite entre les deux lames de la membrane muqueuse ; un purgatif minoratif termina la cure.

Comment peut-on s'assurer de l'existence du polype ? Les symptômes, au moyen desquels on peut reconnoître le polype dont nous parlons sont tous ceux qui décèlent le défaut de l'entrée de l'air dans les poumons, et de son émission hors de ce viscère. Portez la main aux ouvertures nasales, vous distinguerez facilement celle qui n'en fournit que peu ou point du tout. Examinez dans les temps froids la condensation des vapeurs pulmonaires qui forment alors une espèce de nuage très sensible à chaque expiration, l'orifice nasal embarrassé de ce polype n'en laissera échapper que très peu ; faites exercer l'animal, vous entendrez un sifflement qui sera la suite ou l'effet de la collision de l'air, lors de son passage dans les fosses affectées ; cette collision sera en raison, d'une part, de la célérité de la marche de ce fluide, et de l'autre, du volume du polype. Bouchez un des naseaux de l'animal, vous saurez et vous connoîtrez à peu près la forme, lorsqu'elle ne sera pas à portée des yeux, en portant une sonde aplatie dans le nez, au moyen de laquelle vous en parcourrez toute l'étendue.

Nous avons dit plus haut que le polype qui se prolongeoit dans le larynx gênoit autant la déglutition que la respiration ; mais si sa base est étroite, il ne doit pas alarmer. Pour reconnoître et juger de la situation, de l'étendue et de la forme de ceux qui occupent l'arrière-bouche, il n'est besoin que de l'inspection et de l'introduction de la main.

Les moyens que l'art suggère pour la guérison de ces sortes de maux sont généraux ou particuliers. Les premiers se prennent dans les altérans et les évacuans que nous administrons en breuvage ou en opiat ; ils sont tous relatifs à l'état actuel des parties malades et du sujet.

La tunique dans laquelle le polype siège est-elle relâchée, le sujet est-il d'une constitution flasque et molle ; ayez recours aux styptiques, aux absorbans et aux martiaux. Y a-t-il rétinence, douleur et inflammation ; saignez, faites usage des délayans, des nitreux et des tartareux en breuvage.

La tumeur est-elle livide, fibreuse ; fournit-elle une sanie infecte ; employez le quinquina, la petite centaurée, la teinture de camphre, celle d'aloès, etc. A l'égard des purgatifs que vous aurez intention d'administrer, combinez-les de manière à remplir les indications.

Le choix des remèdes particuliers, c'est-à-dire de ceux que l'on applique extérieurement sur le mal, n'est pas moins important. Leur nature tonique, relâchante, astringente, rongeante, etc., doit être réglée d'après l'espèce de polype. La forme sous laquelle l'on doit employer ces topiques ou médicamens locaux n'est pas moins un effet de réflexion de la part du vétérinaire. Celle de vapeur est préférable, lorsqu'il y a de l'irritation ; celle d'injection, lorsque le sentiment des parties est moins exquis.

S'agit-il de l'opération, il faut encore déterminer quelle est la méthode à préférer. L'incision, la cautérisation, l'extraction, la ligature, etc., sont autant de méthodes qui ont leurs avantages et leurs inconvéniens ; l'expérience prouve néanmoins que la méthode la plus sûre pour guérir le polype est de le couper toutes les fois que l'on peut y atteindre. Si l'instrument tranchant ne peut pas parvenir jusqu'au mal, tentez l'extraction avec des tenettes ou avec des pinces mousses par le bout; poussez-les le plus avant qu'il vous sera possible; jusqu'à la racine de la tumeur que vous saisirez et que vous tirerez peu à peu en faisant des demi-tours à droite et à gauche; vous serez peut-être obligé de la prendre à plusieurs fois; mais si vous parvenez à l'arracher en entier, il surviendra une hémorrhagie que vous arrêterez en portant sur la plaie un bourdonnet lié et imbibé d'eau de Rabel. L'opération finie, faites des fumigations avec les plantes émollientes, ensuite des injections avec du vin tiède, terminez la cure avec des eaux vulnéraires et dessiccatives, et par un purgatif minoratif. (R.)

POLYPÉTALE. (FLEUR) Celle dont la corolle est formée de plusieurs pièces. On divise les corolles polypétales en polypétales régulières et en polypétales irrégulières. M. Adanson dit avoir observé que dans toutes les plantes où l'ovaire est séparé du calice, où ce dernier ne fait pas corps avec l'ovaire, la corolle est toujours polypétale lorsqu'elle est attachée au calice; alors le calice est toujours d'une seule pièce.

La fleur polypétale régulière est celle dont les pétales sont disposés en croix, en rose, en un mot, dans une feuille symétrique. Les fleurs des pois, des lentilles, sont par cette raison des polypétales irrégulières. (R.)

POLYPODE, *Polypodium*. Genre de plantes de la cryptogamie et de la famille des fougères, qui renferme plus de cent cinquante espèces, dont plusieurs appartiennent à l'Europe et sont assez intéressantes sous les rapports économiques ou médicinaux pour que je doive en mentionner quelques unes.

Le POLYPODE VULGAIRE a les racines rampantes, noueuses, vivaces, de la grosseur d'une plume à écrire, couvertes d'écailles et garnies de fibrilles; les feuilles très profondément divisées, ou presque pinnées et à folioles oblongues, obtuses, légèrement dentées, portées sur de longs pétioles qui sortent des deux côtés de la racine. Il se trouve très fréquemment dans les lieux ombragés, sur les rochers, les vieux murs, au pied des arbres, etc., sur-tout dans le nord de l'Europe. On le connoît dans certains cantons sous le nom de *réglisse des bois*, parceque sa racine a un goût sucré et se mange comme la véritable réglisse. Dans d'autres on l'appelle le *polypode de chêne* par suite des idées superstitieuses des druides à l'égard du chêne, idées qui attribuoient de grandes vertus aux racines des pieds qui croissoient sur celles de cet arbre. Par-tout ses racines passent pour apéritives, pectorales, laxatives et vermifuges On en fait fréquemment usage dans les pays de montagne.

Les murs de clôture sur lesquels croît ce polypode vulgaire se conservent mieux que les autres, parceque ses racines s'entrelacent et empêchent la terre qui les recouvre d'être entraînée par les pluies. Il en est de même de la crête du toit des chaumières. On doit donc toujours les en garnir lorsque cela est rendu possible par la position ombragée de ces murs ou de ces chaumières. On doit aussi ne pas négliger de le placer sur les ruines, les rochers et autres fabriques des jardins paysagers, car il forme par l'élégance de ses feuilles, au moins d'un demi-pied de haut et toujours vertes, une décoration très agréable.

Le POLYPODE FOUGÈRE MALE a les racines vivaces, épaisses, fibreuses, écailleuses; les feuilles de deux à trois pieds de haut sur un pétiole écailleux et deux fois pinnées par des folioles obtuses et crénelées. Il croît très abondamment dans toute l'Europe septentrionale, dans les bois, sur les montagnes exposées au nord, au pied des rochers ombragés, où il forme de grosses touffes et couvre quelquefois des espaces considérables. C'est la plus commune et la plus célèbre des fougères d'Europe après la PTÉRIDE. *Voyez* ce mot et celui de FOUGÈRE. Sa racine est amère, apéritive et éminemment vermifuge. Elle forme la base du remède de Mad. Nouffre contre le *tenia* ou *ver solitaire*. *Voyez* au mot TENIA. Ses feuilles vertes ne sont point mangées par les bestiaux, mais stratifiées avec de la paille, à laquelle elles communiquent leur odeur; elles sont alors de leur goût. On en tire un grand parti dans quelques cantons pour faire de la potasse, en les brûlant, à la fin de l'été, dans des fosses creusées exprès. Souvent, lorsque l'opération est bien conduite, leurs cendres donnent près de la moitié de leur poids de ce sel. Il est à regretter qu'on en laisse perdre de si grandes quantités dans d'autres endroits, car la potasse devient chaque jour plus rare et plus chère, tant par suite de la destruction du bois que de l'augmentation des fabriques qui en font usage, et on est obligé d'en tirer, chaque année, pour bien des millions de l'étranger. Les propriétaires des grandes forêts devroient organiser des coupes régulières de cette plante, tant pour leur propre intérêt que pour celui de la société en général. On peut aussi en tirer un parti très utile pour chauffer le four, cuire le plâtre, la chaux, faire de la litière, couvrir les plantes délicates pendant l'hiver, etc., etc. Elle peut entrer comme ornement dans les jardins paysagers, où elle trouve place derrière les rochers et autres fabriques, au milieu des massifs et autres lieux ombragés. Ses tiges s'élèvent et se déroulent en spirale, ce qui leur donne dans sa jeunesse un aspect très élégant.

Les cochons aiment beaucoup les racines de cette plante,

que l'homme même mange, dit-on, quelquefois dans le nord de l'Europe.

Les autres espèces de polypodes d'Europe se rapprochent de celui-ci, mais sont plus petits, tels que le POLYPODE FOUGÈRE FEMELLE, LONCHITE, PHÉGOPTÈRE, THELEPTÈRE, AIGUILLONNÉ, FRAGILE et ODORANT. On peut tirer le même usage de leurs feuilles pour faire de la potasse et de la litière. Le dernier est employé par les Russes en guise de houblon, pour donner un goût agréable à leur bière. (B.)

POLYTRIC. Espèce de fougère. *Voyez* DORADILLE.

POMME. *Voyez* l'article POMMIER.

POMME D'AMOUR. Espèce de MORELLE. *Voyez* au mot TOMATE.

POMME DE CANNELLE. C'est le fruit du COROSSOLIER.

POMME EPINEUSE. Nom vulgaire du fruit de la STRAMOINE.

POMME DE MERVEILLE. Les jardiniers appellent ainsi la MOMORDIQUE LISSE.

POMME DE PIN. C'est le fruit du PIN CULTIVÉ. *Voyez* au mot PIN.

POMMERAIE. Lieu planté en pommier.

Ce mot ne s'emploie que dans les pays à cidre, celui de verger étant, dans les autres, commun aux lieux plantés en arbres fruitiers en plein vent, qu'ils le soient d'une ou de plusieurs espèces.

POMMELIERE. MÉDECINE VÉTÉRINAIRE. Maladie qui affecte les vaches laitières et qui, a différentes époques et surtout dans ces dernières années, s'est montrée plus commune qu'à l'ordinaire. J'ai été chargé en 1789, en 1991 et 1794, de faire à l'administration des rapports sur sa cause et ses effets, ainsi que sur les moyens d'en diminuer les ravages ou même de la faire complètement disparoître. C'est un court extrait du mémoire que j'ai rédigé et fait imprimer pour remplir les vues de l'administration que je vais mettre sous les yeux du lecteur.

Cette maladie n'est ni épizootique ni contagieuse. C'est une inflammation lente, chronique, souvent répétée, quelquefois gangréneuse des poumons, qui dégénère en véritable phthisie pulmonaire lorsque les bêtes ont la force de résister aux premières attaques du mal : elle n'a point le caractère aigu et inflammatoire de la péripneumonie épizootique et contagieuse qui affecte les bêtes à corne de plusieurs départemens, et qui a été décrite par M. Chabert dans ses Instructions et Observations sur les maladies des animaux domestiques.

Cette maladie affecte les vaches laitières de tous les pays, sur-tout lorsqu'elles sont nourries à l'étable.

Plusieurs anciennes coutumes l'ont placée au nombre des maladies rédhibitoires ou qui entraînent la nullité des ventes.

L'activité qu'on exige aux environs de Paris des vaches laitières, pour les faire aller, le plus rapidement possible, de marché en marché, concourt d'abord à développer les germes de cette maladie.

Le régime des vaches des nourrisseurs de Paris, vaches qui ne sortent point des étables étroites et infectes dans lesquelles elles sont renfermées à leur arrivée dans cette ville, est très propre à développer cette maladie; c'est pourquoi elle se fait plus remarquer parmi elles, mais elle est connue dans tous les départemens.

Elle est souvent héréditaire comme la phthisie dans l'homme, ainsi que j'en ai acquis positivement la preuve.

Les symptômes de la maladie ne sont pas très multipliés; la toux est générale et univoque. Elle n'est pas sèche et sonore comme la toux ordinaire, elle est au contraire rauque, ou plutôt c'est une expulsion longue de l'air contenu dans le poumon et gêné dans ses passages par plusieurs obstacles successifs; elle est particulière à cette maladie, et il faut l'avoir entendue pour s'en former une juste idée.

Ce symptôme est long-temps, et même quelquefois pendant plusieurs années, le seul qui annonce l'existence de la maladie, et les obstructions du poumon qui y donnent lieu; toutes les autres fonctions paroissent se faire comme dans l'état naturel, les bêtes acquièrent même de l'embonpoint; mais si une cause quelconque, comme le renouvellement des saisons, les grandes chaleurs, les grands froids, l'humidité abondante, ou des fourrages nouveaux, augmente l'embarras des poumons et y excite de l'irritation ou de l'inflammation, alors le dégoût, la tristesse, le froid alternatif des cornes et des oreilles, la diminution et la suppression du lait, l'accélération du pouls, le battement des flancs, le frisson, la sensibilité de la poitrine à sa partie antérieure et derrière les coudes, la cessation de la rumination, annoncent une inflammation de poitrine qui n'a point le caractère aigu de la péripneumonie ordinaire.

Si la vache est assez foible pour supporter cette crise (on sait que les tempéramens foibles résistent mieux aux maladies aiguës), les symptômes diminuent peu à peu et disparoissent; la toux seule subsiste toujours et l'animal paroît se rétablir; mais les attaques qui se répètent à des distances plus ou moins éloignées ne se terminent jamais qu'au détriment d'une portion du viscère malade, et c'est lorsque l'abcès est formé, ou l'obstructions parfaite, que les accidens diminuent.

J'ai observé, dans mon instruction sur la manière de conduire et gouverner les vaches laitières, qu'alors ces vaches devenoient souvent en chaleur, qu'elles ne retenoient point, et que ce symptôme étoit un des signes certains du mauvais état de la poitrine.

Lorsque les vaches sont très vigoureuses, ou lorsque le poumon a déjà été affoibli par des attaques antérieures, la maladie fait des progrès plus rapides, et aux symptômes précédens se joignent bientôt la lenteur du pouls, des battemens violens du cœur, un mâchonnement, ou plutôt un grincement répété des dents; l'évacuation par la bouche d'une bave épaisse, visqueuse et plus ou moins fétide; l'écoulement, par les naseaux, d'une humeur limpide, quelquefois ichoreuse, d'autres fois sanguinolente, ou de couleur de chair lavée, laquelle, comme l'air expiré, répand une odeur cadavéreuse; enfin un amaigrissement très prompt. Ces symptômes annoncent une mort prochaine qu'on ne prévient qu'en livrant la bête au boucher.

Quoique cette maladie règne pendant toutes les saisons, c'est après les chaleurs de l'été et les froids humides de l'hiver qu'elle se développe avec le plus d'intensité; alors elle dévaste, en peu de temps, des étables entières.

Le grand nombre de bêtes qui sont attaquées à la fois chez les nourrisseurs des faubourgs de Paris a fait croire que la pommelière étoit contagieuse; mais tout porte à croire qu'elle ne l'est pas, et que si elle se développe plus fréquemment dans les étables de ces nourrisseurs, c'est qu'elles sont malsaines, comme je l'ai déjà observé, et que le régime contre nature auquel on y astreint ces bêtes est propre à la faire naître.

Le traitement curatif de cette maladie a toujours été infructueux. Si quelques vaches ont paru guéries, elles sont retombées peu après. On a néanmoins employé une foule de remèdes, qui le plus souvent n'ont fait qu'accélérer la marche de la maladie. Je me dispenserai, en conséquence, d'en indiquer la série. Ce sont, à mon avis, des moyens préservatifs dont les propriétaires doivent espérer le plus de succès.

Plusieurs personnes assurent s'être louées d'avoir frotté les auges, les murs, les longes et même les dents des animaux avec de l'ail; d'avoir fait un fréquent usage du sel de cuisine; d'avoir tenu les vaches dans des étables très propres et très aérées. Je ne répèterai pas ici tout ce que j'ai dit sur cet objet dans mon instruction sur les vaches laitières, parcequ'il se trouvera mieux placé à l'article VACHE. *Voyez* ce mot.

Le lait des vaches attaquées de la pommelière est moins consistant, moins crémeux, moins savoureux que celui des vaches saines. De plus il tourne constamment sur le feu. On ne le mange pas moins sans inconvéniens pour la santé.

La viande de ces vaches, qui presque toujours est vendue

sous le nom de basse-viande, ne doit pas être aussi bonne que celle des autres ; mais l'usage qu'on en fait si généralement parmi le peuple de Paris prouve qu'elle n'est point nuisible à la santé. L'ouverture des cadavres a constamment fait voir qu'il n'y avoit que les poumons d'affectés. (H.)

POMMES DE TERRE. Cultivées dans le potager ou en grand, dans les champs à peu de distance de la ferme, elles sont extrêmement précieuses sous tous les rapports ; elles nettoient pour plusieurs années les terres infectées de mauvaises herbes, détruisent le chiendent, si abondant dans les vieilles luzernières, favorisent le succès des grains qui leur succèdent, et deviennent un puissant moyen de tirer parti des fonds les plus ingrats. Leur culture ne contrarie en rien les travaux ordinaires de la campagne : elles se plantent après toutes les semailles, et leur récolte termine toutes les moissons. En un mot, il n'y a pas d'expositions et de climats qui ne leur conviennent.

Qui pourroit donc maintenant résister aux avantages qu'offre cette production, sous le prétexte que le fond de son domaine est d'une trop mauvaise qualité ? Après les expériences les plus concluantes, entreprises dans toutes les espèces de sol, sur les montagnes sablonneuses comme dans celles de nature calcaire, dans les vallées comme sur les coteaux, sa réussite soutenue n'est-elle pas une preuve sans réplique qu'il n'y en a point, quelque aride qu'on le suppose, qui, moyennant un peu de travail et d'engrais, n'en puisse rapporter : point de plantes plus propres à vivifier les terrains et à procurer à des familles entières la subsistance, lorsque souvent elles n'ont d'autres ressources pour vivre que le lait d'une chèvre ou d'une vache, et un peu de mauvais pain (1).

L'académie d'Amiens, pénétrée de toutes ces vérités consolantes, vient de donner un grand exemple d'esprit public en encourageant, par des récompenses honorables, la culture des pommes de terre. Citons un paragraphe de son programme : « Faire produire par les « terres et jachères, sans nuire à la récolte suivante, une moisson « cinq fois plus abondante que celle du blé qu'on en obtient tous les « trois ans, c'est faire un présent à la science agricole, c'est plus « que quintupler la propriété du cultivateur ; c'est ouvrir au com- « merce des trésors nouveaux, c'est fournir au gouvernement des « relations précieuses, c'est servir la population et l'humanité. La « culture de la pomme de terre procure tous ces avantages. »

Ah ! s'il étoit possible de persuader aux Français les plus intéres-

(1) Le plus grand cultivateur de pommes de terre, dans les environs de Paris, déclare qu'il a constamment fait une abondante récolte de seigle, immédiatement après ces racines, dans les mauvaises terres, et de blé dans les bonnes.

sés à adopter la culture de ces racines, qu'elles peuvent servir à la fois dans la boulangerie, dans la cuisine et dans les basses-cours, sans doute on les verroit bientôt bêcher le coin d'un jardin ou d'un verger, qui produit à peine un boisseau de pois ou de haricots, pour y planter des pommes de terre et en obtenir de quoi vivre pendant la saison la plus morte de l'année ; on verroit les vignerons, dont le sort est presque toujours digne de compassion, en mettre sur les ados de leurs vignes, et se ménager ainsi un aliment qui supplée à tous les autres.

On commence heureusement à apprécier l'utilité de cette plante, et l'inflexible routine n'ose plus s'en montrer le détracteur. Dans son rapport sur le concours ouvert par la société d'agriculture du département de la Seine, pour faire connoître les améliorations de l'économie rurale en France, M. le sénateur comte François de Neufchâteau a présenté à la séance publique de 1809, avec l'éloquence qui lui appartient, les progrès rapides de la culture des pommes de terre dans sept départemens dont les latitudes sont toutes différentes. Leurs habitans en couvrent le douzième de leurs terres, et ne peuvent plus s'en passer ; ils en mangent le matin, le soir, dans la soupe, avec du lait, la substituant au pain, et en nourrissant les bestiaux.

Variétés. On les fait monter à plus de soixante ; mais c'est sans doute pour avoir admis au nombre des espèces les nuances légères qui se trouvent dans chacune des variétés ; en les restreignant à douze, je ne prétends pas les décrire toutes, mais bien celles qui se sont soutenues dans les expériences auxquelles je les ai soumises pendant au moins vingt années.

La voie des semis et un concours d'autres circonstances suffisent pour en constituer de nouvelles, ou pour perfectionner celles qui existent déjà. Le moyen de les reconnoître ne seroit pas de continuer à les désigner selon les cantons européens d'où elles ont été tirées à l'époque de leur maturité, puisque toutes viennent originairement de l'Amérique, et que le moment de la récolte est différent. Il paroît bien plus naturel de les indiquer d'après le port de la plante, la forme et le volume et la couleur des tubercules.

Grosse blanche tachée de rouge. Feuilles d'un vert foncé, plus lisses et plus rudes en dessous ; tiges fortes et rampantes ; fleurs rouges, panachées de gris de lin ; tubercules oblongs, conglomérés, marqués par des points rouges intérieurement. La plus vigoureuse. Réussit dans tous les terrains.

Blanche longue. Feuillage foncé ; fleur petite, échancrée, parfaitement blanche ; tubercules conglomérés exempts de points rouges intérieurement ; bonne qualité ; terre légère.

Jaunâtre, ronde, aplatie. Feuille crépue, profondément découpée, d'un vert olivâtre ; fleur panachée, souvent doubles tubercules qui s'écartent du pied de la plante et filent au loin ; terre légère ; se délaie dans l'eau pendant la cuisson ; excellente qualité.

Rouge oblongue. Ressemble pour le port à la longue blanche ; feuilles plus longues, plus droites ; tubercules d'un rouge foncé intérieurement blancs ; très productive ; chair ferme ; goût excellent ; terre forte.

Rouge longue. Feuilles d'un vert foncé, drapées en dessous ; tige roussâtre, velue sur sa longueur ; tubercules raboteux à leur surface garnis d'un grand nombre de cavités, ou yeux à bourgeons, marqués intérieurement d'un cercle rouge ; chair ferme, délicate, forme d'un rognon ; tardive ; abondante ; sol gras.

Longue rouge dite *souris.* Feuilles verdâtres ; tige grêle, ronde, presque droite et rougeâtre ; tubercules pointus à une extrémité, et obtus de l'autre, un peu aplatis, ayant peu d'œilletons ; chair absolument blanche ; précoce ; d'une bonne qualité ; terrain gras. On l'appelle encore *corne de vache.*

Pelure d'oignon. Feuilles petites et crépues ; tiges grêles et rouges par intervalle ; fleurs panachées d'abord, ensuite gris de lin ; tubercules oblongs, aplatis, quelquefois pointus à une de leurs extrémités, ayant peu d'yeux ; hâtive ; bonne qualité ; terrains légers. On la nomme en quelques endroits *langue de bœuf.*

Petite jaune aplatie. Semblable pour le port à la pelure d'oignon ; tubercules forme d'haricots ; bonne à manger ; s'enfonce beaucoup en terre. On lui donne quelquefois le nom d'*espagnole.*

Rouge longue marbrée. Semblable à la grosse blanche, féconde et vigoureuse ; tubercules d'un rouge éclatant intérieurement ; ne vaut pas pour la qualité les rouges oblongues et rondes déjà décrites.

Rouge ronde. Variété de la rouge oblongue, plus précoce ; terrains sablonneux.

Violette. Tige grêle et folioles vert foncé, très rapprochées les unes des autres, courtes et presque rondes ; fleurs violettes, foncées en dedans et moins en dehors ; tubercules ronds et oblongs quand ils ont du volume, marqués de taches violettes et jaunâtres ; chair blanche, bonne qualité ; terrains gras. On la nomme *violette hollandaise.*

Petite blanche. Tiges et feuilles grêles, vert clair, mais plus multipliées et plus verticales ; fleurs petites et d'un beau bleu céleste ; tubercules constamment petits, irrégulièrement ronds, et mince rapport ; connue sous les noms de *petite chinoise,* ou *sucrée d'Hanovre.*

Culture. Elle n'est fondée que sur un seul principe, quelle que soit la nature du sol, l'espèce ou la variété de pommes de terre ; il consiste à rendre la terre aussi meuble qu'il est possible avant la plantation et pendant toute la durée de l'accroissement. Les diverses méthodes de culture pratiquées doivent être réduites à deux principales ; l'une consiste à les planter à bras, l'autre à la charrue. La première produit davantage, mais elle est plus coûteuse ; la seconde cependant doit toujours être préférée lorsqu'il est question d'en couvrir une certaine étendue pour la nourriture et l'engrais du bétail.

Le sol le plus convenable doit être formé de sable et de terre végétale dans les proportions telles, que le mélange humecté ne forme jamais ni liant ni boue : celui qui convient au seigle plutôt qu'au froment mérite la préférence ; il cède plus aisément à l'écartement que les tubercules exigent pour grossir et se multiplier. Telle est la condition sans laquelle le succès de la plante est fort équivoque.

Deux labours suffisent assez ordinairement pour disposer toutes sortes de terrains à la culture des pommes de terre : le premier très profond, avant l'hiver ; le second, avant la plantation. Il est bon que le sol ait sept à huit pouces de profondeur, que la racine soit plantée à un pied et demi de distance, et recouverte de quatre à cinq pouces de terre. Il faut planter plus clair dans les fonds riches que dans les terres maigres, et dans celles-ci plus profondément. Les espèces blanches demandent à être plus espacées que les rouges, qui poussent moins au dehors et au dedans. Toutes les espèces de pommes de terre sont tendres, sèches et farineuses dans les lieux un peu élevés, dont le sol est un sable gras ; pâteuses, humides, dans un fond bas et glaiseux. Il faut mettre les blanches dans des terres à seigle, et les rouges dans les terres à froment ; la grosse blanche dans tous les sols, excepté dans ceux trop compactes, où cette culture est difficile et les produits de médiocre qualité. On leur restitue, il est vrai, leur premier caractère de bonté en les plantant l'année d'ensuite dans le terrain qui leur est le plus favorable.

Plantation. Une seule pomme de terre suffit, quel qu'en soit le volume, et quand elle a une certaine grosseur, il faut la diviser en biseaux et non pas en tranches circulaires, et laisser à chaque morceaux deux à trois œilletons au moins, avec la précaution d'exposer un ou deux jours à l'air les morceaux découpés, afin qu'ils sèchent du côté de la tranche, et ne pourrissent point en terre par l'action des pluies abondantes qui surviennent immédiatement après la plantation. En un mot, il vaut mieux une petite pomme de terre qui a bien mûri, que le plus gros quartier.

L'expérience a encore prouvé que les petites pommes de terre entières, parvenues à leur point de maturité, valent mieux pour la plantation que le plus gros quartier de la plus grosse de ces racines. Il seroit donc important, dans le moment où on n'a pas le moyen de prendre une mesure de pommes de terre, de mettre d'avance en réserve toutes les petites pour la reproduction : la ménagère, qui en fait ordinairement le triage après la cuisson, les jette au rebut à cause des soins minutieux qu'elles demandent pour les éplucher. Les fermiers remédieroient à cet inconvénient en changeant leurs grosses pommes de terre contre les petites, en les achetant au même prix, ou bien encore en les prêtant à ceux de leurs voisins les moins aisés. Cet acte de bienfaisance ne coûteroit absolument rien, et augmenteroit les ressources alimentaires du canton.

Il est nécessaire de proportionner à la nature du sol la quantité de pommes de terre à planter; plus il est riche par lui-même et ensuite par les engrais qu'on emploie, moins il en faudra pour chaque arpent; depuis quatre setiers jusqu'à cinq, mesure de Paris, selon leur grosseur et leur espèce.

Façons. Dès que la pomme de terre a acquis trois à quatre pouces, il faut la sarcler à la main; et quand elle est sur le point de fleurir on la butte avec la houe, ou en faisant entrer dans les raies vides une petite charrue qui renverse la terre de droite et de gauche et réchausse le pied : souvent une première façon dispense de la seconde quand le terrain trop aride ne favorise pas la végétation des herbes étrangères et que l'année est sèche et brûlante; il faut dans ce cas borner les travaux de culture à une simple surcharge. En buttant la plante on expose les tubercules, à mesure qu'ils se forment dans la terre amoncelée au pied, à recevoir les impressions immédiates de la chaleur et à s'y dessécher comme dans une étuve.

Récolte. C'est assez ordinairement dans le courant de novembre qu'il faut s'occuper de la récolte des pommes de terre. Une simple charrue suffit pour en déchausser par jour un arpent et demi, et six enfans bien d'accord peuvent aisément la desservir, munis chacun d'un panier; ils portent à un tas commun les racines dépouillées des filamens chevelus.

La récolte à bras est bien moins compliquée; on peut bien dans les terres légères, en saisissant les tiges et tirant à soi, enlever les racines en paquets; mais dans les terres fortes, il faut se servir non pas d'une bêche ou d'une houe, mais d'une fourche à deux ou trois dents; on fait le triage des petites d'avec les grosses, on met de côté celles qui sont entamées pour les consommer des premières.

Semis. De tous les moyens proposés pour multiplier les bonnes qualités de pommes de terre et empêcher qu'elles ne s'abâtardissent, il n'y en a point de plus efficaces que les semis; il faut de temps en temps renouveler et perfectionner par cette voie l'espèce qu'on a dessein de rajeunir et de propager, en cueillant, la veille de la récolte des racines, les fruits ou baies de l'espèce qu'on a dessein de propager, en les conservant pendant l'hiver dans du sable, ou suspendus à des cordes, en les mêlant au printemps avec de la terre, et les répandant sur des couches ou sur un bon terreau.

Une fois la plante levée de semis, on la sarcle quelquefois, on la butte comme celle qui vient par la voie ordinaire; replantée dès la seconde année, elle donne déjà d'assez grosses pommes de terre pour offrir une ressource, mais la production n'est véritablement en plein rapport que la troisième. La voie des semis, quoique plus longue que celle de la bouture, a procuré en différens endroits, dès la première année, des pommes de terre qui pesoient jusqu'à vingt-quatre onces.

M. Sageret, cultivateur distingué, que j'aime à citer parceque ses expériences sont exactes et décèlent un excellent observateur, a obtenu par ce moyen plus de trois cents variétés, tant pour le feuillage que pour la fleur et le fruit ; il a observé qu'on n'avoit jamais l'espèce pareille à celle qu'on avoit employée ; que quelquefois c'étoit mieux et quelquefois pis ; que dès la seconde année les tubercules acquerroient leur volume ordinaire ; que les panachées finissoient par n'avoir plus qu'une seule couleur ; mais dans ce nombre il n'en a conservé que trois, auxquelles il a reconnu le plus d'avantage pour son terrain et sa position.

Conservation des pommes de terre. Il ne suffit pas de se procurer beaucoup de pommes de terre, il faut savoir les conserver pendant l'hiver ; et leur durée dépend autant de la perfection de leur maturité que de l'influence du local où on les serre. Dès que les pommes de terre sont chaussées, il faut, si l'on n'a rien à redouter des gelées blanches, les laisser se ressuer sur le terrain où on les a récoltées, ou bien sur l'aire d'une grange à mesure qu'on les serre ; cette opération préliminaire, quand on n'a pas de gelées blanches à craindre, achève de dissiper l'humidité superficielle, détruit l'adhérence d'un peu de terre qui leur feroit contracter un mauvais goût, et rend leur garde plus facile.

Il est bien certain que quand la provision ne consiste que dans quelques setiers la garde n'en soit très facile, parcequ'on peut la déplacer, la transporter sur-le-champ de la cave au grenier, du hangar au cellier, dans des caisses, des paniers ou des tonneaux éloignés des murs ; mais quel que soit le lieu où l'on serre les pommes de terre, il convient de n'y point laisser pénétrer la chaleur, le froid, la lumière et les animaux ; de diviser la provision, autant qu'il sera possible, soit par des planches, des nattes, de la paille ou des feuilles sèches ; mais pour les grandes quantités il faut d'autres procédés : les trois suivans sont ceux en faveur desquels l'expérience a prononcé.

Par le premier de ces procédés, on place les pommes de terre à l'air, sur un terrain sec, à l'abri des bestiaux ; on en fait des tas séparés en forme de pain de sucre de trois pieds de hauteur ; on les recouvre de trois à quatre pouces de paille, et on jette sur cette paille cinq à six pouces de terre, qu'on bat avec le dos de la bêche, pour que les eaux de pluie puissent glisser dessus sans s'infiltrer dans le tas : on trouvera la terre nécessaire pour faire cette couverture, en pratiquant autour de chaque tas un petit fossé pour écouler les eaux : enfin, lorsque les grands froids surviendront, on les couvrira avec du fumier ou de la litière pour les préserver de la gelée ; quand on voudra consommer les pommes de terre, on en transportera à la maison un tas tout entier, parce-qu'il seroit difficile de le recouvrir assez bien pour le remettre à l'abri des injures du temps.

Au lieu de faire les tas ainsi qu'il vient d'être dit, on peut les faire en long dans la direction du midi, s'il se peut, toujours de trois ou quatre pieds de hauteur et en dos d'âne; on les recouvre de la même manière : par cette méthode on en place davantage dans un plus petit espace, en ouvrant les tas par le bout du côté du midi, on aura soin de les refermer exactement avec de la paille ou des paillassons.

Le second procédé consiste à creuser dans le terrain le plus élevé, le plus sec et le plus voisin de la maison, une fosse d'une profondeur et largeur proportionnées aux pommes de terre qu'on a dessein de conserver ; on garnit le fond et les parois avec de la paille longue : les racines une fois déposées sont recouvertes ensuite d'un autre lit de paille ; on pratique au-dessus une meule en forme de cône ou de talus, et on a soin que la fosse soit aussi profonde du côté d'où on tire les pommes de terre pour la consommation, en observant de bien clore l'entrée chaque fois qu'on en ôte.

Une troisième méthode, qui supplée aux fosses et qui conserve les pommes de terre sans aucun inconvénient, c'est de faire dans l'intérieur d'une grange ou de tel autre endroit dont on pourra disposer, avec des claies qui servent ordinairement au parc des moutons, ou avec des planches, un espace plus ou moins grand, selon la récolte que l'on a à espérer, en réservant un passage pour les y transporter et pour les enlever à mesure de la consommation ; on sent aisément que cet espace doit être entouré, tous les ans, par les pailles et les fourrages.

Au printemps, lorsque le danger des gelées est passé, il faut s'occuper de mettre ce qui reste à l'abri de la germination, après avoir mis de côté celles destinées à la plantation. Un moyen assez efficace pour les conserver jusqu'à ce qu'on en récolte de nouvelles hâtives, c'est de les transporter dans un grenier bien aéré, de les étendre sur le plancher les unes à côté des autres, et de les visiter quelquefois pour enlever les germes qui poussent pendant les premiers jours du printemps. Les mêmes procédés de conservation peuvent être employés avec un égal succès aux autres racines potagères, telles que la carotte, le navet, la betterave champêtre, le topinambour, le panais, le chou-rave et le chou-navet.

Pour prolonger la durée des pommes de terre au-delà du terme ordinaire, et se prémunir contre une année de disette, on peut les conserver long-temps pourvues de toute leur qualité en les séchant au four ou à l'étuve, mais sur-tout après les avoir cuites à moitié divisées et passées à travers un grillage, car sans cette opération préalable la farine qui en proviendroit seroit défectueuse. Ainsi séchées, les pommes de terre acquièrent la transparence et la fermeté d'une corne, se cassent net, et présentent dans leur cassure un état vitreux, se réduisent difficilement sous l'effort du pilon, donnent une poudre blanchâtre et sèche semblable à la gomme arabique qui se dissout dans la bouche et communique à l'eau une consistance muqueuse.

La nécessité de faire précéder la cuisson à la dessiccation des pommes de terre, pour obtenir un bon résultat, est une des premières vérités que j'ai établies dans mon examen chimique de ces racines : elle a donné lieu en Allemagne à beaucoup de recherches utiles ; on a imaginé entre autres un instrument propre à les broyer, c'est un tube cylindrique de fer-blanc dont le fond est percé de petits trous comme une écumoire, et à travers lesquels on fait passer cette racine bouillie, après l'avoir pelée et mise à sécher dans une étuve ; il en résulte une espèce de vermicelle, dont l'illustre Malesherbes m'a rapporté un échantillon au retour de ses voyages en Suisse.

J'ai fait connoître à Paris le mérite de cet instrument, et il a été mis en usage avec beaucoup de succès par M. Granet, qui a vendu pendant un certain temps ce produit sous le nom de *riz de pommes de terre*. Madame Chauveau se propose de former incessamment, dans les environs de Saint-Denis, une fabrique qui aura cet objet en vue, comme aussi celui de la farine ou amidon de pommes de terre, dont j'ai décrit la préparation au mot Fécule. Elle a déjà donné dans son canton une grande impulsion à cette culture, qui n'aura d'avantage, dans les campagnes, qu'autant qu'elle sera faite à la charrue.

Usage des pommes de terre pour l'homme. De toutes les propriétés qui rendent les pommes de terre recommandables aux habitans des villes et des campagnes, la plus précieuse est celle de leur offrir un comestible tout fait; ils peuvent aller dans leur champ déterrer ces racines à onze heures, et avoir à midi une nourriture comparable au pain.

Les cantons qui ont adopté cette culture attendent avec impatience la saison qui ramène ce légume dans nos marchés; et la privation d'un pareil bienfait seroit un véritable fléau pour eux. Il existe maintenant en Europe des pays entiers qui en font pendant l'hiver leur principale nourriture ; eh! pourquoi l'aliment de ces racines seroit-il plus grossier que celui des semences graminées ou légumineuses ? leurs parties constituantes n'ont-elles pas atteint le même degré d'atténuation que celles des autres organes de la fructification? il n'y a pas de farineux non fermentés dont on puisse manger en plus grande quantité et aussi souvent que des pommes de terre ; mais elles ne sont pas seulement l'aliment le plus simple, le plus commode et le plus salutaire pour l'homme, elles peuvent devenir le meilleur engrais pour le bétail.

Usage des pommes de terre pour les animaux. Tous s'accommodent indistinctement de ces racines ; elles peuvent remplacer tous les autres végétaux alimentaires, crues ou cuites, selon les ressources locales, en observant toujours la précaution de les diviser dans le premier cas et d'attendre dans le second qu'elles soient un peu refroidies ; de régler la quantité qu'on en donne sur la force, l'âge et la constitution du sujet ; d'y ajouter du fourrage ou des grains, car l'usage d'une seule et même espèce d'aliment n'aiguillonne pas l'appétit ; les mélanges plaisent à tous les êtres, ils redoutent la fatigante uniformité.

Un boisseau pesant quinze à dix-huit livres environ, par jour, indépendamment du foin que l'on jette toujours dans le râtelier, nourrit très bien les bœufs destinés à la boucherie ; il en faut un peu moins pour les vaches qui alors donnent du lait en abondance ; cette nourriture soutient également les chevaux à la charrue, dès qu'ils en contractent l'habitude, ils frappent du pied aussitôt qu'ils voient arriver le panier qui contient les pommes de terre ; elle est propre aussi aux moutons à l'engrais, aux boucs et aux chèvres qui profitent beaucoup, aux cochons et aux oiseaux de basse-cour ; il n'y a pas jusqu'au poisson qui ne trouve un aliment dans la pomme de terre ; il suffit de la lui jeter en boulette dans les étangs et les viviers.

Quel bénéfice le fermier retireroit des pommes de terre, s'il pouvoit se déterminer à consacrer annuellement à leur culture deux pièces de terre les plus voisines de la métairie d'une étendue proportionnée, l'une pour les besoins de la famille et l'autre pour le bétail ; on ne verroit plus tant de terrains inutiles ou stériles, parcequ'ils ne sont pas suffisamment fumés et travaillés.

Si on fait maintenant aux racines potagères que nous avons nommées l'application de ce qui vient d'être observé sur les avantages des pommes de terre cultivées en grand, administrées à la nourriture, à l'engrais du gros et menu bétail, on sera convaincu que si ces plantes succédoient aux grains dans l'année de jachère, elles deviendroient, comme tant de faits l'attestent, associées en certaines proportions au fourrage ordinaire, une ressource alimentaire précieuse et salutaire pendant l'hiver.

On se rappellera que l'extrême sécheresse de 1785, qui n'épargna aucun de nos départemens, fut beaucoup moins fâcheuse pour les cantons qui sont dans l'heureuse habitude de cultiver en grand les racines potagères ; la grêle désastreuse du 13 juillet, qui a changé le tableau de la plus riche moisson en un spectacle de la plus affreuse calamité, n'auroit pas enlevé toutes les ressources aux cantons qui l'ont essuyée, s'ils eussent couvert quelques arpens de ces plantes. Nous n'avons sauvé , m'ont écrit à cette époque critique plusieurs petits cultivateurs désolés , que le produit des pommes de terre que vous nous aviez donné à planter.

Les propriétaires éclairés, qui font consister aujourd'hui une partie de leur revenu et du succès de leur exploitation dans les troupeaux, ont essayé depuis peu de leur donner des racines pendant l'hiver ; les avantages qu'ils en ont déjà obtenus les ont déterminés à en adopter l'usage pour tous les bestiaux qu'on nourrit à l'étable pendant les derniers mois consacrés à l'engrais.

Si les racines sont moins nutritives que les grains , il est impossible de leur refuser d'être plus substantielles que les fruits ; elles ont joui de temps immémorial de a plus grande célébrité ; on ne sauroit même douter que l'usage n'en fût étendu aux bestiaux, puisque dans la distribution de la métairie les plus anciens agronomes indiquent les mangeoires pour la nourriture des bœufs pendant l'hiver, et les racines comme un des meilleurs produits de la ferme.

Il seroit superflu de faire remarquer ici que la substitution des racines aux grains ne doit rien changer au régime des animaux , et qu'il ne faut pas moins continuer de leur donner le fourrage dont on peut disposer ; mais il convient aussi d'ajouter qu'un arpent de racines représente cinq arpens en grains ; donc il est naturel de conclure que la même étendue de terrain seroit en état de nourrir un beaucoup plus grand nombre de bestiaux, parceque le produit des plantes potagères ne consiste pas seulement dans leurs racines , elles fournissent encore pendant le cours de leur végétation des feuilles qui sont mangées avec avidité par tous les bestiaux, elles contribuent à améliorer le sol en couvrant et ombrageant tout le terrain et elles préjudicient à la croissance des plantes parasites.

Il seroit à souhaiter que par-tout on pût arroser d'un peu d'eau salée les pommes de terre prêtes à être administrées aux bestiaux ; elles auroient plus de goût, deviendroient une nourriture moins délayante, une substance moins relâchante, sur-tout si on les associoit avec d'autres racines, non seulement à cause de la surabondance d'eau qui constitue les premières , mais encore parceque les mélanges plaisent à tous les êtres ; les turneps ou gros navets en rendront la nourriture plus consistante, et la betterave champêtre plus savoureuse.

On a remarqué que les animaux qui commencent l'usage des pommes de terre fientent plus liquide qu'à l'ordinaire. Cet inconvénient, qui cesse bientôt d'en être un , se manifeste également lors de la transition du fourrage sec au fourrage vert. Une observation importante faite par tous les cultivateurs qui ont nourri leurs bestiaux avec les racines , c'est que ceux de ces animaux qui font des crottins naturellement secs et brûlans rendent des excrémens visqueux et glutineux, semblables en quelque façon à ceux des vaches; de manière que le sol léger, qui procureroit au bétail une excellente nourriture, recevroit en échange la nature d'engrais qui lui convient le mieux pour produire de bonnes qualités de légumes.

On pourroit commencer à jouir des racines dès la fin de septembre, sur-tout si le fourrage étoit rare, parceque, dans leur nombre, il y en a de tardives et de hâtives. Consommer d'abord celles qui sont sensibles au froid, telles que la pomme de terre, et finir par le navet de Suède et le topinambour, plantes qui bravent la gelée. Il est possible que les animaux, qui ne sont pas encore familiarisés avec les racines, montrent la première fois de la répugnance à les manger; mais on les habitue insensiblement à cette nourriture, en ne la leur administrant, dans le commencement, que bouillie dans de l'eau, et mélangée avec un peu de son, de foin, etc. Le grand point pour les animaux qu'on engraisse, c'est de leur donner peu à la fois, pour les exciter à manger plus qu'ils ne le feroient, si on leur en donnoit des quantités considérables.

Les racines s'administrent ordinairement quatre fois le jour aux bestiaux, le matin, à midi, à cinq heures et à neuf heures du soir; cette dernière ration doit être plus forte. Lorsqu'on approche du terme de rendre les bestiaux nourris et engraissés avec des racines, il faudroit, avant de les livrer aux bouchers, les soumettre une quinzaine à l'usage du foin ou de quelque autre farineux par intervalles, afin de rendre leur graisse plus ferme et leur chair plus succulente, et sur-tout quand les racines appartiennent à la famille des choux et des raves, qui ont un montant propre à communiquer un mauvais goût à la viande.

Mais, pour recueillir tous les avantages de ma proposition, il faudroit lever les principaux obstacles qui peuvent s'y opposer, trouver une méthode de cultiver en grand la plupart des racines potagères, une méthode, par exemple, aussi facile et économique que celle qu'on suit pour les pommes de terre et les navets; car, on doit l'avouer, cette culture deviendra longue et coûteuse dans les cantons où le sarclage et la récolte se font à la main; l'embarras augmentera même encore, si l'on n'a pas la précaution de les semer par rangées, pour permettre à la houe à cheval, à la petite charrue, de passer par les intervalles pour biner et récolter : d'ailleurs, il faut aussi que le cultivateur soit en état d'acheter assez de bestiaux pour leur faire consommer ces racines.

Tout en convenant des avantages de la culture en grand des racines potagères, et de leur application à la nourriture des animaux, M. Sageret a plusieurs fois tenté vainement cette culture dans les environs de Paris; ce qui l'a sur-tout effrayé, c'est le prix exorbitant de la main-d'œuvre. Dans le nombre des racines qu'il a essayées ; nous citerons la carotte et le navet ; la première est lente à lever ; et long-temps après sa naissance elle se trouve encore foible et étouffée par une multitude d'herbes parasites ; la seconde a un autre inconvénient, celui d'être la proie des insectes, au premier développement des feuilles : il faut, à cette époque, l'éclaircir, autrement elle ne fourniroit que des racines plus fibreuses que charnues ; mais dans l'état actuel de notre agriculture, la méthode employée pour les carottes ne paieroit pas les frais, quand bien même leur abondance forceroit de les consacrer aux bestiaux ; d'un autre côté, lorsque la sécheresse les fait manquer, ce qui n'arrive que trop souvent, attendu que le sol qui leur convient doit être plus sablonneux qu'argileux, et que le produit est alors si mince que le prix, à quelque taux qu'on le suppose, compense à peine les frais énormes qu'elles ont coûté.

Supposons maintenant la plupart des difficultés vaincues, il en reste encore une assez grande pour se flatter que la méthode de cultiver en grand les racines potagères s'accréditera bientôt partout ; et, en effet, tant que les héritages ne seront point environnés de haies, que nous n'aurons aucune sorte de clôtures, et qu'un fermier ne pourra pas dire, ce champ est à moi, je puis seul y conduire mon troupeau, ce sera en vain qu'on cherchera à éclairer les habitans des campagnes sur les avantages incontestables de la culture dont il s'agit.

Parmi les racines potagères, il n'y en a point qui soit susceptible d'offrir autant de ressources et de profit que la pomme de terre ; elle conserve dans leur embonpoint les bestiaux qui s'en nourrissent une partie de l'année et rend leur fumier plus propre à l'amendement des terres. Avec cette denrée, les fermiers trouveront dans leurs fonds les plus médiocres l'avantage de faire des élèves pendant l'été, et l'hiver, d'entretenir des troupeaux considérables. Le petit cultivateur à son tour fera rapporter à son foible héritage de quoi nourrir sa famille, sa vache, son cochon, sa volaille. Jamais cette culture ne pourra devenir préjudiciable à celle des grains, quand bien même l'une et l'autre seroient également abondantes. La pomme de terre, en un mot, est un aliment local qui diminuera la consommation des grains dans les campagnes, et fera disparoître ces fléaux des grandes populations, le monople, l'accaparement et la famine.

A ces considérations, joignons-en une dernière également intéressante pour la prospérité de notre agriculture et le soulagement de la classe la moins aisée du peuple. S'il est essentiel de diminuer la consommation du pain par l'adoption des soupes aux légumes, il ne l'est pas moins d'augmenter celle des pommes de terre, puisqu'il paroît constant qu'un arpent couvert de ces racines nourrit deux fois plus d'hommes que la même étendue de terrain semée en blé, sans compter que la récolte n'en est pas autant exposée à l'influence des saisons. Quelle plante, après les graines de première nécessité, a plus de droit à nos soins que celle qui prospère dans les deux continens, à laquelle la France doit l'inappréciable avantage d'avoir pu jouir d'une ressource dans cette effroyable disette que le règne de la terreur avoit pour ainsi dire organisée.

Machine propre à couper les pommes de terre et les autres racines potagères destinées à la nourriture des bestiaux. Il est nécessaire que les racines, pour produire tout leur effet alimentaire, soient déchirées par les dents des animaux domestiques; on a donc profité des recherches que les Allemands ont faites pour découper les racines promptement et à peu de frais.

De tous les instrumens imaginés pour remplir ces vues, aucun n'a d'abord eu plus de succès en France que celui de Cretté Palluel; depuis, Gilbert, à la fin de son savant traité des prairies artificielles, et M. Bourgeois, économe de l'établissement impérial de Rambouillet, en ont fait construire un autre. Cette machine a été exécutée au Conservatoire des arts et métiers, à l'ancienne abbaye Saint-Martin. J'en ai fait construire une pour mon collègue Marans, ancien magistrat, et qui, dans ses domaines près Bordeaux, se livre tout entier à des expériences en grand, dont le résultat sera utile à l'agriculture et à son canton.

On ne peut refuser à cette machine de réunir à la simplicité la commodité, puisqu'un enfant peut la faire mouvoir et hacher en tranches assez minces et menues douze boisseaux de racines en cinq minutes : cette promptitude du service est très avantageuse dans les exploitations d'une certaine étendue. Cependant elle ne peut convenir, vu son prix, qu'à un fort métayer, ou à un grand propriétaire.

Description de la machine figurée pl. 2. Elle consiste essentiellement dans quatre lames d'acier, tranchantes par un de leurs bords, placées à la circonférence d'un cylindre, dont un des bouts est creux, et que l'on fixe par l'autre à l'extrémité d'un arbre en fer, comme un mandrin sur le nez de l'arbre d'un tour.

Le tranchant de chaque lame, ou couteau d'acier dont le cylindre est armé, est tourné du même côté; les surfaces du cylindre, qui séparent les lames, rentrent graduellement vers le centre, à partir du dos de chaque couteau; de manière que, près du tranchant, elles laissent un espace, entre elles et la lame, qu'on pourroit, en quelque sorte, comparer à la lumière d'un rabot, pénètre dans le creux du cylindre; d'où il résulte qu'en faisant tourner le cylindre dans le sens qu'il convient, les carottes ou autres racines que contient une trémie placée au-dessus, sont coupées par tranches qui entrent dans le creux du cylindre, d'où elles sortent ensuite, et tombent dans la mangeoire qui se trouve devant la machine. Nous observerons seulement qu'il est nécessaire de placer sur les bâtis une boîte à couvercle, dans laquelle ou renferme les lames à tranchans, lorsqu'on ne fait pas usage de la machine, afin de les préserver de la rouille, et prévenir tout accident.

L'usage des racines applicables à la nourriture des bestiaux ne pouvoit manquer d'être adopté par M. Yvart, l'un de nos premiers agriculteurs; il a perfectionné cette machine par deux changemens fort utiles; c'est même d'après le dessin qu'il en a donné que la gravure de la planche a été exécutée.

Le premier de ces changemens consiste dans la mobilité d'une des planches de la trémie, sur laquelle M. Yvart a fait adopter une vis d'approche; elle se trouve maintenue en position sur le bord des côtés de la trémie qui soutiennent l'axe du cylindre : cette vis est garnie d'une poignée, au moyen de laquelle on peut très aisément approcher ou éloigner cette planche. Il avoit remarqué que, malgré les précautions employées pour qu'il ne se trouvât pas de pierres parmi les topinambours, la ressemblance de quelques pierres avec les tubercules, pour la forme, la couleur et la grosseur, faisoit que les ouvriers en ramassoient plusieurs, qui, se trouvant engagées dans la trémie, forçoient souvent à la vider. Au moyen de la mobilité de cette planche et de la vis d'approche, il suffit d'opérer un écartement convenable pour laisser tomber les pierres, et de resserrer la vis : cette opération épargne beaucoup de temps et de peine; le second changement consiste dans l'addition à l'extrémité de l'axe du cylindre opposée à celle qui porte la manivelle, de deux barres de fer de longueur plus ou moins considérable, disposées en croix, et armées à chaque extrémité d'une masse de plomb aplatie; par-là le mouvement du cylindre est rendu beaucoup plus prompt et plus facile.

Fig. 1. Quatre montans de bois A A A A à tenon et mortaise, par bas sur deux patins M M. Les traverses B B B B; autres traverses C C C C, en forme d'X, retenant le rouleau du châssis, et soutenant le cylindre. D, trémie pour les racines à hâcher. E, la porte. F, cylindre creux garni de lames. G G G G, autres traverses servant à recevoir les coulisseaux. H H H H, les coulisseaux. I, boîte de cuivre, dans laquelle passe l'arbre tournant. K, manivelle faisant mouvoir le cylindre. L, plancher sur lequel tombent les racines hachées. M M, patis ou semelles de bois dans lesquels se trouvent emmanchés les montans. N, traverses qui servent de support à la trémie.

Fig. 2. Vis de pression, servant à rapprocher un des côtés de la trémie contre le cylindre. A, vis en fer. B B, traverse en fer, dans laquelle agit la vis. C, bout de la traverse, qui glisse dans l'épaisseur de la rainure du montant.

Fig. 3. Le moulin vu de côté. A, cylindre creux garni de lames de fer. B, arbre tournant et emmanché dans les deux tourtes. C, bascules par où sortent les racines. D D, planches de la trémie. E, pièce de bois placée sur les bâtis XX de la machine. F, endroit où se fait le travail des couteaux. G, planches placées sur des coulisseaux, attachées aux traverses et servant à recevoir les racines à mesure qu'elles tombent du cylindre.

Fig. 4. Partie du cintre du cylindre H, vu en grand. IIII, forme des lames de fer. KKKK, vides par où passent les racines à mesure qu'elles se trouvent coupées, et lieu par où elles entrent dans le cylindre.

Fig. 5. Palette de bois qui sert à faire tomber les racines lorsqu'il en reste sur les planches de la trémie.

Fig. 6. Dedans de la trémie A A, au milieu de laquelle on voit une partie du cylindre. B, la plate-bande de fer qui est attachée sur une planche de la trémie. L'éloignement, ou le resserrement de cette plate-bande avec les lames coupantes du cylindre, est ce qui sert à donner le plus ou le moins d'épaisseur aux tranches des racines.

Fig. 7. Cette figure représente le cylindre démonté et vu dans ses diverses proportions. A, pièce de bois qu'on nomme *tourtes*, et auxquelles sont attachés les couteaux avec des écrous; le bois de ces pièces doit être dur et épais de deux pouces. B, arbre tournant fixé dans les tourtes. C, lames de fer trempé, ayant le tranchant aiguisé comme celui d'une plane, fixées des deux bouts sur les tourtes à une distance suffisante pour le passage des racines coupées en rond de trois lignes d'épaisseur ou environ. D, bascule ouverte par le moyen des pivots qui tournent.

Fig. 8. Porte en fer détachée du cylindre, ayant des lames rivées sur des traverses en fer, et deux pivots ronds à chaque bout. Cette porte se ferme et s'ouvre à chaque tour que fait le cylindre; c'est la fréquence de ses mouvemens qui oblige à la fabriquer en fer, afin qu'elle puisse résister long-temps.

Fig. 9. Le moulin vu de face et dans l'enfoncement de son bâtis. A, représente le cylindre. B B, la trémie. C, la porte ouverte et vue de face. D, la manivelle servant à tourner le cylindre. (PAR.)

POMMIER, *Malus.* Arbre naturel aux forêts de l'Europe, que Linnæus a placé dans le genre des poiriers, mais qui peut servir de type pour en former un particulier qui seroit caractérisé par des fruits arrondis, ombiliqués des deux côtés, et qui contiendroient sept espèces dont trois sont cultivées dans nos jardins.

Le POMMIER SAUVAGE est un arbre de moyenne grandeur, c'est-à-dire qui s'élève, dans l'état naturel, de trente à quarante pieds, dont le tronc est droit, crevassé, grisâtre; les rameaux diffus, cendrés, pubescens, souvent épineux à leur extrémité; les feuilles alternes, pédonculées, ovales, dentées, d'un vert foncé en desssus, blanchâtres et velues en dessous; ses fleurs sont blanches et réunies en bouquets au sommet d'un bourgeon particulier.

On trouve le pommier sauvage en abondance dans tous les bois naturels de la France dont le sol est profond et humide, sur-tout dans ceux des pays montagneux. Le fruit qu'il fournit atteint rarement plus d'un pouce de diamètre, et est d'une âpreté acide, telle qu'il ne peut être mangé, soit cru, soit cuit; il sert de nourriture aux animaux sauvages, sur-tout aux sangliers. On en fabrique, dans quelques cantons, ce qu'on appelle de la Boisson, *voyez* ce mot; mais le meilleur parti qu'on en puisse tirer, c'est de le donner aux cochons et aux vaches qui l'aiment beaucoup, et auxquels il est très salutaire, lorsqu'ils n'en mangent qu'en petite quantité. Il étoit de principe dans beaucoup de localités que les pommiers sauvages de tiges devoient être respectés lors des coupes des forêts appartenant aux communes, et il en étoit résulté qu'ils y étoient excessivement abondans. Ils ont été coupés pendant la révolution, et les cultivateurs voisins de ces forêts doivent en gémir aujourd'hui; car dans les années d'abondance ils étoient pour eux une importante ressource. Je dois dire cependant que ces pommiers nuisoient à la repousse des taillis, ainsi que je m'en suis assuré sur la chaîne de montagnes qui va de Langres à Dijon, et que les bois qui en étoient ainsi surchargés ne produisoient peut-être pas le quart de ce qu'ils produisent de bois en ce moment. *Voyez* Cerisier. Quelquefois les bûcherons ou les charbonniers s'amusoient à greffer ces pommiers avec des espèces perfectionnées, de sorte qu'on trouvoit dans les bois des reinettes, des rambours, etc.

Ce ne sont pas seulement leurs fruits que les pommiers sauvages livrent à l'utilité publique, ils fournissent encore leur bois; ce bois donne un feu vif et durable, et un excellent charbon. Quoique se voilant et se fendant avec excès, il est recherché par les menuisiers, les ébenistes et les tourneurs : son grain est fin et sa couleur grise; on en fabrique les planches d'impression pour les indiennes : il est cependant partout regardé comme inférieur à celui du poirier. Il perd, d'après Varennes de Fenilles, un douzième de son volume par la dessiccation, et pèse sec quarante-huit livres sept onces deux gros par pied cube.

Le même Varennes de Fenilles observe qu'un autre échantillon provenant, à ce qu'on l'a assuré, d'un vieux pommier sauvage greffé à cinq à six pieds de terre, étoit marqué de belles veines d'un brun rougeâtre, et pesoit par pied cube cinquante-deux livres douze onces.

Les ouvriers recherchent moins le bois des pommiers cultivés que celui des pommiers sauvages ; cependant le même a encore trouvé que celui d'un court-pendu ne perdoit qu'un huitième par le dessèchement, et pesoit soixante-six livres trois onces trois gros par pied cube, ce qui indique une qualité supérieure ; il est vrai que cette qualité varie suivant les variétés, puisque le bois de reinette franche ne s'est trouvé peser que cinquante-une livres neuf onces, et un autre dont le nom étoit inconnu quarante-cinq livres douze onces deux gros.

La croissance du pommier sauvage est assez rapide ; mais cependant plusieurs arbres indigènes lui sont supérieurs sous ce rapport. Il est assez commun dans certains cantons des montagnes de le voir concourir à la formation des haies qu'il fortifie extrêmement pour peu qu'on veuille diriger ses rameaux d'après les principes. *Voyez* HAIES. Tous les bestiaux et sur-tout les chèvres, aiment ses feuilles.

C'est de ce pommier que sortent toutes les variétés de pommes qui se voient dans nos jardins et nos vergers.

L'époque de la culture du pommier est la même que celle de l'origine des sociétés agricoles, puisque les pommes sauvages, quelque âpres qu'elles soient, ont dû servir d'abord de nourriture aux hommes. Les écrivains de l'antiquité parlent des pommes comme d'un fruit généralement connu ; ils indiquent même le nom d'un assez grand nombre dont les unes étoient meilleures que les autres.

Ces variétés se sont d'autant plus multipliées qu'il y a plus long-temps qu'on les recherche, et qu'on a mis plus d'importance à leur conservation ; aujourd'hui leur nombre est si considérable qu'il seroit presque impossible de les énumérer toutes : il n'est point de pays qui n'en offre de particulières, et chaque semis en fournit toujours quelque nouvelle. On en voit ainsi disparoître et paroître sans cesse.

« Encore qu'il ne soit nécessaire de s'arrêter aux particuliers noms de chacune espèce de pommes, dit Olivier de Serres ; si est-ce qu'il y a du contentement de savoir comment on les appelle par ci par là, afin aussi que de la généralité de telles appellations, notre ménager puisse discerner ses fruits, sans toutefois s'y trop asseurer, pour la foiblesse du fondement, procédant cela du climat et du terroir, qui changent les noms des fruits, comme a été dit ; car quel besoin est-il de parler des pommes *pelusianes*, *sirices*, *marcianes*, *amerines*, *scandianes*, *sextianes*, *manlianes*, *claudianes*, *marianes* et autres

de l'antiquité, veu que le temps a rendu vaine telle curiosité?
Les noms suivans, comme les plus remarquables de ce siècle
et en ces climats ci, nous serviront de guide : la *melle* ou *pomme appie*, ainsi dicte de Claudius Appius, qui du Péloponèse
l'apporta à Rome, la *rose*, le *court pendu*, la *rainette*, le *blanc-
dureau*, la *passe-pomme*, la *pomme de paradis*, la *pomme de
curtin*, de *rougelet*, de *rambur*, de *chastagnier*, de *franc-estu*,
de *belle-femme*, de *dame-jeanne*, de *carmaignolle*, de *san-
douille*, de *pomme de souci*, la *pomme cire*, de *courdaleaume*,
tubet, *bequet*, *camien*, *couet*, *germaine*, *blanc doux*, *menne-
lot*, *feuillu*, *sapin*, *coqueret*, *cape*, *renouvel*, *escarlatin*, *espice*,
peau de vielle, *pomme-poire* ou *ognonet*, *barberiot*, *giraudette*,
la *longue*, la *ca amine*, la *musquate*, la *boccabrevé*, la *cou-
chine*, la *bourguinotte*, la *pupine*, la *pomme de George*, de
Saint-Jean, d'*hervet*, sur toutes lesquelles pommes nous choi-
sirons les races les plus remarquables en bonté de goust et de
conservation, pour la fourniture de nos vergers, n'y en mettant des autres que pour en passer la fantaisie. Ainsi par exquise eslection prendra très bon fondement notre jardin fruitier, pour durer longuement en réputation en l'honneur de
son fondateur. Dans ce grand nombre de pommes s'en treu-
vent de diverses sortes, des grosses, moyennes, petites ; des
longues, des rondes, des rouges, des jaunes, des blanches,
des vertes, voire des noires, comme la *pomme de calvau*,
noire en l'escorce, blanche en la chair; des douces et des ai-
gres, des mangeables crues et cuites, augmentant ou diminuant ces qualités selon les situations. Il y a peu de pommes
d'été, ne s'en recognoissant guières plus que de deux espèces ;
l'une est la petite pomme *Saint-Jean*, meure environ le commencement de juillet; l'autre est du mois d'août, dite de
grillot. Celles qui restent sont toutes de l'automne, qu'on re-
cueille en cette saison, toutefois en divers jours, par l'ordre
de leur maturité, à ce plus s'advançant les unes que les autres, pour la variété de leurs naturels, non tant, néanmoins
qu'aucune précède les raisins. »
Je n'ai pu me refuser à citer ce passage qui est un petit traité
sur les pommes.

*Catalogue, par ordre de maturité, des pommes à couteau
qui se cultivent le plus communément dans les jardins, mais
dans lequel les variétés qui portent le même nom ont été placées à la suite les unes des autres.*

La MADELEINE (Calvel) Fruit rond à peau rouge, varié de
lignes longitudinales blanches, à chair cassante, parfumée,
devenant cotonneuse.

Cette variété mûrit au milieu de juillet. Elle est très sujette au ver. L'arbre est grand et vigoureux.

La PASSE-POMME BLANCHE, ou *cousinète.* (Calvel.) Fruit petit, conique, blanc, à cinq côtes colorées de rouge du côté du soleil, à chair acide peu agréable.

Cette variété mûrit un peu après la précédente, à laquelle elle est inférieure sous tous les rapports. L'arbre quoique petit est vigoureux.

La PASSE-POMME ROUGE, *calville d'été de Duhamel.* Fruit de moins de deux pouces de diamètre, légèrement conique, d'un blanc couleur de cire, pourvu de côtes saillantes, à chair blanche, acide, peu agréable au goût.

Cette variété mérite peu d'être cultivée. L'arbre est médiocre, mais vigoureux.

La PASSE-POMME D'AUTOMNE, (Calvel.) *pomme générale* ou *d'outrepasse.* Fruit médiocre, arrondi, à chair jaunâtre.

Cette variété mûrit en octobre et se conserve peu.

La DAUDENT, ou *pomme d'audent.* (Calvel.) Fruit oblong, d'un vert rougeâtre, presque pourpre au soleil.

Cette variété mûrit au commencement d'août.

Les CALVILLE BLANCHE D'ÉTÉ et CALVILLE ROUGE D'ÉTÉ ont été confondues avec les passe-pommes dont elles se rapprochent beaucoup. Elles en diffèrent par une chair plus fine, plus grenue, plus douce, plus agréable enfin. Elles mûrissent en même temps. *Voyez* la figure de la seconde, Duh. *pl.* 1.

La CALVILLE BLANCHE D'HIVER. Fruit de plus de trois pouces de diamètre, d'un jaune de cire, quelquefois un peu teint de rouge du côté du soleil, chargé de grosses côtes saillantes, à chair blanche grenue, tendre, légère, fine, très bonne. *Voyez* Duh. *pl.* 2.

Cette variété commence à mûrir en décembre et se garde quelquefois jusqu'en mars. C'est une de celles qui méritent le plus d'être très multipliées à raison de son excellence. L'arbre est vigoureux et fertile.

Une sous-variété, encore meilleure, a été trouvée par M. Van Mons à Bruxelles, et appelée de mon nom par ce savant chimiste, qui s'occupe avec tant de succès de la culture des arbres fruitiers, et auquel on doit un traité sur leur nomenclature et leur culture, imprimé depuis trois ans, mais que des évènemens de librairie ont empêché d'être mis en vente.

M. Provôt, inspecteur des forêts du département de la Dyle, possède une autre sous-variété qui jouit de la propriété de se conserver trois ans. Il doit en envoyer des greffes aux établissemens nationaux.

La CALVILLE ROUGE D'HIVER. Fruit de plus de trois pouces de diamètre, un peu allongé, d'un rouge foncé du côté du soleil et plus pâle du côté de l'ombre, offrant de larges côtes peu saillantes ; chair grenue, rouge sous la peau, fine, légère, très agréable. *Voyez* Duh. *pl.* 3.

Cette variété mûrit en décembre et se garde d'autant plus qu'elle provient d'un arbre plus jeune. Elle se cultive moins que la précédente, à laquelle elle est inférieure en qualité, mais elle n'en est pas moins très bonne. L'arbre est assez grand et vigoureux.

La CALVILLE ROUGE NORMANDE. Fruit très gros, allongé, d'un rouge noir ; chair rougeâtre, acidule, agréable. L'arbre est vigoureux et fertile.

Cette pomme se conserve jusqu'en avril. C'est mal à propos qu'on l'a confondue avec le cœur de bœuf.

Le CŒUR DE BŒUF. Fruit moyen, allongé, d'un rouge foncé presque uniforme, à côtes saillantes ; sa chair est tendre, aqueuse, d'un goût très médiocre.

Plusieurs variétés qu'on confond quelquefois avec les calvilles rouges, mais qui leur sont de beaucoup inférieures en bonté, se réunissent sous ce nom. Généralement elles sont de peu de garde et ne se cultivent pas dans les jardins.

Le RAMBOUR FRANC, ou *rambour d'été*, *rambour rayé*, *pomme de Notre-Dame*. Fruit très gros, de trois pouces (de diamètre), aplati aux extrémités, d'un jaune blanchâtre rayé de rouge, pourvu de grosses côtes ; sa chair est acide et peu agréable ; aussi ne se mange-t-elle guère que cuite. *Voyez* Duh. *pl.* 10.

Cette pomme mûrit au commencement de septembre et dure jusqu'à la fin d'octobre. Lorsqu'elle est trop mûre elle devient fade et filandreuse. L'arbre est vigoureux et fertile.

Le RAMBOUR D'HIVER. Fruit gros, aplati, d'un jaune blanchâtre ponctué et strié de rouge, pourvu de grosses côtes. Sa chair est verdâtre, assez tendre, relevée, mais cependant un peu âcre. Elle ne se mange guère qu'en compote. L'arbre est vigoureux.

Cette pomme se conserve jusqu'à la fin de mars.

Le PIGEONNET. Fruit moyen, oblong, rougeâtre, varié de lignes d'un rouge foncé du côté du soleil et clair du côté de l'ombre. Sa chair est blanche, fine, d'un goût fort agréable.

L'arbre paroît foible, mais charge cependant beaucoup.

Cette pomme est fort estimée, mais a l'inconvénient de ne se conserver que jusqu'à la fin d'octobre.

La TROUSSEL. (Calvel.) Fruit très gros, oblong, d'un vert jaunâtre à l'ombre, et rouge vif au soleil ; sa chair est très blanche, juteuse d'une eau un peu aigrelette.

Cette pomme se cueille un peu avant les gelées.

La BIEN VENUE. (Calvel.) Fruit très gros, rond, toujours

vert, excepté du côté du soleil, où il se colore d'un rouge éclatant ; sa chair est d'un blanc verdâtre, légèrement fondante, agréable.

Cette pomme se cueille à l'époque de la précédente.

La REINETTE JAUNE HATIVE. Fruit moyen, comprimé, jaune ponctué de brun ; sa chair est tendre, juteuse, peu relevée, mais agréable.

Cette pomme mûrit à la fin de septembre et ne se conserve guère plus d'un mois.

L'arbre est médiocre, mais très fertile.

La REINETTE ROUSSE, ou *reinette des carmes*. Fruit très gros, arrondi, jaunâtre, parsemé d'une immense quantité de points bruns ; sa chair est blanche, abondante en eau, agréablement acidule.

Cette pomme se conserve une partie de l'hiver.

La REINETTE DE BRETAGNE. Fruit moyen, d'un rouge foncé rayé d'un rouge plus foncé du côté du soleil, plus foible du côté de l'ombre, par-tout couvert de points saillans jaunes et gris ; sa chair est assez ferme, d'un blanc jaunâtre, sucrée, relevée.

Cette pomme est fort bonne, mais se ride beaucoup et se conserve rarement jusqu'à la fin de décembre.

L'arbre s'élève peu.

La REINETTE DORÉE, ou *reinette jaune tardive*. Fruit moyen, comprimé, jaune foncé ponctué de gris, légèrement fouetté de rouge du côté du soleil ; sa chair est blanche, ferme, sucrée, relevée, à peine acide.

Cette pomme est comparable en bonté à la reinette franche, et est presque entièrement passée lorsque cette dernière commence à paroître.

La POMME D'OR, ou *reinette d'Angleterre*, *gold-peppin*. Fruit de moyenne grosseur, d'un jaune vif ponctué de rouge du côté du soleil ; sa chair est d'un blanc un peu jaune, sucrée, très agréable. *Voyez* Duh. *pl.* 7.

Cette pomme est excellente, mais ne se conserve guère que jusqu'en novembre. On la cultive beaucoup plus en Angleterre qu'en France. Elle n'a contre elle que son peu de grosseur et son peu de durée. Plusieurs personnes la confondent avec le *drap d'or* et la *reinette d'Angleterre*, mais mal à propos.

La GROSSE REINETTE D'ANGLETERRE. Fruit très gros (trois pouces et demi de diamètre), relevé de côtes, d'un jaune clair ponctué de blanc, et au milieu du blanc, de gris ; sa chair est d'une eau abondante, mais peu relevée et sujette à se cotonner. *Voyez* Duh. *pl.* 12, n° 5.

Cette belle pomme mûrit à la fin de l'hiver.

L'arbre est grand et assez fertile.

La REINETTE NAINE. Fruit moyen, allongé, blanchâtre, relevé de côtes, rarement ponctué de gris; sa chair est sucrée, légèrement acide, agréable, fort rapprochée de celle de la reinette blanche. *Voyez* Duh., *pl.* 8.

Cette pomme se conserve jusqu'après l'hiver.

L'arbre a cela de remarquable qu'il reste nain, quoique greffé sur sauvageon ou sur franc, et que, lorsqu'il est greffé sur paradis, il s'élève à peine à deux pieds de hauteur.

La REINETTE BLANCHE. Fruit de médiocre grosseur, d'un blanc jaunâtre, tiqueté de très petits points bruns bordés de blanc, quelquefois légèrement lavé de rouge du côté du soleil; sa chair est blanche, tendre, très odorante, se cotonne et est peu relevée.

Cette pomme est commune et se conserve jusqu'en mars.

L'arbre est médiocre, mais charge beaucoup.

La REINETTE GRISE. Fruit gros, aplati à ses deux extrémités, à peau épaisse, rude au toucher, jaune verdâtre du côté de l'ombre, jaune rougeâtre du côté du soleil; sa chair est ferme, d'un blanc jaune, sucrée, relevée, d'une acidité très fine et très agréable. *Voyez* Duh., *pl.* 9.

Cette pomme est regardée comme la meilleure; mais cependant la reinette franche lui dispute la primauté. Elle se conserve très long-temps après l'hiver.

L'arbre est vigoureux et soutient mal ses branches.

La REINETTE GRISE DE CHAMPAGNE. Fruit moyen, aplati, d'un gris fauve, rayé de rouge du côté du soleil; sa chair est cassante, peu odorante, douce, sucrée, fort agréable.

Cette pomme est fort bonne et se garde long-temps. Elle est préférée aux autres reinettes par ceux qui n'aiment pas leur odeur et leur acidité.

La REINETTE GRISE DE GRANVILLE (Calvel.) diffère peu des précédentes, mais paroît plus robuste. Elle a résisté aux grands froids qui ont fait périr les autres reinettes.

La REINETTE ROUGE. Fruit gros, rouge et ponctué de gris du côté du soleil, blanc jaunâtre et ponctué de brun du côté de l'ombre; sa chair est ferme, d'un blanc un peu jaunâtre, aigrelette et relevée.

Cette pomme ne se conserve pas aussi long-temps que la reinette franche, mais elle se ride moins.

La REINETTE DE CANADA. (Calvel.) Fruit extrêmement gros, (quatre à cinq pouces), presque rond, d'un vert jaunâtre du côté de l'ombre, et d'un rouge clair du côté du soleil; sa chair est fine, d'un goût relevé, et ne le cède pas aux meilleures reinettes.

Cette pomme nous est revenue de l'Amérique septentrionale, où le pommier a été porté par les premiers Européens qui sont allés s'y établir. Elle seroit la plus grosse de toutes, s'il n'y eu avoit une nouvellement rapportée du même pays par M. Dupont de Nemours, sous le nom de *reinette de long-island*, qu'on dit l'être encore plus.

Je ne puis trop recommander la culture de cette variété, qui n'est pas encore aussi répandue qu'elle mérite de l'être.

Il y en a une sous-variété au jardin du Muséum qu'on appelle REINETTE DE CANADA GRISE.

La REINETTE NONPAREILLE. Fruit gros, comprimé, d'un vert jaunâtre, ponctué de brun, quelquefois rougeâtre du côté du soleil, ou grisâtre du côté de l'ombre; sa chair est tendre, jaunâtre, acidule, relevée, très agréable. *Voy.* Duh., *pl.* 12, n° 2.

Cette pomme mûrit en février ou mars. Elle mérite d'être plus cultivée.

La REINETTE PRINCESSE NOBLE. Fruit moyen, oblong, d'un vert jaunâtre ponctué de brun; sa chair est acidule et fort agréable.

Cette pomme se conserve une partie de l'hiver.

L'arbre est fort et vigoureux.

La REINETTE FRANCHE. Fruit gros, rond, fortement et irrégulièrement ponctué de brun, quelquefois un peu rouge du côté du soleil; sa chair est ferme, d'un blanc jaunâtre, sucrée, agréable. *Voyez* Duh., *pl.* 14.

Cette pomme se garde une année sur l'autre. C'est, malgré l'excellence des reinettes grise et du Canada, la meilleure de toutes; mais elle varie beaucoup en bonté, en grosseur, et en durée, selon les terrains, les expositions, les années, etc. Il lui faut de la chaleur. Je ne puis trop en conseiller la multiplication de préférence à tant d'autres variétés qui lui sont inférieures sous tous les rapports.

L'arbre est grand et de bon rapport.

La POMME POIRE. (Calvel.) Fruit médiocre, pyramidal, jaune, légèrement pointillé, un peu rouge du côté du soleil; sa chair est grossière, mais parfumée.

Cette variété mûrit en même temps que la reinette de Bretagne.

Le FENOUILLET JAUNE, mal à propos appelé DRAP D'OR. Fruit moyen, jaune doré recouvert d'un gris fauve fort léger, quelquefois teint de rouge du côté du soleil; sa chair est ferme, blanche, presque sans odeur, relevée, fort délicate.

Cette excellente pomme se conserve rarement au-delà de novembre, et devient cotonneuse dans son extrême maturité.

Le FENOUILLET GRIS, ou *anis*. Fruit petit, rude au toucher, d'un gris fauve légèrement coloré du côté du soleil; sa chair est tendre, fine, sucrée, parfumée d'un goût d'anis ou de fenouil. *Voyez* Duh., *pl.* 5.

Cette pomme se garde jusqu'en février.

L'arbre est délicat et de médiocre grosseur.

Le FENOUILLET ROUGE, ou *bardin*, le *court-pendu de la Quintinie*. Fruit moyen, d'un gris très foncé, fouetté de rouge brun du côté du soleil; sa chair est très ferme, sucrée, relevée, musquée. *Voyez* Duh., *pl.* 6.

Cette très bonne pomme se conserve jusqu'en mars. Elle demande un terrain chaud et léger. On ne peut trop la multiplier.

Le vrai DRAP D'OR. Fruit gros, rond, d'un beau jaune pointillé de brun et taché de gris; sa chair est légère, un peu grenue, d'un goût agréable, mais moins relevé que celui des reinettes. *Voyez* Duh., *pl.* 12, n° 4.

Cette belle pomme se conserve rarement jusqu'en janvier. Elle est figurée dans Duhamel. Il ne faut pas la confondre, comme on le fait souvent, avec la reinette pomme d'or.

Le SAINT-JULIEN. Fruit gros, oblong, rougeâtre, plus coloré du côté du soleil; sa chair est aigrelette.

Cette variété se rapproche de la précédente, lui est inférieure en bonté, mais se conserve plus long-temps.

La POMME DE GLACE ROUGE (Calvel), ou ROUGE DES CHARTREUX. Fruit gros, oblong, à côtes, coloré en rouge du côté du soleil.

La POMME DE GLACE BLANCHE TRANSPARENTE. Fruit gros, blanchâtre, ou jaunâtre, comme demi-transparent dans certaines places, quelquefois un peu rouge du côté du soleil; sa chair est acide, et ne se mange ordinairement que cuite.

Ces deux variétés sont plus curieuses qu'utiles. Elles se mettent difficilement à fruit. Elles durent peu.

La POMME CONCOMBRE semble peu différer de la seconde pomme de glace, quoiqu'elle ait été réunie avec la première par Calvel.

Le DOUX, ou *doux à trochets*. Fruit à côtes, presque conique, vert, avec des lignes rouges, principalement du côté du soleil; sa chair est ferme, d'un blanc verdâtre, légèrement odorante, douce, agréable au goût.

Cette pomme est tantôt grosse, tantôt petite, selon les arbres, ce qui avoit fait croire qu'elle offroit deux variétés. Elle se garde jusqu'à la fin de décembre.

Le PIGEON, ou *cœur de pigeon*, *gros pigeonnet*, ou *pomme de Jérusalem*. Fruit moyen, conique, rose ponctué de jaune, quelquefois bleuâtre lorsqu'on l'expose au soleil et qu'on le regarde de côté; sa chair est ferme, grenue, très blanche, quelquefois rouge sous la peau, agréablement acide. *Voyez* Duh., *pl.* 12, n° 3.

Cette pomme n'a souvent que quatre loges. Elle mûrit en janvier et février. C'est une très jolie et très bonne variété. On en fait grand cas en Normandie, sur-tout pour cuire

Le MUSEAU DE LIÈVRE. (Calvel.) Fruit gros, allongé, d'un rouge foncé avec des lignes blanches; sa chair cuite est, par la finesse de sa chair et la bonté de son eau, préférable à toutes les autres.

Cette variété, qui est originaire de la Haute-Garonne, se conserve long-temps.

La POMME DE FER. Fruit moyen, allongé, aplati à ses deux extrémités, toujours vert du côté de l'ombre, rouge, ou seulement vergeté de rouge du côté du soleil; sa chair est verdâtre, dure, peu sucrée.

Cette variété se conserve jusqu'après l'hiver. Elle peut être placée parmi les pommes à cidre.

L'arbre est vigoureux et fleurit pendant près de deux mois, ce qui fait qu'il manque très rarement d'être chargé de fruit; c'est là son seul mérite.

Le GROS FAROS. Fruit gros, comprimé à ses extrémités, garni de quelques côtes, d'un rouge très foncé, avec des lignes d'un rouge obscur, souvent taché de brun vers la queue; sa chair est ferme, blanche, un peu teinte de rouge sous la peau, fort juteuse, et d'un goût relevé. *Voyez* Duh., *pl. 4.*

Cette pomme peut se conserver jusqu'à la fin de février. C'est une fort bonne variété.

La ROYALE D'ANGLETERRE. (Calvel.) Fruit gros, presque rond, difforme, jaune, taché de brun, légèrement teint de rouge au soleil; sa chair est fine et aigrelette.

Cette variété se conserve une partie de l'hiver.

Le PETIT FAROS. Fruit oblong, de médiocre grosseur, pourvu de quelques côtes saillantes, de couleur rouge cerise, parsemé de taches plus foncées; sa chair est blanche, grenue, agréable au goût.

Cette variété diffère beaucoup de la précédente. Elle est bonne et se conserve long-temps.

L'arbre est de médiocre vigueur.

L'API, ou *pommier à long bois.* Fruit petit, luisant, d'un rouge vif du côté du soleil, blanchâtre ou jaunâtre du côté de l'ombre; sa chair est très fine, blanche, croquante, fraîche, agréable et non sujette à se faner. *Voyez* Duh., *pl. 11.*

Cette jolie pomme se conserve jusqu'en mai. On la multiplie beaucoup, parcequ'elle orne beaucoup un dessert. Elle est moins grosse, mais meilleure sur les arbres en plein vent et dans les sols secs et chauds. Comme elle supporte fort bien les froids, on ne la cueille ordinairement qu'en novembre.

L'arbre ne devient jamais grand, mais il pousse beaucoup de branches et se charge souvent avec excès.

Le GROS API, ou *pomme rose.* (Calvel.) Fruit moyen, très comprimé aux deux extrémités. Du reste, ressemblant au précédent sous tous les autres rapports. Sa grosseur doit le faire cultiver de préférence ; mais l'arbre est moins fertile, ce qui compense cet avantage.

L'API NOIR. Fruit petit, d'un brun foncé tirant sur le noir, du reste peu différent des précédens.

La CAMACHE, ou *pomme de gamache*. (Calvel.) Fruit moyen, comprimé à ses extrémités, d'un rouge pourpre du côté du soleil ; sa chair est sucrée, très parfumée, d'un goût agréable.

Cette variété, trouvée par M. Calvel, est peu distinguée de l'API. Comme lui elle se conserve toute l'année sans se rider.

On cultive rarement cette variété, parceque sa couleur est moins brillante, qu'elle se conserve moins long-temps, et qu'elle est sujette à se cotonner.

Le CAPENDU, ou *court pendu*. Fruit petit, d'un rouge pourpre du côté du soleil, et d'un rouge noir du côté de l'ombre, par-tout piqueté de points jaunes ; sa chair est assez fine, aigrelette, approchant de celle de la reinette, un peu jaunâtre, excepté sous la peau, où elle est teinte de rouge clair. *Voyez* Duhamel, *pl.* 13.

Cette pomme peut se conserver jusqu'à la fin de mars.

La HAUTE BONTÉ. Fruit gros, comprimé à ses extrémités, relevé par des côtes, d'un vert jaunâtre légèrement teint de rouge du côté du soleil ; sa chair est tendre, délicate, d'un blanc un peu vert, odorante, aigrelette. *Voyez* Duhamel, *pl.* 13.

Cette variété se conserve jusqu'en avril. Elle est moins agréable que la reinette.

La NOIRE, ou *pomme noire*. Fruit petit, rond, luisant, d'un violet brun presque noir du côté du soleil, tiqueté de très petits points jaunes ; sa chair est blanche, un peu teinte de rouge sous la peau, fraîche, douce, presque insipide, d'une consistance moins ferme que celle de l'api.

Ce petit fruit se garde long-temps.

La GROSSE NOIRE D'AMÉRIQUE (Calvel) est un peu plus grosse que la précédente, mais n'en diffère d'ailleurs que fort peu.

Le CHATAIGNIER. (Calvel.) Fruit moyen, aplati à ses deux extrémités, d'un rouge foncé du côté du soleil, panaché de raies rouges et blanches à l'ombre ; sa chair est cassante, légèrement sucrée, peu relevée, mais agréable.

Cette variété se conserve tout l'hiver. C'est celle qu'on voit vendre en si grande abondance dans les rues de Paris. On la cultive presque exclusivement en plein vent. Elle charge extrêmement et manque rarement.

La VIOLETTE, ou *pomme de quatre goûts*. Fruit moyen, allongé, d'un rouge foncé du côté du soleil, d'un jaune fouetté de rouge du côté de l'ombre ; sa chair est fine, délicate, sucrée, ayant un peu du parfum de la violette, rougeâtre sous la peau, verdâtre autour des pepins.

Cette variété est une des meilleures. Elle se conserve jusqu'en mai.

L'arbre est vigoureux et a beaucoup de ressemblance avec celui de la calville d'été. Ses bourgeons sont coudés.

L'ÉTOILÉE, ou *pomme d'étoile*. Fruit petit, à cinq côtes saillantes, d'un rouge oranger du côté du soleil, et jaune du côté de l'ombre; sa chair est jaunâtre, un peu rouge sous la peau, ferme, et d'un goût de sauvageon.

Cette pomme n'a d'autre mérite que sa forme et la faculté dont elle jouit de se conserver jusqu'en juin.

La POMME-FIGUE est une monstruosité qui n'intéresse que la curiosité. Ses fleurs ont toutes leurs parties courtes, charnues et recouvertes de duvet; son fruit est petit, allongé, et a un ombilic creusé jusqu'au quart de sa longueur. Il n'offre pas de pepins.

On cultive dans l'école du jardin du Muséum et à la pépinière du Luxembourg plusieurs variétés de pommiers qui n'ont pas encore donné de fruit, ou dont la description des fruits n'a pas encore été publiée. Je ne crois pas nécessaire d'en donner ici le catalogue, puisqu'il n'est pas encore certain qu'ils soient distincts de ceux dont on vient de voir la liste. Je renvoie les lecteurs qui voudroient en connoître les noms aux catalogues de ces deux établissemens.

Les autres espèces de pommiers qu'on cultive dans les jardins sont,

Le POMMIER HYBRIDE qui a les feuilles ovales, aiguës, dentées, glabres, accompagnées de stipules lancéolés, pétiolés; les fruits presque ronds. Il est originaire de Sibérie et s'élève de douze à quinze pieds. Ses fruits, qui ont quelquefois un pouce de diamètre, sont extrêmement précoces, et, quoique très acides, susceptibles d'être mangés. On le multiplie de graines et par la greffe. Il pourroit servir à suppléer le paradis.

Le POMMIER DE LA CHINE, *Pyrus spectabilis*, Wild., qui a les fleurs disposées en ombelles sessiles; les feuilles ovales, oblongues, dentées, glabres, les ongles des pétales plus longs que le calice, et le style lanugineux à sa base. Il est originaire de la Chine et se cultive depuis quelques années dans nos jardins. Ses fleurs, d'un rose tendre, grandes et abondantes, le rendent très propre à l'ornement. Il s'élève peu. On le greffe ordinairement sur paradis et on le tient en quenouille. Ses fruits sont petits, mais mangeables.

Le POMMIER A FLEURS ODORANTES, *Pyrus coronaria*, Wild., a les feuilles en cœur, dentées, et les fleurs disposées en corymbes. Il est originaire de l'Amérique septentrionale, où j'en ai vu de grandes quantités. On le cultive dans nos jardins, quoiqu'il soit très peu ornant.

Le POMMIER BACCIFORME a les feuilles également dentées, les pédoncules réunis au même point, les fruits ronds et en forme de baie. Il est originaire de la Sibérie; ce que j'ai dit à l'occasion de l'espèce précédente lui est applicable.

Le POMMIER TOUJOURS VERT a les feuilles ovales, lancéolées, découpées, dentées, avec la base atténuée et entière; les fleurs disposées en corymbes. Il est originaire de l'Amérique septentrionale, et se cultive dans nos jardins comme les précédens.

Le pommier est l'arbre des pays tempérés. Il ne vient ni entre les tropiques, ni sous le cercle polaire. Un sol profond, léger, et un peu humide, est celui qui lui plaît le mieux. Les départemens situés sur le bord de la Méditerranée sont déjà trop chauds pour lui. Les argiles et les craies lui sont également contraires. Dans les années sèches et chaudes ses fruits sont petits, mais très bons et de garde. Dans celles qui sont humides et froides ils sont gros, mais moins savoureux et de plus difficile conservation. Peu d'arbres fruitiers sont plus sujets à la COULURE. *Voyez* ce mot.

On peut multiplier le pommier de toutes les manières connues; mais on n'emploie que le semis des graines, les marcottes et la greffe.

Pour avoir des arbres vigoureux et de longue durée, il seroit nécessaire de greffer les variétés cultivées sur le pommier sauvage, et c'est ce qu'on fait généralement dans les cantons éloignés des grandes villes et voisins des forêts, parceque d'un côté on s'y occupe moins de la perfection que de l'abondance des fruits, et que de l'autre on se procure facilement des jeunes pieds de ce pommier en allant les arracher dans les bois; mais autour des grandes villes, d'un côté le désir de jouir promptement, ou d'avoir de beaux fruits, et de l'autre la difficulté de se fournir de sauvageons, fait qu'on ne greffe que sur FRANC, ou sur DOUCIN, ou sur PARADIS. *Voyez* ces trois mots.

Cette dernière variété donne une pomme au-dessous du médiocre en grosseur et en qualité, mais qui mûrit de très bonne heure, c'est-à-dire à la fin de juillet; elle est jaunâtre, ponctuée de brun et vergetée de rouge du côté du soleil.

En greffant sur franc on obtient des arbres très propres à former des plein-vents qui se mettent à fruit avant ceux greffés sur sauvageon. Parmi ces francs il y en a d'un grand nombre de natures différentes, puisque les uns sont épineux et les autres ne le sont pas, que les uns donnent des fruits bons à manger, d'autres bons à faire du cidre, enfin d'autres aussi âpres que celui du pommier cru dans les bois. En général on le produit rarement avec les pepins des meilleures variétés, de celles qu'on appelle pommes à couteau, la grande consommation qu'on en fait et l'économie obligeant, dans les grandes pépinières, à préférer le marc du cidre qu'on se procure en telle quantité qu'on désire, et le plus souvent pour les seuls frais du transport.

Le doucin sert à greffer les demi-tiges, les buissons, les espaliers et contr'espaliers, les pyramides. Il est vrai cependant de dire qu'on ne l'emploie plus guère dans les pépinières des environs de Paris, et que le franc l'y remplace sans inconvénient.

Le paradis est indispensable pour greffer les nains et les quenouilles. On se plaint dans quelques endroits que cette variété n'est plus aussi foible qu'autrefois, ce qui provient de ce qu'on place les mères qui les donnent dans de trop bons terrains, et qu'on fume trop les pépinières, ou on repique ses marcottes. Peut-être conviendroit-il de chercher dans les semis une nouvelle variété pour le remplacer, ou essayer de le suppléer par le pommier hybride ?

Les greffes des pommiers sur poirier, coguassier, épine, réussissent assez souvent, mais ne durent pas ordinairement plus de deux à trois ans.

Nos pères ne cultivoient que des pommiers en plein-vent. Ce n'est que sous Louis XIV qu'on a commencé à en former des espaliers et des contr'espaliers, sous Louis XV que les quenouilles et les nains sont devenus à la mode.

L'observation prouve qu'il y a un avantage à greffer sur paradis pour accélérer l'époque de la production du fruit, puisque dans ce cas plusieurs variétés en donnent dès la seconde année de leur greffe, et toutes la troisième ou la quatrième, tandis que les mêmes variétés sur franc n'eussent commencé à en donner qu'à douze à quinze ans, et sur doucin qu'à six ou huit.

L'observation prouve de plus que les variétés placées sur paradis donnent des fruits beaucoup plus gros et meilleurs, toutes choses égales d'ailleurs.

Il semble donc qu'il est de l'intérêt des cultivateurs de ne plus greffer que sur cette variété ; mais les arbres qui en résultent vivent peu de temps en comparaison de ceux qui sont greffés sur franc, et encore plus sur sauvageon, et ne produisent chaque année qu'un nombre de fruits extrêmement petit, tandis que les plein-vents en produisent des tombereaux ; il est donc désavantageux à la société qu'on ne multiplie plus autant ces derniers qu'autrefois. Je voudrois donc que les personnes riches continuassent à planter des pommiers greffés sur doucin et paradis dans leurs jardins, mais que cela ne les empêchât pas de planter aussi des pommiers greffés sur sauvageon ou sur franc dans leurs vergers, autour de leurs champs, par-tout enfin où leur croissance ne nuiroit pas aux autres produits de l'agriculture, et où ils auroient espérance de profiter de leurs fruits. C'est toujours avec peine que je vois détruire un arbre fruitier en plein vent, parceque je sais qu'on le remplace rarement, et que lorsqu'on le fait il faut se passer pendant douze ou quinze ans des fruits qu'il auroit produits, c'est-à-dire jusqu'à ce que son successeur soit en état de donner à son tour des récoltes.

Il seroit difficile d'assigner l'âge auquel tel pommier greffé sur franc pourra parvenir, parcequ'une infinité de causes peuvent accélérer sa mort, principalement la nature de la terre où il se trouve, une taille inconsidérée, une surabondance de productions; mais il n'est personne qui ne soit persuadé qu'il durera moins qu'un sauvageon, car il n'est pas rare de voir des pieds de ce dernier dans les pays de montagnes auxquels on attribue deux à trois siècles, et il est beaucoup de vergers où il s'en trouve de la moitié de cet âge. Quant au paradis on peut assurer que c'est chose très rare que d'en voir de plus de vingt ans, quelque bien conduits qu'aient été les arbres qu'ils ont nourris.

Toutes les variétés ne se comportent pas de même: les unes veulent plus de chaleur, les autres moins, les unes le plein vent, les autres des abris; tel se trouve bien de la taille, tel autre s'en trouve mal, et cela varie sans fin selon le climat et la nature du sol. Il est peu de jardiniers qui soient en état de donner les indications propres à guider dans tous ces cas, parcequ'il est rare qu'ils voyagent, encore plus qu'ils observent, et que la pratique de leur jardin, ou au plus de leur canton, est la seule qu'ils soient disposés à approuver.

C'est principalement pour les pommiers que les formes de buisson, de vase, de contr'espalier, de pyramide, de quenouille, ont été imaginées; je ne répèterai pas en conséquence ce que j'ai dit aux articles qui leur sont consacrés.

La distance à laquelle on plante les pommiers dans les jardins est presque toujours trop foible. Les pieds se nuisent par leurs racines, ils se nuisent par leurs branches, et le résultat est une moindre durée, des récoltes moins abondantes, des fruits moins beaux et moins bons. Beaucoup d'air est plus utile aux pommiers qu'aux autres arbres fruitiers; c'est pourquoi ils ne réussissent pas aussi bien en espaliers que la plupart des autres arbres fruitiers, c'est pourquoi il est aujourd'hui reconnu que dans les terres de moyenne qualité, trente à quarante pieds ne sont pas de trop pour les plein-vents, quinze à vingt pieds pour les buissons et les contr'espaliers, douze pieds pour les pyramides, et six à huit pieds pour les quenouilles, et trois à quatre pour les nains.

Les agriculteurs varient sur l'âge et la hauteur à laquelle il convient de greffer les pommiers destinés à faire des plein-vents. Le plus grand nombre ne leur font subir cette opération qu'à six à huit ans, et à six ou huit pieds. Dans les pépinières on en greffe cependant quelquefois à cinq à six pouces de terre qui deviennent de fort beaux arbres. La question a été discutée au mot GREFFE. J'ai lieu de croire que cette pratique provient principalement de ce qu'on ne plantoit autrefois que des sauvageons arrachés dans les bois, et qu'on ne les plaçoit que dans des vergers, ou dans des champs fréquentés par les bestiaux, et qu'il falloit que ces arbres fussent assez hauts pour que leur tête ne fût pas atteinte, et assez forts pour que leur tronc ne fût pas renversé ou cassé.

On appelle EGRAINS les pommiers francs qu'on élève dans les pépinières, dans l'intention de ne les greffer que lorsqu'ils seront arrivés à l'âge et à la hauteur indiquée plus haut. *Voyez* ce mot et le mot PÉPINIÈRE.

Quant aux pommiers greffés sur doucin, et encore mieux sur paradis, on les greffe toujours à peu de distance de terre, quelle que soit la destination qu'on est dans l'intention de leur donner.

On ne greffe communément sur paradis que les meilleures pommes, comme les calvilles, les reinettes, les apis, les rambours, etc., parceque ce sont celles qui sont le plus recherchées pour l'ornement des desserts, et qu'elles y gagnent de la grosseur, ainsi que je l'ai déjà dit, ce qui est un grand mérite dans ce cas.

Toutes les sortes de greffes réussissent sur le pommier ; cependant on n'en pratique guère que deux, celle en fente et celle en écusson à œil dormant. *Voyez* GREFFE.

La taille des pommiers en plein-vent se réduit à la suppression des branches mortes, des branches chiffonnes et des gourmands. Il est cependant quelquefois utile de supprimer des branches saines pour donner de l'air au centre de leur tête ; car, je le répète, l'air est essentiel à l'abondance et à la bonne qualité de leurs produits.

Plus qu'aucun autre arbre fruitier, le pommier est disposé à arquer ses branches ; aussi dès qu'il a porté quelques récoltes, le poids de ses fruits lui fait-il prendre la forme recourbée si avantageuse aux récoltes subséquentes. *Voy.* COURBURE DES BRANCHES. Je ne doute pas que, si ce n'étoit les circonstances atmosphériques qui empêchent souvent ses fleurs de nouer, il y auroit non pas abondance, mais surabondance de fruits tous les ans sur tous les pommiers en plein vent. Il n'est pas rare d'en voir, parmi ceux qui sont sur le retour ou plantés en mauvais sol, qui n'offrent que des Bourses (*voyez* ce mot), c'est-à-dire des bourgeons gros et courts, du sommet desquels sortent quelques feuilles et un bouquet de fleurs. Dans ce cas, il ne se produit plus de branches à bois, l'arbre produit pendant encore quelques années une immensité de fleurs, et, lorsque le temps est favorable, une grande quantité de fruits qui l'épuisent et le font enfin périr. Le remède c'est de couper toutes les grosses branches à un ou deux pieds du tronc, pour lui faire pousser du nouveau bois, le Rajeunir comme on le dit vulgairement. *Voyez* ce mot.

La taille des pommiers en buisson, en contr'espalier, en pyramide ou en quenouille est plus difficile que celle des poiriers qui ont la même disposition lorsque les pieds ont été formés conformément aux vrais principes ; mais il faut qu'elle soit exécutée par un jardinier instruit. Trop souvent il arrive que dans certains terrains la plupart des variétés, ou quelques variétés dans tous les terrains, ne se mettent pas à fruit, surtout lorsqu'elles sont greffées sur franc, parcequ'on les taille trop court, et que tout l'effort de la végétation s'épuise à pousser de nouvelles branches. Un moyen assuré de dompter les pieds fougueux, c'est de différer la taille jusqu'au moment où ils entrent en fleur, et alors de pincer seulement l'extrémité des branches, et de les rapprocher de la ligne horizontale, plus ou moins, selon les circonstances. Ces deux opérations, et même seulement une seule, font pousser l'année suivante des Lambourdes qui donnent abondance de fleurs. *Voyez* ce mot.

Le talent du jardinier consiste à tailler court les premières années pour former l'arbre, et d'allonger dès que l'arbre est formé pour avoir des lambourdes et des bourses, lesquelles ne se taillent que dans le cas où il n'y auroit plus production de branches à bois.

L'ébourgeonnage a lieu pour le pommier comme pour le poirier ; mais il doit être moins rigoureux, et être retardé le plus possible, c'est-à-dire au mois de juillet dans le climat de Paris. *Voyez* au mot Ebourgeonnage.

J'ai parlé jusqu'à présent des buissons et des contr'espaliers comme étant des formes généralement adoptées pour les pommiers ; le vrai est cependant que si on conserve ces sortes d'arbres dans les jardins où il s'en trouve, on n'en établit plus guère ; on leur préfère, et peut-être avec raison, les quenouilles et les pyramides, qui tiennent moins de place et produisent davantage. Dans ces deux dernières formes, comme on n'est pas astreint à une disposition aussi régulière des branches, on peut tailler plus rigoureusement dans les principes, et ce n'est pas un de leurs moindres avantages. *Voyez* TAILLE.

Il ne me reste plus, pour compléter les généralités relatives à la taille des pommiers, que de parler de celle des arbres nains, la plus facile de toutes les tailles, puisque toutes les fois qu'il n'y a pas une difformité à corriger, ou des branches à bois à substituer à des lambourdes, il ne s'agit que de couper les bourgeons à deux yeux.

On place ordinairement les pommiers nains en ligne dans les plates-bandes des parterres, en quinconce dans les carrés voisins de la maison, dans des pots qu'on place sur des fenêtres, même sur la table les jours de fête, soit qu'ils soient en fleur, soit qu'ils soient en fruit; ce sont des miniatures souvent fort élégantes. Le plus fréquemment, il faut l'avouer, ils sont difformes; la nodosité qu'ils offrent à l'insertion de la greffe, nodosité produite par la différence de vigueur entre le sujet et la greffe, concourt aussi à leur donner un aspect désagréable.

En Allemagne on cultive des pommiers nains en pots, qu'on rentre dans l'orangerie aux approches des gelées. Ils y fleurissent plus tôt qu'en plein air, y évitent les suites des gelées et des pluies froides du printemps, de sorte qu'on est certain d'avoir sur ces arbres des fruits plus assurés et plus précoces que sur ceux laissés en pleine terre. Mais il ne faut y laisser qu'un petit nombre de ces fruits, sans quoi ils ne grossiroient pas, et l'arbre ne tarderoit pas à périr.

Quoique naturel au climat de la France, le pommier est sujet aux effets des fortes gelées de l'hiver et des petites gelées du printemps. Toutes ses variétés ne sont pas, dans les deux cas, affectées au même degré. Varennes de Fenilles, à qui on doit tant d'importantes observations sur l'agriculture, a remarqué que celles qui avoient le plus souffert en 1789 étoient la *reinette franche*, la *merveille d'Angleterre*, la *calville blanche*, la *reinette de Canada*, la *reinette à côte* et la *reinette de Champagne*. J'ai vu souvent des pommiers beaucoup souffrir au printemps, tandis que d'autres ne paroissoient pas avoir été touchés. Il est possible que l'exposition, la nature de la terre, les circonstances atmosphériques secondaires agissent plus dans ce dernier cas que la constitution de l'individu; mais c'est ce que je n'ai pas recherché.

Les maladies des pommiers sont en général les mêmes que celles des autres arbres fruitiers; cependant ils sont plus sujets à la carie que les poiriers. Il est rare de voir un vieux pied, sur-tout si on lui a coupé de grosses branches, dont le tronc soit sain dans son intérieur.

Il arrive quelquefois que les pommiers les plus gros et les

plus vigoureux se fanent du jour au lendemain, se dessèchent et meurent. La cause de ce fait est encore inconnue. Peut-être l'observation suivante mettra-t-elle sur la voie.

Le directeur de la pépinière du Luxembourg, M. Hervy, m'a fait observer que les pommiers nains d'un des carrés de cette pépinière mouroient par places, et que les places vides s'élargissoient circulairement. J'ai arraché un grand nombre de pieds morts, dont les racines étoient pourries, et ne présentoient rien de remarquable. J'ai arraché des pieds mourans, dont les racines étoient couvertes de filamens blancs plus ou moins gros, plus ou moins longs, ayant une forte odeur de champignon, c'est-à-dire fort semblable au bysse blanc. Enfin j'ai arraché des pieds voisins de ces derniers, et des pieds fort éloignés ; les premiers offroient quelques filamens ou quelques taches blanches, et les derniers rien. De ces observations j'ai dû conclure que ces filamens étoient la cause de la mort de ces arbres, et qu'ils agissoient positivement comme le SCLÉROTE DU SAFRAN, (*mort du safran*) *voyez* SCLÉROTE et SAFRAN, et qu'on ne pouvoit arrêter leurs ravages que par le même moyen, c'est-à-dire en faisant une profonde tranchée à deux rangs plus loin que les derniers arbres attaqués, et en en rejetant la terre sur la partie vide. C'est ce qui a été exécuté en laissant sans y toucher une des places attaquées pour point de comparaison. J'attends le résultat de cette expérience.

Les ennemis des pommiers et des pommes sont nombreux, et il est souvent difficile de les garantir de leurs atteintes.

Au premier rang, il faut placer une très petite chenille verte qui se met sous des toiles à l'abri des injures de l'air et de la recherche des oiseaux qui s'en nourrissent ; c'est celle de la TEIGNE PADELLE. Il est fréquent qu'elle dépouille de feuilles tous les pommiers d'un canton, et non seulement anéantisse l'espoir de la récolte pour l'année où elle se montre, mais celle de la suivante, et même plus. Son abondance est un motif de sécurité pour les cultivateurs, parceque cette abondance est cause que les feuilles sont consommées avant l'époque où elle se transforme en nymphe, et que mourant de faim, il n'y a plus à craindre ensuite ses ravages de plusieurs années. *Voyez* TEIGNE.

Le BOMBICE LIVRÉE semble se jeter plutôt sur les pommiers que sur les autres arbres fruitiers. Il leur cause souvent de grands dommages. Le BOMBICE COMMUN vit également très fréquemment à ses dépens, mais il y est moins exclusif *Voyez* BOMBICE.

La NOCTUELLE PSY et la PHALÈNE BRUMATE sont aussi fré-

quemment la cause d'une diminution dans les récoltes des pommes, parceque leurs chenilles mangent les feuilles du pommier. *Voyez* ces mots.

La chenille de la Teigne pomonelle vit dans l'intérieur des
pommes. Il en est de même des larves d'une Tipule, d'une
Mouche et d'un Charançon. Ce sont ces larves, qui, sous le
nom de *vers*, font tomber tant de pommes avant l'époque
fixée par la nature, en accélérant leur maturité. Il y a encore beaucoup de recherches à faire pour compléter l'histoire
des insectes qui vivent dans les fruits; et il est à désirer que
quelque entomologiste zélé veuille bien s'en occuper. *Voyez*
les mots ci-dessus.

Le charançon gris mange ses boutons au moment où ils
s'ouvrent, et un seul nuit souvent plus à une plantation que
des milliers de chenilles qui naîtront un mois plus tard.

Il arrive quelquefois que le puceron du pommier y est assez
abondant pour diminuer le produit des récoltes, ou affoiblir
la qualité des fruits.

Je ne parlerai pas de beaucoup d'autres insectes moins
communs, et de ceux qui attaquent généralement tous les
arbres. Il en sera question à leur article.

On mange crues ou cuites les pommes dont il vient d'être
question. Elles peuvent se succéder sur la table pendant toute
l'année. Au contraire des autres fruits, ce sont les plus tardives
qui sont les meilleures. Leur conservation est peu casuelle,
parceque les influences atmosphériques agissent moins sur
elles. Toutes celles de la même variété s'altèrent à la même
époque, quelle que soit la différence des moyens employés pour
avancer ou retarder leur altération. *Voyez* au mot Fruitier.

Les phénomènes chimiques qui sont la suite de l'altération
des pommes ont besoin d'être étudiés avec soin par un chimiste éclairé. Ils varient plus ou moins dans chaque variété;
le premier degré est le cotonneux, état qu'on ne peut expliquer, mais qui rend la meilleure pomme insipide. Plus tard
elles prennent une couleur brune, et deviennent ce qu'on
appelle pourries, mais cet état est bien différent de la véritable
pourriture, qui n'arrive que long-temps après. On peut comparer au Blossissement (*voyez* ce mot) ce premier degré de
pourriture des pommes, à l'exception qu'il ne les rend pas
mangeables.

L'art du confiseur s'exerce beaucoup sur les pommes. Il en
compose des confitures, des compotes, des marmelades, des
gelées, des pâtes sèches, etc., tous mets aussi agréables que
sains, et dont il est à regretter que le haut prix éloigne la
majeure partie du peuple.

Simplement séchée au four, la pomme n'est pas aussi bonne que la poire. Elle ne peut pas non plus être employée dans la composition des raisinets.

Un acide appelé de leur nom malique, et qui dans l'extrême maturité se transforme en sucre, est le principe dominant des pommes; aussi peut-on en tirer un sirop par les procédés employés pour obtenir celui du raisin (*voyez* ACIDE et SIROP), sirop qui, je crois, sera toujours inférieur au dernier, mais dont on pourra cependant tirer un parti utile dans beaucoup de cas.

La stratification prolongée des pommes avec la fleur de sureau dans un vaisseau fermé leur transmet une odeur et une saveur de muscat très agréable. Il est surprenant qu'on ne la pratique pas plus généralement. (B.)

POMMIER. Ce nom s'applique quelquefois aux arbres des forêts de toute espèce, lorsque leur sommet est arrondi comme celui des pommiers; circonstance qui indique qu'ils ont cessé de croître en hauteur, ou qu'on doit les abattre. *Voyez* FORÊT.

POMMIER A CIDRE. Le moyen de cultiver le pommier à cidre avec succès est de former des pépinières, et de les placer dans un sol voisin ou analogue à celui que l'on se propose de planter. Lorsque l'on aura à choisir entre un terrain très gras et très riche ou un terrain médiocre, il sera toujours sage de donner la préférence au dernier. Des sujets tirés d'une pépinière dont le sol ne sera ni très bon ni très mauvais réussiront par-tout; il n'en seroit pas de même de ceux qui sortiroient d'un terrain dont la qualité seroit de beaucoup supérieure à celui où on les destineroit.

Le choix d'un terrain convenable étant donc fait, on lui donnera un ou deux labours, afin de le bien nettoyer de toutes les mauvaises herbes qui pourroient nuire à la plantation que l'on se propose de faire. On dresse le terrain en planches de huit décimètres à un mètre (deux à trois pieds) de large. On sème à la volée, avant ou après l'hiver, mais mieux avant, les pepins que l'on a choisis. Je dis choisis, parcequ'il est d'usage que l'on tire ces mêmes pepins du marc ou résidu des pommes pilées. Il en résulte qu'une partie de ces pepins, qui ont été fortement froissés ou même écrasés, lèvent fort mal ou ne lèvent point du tout. Il vaut donc beaucoup mieux, à l'époque de la maturité des pommes, choisir sur les arbres, ou dans le monceau des pommes cueillies, les plus beaux fruits et les meilleures espèces connues, soit relativement à la qualité du cidre, soit relativement à leur fécondité, les garder jusqu'à ce qu'elles commencent à pourrir. Alors on en ôte les pepins que l'on sème de suite ou que l'on garde fraîchement dans du sable, si l'on ne sème qu'au printemps. De cette manière on aura un semis choisi qui ne peut que contribuer plus efficacement au succès de l'opération.

Comme il arrive souvent que par cette voie des semis on obtient des variétés, même des espèces nouvelles, il sera à propos, si l'on a ce projet en vue, de faire un choix de pepins, comme nous venons de l'indiquer ; il faudra aussi que le terrain où l'on se propose de les planter soit très amélioré, ou mieux encore qu'il soit réduit en terreau. Les soins à donner au semis ne consistent qu'à le sarcler, l'arroser légèrement dans les grandes sécheresses et éclaircir un peu le plant, s'il étoit trop abondant. Il sera prudent de le mettre aussi à l'abri des grands froids en le couvrant avec un peu de longue paille.

Un an après, c'est-à-dire au printemps suivant, on arrache le jeune plant, en prenant les précautions nécessaires pour conserver les racines aussi entières qu'il sera possible, excepté celle connue sous le nom de pivot, que nous regardons comme essentielle à supprimer. Le jeune arbre forcé, par le retranchement de cette racine, de tirer les sucs nourriciers dont il a besoin des racines latérales, celles-ci se multiplient, se fortifient et commencent d'avance à prendre la direction qu'elles auront dans l'arbre adulte.

En faisant le choix d'un terrain convenable pour mettre le plant que l'on vient d'arracher, on a dû se fixer sur celui qui avoit de l'analogie avec le verger que l'on se propose de former ou de replanter. Un terrain neuf est celui qu'il faut préférer : et si l'on est obligé de l'améliorer, on emploiera un terreau végétal, c'est-à-dire composé de débris de végétaux, préférablement à tout engrais tiré des animaux ; et si, enfin, pour rendre cet engrais plus substantiel, on étoit obligé de recourir au fumier, celui de vache seroit le plus convenable. On doit être fort économe de cette dernière ressource, le fumier étant regardé comme une des principales causes des chancres qui attaquent souvent les pommiers.

Les préparations nécessaires à donner au terrain consistent à le fouir le plus profondément qu'il sera possible, pour bien ameublir la terre et la nettoyer de toutes les mauvaises plantes qu'elle pourroit contenir. S'il s'agit de la pépinière à obtenir des variétés ou des espèces nouvelles, il faudra encore renchérir sur les engrais et les améliorations à donner au terrain. Ensuite on procèdera à la plantation des jeunes pommiers. On fera des rigoles dont la largeur sera proportionnée à leurs racines. On les y placera, en ayant soin de les tenir au moins à sept ou huit décimètres (deux pieds) de distance, en tout sens, les uns des autres. Ce travail fini, les soins se borneront à un petit labour au printemps, qu'il sera à propos de renouveler en automne. Après ce dernier, on couvre le sol avec du chaume, de la fougère, de la bruyère ou des feuilles. Cette précaution met les racines et le pied de vos arbres à l'abri des grandes gelées et fournit un engrais que l'on enfouit en donnant le labour du printemps.

A deux ans de la dernière plantation, on coupe, au printemps, tous les jeunes arbres par le pied. Cette opération, qui se fait en bec de flûte avec la serpette, a pour but de fortifier les racines et de donner aux nouveaux jets une tige plus élancée, plus nette, plus saine et plus vigoureuse. (Quelques cultivateurs se refusent à cette pratique que nous regardons comme très avantageuse.)

Au mois de juillet suivant, on supprime tous les jets, excepté celui qui est le plus fort, le plus vigoureux et dont la direction la plus droite donne les meilleures espérances. Ce dernier, étant celui sur lequel se fixe l'attention du cultivateur, sera celui qui aura tous ses soins. A ceux dont nous avons parlé, il va falloir désormais joindre ceux de la taille. Le printemps est l'époque la plus favorable. La sève de cette saison étant la plus abondante recouvrira mieux d'écorce les plaies un peu considérables que l'on auroit faites. Le but étant d'avoir des arbres droits et vigoureux, il faudra conserver, aux dépens des autres, la tige dont la direction sera la plus perpendiculaire. Si cependant, malgré tous les soins que l'on aura pris, une branche latérale, de celles que l'on appelle gourmandes, se trouve beaucoup plus forte et plus vigoureuse que la tige principale, il faudra lui sacrifier cette dernière, et faire prendre à celle que l'on conserve la direction à laquelle elle est destinée. Il en sera de même, si votre arbre forme quelques fourches avant d'avoir atteint la hauteur d'au moins deux mètres (six pieds). Il faudra supprimer la branche la plus foible de chaque fourche. Les plaies qui résultent de ces diverses amputations doivent toujours être faites avec autant d'économie que de prudence, afin d'éviter les inconvéniens qui pourroient en résulter, soit en rendant l'arbre plus foible, quelquefois difforme, quelquefois même en lui occasionnant des chancres. Cette maladie est une sorte de gangrène qui va toujours croissant, si l'on ne coupe jusqu'au vif toute la partie malade de l'arbre, que l'on recouvre avec un mélange d'argile et de foin. Parmi les causes de cette maladie, les plus communes résultent de plaies trop grandes faites à l'arbre, du frottement d'un arbre contre un autre, d'une ligature trop serrée, et plus souvent encore de la mauvaise qualité d'un sol trop lourd et trop humide, ou dont les sucs sont devenus âcres et grossiers par le mauvais choix que l'on a fait des fumiers dont on s'est servi pour l'engraisser.

Lorsque le sujet a atteint la hauteur convenable de deux mètres à deux mètres cinq décimètres (six à huit pieds), on l'y arrête en l'étêtant. Alors il forme une tête , et la sève, plus puissamment attirée par les nouvelles branches , fortifie et fait grossir le haut du tronc. Quand il est de grosseur à recevoir la greffe , on achève de supprimer toutes les branches qui se trouvent au-dessous de la place où l'on compte greffer. Ces plaies se recouvrent dans l'année et l'on greffe au printemps suivant.

La greffe en fente, que tout le monde connoît, est la meilleure. Quelques cultivateurs préfèrent mettre leur sujet en place et le greffer un ou deux ans après. Quant à nous , nous croyons qu'il est plus avantageux de greffer dans la pépinière et mettre en place deux ans après. Ce dernier moyen me semble préférable au premier. Le sujet , n'ayant pas souffert par la transplantation , doit être mieux disposé à recevoir et à transmettre à la greffe les sucs nécessaires pour la faire reprendre. La situation toujours plus soignée de la pépinière mettra aussi la jeune greffe à l'abri de beaucoup d'accidens qu'elle auroit à craindre en plein champ.

Après six ou sept ans de soins, et souvent avant , un cultivateur reçoit la récompense qu'il a lieu d'attendre d'une pépinière qui a été bien conduite. C'est à cet âge que les sujets sont bons à greffer. Un amateur de variétés ou d'espèces nouvelles attendra que ses sujets aient produit , et ne se décidera à les greffer qu'après s'être assuré de l'imperfection de ses essais. Par-là il sera encore à portée de savoir plus sûrement lesquels de ces mêmes sujets sont précoces , moyens ou tardifs, et d'adapter à chacun la greffe avec laquelle il a naturellement plus d'analogie. Il n'oubliera pas davantage que les greffes doivent être choisies sur les arbres les plus sains , les plus vigoureux , et prises par préférence sur le côté exposé au midi. Il poussera l'attention jusqu'à remarquer la situation du sujet dans la pépinière, et lorsqu'il le mettra en place il aura soin de tourner au sud le côté de l'arbre qui dans la pépinière étoit au midi.

C'est au mois de mars que l'on greffe. Une température douce, sans sécheresse comme sans humidité, est la plus convenable. Les vents d'ouest et de sud étant ceux qui contribuent à nous donner cette température , il n'est pas hors de propos de les indiquer comme ayant de l'influence sur le succès de cette opération.

C'est une chose bien connue que la greffe sert non seulement à conserver les espèces , mais qu'elle les perfectionne à tel point, qu'un arbre que l'on greffe plusieurs fois avec la même espèce va toujours s'améliorant de plus en plus en raison du nombre de fois qu'il aura été greffé.

Il est également d'expérience que le pommier de reinette franche, dont les branches se couvrent fréquemment de chancres, n'a que très rarement cet inconvénient, lorsque sa greffe a été placée sur un arbre précédemment greffé. On assure que le pommier de doux évêque offre plus que tout autre cet heureux préservatif.

Aux moyens de multiplier le pommier par des semis, quelques auteurs ajoutent ceux de faire des marcottes et des boutures d'espèces greffées. Ces deux procédés, du succès desquels je suis loin de douter, seroient bien préférables, s'ils n'avoient quelques inconvéniens bien reconnus. En effet, sans avoir la peine et courir les chances douteuses de faire reprendre une greffe, en marcottant on auroit très promptement et très sûrement l'espèce désirée ; mais ce ne seroit pas sans altération, puisqu'il est reconnu que les arbres obtenus de marcottes, et sur-tout de boutures, perdent de leur qualité et encore plus de leur fécondité. Ils ne sont pas susceptibles d'un si grand accroissement, et leurs racines, toujours plus foibles que celles qui proviennent des semis, sont moins en état de les faire résister à l'impétuosité des vents dont une grande quantité de pommiers sont annuellement victimes.

Les pommiers, comme nous l'avons dit, réussissent à toutes les expositions. Néanmoins nous croyons que celles dont l'inclinaison sera au sud-est, au sud ou au sud-ouest, seront les plus avantageuses. Leur aspect offre toujours une température plus douce, une plus grande quantité de momens favorables à la végétation, et met les arbres à l'abri des vents du nord, du nord-est et de l'est, dont la sécheresse et l'aridité sont si préjudiciable aux pommiers fleuris ou prêts à fleurir.

Si le sol que l'on se propose de planter est un terrain uni, ou se trouve avoir une inclinaison contraire à celle que nous indiquons, il faudra lui donner des espèces tardives, qui, fleurissant plus tard, n'auront pas à redouter les effets mortifères des vents du printemps, dont ils pourront impunément braver les atteintes.

Un rang de poiriers, dont le produit est généralement moins prisé que celui des pommiers, planté au nord et à l'est, offrira encore le même avantage, et atteindra d'autant mieux le but proposé, que ces arbres devenant plus grands que les pommiers, et faisant leur feuillage avant les derniers, les mettront encore plus sûrement à l'abri de l'action des vents.

Il sera encore avantageux, sur-tout dans un sol uni, de planter au nord les grandes espèces ; c'est-à-dire celles qui s'élèvent davantage les premières, et graduellement celles qui s'élèvent moins en avançant vers le midi. Cette distribution, qui ne peut qu'être agréable à l'œil, contribuera encore à la maturité des fruits.

Si l'on a en vue de former un verger, il faut planter en quinconce ; dans les terres labourables, on doit planter en lignes croisées. Cette disposition s'accorde mieux avec les mouvemens de la charrue. Quant à la distance à mettre entre chaque arbre, elle doit être relative au terrain, et telle qu'il se trouve entre chaque tête d'arbre un espace vide égal à celui qu'occupe la tête d'un pommier. Si l'on plante en avenue ou en ceinture, c'est-à-dire autour d'un champ, il suffira que des arbres soient assez éloignés les uns des autres pour que leurs branches ne se croisent pas.

Les fosses destinées à les recevoir doivent être faites quelques mois d'avance. Elles seront proportionnées et relatives au sol dans lequel on plantera. Dans un sol léger elles seront profondes, afin que les racines trouvent et conservent plus de fraîcheur. Il en sera tout autrement si le sol inférieur est argileux. En creusant dans celui-ci au dessous du sol cultivé, il en résultera une espèce de citerne dans laquelle les racines pourriront. Dans un bon terrain la fosse a ordinairement deux pieds de profondeur et quatre pieds de diamètre (sept à huit décimètres de profondeur et un mètre trois ou quatre décimètres de largeur.)

En la creusant on fait un monceau de tous les gazons qui en couvroient la surface ; on en fait également un de la terre végétale ; et la terre que l'on tire du fond de la fosse forme un troisième tas.

L'arbre doit être enlevé de la pépinière de manière à lui conserver toutes ses racines, et à ce qu'elles soient les plus entières qu'il sera possible.

Dans les terrains secs on les plantera en automne. Dans un sol frais ou humide il vaudra mieux planter au printemps. On commencera par jeter au fond de la fosse le gazon que l'on aura soin de briser. On le couvrira d'une légère couche de terre végétale, sur laquelle on placera le pommier, dont on étendra soigneusement les racines, ayant pour but de les tenir le plus éloignées que l'on pourra les unes des autres. Ensuite on répandra dessus le reste de la terre végétale que l'on aura bien ameublie. S'il se trouve un second étage de racines, on doit prendre avec lui les mêmes précautions qu'avec le premier. L'homme qui est chargé de tenir l'arbre droit l'agite un peu, afin de mieux faire pénétrer la terre dans l'interstice des racines. Celui qui est chargé de leur arrangement, comprime légèrement la terre autour, et le troisième achève de remplir la fosse avec la terre qui a été tirée du fond, ayant soin de l'affermir de temps en temps autour de la tige. Si le terrain dans lequel on a planté est sec, on formera une petite concavité au pied de l'arbre, pour le disposer à mieux profiter des pluies ou des arrosemens que la sécheresse rendra peut-être indispensables pendant l'été de la première année; dans un terrain frais on donnera au contraire une forme convexe à la terre placée autour de l'arbre.

Les arbres plantés, il faudra en envelopper la tige avec quelques ronces ou autres plantes épineuses qui les mettent à l'abri de la dent des lièvres et des moutons, pour qui cette écorce fraîche et tendre a beaucoup d'attrait. Il sera prudent de planter en outre trois pieux élevés, que l'on enfoncera à égale distance, et que l'on assujettira les uns aux autres à cinq à six décimètres (quinze à dix-huit pouces) du sujet que l'on veut garantir des chevaux et autre gros bétail, qui, en voulant se frotter contre lui, ne manqueroient pas de le déplacer.

Le jeune plant ne sera débarrassé de ces entraves que lorsque son écorce et lui-même auront pris une consistance qui les mette à l'abri de leurs ennemis. Pendant quelques années, les soins à lui donner se borneront à couper les jeunes pousses qui se trouveroient au-dessous de la greffe et à retrancher celles des branches qui prendroient une direction trop basse.

Dans les années heureuses où les pommes sont abondantes, les arbres en sont tellement surchargés, que si l'on n'avoit soin de leur donner de forts et nombreux appuis, on auroit le chagrin de les voir succomber sous le faix.

Parvenu à l'âge où il commence à produire, le pommier réclame encore quelques soins; tels que de donner des labours à ceux qui, plantés dans un verger ou dans un herbage, n'ont pas la ressource des engrais, dont jouissent ceux qui se trouvent dans les terres labourables. Un bon agronome ne laisse pas s'écouler trois années sans enlever les gazons qui entourent ses arbres dans un rayon de deux mètres (cinq à six pieds) de diamètre. Cette opération, qui se fait avant l'hiver, a pour but de faire arriver plus directement aux racines les principes qui viennent des neiges et autres météores de l'hiver. C'est encore un moyen de détruire les chrysalides des chenilles qui s'étoient enterrées au pied de l'arbre.

Dans les terrains frais on recommande l'usage de la marne déjà fusée à l'air pendant un hiver, que l'on répand sur la place découverte. Dans un terrain sec on lui substituera avec succès un terreau végétal, et notamment composé de parties égales de résidu ou marc de pommes pourries et de terre végétale. Au printemps on a soin de replacer les gazons enlevés avant l'hiver, et d'en couvrir les engrais que l'on a mis au pied des arbres.

En vieillissant, le tronc et les principales branches se couvrent d'une grosse écorce sèche, raboteuse, remplie de crevasses qui donnent asile aux chenilles et autres insectes malfaisans et contribuent à multiplier les mousses, les lichens, etc., et autres plantes parasites qui, jointes à cette même écorce, que l'on peut regarder comme une maladie cutanée des arbres, en obstruent les pores, les privent des émanations bienfaisantes de l'atmosphère, et rendent leur végétation plus malheureuse et plus difficile.

M. de Bois-Jugan indique un remède à ces maux. Il assure qu'il a débarrassé ses pommiers des mousses et écorces chancreuses, en les frottant au commencement du printemps avec un gros pinceau trempé dans un lait de chaux un peu épais.

Je citerai avec autant de confiance un moyen que j'ai vu employer avec beaucoup de succès par quelques propriétaires du pays d'Auge et notamment par M. de Beauval, dont les pommiers frais et vigoureux semblent n'avoir acquis que de la grosseur et de la force sans avoir vieilli. Ce moyen consiste à faire enlever toutes les vieilles écorces remplies de crevasses avec un outil connu des charpentiers sous le nom de plane, qui doit être beaucoup moins aiguisé qu'il l'est à l'ordinaire. Ce travail, qui semble long et effrayant pour les cultivateurs négligens, s'exécute très promptement et a les résultats les plus avantageux.

Les arbres auxquels on donne de semblables soins, loin de dépérir, prospèrent. On n'est pas obligé de les débarrasser annuellement de cette quantité de branches sèches, dont sont remplis les pommiers des cultivateurs peu soigneux. Ils ne se couvrent pas non plus avec autant de facilité de cet arbuste parasite, le gui, qui semble les métamorphoser en arbres toujours verts, lorsque ses graines implantées dans les mousses et les crevasses des écorces trouvent à la fois le moyen de s'y fixer, y germer et s'y multiplier de la manière la plus préjudiciable, si on ne les en débarrasse au plus tôt.

Le produit de ce travail, exécuté sur le tronc et les plus grosses branches, est un monceau d'écorces, de mousses, etc., qui brûlé donne de très bonnes cendres et en grande quantité.

On doit aussi continuer de supprimer les branches trop abaissées; elles gêneroient l'agriculture, rendroient nulles ou au moins de peu de valeur les productions du sol, et donneroient aux bestiaux la facilité de les ronger et de déchirer les arbres en les tiraillant sans cesse.

Quoiqu'il y ait beaucoup d'espèces de pommiers, ainsi qu'on le verra par le catalogue suivant, et que parmi ces espèces il s'en trouve dont les fruits sont constamment d'une qualité supérieure, nous croyons, ainsi que nous l'avons déjà dit à l'article CIDRE, que la différence du sol influe plus puissamment encore sur le cidre que la différence des pommes. Le degré de maturité des fruits, la température de l'année, la plus ou moins grande quantité des fruits dont les arbres étoient chargés, sont encore des causes secondaires de la qualité supérieure ou inférieure du cidre.

Il faut cependant, nous persistons à le dire, rejeter de la formation d'un verger de pommiers à cidre toute espèce dont la saveur seroit acide. Quel que soit le sol, cette espèce donnera toujours une liqueur d'une qualité fort inférieure aux deux autres. Nous avons pris le plus grand soin et espérons avoir banni du catalogue suivant des pommiers à cidre toutes les espèces que nous avons reconnues pour avoir cette saveur.

Nous ne parlerons pas des insectes malfaisans du pommier. Ce seroit la répétition d'une partie de ceux que nous avons désignés à l'article CIDRE. Il seroit beaucoup plus intéressant de donner les moyens de s'en débarrasser; mais, il faut l'avouer, de tous les procédés, de toutes les recettes indiquées jusqu'à ce jour pour la destruction des chenilles, des hannetons, etc., les uns sont si niais, les autres d'une exécution si difficile, et tous si insuffisans, qu'il reste encore tout à désirer sur cet intéressant objet.

Quoique le travail que je vais présenter sur la nomenclature des pommiers à cidre soit le résultat de mes nombreuses correspondances avec des cultivateurs éclairés des départemens, même des contrées où l'on fait du cidre, et en même temps le fruit de la lecture que j'ai faite de la plus grande partie des auteurs qui ont traité ce sujet, auxquels j'ai joint mes propres observations, je crains bien qu'il n'ait pas encore atteint le but que je me proposois, but qui étoit de débrouiller la synonymie des noms et de donner une nomenclature exacte de chaque espèce, sans la désigner plusieurs fois sous des noms différens, comme autant d'espèces ou variétés distinctes.

Celles que l'on trouvera marquées d'une X sont d'une désignation certaine, et sur laquelle on pourra compter sous tous les rapports.

Celles qui sont désignées par un Y, m'ayant été communiquées par des agronomes et des observateurs instruits, méritent sûrement qu'on y ait confiance.

Celles enfin qui sont sans aucun signe sont tirées de différens auteurs également recommandables par leur érudition et leurs observations.

Pommiers précoces ou de première saison.

X Girard, amère. Bonne espèce, très productive. Cidre de
bonne qualité. Pays d'Auge, Bessin, Bocage, Ille-et-
Vilaine, Manche, Falaise, (Papillon, Renouvelet,
Seine-Inférieure.)

Y Lente au gros (deux espèces), douces. Bonnes espèces. Cidre un peu clair. Pays d'Auge, Eure, (Moussette,
Ille-et-Vilaine.)

Y Louvière, amère. Mauvaise espèce, peu productive. Cidre
de peu de durée. Bessin, Cotentin, Bocage.

X Relet (deux espèces), douces. Bonnes espèces, très fertiles.
Cidre léger et bon. Bessin, Manche, (Coqueret,
Falaise, Orne, Pays d'Auge, Seine-Inférieure.

Y Castor, douce. Mauvaise espèce. Cidre clair et peu durable. Bessin.

Y Cocherie-flagellée, douce. Bonne espèce, très fertile. Cidre délicat. Avranches.

Y Gai, douce-amère. Petit fruit, sec, fertile. Cidre qui n'est
bon que la seconde année; se conserve trois ou quatre ans. Ille-et-Vilaine, Manche, Bessin.

X Doux-veret, douce. Très bonne, et très féconde espèce.
Cidre de bonne qualité. Bessin, pays d'Auge, Orne,
Manche, Bocage (musel, doux à mouton. Seine-Inférieure). (Rouge-bruyère. Gournay, Falaise, Lisieux.)

Guillot-Roger, douce. Bonne et très fertile espèce. Cidre
délicat. Pays d'Auge, Bocage.

Y Saint-Gilles, douce. Très productive. Cidre léger. Cotentin.
(Longue queue. Bocage.)

X Blanc-doux, douce. Très bonne espèce. Cidre épais qui
s'éclaircit et devient bon. Bocage, Falaise. (Blan-
chet, doux de la lande, Bessin.) (Gros-blanc, Lisieux.)

X Haze, douce. Très bonne espèce. Cidre excellent. Bocage,
Bessin, pays de Caux, Eure, Falaise.

X Renouvelet, douce. Petite, mais très bonne et très productive espèce. Cidre excellent. Pays d'Auge, Cotentin,
Ille-et-Vilaine, Eure, Orne, Falaise.

X L'Épicé, douce. Bonne espèce, mais peu productive. Bon
cidre, Eure, Pays d'Auge. (Belle-fille, petit Dam-
meret, Aumale), petit Rétel, Aufrielle, Pontaude-
mer), (Pomme de lièvre, de Gournay), (Doucet,
Falaise, Lisieux.)

Y La fausse Varin, amère. Bonne espèce. Pays d'Auge, Bernay.

Y L'Orpolin jaune, douce. Bonne espèce. Bon cidre. Pays d'Auge.

Y Greffe de Monsieur, douce. Bonne espèce. Cidre clair et léger. Cotentin, Avranches, Ille-et-Vilaine. (Elle a le mérite de fleurir tard.)

La Court-d'Aleaume, amère. Peu productive. Fleurit tard. Cidre bon et bien coloré. Pays d'Auge, Cotentin.

X Amer-doux-blanc, douce-amère. Très bonne et productive espèce. Cidre bon et durable. Cotentin, Bessin, Eure, Orne, Seine-Inférieure, Somme, Pays d'Auge, Bocage, Falaise.

Quenouillette, douce. Peu productive. Fruit petit. Cidre clair et bon. Orne, pays d'Auge.

Y Blanc-mollet, douce-amère. Bonne espèce, très productive et durable. Cidre bon, qui se conserve long-temps. Pays d'Auge, Eure, (douce Morelle d'Aumale), grande vallée de Gournay, pays de Caux, Roumois, Oise.

Jaunet, douce. Bonne espèce, productive. Cidre bon et durable. Eure, Orne, pays d'Auge. (Gannel de Gournay.)

Groseiller, douce. Bonne espèce, très fertile. Cidre clair et durable. Pays d'Auge, Cotentin, (Berdouillère, queue de rat, janvier, Seine-Inférieure, Oise.)

Doux-agnel, douce. Bonne et fertile espèce. Cidre clair, agréable, mais de peu de durée. Bocage, Cotentin, Pays d'Auge, Somme, Bessin.

Pommiers moyens ou de seconde saison.

X Fréquin, amère. L'une des meilleures et des plus productives espèces. Cidre excellent et durable. Pays d'Auge, Bessin, Cotentin, Manche, Ille-et-Vilaine, Orne, Eure, Seine-Inférieure, Oise, Somme, Bocage, Falaise.

X Petit-court, douce. Bonne et fertile espèce. Cidre bien coloré, agréable et de longue durée. Bessin, Manche, Bocage.

X Doux-évêque, douce. Bonne espèce. Cidre clair, léger, agréable et de peu de durée. Eure, Orne, Ille-et-Vilaine, Manche, Cotentin, Bessin, Bocage, Falaise, Pays d'Auge, Seine-Inférieure, Somme, Oise.

Y Paradis, douce. Espèce médiocre et de peu de durée. Cidre peu estimé. Cotentin, Seine-Inférieure.

Y Varelle, douce. Mauvaise espèce. Cotentin, Bessin.

Y Herouet, douce. Bonne et fertile espèce. Cidre excellent et nourrissant. Bessin, Cotentin, Bocage, Pays d'Auge.

Y { Gros-bois, Mouronnet, Avocat, } douces. Bonnes espèces qui ne sont connues que dans le Bessin.

X Amer-doux, amer. Très bonne et très productive espèce. Cidre fort et durable. Eure, Cotentin, Bessin, (Gros amer. Falaise.)

Y Saint-Philibert, douce. Bonne espèce; très fertile. Cidre fort, très coloré et de longue durée. Pays d'Auge, Cotentin, Eure, (Bonne sorte, Grande sorte. Seine-Inférieure.)

Y Douce-ente, douce. Espèce médiocre, assez productive. Cidre léger, peu durable. Pays d'Auge, Cotentin, (Clos-ente de l'Eure), (Verte-ente de Bernay.)

Y Chargiot, douce. Mauvaise espèce. Pays d'Auge.

X Long-pommier, douce. Bonne espèce, fertile. Cidre délicat. Pays d'Auge, pays de Caux, Manche, Eure, (Etiolé, Falaise.)

Y Cimetière, douce. Bonne, très productive. Cidre très coloré et durable. Pays d'Auge, Bernay, (Blagny, Eure.)

X D'Avoine, douce. Bonne espèce, produit beaucoup. Cidre ambré, très bon et très durable. Eure, Orne, Ille-et-Vilaine, Cotentin, Bocage, pays d'Auge, Seine-Inférieure, Somme, (Grosse-queue. Falaise.)

X Ozanne, douce. Très bonne espèce, charge beaucoup. Cidre excellent et bien coloré. Pays d'Auge, Bessin, Seine-Inférieure, Oise, Somme, Falaise, (Orange. Manche et Bocage.)

X Gros-doux, douce. Bonne et fertile espèce, cidre bon et agréable. Bessin, Manche, Ille-et-Vilaine, Falaise, (Binet; Gros-binin. Seine-Inférieure.)

X Moussette, amère. Bonne espèce, très productive. Cidre bon et durable. Manche, Bocage, Orne, (Amer-mousse, Noron. Falaise.)

Y Cusset, amère. Espèce peu connue. Environs d'Avranches.

Y De Roi, douce. Idem.

X Gallot, douce. Petite mais bonne espèce, très fertile. Cidre ambré, agréable mais de peu de durée. Orne, Manche, Bessin, Bocage, Falaise.

X Pepin-percé, ou doré, ou noir, douce. Espèce qui produit beaucoup. Cidre léger, bon, peu durable. Eure, Orne, Manche, Bessin, Falaise, Somme, Oise.

X Damelot, amère. Bonne espèce, bon cidre, léger mais durable. Orne, pays d'Auge, Bocage, Falaise.

X Rouget, douce. Espèce très productive. Cidre agréable, mais peu coloré et de courte durée. Eure, Manche,

Orne , Cotentin , Falaise, (Rouge-pottier. Pays
d'Auge.) (Gros-écarlate , Gros-rouget. Seine-Inférieure.)

Y Cu-noué, amère. Bonne espèce, produit beaucoup. Cidre
excellent et très durable. Cotentin, pays d'Auge,
Eure , Ille-et-Vilaine , (Ennouée, Queue-nouée.
Seine-Inférieure.)

Piquet , amère. Espèce médiocre. Cidre pâle et peu durable.
Seine-Inférieure.

Menuet, douce. Espèce peu fertile. Cidre de bonne qualité. Manche, Ille-et-Vilaine.

Y Peau-de-Vache (variété précoce), douce. Bonne espèce.
Cidre bon et agréable. Environs de Lisieux.

Souci, douce. Bonne mais petite espèce, fruit abondant.
Cidre bon et durable. Cotentin, pays d'Auge, pays
de Caux, Eure, Ile-et-Vilaine.

Chevalier, douce. Bonne espèce. Cidre agréable à l'œil et au
goût. Cotentin, Pays d'Auge.

Y Blanchette, douce. Bonne et fertile espèce. Cidre excellent. Environs de Lisieux et de Bernay.

Jean-Almi , douce. Espèce qui donne de bon cidre. Cotentin.

Y Turbet, douce. Bonne et productive espèce. Cidre très
spiritueux. Turbatcaput. Cotentin, Eure, Pays d'Auge,
Oise.

Becquet , douce. Bonne et très fertile espèce. Cidre excellent , riche en couleur, et durable. Manche , Eure.

X Cappe, douce. Bonne espèce, produit peu. Cidre bon et
durable. Bessin, Cotentin , Pays d'Auge , Falaise.

Doux-ballon , douce. Bonne espèce , bon cidre. Cotentin.

X L'Épicé, douce. Bonne espèce. Très bon cidre. Manche ,
Orne , Ille-et-Vilaine , (Doucet. Falaise , Pays
d'Auge.)

Doux-Dagorie , douce. Espèce aussi peu estimée pour sa
qualité que pour son produit. Cidre coloré mais foible. Bessin, Orne , Bocage.

Feuillu, douce-amère. Espèce médiocre. Cidre épais qui
s'éclaircit. Pays d'Auge , Bessin.

Y De Rivière , douce. Bonne espèce. Cidre délicat et ambré.
Bocage, Orne, Bessin, Manche.

Y Préaux, douce. Bonne mais petite espèce, très fertile. Cidre clair , ambré et durable. Bessin, Cotentin, pays
d'Auge , Bocage.

Y Guibour, douce. Espèce peu connue dont on vante le cidre
dans le Bessin.

Varaville, douce. Bonne et fertile espèce. Cidre coloré, fort et durable. Cotentin, Pays d'Auge, Bessin, Eure.

Y Colin-Antoine, douce. Espèce médiocre. Cidre peu estimé. Seine-Inférieure, (Colin-Jean. Environ de Lisieux.)

Y Hommée, douce. Grosse et bonne espèce. Cidre léger, peu durable. Orne, Bocage, Ille-et-Vilaine, Somme.

X De Côte, douce. Grosse et bonne espèce, très productive. Bon cidre. Pays d'Auge, Orne, Bocage, Falaise.

Pommiers tardifs ou de troisième saison.

X Germaine, douce. Bonne espèce, très productive. Cidre excellent, bien coloré et durable. Pays d'Auge, Seine-Inférieure, Somme, Oise, Bocage, Bessin, Manche, Ille-et-Vilaine, Orne, Eure, Falaise.

X Réboi, douce. Bonne et productive espèce. Cidre bon et durable. Orne, Falaise, Bocage, Manche, Ille-et-Vilaine, Eure.

X Marin-Onfroi, douce. Très bonne espèce, très fertile. Cidre excellent. Eure, Orne, Ille-et-Vilaine, Manche, Bessin, Bocage, Falaise, pays d'Auge, Seine-Inférieure, Oise, Somme.

X Sauge, amère. Bonne espèce, produit peu. Cidre clair et agréable. Eure, Orne, Manche, Bocage, Falaise, Pays d'Auge, Seine-Inférieure.

X Barbarie, douce. Espèce très fertile. Cidre fort en couleur, s'éclaircit la seconde année. Eure, Orne, Ille-et-Vilaine, Manche, Bessin, Bocage, Falaise, pays d'Auge, Seine-Inférieure, Somme, Oise.

X Peau-de-Vache, douce. Bonne et féconde espèce. Cidre excellent et durable (on en connoît deux variétés dans le Pays d'Auge). Eure, Orne, Manche, Bocage, Falaise, Pays d'Auge, Seine-Inférieure, Oise.

Y Messire Jacques, amère. Bonne mais peu fertile espèce. Cidre clair, délicat et peu durable. Orne, Manche.

X Bédan, douce. Bonne espèce, produit beaucoup. Très bon cidre, mais un peu clair. Ille-et-Vilaine, Manche, Bessin, Bocage, Orne, Pays d'Auge, Eure, Seine-Inférieure, Somme, Oise, Falaise.

X Bouteille, douce (deux variétés). Bonne espèce, très fertile (à piler avant sa maturité). Cidre agréable et coloré. Pays d'Auge, Bocage, Orne, Seine-Inférieure, Falaise.

Y La Petite ente, douce. Espèce extrêmement tardive. Bon cidre, très coloré. Pays d'Auge.

Y Duret, douce. Espèce très vantée pour son cidre clair et spiritueux. Bocage, Eure.

Y Œil de Bœuf, amère. Espèce médiocre mais fertile. Cidre foible et peu durable. Bocage.

Y Haute-Bonté, amère. Bonne et fertile espèce. Cidre délicat, bien coloré, peu durable. Bocage, Seine-Inférieure, Pays d'Auge.

X De Chennevière, amère. Espèce très productive. Cidre clair et de médiocre qualité. Manche, Orne, Bocage, Falaise.

X De Massue, douce. Bonne et féconde espèce. Cidre très fort et durable. Bessin, Bocage, Manche, Ille-et-Vilaine, Pays d'Auge, Falaise.

Y De Cendres, amère. Bonne et fertile espèce. Cidre ambré, très agréable au goût. Bessin, Bocage, Orne.

Y Aufriche, douce. Bonne espèce, peu fertile. Cidre excellent, ambré et durable. Eure, Orne, Ille-et-Vilaine, Manche, Bessin, Bocage.

X Fossetta, douce. Bonne et fertile espèce. Bessin, Falaise.

Y { Ros, douce. / Prépetit, amère. } Espèces estimées dans le Bessin.

Y Grimpe-en-haut, amère. Espèce peu productive. Arbre ayant un port élevé. Cidre agréable et durable. Bessin, (Long-bois. Pays d'Auge), (Haut-bois, Menerbe. Seine-Inférieure.)

Saux, douce-amère. Bonne mais peu fertile espèce. Cidre excellent et durable. Bessin, Manche.

Y Pétas, amère. Espèce connue et estimée dans le Bessin.

Doux-bel-heur, douce. Bonne et fertile espèce. Cidre clair et durable. Cotentin, Pays d'Auge, Eure.

Camière, douce. Grosse et bonne espèce. Cidre très bon et durable. Bessin, Cotentin, Eure, Pays d'Auge.

Sauvage, douce. Grosse et bonne espèce, très fertile. Cidre très coloré, excellent et de longue durée. Cotentin, Bessin, Orne, pays d'Auge.

X Gros-doux, douce. Belle et bonne espèce. Cidre bon et agréable. Bessin, Bocage, Orne, Eure, Seine-Inférieure, Falaise.

Sapin, douce. Belle et bonne espèce. Cidre de belle couleur et durable. Bessin, Eure, Manche, Seine-Inférieure.

Y Doux-Martin, douce. Bonne espèce. Cidre excellent, ambré et durable. Manche, Ille-et-Vilaine, Eure, Orne, (Saint-Martin, Rouge-mulot. Pays d'Auge.)

Y Muscadet, douce. Bonne mais petite espèce, très féconde. Cidre bon et durable. Eure, Manche, Orne. Pays d'Auge.

Boulemont, douce. Espèce médiocre. Cidre clair et peu durable. Pays d'Auge.

Y Tard-fleuri, douce. Deux variétés bonnes et fertiles. Cidre bon et agréablement coloré. Ille-et-Vilaine, Manche, Eure, Seine-Inférieure, Pays d'Auge.

Y A-coup-venant, douce. Belle et bonne espèce, très fertile. Cidre clair, délicat mais peu durable. Manche, Orne, Seine-Inférieure.

Adam, douce. Bonne espèce, peu fertile. Cidre riche en couleur, fort et durable. Bessin, Pays d'Auge.

Y De Suie, amère. Espèce médiocre, peu productive. Cidre fort, épais, qui s'éclaircit la troisième année. Pays d'Auge, Bernay.

Le Gros-Charles, douce. Espèce peu prisée quoique fertile. Cidre clair et peu durable. Seine – Inférieure, Somme.

Y La Sonnette, douce. Espèce médiocre. Cidre sans qualité. Seine-Inférieure, Somme, Oise, Eure.

Jean-Huré, douce. Espèce très vantée, peu connue en Normandie. On la dit très bonne, très fertile, et donnant un cidre excellent. (Brébisson.)

POMPES. Machines hydrauliques. On donne généralement l'épithète d'hydraulique à toute espèce de machine simple ou composée, destinée à élever l'eau au-dessus de son niveau naturel. Nous réunissons ici toutes les machines hydrauliques dont l'agriculture et l'économie domestique font usage, afin d'éviter des recherches à nos lecteurs.

Le but de leur invention est d'augmenter les forces qu'on leur applique pour les mettre en mouvement, et conséquemment de procurer, avec une force donnée, un effet beaucoup plus grand que celui que l'on obtiendroit avec la même force, étant privé de leur secours.

Ces machines sont plus ou moins compliquées et plus ou moins coûteuses, suivant leur construction plus ou moins ingénieuse, et sur-tout suivant les effets plus ou moins grands qu'elles doivent produire.

La forme de cet ouvrage ne nous permet pas d'entrer dans les détails particuliers de leur construction, qui exige quelquefois les talens des mécaniciens les plus expérimentés; nous nous contenterons d'en donner une idée suffisante pour que chacun puisse reconnoître celle qu'il peut employer dans chaque cas particulier.

Nous divisons les machines hydrauliques en trois classes; savoir, 1° celles destinées à élever l'eau des puits, ou des réservoirs particuliers, pour des usages domestiques ou pour le jardinage; 2° les machines employées pour les irrigations; 3°

celles dont on peut faire usage dans les épuisemens et les dessèchemens.

SECTION PREMIÈRE. *Moyens d'élever l'eau des puits*, etc. Les machines connues ou employées pour remplir ce but sont, 1.º *la poulie* ; 2º *le treuil à manivelle* ; 3º *le treuil à roue* ; 4º *les pompes* ; 5º *le soufflet hydraulique*, ou *machine de M. Dupuis* ; 6º *la canne hydraulique* ; 7º *les syphons* ; 8º *la machine de M. Donnavet*, etc.

§. 1. *De la poulie*. Cette machine est une des plus simples que l'on puisse employer pour élever l'eau d'un puits ou d'un réservoir ; mais aussi son effet est proportionné à la dépense de sa construction. Indépendamment du temps que l'on consomme dans l'usage de cette machine, elle a encore un inconvénient causé par le peu de profondeur de la gorge de la poulie ; la moindre secousse en fait sortir la corde, et elle se trouve bientôt serrée entre la poulie et l'étrier de fer qui supporte son axe au point d'arrêter son mouvement.

Cette manière d'élever l'eau des puits est d'ailleurs assez connue pour nous dispenser de nous étendre davantage sur le mécanisme de la poulie.

§. 2. *Du treuil à manivelle*. Le treuil est un cylindre de bois d'environ un décimètre de diamètre, ayant la même longueur que le diamètre du puits, et placé sur des chevalets établis sur sa maçonnerie ; c'est sur ces chevalets que tournent les tourillons du cylindre qui lui servent d'axe. A l'extrémité de l'un de ces tourillons, et même de tous les deux, lorsque le puits a une certaine profondeur, on adapte une petite manivelle pour imprimer le mouvement. Une des extrémités de la corde est fixée au cylindre, et l'autre est armée d'un crochet à ressort pour attacher le seau. A mesure que l'on fait descendre ou monter le seau, la corde se déroule ou se roule sur le cylindre.

Le but de cette machine est, comme dans les poulies, d'augmenter l'effet de la force du moteur ; mais ici l'augmentation de force est procurée en même temps par celle du diamètre du cylindre et du rayon de la manivelle, tandis que dans les poulies elle n'est que proportionnelle au diamètre de la poulie.

Quoique la construction du treuil à manivelle soit un peu plus compliquée que celle de la poulie, les treuils sont cependant encore plus multipliés dans les campagnes que les poulies ; d'abord parceque leur usage est susceptible d'un plus grand effet et d'une perte de temps un peu moindre, et ensuite parceque la construction en est plus facile à exécuter par les ouvriers que l'on y trouve, et qu'elle est moins dispendieuse.

§. 3. *Des treuils à roue.* La seule différence qui existe entre cette machine et la précédente consiste dans le cylindre auquel on donne un plus grand diamètre, et dans une roue qui y remplace la manivelle. C'est le treuil à manivelle perfectionné ; car, au moyen de ces augmentations dans le diamètre du cylindre et du rayon de la manivelle, sa manœuvre exige beaucoup moins de force et de temps, sans occasionner une dépense assez forte pour contre-balancer les avantages.

On diminue beaucoup les frottemens de cette machine, et conséquemment on peut en augmenter l'effet, en faisant tourner l'axe commun du cylindre et de la roue, que l'on fabrique ordinairement en fer, sur des roulettes de cuivre appelées *galets* dans les arts.

Nous avons fait construire une semblable machine sur un puits de trente mètres de profondeur ; on avoit pu donner un tiers de mètre de diamètre au cylindre, parceque le puits étoit très large ; chaque seau contenoit au moins autant que deux seaux ordinaires ; la roue manivelle avoit été construite sur un diamètre d'un mètre deux tiers, et un enfant la faisoit tourner très facilement en tirant les chevilles latérales disposées à cet effet sur le côté extérieur de sa circonférence. Mais on s'aperçut bientôt que le mouvement de la machine s'accéléroit avec trop de rapidité, lorsque le seau vide étoit descendu à environ la moitié du puits, et qu'il rencontroit à ce point le seau plein montant ; pour éviter les accidens qui pouvoient en résulter, on fut obligé de réduire le diamètre à un mètre un tiers. Alors un enfant pouvoit également tirer de l'eau à ce puits, seulement il étoit obligé d'employer un peu plus de force dans le commencement de l'ascension du seau plein.

Dans des puits encore plus profonds, ou lorsqu'on a besoin journellement d'une grande quantité d'eau, on remplace la roue verticale du cylindre par un *pignon* de diamètre convenable, dont les dents engrainent avec celles d'une roue horizontale que l'on peut faire tourner par des hommes ou par un cheval, comme dans les pressoirs à cidre, etc. ; mais alors et pour y trouver de l'avantage, il faut avoir des seaux d'une capacité plus grande encore ; et, comme ils deviendroient trop pesans à vider, on est obligé de disposer la machin de manière que chaque seau, parvenu au haut du puits, soi forcé de se renverser de lui-même, et de vider son eau dan le réservoir que l'on place à cet effet à portée du puits.

§. 4. *Des pompes.* On sait qu'une pompe est une machin hydraulique faite en forme de seringue.

Vitruve en attribue la première invention à *Ctesebes*, Athé nien, d'où les latins ont appelé cette machine *ctesebiana*.

On les distingue en différentes espèces, suivant la manière dont elles agissent ; savoir, 1° la *pompe commune* ou la *pompe aspirante* ; 2' la *pompe foulante* ; 3° la *pompe aspirante et foulante* en même temps.

L'une ou l'autre de ces machines est nécessairement composée d'un *corps de pompe* et d'un *piston*.

1° *Pompe aspirante.* On la distingue par la position du piston placé à une hauteur plus ou moins grande au-dessus du fluide qu'il s'agit d'élever. Alors le piston, en faisant le vide dans le corps de pompe, force l'eau dans laquelle il trempe à y monter par l'effet de la pression extérieure de l'air atmosphérique, et, étant ainsi élevée, l'eau s'épanche dans le réservoir disposé pour la recevoir.

2° *Pompe foulante.* Dans celle-ci, le piston ainsi que le corps de pompe baignent dans l'eau. Le piston, passant alternativement de l'une à l'autre des extrémités du corps de pompe, force l'eau qui y entre, soit au-dessus, soit au-dessous de lui, à s'élever dans un tuyau d'ascension. Pour cet effet, il est nécessaire de placer les soupapes de manière que l'eau, parvenue dans le corps de pompe, ne trouve plus d'autre issue que celle du tuyau d'ascension, et qu'une fois arrivée dans celui-ci, elle ne puisse pas rétrograder.

3' *Pompe aspirante et foulante.* Dans cette espèce de pompe, le piston en s'élevant aspire l'eau par un tuyau d'aspiration muni d'une soupape qui l'empêche de rétrograder ; et en descendant il force cette même eau à passer dans un tuyau d'ascension, qui peut n'être qu'un prolongement du corps de pompe (et alors le piston est garni d'une soupape), ou qui est adaptée latéralement au corps de pompe, et dans ce cas le piston est plein.

Chacune de ces machines a ses avantages et ses inconvéniens. La pompe aspirante, ayant son corps de pompe établi au-dessus du fluide à élever, présente beaucoup de facilité pour découvrir et réparer les défauts ou les dégradations de ses différentes parties, car on ne doit pas dissimuler que les pompes exigent de fréquentes réparations. Mais l'aspirante ne peut élever l'eau d'un seul jet qu'à la hauteur extrême d'environ dix mètres ; car à trente-deux pieds la colonne d'eau élevée seroit en équilibre avec la pression de l'atmosphère, et il ne pourroit plus y avoir d'ascension ; en sorte que si l'on avoit besoin d'élever l'eau de cette manière à une plus grande hauteur, on seroit obligé d'ajouter un nouveau corps de pompe à chaque dix mètres d'excédant sur la première hauteur.

La pompe foulante au contraire peut élever l'eau, sans aucune reprise, jusque sur la sommité d'une haute montagne ;

mais comme tout son appareil est constamment plongé dans l'eau, il est difficile d'en reconnoître les défauts ou les dégradations, et, pour les corriger, on est obligé de tout démonter.

Les pompes à la fois aspirantes et foulantes sont reconnues les meilleures de toutes. Celle inventée par Ctesebes, ainsi que les pompes à bras, même celles dites à la hollandaise, sont de cette espèce. Ces dernières sont le plus généralement adoptées pour élever l'eau des puits dans les différens besoins du ménage, et même pour le jardinage; c'est pourquoi nous allons en donner une idée plus particulière.

La *pompe à bras*, que l'on voit dans les maisons des hommes aisés, est composée, 1° d'un tuyau de plomb, dit *d'aspiration*, d'environ cinq centimètres (deux pouces) de diamètre, ayant son extrémité inférieure coudée et posée sur un soc de bois placé à cet effet au fond du puits. Le bout coudé doit tremper entièrement dans l'eau, et être percé de plusieurs trous pour faciliter l'entrée de l'eau; 2° d'un cylindre de cuivre servant de corps de pompe, de quatorze centimètres (cinq pouces) de diamètre, placé au-dessus du tuyau d'aspiration qui y aboutit, et terminé en entonnoir dans sa partie inférieure, pour se raccorder avec le tuyau d'aspiration, et afin de pouvoir y loger à force un petit barillet percé de même diamètre que ce tuyau, couvert d'une soupape et bien garni de filasse dans son pourtour pour empêcher l'eau de descendre; 3° du piston du corps de pompe, également percé dans son milieu, couvert d'une soupape garnie de cuir en dessus, et attaché à une anse de fer suspendue à une verge de même métal, qui est fixée à l'extrémité d'une bascule aussi en fer; 4° de cette bascule composée d'abord d'un levier, à l'extrémité duquel est accrochée la verge du piston, et ensuite d'une poignée qui est le prolongement coudé de ce levier. Il fait bascule, et est soutenu au moyen d'un étrier de fer attaché à la cuvette par deux liens, avec un œil et un boulon de fer sur lequel tournent les deux bras du levier. L'eau élevée par ce moyen, et de la manière que nous avons exposée plus haut, tombe dans une cuvette de pierre par une gargouille ornée d'un masque.

La *pompe hollandaise* est construite absolument dans les mêmes principes que la précédente; seulement elle est plus simple et moins coûteuse. C'est un tuyau d'aune, ou d'orme, creusé, qui sert à la fois de corps de pompe et de tuyau d'aspiration. Au bas de ce tuyau, et à la distance de seize à dix-neuf centimètres (six à sept pouces) de son extrémité inférieure, on établit une soupape; cette partie trempe dans l'eau et est percée de trous. Le piston est percé, comme dans la pompe à bras, et son anse est attachée à une tringle de bois, dont le bout supérieur est accroché à l'extrémité d'une bascule en bois supportée par un étrier, aussi de bois; et cet étrier en fourchette est fixé au tuyau, ou corps de pompe, de la manière la plus solide. Cette pompe est nommée *hollandaise*, parcequ'elle est très en usage dans toutes les Provinces-Unies.

Dans toutes les pompes on se sert de soupapes, ainsi que nous l'avons dit. La plus simple est celle appelée *clapet*, qui est composée d'un cuir et d'une petite masse de plomb qui l'oblige à se fermer. Les plus compliquées consistent dans une bonde de métal munie d'une tige au centre, qui retient la soupape en place, et qui l'empêche de s'élever au-delà du nécessaire.

Dans ces derniers temps on a donné à cette partie essentielle de la pompe la forme d'une sphère creuse en métal, d'environ un tiers plus pesante que le volume d'eau qu'elle déplace. Il faut avoir le soin de limiter son mouvement d'ascension, afin qu'elle se ferme plus promptement, et qu'elle empêche l'eau de rétrograder. Cette espèce de soupape a l'avantage, sur les précédentes, de livrer à l'eau un passage plus libre, et conséquemment de diminuer la résistance. On a aussi trouvé le moyen, dans la forme de ces soupapes, d'imiter les *valvules ligmoïdes de l'aorte* (artère), qui empêchent le retour du sang dans le cœur. Les valvules, comme on sait, ont la propriété de ne point rétrécir l'ouverture des vaisseaux artériels. Pour faire usage de ce moyen dans les pompes, on compose la soupape de deux pièces demi-circulaires, liées ensemble par une seule et même charnière, dont l'axe occupe la ligne de leur diamètre commun; de manière qu'elles représentent deux volets semi-circulaires accouplés. Les soupapes jumelles sont fixées, ou au corps de pompe, ou au piston, suivant le besoin. Lorsqu'elles sont fermées, elles forment, avec la base du piston, un angle de quarante-cinq dègrés; et quand elles sont ouvertes, elles se trouvent presque réunies verticalement par leurs bords circulaires, et l'eau en montant n'éprouve que la moindre résistance possible, parcequ'elle n'est point déviée latéralement comme dans les pompes munies de clapets ordinaires. M. Molard a fait construire des pompes avec les *clapets ligmoïdes* de son invention, qui ont produit les résultats que l'on vient d'énoncer. Ces clapets sont très avantageux pour toute espèce de pompe, et particulièrement pour celles que l'on destine à élever les eaux chaudes des lessives et des savonneries. La dépense n'en est pas plus considérable, eu égard à leur plus grande durée et aux bons effets qu'on en obtient.

Ces perfectionnemens dans la construction des pompes sont très avantageux; malheureusement on est trop souvent privé de bons ouvriers pour les pratiquer. D'ailleurs les pompes se détraquent facilement, leur entretien est continuel, et lors même que l'on pourroit se résoudre à en faire construire, on se trouveroit encore arrêté par l'éloignement des ouvriers capables de les bien entretenir.

Ces inconvéniens attachés à presque toutes les espèces de pompes ont fait imaginer à des mécaniciens d'autres moyens de remplir le même but sans avoir besoin ni de corps de pompe ni de pîston.

§. 5. *Machine de M. Dupuis.* Parmi celles dont nous venons de parler, nous devons d'abord indiquer la machine hydraulique de feu M. Dupuis, tant à cause de sa simplicité et de ses grands effets, que par la modicité de son prix de construction comparé avec celui des pompes, et les nombreuses applications que l'on peut en faire.

Nous ne pouvons mieux la comparer qu'à un soufflet de forge, avec lequel cette machine a beaucoup de ressemblance, tant pour la forme que pour la manœuvre.

Pour la faire servir à élever l'eau d'un puits, et y remplacer la pompe à bras, on établit dans le fond un coffre de bois, séparé en deux par une cloison pour pouvoir y placer deux plates-formes, et obtenir ainsi de la machine un effet double de celui qu'elle produiroit si on n'y en mettoit qu'une.

Le dessus de ce coffre est fermé hermétiquement, comme celui des pistons, et il est percé de quatre ouvertures accolées deux à deux, recouvertes par des clapets, et renfermées dans une espèce de hotte de cheminée, bien calfatée, qui se raccorde avec le tuyau d'ascension dressé dans la partie supérieure du puits.

Les côtés intérieurs de chaque case du coffre sont revêtus en cuivre, à l'exception de la paroi taillée en portion de cercle pour le jeu de la plate-forme, laquelle est garnie de cuir fort, ou de bourre, pour empêcher l'eau de descendre.

Cette plate-forme, également garnie de deux clapets qui correspondent à ceux du dessus du coffre, est fixée d'un côté, immédiatement au-dessous de ce couvercle, à sa rencontre avec la cloison, ou avec l'une de ses parois, par un boulon de fer qui lui sert de charnière; son côté opposé est contenu dans son mouvement de rotation, en-dessus par le couvercle même, et en-dessous par une tringle de fer inclinée au moyen de deux mouffles, ou mieux encore par un châssis à deux branches, ou un étrier, qui se raccorde au-dessus du coffre, et y est attachée à une tringle de fer accrochée à la manivelle dans son extrémité supérieure; en sorte que lorsque la plate-forme est baissée, elle se trouve inclinée dans le coffre, et, quand on la lève, elle vient s'appliquer contre le dessus de ce coffre. Pour bien jouer sur la paroi circulaire du coffre, cette partie de la plate-forme est taillée aussi en portion de cercle.

La manivelle destinée à donner le mouvement à cette machine est placée au-dessus du puits, et son tourillon en fer est disposé de manière qu'en la tournant chaque plate-forme se hausse et se baisse successivement.

Par ce mouvement alternatif, l'eau qui entoure le coffre et qui y entre continuellement, étant comprimée par le poids de l'atmosphère, fait lever successivement les clapets de chaque plate-forme, et elle s'introduit nécessairement dans l'espace compris entre elle et le dessus du coffre. Là elle se trouve bientôt comprimée par le mouvement d'ascension de la plate-forme, elle en ferme les soupapes et force celles du couvercle à s'ouvrir. Elle parvient donc ainsi dans la hotte de cheminée, d'où elle ne peut plus rétrograder, et elle s'élève dans le tuyau d'ascension qui la transmet dans le réservoir supérieur.

« L'avantage de cette machine est de ne point exiger de piston ni de corps de pompe ; d'avoir peu de frottement ; de s'user moins qu'une autre ; d'être de peu d'entretien ; de coûter peu dans l'exécution, qui ne passe pas, étant simple, la somme de douze cents livres ; de pouvoir servir aux mines, aux dessèchemens des marais et fossés ; de se loger dans les puits et par-tout, sans échafaudage et sans grande préparation ; d'être mise en mouvement par des hommes, des chevaux, par l'eau et par le vent ; et, avec tout cela, d'amener dans le même espace de temps le double de l'eau que peut fournir la meilleure machine qui ait été exécutée jusqu'à présent. » Tel est du moins le jugement qu'en a porté, dans le temps, l'académie royale des sciences, après en avoir fait constater les résultats à Cachans près Paris, et dans les mines de Pontpéan près Rennes, où cette machine a été établie en grand.

Ceux de nos lecteurs qui voudroient avoir plus de détails sur ses avantages et sa construction les trouveront dans l'Encyclopédie.

§. 6. *Canne hydraulique.* Si l'on n'avoit besoin d'élever à la fois qu'une petite quantité d'eau, comme dans les buanderies, on pourroit se servir avec avantage de la canne hydraulique perfectionnée.

Cette machine est composée d'un tube garni à son extrémité inférieure d'une soupape d'ascension. En imprimant à ce tube, dans le sens vertical, un mouvement très rapide, on parvient à faire jaillir l'eau par son extrémité supérieure. M. de Trouville, en 1787, est le premier, du moins à notre connoissance, qui ait essayé d'élever l'eau par ce moyen ; mais comme la main seroit insuffisante pour lui imprimer pendant long-

temps un mouvement aussi rapide, on ne s'en est pas servi.
M. Molard, en cherchant les machines les plus simples qui
pouvoient élever les eaux chaudes des lessives, est parvenu à
manœuvrer la canne hydraulique par un mouvement continu
de rotation. On en voit le modèle en grand au Conservatoire
des arts de Paris.

§. 7. *Syphons.* On connoît depuis long-temps les moyens d'é-
lever l'eau avec des syphons. Les appareils en sont décrits et
gravés dans plusieurs ouvrages depuis plus de cent ans. M. Ber-
tin les a reproduits il y a quelques années; mais leur construction exigeoit toujours de manœuvrer les robinets à la main.

M. Jumelin a imaginé un syphon qui donne *seul* une petite
quantité d'eau au sommet. Il obtient cet effet à l'aide de deux
vases suspendus aux deux extrémités d'un balancier, dout
l'axe est un robinet, et qui, en se vidant et en se remplissant
alternativement, donnent au balancier un mouvement continu, au moyen duquel les orifices des conduits du syphon
(qui sont disposés de la même manière que dans les anciens),
s'ouvrent et se ferment alternativement.

Cet appareil pourroit devenir plus avantageux encore, et
même servir en quelques circonstances aux besoins de l'agriculture, si l'on parvenoit à prendre l'eau au sommet sans l'intermédiaire des robinets, qui prennent bientôt du jeu et s'opposent à l'effet de la machine. M. Molard, à qui nous devons
plusieurs de ces détails, pense que le problème n'est pas insoluble.

§. 8. *Machine de M. Donnavet de Provins.* Cette machine,
sans corps de pompe, sans piston, même sans moteur, du
moins apparent, est peut-être une heureuse solution de ce
problème.

Quoi qu'il en soit, nous l'avons vue établie dans le jardin de
son modeste auteur. Le puits dont elle élève l'eau nous a paru
avoir environ sept à huit mètres de profondeur, autant que
nous avons pu en juger en passant la tête par la petite ouverture
qu'il a laissée dans la face postérieure de la construction qui
couvre la machine, et qui procure à l'intérieur du puits une
communication constante avec l'air extérieur. Cette construction, d'environ trois mètres de hauteur, est en maçonnerie
élevée sur le revêtement du puits, et contient dans sa partie
supérieure un réservoir, ou château-d'eau, où la machine
verse l'eau, et d'où elle va alimenter un jet d'eau, placé à
quelque distance dans le jardin, au milieu d'un bassin circulaire.

M. Donnavet a refusé de nous montrer le réservoir supérieur,
ainsi que de nous expliquer le mécanisme de sa machine, et
il s'en est excusé en nous disant qu'il venoit de vendre son

secret à un négociant de Provence. Nous n'avons donc pu juger que de son effet, c'est-à-dire qu'avec trois tuyaux verticaux, qui nous ont paru plonger dans l'eau du puits, et qui sont composés avec des canons de fusil soudés les uns aux autres, cette eau, sans moteur apparent, montoit sans interruption dans le réservoir supérieur. Mettant l'oreille à l'ouverture dont nous avons parlé plus haut, nous n'avons entendu d'autre bruit que celui de la chute d'eau du trop plein du bassin du jet d'eau, qui retourne dans le puits lorsqu'elle n'est pas employée aux arrosemens; en sorte que nous ne pouvons pas indiquer la destination particulière de chacun de ces tuyaux.

Cette machine a trouvé des incrédules, et nous serions peut-être nous-mêmes de ce nombre si nous ne l'avions pas vue, et si ses effets continus ne nous avoient pas été attestés par les hommes les plus recommandables de la ville.

Elle paroît la plus simple, relativement à l'effet qu'elle produit; et si la dépense de construction n'est pas plus forte que l'auteur ne l'évalue, il est bien à désirer qu'il puisse faire jouir bientôt les propriétaires de tous les avantages de cette découverte; l'approche de la fin du concours que la société d'agriculture de Paris a ouvert sur les machines hydrauliques, appliquées aux différens besoins de la culture, doit nous faire espérer que S. Exc. le ministre de l'intérieur, qui en a fourni les fonds, voudra bien faciliter à M. Donnavet les moyens d'y présenter son ingénieuse machine.

§. 9. *Noria.* La noria, ou le noria, est aussi une machine sans pompe, ni piston, que l'on emploie quelquefois pour élever l'eau des puits très profonds. Elle est simple, peu dispendieuse, soit pour la construction, soit pour l'entretien, et l'on conçoit qu'elle doit durer long-temps et rendre un grand produit; mais, pour la mettre en mouvement, il faut le secours des bras, ou des animaux, ou au moins du vent.

Cette machine subsiste en Espagne de temps immémorial; on présume qu'il faut en attribuer l'invention aux Maures.

Les noria d'Espagne sont construites dans les plus grandes dimensions, parceque c'est particulièrement pour les irrigations des terres qu'on les emploie; mais il seroit très facile de les simplifier et d'en réduire les dimensions de manière à être appliquées aux usages les plus communs. Voici quel en est le mécanisme.

Une roue horizontale, mue par un cheval, fait tourner la roue verticale de la noria par un engrainage ordinaire. Sur cette dernière roue passe un chapelet de godets de terre contenus entre des cordes d'écorce. Ces godets sont conduits dans le fond du puits par le mouvement de la roue; ils s'y remplissent d'eau en y entrant par leur côté ouvert. Lorsqu'ils en sont remplis, comme ils prennent en remontant une position contraire à celle qu'ils avoient en descendant, leur ouverture est tournée en haut, et ils gardent l'eau qu'ils ont puisée jusqu'à ce qu'ils soient amenés à la hauteur de la roue. Alors, à mesure qu'ils montent sur cette roue, ils s'inclinent ; et quand ils sont au point le plus élevé, ils versent leur eau dans l'auge ou bache placée à cet effet au-dessus de l'axe de la roue et à travers ses barres. Cette bache est immobile, et conséquemment ne tient ni à la roue ni à son axe ; elle est fixée latéralement à l'orifice du puits. Il y a à cette bâche une rigole qui conduit les eaux versées dans la bache à l'endroit destiné pour leur réunion.

On trouve dans l'Encyclopédie et dans le traité des prairies de M. d'Ourches des moyens de perfectionner cette machine.

Il existe encore plusieurs autres moyens d'élever les eaux pour le service de l'intérieur des habitations, soit à l'aide de la *force centrifuge*, soit avec des *pendules hydrauliques*, etc. ; mais, dans cet ouvrage, nous avons dû nous restreindre à ne parler que des machines les plus usuelles, ou de celles dont on pouvoit obtenir les meilleurs résultats, étant construites comme il convient.

SECTION II. *Des machines employées pour l'arrosement des terres.* Pour remplir le but que l'on se propose ici, il faut nécessairement employer des moyens plus grands que dans les machines de la section précédente ; car les irrigations exigent un volume d'eau plus considérable que les besoins ordinaires d'un ménage, ou les arrosemens d'un jardin circonscrit.

Cependant une partie des machines imaginées pour élever l'eau d'un puits peuvent aussi être employées pour l'irrigation des terres, en leur donnant les dimensions et la disposition convenables aux circonstances locales : telles sont les pompes, la machine de M. Dupuis, le noria, etc. On pourroit même s'en servir avec encore plus d'économie que pour élever l'eau des puits ; car l'irrigation des terres exige rarement une aussi haute élévation de l'eau, et le cours d'eau à élever pourroit presque toujours servir de moteur à la machine, sans être obligé d'emprunter le secours des bras, ou des animaux, ou du vent, dont l'usage est généralement plus dispendieux.

Il en existe encore d'autres qui sont spécialement affectées à l'irrigation des terres ; nous allons en faire connoître les principales.

§. 1. *Vis d'Archimède.* Cette machine, l'une des plus anciennes, est un tube, ou canal creux, qui tourne autour d'un cylindre, de même que le cordon spirale dans la vis ordinaire. Le cylindre est fixé dans le cours d'eau dans une inclinaison faisant avec l'horizon un angle de quarante-cinq degrés, et de manière que l'orifice du canal y soit toujours plongé. En faisant tourner le cylindre à l'aide d'une manivelle, l'eau s'élève dans le tube spirale, se décharge dans le réservoir, ou la bâche préparée pour la recevoir, et est ensuite dirigée vers sa destination.

L'invention de cette machine est si heureuse, que le premier mouvement étant imprimé à l'eau, elle monte dans le tube par l'effet de sa seule pesanteur. En effet, au moyen de l'inclinaison donnée au cylindre, et lorsqu'on le tourne, l'eau descend réellement le long du tuyau, parcequ'elle s'y trouve comme sur un plan incliné.

Cette machine peut donc élever une assez grande quantité d'eau avec une très petite force, c'est pourquoi son usage est très avantageux ; mais, par ce moyen, on ne peut pas élever l'eau à une grande hauteur, à cause de la grande longueur qu'il faudroit donner à cet effet au cylindre, qui le rendroit très pesant, et l'exposeroit même à être courbé par le poids de l'eau et à perdre ainsi son équilibre.

M. Cagnard-Latour vient d'imaginer une nouvelle application de cette machine. Il fait tourner la vis en sens contraire, et, étant baignée dans l'eau, elle force l'air à descendre au fond du bassin, d'où il est possible de la faire servir à alimenter les feux de forge, etc. Plongée dans le mercure, cette machine serviroit à faire descendre l'eau au-dessous du mercure, qui à son tour, et par sa pression, la forceroit à s'élever à une hauteur proportionnée à la différence des pesanteurs spécifiques des deux fluides.

§. 2. *Roues à godets*. Cette machine peut être mue par le cours d'eau même qu'il s'agit d'élever. Elle consiste dans une roue à aubes d'un diamètre proportionné, ou au volume d'eau dont on a besoin, ou à la hauteur à laquelle il faut l'élever. On garnit la roue de godets, ou vases attachés sur la surface latérale de ses jantes dans tout le pourtour de sa circonférence. Les godets se remplissent par le mouvement de la roue, comme dans les noria, et se vident dans une bâche disposée en arrière pour en recevoir l'eau.

On peut doubler l'effet de la machine en adaptant des godets sur chacun des côtés des jantes de la roue.

§. 3. *Roues à cornets*, ou *escargots*. Cette machine a beaucoup de ressemblance avec la précédente. On s'en sert de préférence dans les épuisemens des constructions maritimes, parcequ'elle est très simple et qu'elle produit un très grand effet ; mais il seroit avantageux de l'employer pour les irrigations, lorsque la hauteur à laquelle il faut élever l'eau du courant n'excèderoit pas la moitié du diamètre qu'il est possible de donner à la roue.

Un escargot est composé, 1° d'une roue d'un diamètre proportionné à la hauteur à laquelle on veut élever l'eau, et combiné avec le volume du courant et l'effet que l'on désire; 2° de cornes ou cornets en tôle, ou en fer battu, de forme circulaire, et d'un diamètre plus grand à leur orifice, qui est fixé à la circonférence de la roue, qu'à l'autre extrémité qui est recourbée et attachée au moyeu ou axe de cette roue; 3° et d'une bache placée au-dessous de l'axe, dans laquelle les cornets se vident par leur extrémité recourbée.

C'est sans doute la forme de ces tubes qui a fait donner à la machine le nom vulgaire d'*escargot*.

Ces deux dernières machines hydrauliques sont très multipliées en Perse et en Chine. Leur construction est simple et généralement peu coûteuse. L'axe de leurs roues ou leurs tourillons tournent, comme ceux des roues de moulins, sur des crapaudines en fonte solidement encastrées dans leurs supports; et lorsqu'on veut diminuer encore davantage le frottement de cette partie, on les fait tourner sur des galets de cuivre, ainsi que nous l'avons déjà indiqué.

§. 4. *Belier hydraulique.* Cette machine a la propriété d'élever une quantité d'eau proportionnée à la hauteur de la chute et au volume du cours d'eau par l'effet de la *force vive*. On en voit une description détaillée dans le Bulletin de la société d'encouragement.

Withurfth avoit appris en 1772 à faire monter une petite quantité d'eau dans un réservoir placé à la hauteur convenable pour les usages domestiques. Pour cet effet, il avoit pratiqué près du robinet d'écoulement un embranchement plongé dans un réservoir d'air construit à la manière des fontaines de compression; en sorte qu'en fermant brusquement le robinet d'écoulement, l'eau en mouvement dans le tuyau, passoit en partie dans le réservoir d'air, comprimoit celui-ci, qui, à son tour, réagissoit sur cette eau et la forçoit à s'élever à la hauteur désirée dans un tube plongé dans ce réservoir.

M. Vialon avoit aussi fait connoître un moyen fondé sur le même principe, pour tirer parti de la *force vive* de l'eau, à l'effet d'en élever une partie par cette même force, en faisant usage d'une soupape à contre-poids.

Vers l'an 5, M. Montgolfier a imaginé une *soupape d'arrêt* qui ferme alternativement le passage à l'eau dans un canal, laquelle pressant sur la soupape d'arrêt, ouvre la *soupape d'ascension*, et s'élève en plus ou moins grande quantité et hauteur, suivant le volume d'eau disponible et la hauteur de sa chute. C'est à cause de ce choc que ce savant physicien a donné à cette machine le nom de belier hydraulique.

Sa construction est très délicate, et exige absolument toute l'intelligence des ouvriers exercés dans ce genre de travail. Sa dépense paroît plus forte que celle d'une roue à godets, ou d'un escargot de dimensions à produire le même effet.

§. 5. *Autres machines.* Si l'on veut élever l'eau d'un courant à de grandes hauteurs, les machines dont nous venons de parler ne sont plus suffisantes ; il faut avoir recours aux pompes, et les multiplier autant qu'il est nécessaire pour remplir le but. Le seul avantage de cette position est de pouvoir toujours se servir de l'eau du courant pour moteur, car la construction de ces grands appareils est d'ailleurs extrêmement dispendieuse. Tels sont les *moulins dits à eau*, la machine de Marly, la pompe de Nymphenbourg, etc., qui sont décrits dans l'Architecture hydraulique de Bélidor et dans l'Encyclopédie ; la machine de M. *Sailler* de Mémingen, et celle de la chartreuse de Bouxaime, dont on trouve des descriptions dans l'ouvrage de M. d'Ourches ; enfin les pompes mues par la vapeur de l'eau, autrement appelées *pompes à feu*, les plus ingénieuses et celles qui produisent le plus d'effet, mais aussi dont la construction est la plus chère : on en voit plusieurs à Paris de la composition de MM. Périer, et leur mécanisme est très bien expliqué dans l'Encyclopédie, etc.

SECTION III. *Des machines hydrauliques employées dans les dessèchemens, et pour l'élévation des eaux stagnantes en grande masse.* Dans ces cas particuliers, on ne peut plus employer pour moteur des machines l'eau même qu'il s'agit d'élever, car elle se trouve en stagnation. Cependant on se sert, pour produire cet effet, et suivant les circonstances locales, des différentes machines que nous avons indiquées dans les sections précédentes ; mais, pour les mettre en mouvement, on est obligé d'avoir recours, ou aux bras, ou aux animaux, ou au vent, ou enfin aux machines à feu ; en sorte qu'elles présentent dans leur mécanisme les différences nécessitées par le moteur que l'on a choisi. Telles sont les *polders*, ou *moulins à vent des Hollandais*, les *noria*, les *pompes à feu*, etc.

Le choix de ces différentes machines, dans chaque cas particulier, doit s'arrêter sur celle dont la dépense de construction, de manœuvre et d'entretien sera la plus analogue à l'effet que l'on désire, et qui le produira de la manière la plus prompte et la plus économique.

L'eau est tellement indispensable pour les hommes, les animaux et les productions de la terre, que l'on se demande avec étonnement comment les machines hydrauliques ne s•

pas plus multipliées en France, où les eaux sont généralement bien disséminées, et où la science de l'hydraulique a fait de grands progrès, sur-tout depuis environ un siècle. On ne peut pas supposer que les savans hydrauliciens qu'elle a produits ne se soient jamais occupés des moyens de simplifier les meilleures machines hydrauliques connues, pour les rendre d'une construction moins dispendieuse et d'un usage assez économique pour être appliquées aux besoins de la culture. Il faut donc croire qu'il en existe quelques unes de ce genre dans différentes localités, et que si elles ne sont pas plus multipliées, c'est qu'elles sont trop peu connues, ou que le cachet du luxe qu'on leur a imprimé de tout temps a détourné les propriétaires voisins d'en adopter l'usage.

C'est pour lever un obstacle aussi préjudiciable à l'agriculture qu'à la salubrité publique, que la société d'agriculture de Paris s'est déterminée, avec l'agrément de S. Exc. le ministre de l'intérieur, à ouvrir un concours sur les meilleures machines hydrauliques exécutées pour chacune des trois divisions que nous avons adoptées dans cet article ; et, pour être dans le cas de choisir sur un plus grand nombre, elle a admis les étrangers à ce concours. (De Per.)

POMPON. Espèce de Rosier. *Voyez* ce mot.

PONCEAU. Nom vulgaire du pavot des champs.

PONTIS. On appelle ainsi les balles des céréales ou menues pailles dans quelques endroits.

POOURRÉ. Nom des jeunes chevaux dans le département du Var.

POPULAGE, *Caltha*. Plante à racine vivace ; à tige cylindrique, rameuse, couchée par sa base, haute d'un pied ; à feuilles alternes, pétiolées, épaisses, glabres, réniformes, crénelées, d'un vert sombre et luisant ; à fleurs grandes, jaunes, axillaires et terminales, qu'on voit très communément dans les marais et les prairies humides, qui forme seule un genre dans la polyandrie polygynie et dans la famille des renonculacées.

C'est une très belle plante qu'on ne doit pas négliger de placer sur le bord des lacs, des rivières et autres parties humides des jardins paysagers. Elle fleurit au commencement du printemps. On la multiplie par le déchirement de ses racines en automne. Quelques jardiniers l'appellent le *bouton d'or*. Il y en a une variété à fleurs doubles qui reste plus long-temps épanouie, mais qui a moins d'élégance.

La médecine emploie le populage des marais comme détersif et apéritif. Les vaches et les chevaux n'y touchent pas, et est, par conséquent, nuisible aux prairies ; aussi un propriétaire actif la fait-il arracher, entre deux terres, au printemps avant la floraison, avec une pioche à fer étroit. Deux ou trois ans suffisent pour en débarrasser pour long-temps le pré le plus étendu. Les racines et les tiges se donnent aux cochons qui les mangent avec plaisir. On confit ses boutons au vinaigre comme les câpres, et on colore le beurre avec ses fleurs pilées. (B).

POQUET. On donne ce nom dans quelques jardins à ce que dans d'autres on appelle AUGETS (*voyez* ce mot), c'est-à-dire à de petits creux d'un pied de diamètre, et de deux ou trois pouces de profondeur, dans lesquels on sème ou plante les fleurs annuelles qui ont besoin d'arrosement. La plupart de celles des parterres sont ainsi placées.

PORC. On donne ce nom au COCHON dans un grand nombre d'endroits.

PORES. Ouvertures le plus souvent extrêmement petites et invisibles à l'œil nu, qui existent sur la surface extérieure de tous les animaux et de tous les végétaux, et qui servent à l'absorption des fluides nécessaires à la conservation de leur vie, et à l'expiration de ceux qui leur sont nuisibles.

Dans les végétaux les pores sont de différentes formes, c'est-à-dire qu'il en est de ronds, d'ovales, d'hexagones. Leur grandeur varie, non seulement dans chaque espèce de plante, mais encore souvent dans la même plante.

Il est des plantes où les pores paroissent tous obstrués; ce-pendant en général cette obstruction est une maladie qui amène des accidens graves et peut-être la mort. Lorsqu'on bouche tous les pores d'une plante avec de l'huile, cette plante ne tarde pas à périr.

C'est par les pores que sort la transpiration insensible des végétaux, ainsi que la surabondance des gaz qui ont été por-tés par la circulation de la sève ou qui se sont formés dans leur tissu cellulaire, principalement l'oxygène. C'est encore par eux que s'exhalent les odeurs.

C'est par les pores que le gaz acide carbonique de l'air, que l'eau réduite en vapeur, etc., sont introduits dans l'intérieur des feuilles pour leur nourriture. Il est probable que ceux de toutes les parties des plantes remplissent les mêmes fonc-tions.

Les plantes aquatiques ont moins de pores que celles qui croissent dans les lieux secs, parcequ'étant toujours dans une atmosphère humide, elles peuvent plus difficilement perdre leur eau et ont moins besoin d'en absorber. Il en est de même des plantes étiolées, des fruits charnus, comme les prunes, les pêches, etc.

On distingue, dit le savant physiologiste Décandolle, quatre espèces de pores.

1° Les *pores cellulaires* qui existent sur les parois des cellules extérieures des plantes et qui sont analogues à ceux qui se remarquent sur les parois internes. Ils sont très difficiles à voir ; leur histoire est à peine connue.

2° Les *pores radicaux* qui n'ont jamais été observés, mais dont l'existence n'est pas douteuse. Ils paroissent être l'orifice inférieur des vaisseaux sèveux, et sont placés à l'extrémité de chaque radicule ; en effet c'est par cette extrémité seule, et nullement par leur superficie entière, que l'eau pénètre dans les racines.

3° Les *pores corticaux* qu'on peut regarder comme l'orifice supérieur des vaisseaux sèveux. Ils se présentent au microscope comme de petits trous ovales plus ou moins ouverts ; ils se montrent le plus souvent sur la lame externe du tissu membraneux. Les pores existent sur les jeunes pousses, les feuilles, les calices, les fruits, etc., et ne se rencontrent jamais sur les vraies corolles, ni sur les organes générateurs, ni sur les parties submergées ou étiolées.

4° Les *pores glandulaires* qui suintent au dehors de la plante des sucs élaborés par des glandes particulières, et qui sont très variés par leur forme, leur usage et leur position.

L'influence du cultivateur sur les pores se réduit à les débarrasser des matières qui les obstruent extérieurement. Ainsi il doit laver les feuilles et les jeunes pousses des plantes qu'il élève dans une serre ou une orangerie lorsqu'elles sont couvertes de poussière. Il doit laver également celles des espèces les plus précieuses qui sont plantées en pleine terre lorsqu'elles sont couvertes de MIÉLAT. *Voyez* ce mot. Il doit enlever de dessus les écorces les lichens, les jungermannes et les mousses, qui les couvrent souvent.

On a vu plus haut que les plantes étiolées offrent bien moins de pores que les autres. En faisant pommer des choux, en liant des escaroles, en enterrant du céleri, en portant à la cave de la chicorée sauvage, on en diminue donc le nombre. *Voyez* au mot ETIOLÉ. (B.)

PORREAU. *Voyez* POIREAU.

PORREUR. Ancienne mesure de capacité pour les grains. *Voyez* MESURE.

PORT D'UNE PLANTE. C'est l'ensemble de toutes les parties d'une plante qui fait qu'on la distingue à la première vue de toutes les autres.

C'est par le port que la plupart des cultivateurs connoissent les plantes, car il en est fort peu qui puissent dire pourquoi de l'orge est de l'orge, de la laitue de la laitue, un chêne un chêne.

Les botanistes proprement dits s'élèvent contre ceux qui se

contentent de connoître les plantes par le port, sans vouloir reconnoître qu'eux-mêmes se décident presque toujours à nommer telle d'entre elles, avant de s'être assurés de la présence des caractères qui la font être elle, par conséquent qu'ils la jugent par le port.

Il est souvent difficile et toujours fort long de décrire le port d'une plante. L'esprit en le saisissant forme instantanément une série immense d'opérations, puisqu'il faut qu'il la compare à toutes celles qu'il connoît, et ce dans le plus grand détail, or, les feuilles seulement lui présentent peut-être plus de six cents objets de comparaison à combiner deux par deux, deux par trois, trois par six, etc., etc. Que l'homme est grand par sa faculté de penser ! *Voyez* PLANTE et BOTANIQUE. (B.)

PORTE-CHAPEAU. *Voyez* PALIURE.

POSE. Ancienne mesure de superficie. *Voyez* MESURE.

POT. Vase d'argile cuite dans lequel on met de la terre et des plantes dont on veut rendre le transport possible à toutes les époques de l'année. *Voyez* ARGILE.

Le grand emploi de pots qu'on fait dans les jardins et les pépinières, où on cultive des fleurs ou des plantes et arbustes étrangers, rend importante la connoissance de leur bonne ou mauvaise qualité, et des formes ou grandeurs les plus convenables à leur donner.

Pour être d'un long service il faut qu'un pot ne puisse être altéré ni par l'action de l'air, ou mieux, des alternatives de la chaleur et du froid, du sec et de l'humide, alternatives auxquelles sont plus exposés ceux qu'on enterre, et encore plus ceux qu'on place sur les couches.

L'altération plus rapide d'un pot peut provenir et de la nature de l'argile avec laquelle il est composé, ou de son défaut de cuisson.

Les argiles qui contiennent trop de calcaire, et elles sont communes, sont celles qui forment les plus mauvais pots, parceque ce calcaire, devenu chaux, se délite à l'air et fait que le pot s'écaille et se réduit définitivement en poudre.

Un pot qui n'est pas assez cuit s'imprègne avec facilité de l'eau des pluies ou des arrosemens, et se fond pour ainsi dire. De plus, il se casse au plus petit coup, au plus petit effort de la main.

On ne distingue les pots de la première sorte qu'à leur couleur plus blanche et aux petits grains de chaux qui se montrent à leur surface. Il est des pays où la nécessité d'économiser ne permet pas d'employer d'autres pots, parcequ'il n'y a pas de meilleure argile.

On reconnoît les pots de la seconde sorte à leur couleur jaune pâle, à la facilité avec laquelle ils se rayent sous l'ongle, au défaut de son lorsqu'on les frappe d'un corps dur.

Un pot pourvu de toutes les qualités désirables est donc rouge ou noirâtre, dur et sonore, même un peu vitrifié à sa surface. Un tel pot ne se détruit que par accident. J'en connois qui durent depuis l'origine des jardins de Versailles, et qui sont encore aussi bons que le premier jour. C'est toujours vers cette perfection qu'on doit tendre lorsqu'on fait une acquisition ; mais le haut prix du bois fait que les fabricans en livrent rarement de tels, à moins qu'on ne les paye plus que le prix courant.

Les pots couverts d'un vernis de verre de plomb ne valent pas mieux, à égalité de fabrication, que ceux dont je viens de parler. On n'en voit presque plus dans les jardins des environs de Paris.

Il n'en est pas de même de ceux en faïence ou en terre blanche, qu'on peut appeler les pots de petit luxe. Ils sont généralement bons. Cependant j'en ai vu plusieurs fois dont la couverte s'enlevoit par écailles avec la plus grande facilité, et cela parcequ'ils n'avoient pas été assez cuits à leur première chauffe.

Ce que j'appelle pots de grand luxe sont ceux qui sont fabriqués avec de la porcelaine, avec du marbre, avec des métaux, et ceux de faïence qui sont d'une forme particulière ou chargés d'ornemens en peinture ou en sculpture.

La forme la plus commune des pots de terre ordinaire est un cône tronqué dont l'ouverture est à l'extrémité la plus large. Cette forme remplit fort bien les indications du service, c'est-à-dire qu'elle permet d'enlever facilement les plantes et la terre du pot ; mais elle est diamétralement opposée aux besoins de la plante dont les racines prennent d'autant plus d'amplitude qu'elles s'approfondissent davantage. Comme, si on faisoit attention à cette dernière considération dans la fabrication des pots, il faudroit les casser chaque fois qu'on en voudroit renouveler la terre ou mettre la plante plus à l'aise ; on n'en voit nulle part de cette forme. Ceux qui sont exactement cylindriques, et qui, par conséquent, sont intermédiaires entre ces deux formes, sont très rares, et ce, parcequ'ils sont d'une fabrication un peu plus longue, et d'un service un peu plus difficile. Je crois cependant devoir les conseiller dans un grand nombre de cas.

On fait quelquefois des pots dont l'ouverture est carrée, et ce, dans l'intention qu'ils tiennent moins de place sur les couches ou sur les gradins où on les place. Ils ne plaisent pas à l vue, soit parcequ'on y est moins habitué, soit parcequ'il es fort difficile de les bien faire. D'ail'eurs, il est rarement bon qu les pots se touchent par tous leurs points, lorsqu'on les enterre dans une couche, parcequ'alors ils ne reçoivent que par leur base la chaleur de cette couche, et que c'est justement par leurs bords qu'il seroit le plus avantageux qu'ils la reçussent, puisque c'est là où il s'en fait une plus grande déperdition.

La grandeur des pots varie sans fin en largeur, soit de leur ouverture, soit de leur fond. Il en est de même de leur hauteur. Cependant cette variation, dans les pots proprement dits, c'est-à-dire d'usage pour l'élève des plantes à fleurs ou des arbustes étrangers, est limitée entre quatre pouces et un pied.

Presque toujours l'ouverture des pots est pourvue d'un rebord qui en augmente l'épaisseur du double, et la fortifie contre les accidents du service.

Comme il faut que la surabondance de l'eau des pluies ou des arrosemens ait un écoulement au fond des pots, on a soin de faire un trou central, ou trois trous à égale distance du centre et des bords, ou trois fentes marginales, selon leur grandeur. Ces trous se recouvrent au moment de l'emploi d'un taisson, ou d'une pierre plate, pour empêcher la perte de la terre.

Il est des pots auxquels on fait une entaille plus ou moins large, dans le sens de leur longueur, et qui pénètre jusqu'au centre de leur fond. Ces pots sont destinés à recevoir les branches des arbres qu'on veut marcotter, et qui sont trop élevées pour être couchées en terre. *Voyez* MARCOTTES EN L'AIR.

Il en est d'autres auxquels on enlève le quart de leur circonférence dans le sens de leur largeur et la moitié de leur fond. Ils sont destinés à ombrer les jeunes plantes nouvellement repiquées, ou celles qui craignent en tout temps l'effet des rayons du soleil. *Voyez* au mot PARASOL.

Enfin il en est qu'on coupe obliquement par un plan tangeante au cercle de leur fond, et plus ou moins incliné sur leur bord opposé. Ce sont, en appliquant un verre sur cette seconde ouverture, des cloches très économiques. *Voy.* au mot CLOCHE.

On trouvera au mot EMPOTER le détail de l'opération principale à laquelle on emploie les pots.

Il est peu de jardins où on prenne un soin convenable des pots qui ne sont pas employés. On les voit, presque dans tous, dispersés de côté et d'autre, et exposés à tous les accidens. Si on en rentre quelques uns dans le local qui leur est destiné, on les y entasse sans ordre. Je puis poser en fait qu'il se casse plus du double de pots quand ils sont vides, que quand ils sont pleins, même y compris l'opération, toujours accompagnée de beaucoup d'accidens, du rempotage. Les jardiniers semblent ne mettre aucune importance à leur conservation. Il seroit partout fort économique de les mettre à leur compte, si cela n'avoit pas d'autres inconvéniens plus grands.

Pour conserver les pots, il faut faire rassembler tous ceux qui sont de même grandeur, les faire mettre par douzaine ou demi-douzaine, selon leur grandeur, les uns dans les autres, et les coucher dans un endroit abrité de la pluie, et où les chiens et autres animaux ne puissent pas pénétrer. On ne mettra jamais plus de deux à trois rangs les uns sur les autres sans les séparer par un lit épais de paille. Chaque grandeur sera mise à part, et ce sera toujours l'ouvrier le moins étourdi qui sera chargé de les mettre en place et de les ôter. (B.)

POTAGER. On donne souvent ce nom aux jardins dans lesquels on cultive des légumes pour l'usage de la table, pour faire entrer dans les potages. On les appelle aussi *jardins légumiers*, et ceux des environs de Paris, qui sont destinés à la consommation de cette ville, se nomment des MARAIS. *Voyez* ce mot et celui MARAICHER.

La culture des potagers est une des plus importantes de celles qui font l'objet de cet ouvrage; cependant l'article actuel sera court, parcequ'on trouvera au mot JARDIN les dispositions générales qui leur conviennnent, et au nom de chaque espèce de légume tous les détails nécessaires pour se diriger avec certitude de succès dans la série des travaux que cette espèce exige.

Les plantes qu'on cultive le plus communément dans les jardins potagers de la France appartiennent aux genres suivans:

AIL, ARROCHE, ARTICHAUT, ASPERGE, BETTE, CAROTTE, CÉLERI, CERFEUIL, CHERVI, CHICORÉE, CHOU, CONCOMBRE, CRESSON, ÉPINARD, FÈVE, FRAISE, HARICOT, LAITUE, LENTILLE, LUPIN, MELON, MORELLE, OSEILLE, PANAIS, PERSIL, PIMENT, PIMPRENELLE, POIREAU, POIS, POURPIER, RAIFORT, RAVE, SALSIFI, SCORSONÈRE, TOPINAMBOUR, MACHE, etc., etc. *Voyez* ces mots.

L'étendue d'un jardin potager doit être proportionnée à la consommation du propriétaire, plus, un superflu qui, dans certaines circonstances, sert à couvrir les pertes, et dans d'autres à aider les voisins dans le besoin. Par-tout c'est erreur de croire que la vente de ses produits puisse payer les frais de sa culture, la rente de la terre, l'imposition, etc. Il n'appartient qu'aux cultivateurs par état de trouver un bénéfice dans leur exploitation, et ils n'y parviennent qu'à force d'économie et de travaux. Auprès d'une grande ville, il y a une concurrence telle, que, le plus souvent, les légumes se vendent au-dessous de ce qu'ils ont coûté de frais; loin d'elle, ils ne se vendent pas du tout. La cause est que la plupart de ces légumes ne peuvent pas se conserver, et qu'il faut par conséquent s'en défaire aussitôt qu'ils sont arrivés au point qui précède leur montée en graine ou leur altération.

Quelques propriétaires croient faire un arrangement fort

avantageux à leur bourse en abandonnant à leur jardinier les produits de leur potager, après qu'ils en ont prélevé ce qui est nécessaire à leur consommation ; mais en définitif, l'économie qu'ils y trouvent est nulle, et ils ont journellement le désagrément d'avoir des discussions avec ce jardinier qui ne leur donne que les plus mauvais légumes, et encore le moins et le plus tard qu'il peut. Quel intérêt ont des salades en mai, des petits pois en juillet, des melons en septembre? J'ai vu un de ces jardiniers trouver mauvais que la fille de la maison cueillît une framboise. J'ai vu des propriétaires recommander à leurs hôtes de ne pas se promener dans telle partie de leur jardin, afin que leur jardinier ne pût accuser que les loirs de la disparition des pêches, etc. Aussi, combien de temps subsistent les arrangemens de cette sorte? Une ou deux années au plus. On reprend le jardin à son compte, parcequ'on n'en jouit réellement pas, qu'on paroît étranger sur son propre bien.

Pour éviter cet inconvénient et celui d'une trop forte dépense, il faut donc, comme je l'ai dit plus haut, n'avoir en potager que la quantité nécessaire à la consommation de la maison. Si l'étendue de la culture n'est pas assez considérable pour occuper un jardinier pendant toute l'année, on en prendra un à la journée, qu'on mettra à d'autres ouvrages lorsque son travail ne sera pas nécessaire au jardin. (B.)

POTAGES. Cet objet tient de si près à l'économie domestique, qu'il nous a paru devoir figurer dans un ouvrage consacré exclusivement à l'agriculture et à l'intérêt particulier de ceux qui pratiquent le premier et le plus nécessaire des arts. Je me propose donc de renfermer dans deux articles les différentes espèces de potages imaginées par le luxe de la table, ou par l'empire des besoins, pour préparer un genre de mets plus ou moins liquide, savoureux, nutritif, par lequel commence ordinairement le dîner du riche comme celui du pauvre ; mais c'est au mot SOUPES ÉCONOMIQUES qu'il s'agira du second article, lequel constitue la partie la plus essentielle, quelquefois même l'unique ressource de la nourriture de ce dernier.

Toutes les boissons fermentées, le lait des animaux, le lait d'amandes, etc., peuvent servir de véhicule ou d'excipient aux matières muqueuses, gélatineuses et extractives qui forment la base des potages ; mais c'est l'eau sur-tout qu'on emploie le plus communément à cet usage. Ce n'est que par le concours du feu qu'on parvient à identifier ce liquide avec la substance alimentaire, et à donner à celle-ci cette mollesse et cette flexibilité si nécessaires pour la transformation en chyle.

En effet, quoique nos connoissances relatives à la manière

d'agir des alimens soient encore fort incomplètes, on ne sauroit douter que l'eau ne joue le plus grand rôle dans la fonction importante de la nutrition, et que dans le pain, par exemple, elle n'entre quelquefois pour un tiers, et n'y devienne elle-même solide et alimentaire. Ainsi, dans son passage à l'état de potage, la matière nutritive, au moyen d'une cuisson ménagée et insensible, n'a subi d'autre changement que la combinaison intime avec l'eau, et un plus grand développement dans ses propriétés alimentaires.

Il semble que cette vérité ait frappé depuis long-temps les meilleurs observateurs en économie : ils ont remarqué que la même quantité de farine, sous forme de bouillie, nourrissoit moins long-temps et moins efficacement par conséquent que celle qui se trouvoit dans un état moins consistant; que l'eau combinée et modifiée d'une certaine manière avoit une influence sensible, et sur la qualité et sur les résultats de la nourriture.

Mais un autre avantage de l'aliment sous forme de potage, c'est de ne réunir ces qualités que quand il se trouve pourvu d'un certain degré de chaleur. On sait, d'après une suite d'expériences comparatives faites par des fermiers intelligens, que la substance solide ou liquide qui a éprouvé la cuisson, et qui conserve un peu de calorique lorsqu'on l'administre aux animaux, est incontestablement plus alimentaire, plus salubre, ainsi qu'il a été observé à l'article HYGIENNE VÉTÉRINAIRE, que le bénéfice résultant de cette pratique dédommage amplement des soins, du temps et des frais qu'elle occasionne nécessairement.

Aussi voyons-nous, dans les annales de l'espèce humaine l'aliment qui renferme le plus d'eau et de calorique, le po tage, appartenir à tous les âges, à tous les états, à tous le banquets; il est, après le lait, le premier aliment de l'enfance et, dans tous les périodes de la vie, les Français sur-tout n s'en lassent jamais. Le soldat à l'armée, le matelot en mer le voyageur en route, le laboureur au retour de la charrue le moissonneur, le vendangeur, le faucheur, le journalier qui vont quelquefois travailler loin de leurs foyers, trouve dans le potage un aliment qu'aucun autre ne sauroit supplée La plupart d'entre eux croiroient n'être point nourris s'il leu manquoit.

Les potages au gras ou au maigre sont encore désignés ass ordinairement sous le nom de la substance qui y domine; o les appelle *potage à la purée* quand on y fait entrer la matièi farineuse des graines légumineuses, et *potage aux herbe* quand l'oseille, la poirée, la laitue en font la base, etc. So vent aussi c'est l'excipient ou véhicule employé qui sert à l caractériser ; ainsi on dit potage au vin, potage à la bière, potage au lait, qui sont les plus généralement usités parmi nous.

Nous nous abstiendrons de faire ici mention d'une foule de recettes de ce genre, plus ou moins composées et exécutées en France à différentes époques : elles occupent dans nos anciens traités d'économie domestique une place distinguée, et leur composition est réglée sur les facultés des consommateurs. Bornons-nous à quelqu'un de ces potages.

Potage au gras. On connoît cette manie des cuisiniers d'un certain ordre, qui font leurs potages à grand feu dans des vases à découvert, et remplacent l'eau à mesure qu'elle s'évapore, ou qui l'enlèvent pour préparer leurs ragoûts, leurs coulis ; jamais ils n'obtiennent, quelle que soit la proportion de la viande mise à la marmitte, qu'un bouillon âcre et peu chargé de gélatine.

Ce n'est point la quantité de viande qui fait le bon potage, mais bien la manière de le gouverner. On est tout étonné, après avoir mangé la soupe dite bourgeoise, de voir sortir du pot et paroître sur la table le chétif morceau de viande qui a concouru à la faire, par la seule raison qu'à peine la liqueur a bouilli, et que la bonne ménagère n'y a employé que le combustible nécessaire, tout le temps et la patience qui conviennent pour bien faire.

L'opération du pot au feu se renouvelle tous les jours dans les ménages ordinaires, et devient par conséquent un objet qui mérite la plus sérieuse considération, soit du côté de l'économie du bois, soit relativement à la qualité du potage. Un fourneau fait exprès pour la marmite, dans lequel elle chauffe par son fond et peu à sa partie supérieure, est un des meilleurs moyens à employer pour obtenir un excellent bouillon et très économique.

Des bouillons. Ce nom s'applique particulièrement au véhicule des potages gras ; il est l'extrait obtenu du tissu musculaire et membraneux des substances animales par l'intermède d'une quantité d'eau qu'on détermine à raison de celle de la viande employée et à l'aide d'une température d'abord de quatre-vingts degrés, qui coagule l'albumine, ensuite plus modérée pour donner aux principes contenus dans la chair le temps de s'unir au véhicule, et chacune, dans l'ordre de solubilité qui lui appartient, de se rassembler sous forme d'écume à la surface du liquide, et qu'on a soin de séparer exactement.

Les meilleurs bouillons sont toujours ceux qui se préparent avec des viandes faites ; celle du bœuf dans les contrées du nord, celle du mouton dans les pays méridionaux.

Bouillon d'os. Il diffère essentiellement de celui de viande, en ce que le premier ne contient que de la gélatine, tandis que le second renferme en même temps la matière mucilagineuse extractive.

Aussi cette gélatine des os, tant recommandée par Hippocrate et Galien à la médecine-pratique comme un excellent restaurant, a-t-elle été long-temps sans intéresser l'attention publique sous le point de vue alimentaire. Papin est le premier qui ait tenté, à l'aide d'un digesteur, d'extraire des os la matière nourricière. M. Proust en a formé des tablettes pour améliorer la subsistance du pauvre. Darcet en préparoit des bouillons au moyen de ce digesteur perfectionné. Je me suis servi aussi de cet instrument à l'hôtel des invalides dans les mêmes vues; mais c'est particulièrement M. Cadet Devaux qui a cherché à en faire une heureuse application à l'économie domestique, et il n'a rien oublié pour y parvenir; c'étoit la cause de l'indigence qu'il plaidoit. On connoît son dévouement aux intérêts de la classe la moins fortunée.

Les résultats malheureusement n'ont pas répondu à son attente. Les expériences qu'il a provoquées dans les hospices civils et dans les hôpitaux militaires ont suffi pour démontrer que si les os fournissent à peu près la moitié de leur poids de gélatine, au moyen de décoctions réitérées, cette gélatine est d'une saveur insupportable, qu'on ne peut en faire un potage passable qu'à force d'herbes et de racines potagères, et que quand bien même la mécanique procureroit un moyen capable de broyer les os aussi facilement que le café, il seroit impossible d'en former des emmagasinemens, puisque par la simple percussion du pilon ils contractent déjà un mauvais goût, que l'air et une chaleur de dix-huit à vingt degrés leur donnent en moins de vingt-quatre heures de la rancidité et une odeur putride. Nous en expliquerons la cause au mot SALAISON.

Convaincues par l'expérience et le raisonnement que la préparation des bouillons dont il s'agit est absolument impraticable dans les petits ménages, et d'aucune économie dans les grands établissemens, les administrations sages et réfléchies ont pensé qu'il valoit infiniment mieux continuer de vendre les os aux fabricans de boutons, de colle-forte et de sel ammoniac, pour se procurer à la place de la viande et des légumes, avec lesquels on fait les meilleurs potages.

Le vœu de M. Cadet Devaux, assurément très philantropique, n'a donc pu s'accomplir, quoique par-tout on ait essayé de le mettre à exécution avec un empressement et un zèle honorables pour le siècle, et par-tout on y a renoncé à regret. Nulle part on ne fait de bouillon d'os, nulle part, par conséquent, il n'est l'aliment de la maladie et de la convalescence.

Ce défaut de succès, qu'on ne sauroit attribuer qu'à la nature de la chose, n'empêche point les ménagères de continuer l'usage qu'elles font de temps immémorial des os de rôtis de bœuf, de veau, de mouton et de volailles, pour rendre leurs potages plus substantiels et plus agréables, à cause de la légère torréfaction de la viande qui les recouvre. Voici, pour ne rien perdre, la pratique qu'on suit chez moi depuis quarante ans : le gigot de mouton rôti paroît sur la table ; le lendemain on le sert froid, le surlendemain on en fait un hachis, et les os concassés sont mis à la marmite.

Bouillon de bœuf. La viande doit être mise à la marmite en même temps que l'eau, autrement l'écume qui s'élève à la surface n'auroit pas lieu, elle resteroit confondue en partie dans le bouillon, qui alors a toujours un œil louche, et n'est pas de garde. On ne sauroit donc trop insister sur l'attention qu'on doit avoir d'écumer parfaitement le pot, d'y ajouter le sel aussitôt qu'il est écumé, de n'ajouter les légumes que quand le bouillon est à moitié fait, et de conduire le feu de manière à ce que la liqueur soit agitée d'un léger frémissement, et ne bouille jamais, et que la gélatine ne soit pas détruite à mesure que l'eau l'extrait par l'ébullition, et de continuer l'opération jusqu'à parfaite cuisson de la viande et des racines.

On peut augmenter la qualité de ce bouillon en y ajoutant du veau, du mouton, du porc, un morceau de vieille volaille, telle que coqs, chapons, poules, oies, pigeons, perdrix. Il faut observer de les mettre en même temps que la viande de boucherie, afin que l'un et l'autre fournissent ensemble leur écume et tous les sucs gélatineux qu'il est possible d'en obtenir.

Si le bouillon qu'on prépare dans les grands établissemens manque des premières qualités qui lui appartiennent, c'est que les règles ci-dessus décrites ne sont pas strictement observées.

Quand on veut donner de l'agrément au bouillon par des herbes aromatiques, il faut avoir l'attention de ne les ajouter que hachées menu, et au moment où on va dresser le potage ; tel est, par exemple, le cerfeuil, qui, changeant d'odeur et de goût par la cuisson, rendroit ce potage désagréable.

Une autre précaution pour conserver au bouillon toutes ses qualités, c'est de ne pas tremper, comme on dit, la soupe avec la mie de pain, sur-tout au sortir du four, à moins qu'elle ne soit grillée modérément, et de préférer toujours la croûte. La première mitonne mal, décompose sensiblement le bouillon, le décolore, affoiblit, modifie son goût, sa force, son caractère. Le second ajoute au contraire à sa saveur : aussi le pain réduit à l'état de biscuit le bonifie. C'est pour cette raison que nous avons recommandé aux habitans des campagnes d'avoir toujours en réserve une fournée au moins de biscuit de mer pour en consacrer une partie à cet usage.

Souvent on prépare un bouillon avec un morceau de mouton associé à du petit lard, du sel et un clou de gérofle ; quand tout est cuit à moitié on passe la liqueur et elle devient le véhicule du vermicelle, du riz, et même des ragoûts. On expose ensuite le mouton et le petit lard sur le gril pour achever leur cuisson, et on les sert avec une sauce piquante, après les avoir panés à la surface.

Bouillons médicinaux. Ils se préparent avec le veau, le poulet, la tortue, la vipère, les grenouilles, animaux dont la chair fournit plus de gélatine que d'extractif, deux principes dont le concours est indispensable pour constituer le véritable bouillon ; l'un est la matière alimentaire ; l'autre la partie restaurante ou l'assaisonnement. Les règles générales pour leur préparation sont absolument les mêmes que les précédentes ; la plupart se font au bain-marie ; mais ils ne peuvent se conserver plus de vingt-quatre heures en hiver et douze en été.

Bouillon de mou de veau. Prenez des poumons de cet animal, enlevez la trachée-artère et le corps graisseux qui la recouvre ; coupez-les par morceaux, jetez-les dans de l'eau légèrement chaude, afin d'enlever le sang qui peut rester dans les petits vaisseaux. Lorsque l'eau ne sera plus colorée, faites cuire dans une petite bassine couverte, à un feu modéré ; sur la fin, ajoutez les feuilles et ensuite les fleurs indiquées dans l'ordonnance du médecin.

Si la prescription demande des fruits pectoraux, il faut les monder et les ajouter une demi-heure avant les feuilles ; passez et laissez déposer.

Bouillon de poulets. Prenez un poulet, séparez les intestins, le cou et les parties graisseuses ; faites cuire à un feu modéré ; ajoutez les racines et les fruits prescrits, tels que les navets, oignons, dattes et jujubes.

On prépare de la même manière les bouillons de grenouilles.

Bouillon de tortue. Prenez une tortue, séparez la carapace du plastron au moyen d'un ciseau qu'on introduit au point de l'insertion sur les côtés ; détachez la chair, coupez-la par morceaux ; faites cuire au bain-marie avec suffisante quantité d'eau ; quatre heures d'ébullition légère suffisent pour cuire entièrement la tortue. Si le médecin a prescrit des plantes aromatiques, ajoutez-les à la fin et couvrez le vase ; laissez refroidir et passez.

Bouillon de vipère. Séparez la tête, la peau et les intes-

tins de la vipère vivante ; coupez le corps par tronçons, et faites-
les cuire comme la chair de tortue au bain-marie.

Potages au maigre. Indépendamment des potages préparés
au lait pourvu de sa crême , ou lait de beurre, dont la base
est le riz, l'orge mondée, perlée ou gruée, le potiron, les choux,
on en fait encore aux herbes, aux racines et aux graines légumineuses ; le consommateur qui n'aimeroit point à rencontrer sous la dent ces graines pourroit les convertir en farine ,
et préparer la soupe plus promptement et à moins de frais ;
mais pour les moudre il faut préalablement les faire sécher
au four et même les torréfier légèrement , sans quoi l'humidité
constituante des graines, s'échauffant par la rotation et la pesanteur des meules , la farine passe difficilement à travers les
bluteaux dont elle graisse le tissu , d'où résulte une purée
moins délicate que celle préparée avec la semence légumineuse cuite entière , puis écrasée et séparée de son écorce au
moyen d'une passoire.

On ne peut pas toujours se procurer des herbes fraîches
pour les potages au maigre ; les ménagères s'occupent l'automne d'en faire cuire la provision de l'hiver. Tout le monde
connoît la manière dont elles se préparent ; on se dispensera
donc d'en donner ici la recette. La seule remarque qu'on doive
se permettre , c'est de ne jamais faire entrer dans leur composition des plantes aromatiques, parceque souvent par la cuisson elles changent de nature , donnent un mauvais goût à
l'oseille et à la poirée qui forment ordinairement la base des
herbes cuites ; on doit les saler et épicer plus qu'on ne fait
ordinairement , parceque forçant du côté de ces assaisonne-
mens , on contribue d'une part à la conservation des herbes ,
et de l'autre on n'a pas besoin d'en ajouter lorsqu'on prépare
le potage.

C'est une grande économie de temps , de soins et d'argent,
que d'avoir une provision d'herbes cuites dans la saison ; indépendamment de l'agrément qu'elles donnent au potage
maigre, elles relèvent la fadeur des substances nutritives employées, telles que l'orge , les lentilles , les pois, les haricots ,
les pommes de terre quand elles sont délayées dans une certaine quantité d'eau et qu'elles présentent tous les caractères
des soupes économiques dont nous parlerons dans un autre
article.

Potage aux racines. Il tient un rang distingué dans cet ordre
d'aliment ; pour le préparer on prend d'une part des carottes,
des navets , des panais , des oignons qu'on monde et qu'on
divise à la faveur d'une râpe de fer-blanc ; on met la pulpe qui
en provient dans l'eau sur le feu ; après trois ou quatre bouillons on le passe à travers un tamis en crin ou un linge fort

clair. D'autre part on a les mêmes racines divisées longitudinalement en lanières minces, qu'on fait revenir dans le
beurre et qu'on jette dans la liqueur ci-dessus où on les fait
cuire.

Il est possible d'ajouter à ce bouillon pour augmenter la
consistance et le rendre plus substantiel, une cuillerée de
farine de fèves, de pois, de lentilles, de haricots ; ou bien
encore d'y faire du riz au maigre ; enfin les racines consacrées
aux potages doivent toujours être préalablement râpées ; dans
cet état elles fournissent la totalité de leurs principes ; il en
faut moins pour obtenir une plus grande quantité de matière
alimentaire ; une racine qui séjourne à la marmite tout le temps
que dure la préparation du bouillon ne fournit à la décoction
de viande qu'un foible extrait, et celui qu'elle a retenu se
trouve combiné par la cuisson avec la matière fibreuse, laquelle constitue le corps ou la charpente de celles qui se seront
trouvées entières ou divisées dans le potage ou autour du
bouilli.

Potage au riz et au lait. On sait combien le riz crevé d'abord
dans l'eau, cuit ensuite et délayé dans du bouillon gras ou
maigre, dans du lait, présente de potages différens, mais toujours agréable et savoureux.

Le lait est souvent employé seul comme véhicule du potage ;
dès qu'il est prêt à bouillir il faut le verser sur le pain découpé
par tranches et mis dans la soupière ; en pratiquant le contraire, c'est-à-dire en jetant le pain dans le lait sur le feu et
le laissant bouillir un moment, on court les risques de le
coaguler (faire tourner).

Après que la crème a été battue il reste un fluide qui porte
le nom de *lait de beurre*, dénomination fort impropre puisqu'il ne contient pas un atome de beurre : ce fluide n'est autre
chose que du lait comparable au lait écrémé, aussi bon, aussi
nourrissant, et qui peut servir dans les potages au riz et au
lait. (Par.)

POTAMOT, *Potamogeton.* Genre de plantes de la tétrandrie tétragynie et de la famille des fluviales, qui réunit une
quinzaine d'espèces toutes vivant dans les eaux, et dont plusieurs sont très abondantes dans celles d'Europe.

Le POTAMOT FLOTTANT, *Potamogeton natans*, Lin., a les
racines vivaces ; les tiges grêles ; les feuilles alternes, ovales,
oblongues, pétiolées, nageant sur la surface de l'eau. Il couvre
souvent les eaux stagnantes ou peu courantes de ses feuilles.
On le regarde comme astringent et on l'emploie en médecine
sous le nom d'*épi d'eau.*

Le POTAMOT PERFOLIÉ a les feuilles en cœur et perfoliées. Il tapisse quelquefois entièrement le fond des eaux dont le fond est argileux.

Le POTAMOT LUISANT a les feuilles coriaces ou semblables à de la corne, légèrement pétiolées, ondulées et lancéolées. On le trouve avec le précédent.

Le POTAMOT SERRÉ dont les feuilles sont ovales, lancéolées, même acuminées, dentées, et les épis quadriflores. Il croît dans les fontaines et les ruisseaux dont l'eau est pure.

Le POTAMOT GRAMINÉ a les feuilles linéaires, la plupart opposées, et les épis courts. On le voit très fréquemment dans les rivières dont le cours est lent. Il est annuel.

Tous les cultivateurs devroient, à l'imitation de quelques uns, employer ces plantes à augmenter la masse de leurs fumiers. Ils y trouveroient le double avantage de ne pas laisser perdre une chose qui peut leur être utile, et d'empêcher leurs étangs ou rivières de se combler par les détritus que ces plantes y laissent annuellement. Une fois qu'on a été mis à portée d'apprécier, par l'expérience, l'importance de l'emploi des potamots, il doit être fort difficile de se déterminer à le suspendre une seule année. Pour en faire la récolte il suffit de se procurer des forts râteaux de bois à long manche, avec lesquels on tire très aisément sur le bord la presque totalité de leurs tiges. Les jours les plus chauds de l'été sont ceux qu'il convient d'employer à cette opération. Quelques personnes les laissent sécher sur place pour avoir moins de charrois à faire ; mais il vaut mieux les apporter tout de suite sur le fumier ou les enterrer dans des fosses hors de l'atteinte des crues d'eau. On trouvera au printemps prochain dans ces fosses un excellent terreau, principalement propre aux terres maigres, qui dédommagera au centuple des frais d'extraction. Les Anglais le savent ; aussi ne laissent-ils pas volontairement perdre les potamots de leurs rivières. (B.)

POTASSE. On donne ce nom à l'alkali qui se trouve dans les plantes ou qui se forme par la combustion lente des végétaux qui n'ont pas crû dans les sols imprégnés de sel marin. Voyez au mot SOUDE et au mot ALKALI.

Le grand usage qu'on fait de la potasse dans les arts et dans l'économie domestique, principalement dans la fabrication du verre et dans les lessives, la tient toujours dans le commerce à un taux plus élevé qu'il n'est convenable, c'est-à-dire que le besoin qu'on en a est plus considérable que la quantité qu'on en produit. Il est donc nécessaire de chercher les moyens d'élever cette quantité.

Toutes ou presque toutes les plantes fournissent de la potasse, mais dans des proportions fort différentes, et dépendante, de plus, des temps, des lieux, et du mode de la fabrication.

Rarement on brûle aujourd'hui en France le bois uniquement pour en obtenir de la potasse; car comment le faire avec avantage au taux où il est ? et c'est par cette cause que nous sommes obligés de tirer de l'étranger les trois quarts de la quantité nécessaire à notre consommation. La potasse française provient donc en majeure partie des foyers ou des usines.

Les plus mauvais bois pour la fabrication de la potasse sont ceux qu'on appelle *mous* ou *blancs* , et qui croissent rapidement, tels que les peupliers, les saules , les pins et sapins , etc.

Si on a employé et si on emploie encore en France la fougère à la fabrication de la potasse, c'est qu'elle est fort abondante dans certains lieux, et en fournit beaucoup plus proportionnellement à son volume que les autres plantes herbacées. Il seroit bien à désirer qu'on se livrât plus généralement à sa récolte pour cet objet ; car si on n'en laissoit pas perdre elle pourroit peut-être fournir elle seule une grande partie de celle nécessaire à nos besoins. Je ne sache que les départemens de l'est où on connoisse toute la valeur de cette plante , sous ce rapport , et elle est très commune dans beaucoup d'autres du midi et de l'ouest.

Les fougères sont rares dans les sols calcaires, rares dans les plaines ; mais là elles sont remplacées par une grande variété de plantes vivaces ou annuelles , dont les tiges peuvent fournir également de la potasse par suite de leur combustion. Ces plantes, j'ai eu soin de les indiquer nominativement à mesure qu'elles se sont présentées. Ici je dois me contenter de dire que toutes celles dont la tige est élevée , à demi ligneuse, peuvent être utilement employées pour l'objet dont il est question.

Les cantons très boisés , les pays secs et arides , les landes , etc. , peuvent aussi fournir pour la fabrication de la potasse, leurs ronces , leurs rosiers , leurs bruyères , leurs ajoncs , leurs genêts , et autres arbustes de plus basses qualités. Rarement cependant , hors des départemens précités, on les utilise ainsi. Une grande partie pourrit sur terre.

Th. de Saussure a prouvé, par des expériences , sur la véracité desquelles il n'y a pas moyen de jeter du doute , que plus les plantes (ou leurs parties) sont jeunes et plus elles fournissent de potasse. Ce résultat peut avoir une importance très grande sur la fabrication et le commerce futur de ce sel , car il rend possible la culture de certaines plantes uniquement dans ce but , par exemple celles qui poussent de bonne heure , avec abondance et avec vigueur. Déjà il paroît qu'on a acquis, par le fait , cette conviction à l'égard du PHYLOLACA DÉCANDRE (*voyez* ce mot), plante qui réunit les qualités précitées , et qu'on peut couper huit à dix fois par an dans le climat de Paris , et dans des terrains de fort médiocre nature.

J'invite en conséquence les cultivateurs à multiplier les essais sous ce point de vue.

M. Braconnot, dans un excellent mémoire sur la force assimilatrice dans les végétaux, Annales de chimie, février 1807, a posé en principe que la potasse se trouvoit en plus grande quantité dans les plantes âcres que dans les autres. Je crois devoir ici copier une de ses notes, relative à cet objet, à raison de son importance.

« Il paroît que la potasse se trouve abondamment dans toutes les plantes tétradynamiques, et les cendres de quelques espèces de cette famille ont servi long-temps à la fabrication du savon et du verre. Parmi elles, je citerai principalement la BUNIADE, *Bunias kakile*, Lin. J'ai presque toujours trouvé l'âcre et l'amer des plantes associé à une très grande quantité de ce sel, qui souvent étoit saturé d'acide nitrique. Ainsi, parmi les crucifères, qui sont toutes plus ou moins âcres, le cresson, la moutarde m'ont fourni beaucoup de potasse. M. Bouillon-Lagrange a découvert dans les cendres de la VER-GEROLLE DU CANADA, *Erygeron Canadense*, Lin., qui est âcre, de la potasse en grande quantité, et d'après leur saveur, quelques espèces du même genre, telles que l'*erigeron acre*, l'*erigeron camphoratum*, paroissent en devoir également contenir beaucoup. Le tabac, qui est connu par son âcreté, donne par quintal de cendres quarante livres de potasse. Parmi les plantes amères, la fumeterre a donné à Wiegleb, par quintal de cendres, trente-six livres de matière soluble, et l'absinthe soixante-quinze livres. La CHIRONE CENTAURÉE, le MÉNIANTHE TRÈFLE D'EAU, quelques centaurées, sur-tout la centaurée amère, donnent aussi beaucoup de potasse. »

L'intérêt général se réunit donc à l'intérêt particulier, pour que les cultivateurs se livrent plus communément à la fabrication de la potasse. Pour cela, il suffit qu'ils fassent, d'après les expériences de Th. de Saussure, à la fin du printemps, couper tous les chardons et autres grandes plantes respectées par les bestiaux; qu'ils ramassent toutes les broussailles surabondantes au service de leur four ou de leur foyer, pour les brûler lorsqu'elles seront à moitié sèches.

Toutes les plantes, comme je l'ai déjà observé, fournissent de la potasse; mais elles en fournissent plus ou moins, et la quantité dans la même espèce est proportionnelle à la lenteur de la combustion. Ainsi de la fougère, par exemple, brûlée en plein air, et rapidement, ne produira qu'une livre, supposé, de potasse; elle en donnera trois si on la brûle dans une fosse profonde, et si on la couvre de manière à ne laisser entrer dans sa masse que la quantité d'air strictement nécessaire à sa combustion. Ce fait est attesté par l'expérience de tous les temps et de tous les lieux, et s'explique par la nécessité de laisser à l'air qui se décompose le temps de combiner son azote avec la cendre.

D'après cela on doit présumer que la pratique consiste à faire une fosse plus profonde que large et d'une capacité proportionnée à la quantité de plantes ou de broussailles qu'on a à brûler. En général on gagne à la faire petite. Six pieds de profondeur, autant de longueur et moitié de largeur, est une indication suffisante pour le plus grand nombre des cas. Cette fosse doit être creusée dans une terre solide, pour que la cendre qu'on en retirera ne soit pas trop mêlée de matières étrangères. On en laissera sécher les parois pendant quelque jours avant d'en faire usage. On fera au fond un petit feu de bois sec, et on y accumulera ensuite rapidement tout ce qu'elle pourra contenir de plantes. L'art, c'est de laisser continuer la combustion sans qu'il se développe de flammes. On y parvient en pressant de temps en temps avec force, au moyen d'une fourche ou autrement, la surface du tas. Il seroit bon d'avoir une plaque de tôle assez grande pour couvrir la fosse et ralentir encore par-là l'intensité du feu; mais on s'en passe le plus souvent. On ne doit jamais jeter de l'eau dans la fosse; cependant si malgré les précautions ci-dessus le feu gagnoit trop rapidement la surface, on mouilleroit plus ou moins fortement une masse de plantes qu'on jetteroit dessus afin de le ralentir. Quelques plantes brûlent plus rapidement que d'autres, et il faut, autant que possible, les mélanger de manière que la combustion soit toujours égale.

Le fourneau une fois en train doit être entretenu toujours plein par l'apport de nouvelles matières. Il ne faut pas, en conséquence, le quitter un instant. Lorsque le tout est consommé on couvre la fosse avec la plaque de tôle ci-dessus conseillée, ou simplement avec des planches mouillées, et lorsque les cendres sont parfaitement refroidies, c'est-à-dire au bout de deux ou trois jours, on les enlève pour les porter à la maison. Je dis parfaitement refroidies, parcequ'il est quelques expériences qui constatent que la potasse se forme encore pendant cet intervalle et même après.

Les cendres des bois et des plantes ainsi traitées sont riches en potasse. Les cultivateurs peuvent les vendre immédiatement, soit pour les employer à la lessive, à la fabrication des verres communs, etc., soit aux personnes qui font métier d'en tirer le sel, pour le mettre en état de pureté dans le commerce. Des acquéreurs ambulans se présenteront en assez grand nombre lorsqu'ils sauront qu'il y a des marchés à faire dans un canton.

La potasse étant un sel très soluble, il ne s'agit pour la séparer de la cendre, avec laquelle elle est mêlée, que de faire passer de l'eau chaude à travers de cette cendre, et ensuite de faire évaporer cette eau. Pour cela on met cette cendre dans un cuvier percé par le bas, et on procède positivement comme lorsqu'on fait une lessive. Trois eaux nouvelles passées deux ou trois fois sur la cendre suffisent ordinairement pour l'épuiser de toute sa potasse. On réunit ces eaux et on les fait évaporer dans des chaudières ou des bassines, dont la largeur est plus grande que la profondeur. Le résidu de cette évaporation est ce qu'on appelle *salin* dans les verreries. C'est un sel plus ou moins coloré en jaune par une matière grasse et quelquefois par du fer. Pour achever de la purifier, il faut la faire calciner fortement dans un four, la dissoudre de nouveau dans une petite quantité d'eau, laisser déposer les matières étrangères, décanter et évaporer.

Je ne fais qu'indiquer toutes ces opérations parcequ'elles sont faciles, et qu'il suffit de les avoir vu faire une fois pour les faire soi-même aussi bien qu'il est à désirer.

La potasse, encore plus que les cendres qui en sont chargées, attire puissamment l'eau qui est répandue dans l'atmosphère; il faut donc la renfermer avec soin dans des barils ou dans de grands vases, et la tenir dans les endroits les plus secs.

D'après la théorie, la potasse est le plus puissant des amendemens, puisqu'elle agit sur l'humus ou terreau à la manière de la chaux, mais bien plus efficacement, c'est-à-dire qu'elle le dissout complètement. Cependant comme elle fait périr toutes les plantes, rend infertile pour plusieurs années la terre sur laquelle on la répand, du moins lorsqu'elle est en certaine quantité, et qu'elle est fort chère, on ne l'emploie jamais. On trouvera au mot Chaux toutes les données nécessaires dans le cas où on voudroit en faire usage sous ce rapport, et en en répandant une extrêmement petite quantité à la fois. (B.)

POTENTILLE, *Potentilla*. Genre de plantes de l'icosandrie polygynie et de la famille des rosacées, qui renferme une quarantaine d'espèces, la plupart propres à l'Europe, et dont plusieurs sont très communes et très employées en médecine.

La POTENTILLE RAMPANTE, plus connue sous le nom de *Quintefeuille*, a une racine vivace, longue, fibreuse, noirâtre; une tige grêle, rampante, rameuse; des feuilles alternés, longuement pétiolées, à cinq folioles digitées, velues, dentées; des fleurs jaunes, solitaires sur de longs pédoncules insérés dans les aisselles des feuilles supérieures. Elle croît dans les lieux frais et argileux, et fleurit à la fin du printemps. Tous les bestiaux la mangent. Sa saveur est amère et astringente. On fait un assez grand usage de sa racine sous ce dernier rapport et encore plus comme fébrifuge. Souvent elle couvre des espaces considérables et nuit à la culture. Chaque nœud de la tige donne naissance à un nouveau pied qui produit d'autres tiges et d'autres pieds, et ainsi jusqu'à l'hiver. Le seul moyen d'en débarrasser un champ, c'est de faire enlever tous les pieds à la suite de la charrue et de la herse pour les brûler.

La POTENTILLE PRINTANIÈRE a les racines vivaces; les tiges courtes, penchées; les feuilles alternes, pétiolées, à cinq folioles digitées, velues et dentées; les fleurs jaunes, à pétales presque en cœur. Elle croît sur les collines sèches, dans les pâturages des montagnes calcaires, fleurit dès les premiers jours du printemps, et annonce ainsi le retour des beaux jours. Les touffes qu'elle forme sont très denses et quelquefois si rapprochées, que le terrain en paroît couvert. C'est une très agréable plante qui orne singulièrement les pelouses, et qu'on doit toujours faire entrer dans les gazons des parties les plus sèches des jardins paysagers. Les bestiaux la mangent.

La POTENTILLE ARGENTÉE a les racines vivaces, les tiges droites, rameuses, hautes de six à huit pouces; les feuilles alternes, pétiolées, à cinq folioles digitées, cunéiformes, dentées, velues en dessous; à fleurs jaunes. Elle croît assez fréquemment dans les terrains secs et sablonneux, où elle fleurit à la fin du printemps. Les bestiaux ne la recherchent pas.

La POTENTILLE ANSÉRINE, vulgairement *l'argentine*, a les racines vivaces, traçantes; les tiges rampantes; les feuilles toutes radicales, pétiolées, ailées avec impaire; les folioles ovales, aiguës, dentées, velues et argentées en dessous, alternativement grandes et petites; les fleurs jaunes, solitaires sur des pédoncules quelquefois rameux qui sortent immédiatement des racines. Elle croît dans les lieux sablonneux sujets à être inondés, sur le bord des rivières et autres lieux humides, et fleurit au milieu de l'été. On la regarde comme astringente, vulnéraire et dessiccative. Les cochons aiment beaucoup ses racines, mais ses feuilles ne sont pas du goût des autres bestiaux. La plus grande utilité de cette plante, c'est de fixer les sables amoncelés par les crues d'eau, sables que d'autres crues semblables disperseroient de nouveau, ses racines traçantes, très fibreuses, et ses feuilles nombreuses et étalées sur la terre, étant très propres à les retenir. Ainsi, tout terrain sujet à inondation peut annuellement s'élever, tout terrain sablonneux et susceptible d'être arrosé peut devenir fertile par son moyen. Il ne s'agit que d'y semer des graines ou d'y planter des pieds de cette potentille, qui, quoiqu'à peine haute d'un demi-pied, est d'un assez élégant aspect pour qu'on doiv la multiplier dans les jardins paysagers dont le sol lui convient.

La POTENTILLE FRUTESCENTE a la tige ligneuse, très rameuse, haute de deux ou trois pieds ; les feuilles alternes, pétiolées, pinnées, à sept folioles ovales, oblongues, dentées et pointues ; les fleurs jaunes, disposées en bouquets à l'extrémité des rameaux. Elle est originaire du nord de l'Europe et fleurit pendant tout l'été. On la cultive dans les jardins où elle produit un assez agréable effet quand elle est en fleur. Tout terrain lui convient. Comme ses fleurs avortent presque toujours dans le climat de Paris, on est réduit à la multiplier par marcottes et par le déchirement des vieux pieds, ce à quoi elle ne se prête pas toujours quand elle n'a qu'une tige. Elle pousse de très bonne heure au printemps, et par conséquent demande à être divisée et transplantée en automne. Souvent même elle est victime des gelées tardives. On peut la tailler, la palissader, et lui donner telle forme qu'on juge à propos ; mais à mon avis, pour lui conserver le plus possible de fleurs, dans lesquelles consiste tout son agrément, il faut lui laisser la forme globuleuse qui lui est naturelle, et se contenter de retrancher les branches qui s'écarteroient trop des autres. (B.)

POTENTILLE FRAISERAT, vulgairement FRAISIER STÉRILE, *Fragaria stérilis*, Lin. *Potentilla fragariastrum*. Cette plante ne mérite par elle-même aucune mention dans un cours d'agriculture ; mais sa ressemblance avec le fraisier des bois est assez grande, en certain temps et certains lieux, pour que des cultivateurs en aient planté et même cultivé plusieurs mois, et jusqu'à la fleur, chose moins facile à comprenpre, mais qui se trouve d'accord avec le nom de *fraisier stérile* qui lui a été donné par les botanistes anciens de toute l'Europe, par Tournefort et même par Linné, contre son caractère générique.

Le fraiserat ne produit point de longs courans menus et temporaires, comme le fraisier et la quintefeuille, mais de vrais rameaux gros, courts et feuillus, comme plusieurs autres potentilles ; ses fleurs axillaires sont solitaires et ne s'élèvent point ; leur calice plus velu, plus terne, est plus large et toujours refermé, notamment après la chute des pétales, qui sont d'un blanc sale et échancrés en cœur. Le réceptacle es ovaires ne prend aucun renflement, et les ovaires ou aines y adhèrent à peine : leur couleur est un gris blanc auve dans la maturité complète. Quant aux feuilles, elles nt assez de ressemblance à celles du fraisier ; cependant le ert en est plus terne, les nervures moins senties, le dessous lus velu ; les poils paroissent au pourtour entre les denelures ; enfin, ces dents coupées un peu plus courbes présentent la différence assez marquante, que celle du milieu de chaque foliole, loin d'être une des plus grandes, c'est tellement raccourcie qu'elle n'excède nullement les deux qui l'accompagnent de droite et de gauche. Il ne faut véritablement qu'une légère attention pour distinguer ce faux fraisier au premier coup d'œil. (Duch.)

POTIRON, *Cucurbita maxima, pepo maximus.* Sensiblement distinct de toutes les sortes de courges comprises sous le genre secondaire des PÉPONINS, le potiron se reconnoît aux caractères suivans : fleurs plus évasées ou plus élargies dans le fond du calice, et limbe rabattu ; feuilles très amples, en cœur, arrondies, se soutenant dans une direction presque horizontale ; poils moins roides et d'une substance plus molle que dans les PÉPONS, se rapprochant en cela des MELONNÉES ; toutes les parties plus fortes en proportion que dans les PÉPONS ; le fruit plus gros, plus constant dans sa forme, si exactement énoncée par le botaniste Sauvage dans ces deux mots : « Sphère à pôles comprimés et ombiliqués, et méridien en sillons. » Sa pulpe ferme, mais juteuse et fondante ; peau fine, telle que dans la plupart des PASTISSONS. Il faut ajouter qu'aucune des variétés du potiron ne participe à la nature des CITROUILLES, quoique très souvent élevés pêle-mêle, et que la séparation des fleurs facilite d'autant plus les fécondations croisées. Cette preuve ; quoique négative, ne semble pas dénuée de force pour faire conclure entre elles diversité d'espèces.

L'énorme grosseur qu'acquiert communément le potiron donne lieu de croire que, dans l'état où nous l'avons en Europe, il doit beaucoup à la culture. Il étoit nouveau dans le seizième siècle, et on lui donnoit alors, comme à la melonnée, les noms de courge d'Inde, courge marine ou d'outremer, ce qui est loin d'indiquer rien de précis sur son origine. Ses variétés principales sont,

LE POTIRON JAUNE COMMUN. La nuance du jaune, quelque pâle qu'elle soit, est toujours teinte de rougeâtre, et quelquefois couleur d'airain ; souvent une bande blanchâtre au fond du sillon, dans l'endroit le plus lisse ; le reste de la peau sujet à de légères gerçures et cicatrices grisâtres, formant quelquefois broderie générale comme dans le melon ; pulpe d'un beau jaune, et le plus vif annonçant le goût le meilleur. Le frui frais cueilli, du poids de quinze à vingt, et quelquefois plus d kilogrammes.

LE GROS POTIRON VERT. Sa nuance toujours grisâtre, quel quefois ardoisée ; les bandes blanches fréquentes comme dan le jaune ; la pulpe ordinairement plus colorée, quelquefoi approchant du rouge orangé des melonnées rouges ; moin gros, généralement meilleur et se gardant plus long-temp

Le PETIT POTIRON VERT. Sous-variété moins profitable, mais estimée; son fruit fort aplati, plus plein, moins aqueux, étant bon à manger jusqu'à la fin de mars.

Le PETIT POTIRON JAUNE HATIF. Sous-variété du premier, dont la queue (pédoncule) jaune et non verte, annonce la délicatesse. Leberiays dit qu'on en mange dès le commencement d'août.

La culture des potirons ne diffère de celle des pépons qu'en ce qu'ils sont un peu moins robustes. Si, pour en avoir de primeur, on les sème dès le commencement de mars, il faut les couvrir d'une cloche; mieux, les élever en pot sous cloches, et à leur troisième feuille les porter en place, et continuer à les garantir du froid et du soleil jusqu'au temps doux. Pour en avoir de garde, on ne les sème à Paris qu'à la fin d'avril, sur couche à l'air ou en place, avec ou sans précaution, suivant les localités. Dans les départemens méridionaux c'est dès février qu'on les sème, et sans abri; mais par-tout ils ne réussissent très bien que sur des tas de fumier à demi consommé, ou dans des grands trous qu'on en remplit, et qu'on retire en hiver pour l'employer en terreau. Il leur faut beaucoup d'eau.

On a traité au mot CUCURBITACÉES ce qui regarde la manière d'assurer leurs fruits. La pesanteur du fruit rend nécessaire de relever de bonne heure la terre sur laquelle il pose, pour éviter l'humidité, et de le soutenir sur un tuileau, un plâtras ou une pierre. Il faut aider leur maturité en coupant les feuilles qui les entourent, lorsqu'ils n'ont plus à grossir, puis les faire parfaitement sécher au soleil pendant une semaine ou deux sur un terrain ferme et sec, et les préserver ensuite de la gelée et de l'humidité.

La soupe au potiron est une soupe au lait mêlée d'un coulis épais de potiron cuit à l'eau, égoutté, pressé et bien écrasé; quelques personnes en mêlent aussi dans la soupe grasse; d'autres y mettent quelques morceaux entiers. Le coulis se prépare au gras ou au maigre, et de bons cuisiniers en tirent parti. Le potiron paroît devoir fournir aussi le meilleur pain à la citrouille. *Voyez* PÉPONS. On en fait du raisiné, et il réussit très bien mélangé avec la carotte et la pomme de terre violette.

POTIRON D'ESPAGNE. Sorte de pépon, mieux désigné sous le nom de PASTISSON GIRAUMONÉ. *Voyez* PÉPON. (DUCH.)

POU, *Pediculus.* Genre d'insectes de l'ordre des aptères parasites, qui n'est que trop connu du cultivateur, attendu que plusieurs de ses espèces tourmentent et lui et les animaux qu'il a soumis à son empire.

Les poux des oiseaux, dont Latreille a fait un nouveau genre sous le nom de RICIN, ne diffèrent de ceux-ci, qui ne vivent que sur les quadrupèdes, que parceque leur bouche est accompagnée de deux crochets distincts.

Tous les poux vivent de sang; ils le sucent avec leur trompe qui, entrant dans la chair, cause cette démangeaison que les personnes les plus propres ont été, au moins quelquefois pendant leur vie, dans le cas d'apprendre à connoître, et qui fatigue excessivement lorsqu'elle est très souvent répétée. Quelque peu considérable que soit la quantité de sang que chaque pou tire du corps d'un animal, leur grand nombre dans quelques uns, sur-tout les poules et les pigeons, amène la foiblesse, la diminution de l'appétit, la maigreur, etc. Les cultivateurs doivent donc prendre toutes les précautions possibles pour en débarrasser et eux, et leurs enfans, et leurs animaux grands et petits.

L'homme est attaqué par trois espèces; celui du corps, celui de la tête et celui du pubis, qu'on appelle vulgairement *morpion*.

Les enfans des pauvres cultivateurs sont principalement sujets aux deux premières espèces; la dernière est le lot des débauchés crapuleux.

Changer fréquemment de linge, se laver souvent le corps, se couper les cheveux très courts sont des moyens certains de se débarrasser des deux premières espèces de poux. Le préjugé qui fait croire, dans quelques pays, que la conservation des poux est utile à celle de la santé, est un des malheureux résultats de l'ignorance et de la paresse. Plus le corps est fréquemment débarrassé de la crasse que la sueur et la poussière y accumulent, et plus la transpiration se fait avec facilité, or, c'est d'une bonne transpiration que résulte principalement la santé. Quand on voit les habitans des campagnes de quelques parties de la France, qui ont souvent tant d'eau à leur disposition, ne jamais se laver le corps, et ne laver que très rarement leurs vêtemens, on est disposé à médire de la nature humaine. Les autres moyens qu'on emploie pour détruire les poux des cheveux, lorsqu'on ne veut pas couper ces derniers, sont de les rechercher avec les mains; de les faire tomber au moyen d'un peigne fin, de les faire mourir avec le secours des substances huileuses qui bouchent leurs stigmates, ou des poudres âcres qui les chassent, telles que celles de staphisaigre de coque du Levant, de tabac, etc.

Tous les animaux domestiques ont au moins un pou qui leur est propre, et quelquefois deux et trois; ainsi le cheval outre son pou, nourrit aussi celui de l'âne, et réciproquement On trouve sur la brebis celui qui porte son nom et celui qu porte le nom du cerf; sur le bœuf, celui du veau avec le sien. Le cochon en a trois qui sont peu connus.

Les substances dont il a été parlé plus haut peuvent être avantageusement employées en nature ou en décoction, pour débarrasser les quadrupèdes ci-dessus de leurs poux; on peut de plus se servir des décoctions de poivre, de lede, d'orpin âcre, etc. Mais c'est encore la faute des cultivateurs si leurs bestiaux sont trop tourmentés par ces insectes, car au moyen d'écuries bien aérées, fréquemment nettoyées, de bains journaliers pendant l'été, on peut les empêcher de se multiplier de manière à être peu à craindre. Pourquoi les chevaux de luxe en ont-ils si peu? parcequ'ils sont lavés et étrillés tous les jours. Les bœufs qu'on met à l'engrais doivent être traités de même si on veut qu'ils y restent le moins long-temps possible.

Quant aux oiseaux de basse-cour tels que les oies, les canards, les dindons, les poules, les pigeons, etc., ces moyens ne peuvent être facilement employés, et cependant ils sont bien plus tourmentés par les poux que les quadrupèdes. J'en ai compté cinq espèces sur la poule, et presque toutes les autres espèces en ont deux ou trois: quelquefois ils sont si nombreux sur les poules et les pigeons, qu'ils ne pondent plus, maigrissent considérablement, abandonnent le poulailler, le colombier, etc.

Comme les oiseaux en se grattant en font beaucoup tomber, et que ceux qui sont tombés sont long-temps avant de pouvoir remonter sur les huchoirs, un moyen que toute bonne ménagère doit employer deux à trois fois dans le courant de l'été, c'est de faire exactement nettoyer le poulailler, et ensuite y brûler, après avoir fermé les portes et les fenêtres, pour deux à trois sous de soufre. Pour le colombier, on ne peut pas y faire cette dernière partie de l'opération, parcequ'il y a pendant tout l'été des œufs et des petits; mais on multipliera les nettoiemens au point d'en faire un chaque semaine. Les colombiers à couvoirs en terre cuite sont préférables à tous les autres, relativement à l'objet qui m'occupe. *Voyez* au mot COLOMBIER.

On a indiqué les préparations mercurielles, même le sublimé corrosif, comme moyen de détruire les poux des hommes et des animaux; elles sont en effet immanquables; mais leurs dangers sont tels qu'il n'y a que des ignorans ou des fous qui osent les employer. La main la plus sage ne peut jamais répondre de leurs mauvais résultats. (B.)

POUAR. Nom d'un troupeau de cochons dans le département du Var.

POUARRÉ. Synonyme de poireau dans le département du Var.

POUCE. Ancienne mesure de longueur. *Voyez* Mesures.

POUDET et POUDETTE. Espèce de serpette employée dans le Var pour tailler la vigne et les arbres.

POUDRE. On donne ce nom dans le Médoc à une jument de moins de trois ans.

POUDRE SEMINALE. *Voyez* Poussière seminale, Anthère, Etamines et Fécondation des plantes.

POUDRETTE. On donne ce nom aux excrémens desséchés et dont on se sert, après les avoir réduits en poudre, pour engraisser les terres.

La dessiccation des excrémens est une opération coûteuse et qui occasionne la perte de beaucoup des principes fertilisans qu'ils contiennent. Il est donc bon de l'éviter toutes les fois que cela est possible. On emploie ces excrémens frais dans tous les lieux où on en fait habituellement usage, et on s'en trouve bien. Ce ne peut être que par suite de la répugnance qu'on a pour eux qu'il peut être obligatoire de leur préférer la poudrette, qui, ayant perdu toute mauvaise odeur et toute apparence excrémentielle, peut être répandue, même dans les jardins potagers, sans exciter aucun dégoût.

J'ai développé au mot Excrémens humains les avantages de cet engrais, le mode de son emploi, les préparations dont il est susceptible, etc. J'y renvoie le lecteur.

Il est bon de répandre la poudrette sur la terre avant l'hiver et de n'en mettre que peu à la fois, parcequ'elle rend le sol brûlant pendant l'été, si on n'a pas de l'eau en abondance pour en tempérer la chaleur. C'est aux sols maigres et sablonneux qu'elle convient le mieux. (B.)

POUILLOT. Espèce du genre des menthes.

POULAILLER. Architecture rurale. L'éducation et l'engraissement des volailles ne présentent un avantage certain aux cultivateurs que dans les pays de grande culture, et principalement dans les localités où les volailles grasses ont de la réputation. Il faut alors des bâtimens convenablement disposés pour loger, élever et engraisser les volailles, et le succès de cette industrie agricole dépend en grande partie de la salubrité et de la bonne disposition de ses bâtimens.

Si un poulailler est trop froid, les poules n'y pondent point; s'il est trop chaud, ou trop humide, elles y sont exposées à des maladies ou à des rhumatismes; et si ses murs ne sont pas recrépis avec soin, si son sol n'est pas exactement carrelé, les rats, les souris et les insectes s'y nichent, troublent le sommeil des poules et les empêchent de prospérer.

Les poulaillers doivent donc être construits aussi sainement que les logemens des autres animaux domestiques, et être entretenus avec une propreté particulière.

L'exposition d'un poulailler doit être au levant ou au midi, avec un jour au nord que l'on tient ouvert pendant l'été pour en rafraîchir la température intérieure, et que l'on ferme pendant les autres saisons. On garnit cette ouverture d'un grillage à mailles assez serrées pour que les souris et les autres ennemis des poules ne puissent pas s'introduire par-là dans le poulailler.

Autant que cela est possible, il faut placer l'entrée des poules à environ treize ou seize décimètres (quatre à cinq pieds) de hauteur au-dessus du niveau du pavé de la basse-cour, et de manière que le seuil de cette entrée soit au niveau des *juchoirs* dont on va parler. Les poules y monteront aisément à l'aide d'une échelle extérieure ; le poulailler sera mieux clos et plus à l'abri des tentatives des animaux destructeurs que dans toute autre position de cette entrée ; mais aussi elle exige une seconde entrée pour la fille de basse-cour chargée du soin des volailles, et le supplément de dépense est souvent la cause que l'entrée des poules, ou *la pouillère*, est le plus ordinairement pratiquée au bas de la porte même du poulailler.

L'intérieur des poulaillers est garni de *juchoirs* et de *nids*.

1° *Des juchoirs.* On appelle ainsi les barres transversales que l'on place dans un poulailler à une certaine hauteur de son carrelage pour que les poules puissent dormir dessus. On sait que cet oiseau domestique dort perché sur une patte, tandis que l'autre est repliée sous son corps. Dans cette position il reste en équilibre, mais il le garde mal si la traverse est ronde et lisse, parceque la poule ne plie pas ses ongles et ne peut embrasser les traverses rondes. Pour éviter cet inconvénient, il est donc nécessaire de donner une certaine grosseur aux perches de juchoir, et elles seront convenablement construites avec des chevrons un peu arrondis à leurs angles supérieurs. Leur disposition dans un poulailler n'est point une chose indifférente à connoître ; car c'est sur la quantité de juchoirs que l'on peut y placer plus commodément, que l'on juge le nombre de volailles qu'il peut contenir.

En effet, la destination principale d'un poulailler étant de loger sainement pendant la nuit toutes les volailles d'une basse-cour, il aura des dimensions suffisantes lorsque la longueur développée des juchoirs dont il sera garni sera assez grande pour que chaque volaille puisse y trouver une place ; et l'on sait qu'une poule en dormant tient le juchoir sur une largeur d'environ quinze centimètres. (cinq à six pouces.)

On place ordinairement les perches de juchoir dans le sens de la largeur du poulailler, et on en scelle les extrémités dans les murs. Elles y sont posées ou de niveau ou en échelons, et à une certaine élévation au-dessus du carrelage. Cet usage est défectueux, en ce que les poules n'ont pas assez d'aisance pour monter dans les nids, et qu'il rend très incommode le nettoiement du poulailler.

Voici une forme de juchoirs que nous croyons préférable à tous égards. Ils sont établis sur chevalets et placés parallèlement et en échelons sur chaque face du poulailler, de manière que les poules peuvent y arriver du dehors, et parvenir jusque dans les nids sans être obligées de prendre un vol. Chaque rangée est isolée de l'autre, en sorte que l'on peut sans aucun embarras les sortir du local pour les laver et les brosser, et nettoyer ensuite aisément le poulailler.

Le premier rang se place à soixante-six centimètres des murs; le second, qui sert d'échelon au premier, à trente-trois centimètres de celui-ci, et ainsi de suite. Par cette disposition on peut approcher des nids sans obstacles pour y prendre les œufs, et le milieu du poulailler reste libre et n'est point encombré par la fiente des poules.

Ainsi, pour procurer quatre rangs de juchoirs à un poulailler, et laisser dans son milieu un espace libre de deux mètres pour la commodité du service et la salubrité du local, il faudra lui donner quatre mètres de largeur ; et si on lui procure une longueur de sept mètres dans œuvre, ce poulailler pourra contenir environ cent cinquante volailles.

2° *Nids.* Il n'est pas nécessaire que les nids d'un poulailler soient aussi nombreux que les poules, parcequ'elles ne pondent pas toutes en même temps, et que d'ailleurs, au lieu d'avoir de la répugnance à pondre dans un nid commun, il faut presque toujours la vue d'un œuf pour les exciter à la ponte.

Ces nids se placent, dans les poulaillers qui sont à rez-de-chaussée, à environ un mètre un tiers de hauteur au-dessus du carreau ; mais dans ceux qui sont élevés, on peut les attacher beaucoup plus bas. Il est bon de faire remarquer à ce sujet que les nids des endroits les plus sombres d'un poulailler sont plus souvent occupés que les autres.

Les nids des poules ont différentes formes selon les localités.

Ce sont le plus souvent des paniers sans couvercle, attachés assez solidement contre les murs. Dans quelques endroits ce sont des cases faites avec des planches : on leur donne trente-trois centimètres de dimension en tous sens, et on les garnit d'un rebord de huit centimètres de hauteur. Ailleurs ces nids sont pratiqués dans l'épaisseur des murs. Les paniers sont à préférer aux cases, parcequ'une fois que celles-ci sont infestées par les insectes, on ne peut plus les en débarrasser; au lieu que des paniers qu'on lave à l'eau bouillante ne contiennent plus ni œufs ni insectes.

La construction des nids de poulailler est susceptible d'un perfectionnement peu coûteux qu'il ne faut pas négliger dans une grande éducation de volailles. Au lieu de fixer les paniers directement contre le mur , ainsi qu'on le fait communément, on pourroit les attacher à des planches disposées pour les recevoir , et fixées à cet effet dans les murs par quatre écrous dont les vis y auroient été scellées solidement. Chaque planche seroit garnie des supports du panier, et d'un petit toit en planche qui en couvriroit l'aire. Par ce moyen chaque poule dans le nid se trouveroit pour ainsi dire isolée des autres, et en ôtant les écrous de la planche qui le supporte, on pourroit aisément enlever tout l'appareil pour l'échauder et détruire les insectes qui s'y trouveroient.

On distribue les nids sur les murs du poulailler et on les y place en échiquier , afin qu'en en sortant les poules n'effarouchent point celles qui sont à pondre.

Les poules boivent souvent ; il faut donc avoir à la proximité de leurs logemens des auges toujours remplies d'eau propre pour qu'elles puissent satisfaire ce besoin pressant.

Chambre à mue. Cette pièce est un accessoire au poulailler qui est indispensable dans une grande éducation de volailles. Elle est destinée à servir de retraite aux couveuses, et à placer les volailles que l'on engraisse dans des *épinettes* disposées à cet effet le long des murs de la chambre.

Les chambres à mue doivent être saines , d'une grandeur proportionnée aux besoins , et leurs fenêtres disposées pour ne laisser pénétrer à l'intérieur que la moindre quantité possible de lumière , sans toutefois nuire à la salubrité du local, parceque, soit pour couver , soit pour engraisser, les volailles ne doivent avoir aucune distraction.

On trouve dans le traité des bâtimens , etc. , imprimé à Léipzick, dont nous avons déjà parlé avec éloge, un modèle ingénieux d'épinettes, qu'il seroit très avantageux d'imiter dans cette partie de notre industrie agricole , parcequ'elles tiennent peu de place. C'est une épinette à deux étages ; chaque volaille est à son aise dans sa case, sans cependant pouvoir s'y retourner, et le plancher est à jour dans une partie du fond , afin de faciliter la chute des excrémens qui ne séjournent pas dans la case, comme cela arrive toujours dans les épinettes ordinaires.

En général, on ne doit pas laisser écarter les volailles, autrement on s'expose à en perdre beaucoup , et sur-tout à perdre beaucoup d'œufs; on perd aussi leur fiente, qui a de la valeur en agriculture; et d'ailleurs les volailles commettent beaucoup de dégâts dans les champs, dans les jardins, dans les granges , et même dans les greniers et les écuries, où leur fréquentation est généralement nuisible.

Pour obvier à cet inconvénient, autant que l'économie peut le permettre, les fermiers de grande culture n'excluent pas tout-à-fait les volailles de la cour et sur-tout du voisinage des granges, mais ils font communiquer les poulaillers avec un verger enclos de murs où elles s'empressent de passer, après avoir pris leur repas, pour y pâturer, y chercher des vers, et s'y essoriller dans la poussière. Alors, les volailles ne cherchent point à s'écarter au dehors.

Nous avons vu un de ces enclos disposé avec beaucoup d'intelligence pour l'éducation des volailles. Il étoit garni de plusieurs massifs d'arbustes, ou d'arbrisseaux sous lesquels les volailles se mettoient à l'ombre, ou aux bords desquels elles s'essorilloient dans la poussière. Au milieu étoit un hangar ou grande cabane couverte en chaume, fermée au nord, à l'est et à l'ouest, et à jour à l'exposition du midi. Dans son intérieur étoit une grande cage sans fond pour l'éducation des poulets de primeur. Cette cage étoit assez élevée au-dessus du sol, et les intervalles entre les barreaux étoient assez grands pour laisser échapper les petits poulets, mais sans que les mères pussent en sortir. Cette cabane étoit leur refuge en cas d'alarme, et ils venoient aussi s'y mettre à l'abri de la pluie et des autres intempéries de la saison.

D'autres cages semblables étoient distribuées dans l'enclos et placées au-dessous des arbres les plus touffus pour les couvées de l'été.

Cette pratique nous a paru très bonne et très avantageuse, et nous en conseillons l'usage dans les grandes éducations de volailles.

« Quelques personnes, dit l'auteur de la huitième section du recueil des constructions rurales anglaises, veulent qu'on tienne séparément chaque espèce de volaille. Cette précaution, ajoute-t-il avec raison, est inutile lorsqu'on place toutes les volailles dans un local assez grand pour qu'elles puissent agir en liberté, et y trouver des nids et des retraites séparées. »

On voit des exemples de cette bonne pratique au Muséum d'histoire naturelle de Paris, et il est dommage que l'exécution en soit aussi coûteuse. Cependant, pour la mettre à la portée des facultés pécuniaires d'un plus grand nombre de propriétaires, nous avons essayé de réduire au minimum les dépenses d'un semblable établissement, et nous croyons y être parvenu. On en trouvera le plan dans notre traité d'architecture rurale, et en attendant sa publication, nous allons en donner une idée.

Le poulailler est supposé construit près d'une basse-cour

avec laquelle il communique directement. Les pièces du rez-de-chaussée sont destinées aux oiseaux aquatiques, celles du premier étage aux autres espèces de volailles, qui y montent a l'aide de petites échelles extérieures, et le grenier a des pigeons.

Ce petit bâtiment, proportionné d'ailleurs au nombre de volailles de chaque espèce que l'on veut y élever, est accompagné d'une cour d'environ quatre à cinq ares de superficie, enclose d'une muraille en pierres sèches, ou mieux, avec des palissades élevées et contenues sur un petit mur d'appui, et placées assez près les unes des autres pour empêcher les volailles de passer à travers. On les termine en pointe à leur extrémité supérieure pour empêcher les volailles de s'y reposer dans le cas où elles pourroient voler assez haut pour atteindre à l'extrémité des pallissades, et on les consolide avec plusieurs rangs de traverses.

Une pièce de gazon, au milieu de laquelle on établit un bassin toujours rempli d'eau, offre aux volailles de toute espèce un pâturage agréable, continuellement entretenu dans un état suffisant d'humidité, et aux oiseaux aquatiques l'élément qui convient à leur prospérité, des plantations de mûriers, etc.; des massifs d'arbustes, disséminés avec goût et intelligence, présentent à tous les oiseaux domestiques un ombrage salutaire, ainsi que des fruits dont ils sont très friands, et qui donnent à leur chair un goût exquis ; enfin des auges placées à l'entrée de la cour pour y déposer leur manger, et des vases garnis de leurs supports et toujours remplis d'une eau pure, complètent tout ce qu'il est nécessaire de leur procurer pour assurer le succès de leur éducation.

En donnant à cet enclos une plus grande superficie, on pourroit supprimer le poulailler et le remplacer par de petites loges distribuées autour de l'enceinte pour chaque espèce d'oiseau. Ces loges auroient une construction peu soignée, afin d'éviter la dépense, et cette espèce de faisanderie deviendroit un ornement très agréable dans un grand jardin.

C'est à peu près ainsi que M. Wakefield, propriétaire anglais très industrieux, élève annuellement une très grande quantité de volailles de toute espèce, sans prendre pour cela d'autre soin, même pour l'éducation des dindons, que l'on regarde comme la plus difficile, que celui de les bien nourrir et de leur procurer de l'eau.

Suivant l'auteur anglais qui rapporte ce fait, le plus beau poulailler que l'on connoisse est celui du lord Penrhyn : sa façade a cent quarante pieds de longueur. Nous avions en France de fort belles faisanderies particulières, entre autres celle de l'Ermitage près Condé en Hainaut. Sa construction avoit dû coûter fort cher à M. le prince de Croy, propriétaire de cette curieuse maison de campagne ; mais nous ne croyons pas que jamais Français ait eu l'idée, ou plutôt la vanité, de loger des poules aussi magnifiquement que lord Penrhyn. (DE PER.)

POULAILLER. On sait que l'excès du froid engourdit les poules, retarde et diminue la ponte, que la chaleur trop vive les affoiblit, que le manque d'eau leur cause la constipation et les autres maladies inflammatoires, que l'air humide leur donne des affections goutteuses, enfin qu'une atmosphère infecte les rend languissantes, d'où il suit nécessairement que leur fécondité est moindre, que la chair n'a pas autant de qualité, et que leur éducaton est difficile.

D'après ces considérations, on peut facilement juger combien il importe pour la prospérité et la qualité de la volaille qu'elle soit toujours logée d'une manière saine, commode, mais sur-tout conformément à sa constitution physique, puisque c'est déjà le gîte que nous lui offrons qui commence à l'éloigner de l'état sauvage, et que nous devons tout faire pour qu'elle ne regrette pas sa liberté.

Il est donc essentiel, pour que le poulailler réunisse tous les avantages désirables, qu'il ne soit ni trop froid pendant l'hiver, ni trop chaud pendant l'été ; que les poules puissent s'y plaire et ne soient pas tentées d'aller coucher et pondre à l'aventure : sa grandeur doit être proportionnée à leur nombre, mais plutôt petit que grand, parcequ'en hiver les poules plus rassemblées s'électrisent et se communiquent de leur propre chaleur : qu'on ne craigne pas que serrées ainsi elles se nuisent et s'infectent réciproquement ; il est prouvé que les poules qui s'isolent sont peu fécondes, et que plus elles sont rapprochées dans un petit espace, plus leur ardeur à pondre est soutenue, et *vice versá*.

Le meilleur poulailler est situé au levant, assez mais non pas trop près de la maison du fermier, sans fentes ni crevasses, ni cavités, pour ne pas permettre aux fouines, aux putois, aux belettes, aux rats, aux souris et même aux insectes d'y pénétrer et de s'y cacher ; le toit doit être très saillant pour le garantir de l'humidité, le plus redoutable fléau des poules ; la porte petite, et avoir au-dessus une ouverture par laquelle elles puissent entrer du dehors à l'aide d'une échelle, et se placer sur le juchoir, qui se trouve exprès au niveau de cette ouverture, ainsi que deux fenêtres de forme circulaire, l'une au levant, l'autre au couchant, toutes deux garnies d'un grillage à mailles serrées et d'un contrevent.

Ces fenêtres, qui servent à entretenir des courans d'air dans le poulailler pour le rafraîchir, et sur-tout pour le sécher, doivent dans le jour, quand il fait beau, rester ouvertes, pour exhaler l'air de la nuit, et fermées la nuit, pour y conserver la chaleur et en interdire l'accès aux ennemis des volailles.

Dans les angles intérieurs doivent être placés sur des tasseaux, et à dix à douze pouces d'intervalle, les juchoirs; ce sont des perches qu'on a soin d'équarrir, parceque les poules n'embrassent point une perche cylindrique, qu'elles ne peuvent point courber leurs doigts et leurs ongles pour s'affermir dessus.

Les espaces intermédiaires sont destinés aux pondoirs, tous recouverts d'une planche, pour garantir les pondeuses des fientes des autres poules, et leur procurer le repos qu'elles recherchent dans l'instant de la ponte.

Les pondoirs ou nids sont des paniers d'osier solidement fixés contre les murs garnis de foin bien sec, préférable à la paille, parcequ'il est plus souple, plus délié, plus doux, plus chaud, et moins sujet à engendrer la vermine; disposés assez avantageusement pour que les poules puissent y entrer sans risquer de casser les œufs qu'ils contiennent.

On peut placer dans le poulailler un abreuvoir semblable à celui des volières, pour y entretenir de l'eau toujours nouvelle; mais pour le sanifier, on n'emploie plus que le feu, l'air et l'eau; ces trois agens sont assez puissans, assez actifs pour produire les meilleurs effets.

Le sol pavé en pierres plates ou polies, ou en bons carreaux, est fréquemment balayé, ratissé, lavé ou recouvert d'une couche de gravier ou de paille hachée bien menu.

Le poulailler ne doit servir que pour les coqs, les poules, les poulets et les pintades; les poules qui consentent à vivre avec les dindons le jour sur le fumier ne les aiment point avec elles pendant la nuit sous le même toit; elles ne souffrent pas plus volontiers sur leurs juchoirs les chapons, quoiqu'ils soient de la famille. Ces êtres disgraciés par notre sensualité, qui ne devroient trouver auprès d'elles que de l'indifférence, leur inspirent la plus grande aversion.

Il est nécessaire qu'il y ait attenant au poulailler des espèces de cabinets bien chauds, tant pour y faire couver les œufs, que pour y mettre les poussins qui sont éclos.

Dans le cabinet destiné aux poussins sont des cages séparées, où chaque mère reste huit jours avec sa famille, passe de là dans une enceinte jusqu'à ce qu'ayant achevé leur éducation, elle puisse sans danger les abandonner à eux-mêmes, et recommencer leur ponte.

Un poulailler a pour accessoires, 1° une petite fosse remplie de sable et de cendres; les poules s'y roulent en été pour désoler la vermine qui les ronge;

2° Une autre petite fosse où il y a du sable, afin que les

poules puissent s'amuser à gratter, à se vautrer, et à s'exercer sur le sol un peu ameubli, à s'y tenir un peu à l'ombre à l'âge d'un an ; si elles sont oisives elles s'appesantissent et cessent de pondre ;

3° Deux carrés de gazon qu'on leur abandonne successivement pour les y laisser paître et prendre leurs ébats ;

4° Des haies bien touffues, ou mieux encore, des arbres à larges feuilles, qui puissent leur fournir de l'ombrage, les dérober à la vue des oiseaux de proie ; ces arbres sont ordinairement des mûriers ou des sureaux, dont les volailles, et surtout les poules, aiment les fruits avec passion ;

5° Un hangar, où elles trouvent à se mettre à couvert dans les temps de pluie, et à se préserver du hâle ;

6° Des auges en pierre ou en bois couvertes, dans lesquelles les poules, en passant la tête par des ouvertures faites exprès, puissent s'abreuver d'une eau pure, plutôt que d'en aller chercher une corrompue et capable de leur nuire ;

La fille de basse-cour. Dans les métairies un peu considérables, il faut à la volaille un surveillant actif qui la garantisse de tous ses ennemis, et la mette en état de procurer les avantages qu'on a droit d'en attendre ; sans quoi son entretien deviendroit pour la maison une source d'embarras et de dépense plutôt qu'une de profit et d'utilité. Cet agent secondaire de la ferme est ce qu'on nomme vulgairement *la fille de basse-cour* ; elle est dans les petites exploitations chargée encore des détails de la vacherie et de ceux de la laiterie.

Pour se bien acquitter de son emploi, il faut que cette servante maîtresse soit propre, soigneuse, douce, patiente, adroite, attentive et vigilante ; quand elle réunit ces conditions, c'est un vrai trésor, il faut tout faire pour se l'attacher.

Son premier devoir, lorsqu'elle entre en fonctions, c'est de chercher à se faire connoître et aimer de la peuplade volatille qui lui est confiée, de venir souvent au milieu des individus qui la composent pour entretenir la paix parmi eux, apaiser leurs querelles domestiques, connoître l'humeur particulière de chacun, ramener les plus farouches en leur parlant un langage qu'ils entendent, en leur donnant à manger dans le creux de la main, en leur témoignant par des gestes caressans son affection. Que de poules hargneuses, condamnées à périr avant le temps sous le couteau du cuisinier, auroient perdu leur caractère sauvage, seroient devenues sociales, si elles eussent éprouvé dans leur premier âge plus de bienveillance de la part de la fille de basse-cour !

Après ces premiers soins, il y en a de journaliers dont il faut faire sentir tous les avantages ; on se contente dans quelques endroits d'appeler les volailles pour manger vers sept à huit heures du matin en été et à neuf pendant l'hiver ; mais la poule est un oiseau d'habitude, le moindre dérangement la contrarie. En demeurant trop tard dans le poulailler, elle perd un temps précieux à attendre la nourriture, et n'en a plus assez pour chercher, avec la même activité, celle dont elle doit se pourvoir elle-même ; d'ailleurs, la majeure partie des poules occupées à faire leurs œufs au printemps depuis sept jusqu'à neuf heures du matin, dérangées dans leur ponte, peuvent courir au dehors et causer des dégâts dans les jardins, si elles n'ont leur première ration à une heure réglée, c'est-à-dire au lever du soleil dans tous les temps, pour le matin, et le soir depuis deux jusqu'à quatre ; alors la porte du poulailler qu'on a laissée ouverte toute la journée est fermée, excepté un guichet par où les poules rentrent successivement, guichet qu'on a soin de fermer à la nuit afin d'éviter l'accès des animaux malfaisans.

La fille de basse-cour une fois connue des poules doit les passer souvent en revue, pour savoir si la troupe est au complet ; assister de temps en temps à leur repas, afin de juger de leur appétit ; examiner si elles sont en bon état, si elles engraissent ou ne maigrissent pas trop ; suivre leurs démarches, épier leurs actions, et les traiter en conséquence, pour profiter de leurs dispositions à pondre ou à couver.

Si, d'après l'inspection de leur fiente, elle remarque qu'elles sont constipées, il est nécessaire qu'elle rende leur nourriture plus liquide, et de choisir dans les herbes qu'elle leur jettera la bette et la laitue ; si au contraire elles sont menacées du cours de ventre, il faut changer le régime, faire qu'il soit échauffant, car cette maladie, qu'on peut arrêter dans son principe, une fois établie, devient incurable et souvent contagieuse.

Si elle aperçoit que la femelle éprouve de la difficulté à pondre, elle doit lui mettre quelques grains de sel dans l'anus et souvent un peu d'ail. C'est même pour elle un moyen, après s'être assurée qu'elle a l'œuf, de découvrir le lieu où elle a pondu à son insçu ; comme elle est pressée alors de déposer son œuf, sa marche vers le nid est accélérée ; on la suit, et bientôt on surprend son secret.

Une autre attention de la fille de basse-cour, c'est de visiter de temps en temps les nids où les poules pondent ; de lever exactement à onze heures du matin et à quatre heures du soir les œufs ; de faire un triage de ceux qui doivent être vendus ou consommés, des œufs destinés à l'incubation ; de mettre ces derniers dans une boîte ou un panier de paille rempli de grains ou de sciure de bois ; de suspendre ce panier dans un endroit sec, frais et obscur ; ne pas oublier sur-tout que les œufs les plus susceptibles de se conserver pendant un certain temps sont ceux que la poule a pondus dans le courant d'août et de septembre ; ce qu'on nomme les œufs pondus entre les deux Notre-Dame ; elle doit les rapporter à la fermière. Mais ne sont pas réputés vieux les œufs qui ne sont qu'à un mois de la date de leur ponte.

On ne sauroit croire combien la nourriture administrée dans l'état chaud contribue à la bonne santé de la volaille et à sa fécondité. L'immortel auteur du Cours complet d'agriculture, Rozier, a vu une pauvre femme de campagne, propriétaire d'une seule poule, qui le soir lorsqu'elle alloit se jucher, lui chauffoit le derrière, et chaque jour elle donnoit son œuf. Cette observation ne doit pas être perdue de vue par la fille de basse-cour ; et comme les pommes de terre sont pour les poules un mets excellent, sur-tout pendant l'hiver, où les grains sont ordinairement chers et les insectes peu communs, il convient de leur en donner de cuites dans l'état chaud, divisées par morceaux et mêlées avec les autres alimens ; mais choisir toujours pour le réfectoire le dedans ou le voisinage du poulailler. Si on leur donnoit indifféremment à manger dans les différens endroits de la basse-cour, les canards et les dindons ne manqueroient pas de fondre dessus, occasionneroient de la confusion et diminueroient de la pitance : d'un autre côté, on n'attacheroit point les poules à leur demeure, et cet objet est de la plus grande conséquence, afin de pouvoir faire perdre tout à coup à une poule l'ardeur qu'elle montre pour couver ou conduire ses poussins, et pour l'amener tout naturellement au besoin de pondre. Nous en avons indiqué le moyen au mot INCUBATION.

La poule boit beaucoup et souvent ; toute eau sale ou croupie doit lui être interdite. Il faut donc porter son attention sur cette boisson, prendre garde qu'elle soit renouvelée tous les jours en hiver et deux fois en été, et entretenir les vaisseaux qui la contiennent dans un grand degré de propreté.

La soif, sur-tout chez la couveuse, est plus impérieuse que la faim. Il arrive souvent qu'elle demeure constamment sur ses œufs deux fois vingt-quatre heures sans boire ni manger. Quand la fille de basse-cour s'aperçoit de cette opiniâtreté, elle doit la lever et la déterminer à prendre son repas ; ce n'est absolument que dans ce cas ; car il vaut mieux qu'elle se lève et se replace elle-même sur ses œufs, à moins cependant qu'elle n'observe qu'une couveuse s'impatiente, et qu'elle cherche à sortir souvent de son nid. La fille de basse-cour alors doit avoir soin de la nourrir moins, de la remettre sur ses œufs, de lui présenter dans la main quelques grains de chenevis, de sarrasin ; ce moyen l'attache davantage à son nid, sur lequel elle reste, dans l'espérance d'être mieux nourrie.

Mais c'est sur-tout le jour où les petits doivent éclore qu'il faut que la fille de basse-cour redouble d'attention soit pour favoriser leur sortie, soit pour les fortifier quand ils sont hors de la coque, soit enfin pour les soins qu'ils exigent pendant tout le temps qu'ils vivent sous la tutelle de la mère.

Il convient qu'elle possède les connoissances relatives à l'opération qui les chaponne, aux meilleurs procédés qui les engraissent; qu'elle sache distinguer les alimens qui échauffent d'avec ceux qui rafraîchissent; ceux qui font le plus de profit et coûtent moins; qu'elle mette à part chaque individu aussitôt qu'elle aperçoit son plumage hérissé, mal en ordre, ses ailes lâches et traînantes; qu'elle saisisse bien tous les symptômes des diverses maladies; afin de pouvoir appliquer à propos les remèdes les plus efficaces, c'est-à-dire une litière nouvelle, des œufs durs, un peu de caillé, de la mie de pain grillée, émiettée et trempée dans du vin, dans du lait.

Il est encore nécessaire qu'elle veille à ce que la volaille ait toujours suffisamment d'eau, et la boive tiède en hiver, et d'observer à temps quand elle est attaquée de la pepie, parcequ'alors le remède en est plus facile et plus certain. *Voyez* Maladies des Volailles.

Quand les œufs ont la coque mollasse, c'est un signe que les poules menacent de passer à la graisse; il est bon alors, pour arrêter cette disposition, de diminuer la ration, et de délayer un peu de craie dans leur eau, et de mettre de la brique pilée dans leur manger. (Par.)

POULAIN. Jeune Cheval. *Voyez* ce mot.

POULARDE. *Voyez* l'article suivant.

POULE. C'est le genre d'oiseaux domestiques le plus varié et le plus multiplié dans toutes les parties du monde, celui qui offre le plus de ressources alimentaires, tant par les œufs excellens qu'il fournit en abondance, que par la chair fine et délicate de tous les individus composant la famille. Ils sont connus sous les noms de *coq* et de *coq-vierge, poule, poussin, poulet, poulette, chapon, poularde.* La durée de la vie du coq et de la poule, ménagés pendant leur existence, est d'environ dix ans.

Choix du coq et de la poule. Le coq, de même que les autres gallinacées, est polygame, c'est-à-dire qu'il ne s'attache pas à une seule femelle. Dès l'âge de trois mois il commence à faire sa cour aux femelles, et sa grande vigueur dure trois à quatre ans, quoiqu'il puisse vivre jusqu'à dix; mais lorsqu'il a atteint cinq ans, il faut lui donner un successeur.

Les poules, comme chez les autres oiseaux de leur famille, sont plus petites que le mâle; elles diffèrent encore du coq par leur plumage moins éclatant et moins varié sur la tête.

Nul doute que le concours du coq ne soit nécessaire pour la fécondation des œufs, mais le mâle n'a aucune influence directe sur leur formation. Ils naissent naturellement sur cette grappe qu'on nomme l'ovaire ; ils peuvent également grossir, mûrir et s'y perfectionner dans les poules vierges, comme dans celles qui ont souffert l'approche du mâle. Les œufs décidément clairs ne présentent aucune différence pour le goût et les propriétés alimentaires. On ne devine pas pourquoi les œufs pondus sans la participation du coq ont été accusés d'être moins savoureux et moins sains que les autres.

Il faut que le nombre des coqs soit proportionné à celui des poules. Un pour vingt-cinq suffit ; mais comme il est démontré que le mâle est en état de donner des preuves de sa puissance cinquante fois par jour, et qu'un seul de ses actes féconde toute la ponte, on doit nécessairement revenir de cette opinion assez générale, qu'un coq est nécessaire à douze poules. La maxime *qui n'a qu'un seul coq n'en a point*, n'est fondée également sur aucune observation exacte ; la véritable économie consiste à n'entretenir aucun animal qu'il ne gagne sa nourriture par les services qu'il rend.

Il n'y a pas de ménages à la campagne quelques pauvres qu'ils soient qui n'aient quelques poules pour se procurer des œufs. Les particuliers dans les villes en réunissant également pour cet objet unique, ils croient tous qu'elles ne pondroient pas s'ils ne leur accordoient la société d'un coq ; mais ils nourrissent un mâle en pure perte, et le grain qu'ils épargneroient les mettroit à portée, non seulement d'avoir une poule de plus, mais encore des œufs clairs, c'est-à-dire des œufs plus susceptibles de conservation.

Il y a des races de poules qui donnent d'aussi gros œufs que les dindes, mais la ponte n'en est pas aussi considérable ; d'autres n'offrent pas moins d'intérêt, quoiqu'elles fassent des œufs d'une dimension moins grande, attendu que la quantité dédommage du volume. Telle est, par exemple, celle que l'on appelle la *poule commune*, à cause de la préférence qu'on lui donne dans la plupart des pays.

Poule huppée. Les variétés qui ont un plumage frisé et les pattes emplumées doivent, malgré les éloges qu'on leur a prodigués, être proscrites d'une basse-cour utile. Les premières, parcequ'ayant la peau à nu, elles sont plus facilement affectées du froid et moins empressées à pondre ; les secondes, à cause de l'humidité qu'elles apportent au poulailler avec leurs pattes hérissées, ce qui les rend moins aptes à pondre et plus sujettes à la vermine.

Le ci-devant pays de Caux possède deux variétés de poules, l'une huppée, d'un plumage varié, donnant de gros œufs, mais en petit nombre ; l'autre noire, portant une petite crête, pondant beaucoup et de beaux œufs. Ce sont deux variétés également bonnes pour élever des poulets dont on fait souvent des poulardes et des chapons. Madame Chaumoutet a observé, relativement aux huppes et aux crêtes, que plus la nature a fait de frais pour orner les poules d'une superbe coiffure, moins elles pondent, *et vice versâ*.

A la vérité, la poule huppée de Caux, et la grande flandrine, sont celles que la main des curieux a le plus travaillées ; mais il faut convenir que si une basse-cour n'étoit peuplée que de ces poules, assurément très agréables à la vue, leur entretien deviendroit trop dispendieux. D'abord elles donnent des œufs en moindre quantité, coûtent davantage de nourriture, ne pondent pas aussi long-temps, ont la vie plus courte, et ne prospèrent pas par-tout comme les poules de race commune.

Poule flandrine. Elle est plus délicate à manger, parceque, pondant moins que la poule commune et la poule huppée, elle acquiert plus de graisse. La poule de Caen est préférable pour fournir des poulets, des chapons et des poulardes ; ce sont donc ces trois espèces de poules qui rapportent le plus de profit, qu'il faut s'attacher à élever dans les cantons assez heureusement situés pour en favoriser la perfection et le commerce.

Les parties des départemens de la Seine - Inférieure et du Calvados, connues sous les noms de pays d'Auge et de pays de Caux, présentent deux branches assez considérables de commerce d'œufs et de poulets ; les œufs sont vendus ordinairement deux sous la pièce pour la couvaison, parcequ'on donne une grande extension à l'éducation des poulets, qui, sous le nom de *poulets de grains*, *poulets gras*, *coqs vierges*, *poules vierges*, gélines ou gélinottes, chapons gras, sont enlevés pour Paris à l'âge de cinq, six et sept mois, et fournissent à la capitale les plus excellentes volailles.

Poule de soie. Je voudrois retrouver la poule d'Adria, qui, selon *Aristote*, pondoit régulièrement tous les jours, et quelquefois deux œufs par jour. C'est sur cette poule féconde que j'appellerois tous les soins, en supposant cependant que les œufs se rapprochassent par leur volume de ceux de la poule commune ; car il paroît que la ponte est d'autant plus considérable que les œufs sont moins gros, *et vice versâ*. La poule de soie, si jolie t si mignonne à cause de sa forme et de la finesse de sa peau, i attentive à pondre, si assidue à couver, qui a pour ses oussins tant de tendresse et de sollicitude, seroit à coup sûr a poule favorite, et celle que je proposerois de substituer à outes les autres, à cause de ses qualités ; mais malheureusec ent deux de ses œufs n'en valent pas un de la poule ordinaire, et c'est à regret que je la relègue dans la basse-cour des curieux.

Poule commune. Hors le temps de la mue, elle pond sans s'arrêter jusqu'à l'apparition des froids. Cette race ne possède pas seulement la faculté de faire beaucoup d'œufs, elle est encore la plus vigoureuse et la moins difficile sur le choix de la nourriture. Quand la cour, la grange, les écuries, les fumiers, ne fournissent pas à sa subsistance, elle trouve le long des haies et des chemins des insectes et des graines pour y suppléer. Nous ignorons l'époque de son acquisition ; elle se perd dans la nuit des premiers âges du monde : on peut l'envisager comme une vraie conquête pour les hommes réunis en société. La poule commune mérite donc d'occuper le premier rang parmi les pondeuses.

Pondaison. Elle se répète chez tous les oiseaux deux fois par an ; la première après l'hiver, et c'est la plus considérable, la seconde qui a lieu vers la fin de l'été réussit rarement. La saison de pondre pour les poules commence en février, et jusqu'au moment où elles demandent à couver. Dans le premier cas la poule caquette sans cesse, visite tous les coins et recoins pour en trouver un où elle puisse se cacher et jouir de la tranquillité ; enfin elle se détermine à entrer dans le poulailler et à choisir le nid destiné à servir de pondoir ; elle y monte, s'y arrange, se tait et pond ; mais aussitôt qu'elle est débarrassée de son œuf, elle éprouve immédiatement après sa délivrance ce transport que partagent ses compagnes, et qu'elles expriment toutes par des cris de joie répétés qu'on nomme *gloussement.*

Entre les poules de la même espèce, il y en a dont la fécondité varie ; les unes ne donnent qu'un œuf en trois jours, d'autres pondent de deux jours l'un, celles-ci en pondent, mais rarement, tous les jours ; les poulettes en font davantage, mais de plus petits que celles d'un moyen âge.

Cette attention que nous avons recommandée à la fille de basse-cour, de ramasser les œufs deux fois par jour, pour n'en pas perdre, peut exercer une influence sur leur qualité.

Nous en avons donné la raison au mot INCUBATION ; mais en général, on remarque que la poule qui n'a pas fait le choix d'un nid se place plus volontiers sur celui où elle trouve qu'il y en a le plus ; c'est sans doute à cette observation qu'on doit l'œuf figuratif qu'on place dans le nid pour déterminer la femelle à pondre.

Ponte d'hiver. Les vicissitudes des saisons ont beaucoup de part au succès de la ponte ; le froid la retarde et la diminue, le chaud opère le contraire ; aussi elle est plus hâtive et plus prolongée au midi qu'au nord. On doit donc se ménager dans l'endroit où on élève un grand nombre de poules tous les moyens

reconnus pour produire au besoin cet effet, comme le voisinage d'un four, d'une étuve, l'intérieur d'une écurie, d'une
étable, avoir soin de les mieux nourrir que celles qui restent
au poulailler, et de leur donner de préférence du chenevis,
de l'avoine, du sarrasin, un peu de pâtée chaude; par ce moyen
on a facilement des œufs frais et même des poulets dans la saison
la plus rigoureuse de l'année.

Les ménagères du pays d'Auge font jucher les poules sur le
massif d'un four, et les font couver dessous dans des niches
pratiquées exprès. Ce moyen facilite la multiplication des poulets, de manière qu'on en a de gros pour le mois d'avril. Par
conséquent l'homme fatigué de passer son hiver sans manger
d'œufs a la faculté de se procurer cette jouissance.

Couvaison. Ce n'est pas toujours à la même heure que la
poule fait son œuf; mais le moment où elle cesse de pondre
pronostique celui du couvage, par un cri différent de celui
par lequel elle manifeste l'envie de pondre. Il est encore indiqué par son assiduité au nid et par la défense qu'elle prend
de ses œufs. Alors elle demande à accomplir le vœu de la nature. Le nombre d'œufs qu'on donne à la couveuse varie selon
son volume. C'est depuis douze jusqu'à quinze à seize, toutefois
après les avoir présentés à la lueur d'une chandelle, pour s'assurer s'ils sont transparens et pleins; car il est impossible, par
ce moyen, de distinguer si les œufs sont fécondés ou non, et de
quel sexe sera l'oiseau à naître, quoi qu'on en ait dit. L'erreur
vient de ce que pendant long-temps on a pris pour le germe cette
cavité qu'on nomme *couronne*, et qui n'est autre chose que le
vide occasionné dans l'intérieur par l'évaporation spontanée de
l'humidité. Et comment ce genre pourroit-il être aperçu à l'une
des extrémités de l'œuf, puisqu'il se trouve placé sur le globe
du jaune, à sa partie supérieure, quelle que soit la situation de
l'œuf, au centre duquel il est suspendu? Cette position du
germe doit servir encore à justifier ce que nous avons déjà dit
sur les soins inutiles de la fille de basse-cour, de retourner les
œufs en incubation pour les mettre dans le cas d'éprouver plus
de chaleur. Cette opération pour le moins est absolument inutile, si elle n'est pas dangereuse pour la couvée.

Nids des couveuses. Ce sont des paniers, des corbeilles, des
tonneaux d'un diamètre convenable, suffisamment garnis de
paille brisée; celle de seigle est la meilleure, parcequ'elle est
sèche et flexible. Nous renvoyons encore à l'article INCUBATION,
pour les détails dans lesquels nous sommes entrés sur les soins que
demandent les femelles pendant qu'elles sont en couvaison; il
faut sur-tout que le local soit disposé de manière à ce qu'elles
jouissent de la plus grande tranquillité.

On prescrivoit autrefois de ne commencer la couvaison qu'à

la fin du croissant de la lune, de mettre toujours les œufs en nombre impair, de préférer les pointus pour avoir des mâles, et ceux arrondis par les deux extrémités pour se procurer des femelles, de garantir la couvée des effets du tonnerre en armant le nid de ferrailles (l'œuf du coq et le serpent qu'il contient sont encore des fables), de les préserver du mauvais air avec des plantes aromatiques. On reconnoît maintenant le peu de valeur de toutes ces minuties, et nous invitons les fermiers à ne plus s'y arrêter désormais.

Des poussins. C'est communément le vingt-unième jour de l'incubation que le poussin respire ; il piaule, sa force vitale acquiert plus d'énergie, ses membres se développent, son bec agit, sa coquille est brisée, et il s'échappe de sa prison. Les uns font cette opération assez promptement, les autres éprouvent plus de difficultés, soit que la coquille que ces derniers écartent, attaquent, offre plus de dureté, soit que leur bec ait moins de force que ceux de leurs camarades.

On doit être *sur le qui vive* le jour de leur naissance. Les poussins n'ont pas besoin de manger ; on les laisse dans le nid ; le lendemain on les porte sous une espèce de grand panier garni en dedans d'étoupes, et on leur sert, ainsi que les jours suivans, pour nourriture, des miettes de pain trempées, ou dans du vin pour leur procurer de la force, ou dans du lait pour leur donner de l'appétit ; on leur présente des jaunes d'œufs, si on s'aperçoit qu'ils sont dévoyés; on leur met tous les jours de l'eau nouvelle très pure, et de temps en temps on leur distribue des poireaux hachés; après les avoir tenus enfermés chaudement sous cette mue pendant cinq à six jours, on leur fait prendre un peu l'air au soleil vers le milieu de la journée, et on leur donne de l'orge bouillie, du millet mêlé, du lait caillé, et quelques herbes potagères hachées.

Au bout de quinze à dix-huit jours, on permet à la poule de conduire ses petits dans la basse-cour ; mais comme elle est alors en état d'en soigner vingt-cinq à trente, on ajoute aux siens ceux d'une autre poule, et on remet celle-ci à pondre ou à couver.

Ce qui détermine le choix de l'une de ces deux poules pour lui donner la conduite des poussins, c'est la grandeur de son corsage et l'ampleur de ses ailes, afin qu'ils puissent encore éprouver l'utile influence d'une seconde couvaison.

Des poulets. On vante avec raison la tendresse et les sollicitudes de la poule pour ses poussins. Le changement que l'amour maternel a produit sur son caractère et ses habitudes est réellement digne d'admiration : elle étoit vorace, insatiable, vagabonde, timide, pusillanime ; aussitôt qu'elle est mère, on la voit généreuse, frugale, sobre, réservée, courageuse et intrépide ; elle prend toutes les qualités qui distinguent le coq, elle les porte même à un plus haut degré de perfection.

Lorsqu'on la voit s'avancer dans la basse-cour, entourée de ses petits qu'elle y mène pour la première fois, il semble qu'enorgueillie de sa nouvelle dignité, elle prend plaisir à venir en remplir les fonctions aux yeux du mâle, et lui montrer les résultats de la couvaison, de cette opération qu'elle a exécutée sans son secours ; ne diroit-on pas qu'elle veut lui faire connoître qu'elle saura bien encore sans lui nourrir ses poulets, les surveiller et les défendre ?

Elle continue à leur prodiguer ses soins jusqu'à ce qu'ils leur deviennent inutiles, ce qui a lieu lorsque les poulets sont revêtus de toutes leurs plumes, et qu'ils ont acquis la moitié de la grosseur qu'ils doivent avoir.

Dans le nombre des élèves parvenus à cette grandeur, on garde les plus belles poulettes pour remplacer les vieilles poules, et les jeunes coqs les plus vigoureux pour succéder à ceux qui sont épuisés ; le superflu est ou vendu au marché ou soumis à la castration.

Chapons. On enlève aux poulets la faculté de se reproduire avant le mois de juillet s'il est possible, parcequ'on a observé que l'opération pratiquée dans l'arrière-saison ne produisoit jamais d'aussi beaux chapons. On destine de préférence à la castration les poulets issus des grandes espèces, provenant du mois de juin, selon le proverbe : *Chapons avant la Saint-Jean et chaponneaux après ;* par la raison qu'ils s'engraissent plus facilement, qu'ils deviennent plus gros que les autres et se vendent un plus haut prix.

L'opération qu'ils subissent consiste à leur faire une incision près des parties génitales, à introduire le doigt par cette ouverture pour saisir les testicules et les emporter avec adresse sans offenser les intestins ; à coudre la place ; à la frotter d'huile ; à la saupoudrer de cendres ; et enfin à leur couper la crête.

Cela fait, on les nourrit avec une soupe au vin pendant trois ou quatre jours qu'on les tient enfermés dans un endroit où la température est modérée, parcequ'on a remarqué que, lorsqu'il fait un temps très chaud, la gangrène se met souvent à la plaie et qu'elle les fait périr, comme aussi quand l'opération est mal faite.

Engrais des chapons. On les met sous une mue et on leur fait une litière neuve chaque jour ; on leur donne de l'orge, du sarrasin bouilli, ou bien une pâtée composée suivant la recette qu'on va voir plus loin. Le temps de s'en défaire le plus avantageusement est depuis le mois de novembre jusqu'en mars.

Le coq réduit à l'état de chapon n'est plus sujet à la mue,

sa voix devient enrouée, et il ne la fait plus entendre que rarement; traité durement par le coq, et avec dédain par les poules, raillé enfin par les jeunes paysans, il est non seulement exclu de la société de ses semblables, mais encore séparé de son espèce; cependant, quoique voué à la stérilité, il peut encore concourir indirectement à la conservation et à la multiplication des poulets, en remplaçant les poules pour couver leurs œufs et conduire leurs poussins.

Chapon pour conduire les poussins. Il faut le choisir gros et vigoureux, lui plumer le dessous du ventre, le flageller avec une tige d'ortie, et l'enivrer avec une rôtie au vin et un peu d'eau-de-vie, réitérer ce traitement deux ou trois jours, pendant lesquels on le tient renfermé dans un endroit fort étroit; on le porte de là sous une cage avec deux ou trois poussins qui mangent avec lui, qui se glissent sous son ventre comme sous leur mère, et lui font éprouver un frais agréable, parcequ'ils modèrent les angoisses qu'il ressent; on augmente le nombre des poulets tous les jours jusqu'à ce qu'il en ait autant que le volume de son corps et l'ampleur de ses ailes puissent en couvrir. Quand le chapon a avec lui toute la bande qu'il doit conduire, on le laisse encore pendant deux jours dans la grande cage, après quoi on lui permet de se promener par-tout, lui et son troupeau, et il s'en acquitte avec autant d'attention que leur propre mère, et ne leur procure pas moins de chaleur, ce qui est le plus important.

Mais cette pratique a quelque chose de révoltant. Réaumur a imaginé un procédé moins cruel. On met le chapon dans un baquet peu large et assez profond, garni dans le fond d'une bonne couche de paille, et on couvre le dessus du baquet avec des planches; on l'en retire deux ou trois fois par jour pour le mettre sous une cage où il trouve du grain. Trois ou quatre jours après on lui donne deux ou trois poussins huit jours après leur naissance; on les laisse dans le baquet avec lui pendant quelques jours, et on les en retire en même temps que lui pour les mettre sous la cage, et on les fait manger de compagnie. Quand le chapon s'accoutume à vivre paisiblement avec eux, on en ajoute deux ou trois autres, et lorsqu'il paroît s'y être attaché on lui en confie un plus grand nombre qu'il conduit avec tous les soins dont une poule est capable. Les premiers jours de cette éducation se passent rarement sans qu'il y ait quelques poussins tués ou estropiés; mais il ne faut pas être rebuté, parceque ces accidens n'auront plus lieu dans la suite: le chapon une fois instruit l'est pour toujours.

Chapon pour couver. Après des préparations préliminaires, analogues à celles qui disposent le chapon à conduire des poussins, on est parvenu à le faire couver. Cette faculté chez lui est d'autant plus avantageuse, qu'on peut lui donner jusqu'à 25 œufs. Après l'incubation et la conduite des petits, on peut encore lui faire recommencer même besogne une ou deux fois, si on a l'attention de le bien nourrir.

Nourriture des poules. Toutes les matières alimentaires leur conviennent, même quand elles sont confondues dans le fumier : rien n'est perdu avec les poules ; on les voit pendant toute la journée occupées sans cesse à gratter, à chercher et à ramasser pour vivre. Le ver qui vient respirer à la surface de la terre n'a pas le temps de se replier sur lui-même ; il est aussitôt saisi par la tête et déterré.

Les poules repues de grains, de vers et d'insectes, de tout ce qu'elles ont trouvé par une recherche opiniâtre dans le fumier, dans les coins et dans les granges, dans les écuries et dans les étables, n'ont besoin dans les fermes, au printemps et en hiver, que d'un supplément de nourriture qu'on leur distribue toujours le matin au lever du soleil, et le soir avant qu'il se couche. Ce repas est préparé de la manière suivante :

On fait cuire la veille dans les lavures de vaisselles les plantes potagères que la saison fournit, on les mêle avec du son ; on les égoutte le lendemain ; on porte cette pâtée réchauffée aux poules ; lorsqu'elles l'ont mangée on leur jette, suivant les ressources locales, une certaine quantité de vannures, de criblures de froment et de seigle, ou d'orge pure, de sarrasin, de blé de Turquie concassé, de vesce, de pois chiches, des os concassés, de marc de raisin ou de pomme, de fruits sains ou gâtés, coupés par morceaux, tous les débris de la table et de la cuisine, des racines cuites, et seulement, suivant la saison, on augmente ou on diminue la ration de l'une ou de l'autre de ces substances ; quelquefois, comme pendant la récolte ou le battage des graines, on supprime toute distribution du soir, vu que les poules vont chercher pendant le reste de la journée leur nourriture en insectes et en grains, dont on jette quelques poignées sur le fumier pour les accoutumer à y gratter.

La manière la plus avantageuse de donner les graines farineuses à tous les animaux est après qu'elles ont subi la panification ; l'expérience a prouvé que cette opération développe infiniment mieux la substance alimentaire et la rend moins lourde à l'estomac, mes essais ont également confirmé cette vérité sur les oiseaux de basse-cour.

Verminière. L'attrait que les volailles ont pour les vers a fait songer à ajouter à leur subsistance une ressource qui, de temps immémorial, a été indiquée pour leur en procurer beaucoup et sans frais : le procédé consiste à former une pâte avec du levain de farine d'orge, à mettre ce mélange avec du son et du crottin dans un vaisseau convenable ; au bout de trois jours, s'il fait chaud, elle sera remplie d'une multitude de vers qui serviront de pâture aux poules ; mais voici un procédé plus en grand.

Sur un endroit de la basse-cour assez élevé pour permettre l'écoulement des eaux, on construit quatre murailles, chacune de douze pieds de longueur et de quatre de hauteur, ce qui forme une fosse carrée ; on met successivement dans cette fosse de la paille de seigle hachée, du crottin récent de cheval, de la terre légère abreuvée de sang de bœuf ou d'autres animaux, et un mélange du marc de raisin, d'avoine et de son ; sur ce dernier lit on étend des intestins d'animaux coupés par morceaux, puis recommençant par un lit de paille, on suit le même ordre que la première fois, jusqu'à ce que la fosse soit remplie ; alors on la recouvre de branches d'épines qu'on assujettit par de grosses pierres pour en défendre l'accès à la volaille.

Ce mélange se convertit pour ainsi dire en un monceau de vers, qu'on leur ménage, pour la saison où la terre, durcie par la sécheresse ou par le froid, ne leur en fournit plus, et qu'on leur distribue tous les matins par petites portions.

Quand la basse-cour est très considérable, on établit plusieurs verminières, mais on a grand soin de ne jamais les laisser à la discrétion des volailles : dans quelques endroits on charge des enfans de suivre le jardinier et de ramasser les vers qu'il fait sortir à chaque coup de bêche, ou bien on leur dit de remuer la terre avec un trident : ce mouvement, qui imite le travail de la taupe, détermine les vers à quitter leur souterrain pour éviter leur ennemi, et ils tombent entre les mains des enfans. C'est particulièrement au printemps qu'il faut s'occuper de la préparation de la verminière, et c'est aussi pendant les grands froids qu'on doit le plus s'en servir.

Avantages de la verminière. Les oies, les canards sont, comme on sait, extrêmement friands de viande ; ils la mangent avec avidité, quoique corrompue : les limaces, les araignées, les crapauds, les grenouilles, les vers de terre, les tripailles, toutes ces substances, en un mot, conviennent à leur appétit carnacier. L'instinct des poussins ordinaires, des poussins d'Inde et de tous les oiseaux pulvérateurs qui grattent la terre pour avoir des vers, les sauterelles et autres insectes semblables sur lesquels ils se jettent, sont des indices suffisans pour nous apprendre que la première nourriture des oiseaux de basse-cour devroit toujours présenter un mélange composé de matières végétales et animales, et qu'elle auroit une grande influence sur le succès de leur éducation. Cette observation m'autorise à penser qu'on ne fait pas assez d'usage de la verminière adoptée et proposée pour la nourriture exclusive des poules. Rien à mon gré n'est plus économique, ni plus salubre, ni plus propre à la constitution physique de la volaille quand on a soin d'en proportionner la quantité à l'âge, à la saison et aux ressources locales. Ce goût pour les vers se fortifie à mesure qu'elle se développe, et on connoît l'agilité avec laquelle elle les découvre et les saisit pour s'en nourrir. J'ai vu, pendant mon séjour en Angleterre, chez lord Egremont, distribuer tous les jours des œufs de fourmi aux poussins d'Inde, et cette nourriture leur réussir à merveille; peut-être hâteroit-elle le moment critique qu'ils ont de passer au rouge, comme elle exempte les faisandeaux des dangers dont ils seroient environnés sans ce moyen; mais il ne faudroit y faire entrer ces œufs que pour un quart; leur excès est aussi fàcheux que l'usage modéré en devient nécessaire. Les œufs couvés qui ont manqué, les volailles qui meurent dans la basse-cour; tous ces objets cuits, hachés et mêlés à la pâtée des poussins, leur conviennent; il est vraisemblable que dans les cantons maritimes les débris de poissons deviendroient dans ce cas un supplément utile.

Des poulardes. On désigne sous ce nom les poules auxquelles on a enlevé l'ovaire, soit lorsqu'elles ont cessé de pondre, soit avant qu'elles n'aient encore pondu.

Cette opération, qui se fait à peu près de la même manière que celle qui se pratique sur les coqs, rend stériles les poules; elle les dispose à prendre un embonpoint extraordinaire et à acquérir une chair fine et délicate.

On y soumet toutes les poules chez lesquelles on remarque les défauts essentiels qui, comme il a été dit précédemment, les rendent peu propres à pondre ou à couver, de même aussi aux poulets qui ne paroissent pas réunir les qualités nécessaires pour devenir de bons coqs.

On chaponne sur-tout de préférence les poules ou poulettes des grandes races, tant parcequ'elles pondent moins que les poules communes, que parcequ'elles fournissent, après avoir été engraissées, de belles pièces de volailles extrêmement recherchées et qui se vendent très cher.

Manière d'engraisser la volaille. Elle semble devoir être extrêmement simple; on pourroit même croire qu'on en vient à bout en distribuant à la volaille, à des heures réglées, une nourriture saine capable de la rassasier complètement; mais, pour remplir le but qu'on se propose, il n'est point nécessaire de la fortifier, de lui procurer une santé vigoureuse; on veut au contraire lui donner une véritable maladie, une sorte de cachexie, dont l'effet est un embonpoint extraordinaire si supérieur à celui qui lui convient pour qu'elle jouisse de ses facultés dans toute leur énergie, qu'elle ne manqueroit pas de mourir de gras fondu, si on ne la tuoit pas à temps ; on veut l'engraisser, non pour son avantage, mais pour le nôtre, et, pour y parvenir, on emploie des moyens qu'elle ne choisiroit pas elle-même ; on a recours à une des méthodes suivantes.

La première consiste à enfermer la volaille dans un endroit obscur, à la nourrir abondamment avec de l'orge et du sarrasin, ou du maïs, l'un ou l'autre de ces grains cuits et mis en boulettes.

La seconde, pratiquée au Mans, a cela de particulier, qu'au lieu de laisser manger librement la volaille on lui fait avaler des patons de figure ovale, portant environ deux pouces de longueur sur un d'épaisseur, composés de deux parties de farine d'orge, d'une partie de sarrasin et de suffisante quantité de lait.

La troisième passe pour être plus expéditive que les précédentes ; elle prescrit de mettre les volailles dans une cage ou épinette placée dans un endroit chaud, de les empâter deux à trois fois par jour au moyen d'un entonnoir avec de la farine d'orge de maïs, de petit millet détrempé dans du lait ; de leur donner d'abord une certaine quantité de ce mélange un peu liquide, par la raison qu'on ne leur donne point à boire, puis d'augmenter successivement la dose jusqu'à leur remplir entièrement le jabot, leur laissant tout le temps de le vider à leur aise avant de recommencer, pour ne pas troubler leur digestion et occasionner des dégorgemens ; les deux instrumens employés dans ce procédé méritent d'être décrits.

Épinette pour renfermer les poules. C'est une planche à plat, soutenue par autant de morceaux de planches que l'on voudra engraisser de poules ou de chapons, car chaque fond de planche fera une loge, et chaque volaille aura sa loge qui sera séparée, étroite et longue, de manière que l'oiseau ne puisse point tourner ni s'élever ; à chaque loge, dont les deux côtés seront ainsi bouchés par deux petites planches passées à chacun des deux bouts, on mettra seulement une ou deux fiches de bois assez fortes pour que l'oiseau ait la faculté de manger et passer la tête au travers sans les rompre ; le dessous de cette loge sera aussi en l'air et fermé par quatre ou cinq bonnes fiches, afin que les fientes de la volaille n'y séjournent pas ; ce qui la rendroit malpropre et malsaine ; d'autres, au lieu de ces barreaux, pour mieux soutenir la volaille dans sa loge, ferment le dessous d'une planche qui, étant plus étroite d'un tiers que celle de dessus, laisse un trou au bout de sa loge pour laisser écouler les ordures ; au reste, l'épinette doit être posée dans un lieu chaud et très sombre.

Entonnoir à empâter les poules. Cette machine, à la faveur de laquelle un homme peut empâter une cinquantaine de poulets dans l'espace d'une demi-heure, est tout-à-fait commode. Sur un escabeau à hauteur de bras s'élève une espèce d'entonnoir dans lequel on verse la mangeaille; du bas de cet entonnoir sort un tuyau courbe, à peu près comme celui d'une théière; on fait descendre en dedans de l'entonnoir, jusque vers le bas, un secret garni d'une soupape, à côté de laquelle la mangeaille passe dans le fond de l'entonnoir : ce secret est suspendu par une petite verge de fer attachée à une languette aussi de fer, qui fait ressort et qui s'élève depuis l'escabeau jusqu'au-dessus de l'entonnoir; à cette languette tient une corde qui descend jusqu'au pied de l'escabeau; là elle est arrêtée par une petite planche mobile que l'empâteur peut presser du pied : par ce mouvement, la corde tire la languette de fer qui, en s'abaissant, force le secret, dont la soupape se ferme, à descendre plus bas dans le fond de l'entonnoir; et par-là ce secret, faisant les fonctions d'une pompe foulante, presse la pâte et l'oblige à sortir par le bout du tuyau courbe que l'engraisseur tient dans le bec de l'oiseau au-dessus de sa langue. Il a soin de retirer le poulet à l'instant qu'il sent qu'il a pris assez de nourriture : s'il a dépassé la dose convenable, il le fait dégorger dans un vaisseau placé au-dessous de la machine pour l'empêcher d'étouffer.

Chaque fois qu'on se sert de l'entonnoir on a soin de le laver à l'eau fraîche, dans la crainte qu'il n'y reste de la mangeaille qui s'aigriroit.

Les poulets nourris de cette manière, qui convient sur-tout aux marchands de volaille, sont au bout de huit jours bien blancs et d'un goût excellent : en quinze jours ils ont acquis leur plus haute graisse.

Observations sur l'engrais des volailles. On a vanté une foule de moyens pour parvenir à ce but; les uns ont indiqué d'ajouter à la nourriture prescrite les feuilles et les graines d'ortie séchées et réduites en poudre; d'autres, un peu de semence de jusquiame, dans la vue de provoquer au sommeil; reste à savoir si la semence partage réellement les propriétés de la plante d'où elle provient : plusieurs prescrivent le miel; il y en a enfin qui, au lieu de les mettre dans un lieu obscur, comme nous le conseillons, leur crèvent les yeux, et, sous le prétexte de les délivrer de la vermine qui les tourmente, empêchent l'engrais; les plument sur la tête, sous le ventre et sous les ailes.

Mais un propriétaire humain, qui ne doit cesser de recommander à ses domestiques de n'être pas durs envers les animaux, ne permettra pas ces opérations, à la fois barbares et inutiles, inventées par la plus détestable sensualité, et qui ne contribuent en rien à l'embonpoint de la volaille ; elles peuvent même lui devenir préjudiciables, puisqu'elles ne sauroient avoir lieu sans occasionner des douleurs fort aiguës.

En renfermant les chapons, les poulardes et autres volailles dans des cabats suspendus en l'air, et faits de telle manière que d'un côté leur tête est en dehors, et de l'autre leur croupion ; ainsi empaquetés et immobiles, ils mangent, dorment et digèrent à peu près comme dans l'épinette.

Moyen économique d'engraisser la volaille. Autant les matières animales ou seulement animalisées sont utiles à l'éducation des oiseaux de basse-cour dans leur premier âge, autant les substances farineuses deviennent indispensables, lorsque, ayant acquis toute leur croissance, il s'agit de les engraisser ; il n'y a rien, à mon gré, de plus économique pour remplir ces vues que la pomme de terre, abondante dans la saison de l'engrais ; elle diminueroit la consommation des grains employés à cet objet, et présenteroit un moyen d'obtenir à peu de frais et promptement des volailles grasses ou à demi grasses ; j'invite donc les fermières à réfléchir sur ce que je leur propose, et elles perfectionneront le procédé que je leur soumets ; il consiste à faire cuire des pommes de terre lavées ; quand elles sont retirées du feu et de l'eau, à les écraser encore chaudes avec les mains, et à les pétrir avec parties égales de farine grossière de blé de maïs, de sarrasin, d'orge, de millet, selon les ressources locales ; on ajoute par huit livres de mélange une once de sel. On peut préparer cette pâtée pour deux à trois jours, la donner matin et soir dans la quantité déterminée pour chaque espèce d'oiseau. (PAR.)

POULE D'EAU. Oiseau de la grosseur d'un poulet de deux mois, qui a quelque ressemblance avec la poule par son bec, ses pattes et le cri par lequel elle rappelle ses petits. Son plumage est noir brun en dessus, brun gris en dessous, excepté le bord des grandes plumes des ailes et le croupion qui sont blancs. Il vit dans les marais couverts, sur le bord des étangs, de petits poissons, d'insectes aquatiques, et probablement aussi de graines. Quoique sa chair ne soit pas un excellent manger, on le chasse au fusil le soir et le matin, seules époques où il ne soit pas caché. On le prend aussi avec des lacets et des filets de diverses sortes, mais rarement en abondance.

POULET et POULETTE. Jeune coq et jeune POULE.

POULI. *Voyez* POULIN.

POULIN. On donne ce nom dans le département du Var aux jeunes ânes.

POUMON (MALADIES DU). *Voyez* PÉRIPNEUMONIE et PHTHISIE.

POUPÉE. Masse de terre argileuse mêlée de mousse ou de foin, et entourée de lanières d'étoffes ou d'écorces d'arbres qu'on place autour des greffes en fente ou en couronne, soit pour garantir la plaie du contact de l'air, soit pour entretenir la greffe dans une humidité propre à la conserver en état de végétation jusqu'à ce qu'elle soit soudée au sujet. *Voyez* GREFFE.

Une poupée composée de matériaux trop tenaces remplit aussi mal son objet qu'une poupée dans laquelle entrent des terres sans cohérence, parceque, dans le premier cas, elle met obstacle à l'augmentation en grosseur du sujet ou de la greffe, et que, dans le second, elle laisse facilement évaporer son humidité, et se détruit rapidement par l'effet des pluies; c'est en mettant plus de mousse ou de foin dans la composition des poupées faites avec de l'argile trop tenace qu'on en diminue les inconvéniens; c'est par leur mélange avec de la bouze de vache qu'on augmente la cohésion des terres légères, lorsqu'on est forcé à les employer à la fabrication des poupées.

Quoique l'humidité que la poupée nouvellement faite entretient autour de la greffe soit selon moi un de ses principaux avantages, il ne faudroit pas vouloir renouveler souvent cette humidité par des arrosemens, parcequ'on risqueroit de faire noircir et par suite périr la greffe. L'eau des pluies entre rarement assez avant dans le corps d'une poupée pour être nuisible sous le rapport ci-dessus.

La grosseur des poupées dépend de celle des tiges ou des branches qu'elles enveloppent. Un pouce d'élévation au-dessus de l'écorce suffit le plus souvent.

Le temps que la poupée doit rester en place est fixé par celui qui est nécessaire non seulement pour que la greffe se soude à l'écorce du sujet, mais encore pour que la plaie faite au sujet se ferme; mais comme il faut quelquefois plusieurs années pour arriver à ce dernier résultat, il arrive souvent que la poupée est détruite avant cette époque, par le seul effet des injures du temps. En général, on les brise rarement à la main; cependant cela devient nécessaire lorsque leur trop de consistance gêne l'accroissement de la greffe, ou s'oppose à la formation du bourrelet qui doit recouvrir la plaie.

Toutes les poupées qu'on a proposé de faire avec d'autres matières que de la terre ne valent pas celles qui en sont composées; ainsi que Thouin s'en est assuré par des expériences directes et comparatives; il en est de même des résines et autres englumens qu'on leur substitue dans quelques pépinières. (B.)

POURCADE. Troupeau de cochons dans le département de la Haute-Garonne.

POURCEAU. On donne ce nom au COCHON dans quelques endroits.

POURCEAU (PAIN DE). *Voyez* au mot CYCLAME.

POURGET. Le Pourget est une espèce de ciment qu'on fait avec de la bouze de vache et des cendres passées à un gros tamis, afin que les charbons en soient séparés. Sur une égale quantité de cendres et de bouze de vache, on ajoute après un quart de chaux éteinte; on mêle le tout ensemble avec un peu d'eau, pour en faire un mortier dont on enduit l'extérieur des ruches en osier, et qu'on applique avec une truelle aux fentes des ruches en bois, et tout autour de la grande ouverture qui repose sur la table. (R.)

POURPIER, *Portulaca*. Genre de plantes de la dodécandrie monogynie et de la famille des portulacées, qui renferme une demi-douzaine d'espèces, dont une est fréquemment cultivée dans les jardins pour l'usage de la table.

Le POURPIER COMMUN, *Portulaca oleracea*, Lin., a les racines annuelles ; les tiges rampantes, épaisses, tendres, couchées sur terre, rameuses ; les feuilles alternes, charnues, ovales, cunéiformes, luisantes ; les fleurs petites, jaunâtres, solitaires dans les aisselles des feuilles supérieures, et accompagnées d'un involucre. Elle est originaire de l'Inde, et fleurit tout l'été dans nos jardins. (B.)

Ce pourpier a produit une variété que l'on appelle *pourpier doré*; elle est due à la culture. Si on la néglige, si on la sème dans un mauvais terrain, elle revient après une ou deux années à son premier état, et constitue ce que les jardiniers appellent *pourpier vert*, qui résiste mieux aux intempéries des saisons que le doré ; mais l'un et l'autre ne peuvent supporter le froid au degré de la glace ; d'où l'on doit conclure que l'un et l'autre ne doivent être semés que lorsque la saison est décidée pour chaque canton, et qu'on n'y craint plus les gelées tardives.

Les amateurs sèment le pourpier vert sous cloche, et même sur couche ; et par le moyen des paillassons et des soins ordinaires que l'on donne aux COUCHES (*voyez* ce mot), ils le garantissent du froid. Comme la racine est très mince et presque sans corps dans le commencement, la graine demande à être semée sur du bon terreau, et nullement enterrée, mais simplement pressée légèrement avec la main contre le terreau. On sème fort épais, et on donne le soleil au plant autant que la saison le permet. Dès que la plante a deux feuilles un peu formées, on la coupe, et elle sert à décorer les salades dans les villes où l'argent est assez abondant pour dédommager le cultivateur des peines qu'il a prises.

La fin d'avril ou le commencement de mai est en général, pour la France, l'époque à laquelle on sème les deux pourpiers en pleine terre ; et dans plusieurs cantons l'on choisit encore les expositions les plus méridionales, et contre un mur. La petitesse de la graine et la ténuité de la racine indiquent l'espèce de terre qui lui convient le mieux. On doit donc choisir le terreau le plus consommé, et en mettre quelque peu sur la place que doivent occuper l'un et l'autre pourpier. Comme le pourpier doré est plus agréable à la vue, on ne cultive guère que celui-là. Ses tiges sont plus longues, ses feuilles plus larges et mieux nourries. Lorsqu'on a laissé grainer, mûrir et pourrir sur place un ou deux pieds de ces pourpiers, il est presque inutile de les resemer l'année suivante. Les plantes pullulent de par-tout, et sont aussi bonnes que si on les avoit semées exprès. On est étonné de voir qu'un pourpier dont les tiges disposées en rond occupent souvent près de deux pieds de diamètre, ne tienne à la terre que par une racine très déliée. La raison en est très simple ; c'est qu'à l'exemple de toutes les plantes grasses, celle-ci se nourrit plus des sucs répandus dans l'atmosphère que de ceux qu'elle tire de la terre. Il en est ainsi de toutes les espèces de pourpiers en arbres et autres, que les curieux conservent dans les serres chaudes, et dont nous ne parlerons pas, parcequ'elles sont étrangères à notre objet.

Dans les mois de juin et de juillet, on sème de nouveau le pourpier doré, afin de l'avoir plus tendre jusqu'aux gelées. Ces plantes ne demandent point ou presque point d'irrigation, pour peu que le climat soit pluvieux. En effet, si on les arrose le soir ou le matin, le pourpier doré perd de sa couleur et devient plus ou moins vert. L'arrosement du midi ne lui nuit pas, parceque la chaleur du soleil a bientôt dissipé l'humidité superflue. Quelques auteurs recommandent de mouiller le pourpier tous les jours pendant l'été ; en suivant cette méthode on a du pourpier fort tendre, mais très aqueux et sans saveur ; ainsi la saveur est sacrifiée au coup d'œil. Il est inutile de la diminuer ; car la plante est déjà fade par elle-même. Semez plus souvent, semez plus épais le pourprier doré, et vous en aurez toujours du tendre. Il convient d'arracher de terre quelques uns des pieds qui ont le mieux poussé au premier printemps, lorsqu'on s'aperçoit que leur végétation est ralentie, et que la graine est mûre, pour les étendre sur un drap ; ou hâte leur dessiccation au gros soleil ; enfin ou sépare la graine que l'on porte dans un lieu sec, où elle se conserve bonne à semer pendant six ou huit ans.

Si le pourpier est à considérer par rapport à ses propriétés économiques, il ne doit pas l'être moins pour ses propriétés médicinales. Cette plante est aqueuse, fade, rafraîchissante et diurétique. Les feuilles, et particulièrement le suc exprimé, calment la soif produite par de violens exercices, la soif fébrile, la soif produite par des matières âcres : elles nourrissent très peu et se digèrent avec assez de promptitude. Elles diminuent la chaleur du corps et des urines : elles ont quelquefois modéré le vomissement bilieux, la diarrhée bilieuse, le scorbut, l'inflammation des voies urinaires. Sous forme de cataplasme, elles apaisent la chaleur des tumeurs phlegmoneuses et les répercutent légèrement. Les semences de pourpier ne font mourir aucune espèce de vers contenus dans les premières voies. (R.)

Dans les parties méridionales de l'Europe le pourpier se multiplie dans les allées des jardins, au point d'en rendre le ratissage bien plus fréquemment nécessaire.

POURRITURE. La mort est le résultat de la vie, et la pourriture est presque toujours le résultat de la mort.

Je dis presque toujours, parceque, 1° les animaux et les végétaux peuvent être partiellement attaqués de pourriture pendant leur vie ; 2° qu'après leur mort les premiers réunis en grande quantité, hors de l'atteinte dissolvante des eaux, se changent en adipo-cire, et que les seconds se transforment en charbon de terre, en pierres, en pyrite, etc. Ce sera donc sous deux rapports principaux que je considèrerai ici la pourriture, c'est-à-dire comme agissant sur les corps vivans, et comme s'effectuant sur les corps morts.

Les maladies internes, qui, dans les animaux, sont appelées *putrides*, parceque après la mort elles déterminent plus rapidement la pourriture, feront la matière d'articles particuliers. *Voyez* PUTRIDITÉ.

Les affections externes, qui offrent les caractères d'une sorte de pourriture dans les mêmes animaux vivans, sont principalement les PHLEGMONS, les ABCÈS, les ULCÈRES, les BUBONS, les CHARBONS, les SQUIRRES, les CANCERS, et sur-tout la GANGRÈNE. *Voyez* tous ces mots.

Il reste donc à considérer ici la pourriture des animaux après leur mort.

On appelle fermentation putride l'acte de la décomposition des corps morts des animaux. Il y a en effet une réaction des uns sur les autres, et sur les parties solides (les os exceptés), des différens fluides qui existent dans ces corps. Il y a effet absorption d'oxygène et dégagement d'azote. *Voyez* AMMONIAC.

Expliquer tous les phénomènes qui se passent dans la putré

faction des corps morts seroit chose difficile pour moi et peu utile pour les cultivateurs. Je me bornerai donc à mentionner quelques circonstances qui l'arrêtent ou l'accélèrent.

La pourriture ne peut s'effectuer sans eau ; ainsi elle est arrêtée dans la viande par sa dessiccation, par sa congélation. Elle l'est également par l'intermède de différens agens, tels que l'ALCOHOL, l'AMMONIAC, l'acide du VINAIGRE, soit liquide, soit en vapeur (*voyez* FUMÉE), le SEL MARIN, le NITRE, les RÉSINES, etc. La cuisson, l'exposition à un air FROID, l'immersion dans un tas de CHARBON, de TERRE VÉGÉTALE, etc., retardent beaucoup ses progrès. *Voyez* tous ces mots. Elle est accélérée par un air HUMIDE et CHAUD, par l'action d'une petite quantité de SEL, de PLATRE, par le contact avec de la viande déjà altérée, par la présence des larves de MOUCHES, de BOUCLIERS, de NICROPHORES et autres insectes.

Le dernier résultat de la pourriture des animaux est du terreau presque tout soluble ; aussi est-il le meilleur de tous les engrais, quand il est mélangé avec une certaine quantité de terre ; car lorsqu'il est pur il fait d'abord périr les plantes qu'on lui confie par l'excès de ses principes nutritifs. L'herbe qui se trouve sous une charogne périt immanquablement; mais l'année suivante elle repousse avec une vigueur extrêmement remarquable. *Voyez* ENGRAIS et CHAROGNE.

La pourriture des végétaux suit une marche analogue à celle des animaux. Elle s'exerce aussi sur les parties vivantes des plantes, comme sur les plantes entières lorsqu'elles sont mortes. *Voy.* aux mots CARIE, GOUTTIÈRE DES ARBRES, ULCÈRE. L'humidité et le contact avec une partie déjà affectée la favorise; mais il ne paroît pas que la chaleur et le froid accélèrent ou retardent autant ses effets. Presque toujours elle est accompagnée de MOISISSURE. *Voyez* ce mot. L'amputation de la partie affectée et la privation du contact avec l'air sont les seuls moyens curatifs employés, et ils suffisent dans un grand nombre de cas.

Comme la plupart des racines, des tiges, des feuilles, des fleurs et des fruits que l'homme cultive pour son usage ne se consomment qu'après qu'ils ont été arrachés, coupés et cueillis, non seulement les cultivateurs ont à craindre qu'ils pourrissent sur pied, mais encore, et même beaucoup plus, après qu'ils les ont récoltés. L'emploi des moyens propres à augmenter, dans ce dernier cas, les chances de leur conservation en bon état de service est un des principaux objets de 'économie agricole et domestique ; aussi ai-je soin, dans tous es articles qui en traitent, de détailler ces moyens ; et malgré vela, je crois devoir les indiquer ici d'une manière générale.

Toutes les racines qui se mangent sont charnues et par conséquent exposées perpétuellement à se pourrir. La dessiccation les altère et d'ailleurs seroit trop coûteuse. Il en est de même de leur immersion dans des liqueurs conservatrices. Les laisser dans la terre ou les enfouir dans du sable dans une serre, un cellier, une cave sèche, sont les moyens généralement employés. Il est bon qu'aucunes ne se touchent, pour que si l'une pourrit elle ne communique pas la pourriture aux autres. La gelée, qui d'abord retarde en elles les effets de la pourriture, l'accélère ensuite, parcequ'elle les désorganise. Presque toujours une blessure est la première cause de leur perte ; ainsi il faut avoir soin de ne conserver que celles qui sont parfaitement saines.

La conservation des tiges, des feuilles et des fleurs a le plus généralement lieu par dessiccation (*voyez* aux mots Foin et Paille); mais il faut avoir soin de ne les réunir en masse que lorsqu'elles sont parfaitement sèches, et d'empêcher la pluie et même les simples vapeurs de les humecter. Quant aux feuilles des légumes, elles sont trop aqueuses et elles s'altèrent trop pour être conservées de la même manière. Quelques unes, comme les choux, les chicorées, se conservent à peu près comme les racines. Quelques autres, comme l'oseille, les épinards, se font cuire ou se mettent dans une eau chargée de sel.

Relativement à l'objet qui m'occupe, on doit diviser les fruits en trois séries : 1° les fruits secs comme le blé, les haricots qui ne craignent la pourriture que lorsqu'ils sont exposés à une humidité forte et durable ; 2° les fruits charnus qui, comme les poires, les pommes, les melons, portent en eux un principe sucré ou mucilagineux, toujours plus ou moins disposés à fermenter ; 3° les fruits pulpeux qui, comme les figues, les pêches, les abricots, les prunes, les cerises, les fraises, etc., offrent le même principe bien plus abondant, bien plus aqueux et bien plus susceptible de se décomposer, à raison de la foiblesse du tissu cellulaire dans lequel il est renfermé.

Les fruits secs n'ont besoin, comme le foin et la paille, que d'être étendus dans un lieu aéré et abrité de la pluie pour ne pas craindre la pourriture. *Voyez* Blé, Haricot, Pois, Lentille, Maïs, etc.

On subdivise les fruits charnus en deux ordres. Les fruits d'été et les fruits d'hiver. Les premiers pourrissent dès qu'ils sont arrivés au dernier degré de leur maturité en passant presque tous par un état intermédiaire qu'on appelle Blossissement. *Voyez* ce mot. Il faut donc ou les manger à cette époque, ou les faire sécher au soleil ou au four, ou en faire des confitures, des marmelades, des pâtes que leur cuisson, leur plus grande dessiccation, l'excès de sucre qu'on leur donne préserve de la pourriture, ou les mettre dans l'eau-de-vie. Les seconds, qui n'achèvent leur maturité que bien avant dans l'hiver, même après l'hiver, quoique cueillis avant le commencement de cette saison, se conservent plus ou moins bien en les tenant dans des chambres qu'on appelle FRUITIERS. Voyez ce mot.

Quant aux fruits de la troisième sorte, il n'y a pas moyen de les conserver au-delà de quelques jours sans les faire sécher, ou les mettre dans l'eau-de-vie, ou les transformer en confiture, en marmelade, etc.

Dans les années pluvieuses les fruits sans exception se pourrissent plus promptement que dans les années sèches, parcequ'ils sont plus aqueux, qu'ils contiennent moins de principes astringens et de sucre.

Toutes les parties des plantes qui après avoir fait leur évolution restent exposées à l'air se pourrissent, les unes en peu de jours, les autres en quelques mois, en plusieurs années, etc., selon leur nature plus ou moins aqueuse, le lieu plus ou moins sec, etc. En dernière analyse elles se changent en terreau et elles rendent à la terre plus de principes qu'elles n'en ont reçu. C'est ainsi que se forme la TERRE VÉGÉTALE ou HUMUS (voyez ces mots), sans laquelle toute végétation seroit réduite aux lichens et à quelques plantes des autres familles qui se nourrissent plus d'air que de terre.

Les résultats de la pourriture ou décomposition des végétaux sont moins fertilisans que ceux des animaux; mais leur immensité fait compensation et bien au-delà.

La nature présente, relativement à la pourriture, des anomalies remarquables, et encore inexpliquées. Par exemple, les bois les plus durs pourrissent plus promptement dans les terres marécageuses, et cependant l'aune qui est très mou s'y conserve plus long-temps qu'à l'air. Le chêne résiste pendant des siècles à l'action pourrissante de l'eau dans laquelle il est complètement plongé, et s'altère rapidement s'il reste sur la surface de la terre exposé à l'action des météores.

On garantit les bois de la pourriture en les enduisant d'une ou plusieurs couches de peinture à l'huile, de goudron, etc. Voyez BOIS.

L'opinion des cultivateurs est que la carbonisation de la surface du bois qu'on met en terre l'empêche de se pourrir; mais Duhamel, par des expériences directes et que j'ai vérifiées, s'est assuré que cet effet n'étoit qu'apparent, que le charbon restoit intact, mais que la pourriture n'en gagnoit pas moins

le bois à travers ses fentes. C'est donc une opération superflue que cette carbonisation. (B.)

POURRITURE. Médecine vétérinaire. La pourriture est
une maladie chronique, souvent épizootique et quelquefois
enzootique, qui affecte particulièrement les bêtes à laine.

Le cheval, le bœuf et le chien en sont rarement attaqués.
On a pu la confondre dans les lapins domestiques et dans les
gallinacées avec l'hydropisie du bas ventre, qui fait périr un
très grand nombre de ces animaux. Dans le cheval elle est
plus ordinairement la suite de quelques affections des viscères
du bas ventre, et principalement des inflammations lentes du
foie.

Cette maladie est une véritable cachexie dont les premiers
effets sont peu apercevables et les progrès lents, mais qui, parvenue à un certain degré d'accroissement, se développe avec
assez de rapidité et est promptement suivie de la mort.

Le tempérament mou et pituiteux des bêtes à laine paroît
être une des causes de leur disposition à la pourriture ; aussi
cette maladie est-elle une de celles qui les affectent le plus
souvent.

Elle a reçu différens noms (1) ; mais nous lui conserverons
celui de pourriture comme étant le nom sous lequel elle est
plus généralement connue.

Les symptômes qui l'accompagnent sont généraux et particuliers : les symptômes généraux peuvent aussi appartenir à
d'autres maladies ; ils sont, la tristesse, l'abattement, la lenteur dans la marche, le dégoût des alimens solides et liquides, la diminution ou la cessation de la rumination, le
flux par les naseaux, enfin la grosseur du ventre. (Ce dernier symptôme en impose quelquefois ; il a été pris pour de
l'embonpoint).

Les symptômes particuliers et qui appartiennent spéciale-

---

(1) Ces noms sont la rouille, les bangons, le callue, le derignie, le
gras fondu, le mal foie, le vestin, le fiel, le foye douvé, les hydatides,
le feu, l'étourdissement, le froid-sang, l'étisie, la dorve, la douve, la
doge, les doges, le bruxols, l'embéméadure, la primure, l'hydropisie, la
foire grise, la grise foire, la boussa, la boulle, la bouteille, la falourdie,
la falourde, la foiée, la grippe, la galatte, la jaunisse, la divauze, le
guam, la gamer, la gamuse, la gamiche, le goulomon, la game, la ganache, la ganie, l'emblesca, la manne, la noble, les mittes, la pourriture
sèche, la prison, la pouille, le mourton, mouron, bête pourrie, mouton
pourri, graisse jaune, gonflement, farcin, énéaussement, épeu, rage-
damon, dutraule, le mal de mouton, le mal mouton, la fagotte, le tare,
la gouëtre, le gouetron, la bourse, la bomade, le bourrelage, le thim, le
thim véreux, le thim de fagone, le thim de foye, la cloche, les cloches :
pigotte en Auvergne, etc., etc. Les Anglais l'appellent rot, dropsy ; les
Hollandais het ongans ; les Italiens marciaja, lisciola, etc, etc.

ment à la pourriture sont la pâleur et la couleur quelquefois jaune de la conjonctive et de la membrane clignotante , ce que les bergers appellent *œil gras ;* la conjonctive est le blanc de l'œil et la membrane clignotante. Cette partie blanche et mobile qu'on aperçoit dans le coin de l'œil du côté du nez , la couleur blaffarde des lèvres et de la membrane de la bouche et de celle qui recouvre la langue, l'espèce de sabure blanche et limoneuse dont elle est enduite , la diminution du *suin*, la sécheresse de la laine , son peu d'adhérence à la peau, la facilité avec laquelle elle se casse ; la constipation, la diarrhée , une soif pour ainsi dire inextinguible ; enfin ce que l'on appelle communément *la bouteille* , qui est une tuméfaction molle , froide et indolente qui se montre sous la ganache , disparoît quelquefois pour se reproduire de nouveau et augmenter insensiblement au point d'occuper toute la partie inférieure du cou.

A l'ouverture des cadavres , on trouve sous la peau du ventre et de la poitrine le tissu cellulaire soulevé et infiltré , et lorsqu'on pénètre dans le bas ventre une quantité plus ou moins considérable de sérosité ; les intestins renfermant des excrémens noirs, d'une odeur insupportable , tantôt solides , tantôt liquides , mais plus souvent liquides ; le foie désorganisé, squirreux , recouvert d'hydatides , flétri, diminué de volume , contenant des douves , ainsi que la vésicule du fiel ; la bile est épaisse et noire ; le mésentère et les glandes mésentériques sont plus ou moins décomposés , pâles comme s'ils eussent été macérés dans l'eau ; les vaisseaux sanguins , qui rampent sur la surface des viscères , sont peu apparens et ont perdu la couleur naturelle.

Quelquefois les viscères de la poitrine nagent comme ceux du bas ventre dans un grand amas de sérosité et présentent à peu près les mêmes désordres ; des tubercules , des hydatides , de la flétrissure et une diminution de volume qui caractérise la désorganisation.

Les causes de cette maladie peuvent être envisagées sous deux rapports ; 1° celles qui dépendent du régime auquel on soumet les animaux ; 2° celles qui tiennent à l'intempérie des saisons.

Nous rangerons parmi les premières les pâturages humides et marécageux (1) , ceux qui sont encore couverts de rosée

_____

(1) M. Backewell , cultivateur anglais , qui a porté à un point de perfection étonnant les races des différens bestiaux , s'est sur-tout appliqué à élever le plus de bêtes à laine, et afin que personne ne puisse avoir des animaux de la race qu'il a formée, qu'en les lui payant à un très haut prix , il use de la faculté qu'il a de donner à volonté la pourriture aux bêtes

lorsqu'on y conduit les bestiaux, l'usage des plantes aquatiques, telles que les différentes renoncules, la douve, la laiche, etc. ; les plantes qui ont été submergées, quelque bonnes qu'elles soient d'ailleurs, et par conséquent les foins et les pailles rouillés, la mauvaise qualité des eaux, le défaut de nourriture ou l'excès après un hiver long et pendant lequel les animaux ont été mal nourris, le passage subit de la nourriture sèche à la nourriture verte, le peu d'air des habitations, la mauvaise qualité de celui qui y circule; nous pensons qu'on peut encore ajouter à ces causes l'engrais, pour ainsi dire forcé, lorsqu'on dispose les animaux à la vente.

Les herbagers qui élèvent et engraissent des bœufs pour la boucherie, et les cultivateurs, qui font ce qu'on appelle des *moutons de poture*, sont persuadés qu'une fois que ces animaux sont parvenus à un certain degré d'engrais (ce qu'ils ap-

---

qu'il a engraissées pour le boucher, afin que les acquéreurs soient forcés de les tuer le plus tôt possible. Nous sommes bien éloignés d'être les apologistes du motif qui porte M. Backewell à opérer ainsi la destruction des animaux qu'il a vendus ; mais le procédé qu'il emploie pour leur donner la pourriture pouvant éclairer sur les moyens de les préserver de cette maladie, nous nous faisons un devoir de transcrire, d'après M. Ayonne, ses observations.

Il a reconnu, par une très longue expérience, que les herbages qui croissent sur les terrains inondés procuroient cette maladie aux moutons qu'on y conduisoit; il croit que lorsque l'inondation ne provient que des pluies abondantes, ou que si les prairies, quoique continuellement arrosées, ne le sont que par des sources, les herbages ne produisent pas le même effet. Sans prétendre rien décider sur la véritable cause de cette maladie, on peut l'attribuer, du moins en grande partie, à ce que l'herbe qui pousse sur un terrain qui a été inondé est aqueuse, lâche, et fournit un mauvais chyle aux animaux. Quoi qu'il en soit, il est certain que les brebis qui paissent dans des terrains qui ont été inondés ne tardent pas à être attaquées de la pourriture.

Pour donner cette maladie à ces animaux lorsqu'ils sont prêts à être vendus, M. Backewell inonde un pré pendant l'été, et il lui suffit à l'automne suivant d'y conduire ses moutons pour que ses vues soient remplies. Ce procédé, qu'il répète tous les ans, a toujours son effet; il n'auroit cependant pas lieu si les prés étoient inondés avant le mois de mai, quand même ils auroient été couverts d'eau pendant tout l'hiver, et jusqu'en avril. Il faut nécessairement que les prés soient inondés vers la fin du mois de mai, et alors les animaux qu'y fait conduire M. Backewell ne manquent jamais de prendre la pourriture; il rend aussi malsaines les parties du pré qu'il veut, quelle que soit la nature du sol; et le même terrain qui devient de cette manière si malsain ne procure jamais la maladie s'il n'est inondé. Cette expérience, d'ailleurs curieuse, peut servir à éclairer l'histoire de la pourriture, et à engager les cultivateurs à éloigner leurs troupeaux de pareils pâturages. Elle ne prouve point le patriotisme de M. Backewell, et ne sera très certainement pas imitée par nos cultivateurs français. (*Feuille du cultivateur*, année 1790, n° 6, page 25.) *Note des Éditeurs.*

pellent *murs*), il faut les vendre, parcequ'ils *tournent*, suivant l'expression usitée parmi eux, et que, s'ils ne périssent pas, ils maigrissent et ne peuvent jamais reprendre graisse.

Quelques expériences, entreprises à Rambouillet, paroissent contraires à cette assertion et la démentir en quelque sorte; mais ces expériences, qui n'ont été faites que sur quelques moutons, n'ont pas été assez multipliées pour être concluantes à cet égard; ces expériences doivent être répétées; quels qu'en soient les résultats elles ne peuvent être que très avantageuses à l'économie rurale.

Moyens préservatifs. On peut prévenir cette maladie en évitant et en éloignant le plus possible toutes les causes qui y donnent lieu. Comme nous avons déjà fait connoître ces causes, nous ne les indiquerons pas ici de nouveau, mais nous nous bornerons à dire qu'il faut éloigner les troupeaux des terrains humides et marécageux ; ne les conduire aux champs que dans les plus beaux momens de la journée et lorsque la rosée est dissipée; les mettre à l'abri des pluies et des brouillards; leur donner une nourriture saine, telle que du trèfle, de la luzerne, de la bonne paille, soit de froment, d'avoine, ou de seigle ; la première est préférable, il faut en général choisir celle qui a conservé le plus de grains, et même en donner de temps à autre de celle qui n'a pas été battue, ou quelques poignées d'avoine ; arroser les fourrages d'eau dans laquelle on aura fait fondre du sel de cuisine (environ une livre sur 8 à 9 litres d'eau), ne les abreuver que d'eau pure et saine, éviter de leur laisser boire celles qui sont froides et dures. Il faut les tenir proprement, nettoyer les étables deux fois par jour, n'y point laisser séjourner les fumiers, faire en sorte que l'air y circule librement, qu'il soit de bonne qualité, et le renouveler souvent.

Le traitement curatif se compose des soins et du régime que nous venons d'indiquer et des médicamens propres à combattre la maladie.

C'est sur le choix des médicamens et la manière de les administrer que sont fondés tous les avantages qu'on peut obtenir du traitement.

On doit préférer les substances simples et faciles à trouver; enfin celles qu'on a sous la main. Quant à la manière de les administrer, on donne les unes sous forme liquide et les autres sous forme solide; il faut choisir celle de ces manières qui est la plus convenable eu égard aux bêtes à laine, en observant, 1° qu'on peut très aisément les suffoquer en leur donnant des breuvages ; 2° qu'il faut pour administrer ce genre de secours beaucoup de monde et beaucoup de temps, sur-tout si la maladie est très répandue et qu'elle ait pris le caractère épizootique.

Les médicamens solides, tels que les opiats, nous paroissent préférables ; on ne craint pas de suffoquer les animaux ; une seule personne peut les administrer.

On place l'animal entre les jambes, on le maintient avec les genoux et on lui ouvre la bouche avec l'index et le pouce, puis avec une spatule de bois qu'on tient de la main qui est libre on introduit peu à peu, et à diverses reprises, la quantité d'opiat déterminée.

Formule. Prenez racine de gentiane pulvérisée depuis un demi-gramme jusqu'à un décagramme ; incorporez avec suffisante quantité de miel ; ajoutez quelques pincées de sel de cuisine, ou, si vous voulez donner plus d'activité au médicament, remplacez le sel de cuisine par deux grammes de carbonate (1) de soude, on peut donner cette dernière substance jusqu'à quatre grammes ; l'augmentation ou la diminution sont toujours dictées par l'intensité de la maladie et les forces du malade ; on donne les opiats tous les jours le matin à jeun.

Autre formule. Limaille de fer, ou ses différens oxides porphyrisés (c'est-à-dire pulvérisés), depuis deux grammes jusqu'à douze ; racine d'auné en poudre, depuis un décagramme jusqu'à six, mêlez ces poudres avec suffisante quantité de miel pour faire un opiat ; parmi les oxides de fer, l'oxide noir (ou les battelures de fer, ce qui est la même chose) est préférable ; il se trouve chez tous les forgerons ; c'est ce qu'on appelle la paille de fer. On le donne comme le précédent.

Les extraits de genièvre et de gentiane peuvent remplacer le miel avec avantage pour faire les opiats.

L'aloës en poudre à la dose de dix décagrammes, donné dans l'un de ces extraits, est encore un moyen qu'on peut employer ; il faut être bien circonspect dans l'augmentation des doses de ce médicament ; il deviendroit purgatif.

Il vaut mieux, dans cette circonstance, l'employer à petite dose et en continuer l'usage plus long-temps.

Le quinquina est également bon, mais la cherté n'en permet pas l'usage dans la médecine vétérinaire, au moins pour le moment.

Si on a une certaine quantité de malades, on peut faire ces opiats en grand, c'est-à-dire en faire à la fois pour huit ani-

---

(1) Il faut bien faire la différence de la soude caustique qui est privée d'acide carbonique, d'avec celle dont nous indiquons ici l'usage ; cette dernière est un médicament salutaire qu'on peut employer avec avantage à l'intérieur, tandis que privé d'acide carbonique il ne peut s'employer qu'à l'extérieur pour ronger les chairs.

maux; il est assez facile de diviser une masse par huitième, alors on augmente les doses d'après les proportions que j'ai indiquées.

On aura l'attention d'abreuver les animaux malades avec de l'eau dans laquelle on aura mis pendant vingt-quatre heures des morceaux de fer rouillés.

On pourra y ajouter aussi du vinaigre jusqu'à agréable acidité, c'est-à-dire qu'il ne faut pas que le goût du vinaigre se fasse sentir.

En n'indiquant ici qu'un très petit nombre de formules, nous avons voulu éviter l'embarras du choix.

Il faut consulter les Instructions vétérinaires, volume de 1791; on y trouvera, depuis la page 152 jusqu'à celle 183, un mémoire de M. Chabert sur la pourriture dans les bêtes à laine; ce mémoire contient des détails intéressans sur les causes et sur les effets de cette maladie qui y est traitée complètement. (Desp.)

POURRITURE, PUTRIDITÉ. Médecine vétérinaire. C'est un état dans lequel les parties intégrantes du corps des animaux, en se décomposant par la dissolution ou la séparation des particules élémentaires dont elles étoient formées, passent à une disposition différente, et forment de nouvelles combinaisons.

On peut distinguer quatre degrés dans la putridité qui attaque une partie externe d'un animal vivant. Le premier degré est la disposition à la pourriture; le second, la pourriture commençante, ou l'état putride; le troisième, la pourriture avancée, ou la gangrène; et le quatrième, la pourriture parfaite, ou le sphacèle. Il nous suffit de dire ici que la putridité accompagne un grand nombre de maladies; telles sont les fièvres putrides du sang, les maladies inflammatoires et purulentes. Nous renvoyons le lecteur à chacune de ces maladies en particulier, suivant l'ordre du dictionnaire. (R.)

POURRITURE DES PIEDS DES MOUTONS. Voyez au mot Pésogne.

POUSSE. Médecine vétérinaire. Cette maladie, particulière au cheval et aux autres bêtes asines, est caractérisée par une difficulté de respirer, chronique, sans fièvre, avec contraction violente, involontaire et alternative des muscles inspirateurs et expirateurs; les flancs sont ordinairement tendus, et battent avec plus ou moins de force et de fréquence; tantôt l'animal tousse, tantôt il ne tousse point; il sort quelquefois par ses naseaux une matière tamponnée qu'il jette par pelotons ou par flocons, sur-tout lorsque cette humeur, qui vient des vésicules du poumon, s'amasse en grande quantité dans l'arrière-bouche ou dans la trachée-artère. Lorsque l'animal est obligé de monter ou courir, son expiration est sonorc ; quelquefois il éprouve des accès de difficulté de respirer plus considérables en certains jours qu'en d'autres.

La pousse est produite par l'épaississement du sang, par le relâchement des vésicules du poumon, et par les tubercules survenues dans ce viscère. Le sang devenu épais circule lentement, s'arrête et s'appesantit sur les vaisseaux capillaires du poumon. Il fait alors sur ce viscère de fortes et vives impressions qui, se communiquant aux nerfs des muscles inspirateurs, les sollicitent à de fortes inspirations. Les glandes du poumon qui séparent continuellement une humeur mucilagineuse destinée à humecter la substance de ce viscère, étant relâchées et s'engorgeant de cette liqueur, elles compriment les vaisseaux sanguins, et de là la difficulté de respirer ; enfin l'humeur des bronches étant amassée en grande quantité dans les vésicules du poumon, elle bouche pour ainsi dire le passage à l'air ; ce fluide, en faisant effort pour sortir, produit un gargouillement, un bruit plus ou moins fort pendant la respiration, connu sous le nom de SIFFLAGE ou CORNAGE (voyez ces mots), où nous entrerons dans les détails intéressans sur ce vice, pour l'instruction des gens de la campagne. On peut encore mettre au rang de ces causes les lésions différentes du poumon, les pierres pulmonaires et les adhérences de ce viscère à la plèvre ou au diaphragme.

Le cheval est beaucoup plus exposé à ce genre de maladie que les autres animaux de la même espèce. Obligé naturellement à faire des courses longues et rapides, et souvent mal nourri, mal entretenu, est-il étonnant de voir un si grand nombre de chevaux poussifs ?

La pousse est très difficile à guérir, pour ne pas dire incurable ; on peut cependant l'adoucir ou la pallier par les délayans et les béchiques, tant doux qu'incisifs ; tels que le petit-lait, les décoctions de mauve, de guimauve, de bouillon-blanc, la bourrache, les fleurs de pas-d'âne et de lierre terrestre, les vulnéraires, tels que l'hyssope, les baies de genièvre, la gomme adragant, la gomme ammoniac, le savon, la térébenthine, l'oximel scillitique. Outre ces remèdes, on peut user de lavemens émolliens, de sétons au poitrail, de larges vésicatoires placés sur les côtés de la poitrine, si l'animal jette par les naseaux.

La nourriture est un objet si essentiel, lorsqu'il s'agit de pallier cette maladie ou de la guérir dans son principe, que le propriétaire doit sans cesse y veiller. On doit retrancher l'avoine et le son ; la paille donnée à des heures réglées suffit, encore ne faut-il pas permettre au cheval de satisfaire son appétit.

On prétend qu'un cheval tenu continuellement au vert,

excepté pendant le temps où on le fait travailler, peut rendre pendant plusieurs années de bons services ; mais que si on le tire des pâturages au milieu de l'été pour le nourrir de foin sec, il devient plus oppressé. Nous sommes persuadés, d'après notre expérience, que les chevaux soumis au foin pour toute nourriture deviennent bientôt poussifs ; que le vert ne nuit point à ceux-ci si on les met dans des pâturages fertiles en plantes aromatiques, sur-tout si on les empêche de trop manger, et si l'on a soin de les placer dans une écurie propre, sèche, et bien aérée.

La plupart des maréchaux sont attentifs à faire boire les chevaux poussifs le moins qu'il est possible, étant fondés sur une observation de Soleysel, qui constate qu'un cheval poussif, abandonné dans une grange à foin pendant six semaines sans boire, fut parfaitement guéri de la pousse. Sans ajouter à cette assertion, nous dirons seulement que la grande boisson peut bien augmenter la difficulté de respirer, mais que la boisson modérée doit rendre la respiration plus facile. Suivant l'indication, on peut ajouter à l'eau destinée pour la boisson du miel ou de l'infusion de racine de réglisse. L'exercice ne mérite pas moins d'attention que la nourriture ; on fait promener le cheval tous les jours, le matin et le soir pendant une heure ; on ne l'expose point à tirer des fardeaux considérables, et on évite de lui faire gravir des montagnes, quoiqu'il ne soit pas chargé.

Voilà à peu près à quoi se réduisent les remèdes palliatifs de la pousse ; ils sont préférables à ceux employés journellement par la plupart des maréchaux ; ils consistent principalement en saignées, en purgatifs et sudorifiques, etc. La saignée ne convient que dans le cas de pléthore ; il est prouvé que dans la pousse elle augmente toujours la difficulté de respirer, et qu'elle la rend plus opiniâtre à l'action des remèdes. Les purgatifs produisent aussi de grands inconvéniens, en ce qu'ils rendent la respiration plus laborieuse et qu'ils affoiblissent les forces musculaires ; il en est de même des spiritueux, des sudorifiques. En un mot, l'expérience prouve que les remèdes dont la célébrité a aveuglé les maréchaux de la campagne n'ont jamais soulagé, et encore moins guéri les chevaux poussifs.

La pousse est comprise dans les vices et cas rédhibitoires. Un fermier qui a acheté un cheval peut obliger le maquignon ou le marchand à le reprendre ; mais il faut que ce soit avant le terme de neuf jours, selon les usages et coutumes de Paris. Il est des provinces où le terme est plus ou moins long, où l'on a même la quarantaine. (R.)

POUSSE. Maladie des vins. *Voyez* au mot VIN.

POUSSE DES PLANTES. On dit vulgairement qu'une graine pousse lorsqu'elle sort de terre, qu'une plante pousse lorsque ses bourgeons ou ses feuilles se développent. La pousse des plantes n'est donc autre chose que le commencement ou le renouvellement de leur VÉGÉTATION. *Voyez* ce mot.

Trois circonstances sont indispensables à la pousse des plantes : l'AIR, la CHALEUR et l'HUMIDITÉ. *Voyez* ces mots. La TERRE et la LUMIÈRE (*voyez* ces mots), quelque nécessaires qu'elles paroissent, ne viennent qu'en seconde ligne, puisque les graines et les plantes peuvent végéter quelque temps sans elles.

Les cultivateurs distinguent deux pousses dans les arbres, la pousse de printemps et la pousse d'automne. Toutes deux concourent à l'augmentation de toutes les dimensions de ces arbres, mais la première plus en branches, et la seconde plus en racines. Dans l'une la sève est principalement ascendante, et dans l'autre principalement descendante. *Voyez* au mot SÈVE. Les plantes annuelles n'ont qu'une pousse.

Il est des plantes, et c'est le plus grand nombre, qui poussent au printemps ; quelques unes commencent à pousser en été, d'autres en automne, même en hiver ; de sorte que le théâtre de la végétation est garni, quoiqu'inégalement, pendant tout le cours de l'année.

Le moment de la pousse des plantes est d'une grande importance pour le cultivateur, parcequ'il décide souvent de la vigueur de ces plantes, et par suite de l'abondance des récoltes qu'on en attend. Ils doivent donc l'observer avec attention pour prévenir les dangers qu'elles sont alors dans le cas de craindre, principalement la GELÉE et la SÉCHERESSE. *Voyez* ces deux mots.

Toutes les jeunes pousses sont molles, herbacées, et très susceptibles d'être gelées, d'être brisées par les vents, les animaux, etc. On les appelle des bourgeons.

Voyez, pour le surplus, aux mots GERMINATION, VÉGÉTATION, PLANTES, TURIONS, BOURGEONS, AOUTER, etc. (B.)

POUSSIÈRE. Matières terreuses (quelquefois animales ou végétales) extrêmement divisées, et que les vents ou le mouvement des hommes et des animaux enlèvent facilement et dispersent au loin.

Je dois considérer ici la poussière dans ses rapports avec les hommes, les animaux et les plantes.

En entrant dans le nez, la bouche, les yeux des hommes et des animaux, la poussière cause des irritations qui sont suivies de toux, d'inflammation de la gorge, et quelquefois de maladies plus graves, telles que l'ASTHME, la PHTHISIE, etc. Parmi les agriculteurs, ce sont sur-tout les batteurs qui sont, par la nature de leur ouvrage, dans le cas d'éprouver ses délétères effets. *Voyez* BATTEUR et BATTAGE. Les chevaux, les ânes, les mulets, les bœufs, sont aussi très fréquemment exposés à avaler de la poussière, soit pendant l'été sur les routes, soit en tout temps, lorsqu'on les emploie à certains travaux. C'est un mal qu'on ne peut que très difficilement empêcher d'avoir lieu.

En bouchant les pores exhalans et inhalans des feuilles des plantes, la poussière s'oppose plus ou moins à deux de leurs plus importantes fonctions, la transpiration et l'absorption des gaz : aussi voit-on que les arbres plantés sur les routes, les productions de la culture qui les bordent, l'herbe qui y croît, ne poussent pas avec la même vigueur que là où il n'y a pas de poussière. Sans les pluies qui entraînent de temps en temps cette poussière, beaucoup de ces plantes périroient.

Dans les serres et dans les orangeries qui sont exposées à la poussière, non seulement il faut arroser quelquefois les feuilles pour produire le même effet que la pluie, mais encore les frotter avec une éponge ou une brosse, pour enlever plus complètement cette poussière.

Mêlée avec l'eau, la poussière devient de la BOUE, qui est presque toujours un excellent ENGRAIS, ou un AMENDEMENT, ainsi que je l'ai dit à ces trois mots.

Les bestiaux doivent tous les jours être débarrassés de la poussière qui s'est accumulée entre leurs poils, soit par le moyen de L'ÉTRILLE, du BOUCHON, de L'ÉPONGE, ou du BAIN. *Voyez* ces mots.

Il n'est que trop commun de voir les écuries, les étables, les granges et autres bâtimens ruraux surchargés de poussière dans tous les lieux où elle peut s'accumuler, poussière qui est portée souvent par le vent ou autre cause sur le manger des animaux, dont elle altère la saveur et même les bonnes qualités. Un cultivateur, jaloux de bien conduire son exploitation, fera housser et balayer de fond en comble l'intérieur de tous ses bâtimens ruraux au moins deux fois par an.

Il est très important de battre le foin et la paille, de cribler l'avoine ou l'orge qu'on donne aux chevaux ou autres bestiaux au moment même de les leur donner. *Voyez* au mot BATTAGE et CRIBLAGE.

Faire passer de nouveau au crible le blé qu'on envoie au moulin est, à plus forte raison, une opération importante. (B.)

POUSSIÈRE FÉCONDANTE ou SÉMINALE. *Voyez* ÉTAMINE, ANTHÈRE et POLLEN.

POUSSIN. Très-petit POULET. *Voyez* POULE.

POUTRE. Nom d'une pouliche ou jeune jument dans le département des Ardennes.

POUTRE. C'est un arbre ordinairement de chêne, et équarri, qu'on met en travers dans les bâtimens et qui sert à soutenir les planchers. Quelles que soient sa longueur et sa grosseur, une poutre pour durer doit être d'un bois bien sain et bien sec. Il n'est pas rare d'en voir dont l'intérieur est échauffé, comme disent les charpentiers, c'est-à-dire attaqué de la carie sèche avant son emploi, se réduire insensiblement en poussière au bout de quelques années. On prévient une partie des inconvéniens qui sont la suite du défaut de dessiccation des bois en laissant leurs deux extrémités à l'air libre. *Voyez* pour le surplus au mot Bois. (B.)

POUTURE ou POTURE. Engrais des bestiaux fait presque exclusivement avec des graines farineuses.

Cette sorte d'engrais est celle qui donne le meilleur goût à la chair et le plus de qualité au suif; mais elle est la plus coûteuse.

Comme les diverses manières d'engraisser les bestiaux ont été détaillées aux mots Bœuf, Mouton, Cochon et Engrais, j'y renvoie le lecteur.

PRAIRIES ARTIFICIELLES. On a donné ce nom à des prairies établies pour quelques années seulement sur les terres arables, et composées d'une seule espèce de plante.

D'après cette définition, de la graine de foin, c'est-à-dire de la graine de toutes les sortes de graminées et autres plantes qui croissent dans les prairies naturelles semées sur une terre qui porte ordinairement du blé, ne formeroit pas une prairie artificielle. C'est un *pré-gazon*. Voy. Prairies naturelles.

Je crois qu'il est bon, pour se conformer à l'usage généralement admis, de ne pas non plus appeler prairies artificielles celles qui sont formées avec une seule espèce de graminées vivace, ni toutes les cultures de plantes annuelles qui ont pour objet la nourriture des bestiaux.

Cependant quelques auteurs appellent toutes ces sortes de cultures des prairies artificielles.

Il est douteux qu'en France il se trouve des prairies artificielles, dans ce dernier sens, composées d'une seule espèce de graminée; mais il paroît qu'en Angleterre on en établit quelquefois avec l'avoine élevée, l'ivraie vivace, le paturin des prés, etc., plantes d'une excellente nature et dont on ne peut trop recommander la culture. Au reste ces sortes de prairies durent moins que les autres et demandent des soins trop minutieux pour être conservés exempts de mélange. *Voy.* Gazon.

Les plantes avec lesquelles on forme le plus communément les prairies artificielles en France se réduisent à la Luzerne pour les terrains gras et humides, au Sainfoin pour les sols secs et calcaires, au Trèfle pour les sables, pourvu qu'ils ne soient pas excessivement arides, auxquelles il faut cependant ajouter la Pimprenelle et la Chicorée. *Voyez* ces mots.

C'est à Olivier de Serres qu'on doit la création des prairies artificielles, du moins il leur a donné leur nom et on n'en trouve aucune trace dans les ouvrages antérieurs au sien. N'eût-il que ce seul mérite, la reconnoissance publique devroit lui élever un monument, non pas seulement comme la société d'agriculture de la Seine, dans une seule petite ville voisine du théâtre de ses travaux, mais dans tous les chefs-lieux de département, car peu de découvertes ont plus influé sur la prospérité de l'agriculture française.

En effet, outre que les prairies artificielles fournissent un fourrage plus abondant que les naturelles sur la même étendue de terrain, elles en procurent dans des lieux où il n'en croît pas naturellement, ce qui favorise par conséquent d'autant la multiplication des bestiaux de toute espèce, elles servent encore de plus à faciliter l'assolement des terres, c'est-à-dire à les cultiver de manière à leur faire produire davantage en les épuisant moins. *Voyez* les mots Assolement, Jachère et Succession de culture.

Sans prairies artificielles on ne peut donc faire de la bonne agriculture, même dans les pays les plus abondans en prairies naturelles. Elles deviennent le fondement d'une fortune assurée pour tous les cultivateurs qui en établissent, lorsqu'ils savent en proportionner l'étendue à celle de leur exploitation. Déjà elles font la richesse de beaucoup de cantons de la France; mais combien en est-il encore qui ne les connoissent pas? car, comme tout le monde le sait, les innovations les plus avantageuses sont celles qui sont les plus lentes à être adoptées par les habitans des campagnes.

Les articles de cet ouvrage cités plus haut, et sur-tout ceux rédigés par mon collaborateur Yvart, développant, avec un grand détail, les diverses sortes d'avantages qu'une exploitation rurale retire des prairies artificielles, ainsi que la manière de les établir, de les conserver et de les détruire, je pourrois me dispenser d'étendre celui-ci; mais je crois cependant qu'il est utile de citer quelques passages de l'ouvrage que Gilbert a publié sur ce qui les concerne.

« S'il est une question qu'il soit intéressant d'éclairer, observe cet estimable agriculteur, c'est celle si souvent élevée, si vivement débattue, et encore si indécise sur la proportion dans laquelle les prairies artificielles doivent entrer dans une exploitation : les uns, sans cesse occupés des grains qui servent à la nourriture de l'homme, ont cru défendre leurs droits en resserrant les prairies artificielles dans les bornes les plus étroites, et n'ont pas senti que les productions des terres n'é-

toient pas en raison de leur étendue, mais de leur culture;
d'autres oubliant qu'il existoit des hommes, et que la véritable destination des animaux étoit de concourir à leur subsistance, oubliant encore qu'il ne suffit pas que les animaux aient
un aliment abondant, mais qu'il leur faut encore des litières
pour se coucher, et pour entretenir la fécondité des terres,
n'ont pas craint de les employer presque toutes à la culture des
prairies artificielles. Quelques uns, plus sages, ont tâché de
garder un juste milieu entre ces deux extrêmes et ont fixé les
uns au quart, les autres au tiers, d'autres à la moitié de l'exploitation, le terrain qu'elles doivent occuper; il n'est pas
bien difficile de rendre raison des différences qui se trouvent
dans cette fixation; elle est subordonnée à des circonstances
qui ne permettent pas qu'elle soit générale; les terrains très
riches, n'ayant pas besoin de la même quantité d'engrais que
ceux qui sont pauvres, n'ont pas besoin de la même quantité
de bestiaux, et par une suite nécessaire de prairies naturelles
ou artificielles. On peut donc établir, comme règle générale, que la proportion des herbages dans une exploitation doit
toujours être en raison inverse de la richesse du fond et des
autres ressources locales qui servent à la subsistance des animaux.

« Il seroit cependant très utile, à ce qu'il me semble, et j
ne le crois pas impossible, de déterminer précisément cett
proportion dans un canton déterminé.

« Voici comme il me paroît qu'on peut arriver à cette fixation

« Une fois admis que c'est sur-tout sur l'engrais des terre
qu'est fondée l'utilité des prairies artificielles, il est nécessair
de connoître,

1° Le nombre d'arpens des terres labourables de ce canto
et les sortes de cultures qui y ont lieu;

2° La quantité de fumier nécessaire pour engraisser l
terres;

3° Le nombre des animaux qui peut fournir ces engrais;

4° La durée de l'engrais sur les terres;

5° Le produit moyen de chaque arpent;

6° La consommation de chaque tête de bétail;

7° La quantité d'arpens de prairies naturelles et leur pr
duit moyen;

8° Enfin la différence qui se trouve entre le fourrage
prairies naturelles et celui des prairies artificielles sous le ra
port de leurs facultés alimentaires.

« Il me paroît évident qu'au moyen de ces données, en co
parant le nombre d'arpens à fumer avec la nourriture néc
saire aux animaux qu'il faudra pour fournir le fumier,
aura pour résultat le nombre d'arpens à mettre en prai

artificielles , moins ceux qui sont employés déjà en prairies
naturelles fournissant à la nourriture des bestiaux.

« On pourra m'objecter que mon calcul portant sur la quantité d'engrais nécessaire à chaque arpent de terre labourable ,
et cette quantité se trouvant réduite par l'établissement des
prairies artificielles au demi de celles que j'ai d'abord assignées,
il paroîtroit nécessaire de déterminer le nombre des animaux
non sur la totalité des arpens , mais sur celui qui reste après
la distraction des arpens employés en prairies artificielles, avec
d'autant plus de raison que l'une des principales utilités de
leur culture consiste à engraisser le sol qu'on y emploie.

« Je réponds à cette objection que je ne fais pas cette défal-
cation , 1° parcequ'il faut réellement quelque engrais aux prairies artificielles, quoiqu'en bien moindre quantité que pour
les autres productions de la terre ; 2° parceque plusieurs de
ces prairies, telles que celles de trèfle, ne dérangent point l'ordre des sols et reçoivent l'engrais à leur tour ; 3° parceque je
n'ai pas compris dans la somme totale des arpens à engraisser,
celles des prairies naturelles qui cependant ont aussi besoin
d'engrais ; 4° enfin parcequ'il est bien moins à craindre que
les terres pèchent par défaut que par excès d'amendement. »

Je dois faire remarquer que, quoique M. Gilbert dise un mot
de l'influence des prairies artificielles sur l'amélioration de la
terre , il ne fait pas entrer dans son calcul leurs avantages
comme appliqués à la rotation des cultures, circonstance cependant d'une telle importance qu'elle doit être mise à la tête
de l'énumération des motifs qu'il fait valoir en leur faveur.
Voyez ASSOLEMENT et SUCCESSION DE CULTURE. Il n'ignoroit pas
cependant cette influence, puisque dans la section qui suit
celle que je viens de transcrire il établit la nécessité de cette
rotation des cultures.

M. Gilbert examine ensuite si les plantes vivaces , dont on
forme des prairies artificielles, doivent être semées seules ou
sociées à des grains.

« Si , sur cette question , dit-il , on consulte les auteurs
éconiques , elle sera bientôt décidée ; tous ou presque tous
s'élèvent contre la pratique de semer des grains sur les graines
des fourrages artificiels; mais si on interroge les cultivateurs
et l'expérience, on est tenté de faire grace à cette méthode;
ne me paroît pas qu'elle ait été connue des anciens; mais des
circonstances locales pouvoient ne la pas rendre nécessaire.
Les raisons qu'on donne ordinairement pour la proscrire sont
que les grains, attirant à eux la plus grande partie des sucs
nourriciers, affament les jeunes plantes et les empêchent de
croître; qu'ils les étouffent s'ils deviennent trop forts, et qu'ils
donnent, s'ils sont foibles, qu'une très chétive récolte;

mais ces raisons ne me paroissent pas péremptoires ; il n'est pas
bien sûr que la végétation des grains nuise à celle des herbages ; je ne dirai point que ce n'est pas le même suc qui les
alimente ; je l'ignore : mais ce que je sais, c'est que ces plantes
ont une manière différente de végéter et de croître. Les utiles
leçons de la nature nous apprennent journellement que plusieurs plantes peuvent s'élever sur le même terrain sans s'en-
tre-nuire ; et quant à la seconde objection, il me semble que
pour la détruire il suffit de la rétorquer. Si les grains végètent
avec beaucoup de force, et qu'ils affament les plantes artificielles avec lesquelles ils sont associés, ils donneront une très
riche récolte ; s'ils sont foibles, et qu'ils ne promettent qu'un
produit médiocre, on en sera dédommagé par celui de l'herbage qui sera très abondant. La raison que donnent les cultivateurs pour justifier cette méthode, c'est que les feuilles du
blé, de l'orge, de l'avoine, du lin, de toutes les plantes enfin
qu'ils associent aux prairies artificielles, les défendent des atteintes brûlantes de la chaleur, et cette raison qu'on a cherché
à ridiculiser n'est rien moins qu'improbable. Je ne vois pas
qu'elle répugne aux principes de la saine physique. Les plantes
attirent l'humidité. Les graines semées avec les herbages doivent conserver autour de leurs racines les eaux pluviales, celles
des rosées ; elles doivent s'opposer à une évaporation trop abondante, et défendre le sol des ardeurs du soleil. J'ai souven
remarqué, et tous les agriculteurs ont sûrement fait la mêm
remarque, que les herbages artificiels et spécialement le tréfl
venoient plus beaux semés avec l'orge qu'avec les autres cé
réales dont la fane est moins large ; j'ai encore remarqué qu
la végétation de ces herbages étoit toujours en raison direct
de celle de l'orge qui couvroit de son ombre leurs feuilles, en
core trop tendres pour résister aux feux du soleil. Je ne dout
point que cette ombre ne leur fût contraire lorsqu'elles son
devenues assez fortes pour se défendre elles-mêmes ; mais alo
l'orge bienfaisante, l'orge protectrice quitte le sol qu'elle leu
abandonne tout entier.

« Ce sont là, ce me semble, des raisons assez bien établie
mais ce qui est bien plus concluant, ce qui mérite bien plus
confiance encore, c'est l'exemple de tous les pays où on cultiv
le plus les prairies artificielles, où cette culture est par cons
quent plus perfectionnée. En Normandie, en Alsace, en All
magne, en Suisse, par-tout je les ai vu semer avec des plant
étrangères, et par-tout j'ai vu s'applaudir de l'avoir fait ;
retarde, dit-on, la récolte ; on perd en quelque sorte ce
de la première année ; mais compte-t-on donc pour rien
récolte de grains ? D'ailleurs, lorsqu'ils ne sont pas excessi
ment épais, ils ne leur nuisent pas ; ils les favorisent au co

traire. Si des pluies abondantes ou autres circonstances rendent leur végétation trop vigoureuse, on a un moyen bien simple de remédier à cet inconvénient; c'est de faire faucher ces grains, qui donnent une récolte de fourrage très abondante, aussi avantageuse souvent que celle de l'herbage, qu'elle ne diminue en aucune manière, qu'elle favorise plutôt dans un grand nombre de circonstances.

« J'ajouterai enfin, pour dernière raison, que quelques plantes en prairies artificielles croissent très lentement, comme le sainfoin, ne donnent de bonnes récoltes qu'à la troisième année, et qu'il est peu de cultivateurs qui ne fussent découragés par une attente aussi longue s'ils n'avoient une ressource dans la récolte du grain produit la première.

« Quelque grain qu'on préfère pour le semer avec les fourrages, on ne doit jamais employer plus des deux tiers de la semence qu'il faudroit pour ensemencer le champ sans ces fourrages, et les semences de ces deux sortes de plantes seront semées séparément, parcequ'elles ne doivent pas être enterrées à la même profondeur.

« Ils sont très blâmables, au reste, les cultivateurs qui mêlent ensemble la luzerne, le trèfle et le sainfoin. Des plantes de la même famille, d'inégale hauteur, d'une manière différente de végéter doivent nécessairement se nuire, et jai remarqué qu'elles se nuisoient en effet. »

Mais quelle est la saison qu'on doit préférer pour semer les prairies artificielles?

Plusieurs agronomes pensent qu'il faut les semer en automne; M. Gilbert est d'avis qu'il y a plus d'avantages à les semer au printemps. Malgré ses raisonnemens, je crois qu'il est des cas où les semis d'automne doivent être préférés. Comme cet objet a été discuté aux articles de chaque espèce de plantes employées dans les prairies artificielles, je ne m'étendrai pas sur ce qui le concerne. Je dirai seulement qu'aux environs de Paris c'est sur le second hersage des avoines qu'on sème ordinairement les prairies artificielles.

L'expérience et le raisonnement prouvent qu'il ne faut pas faire succéder une récolte de céréales à une autre, ni une culture de fourrage à une culture du même genre. Jamais on ne doit donc mettre deux fois de suite le même terrain en prairies artificielles. Développer les principes seroit ici un double emploi, puisque l'article Assolement n'a pas d'autre but. J'y renvoie donc le lecteur.

« Quelque plante qu'on veuille semer en prairies artificielles, dit M. Gilbert, il est important que le sol soit extrêmement divisé et qu'il le soit très profondément. Les labours sont toujours assez nombreux si la terre est bien divisée, *et vice versâ.*

Dans les terres dont la couche végétale a peu de profondeur, et souvent même quoiqu'elle en ait beaucoup, on craint de ramener à la surface la terre du fond ; cette crainte souvent fondée dans la culture des graminées, qui étendent leurs racines horizontalement à une très petite profondeur, ne l'est pas également pour les plantes vivaces qui enfoncent extrêmement leurs racines. J'ai vu des cultivateurs moins timides ne pas craindre d'amener au jour cette terre depuis long-temps dépositaire de tous les engrais répandus sur le sol. Ces couches n'ont besoin, le plus souvent, pour jouir au plus haut degré de la propriété fertilisante, que d'être exposées aux influences de l'atmosphère ; les racines des plantes vivaces ne nous indiquent-elles pas, en les pénétrant pour y chercher leur nourriture, les avantages du procédé que je crois devoir conseiller dans tous les cas, du moins où le fond n'est pas absolument mauvais ; mais alors le terrain est peu et même point du tout propre aux prairies artificielles dont le succès est dû à la facilité qu'ont les racines de s'enfoncer. C'est encore cette manière particulière de se nourrir qui m'engage à blâmer la crainte qu'ont les cultivateurs d'enfoncer leurs fumiers trop profondément ; ne semble-t-il pas naturel que l'engrais soit placé dans le lieu où les racines des plantes vont chercher leur nourriture.

« Quel que soit le nombre des labours, et il est rarement de plus de deux, il est important que le premier soit donné avant l'hiver. Si ce labour d'automne est nécessaire à toutes les terres, il l'est plus spécialement encore aux argileuses qui ont besoin d'être plus divisées que les autres. *Voyez* LABOUR.

« Il ne suffit pas que la terre soit divisée, il faut encore qu'elle soit engraissée, si elle est naturellement maigre ou qu'elle ait été épuisée par une suite de productions successives. Si depuis la nouvelle fumure elle n'a donné que deux récoltes, elle contient ordinairement assez de principes pour pouvoir se passer de nouveaux engrais. Il est bien plus avantageux alors de réserver ces engrais pour la seconde et même la troisième année. *Voyez* ENGRAIS et FUMIER.

« Les opérations les plus importantes qu'exigent ensuite les terres destinées à recevoir un semis de prairies artificielles sont le HERSAGE, le ROULAGE et l'EPIERREMENT. *Voyez* ces trois mots. Les pierres sont nuisibles aux prairies artificielles, non seulement parcequ'elles font perdre du terrain, mais encore parcequ'elles rendent leur FAUCHAISON fort difficile, soit en obligeant de l'exécuter à une hauteur considérable, soit en ébréchant continuellement la faux. Le nivellement exact du sol n'est pas moins nécessaire, et par la première de ces raisons, et parceque les creux qui s'y trouvent favorisent la stagnation de l'eau qui, d'un côté, pourrit les plantes qui le composent, et de l'autre donne naissance aux plantes aquatiques. »

Le plus souvent on réserve pour semence la seconde pousse des prairies artificielles, quelquefois même la troisième. On ne peut agir plus contre ses intérêts, car tout produit d'un semis est proportionné à la bonté des semences, et les semences de la première pousse sont généralement les meilleures. *Voyez* au mot Semence. Un agriculteur, jaloux du succès de ses cultures, doit donc toujours réserver une portion de ses prairies artificielles pour sa graine, et ne la couper qu'à parfaite maturité. C'est dans un champ d'âge moyen plutôt que dans un très jeune ou très vieux qu'il fera cette réserve par les raisons indiquées au mot Graine.

« Les indices auxquels on reconnoît la bonne graine des fourrages qui entrent dans la composition ordinaire des prairies artificielles se tirent ordinairement, dit Gilbert, de sa couleur, de son poids, de son volume, de son odeur, de la sensation qu'elle imprime sur le palais, de la plus ou moins grande quantité de graines étrangères qui y sont mêlées, enfin des atteintes qu'y font assez souvent les insectes.

« La graine de luzerne doit réfléchir une teinte rembrunie, très éclatante, et avoir beaucoup de poids. Elle est vicieuse si elle est blanche, ou verdâtre, ou noire. Celle du trèfle doit être d'un jaune doré ; celle qui est violette est infiniment moins bonne. Celle du sainfoin doit être d'un gris tirant légèrement sur le bleu, ou d'un brun luisant et l'intérieur d'un beau vert. Est-elle noire, c'est une preuve qu'elle est échauffée ; blanche, qu'elle a été récoltée avant sa maturité. Toutes doivent être pleines ; celles qui sont ridées ne germent point ou ne donnent que des tiges foibles qui périssent bientôt. Le meilleur guide qu'on puisse prendre pour distinguer la bonne graine de la mauvaise est, 1° d'en mettre une quantité dans l'eau et d'enlever avec un écumoir celles qui surnagent, lesquelles ne valent rien ; 2° d'en semer une autre quantité dans un pot sur couche. Par ces deux opérations cumulées, je me suis assuré que la proportion de la mauvaise semence étoit rarement de moins d'un tiers et qu'elle étoit souvent beaucoup plus forte.

« Le temps qui s'est écoulé depuis que la graine a été récoltée influe beaucoup sur sa bonté. La graine de la première année est ordinairement préférable à celle de deux ou trois ans. Il est cependant des personnes qui préfèrent celle de deux ans, principalement pour le trèfle. »

Un relevé qu'a fait M. Gilbert de la quantité de semence que les écrivains ont conseillé de répandre sur une mesure quelconque de terre prouve qu'ils ont varié depuis un jusqu'à cinquante. Les uns veulent que les pieds des plantes soient très espacés, les autres qu'ils soient très rapprochés. Il n'y pas de doute qu'il y a des avantages et des inconvéniens dans les deux extrêmes. Voici le sentiment de M. Gilbert.

« Je conviens d'abord que les plantes semées clair deviendront plus grandes, plus grosses, plus vigoureuses, qu'elles donneront plus de fourrage; mais la quantité de fourrage est-elle donc le seul avantage qu'on doive rechercher dans les prairies artificielles, n'est-ce pas à la qualité qu'il faut surtout s'attacher? or, il est hors de doute que la luzerne, le trèfle, le sainfoin, semés dru, sont d'une qualité bien supérieure à celles de ces plantes semées plus clair : le défaut des plantes des prairies artificielles est en général d'avoir les tiges trop grosses, trop dures, qui opposent une trop grande résistance à l'action de la mastication, et sur-tout à celle des sucs dissolvans de l'estomac. Cet inconvénient diminue, il disparoît même presque entièrement lorsque la semence n'a pas été épargnée. Les tiges sont déliées, tendres, ne s'élèvent pas à une aussi grande hauteur; mais comme elles sont plus nombreuses, elles gagnent en quelque sorte d'un côté ce qu'elles perdent de l'autre.

« Un autre avantage qui me paroît très important, c'est que les plantes très serrées étouffent, dès la première année, les plantes étrangères qui leur disputent le terrain ; elles rendent inutiles les sarclages si dispendieux, et quelquefois même si nuisibles aux herbages nouvellement sortis de terre. Le principal des fléaux de nos prairies artificielles c'est la sécheresse : or les plantes serrées s'opposent à l'évaporation en empêchant l'action directe des rayons du soleil. Au reste, quand on a semé trop dru, les pieds les plus vigoureux étouffent les plus foibles, et au bout de deux ans il ne reste que ceux que le sol peut nourrir.

« Quelle que soit mon opinion à cet égard, continue M. Gilbert, je n'en pense pas moins qu'il est un milieu à observer dans la quantité de semence qu'on doit confier à la terre ; si l'excès n'est pas aussi nuisible que l'autre extrême, il n'est cependant pas sans inconvénient; n'en eût-il d'autre que d'occasionner une dépense inutile, ce seroit déjà beaucoup. On peut admettre comme principe général que les plantes vivaces doivent être moins serrées que les annuelles, et qu'elles doivent l'être d'autant moins qu'elles sont plus vivaces : il ne faut pour en sentir la raison que réfléchir sur la végétation de ces plantes, sur la marche de leurs racines, sur les nouveaux jets qui en sortent, etc. On doit savoir encore que la nature du sol, la quantité d'engrais qu'il a reçus, le temps de l'ensemencement, la température de l'atmosphère, et bien d'autres circonstances encore apportent des variations dans cette fixation. Elle doit toujours être en raison inverse de la bonté du sol auquel on la confie, c'est-à-dire plus forte sur un terrain sec et chaud que sur un terrain froid et humide, parcequ'il importe que le premier soit couvert promptement par les plantes pour conserver un peu d'humidité, et que le second au contraire doit rester exposé à l'action de l'air et de la chaleur qui favorisent l'évaporation de l'humidité surabondante qu'il contient.

« S'il n'est pas possible de déterminer précisément la quantité de semence qui convient à tous les terrains, je crois que j'aurai une fixation très approchée en prenant une quantité moyenne entre une douzaine. Or, cette quantité est, aux environs de Paris, pour un arpent.

« Pour la luzerne, *minimum*, 12 liv.; *maximum*, 25 liv.; moyenne, 18 liv.

« Pour le trèfle, *minimum*, 10 liv.; *maximum*, 18 liv.; moyenne, 16 liv.

« Pour le sainfoin, *minimum*, 200 liv.; *maximum*, 240 liv.; moyenne 220 liv. »

En France l'ensemencement des prairies artificielles se fait exclusivement à la volée. En Angleterre on le pratique quelquefois en rangées, soit à la main, soit au moyen d'un semoir. *Voyez* RANGÉES et SEMOIR.

Le semis à la volée s'exécute de deux manières, ou à la poignée, en mélangeant les graines de luzerne et de trèfle qui sont très fines avec du sable ou de la terre, ou à la pincée et sans mélange. *Voyez* SEMER.

Les semences répandues doivent être recouvertes, et la manière de procéder à cette opération n'est pas indifférente. Elle aura la perfection requise, si toutes les semences sont enterrées ni trop, ni pas assez. Un HERSAGE léger pour les terres fortes, et un hersage suivi d'un ROULAGE pour les terres légères sont les meilleures méthodes. *Voyez* ces mots.

Cependant les hersages peuvent être évités pour le trèfle et la luzerne, sur-tout lorsque le semis a été fait par un temps humide. D'ailleurs on ne peut pas les exécuter quand on sème, comme on le fait dans certaines localités, au printemps sur les blés déjà grands. *Voyez* SEMIS.

Lorsque les prairies artificielles ont été semées seules, il faut leur donner un sarclage au commencement de l'été de l'année de leur semis, afin de les débarrasser des grandes plantes vivaces ou annuelles, qui étoufferoient le plant, ou qui fourniroient des graines qui les perpétueroient pendant les années suivantes. Cette opération ne laisse pas que d'être coûteuse dans certaines localités, lorsque la terre n'a pas été bien préparée. Quand on a semé avec des céréales, la coupe de ces céréales tient lieu de sarclage. Dans l'un ou l'autre cas il n'en faut pas moins sarcler l'année, ou mieux, les années suivantes ; car tant que la prairie est en bon état, il faut éviter la multiplication de ces sortes de plantes. Rarement cependant on s'occupe de cet objet au-delà de la première et de la seconde année ; aussi combien y a-t-il de prairies artificielles bien conduites ! Gilbert n'étoit point partisan des sarclages, parcequ'il voyoit qu'ils étoient fort dispendieux, et qu'en définitif ils n'empêchoient pas les plantes étrangères de se multiplier. Il m'a paru qu'il a exagéré sous les deux rapports ; ce ne sont que les grandes plantes comme les chardons, les crepides, les lychnides, dont je demande la suppression. *Voyez* Sarclage.

Une foule d'ennemis attaquent les prairies artificielles dès leur naissance, c'est-à-dire que quelques plantes, telles principalement que la cuscute, le chiendent, que quelques insectes comme l'eumolpe pour la luzerne, la zigaene pour le sainfoin, la larve des hannetons, la courtilière pour tous, leur nuisent beaucoup. Je renvoie aux articles particuliers de ces plantes et de ces insectes les indications nécessaires pour procéder à leur destruction.

La première année on ne coupe point les prairies artificielles, d'après le principe que les plantes vivent autant par leurs feuilles que par leurs racines, afin de leur fournir les moyens de se fortifier ; mais la seconde année on peut les couper une et même deux fois. Celles d'entre elles dont la durée est la plus longue sont dans toute leur force à trois ou quatre ans ; alors on peut les couper aussi souvent que leur nature, la qualité du sol et la chaleur du climat le comportent. Ainsi la luzerne est coupée ordinairement trois fois, et quelquefois jusqu'à dix et douze, et dure de huit à vingt ans ; ainsi le sainfoin et le trèfle ne se coupent guère plus de deux fois ; mais le premier dure six à douze ans, et le second seulement deux ou trois, plus ou moins, suivant la nature du terrain. En principe général, il ne faut les couper ni trop tôt ni trop tard ; le point le plus avantageux est celui où elles commencent à entrer en fleur.

La dessiccation du foin des prairies artificielles doit être plus soignée, à raison de la grosseur des tiges et de l'épaisseur des feuilles des plantes qui les composent, que celle des prairies naturelles. Il faut les retourner plus souvent, craindre davantage les pluies, etc. J'ai parlé des précautions à prendre dans ce cas aux articles Luzerne, Sainfoin et Trèfle.

Les opérations qu'on fait subir au foin des prairies artificielles ne different pas de celles que reçoit celui des prairies naturelles ; ainsi je n'en parlerai pas particulièrement. J'observerai seulement que, comme il conserve ou même attire davantage l'humidité, qu'il est plus exposé à s'enflammer spontanément, à se moisir ou à se pourrir, il faut redoubler de précautions. On le bottelle ordinairement pour diminuer ces inconvéniens.

« Le moyen le plus sûr de conserver la qualité des fourrages des prairies artificielles, dit Gilbert, et de les préserver de l'humidité qui les vicie si souvent, consiste à former alternativement un lit de ces fourrages et un lit de paille, jusqu'à ce que le tas soit achevé ; la paille et le fourrage trouvent un égal avantage dans cette union ; la première devient aussi appétissante que le foin, qui devient aussi inaltérable qu'elle. »

Pourquoi donc fait-on si rarement usage de ce moyen si simple ? On peut répondre : l'ignorance d'un côté et la paresse de l'autre s'y opposent.

Une prairie artificielle qui commence à être sur le retour peut être ranimée par tous les ENGRAIS et par la plupart des AMENDEMENS. *Voyez* ces mots. Rarement cependant on les emploie ; on préfère la rompre avant le temps. Je n'entreprendrai pas de rechercher s'il vaut mieux agir d'une manière ou d'une autre, attendu qu'une si grande quantité de circonstances peuvent influer sur la détermination, que ce n'est que sur le lieu qu'on peut en prendre véritablement une bonne.

Mais parmi les amendemens il en est un dont on peut faire usage à toutes les époques de la durée d'une prairie artificielle, dont l'emploi est facile, et les effets si marqués, que je ne dois pas oublier de le signaler en particulier ; c'est le PLÂTRE. *Voyez* ce mot. Comme il augmente presque de moitié le produit de chaque récolte, il ne faut pas se refuser à en faire usage de temps en temps lorsque son prix est peu élevé.

On doit, autant que possible, au moins jusqu'à ce qu'elles commencent à dépérir, se refuser à laisser paître les bestiaux sur les prairies artificielles ; les chevaux, les bœufs et les vaches leur nuisent en piétinant la terre ; les moutons et les chèvres les empêchent de repousser en mangeant le collet des racines.

Un hersage au premier printemps avec une herse à dents de fer produit de très bons effets sur les prairies artificielles, soit par l'espèce de labour qu'il forme, soit en arrachant la mousse et les herbes annuelles qui commencent à germer.

Les produits des prairies artificielles sont de beaucoup supérieurs, comme je l'ai déjà observé, à ceux des prairies naturelles en quantité et en qualité. On les donne aux bestiaux en frais ou en sec, mais dans les deux cas il faut les leur ménager ou les mélanger avec de la paille, car ils les aiment tant qu'ils en mangent presque toujours trop, ce qui les expose à des Météorisations et à des Indigestions très dangereuses. *Voyez* ces deux mots.

Au printemps et pendant la rosée, même dans aucun temps, il ne faut abandonner les animaux domestiques dans les prairies artificielles, car les accidens ci-dessus sont presque toujours la suite de l'avidité avec laquelle ils y mangent.

Aux articles de ces animaux il a été indiqué les rations en vert et en sec qu'il est convenable de leur donner selon les saisons. J'y renvoie le lecteur.

Les premières coupes des prairies artificielles sont toujours les meilleures. Les dernières sont, comme les regains des prairies naturelles, presque sans saveur et sans principes nutritifs. On est souvent obligé de les faire manger en vert aux bestiaux, par l'impossibilité de les dessécher.

Après avoir fourni d'abondans produits en fourrages, les prairies artificielles s'épuisent, c'est-à-dire que l'espèce qui les constituoit disparoît, que des graminées et d'autres plantes vivaces ou annuelles de mauvaise nature les remplacent. Alors il convient de les labourer et de les remplacer par des céréales ou autres articles de culture. Ordinairement c'est l'avoine qu'on sème sur leur défrichement, parcequ'on a remarqué qu'elle y réussissoit mieux que les autres.

Cet article auroit pu être plus étendu, car il est un des plus importans de la grande agriculture ; mais si je l'eusse rédigé avec tous les développemens dont il est susceptible, il n'eût été que la répétition d'une infinité d'autres. Je m'arrête donc ici en renvoyant à ces articles et principalement à ceux Assolement et Succession de culture. (B.)

PRAIRIES NATURELLES (CULTURE DES). On donne le nom de pré, ou de prairies naturelles, ou d'herbage, à toute espèce de terrain qui produit naturellement une herbe assez abondante pour servir de pâturage à des bestiaux, ou pour pouvoir être fauchée à sa maturité et convertie en foin.

Lorsque l'herbage est le produit de la culture, on l'appelle alors *herbage sec*, ou *pré-gazon*, afin de ne pas le confondre avec les autres espèces de Prairies artificielles. *Voyez* ce mot.

Les produits des prairies naturelles et artificielles servent à la nourriture des bestiaux qui se trouvent nécessairement en plus grand nombre dans les localités riches en pâturages naturels, et dans celles où la culture des prairies artificielles a reçu de l'extension, que dans toutes les autres ; cependant, malgré les progrès que cette dernière culture a faits en France depuis le milieu du siècle dernier, et l'augmentation de bestiaux qu'elle a procurée ; malgré l'immense étendue de prairies naturelles qui est disséminée sur son territoire, et les soins qu'on leur donne dans plusieurs localités ; les produits réunis sont encore très insuffisans pour pouvoir nourrir la quantité de bestiaux qui seroit nécessaire aux besoins de la consommation annuelle de ses nombreux habitans ; et si notre agriculture est parvenue à élever et à engraisser un nombre de bestiaux beaucoup plus grand qu'autrefois, il faut croire que la consommation a augmenté dans une proportion encore plus considérable, car le prix de la viande est toujours plus élevé, et, suivant M. Sauvegrain, les importations de bestiaux deviennent de plus en plus nombreuses. On ne peut remédier à cet inconvénient, fâcheux sous tous les rapports, que par une plus grande extension dans la culture des prairies artificielles, ou par l'amélioration des produits des prairies naturelles.

En France, le premier moyen, ainsi que nous l'avons dit au mot AGRICULTURE, est nécessairement borné dans ses effets, et doit être circonscrit dans des limites que son agriculture ne peut dépasser sans de grands inconvéniens, car sa destination principale est d'alimenter la population générale en céréales, et ce n'est que secondairement, et pour rendre les terres arables plus fertiles, qu'elle doit en consacrer alternativement une portion en prairies artificielles.

C'est donc principalement par l'amélioration générale des produits des prairies naturelles que l'on peut espérer de voir l'éducation et l'engraissement des bestiaux s'élever en France, non seulement au niveau de la consommation générale, mais encore, et avec le temps, devenir l'objet d'une exportation singulièrement avantageuse. Mais, pour parvenir à ce but important, il faudroit que tous les propriétaires fussent familiarisés avec les différens procédés qui constituent la bonne culture des prairies naturelles. Malheureusement, elle semble reléguée dans un petit nombre de localités ; dans toutes les autres, les prairies sont, pour ainsi dire, abandonnées à la nature, et, dans cet état, elles ne rendent pas à leurs propriétaires la moitié des fourrages qu'elles devroient produire avec des soins, et quelques travaux d'amélioration, dont la dépense, pour le plus grand nombre de cas, est insensible dans la balance des produits, comme nous l'avons établi au mot IRRIGATIONS qui fait le complément de cet article.

Nous allons réunir ici tout ce que notre expérience et les renseignemens que nous avons trouvés dans les ouvrages des meilleurs agronomes nous ont fourni sur la culture des prairies naturelles.

CHAP. I. *Classement des prairies naturelles.* L'auteur de la nature, toujours admirable dans sa prévoyance infinie, semble avoir donné aux divers pâturages un caractère particulier qui put les faire reconnoître facilement par les animaux dont ils devoient être la nourriture la plus salutaire, comme étant la plus convenable à leur constitution spéciale.

Ainsi, les pâtis et les pâturages les plus secs, que l'on rencontre le plus ordinairement sur les lieux très élevés, paroissent être exclusivement destinés à la nourriture des chèvres et des bêtes à laine. Le besoin de respirer un air vif et pur, et le parfum aromatique des plantes qui croissent naturellement sur les montagnes, y attirent les animaux.

Les bêtes chevalines, dont les dimensions sont plus fortes que dans les bêtes à laine, ne trouveroient pas sur ces hauteurs une nourriture assez copieuse pour les entretenir en bon état de santé; elles se tiennent donc dans les vallons, où elles rencontrent des pâturages encore secs, mais plus abondans en herbes que ceux des hauteurs.

Enfin, les bêtes à cornes ne peuvent prospérer que dans les pâturages les plus gras, sans cependant être marécageux, parceque c'est seulement dans les prairies de cette espèce qu'elles peuvent trouver journellement assez d'herbes pour remplir leur énorme panse.

On remarque en effet que, lorsque par nécessité ou par une autre raison, on nourrit habituellement des bestiaux dans des pâturages qui ne sont pas analogues à leur constitution particulière, ils y dépérissent, ou dégénèrent plus ou moins vite, ou y engraissent trop promptement.

D'après ces observations, et à l'exemple des botanistes, nous pourrions donc n'admettre que trois classes de prairies naturelles; savoir, 1° les *prairies hautes*, ou les pâturages situés sur les montagnes; 2° les *prairies moyennes*, ou celles des vallons élevés et des coteaux; 3° les *prairies basses*, ou celles des plaines basses. Mais cette division, très bonne pour distinguer les différentes espèces de végétaux qui croissent naturellement et ordinairement à ces différens degrés d'élévation du sol, seroit incomplète en agriculture; car, pour tirer le plus grand parti des prairies naturelles, il ne suffit pas de les considérer sous le rapport de la qualité des herbes, il faut encore les envisager sous celui de leurs produits qu'il est toujours avantageux de pouvoir augmenter. D'ailleurs, il peut exister des pâturages abondans, même des prairies marécageuses sur des plaines élevées, et des prairies fort maigres dans des plaines basses; dès-lors, leur division botanique manque absolument d'exactitude. Enfin, les différens moyens pratiqués pour améliorer les produits des prairies sont subordonnés à leur humidité naturelle plus ou moins grande, suffisante ou insuffisante, et, selon les circonstances, les moyens d'améliorations ne peuvent pas être les mêmes.

Ainsi, pour éviter toute méprise dans le choix des améliorations qui conviennent dans chaque cas particulier, il est donc important que les différentes espèces de prairies soient désignées avec la plus grande précision. C'est pourquoi nous les divisons en quatre classes principales : dans la *première*, nous plaçons tous les pâtis et les pâturages secs, plus ou moins élevés et dont l'herbe est trop courte, ou trop rare, pour pouvoir être fauchée ; dans la *seconde*, tous les prés secs, prés-pâtures, prés-gazons, dont l'herbe est assez élevée, ou assez fournie, pour pouvoir être fauchée, et auxquels on donne ordinairement la dénomination de *pré à une herbe* ; dans la *troisième*, tous les prés bas, non marécageux, situés sur les bords d'un cours d'eau, et exposés à ses inondations accidentelles, ou susceptibles, par des travaux convenables, d'être soumis à des irrigations régulières, et généralement tous ceux que l'on appelle vulgairement *prés à deux herbes*, ou *prés à regains* ; et dans la *quatrième*, nous comprenons tous les prés plus ou moins marécageux et les marais.

CHAP. II. *Culture des différentes classes de prairies naturelles.* La bonne culture de toutes les prairies consiste, 1° à leur donner les soins que chaque classe exige particulièrement pour être maintenue constamment dans un bon état de conservation et de rapport ; 2° à employer les moyens convenables pour en améliorer les produits ; 3° à en faire la récolte, ou à les faire consommer de la manière localement la plus avantageuse.

Section Iᵉʳᵉ. *Culture des prairies de première classe (pâturages secs et non fauchables).* Il existe en France beaucoup de pâturages de cette classe, particulièrement dans les départemens frontières et maritimes ; il y en a même qui ont une très grande étendue : telles sont les *riaizes* des Ardennes, les *landes* de Bordeaux, etc.

Leur aspect est celui des déserts : au lieu d'une herbe fine et succulente que les pâturages pourroient souvent offrir avec une certaine abondance, s'ils étoient convenablement soignés et aménagés, on n'y rencontre que des buissons épars, des genêts, des ajoncs, des bruyères, etc. ; et si quelquefois on y aperçoit un peu d'herbes, elles ne sont dues qu'à l'humidité accidentelle de la température, ou au voisinage d'eaux stagnantes, ou à l'influence de quelques sources visibles ou cachées.

Aussi, dans leur état présent, ces pâturages offrent-ils de bien foibles ressources pour la multiplication des bestiaux ; non pas qu'il soit impossible d'en augmenter les produits, mais uniquement parceque leur jouissance appartient ordi-

nairement aux communes qui les avoisinent. Il est vrai que
leur vaste étendue présente souvent des terrains de qualités
très différentes, et que tous ne seroient pas également favorables à la production des herbes ; mais en consacrant chacune de leurs parties à la culture locale qui seroit la plus convenable au terrain et la plus profitable au cultivateur, on
parviendroit aisément à en augmenter les produits.

Par exemple, celles qui auroient l'avantage d'être dans le
voisinage de sources éparses, que l'on réuniroit pour être
ensuite répandues sur leur surface en temps et saisons, ou à
la tête desquelles on pourroit rassembler des eaux pluviales
en assez grand volume pour remplir le même objet, pourroient devenir à peu de frais des prairies de seconde et quelquefois de troisième classe.

Les parties qui, avec un sol d'aussi bonne qualité, ne pourroient pas obtenir les avantages des irrigations, seroient dé-
frichées pour être ensuite cultivées en prairies artificielles, ou
en prés-gazons. Enfin les parties les plus arides seroient plantées en bois.

Mais ces pâturages sont des propriétés communales, et jusqu'à ce qu'elles deviennent des propriétés privées, il n'y a
point d'amélioration à espérer pour eux ; car l'homme peut
bien se décider à bonifier sa propriété pour augmenter son
aisance personnelle, ou le bien-être futur de ses enfans, mais
il ne fait rien pour autrui, et use sans mesure de ce qui n'est
pas à lui seul, sans penser à le conserver. *Voyez* le mot COM-
MUNAUX.

Les pâturages de cette classe continueront donc d'être
abandonnés à la nature, et à être livrés continuellement en
cet état au petit nombre de bestiaux qu'ils peuvent à peine
substanter.

SECTION II. *Culture des prairies de la seconde classe.* (*Prés
élevés, fauchables.*) Ces prairies sont ordinairement encloses,
et situées dans des vallons élevés, ou sur des coteaux voisins
des prairies à deux herbes. Un sol généralement meilleur que
celui des pâturages de la première classe, ou une humidité
naturelle un peu plus grande, procure aux différentes plantes
dont elles sont composées une végétation assez forte pour
pouvoir être fauchées à leur maturité.

§. 1. *Travaux et soins de conservation.* Aussitôt que les pluies
d'automne en ont amolli le sol, il seroit bon d'en exclure les
bestiaux, et sur-tout les bêtes à cornes ; d'abord, à cause des
trous qu'elles pourroient faire et des plantes qu'elles enfoui-
roient avec leurs pieds, et, en second lieu, parcequ'à cette
époque de l'année il ne reste rien dans les prés de cette
classe. La pratique contraire, qui est beaucoup trop com-

mune, dégrade les prairies sans être d'aucune utilité pour les bestiaux.

La réparation des haies et des fossés de clôture est un des premiers travaux de cette saison.

L'attention du propriétaire se porte ensuite sur les accrus des haies, et les arbustes parasites qui auroient pu pénétrer dans la prairie, afin de la faire arracher et de les conserver en rapport d'herbes dans toute sa superficie.

Il fait également extirper les Mousses qui ne produisent point de foin, ainsi que les plantes nuisibles à la santé des bestiaux, ou peu profitables : tels sont les Chardons (*Carduus*), les Graterons (*Galium*), les Orties (*Urtica*), l'Arrête-bœuf (*Ononis spinosa*), la Berle ou Fausse branc-ursine (*Heraclæum spondylium*), la Grande consoude (*Symphytum officinale*), la Patience sauvage (*Rumex acutus*), les Joncs (*Juncus*) les Roseaux (*Arundo*), les Laiches (*Carrex*), la Douve (*Ranunculus lingua* et *flammula*), la Lysimachie (*Lysimachia*), la Jusquiame (*Hyosciamus niger*), la Renoncule des marais (*Ranunculus sceleratus*), la Berle (*Sium*), le Colchique ou Tue-chien (*Colchicum autumnale*), *voyez* ces différens mots.

Les mousses peuvent être extraites avec une herse de fer ; au printemps suivant on en recouvre les vides avec de bonnes graines de foin.

Une partie des plantes nuisibles ou parasites seront facilement arrachées ; mais d'autres, dont les racines sont très profondes, ne peuvent être détruites que par la bonne culture et les engrais. Ces soins sont beaucoup plus importans et plus nécessaires qu'on ne le pense communément, car on ne craint pas d'avancer que les maladies des bestiaux, à l'exception des plaies et des fractures, sont occasionnées par leurs alimens, et sur-tout par ceux qu'ils prennent en vert, lorsqu'ils sont de mauvaise qualité.

Les botanistes, qui ont analysé les prairies naturelles, ont reconnu, 1° que, sur quarante-deux espèces de plantes que contenoient quelques prairies moyennes, il y en avoit dix-sept de convenables à la nourriture des animaux, et que les vingt-cinq autres étoient inutiles ou nuisibles ; 2° que, dans les hauts pâturages, sur trente-huit espèces il ne s'en trouvoit que huit d'utiles ; 3° enfin que, dans les prairies basses, il n'y en avoit que quatre sur vingt-neuf. Il résulte de ces expériences, qui ont été faites avec le plus grand soin en Bretagne, que sur le foin des prairies moyennes, il doit y avoir cinq septièmes de perte, plus des trois quarts sur celui des hauts pâturages, et six septièmes sur celui des prairies basses, si l'animal rejette tout ce qui lui est insipide ou nuisible, ou qu'il est exposé à quantité de maladies, lorsqu'à la suite de son travail, attaché à un râtelier, la faim le force de manger tout ce qu'on lui donne. (M. d'Ourches.)

On doit donc admettre, comme un principe incontestable, que la prospérité du bétail tient essentiellement à la bonne qualité du fourrage dont on le nourrit habituellement, comme à l'espèce de celui qui convient le plus à la constitution particulière de chaque animal.

Il est donc à désirer que le cultivateur s'attache à connoître à fond la botanique rurale de sa localité, à distinguer les plantes salutaires et avantageuses d'avec celles qui sont nuisibles ou inutiles, afin de pouvoir multiplier les unes et détruire les autres.

« Qu'on ne croie pas d'ailleurs, dit M. d'Ourches (d'après un mémoire de M. Lelarge), qu'il soit si difficile de juger de la bonne ou mauvaise qualité des herbes ; on en peut faire des expériences suffisantes sans le secours de la botanique et de la chimie. M. Lelarge a trouvé un paysan à qui il donna l'idée d'en faire de semblable, et qui sut en faire son profit. »

Il nous semble qu'il seroit possible de reconnoître les plantes nuisibles ou inutiles sans s'assujettir à des expériences à la vérité concluantes, mais qui sont longues et ne seroient pas toujours exemptes d'inconvéniens ; pour y parvenir, il suffiroit d'observer celles que les bestiaux en liberté laissent dans les pâturages. On les arracheroit ensuite, et on en garniroit les vides avec de bonnes graines. Ce moyen, que les Normands emploient avec tant de succès, nous paroît suffisant dans la pratique pour améliorer la qualité des herbes des pâturages ; mais pour les prairies que l'on fauche habituellement, surtout sur une grande étendue, nous ne connoissons que l'extirpation successive des mauvaises herbes, les engrais et les coupes précoces qui puissent améliorer la qualité de leurs produits. Heureusement pour les propriétaires, que nombre de plantes, qui sont nuisibles aux bestiaux lorsqu'ils sont forcés de les manger en vert, perdent leurs qualités malfaisantes quand elles ont été converties en foin à leur maturité.

La prairie étant convenablement nettoyée, on cure les rigoles d'*irrigation accidentelle*, la seule dont les prairies de cette classe soient susceptibles, afin de pouvoir profiter des premières eaux de l'automne qui fournissent les alluvions de la meilleure qualité, comme nous l'avons indiqué au mot IRRIGATION ; ou bien on y répand d'autres engrais.

Après ces travaux d'hiver, et aussitôt que la température du printemps se fait ressentir, on commence le premier étaupinage. Si cependant les taupinières étoient anciennes, il faudroit faire cette opération pendant l'automne ou au commencement de l'hiver : on enlève alors les calottes des taupinières et des fourmilières avec une houe, au niveau du terrain environnant, et même un peu au-dessous de ce niveau ; au printemps suivant, on recouvre les trous avec les calottes ; on roule ensuite le terrain et on le rend uni.

On sait les dégâts que les taupes et les fourmis commettent dans les prairies, particulièrement à cause des monticules qu'elles y élèvent et qui les rendent très difficiles à faucher, et combien il faut de soin et de constance pour obvier à cet inconvénient. *Voyez* les mots TAUPE et FOURMI.

M. d'Ourches prétend qu'on voit très peu de taupinières dans les herbages de l'ancienne Normandie, parcequ'on a grand soin d'en extirper les colchiques dont l'oignon sert de nourriture aux taupes.

Quoi qu'il en soit, l'étaupinage est un des principaux travaux d'entretien des prairies. Cette opération se fait ordinairement à bras d'hommes, et comme on est souvent obligé de la répéter deux fois, elle occasionne une assez grande perte de temps. Pour économiser sur le temps et la dépense qu'elle exige, et même pour rendre l'étaupinage encore plus avantageux, on a imaginé une espèce de herse traînée par des chevaux qui tranche toutes les buttes, unit toutes les inégalités du sol, et fait en même temps l'office du rouleau.

Cette herse ingénieuse, que nous avons trouvée chez M. Arnoult, maître de poste à Provins, et qu'il appelle *coupe-taupe*, est un bâtis de charpente composé, 1° de deux solles A et B, *fig.* 1, *pl.* 3, de quatorze à dix-sept centimètres d'équarrissage sur deux mètres de longueur ; 2° de trois traverses C D E, de même grosseur que les solles, et assemblées avec elles, à tenons et mortoises ; cet assemblage est établi de manière que la herse présente la forme d'un trapèze dont les dimensions sont cotées sur le plan ; 3° de deux entre-toises G F, de neuf à douze centimètres de grosseur, chevillées sur les trois traverses, à deux chevilles sur chacune ; 4° d'une lame de fer H I K L, ou *couteau*, de douze millimètres d'épaisseur au talon et amincie à son tranchant, et d'un mètre quatre-vingt-trois centimètres de longueur. Les deux extrémités H I et K L de ce couteau sont saillantes de vingt-deux centimètres de chaque côté de la herse, et recourbées en dessus d'environ douze millimètres de hauteur (*fig.* 4). Il est solidement fixé sur le devant de l'instrument et dans sa partie inférieure ; savoir, aux deux solles A et B par les deux écrous O P, et à la première traverse E, par une lame de fer recourbée à cet effet et contenue par les deux écrous M N ; 5° de deux crochets Q et R pour attacher les chevaux.

Cet instrument, dont l'inventeur n'est pas connu, et que 'on croit originaire de Normandie, devroit être adopté par tous les propriétaires de grandes prairies. Nous l'avons fait exécuter nous-même, et nous en avons reconnu l'avantage et les excellens effets.

§. 2. *Travaux d'amélioration.* Ces travaux peuvent être considérés sous deux rapports différens, ou plutôt être distingués en deux classes ; savoir, ceux qui ont pour but d'améliorer la qualité des herbes ou du fourrage, et les travaux qui doivent en augmenter la quantité.

L'extirpation des mauvaises plantes, prescrite dans le paragraphe précédent, suffit pour l'amélioration de la qualité des produits d'une prairie ; mais au lieu d'augmenter la quantité de son fourrage, elle la diminue à cause des vides que cette extirpation opère. Il faut donc regarnir ces vides ; et l'on y parvient aisément en y répandant au printemps de bonnes graines de foin, que l'on ramasse ordinairement dans les granges où on le met en bottes pendant l'hiver ; ou mieux encore prises dans les greniers où l'on a resserré les foins des prés de la classe qui nous occupe, parcequ'étant naturellement moins humides que ceux de troisième classe, le foin qui en provient est toujours de meilleure qualité. Mais ces graines ne suffisent pas toujours, parceque le plus grand nombre ne germe pas à cause de son défaut de maturité. Pour suppléer à cet inconvénient et avoir un pré toujours bien garni, il faut donc en ajouter d'autres dont la qualité et la maturité soient toujours certaines. Les meilleures sont celles du *trèfle rouge*, dit de Hollande (*Trifolium pratense*), de luzerne (*Medicago sativa*), de jacée noire (*Centaurea jacea*), de fenouil de porc (*Peucedanum officinale*), de lotier ou trèfle jaune (*Lotus corniculatus*). Quatre sacs de graines de foin de grenier, et dix kilogrammes de celles que nous venons d'indiquer, mêlées ensemble, suffisent pour semer un hectare de terrain. (Cretté de Palluel.)

Sans doute il seroit mieux de faire un choix de graines analogues à la nature du terrain, et dont la maturité pût arriver en même temps ; le foin en seroit meilleur, mais la dépense des semis deviendroit plus considérable.

Si la prairie présentoit quelques parties marécageuses o trop fraîches, il faudroit les dessécher complètement, et, e leur ôtant cette humidité surabondante, on en feroit périr le plantes aquatiques ; de nouvelles graines répandues sur elles dont la végétation seroit aidée par des engrais, les remplace roient avec beaucoup d'avantages. Enfin, si ces plantes étoien des joncs, et que le dessèchement et les engrais ne fussent pa suffisans pour les détruire, on seroit obligé de défricher ce parties, et de les semer ensuite comme nous venons de le dire

La clôture des prairies de cette classe est aussi un des prin cipaux travaux de leur amélioration ; car c'est le seul moyen de les soustraire à la servitude du parcours après la récolte de leur première herbe ; mais pour l'effectuer avec profit, il faut que les prairies aient une étendue suffisante. *Voyez* les mots Clôture, Irrigation et Parcours.

Après avoir ainsi amélioré la qualité des herbes de ces prairies, il faut chercher à en augmenter la quantité par des engrais, ou au moins à entretenir leur fertilité naturelle par ce moyen. A cet égard, on croit trop communément qu'après avoir donné aux prairies les soins d'entretien que nous venons de prescrire, on peut sans inconvénient les abandonner à la nature, et cette erreur est la cause de cet abandon presque général.

Il est vrai que, de toutes les productions végétales, les herbes sont celles qui occasionnent au sol la moindre déperdition de fertilité ; mais, si petite que puisse être cette déperdition, elle n'en est pas moins réelle, et nous avons constamment observé que les produits des prairies diminuoient progressivement lorsque leur fertilité n'étoit pas entretenue par des engrais périodiques. Il faut donc leur en procurer de temps à autre ; cette dépense est d'autant moins considérable que la déperdition de principes végétaux est moindre annuellement, et elle est d'autant plus avantageuse que les effets des engrais sur les prairies sont toujours prompts et très productifs.

Tous les engrais sont bons pour les herbages, et les meilleurs sont ceux que l'on peut se procurer localement au meilleur marché : tels sont les fumiers, les bonnes terres, l'argile, la marne, le plâtre, la chaux, les cendres de lessive, de houille et de tourbes, les *tangues* ou vases de mer, les varecs, les irrigations d'eaux troubles ou limpides, etc. ; seulement avant de les employer, il faut consulter le terrain, parceque tous les engrais ne sont pas aussi bons les uns que les autres sur les différentes natures de sols. L'engrais d'irrigation est le seul qui paroisse convenir à toutes.

Si l'usage de ces différens engrais devenoit localement trop dispendieux, il vaudroit mieux défricher les prés de seconde classe lorsqu'ils seroient épuisés, que de les conserver en friche ou en prés pâtures ; on les cultiveroit en céréales pendant quelques années avec un grand profit, et on les convertiroit ensuite en prés gazons, composés, comme nous l'avons indiqué plus haut, pour les défricher encore lorsque leurs produits viendroient à diminuer.

Cette dernière pratique est la plus avantageuse qu'un propriétaire de prés secs non arrosables puisse adopter ; elle est également bonne pour ceux qui voudroient convertir des terres arables en prés gazons.

§. 3. *Consommation des produits des prairies de cette classe.*

Lorsqu'elles ne sont point encloses, leurs produits sont toujours fauchés à la maturité des herbes, pour être donnés en foin aux bestiaux, et sur-tout aux chevaux à qui il convient particulièrement.

La meilleure manière de consommer les produits de ces prairies, et qui économiseroit beaucoup les engrais qu'elles exigent pour être entretenues dans leur fertilité naturelle, seroit de les faire pâturer tous les deux ans, d'abord par des bêtes à cornes, auxquelles on feroit succéder un troupeau de moutons, et de ne les faucher que dans les années intermédiaires.

Nous n'entrons pas ici dans de plus grands détails sur cet objet important, parcequ'il sera celui d'un article général que l'on trouvera ci-après.

SECTION III. *Culture des prairies de la troisième classe.* (*Prés bas, non marécageux, à regains.*) Les prairies de cette classe sont ordinairement placées sur les bords des cours d'eau ; et soit que la bonté naturelle de leur sol provienne des alluvions que leurs débordemens ont déposées sur sa surface, et qui y sont accumulées par le temps, soit que leur fertilité naturelle soit activée par une humidité constamment suffisante, que ces cours d'eau leur procurent, ces prairies réunissent ordinairement l'avantage d'une qualité d'herbes presque aussi bonne que dans celles de seconde classe, à celui d'une quantité beaucoup plus considérable, sur-tout lorsqu'elles sont administrées avec intelligence.

§. 1. *Des travaux et des soins de conservation.* Ils sont absolument les mêmes que ceux que nous avons prescrits dans la section précédente, lorsque les prairies ne sont point soumises à des irrigations régulières ; mais si elles sont améliorées par l'établissement d'un système convenable d'irrigation, les travaux et les soins de conservation sont plus multipliés.

Un peu avant les pluies de l'automne, c'est-à-dire vers la fin de novembre, les bestiaux doivent être exclus de ces prairies, afin d'avoir le temps de curer les rigoles principales et secondaires d'irrigation, de réparer les empellemens, et d'assurer le jeu des eaux avant les premières inondations de cette saison. Aussitôt qu'elles sont arrivées, il ne faut pas négliger d'en profiter pour donner à la prairie la première irrigation d'eaux troubles ; parceque, et ainsi que nous l'avons déjà dit, les inondations qui suivent immédiatement la fin des semailles procurent le meilleur engrais d'irrigation.

On en retire les eaux aussitôt qu'elles commencent à s'éclaircir ; on répare les rigoles immédiatement après l'opération, et on la recommence ensuite toutes les fois que l'occasion s'en présente pendant l'hiver, jusqu'au moment de la pousse des herbes. A cette époque on ne peut plus donner d'irrigations d'eaux troubles aux prairies ; mais pendant les printemps secs et chauds, et même jusqu'à la récolte de la première herbe, on doit encore, lorsque l'abondance des eaux disponibles le permet, activer sa végétation par des irrigations d'eaux limpides, dont l'effet sera d'autant plus grand que la température sera plus chaude. Il faut cependant user modérément de ces irrigations, car autant une humidité constamment suffisante est favorable à la végétation des herbes, autant une humidité surabondante leur seroit nuisible, principalement sous le rapport de la qualité.

L'attention du propriétaire doit aussi se porter sur la conservation des travaux d'art qui préservent la prairie des inondations du cours d'eau pendant l'été ; il visitera donc les *digues latérales*, *les passes à clapets*, afin de faire réparer les avaries que les inondations d'hiver leur auroient occasionnées, et d'assurer le jeu des clapets ainsi que l'écoulement des eaux intérieures. *Voyez* le mot IRRIGATIONS.

Enfin, après la récolte de la première herbe, il activera la pousse des regains par de nouvelles irrigations d'eaux limpides lorsque cela sera possible.

§. 2. *Travaux d'amélioration*. Les mêmes travaux d'amélioration, soit pour bonifier la qualité de l'herbe, soit pour en augmenter la quantité, sont nécessaires à ces prairies comme à celles de la seconde classe.

Le dessèchement complet des parties trop humides favorisera la destruction des mauvaises herbes, et les engrais feront d'autant plus d'effet sur le sol de ces prairies, qu'il sera de meilleure qualité. Dans ses parties humides ou marécageuses, l'usage des cendres fera périr les joncs, les roseaux et les laiches ; « pour les détruire, on fait faucher au mois d'avril les places où elles croissent ; on y sème des cendres qui entrent dans leurs tubes ouverts et les brûlent. Un mois après on use du même moyen : il y a peu de ces plantes qui y résistent ; les bonnes profitent de cet engrais, et le pré se bonifie à vue d'œil. » (Cretté de Palluel.)

« La combustion de ces mêmes plantes sur le lieu même, produit le même effet, et ce moyen d'amélioration est moins dispendieux que le premier. » (M. de Chassiron.) De tous les engrais que l'on peut employer sur les prairies de cette classe, le meilleur est celui procuré par des irrigations régulières. En eaux troubles il peut remplacer tous les autres, et en eaux limpides, il a la double propriété de fertiliser le sol et de lui procurer en même temps l'humidité suffisante qui lui manque presque toujours pendant l'été, ou sous des températures habituellement chaudes.

C'est donc par cette amélioration des immenses prairies que l'on rencontre sur les bords de la grande quantité de ruisseaux, de rivières et de fleuves dont le sol de la France est favorisé, que l'on pourra en tripler souvent les produits, et augmenter dans la même proportion le nombre de bestiaux qu'elles nourrissent actuellement.

Nous avons fait voir, au mot Irrigations, que cette amélioration est la plus facile à obtenir et la moins coûteuse à exécuter, lorsque l'étendue des prairies le permet, ou que l'on peut former des associations.

§. 3. *Consommation de leurs produits.* Le plus ordinairement on fauche les prairies de cette classe pour les convertir en foin, principalement celles qui ne sont point encloses, parcequ'il ne seroit guère possible d'en faire pâturer les produits. Quant aux prairies encloses, on en fait consommer les produits en sec ou en vert, selon les lieux et les circonstances, ainsi que nous le dirons ci-après plus en détail.

Section IV. *Culture des prairies de la quatrième classe.* (*Prairies généralement marécageuses, marais.*) Par le mot culture, il faut entendre ici les travaux d'amélioration dont ces prairies sont susceptibles; car du moment qu'elles seront améliorées, comme nous allons l'indiquer, elles rentrent dans la troisième classe de prairies, et s'administrent alors de la même manière.

Les prairies marécageuses et les marais n'ont aucun besoin d'engrais ni d'humidité pour entretenir la fertilité de leur sol, ou pour en augmenter les produits. Ces terrains dont le voisinage est si malsain pour l'homme, et le pâturage si nuisible à la constitution des bestiaux qui n'ont pas d'autre nourriture, sont annuellement fertilisés par une grande quantité de plantes grasses que les bestiaux refusent de manger, et qui pourrissent sur le sol même : une humidité toujours surabondante favorise la végétation de ces plantes, et détruit le peu de bonnes herbes qui pourroient y croître. L'amélioration de ces prairies est donc spécialement attachée à leur dessèchement.

Pour l'opérer, il faut, comme dans les dessèchemens de la plus grande étendue, remplir deux conditions essentielles et principales ; la première est de contenir les eaux extérieures qui rendoient le terrain marécageux, à cause de leur stagnation sur sa surface; et la seconde, de vider les eaux stagnantes intérieures.

Le choix des moyens qu'il faut employer pour y parvenir dans les grands dessèchemens, suivant les différentes circonstances locales, exige des connoissances théoriques et pratiques qui ne peuvent être l'apanage que des hommes consommés dans cet art; mais autant ces travaux demandent de précautions, présentent de difficultés et occasionnent de dépenses, autant ils deviennent faciles et peu dispendieux, lorsque les marais ont peu d'étendue, ou que leur dessèchement est favorisé par la topographie des lieux.

Si l'on n'a qu'une petite portion marécageuse à dessécher dans une prairie, il n'est pas toujours nécessaire de contenir les eaux extérieures qui y restoient en stagnation, et souvent il suffit de procurer à ces eaux intérieures un écoulement complet par un fossé de dessèchement partant du fond de cuve de la partie marécageuse, et allant aboutir, dans une pente convenable, au ruisseau ou à la rivière qui l'avoisine.

Si telle partie du marais avoit une certaine étendue, il faudroit ajouter au fossé principal de dessèchement, d'abord des sangsues en pattes d'oie à sa naissance, et ensuite, et au besoin, des fossés secondaires, pour en soutenir toutes les eaux surabondantes, et les réunir dans le fossé principal.

Enfin, si le marais avoit pour cause de sa formation les débordemens périodiques d'un cours d'eau voisin, dont le lit fût au-dessus du niveau du marais, sans pouvoir les faire ensuite écouler que par des travaux extraordinaires, alors seulement on seroit obligé de contenir ses eaux extérieures, et de chercher, pour le nivellement du terrain environnant, les moyens de faire écouler les eaux intérieures de ce marais, et d'en assécher toutes les parties autant qu'il seroit possible. Quelques exemples vont donner une idée suffisante de ces travaux.

« La prairie AA (*pl.* 4.) étoit un marais où les eaux séjournoient et formoient un lac, faute de n'avoir aucune issue. Ce terrain étoit inculte, et les habitans de trois paroisses voisines y envoyoient paître leurs bestiaux à mesure que les grandes chaleurs de l'été en avoient desséché quelques portions.

« Par une opération qui n'a rien que de simple, et qui a été peu dispendieuse, l'on a acquis une portion de pré de plus de soixante-dix arpens, qui produit aujourd'hui d'excellens foins, et fait un excellent pâturage.

« Le terrain DDDD, qui entoure la prairie AA, est plus haut de huit à neuf pieds; d'un autre côté, les berges de la rivière de Croust forment aussi une élévation de six à sept pieds au-dessus du sol de la prairie, de manière qu'elle n'avoit aucune issue pour s'égoutter.

« La rivière de Rouillon, quoique fort éloignée de cette partie, mais à un niveau inférieur, a présenté le moyen de dessèchement : pour y parvenir, on a construit un coffre (aqueduc souterrain) en pierres FF, qui passe sous la rivière de Croust, et un fossé principal I, de huit pieds de largeur, qui y amène toutes les eaux du marais A A, et qui les conduit ensuite à la rivière de Rouillon, à travers la prairie A A, et, pour éviter par la suite les débordemens de la rivière de Croust, on en a élevé et élargi les berges d'une quantité suffisante.

« La dépense de ce dessèchement, sans y comprendre cependant celle des sang-sues ou fossés secondaires, qui ont ensuite été établis aux frais de chaque copartageant, a été de *quatorze cent dix livres*, et ces prés sont aujourd'hui loués à raison de *quarante-deux livres* l'arpent. Voilà une prairie achetée à bon marché! » (Cretté de Palluel.)

Autre exemple : « la partie M (même planche), formoit aussi un marais tourbeux et impraticable, et la plus grande portion étoit inaccessible aux bestiaux. Le foin en étoit aigre, sûr, et elle ne produisoit que des joncs ; aujourd'hui ce pré est aussi riche que les autres. Par le moyen d'un conduit L, sous la rivière du Croust, j'ai fait baisser l'eau de cette prairie de quatre pieds au-dessous de la superficie du sol. Les joncs ont disparu au moyen des engrais que j'y ai fait répandre à plusieurs reprises. Les arbres qui n'y avoient jamais rien fait jusqu'alors y viennent supérieurement, et, depuis deux ans, je me suis procuré la facilité d'y faire extraire de la tourbe, sans que les ouvriers aient été gênés par les eaux. » *Ibidem.*

Mais quels qu'aient été les soins et l'intelligence que l'on aura apportés dans le dessèchement d'une prairie marécageuse, toutes les parties ne se trouveront point également asséchées, et il y en aura toujours qui resteront plus humides les unes que les autres. Les portions les plus saines seront destinées à faire des pâturages où les bestiaux iront se nourrir pendant l'été, et les prairies les moins sèches pourront encore produire du foin abondamment pour l'hiver.

On divisera donc les prairies en pâturages de différentes espèces, suivant l'humidité naturelle plus ou moins grande de chaque portion ; on les séparera par des fossés et des plantations analogues à la nature du sol ; et, après en avoir extirpé les joncs et les glaïeuls par le moyen de l'essartage, si cela est nécessaire, et en avoir retiré pendant plusieurs années consécutives d'abondantes récoltes d'avoine, de chanvre, etc., on les sèmera en herbe.

Nous avons déjà indiqué celles qui conviennent aux prairies saines ; les plantes qu'il faut choisir de préférence pour les parties les plus humides sont la salicaire (*Lythrum salicaria*), le chamœnerion (*Epilobium augusti-folium*), la reine des prés (*Spirea ulmaria*), et *la rue des prés* (*Thalictrum flaĕum*). Cretté de Palluel les a cultivées avec succès sur ces terrains. Elles y croissent jusqu'à quatre à cinq pieds de haut, et font un excellent fourrage que l'on fauche plusieurs fois. Les bestiaux le mangent avec appétit en vert comme en sec.

Il faut bien se garder de laisser entrer les bestiaux dans ces nouvelles prairies, parcequ'ils arracheroient ou enfonceroient les jeunes plantes avec leurs pieds, sur-tout dans les terrains frais et mouvans.

. Les travaux de conservation des prairies desséchées consistent dans l'entretien scrupuleux des fossés, rigoles et sangsues de dessèchement ; et on les maintiendra dans leur fertilité naturelle, si, dans les travaux de dessèchement, l'on s'est ménagé les moyens de procurer à ces prairies des irrigations par *infiltration* pendant l'été. (*Voyez* le mot IRRIGATION.)

Pour établir les irrigations dans des terrains aussi peu solides, on se servira avec beaucoup d'avantage des *écluses à poutrelles* des Hollandais, dont M. de Chassiron a donné la description au mot DESSÈCHEMENT.

CHAP. III. *De la récolte des foins.* Le moment le plus favorable pour cette récolte n'est pas toujours, ainsi qu'on pourroit le croire, celui de la maturité de toutes les plantes d'une prairie. Toutes ne sont pas également précoces ; et si l'on attendait, pour la faucher, que les herbes les plus tardives fussent parfaitement mûres, il en résulteroit *appauvrissement* du sol, *détérioration* dans la qualité du fourrage, et *diminution* dans la quantité de la récolte : *appauvrissement* du sol, à cause de la fructification complète des plantes précoces qui lui occasionne une grande consommation de sucs nutritifs ; *détérioration* dans la qualité du fourrage, parceque, comme l'observe très bien Rozier, la maturation de la graine ne peut s'opérer que par l'altération plus ou moins considérable des tiges, des feuilles, etc., et qu'alors elles se trouvent privées de leur mucilage qui en constitue la partie nourrissante ainsi que le parfum ; et *diminution* dans sa quantité, car les tiges des herbes étant appauvries par la fructification et privées de leurs feuilles, ne fournissent pas autant de foin que lorsqu'elles ont été fauchées un peu avant la maturité des graines, comme il convient de le faire.

D'ailleurs on ne récolte pas les prairies uniquement pour avoir de la graine, mais spécialement pour en obtenir du fourrage sec de la meilleure qualité possible, et l'expérience apprend que les prés fauchés aussitôt que la floraison y est pleinement établie, et immédiatement avant la maturité de la majorité des graines des différentes plantes, remplissent ce but essentiel, et donnent encore des regains plus abondans que lorsque l'on a attendu que les graines fussent parfaitement mûres.

C'est par ce motif qu'on fauche les différentes espèces de

prairies artificielles aussitôt qu'elles sont généralement en fleurs, et c'est seulement à leur dernière coupe que l'on en réserve une portion qu'on laisse venir à graine, sans autre inconvénient que celui d'y répandre des engrais pour réparer la perte des sucs nutritifs que leur fructification a fait éprouver au sol.

Nous admettons donc avec Rozier que l'époque la plus avantageuse pour couper un fourrage quelconque, et conséquemment pour faucher les prairies naturelles, est celle où la masse des plantes est en pleine fleur, ou plutôt lorsque les plantes les plus tardives commencent à entrer en fleur.

Souvent un préjugé très préjudiciable empêche de saisir cette époque favorable dans les lieux où les prairies sont couronnées par des coteaux ensemencés en blés.

On prétend que si l'on fauchoit les prairies avant la fin de la fleur des fromens, cette opération en occasionneroit la *rouille ;* en sorte que, quel que soit l'état de maturité des herbes, on n'y commence la fauchaison que lorsque la fleur des fromens est entièrement passée.

On explique cette conduite en disant, « qu'aussitôt après la récolte des foins, toute l'humidité que les herbes maintenoient sur le sol des prairies, se trouve presque subitement exposée à l'évaporation de la température chaude alors existante, et occasionne des brumes épaisses qui se répandent sur les blés environnans ; que ces brumes s'attachent à leurs tiges, s'y combinent avec la sève qui est surabondante à cette époque de leur végétation, et produisent l'accident connu sous le nom de *rouille des blés.» Voyez* ROUILLE.

C'est effectivement dans cet état de leur végétation que les blés sont les plus exposés à la rouille ; mais avant que d'en attribuer la cause à la fauchaison lorsqu'elle coïncide avec la fleur des blés, il faudroit constater le fait par des expériences concluantes ; et jusqu'à ce qu'elles aient été faites, nous ne pouvons regarder cette opinion que comme un préjugé très fâcheux, car son effet est souvent de retarder le moment qui seroit le plus avantageux pour la fauchaison des prairies.

Pour nous, nous faisons annuellement faucher nos prairies à l'époque la plus favorable, sans avoir aucun égard à l'état de floraison des fromens ; et, depuis plus de vingt ans que nous pratiquons cette méthode, nous ne nous sommes pas aperçus que les blés qui les avoisinent aient été plus souvent rouillés que les autres.

Un beau temps fixe est aussi une circonstance nécessaire pour faire de bons foins et pour les resserrer sainement. Malheureusement, elle ne dépend pas du cultivateur, car il est obligé de faucher ses prés aussitôt qu'ils sont en pleine fleur.

Lorsque le temps est beau, non seulement les foins que l'on récolte conservent leur bonté naturelle, mais encore, la promptitude avec laquelle on peut les faire, en y employant le nombre convenable de bras et de voitures, rend cette récolte la moins dispendieuse possible.

Mais s'il est variable, ou pluvieux, alors la fauchaison devient longue, incertaine, dispendieuse, et ne produit que des foins plus ou moins avariés : on est quelquefois obligé de dérober pour ainsi dire le foin à l'intempérie de l'atmosphère. On tâtonne ses opérations ; on consulte à tout moment le baromètre pour savoir si l'on fera faucher ; si l'herbe est coupée, on n'ose pas faire *désandiner*, ou *désandaîner*, parceque le foin exposé à la pluie se détériore moins en *andain* que lorsqu'il est répandu sur le pré ; enfin, sur la foi quelquefois périlleuse du baromètre, on fait désandiner ; on se presse de façonner le foin, on le fait *sauter* pour accélérer sa dessiccation ; on le ramasse ensuite en petits tas, ou *mulons*, ou *veillottes* ; les voitures arrivent pour l'enlever ; on est prêt à le charger, et souvent la pluie la plus légère suffit pour détruire l'effet de ces peines et de ces sollicitudes.

Dans cette fâcheuse circonstance, il y a perte de temps dans la fanaison, et perte dans la qualité du fourrage qui ne conserve plus ni couleur ni parfum lorsqu'il a été mouillé plusieurs fois pendant sa dessiccation. Du moins le foin qui en provient n'est point nuisible pour les bestiaux ; seulement, sa qualité n'est pas aussi bonne que s'il avoit été fait par un beau temps, et il n'est plus *marchand*.

Mais lorsque les prairies ont été rouillées par des inondations d'été, les foins qu'elles produisent ne sont plus qu'une récolte funeste pour le cultivateur. Il est d'abord obligé de supporter en pure perte les frais de leur fauchaison et de leur transport, afin de disposer les prairies à produire des regains. Le seul moyen qui lui reste pour s'indemniser un peu de cette perte, est de les faire faucher immédiatement après l'inondation, lorsque le terrain est suffisamment raffermi, parceque si la saison n'est pas alors encore trop avancée, les prés donneront des regains beaucoup plus abondans que si l'on avoit attendu, pour les faucher, l'époque ordinaire de la maturité des herbes.

D'un autre côté, le foin rouillé ne devroit être employé qu'à faire de la litière, après avoir été convenablement desséché ; mais, dans les années intempestives, la disette des bons fourrages se fait généralement ressentir. Chacun cherche à tirer parti du foin le moins rouillé. On le bat avec des fléaux, on le secoue ensuite pour en ôter la poussière, et c'est à peu près en vain que l'on prend toutes ces peines ; la rouille a corrompu la partie nutritive ou mucilagineuse du foin, et l'eau, la terre et la sève des herbes, combinées ensemble, ont formé sur leurs tiges et sur leurs feuilles un mastic qui résiste à tous les efforts et qu'on ne peut en détacher entièrement. Cependant, faute d'autre fourrage, on le donne aux bestiaux ainsi préparé; et cette nourriture les fait bientôt dépérir, et leur occasionne trop souvent des maladies inflammatoires, qui deviennent presque toujours épizootiques.

Peut-être seroit-il possible de corriger les pernicieux effets des foins rouillés, en les mêlant par couches avec de la bonne paille, et en arrosant chaque couche avec du sel. C'est du moins par ce procédé, que M. de Chassiron nous a indiqué, que l'on bonifie les foins des marais des bords de la Charente, ou plutôt, que l'on atténue les mauvaises qualités de ces foins.

Les qualités apparentes que l'on recherche dans le fourrage sont la siccité, une couleur bien verte et une bonne odeur; et ces qualités sont effectivement les caractères distinctifs des foins des meilleurs prés.

L'état de siccité dans lequel doivent être les herbes pour faire de bon foin est relatif à leur espèce et à la manière de les récolter. Trop sèches, elles perdroient une partie de leur mucilage; trop humides, elles fermenteroient trop fortement dans le fenil et y perdroient de leur couleur naturelle. Il est impossible d'établir des règles à ce sujet, et l'expérience doit être localement le guide le plus sûr. Nous ferons seulement observer que si l'on est dans l'usage de botteler le foin sur le pré, ce qui n'arrive guère que dans les lieux où il n'y a pas beaucoup de prairies, il faut y laisser sécher l'herbe plus long-temps, afin d'éviter que l'intérieur des bottes ne soit moisi par l'effet de la transsudation de foin.

Le parfum de ce fourrage, comme sa couleur, dépendent de la qualité des herbes, et du temps plus ou moins favorable que l'on aura eu pendant la fanaison. M. d'Ourches prétend qu'en mêlant une poignée de FLOUVE, voyez ce mot, dans du foin inodore, on parvient à lui donner le parfum des meilleurs foins, mais que les bestiaux révèlent la fraude par leur répugnance à manger de ce mélange.

Quant à sa couleur, on peut avec du soin la lui conserver telle que la nature des plantes peut la donner; il suffit de ne jamais laisser le foin répandu sur le pré pendant la nuit; car la rosée le blanchit. Pour éviter cet inconvénient, qui le rend d'une vente moins avantageuse, on le met chaque soir en tas, ou veillottes, et le lendemain, lorsque la rosée est évaporée, on le répand pour en achever la dessiccation.

Les foins étant récoltés dans un état de siccité convenable, il faut les resserrer sainement, afin qu'ils puissent être conservés dans le meilleur état jusqu'à la récolte suivante. (*Voyez* le mot FENIL.)

On ne peut donner du foin nouveau aux bestiaux qu'environ six semaines après sa récolte, c'est-à-dire après qu'il a suffisamment *ressué*, parceque cette nourriture les échaufferoit trop.

Le meilleur foin est celui qui provient des prairies sèches, parcequ'elles contiennent peu de plantes nuisibles, et que les autres sont très substantielles, et éminemment aromatiques. Les chevaux en sont très avides, ainsi que les moutons.

Les foins des prairies de troisième classe, et sur-tout de celles qui sont annuellement arrosées, sont plus doux, un peu moins parfumés. Leur usage est moins échauffant et convient très bien aux bêtes à cornes. Le pâturage de la première herbe de ces prairies est également salutaire aux moutons; mais celui des regains des prairies arrosées leur est funeste. (M. Vill. Tatham.)

Le foin des prairies très humides ou marécageuses et des marais est le plus mauvais de tous, et paroît nuisible à la santé de toute espèce de bétail, lorsqu'il n'est pas bonifié comme nous l'avons indiqué plus haut.

M. D'Ourches paroît douter de la suffisance de la qualité des foins ordinaires pour la nourriture des bestiaux : il prétend qu'ils contiennent peu de substances nutritives, et que c'est par cette raison que *l'on donne autant d'avoine aux chevaux qui sont au foin qu'à ceux qui sont à la paille.* Cependant nous habitons un pays d'éducation de bestiaux; les prés y sont de deuxième et troisième classe, et les foins qu'on en retire sont généralement placés dans le même fenil; les jumens poulinières et les poulins ne reçoivent point d'autre nourriture jusqu'aux regains; on les met alors dans les herbages, pour achever de consommer ceux que les bœufs y ont laissés; enfin on ne donne d'avoine aux jumens que lorsqu'elles travaillent, et aux poulins que pour les mettre en état de vente. Si ce régime n'étoit pas suffisamment substantiel, les bestiaux n'y prospèreroient pas aussi bien qu'ils le font ordinairement, lorsque d'ailleurs ils sont bien soignés.

CHAP. IV. *Récolte des foins de regains.* Les regains sont ordinairement très foibles dans les prairies de seconde classe, parceque l'humidité naturelle du sol n'est pas assez grande pour en favoriser la végétation. On ne peut donc pas les faucher et en faire du foin; on les fait consommer par les bestiaux sur le lieu même, lorsqu'ils commencent à entrer en fleur.

Les regains des prairies de troisième et de quatrième classe sont beaucoup plus abondans, principalement dans celles que l'on peut arroser à volonté; il est donc facile de les faucher;

mais il n'est pas toujours possible de les faire dessécher suffi-samment, à cause de l'avancement de la saison dans laquelle arrive leur maturité. Ce n'est donc que dans les départemens méridionaux que la récolte des foins de regains peut être une récolte annuelle, et dans les autres, ce n'est qu'une récolte accidentelle, qu'il sera très souvent plus avantageux de faire pâturer que de convertir en foin.

Les foins de regains demandent à être resserrés dans un état de siccité encore plus grand que ceux de première herbe, parcequ'ils sont susceptibles d'un plus grand degré de fermentation dans les fenils. Cette disposition oblige aussi de les resserrer dans des greniers séparés, et encore plus aérés, s'il est possible, que les fenils ordinaires, afin d'éviter les dangers de leur fermentation qui devient quelquefois assez excessive pour enflammer le tas.

Lorsque ces foins ont suffisamment ressué, ils deviennent une excellente nourriture pour les veaux d'élève et les jeunes poulins.

CHAP. V. *De la meilleure manière de faire consommer les produits des prairies naturelles.* Ce sujet a été jusqu'ici un objet de controverse parmi les agronomes, parceque chacun de ceux qui l'ont traité n'ont point envisagé la question dans tous les rapports qu'elle peut avoir avec les différens besoins de l'agriculture; et ces besoins ne sont pas les mêmes dans toutes les localités. La meilleure manière de faire consommer ces produits, c'est-à-dire celle qui doit être la plus avantageuse au cultivateur, ne pouvoit donc être absolue, mais seulement relative aux besoins particuliers de la culture dans sa localité. En effet, on connoît trois manières de faire consommer les fourrages naturels par les bestiaux : la première consiste à les faire manger en vert sur le lieu même de leur végétation; la seconde, à faucher les fourrages à mesure du besoin, pour les donner en vert aux bestiaux dans leurs logemens; et la troisième, à ne les couper que lorsqu'ils ont acquis une maturité convenable, pour les convertir en foin et les donner en sec aux bestiaux.

L'usage de chaque localité, ou quelquefois des circonstances particulières, déterminent ordinairement les propriétaires à adopter l'une ou l'autre de ces manières, et quelquefois à en pratiquer plusieurs, et l'on doit croire que cet usage, ou que cette détermination est motivée dans chaque localité par des raisons convenables; car chaque cultivateur a le plus grand intérêt de pratiquer le mode de consommation définitivement le plus avantageux

Mais chaque manière de consommer les fourrages a ses avantages et ses inconvéniens, et les uns et les autres sont plus ou moins grands, comme on le verra ci-après, suivant les besoins particuliers de la culture locale. La meilleure manière pour chaque localité sera donc celle qui présentera au cultivateur le plus d'avantages et le moins d'inconvéniens ; et pour pouvoir les apprécier, il est nécessaire de les faire connoître.

§. 1. *Consommation des fourrages en vert sur le lieu même de leur végétation.* C'est particulièrement dans les parties maritimes des départemens de l'ouest, et sur-tout de l'ancienne Normandie, que les bestiaux restent pendant toute l'année dans les gras pâturages qui font la richesse de ces départemens.

Les avantages incontestables que leurs cultivateurs retirent de cet usage sont, 1° de n'avoir aucun frais de récolte à supporter ; 2° d'être dispensés de se procurer des écuries et des étables pour loger leurs nombreux bestiaux ; 3° l'état constant de prospérité de ces bestiaux pour qui l'air extérieur est plus salutaire que celui qu'ils peuvent respirer dans des logemens ordinaires ; 4° les engrais que les bestiaux déposent naturellement sur les herbages, qui n'en exigent alors qu'une plus petite quantité d'autres pour être entretenus dans leur fertilité.

Mais, comme l'a très bien observé M. d'Ourches, cette pratique occasionne le gaspillage d'une grande quantité d'herbes que les bestiaux foulent aux pieds, ou qu'ils recouvrent avec leurs excrémens, et qu'ils dédaignent ensuite. Ces herbes sont donc perdues pour leur nourriture, et les herbages ne doivent pas alors substanter autant de têtes de bétail qu'ils en pourroient nourrir, si les herbes n'étoient pas pâturées sur le lieu même. Pour éviter, ou plutôt pour diminuer cet inconvénient, il propose avec raison de diviser les herbages d'une grande étendue par portions d'un hectare et demi à deux hectares, que l'on feroit manger successivement.

Un autre inconvénient de cette pratique, qui paroît avoir échappé à M. d'Ourches, c'est que les bestiaux qui restent continuellement dans les pâturages ne font point de fumier pour les terres en culture, et celui-ci est absolument sans remède dans le plus grand nombre des localités.

On ne peut donc adopter cet usage, même avec l'amélioration proposée par M. d'Ourches, que dans celles où, comme dans les parties de la Normandie que nous avons citées, on trouve à se procurer à peu de frais, et en grande abondance, des engrais maritimes pour entretenir la fertilité des herbages et satisfaire aux autres besoins de la culture, c'est-à-dire que dans les pays où l'agriculture peut se passer du fumier des animaux.

§. 2. *Consommation des fourrages en vert dans les écuries.* Cette pratique offre pour premier avantage celui d'une plus grande économie dans la consommation des fourrages, parceque, n'entrant point dans les herbages, les bestiaux ne sont plus dans le cas de les gaspiller et de les piétiner. En second lieu, le régime convient très bien aux vaches laitières, qu'il entretient dans une abondance de lait presque aussi grande, à nourriture égale, que lorsqu'elles restent continuellement dans les pâturages et qu'elles y vivent à discrétion; enfin, cet usage est un grand moyen d'engrais pour l'agriculture, parcequ'en laissant constamment les bestiaux dans leurs logemens, ils peuvent y faire beaucoup de fumier.

Mais, 1° on peut opposer à cette méthode, comme à la première, l'inconvénient d'être obligé de faire consommer les herbes avant leur maturité; alors leur sève n'est pas assez élaborée, et leurs sucs nutritifs assez formés; et pour remplacer cette insuffisance de leur qualité, on est forcé d'en donner à la fois un plus gros volume aux bestiaux; 2° une vie aussi sédentaire est contraire à leur constitution naturelle; et pour qu'elle ne nuise point à leur santé, on est obligé de leur construire des logemens plus vastes, plus aérés, et de procurer à ces logemens une température toujours égale; 3° il faut tous les jours, et le plus souvent deux fois par jour, couper le fourrage vert, et le transporter à la ferme pour y être distribué aux bestiaux; 4° si l'usage des fourrages en vert est salu· taire aux bêtes à cornes et aux bêtes à laine, il n'est pas généralement aussi favorable aux chevaux de service qu'il affoibliroit nécessairement; 5° la dépense de construction des étables et des bergeries permanentes est aussi un inconvénient qui n'existe pas dans la première manière.

Parmi ces inconvéniens, le seul qu'on puisse éviter est le transport journalier des fourrages. A cet effet, on établiroit sur les rives des chemins qui avoisinent les herbages des crèches temporaires dans lesquelles on prépareroit ces fourrages, et l'on y conduiroit soir et matin les bestiaux aux heures ordinaires de leur manger. Ces promenades journalières seroient d'ailleurs très salutaires à leur santé.

§. 3. *Consommation à l'écurie des fourrages en sec.* Ce régime est celui qui économise le plus les fourrages, parceque, pour convertir les herbes en foin, on est obligé d'attendre qu'elles soient en maturité, et qu'il est plus aisé de doser les fourrages en sec qu'en vert. Il est d'ailleurs aussi avantageux que le second sous le rapport de la fabrication des fumiers. Mais ce régime ne convient pas aussi bien à la constitution des bêtes à cornes et à laine que l'usage du fourrage en vert; et il nécessite les frais de récolte, de transport, ainsi que la dépense de construction des bâtimens destinés à la conservation des fourrages secs.

D'après l'exposé que nous venons de faire des différentes manières de faire consommer les fourrages, et des avantages et inconvéniens attachés à chacune d'elles, l'on voit que, dans chaque localité, le besoin plus ou moins grand que l'on y avoit du fumier des animaux a dû particulièrement influer sur l'adoption du régime auquel il étoit le plus avantageux de les soumettre.

Ainsi, par-tout où l'on a trouvé la facilité de se procurer à peu de frais des engrais autres que les fumiers des animaux, ou dans les localités dont les terres en culture n'ont pas besoin d'engrais, on a dû adopter le premier régime.

Dans les pays d'éducation de bestiaux, où la culture des céréales est cumulée avec cette industrie agricole, on a dû ne tenir les bestiaux dans leurs logemens que le temps nécessaire pour y fabriquer tous les fumiers que la culture des terres peut exiger, et les laisser ensuite dans les pâturages pendant le reste de l'année.

Enfin, dans les cantons de grande culture, où une agriculture perfectionnée n'a jamais assez d'engrais de toute espèce, on a dû adopter avec beaucoup d'avantages la seconde et la troisième manière de faire consommer les fourrages.

CHAP. VI. *Effets que produit le pâturage des différentes espèces de bestiaux sur les prairies naturelles.* Chaque espèce de bétail a une manière particulière de brouter l'herbe, dont 'influence sur la fertilité des prairies doit être connue des ropriétaires et entrer aussi comme élément dans le calcul des vantages et des inconvéniens du régime auquel ils doivent oumettre localement les bestiaux.

§. 1. *Du pâturage des bêtes à laine.* On croit communément u'il est dangereux de mettre les moutons dans les prairies naturelles, et l'exemple de meilleurs cultivateurs, ainsi que 'expérience des Anglais, qui suivent cette méthode depuis si ong-temps, n'ont pas encore pu détruire entièrement ce préjugé.

Il est vrai que le pâturage des prairies marécageuses est rès malsain pour ces animaux et leur occasionne des maladies dangereuses ; mais c'est à la mauvaise qualité des herbes qu'il faut en attribuer la cause et non pas au régime en lui-même, car dans les prés sains les moutons prospèrent très bien, pourvu qu'on ne les y laisse pas manger à discrétion, trement ils y engraisseroient trop promptement et tendroient à la pourriture. Il paroît aussi que les regains des prairies arrosés sont nuisibles à leur santé, sans cependant en découvrir la cause, et qu'ils leur donnent la maladie appelée *tac* par s Anglais.

« Dans le comté de Wiltshire, où l'usage de faire pâturer moutons dans les prairies naturelles existe depuis long-temps, a reconnu que toutes les prairies arrosées étoient parfaitement saines au printemps pour les moutons, *même sur un fond*

qui leur causeroit des maladies putrides s'il n'étoit pas arrosé;
mais qu'en automne les meilleures prairies arrosées étoient
dangereuses. » (M. W. Tatham.)

L'opinion contraire est donc un préjugé , et un préjugé
d'autant plus nuisible que l'on se prive alors au printemps, dans
le temps que les herbes des prés non arrosés n'ont pas encore
poussé , et où des fourrages verts seroient si salutaires aux
brebis et à leurs agneaux , d'une ressource que la précocité
de la végétation des prairies arrosées rendroit extrêmement
précieuse. C'est ainsi que les cultivateurs du district de Wilts
tirent le plus grand parti de leurs prairies arrosées. Après le
premier pâturage , ils y mettent l'eau pendant deux ou trois
jours , et la retirent ensuite pour laisser croître l'herbe qui
est alors destinée à être récoltée en foin.

Quoi qu'il en soit , le pâturage des prairies par les bêtes '
laine n'est point du tout nuisible à leur santé lorsqu'il est ad
ministré avec prudence , et après y avoir fait passer des bête
à cornes pour en manger l'herbe surabondante ; ces animau
les rasent de près, y font disparoître tout ce que les bêtes '
cornes avoient négligé, et disposent très bien les prés à pous
ser des regains , lorsque leur végétation est ensuite favori
sée par les pluies , ou par des irrigations ; enfin la ferti
lité des prairies n'en est point altérée à cause des engrais qu'il
y déposent pendant le pâturage.

Mais lorsque la saison est sèche et chaude , leur pâturag
dans les regains des prés non arrosés y occasionne en pur
perte de grands dommages. Pendant cette température l
prés ressemblent à des terres en friche. Ils ne présentent
et là que quelques brins d'herbe que l'on aperçoit à peine. Po
les saisir , les moutons les pincent au plus près ; et le pl
souvent ils en arrachent le pied desséché qu'ils rejettent e
suite , après en avoir séparé le brin d'herbe qu'ils avoie
convoité. On voit alors les prairies jonchées de ces racines do
la place reste vide , et qui ne peut ensuite être remplie qu'
vec le temps, ou par de nouveaux engrais.

Ces dommages ne sont pas ici compensés, comme da
le premier cas, par les engrais du parcage , parceque la séc
resse du terrain et la chaleur de l'atmosphère en ont bie
tôt fait évaporer les sels; et ils sont encore augmentés p
les dégâts que les moutons font aux haies de clôture qu'
broutent faute d'herbes, car leur dent est presque aussi me
trière pour le bois que celle des chèvres.

§. 2. *Pâturage des chevaux.* Le séjour des chevaux dans
prés non arrosés périodiquement est singulièrement préju
ciable à leurs produits. D'abord ils gaspillent beaucoup p
d'herbes que les autres animaux , soit à cause de leur tur

lence naturelle, soit parceque, pinçant l'herbe avec force, ils en arrachent souvent le pied, soit enfin parcequ'ils dédaignent un plus grand nombre de plantes.

Ces dommages ne sont pas très sensibles sur les prairies annuellement fertilisées par des inondations, ou par des irrigations, et que, par cette raison, les Normands appellent des *prés à chevaux*; mais sur les herbages secs le tort qu'y occasionne leur pâturage est assez grand pour avoir fixé l'attention de leurs propriétaires en Normandie.

Tous les baux de ces herbages portent : « que le fermier ne pourra y introduire qu'un nombre déterminé de bêtes chevalines par acre en concurrence avec les bêtes à cornes, et sous la condition expresse de fumer périodiquement les herbages avec un certain nombre de tombereaux de tangue mêlée avec de bonnes terres. Lorsque le fermier manque à cette condition de rigueur, la contravention est punie par une forte amende au profit du propriétaire pour chaque bête chevaline excédante, et en outre par l'obligation de réparer le dommage fait à la fertilité de l'herbage, en y versant des engrais extraordinaires dont la quantité est également déterminée pour chaque bête d'excédant. »

§. 4. *Pâturage des bêtes à cornes.* Leur pâturage, loin d'être nuisible, est, dans le plus grand nombre de cas, une véritable amélioration pour les prairies, à cause des engrais que les bestiaux y déposent; et si, en Normandie, les fermiers des herbages secs destinés au pâturage des vaches laitières sont aussi obligés à y répandre périodiquement des engrais, cette clause de leurs baux n'a pour but que d'en augmenter les produits, ou d'en entretenir la fertilité naturelle.

§. 5. *Pâturage des oies.* Ces oiseaux sont un véritable fléau pour les prairies, et il devroit être absolument défendu de les y laisser introduire. Cette défense faisoit partie des anciennes lois de police rurale; la révolution l'a fait tomber en désuétude, et il est à désirer que cette défense soit expressément renouvelée dans le nouveau Code rural.

D'ailleurs, toute espèce de bétail dégrade plus ou moins les prairies avec les pieds, lorsque le sol en est humide, et particulièrement après les dégels; il faut donc en interdire l'entrée aux bestiaux jusqu'à ce que leur sol soit suffisamment raffermi.

CHAPITRE VI. *Moyens que l'on pourroit employer pour augmenter et améliorer les produits des prairies de troisième classe, lorsque leur position, ou leur petite étendue, ne permet pas de les enclore.* Nous avons indiqué la clôture des prairies, comme étant le premier travail à faire pour pouvoir en retirer exclusivement tout le fruit des autres améliorations dont elles peuvent être susceptibles.

Il faudroit donc renoncer à l'amélioration de celles qu'il est impossible d'enclore, si l'intérêt général, et même celui particulier de leurs propriétaires, ne commandoit pas de rechercher les moyens de surmonter cet obstacle.

Leur position sur les cours d'eaux les rend susceptibles d'être soumises à des irrigations régulières, comme les prairies de cette classe qui sont encloses. Mais pour pouvoir exécuter les travaux convenables à cette amélioration, il faudroit le concours de la majorité des propriétaires qui y seroient intéressés ; et l'expérience a prouvé que ce consentement seroit moralement impossible à obtenir dans l'état actuel de l'ancienne législation administrative. Il ne reste donc que la voie des associations forcées, c'est-à-dire des décisions du gouvernement prises avec connoissance de cause, sur la demande d'un ou de plusieurs des principaux propriétaires. Le projet du nouveau Code rural renferme d'excellentes dispositions à ce sujet, c'est pourquoi nous nous dispensons de les répéter ici ; mais, en supposant ces travaux bien exécutés, et les bases d'une juste répartition des eaux bien établies, il nous reste à examiner comment les propriétaires pourroient retirer de ces prairies ainsi améliorées tous les avantages que produisent les prairies encloses de la même classe.

Au moment de la fauchaison, chaque propriétaire récolteroit, comme par le passé, la première herbe qui lui appartient exclusivement.

On préviendroit ensuite le gaspillage ordinaire des regains qu'auroient pu produire les prairies, sans l'usage de la vaine pâture, après la récolte de la première herbe, par les mesures administratives suivantes.

D'abord l'équité voudroit que chaque propriétaire ne pût envoyer au parcours qu'un nombre de bestiaux proportionné à l'étendue de sa propriété dans celle générale de la prairie ainsi améliorée; car l'amélioration a bien été faite aux frais de tous les propriétaires, mais chacun n'y a contribué qu'en raison de l'étendue de sa propriété, il n'a donc droit à l'augmentation des produits communs que dans la même proportion.

En second lieu, il faudroit ne pas livrer la prairie au parcours immédiatement après la récolte de la première herbe, ainsi que cela a lieu dans les prés non clos, afin de laisser aux regains le temps de pousser, et de pouvoir en activer la végétation par des irrigations. Leur entrée seroit donc défendue aux bestiaux depuis l'enlèvement des foins jusqu'après la moisson. Cette défense ne présente aucun inconvénient, car la récolte des blés succède ordinairement à la fauchaison sans interruption, et les terres nouvellement moissonnées, sur-tout dans la moyenne culture, offrent aux bestiaux un pâturage abondant.

En troisième lieu, lorsque la moisson seroit terminée, et après avoir fait consommer les herbes et les résidus des terres récoltées, on commenceroit le pâturage commun des regains, d'abord dans la partie de la prairie dont la végétation paroîtroit la plus avancée. Après l'avoir fait consommer, les bestiaux passeroient ensuite dans un autre, mais sans pouvoir entrer dans la partie déjà mangée, et ainsi successivement; en sorte qu'après les avoir fait pâturer toutes, les premières abandonnées pourroient encore offrir de nouvelles ressources aux bestiaux.

En quatrième lieu, pour faciliter cet aménagement économique du pâturage commun, la prairie seroit divisée en portions ou triages d'étendue proportionnée au nombre des bestiaux du parcours; et ces triages seroient séparés les uns des autres par des fossés, ou par d'autres clôtures.

Enfin, vers la fin de novembre, ou plutôt à l'époque ordinaire et locale des pluies d'automne, ou des premières inondations, toute la prairie seroit interdite aux bestiaux, afin de pouvoir lui donner des irrigations d'eaux troubles.

Avec ces moyens, ou avec d'autres analogues, ces prairies donneroient des produits presque aussi grands, et leur administration pourroit être régularisée avec autant de précision et d'économie que si elles appartenoient à un seul propriétaire.

Résumé et conclusion. On voit, par les détails dans lesquels nous venons d'entrer sur la culture des prairies naturelles, ainsi que par ceux que nous avons donnés au mot IRRIGATIONS, que les améliorations dont les prairies sont susceptibles, suivant leur classe, ne sont ni difficiles à comprendre, ni dispendieuses à exécuter, et qu'elles sont généralement avantageuses. Dans l'un et l'autre de ces articles, nous n'avons rien avancé que nous n'ayons exécuté nous-mêmes, ou que nous n'ayons vu exécuter avec le plus grand succès, ou, enfin, qui ne soit constaté par des témoignages dignes de toute confiance.

Si ces exemples étoient imités en France par tous les propriétaires de prairies, si leur bonne culture étoit adoptée dans toutes ses localités, leur effet incontestable seroit d'en augmenter prodigieusement les produits annuels.

Avec plus de fourrages, on pourroit élever et engraisser annuellement un plus grand nombre de bestiaux; avec plus de bestiaux, leur prix seroit plus modéré, la main-d'œuvre et les frais de culture moins chers; l'agriculture, le commerce et les arts auroient plus de moyens de perfectionnemens, et la généralité des Français pourroit se procurer une nourriture plus substantielle, et, par suite, acquérir une constitution plus robuste. Enfin , lors même que l'amélioration générale des prairies naturelles ne produiroit d'autre effet que celui d'élever annuellement le nombre des bestiaux d'éducation et d'engraissement au niveau des besoins de la consommation générale , cet empire se trouveroit déchargé du tribut qu'il paye à l'étranger pour compléter cet objet de consommation. *Voyez* ASSOLEMENT et SUBSTITUTION DE CULTURE. (DE PER.)

PRATIQUE. Ce nom se donne dans tous les arts à l'habitude d'une opération. Par conséquent on dit d'un cultivateur qui laboure et sème lui-même ses champs, qui récolte et bat lui-même ses blés, qu'il pratique l'agriculture.

Je n'aurois pas parlé de la pratique, puisqu'elle n'est que l'action de tout ce qui se fait en agriculture , si on ne disoit partout que *la pratique suffit pour faire un bon cultivateur, qu'il faut être praticien pour écrire d'une manière utile sur l'agriculture.*

Sans doute la théorie sans la pratique est peu propre à perfectionner la science; mais qu'est-ce que signifient ces deux mots? Le premier d'entre eux est-il bien défini ?

Si je parcours les livres sur l'agriculture , je vois des auteurs composer une théorie comme ils eussent composé un roman , c'est-à-dire laisser errer leur imagination sur les sujets qu'ils traitent sans s'inquiéter de la vérité; mais j'en vois d'autres interroger à chaque instant l'expérience, et dont toute la théorie ne consiste qu'à lier les faits qu'elle présente et à en tirer des conséquences, ou générales , ou particulières. C'est cette dernière manière d'écrire qui suppose des connoissances dans toutes les sciences sur lesquelles est fondée l'agriculture, qui indique un espit accoutumé à méditer sur ce qu'il voit, à réfléchir sur ce qu'il fait, que je crois la seule bonne.

D'un autre côté, si j'accompagne un laboureur conduisant sa charrue , je lui vois l'esprit continuellement tendu pour la diriger droit, pour ne pas prendre plus de terre soit en largeur, soit en profondeur, pour éviter les pierres, pour guider ses chevaux, pour exciter ou ralentir leur marche, etc. Enfin, il est si occupé de son objet, qu'il est impossible qu'il pense à toute autre chose. Il ne réfléchira donc pas sur la possibilité d'améliorer ses champs par des amendemens, par la préférence à donner à telle ou telle plante, à telle ou telle variété de la même plante, sur la possibilité de rendre sa charrue plus propre à labourer, la race de ses chevaux plus vigoureuse, etc. Rentré chez lui, il aura plus besoin de manger et de dormir que de méditer sur ces objets et autres analogues.

Ce que le praticien fait bien après quarante ans d'exercice, le théoricien le fera très mal; mais le dernier, en voyant opérer pendant quelques instans le premier, peut lui apprendre qu'il est facile de diminuer la fatigue de son travail en rapprochant de quelques pouces de son soc la ligne de tirage de ses chevaux, en donnant une autre courbure à l'oreille de sa charrue, en substituant la forte race des chevaux normands à celle qu'il emploie, etc. Il peut enfin lui apprendre, sur cette opération, plus compliquée qu'on le croit communément, beaucoup de choses utiles à ses résultats et auxquelles le laboureur n'auroit jamais songé de sa vie.

La pratique donne donc des faits à la théorie, et la théorie des faits à la pratique; mais la première, en les considérant toujours isolément et dans leur application au même lieu, cède tout l'avantage à la dernière qui embrasse la série des siècles passés et s'étend sur l'univers entier, qui fait attention à toutes les circonstances dont ils sont accompagnés, circonstances si variables que le laboureur précité, pendant ses quarante années de pratique, n'a peut-être pas labouré deux fois son champ dans les mêmes.

Une preuve que la pratique, poussée à l'extrême, loin d'être utile à la perfection de l'agriculture, lui est nuisible, c'est qu'elle rétrécit l'intelligence. Il n'est presque jamais possible d'obtenir des explications de ces laboureurs qui se vantent de leur habilité : *C'est l'usage; mon père faisoit ainsi*, est le plus souvent la seule réponse qu'ils puissent faire. Il suffit de les voir pour juger par le peu d'expression de leur physionomie qu'ils sont privés d'idées. Tels sont principalement les valets de charrue des grandes plaines à blé, comme la Beauce et la Brie.

La routine, car c'est ainsi qu'on appelle la pratique lorsqu'elle est privée de toute théorie, s'exerce également sur les bons procédés comme sur les mauvais. Le Flamand, qui cultive avec tant de supériorité sa ferme, n'a pas plus de théorie que le Bas-Breton qui ne tire aucun parti de la sienne.

Heureusement pour la société que les extrêmes sont rares, et qu'on ne trouve guère de praticien qui n'ait un peu de théorie, et de théoricien qui soit entièrement étranger à toute pratique. Dans les pays de montagnes sur-tout les cultivateurs, même très pauvres, réfléchissent souvent leurs opérations; aussi est-ce chez eux qu'on trouve le plus de diversité dans les procédés agricoles, et des cultures plus variées.

L'agriculture repose sur un si grand nombre d'élémens, qu'il est fort difficile qu'un seul homme puisse, même en les étudiant exclusivement, apprendre à les connoître tous au moyen des livres, des maîtres, des voyages, des expériences, etc. Que peut-on donc attendre de ses agens les plus nécessaires, lorsqu'ils ne savent le plus souvent ni lire, ni écrire, qu'ils n'ont jamais reçu de leçons que sur une seule opération, qu'ils ne sont jamais sortis de leur village, qu'il n'ont pas un sou à sacrifier en pure perte?

Les propriétaires ne sont pas praticiens, puisqu'ils ne tiennent jamais la queue de leur charrue; cependant c'est d'eux, et de quelques hommes instruits habitant les grandes villes, qu'on doit attendre le perfectionnement de l'agriculture, parceque ce sont eux seuls qui peuvent observer les faits et faire des expériences. (B.)

PRÉ. Ce mot est généralement pris comme synonyme de prairie; cependant il signifie plus particulièrement un pré d'une petite étendue, ou une prairie prise dans une acception plus circonscrite. *Voyez* au mot PRAIRIE.

PRÉBOUIN. *Voyez* PROVIN.

PRÉCEPTE. C'est la rédaction, quelquefois en vers, d'une règle de conduite rendue obligatoire par l'usage.

Il est en agriculture des préceptes, fruit de l'expérience des siècles, auxquels on doit applaudir; mais il en est un bien plus grand nombre qui sont fondés sur d'absurdes préjugés, sur des jeux de mots, etc. Je dirai plus, les meilleurs préceptes pour une localité deviennent souvent mauvais au bout d'un certain nombre d'années, et sont presque toujours faux lorsqu'on les applique à une autre. Il ne faut que la destruction d'un abri pour changer la marche des saisons, et par conséquent les préceptes d'un canton. Il seroit possible de citer des exemples sans nombre de ces cas.

Ce n'est donc point sur des préceptes qu'un cultivateur doit fonder sa conduite, mais sur l'étude de son climat, de sa terre, des objets qu'il cultive, des résultats qu'obtiennent ses voisins en suivant telle ou telle méthode, etc., sur sa propre expérience enfin. Mon opinion n'est cependant pas qu'il repousse sans examen les préceptes généralement adoptés dans son canton; au contraire, je crois qu'il doit en rechercher l'origine, en suivre les effets, en considérer les suites, et faire du tout son profit.

Il ne faut pas confondre, comme on le fait si souvent, les préceptes avec les principes, car ils produisent des résultats totalement opposés, c'est-à-dire que les premiers rétrécissent souvent l'intelligence, et que les seconds favorisent toujours son développement.

La presque totalité des ouvrages anciens sur l'agriculture sont pleins de préceptes; celui-ci, autant que possible, n'a été fondé que sur des principes. (B.)

PRÉCOCE, PRÉCOCITÉ. On dit qu'une fleur est précoce lorsqu'elle se développe avant les autres; qu'un fruit est précoce lorsqu'il mûrit de très bonne heure ; qu'une année a été précoce lorsqu'une accélération dans les phases de la végétation a permis de profiter plus tôt du produit des cultures en général.

La précocité de la végétation tient à beaucoup de circonstances. 1° A l'espèce. La violette est plus précoce que l'œillet. 2° A la variété. Il est des poires qui sont mûres six mois plus tôt que d'autres. 3° Au climat ; les moissons sont depuis long-temps terminées aux environs de Marseille lorsqu'on commence à les faire autour de Paris. 4° L'exposition. Des pêches exposées au midi sont plus tôt bonnes à manger que celles placées au couchant ou au nord. 5° Les abris. Les récoltes des vallons se font plus tôt que celles du sommet des montagnes et même que celles des plaines. 6° La couleur des terres ou des murs. Les sols schisteux donnent les productions des pays beaucoup plus chauds, et un espalier contre un mur peint en noir fournit des fruits bien plus hâtifs. 7° La nature des terres. Les terrains secs et sablonneux donnent lieu à une végétation plus accélérée que ceux qui sont humides et argileux. 8° L'influence de l'industrie humaine. Un melon est plus tôt mûr sous un châssis que sur une couche, et sur une couche plus tôt qu'en pleine terre.

Les diverses considérations que présente la précocité des végétaux pourroient donner lieu à un article extrêmement étendu , mais je crois que des faits valent mieux que des idées générales. Je le restreindrai donc à quelques lignes ; et je renverrai le lecteur à tous les mots qui ont rapport aux fleurs d'agrément, aux fruits proprement dits , aux légumes, etc.

Il est presque toujours de l'intérêt des cultivateurs de désirer la précocité de leurs récoltes , parcequ'ils risquent moins de les voir atteints des accidens qui les menacent journellement , parcequ'ils jouissent plus tôt de leurs produits , parceque la rentrée de leurs avances est accélérée , parcequ'ils peuvent plus promptement commencer d'autres cultures sur le même sol , etc. , etc.

Il est beaucoup d'espèces de culture , par exemple les grandes, sur lesquelles l'industrie de l'homme ne peut, sous le rapport de la précocité, avoir d'action que dans quelques circonstances, et en suivant certaines pratiques qui ne sont pas toujours faciles.

Lors donc qu'un cultivateur veut hâtiver ses récoltes, il est obligé de choisir la variété la plus précoce, l'exposition la plus favorable, la terre la plus légère, la plus sèche et la plus colorée, et ne pas perdre un instant pour mettre tous les agens de la nature , principalement la chaleur, en action.

Mais ce sont les petites cultures, c'est-à-dire celles qui ont lieu dans des jardins , qu'il est principalement avantageux sous tous les rapports de rendre précoces, parceque ce sont celles dont les produits se vendent le mieux dans ce cas, et celles dont la succession non interrompue est la plus facile à exécuter et la plus productive. Aussi dans tout le cours de cet ouvrage ai-je soin d'indiquer les espèces ou variétés de légumes, de fleurs et de fruits qui sont les plus précoces, et de faire connoître les moyens naturels ou artificiels propres à accélérer encore cette précocité.

J'appelle moyens naturels ceux qui ont été mentionnés au commencement de cet article, quoique plusieurs, tels que les variétés, soient des résultats de notre industrie. J'appelle moyens artificiels ceux qui augmentent l'action de la chaleur, principal agent de la végétation. Par exemple les COUCHES, les PAILLASSONS, les CLOCHES, les CHASSIS, les BACHES, les SERRES CHAUDES, etc. *Voyez* ces mots.

Quelques hommes atrabilaires se sont élevés, par différens motifs, contre les efforts que font continuellement les cultivateurs pour hâter la précocité de leurs légumes ou de leurs fruits, et ont trouvé mauvais que l'industrie humaine surmontât la nature même. Aujourd'hui on se rit de leurs déclamations.

On a avancé, et avec raison dans plusieurs cas, que les légumes, les fruits hâtifs étoient moins savoureux que ceux qui avoient crû et avoient mûri à l'époque fixée par la chaleur du climat où ils se trouvoient. J'ai répondu à cette objection à l'article PRIMEUR, et j'y renvoie le lecteur.

Le goût des primeurs, loin de diminuer, augmente tous les jours, et quoique son excès puisse devenir un mal, je suis loin de croire qu'il faille le proscrire. Le bonheur général et les moyens d'existence de beaucoup de particuliers s'y rattachent. La science agricole y gagne beaucoup, car toutes les opérations qui les ont pour objet sont de véritables expériences, et telle anomalie observée par un homme accoutumé à réfléchir a contribué à soulever un coin du voile que la nature a mis sur ses opérations.

La précocité, indépendante de la saison et des abris, tient à la nature même de la plante. Probablement elle est due à son plus grand degré d'excitabilité. Ainsi la nivéole est plus précoce que la tulipe, l'amandier que le cerisier. Cette influence de l'excitabilité a lieu même d'individu à individu dans la même espèce, et c'est sur elle que sont fondées les variétés précoces et les variétés tardives des légumes et des fruits. Il n'est point de cultivateurs qui ignorent qu'il y a dans quelques espèces, comme les cerisiers, les pruniers quatre à cinq mois de différence entre la maturité des premiers fruits et celle des derniers.

PRÉJUGÉ. L'étymologie de ce mot le définit. Un homme à préjugé est celui qui a adopté une opinion sans se donner la peine de l'examiner.

Les préjugés sont d'autant plus enracinés chez les cultivateurs qu'ils sont moins éclairés et placés plus isolément. Les obstacles qu'ils apportent au perfectionnement de l'agriculture sont presque toujours insurmontables. Une éducation plus perfectionnée et des voyages sont les moyens les plus certains de les faire disparoitre. Les évènemens de la révolution, qui ont poussé nos enfans dans toutes les parties de l'Europe, ont plus fait pour les déraciner que tous les livres publiés depuis un siècle. S'il en reste c'est que les femmes, qui ont une si grande influence sur l'enfance, et chez qui les préjugés sont plus tenaces, sont restées dans leurs foyers.

Je ne m'étendrai pas sur ce sujet qui demanderoit beaucoup d'espace, parceque cela n'aboutiroit à rien. Je fais seulement des vœux pour que les préjugés, principalement ceux relatifs à l'agriculture, disparoissent, et que cet ouvrage y contribue. (B.)

PRÉOU. Pressure dans le département du Var.

PRÉPARATION. La plupart des travaux de l'agriculture sont composés de plusieurs opérations, dont les unes se font avant et les autres après celle qu'on regarde comme la principale.

Ainsi, labourer la terre est toujours une préparation pour les semis ; la fumer en est souvent une autre. Chauler le grain est une préparation utile pour éviter le charbon et la carie. Faire un trou est une préparation pour planter un arbre, etc.

Cependant, dans beaucoup de localités, l'acception de ce mot est circonscrit parmi les laboureurs au seul ou aux deux labours qui précèdent celui sur lequel on doit semer le blé et autres céréales. *Voyez* LABOUR.

Il est de la sagesse des cultivateurs de préparer à l'avance tous les objets dont ils pourront avoir besoin pour telle ou telle opération, afin qu'ils ne soient pas retardés dans leur exécution, sur-tout quand cette opération doit être faite avec rapidité. La rentrée de toutes les sortes de récoltes est principalement dans ce cas. Combien de blé est perdu chaque année, parceque les voitures qui devoient le conduire à la grange n'ont pas été réparées ! Combien de vin gâté parceque les cuves n'ont pas été nettoyées ! etc.

PRESLE, *Equisetum*. Genres de plantes de la cryptogamie et de la famille des fougères, qui renferme sept à huit espèces toutes propres à l'Europe, et qui doivent être connues des cultivateurs, à raison de leur abondance, du dommage que lui causent les unes, et de l'utilité qu'ils peuvent retirer des autres.

Les presles ont les racines vivaces, les tiges fistuleuses articulées, striées, rudes au toucher, chaque articulation ayant une gaine dentée et donnant naissance à des rameaux verticillés, qu'on regarde communément comme des feuilles, quoiqu'ils soient organisés comme les tiges. Quelques uns portent leurs fleurs sur des tiges particulières, qui alors ne sont pas pourvues de feuilles. Les caractères de la fructification de ces plantes sont encore peu connus.

La PRESLE DES BOIS a les feuilles composées et les fleurs sur la même tige. Elle est commune dans les bois humides, s'élève de deux ou trois pieds, et fleurit au commencement du printemps. On la connoît vulgairement sous le nom de *queue de cheval*. C'est une plante singulière qui ne manque pas d'élégance, et dont on peut introduire avantageusement quelques touffes dans les massifs des jardins paysagers.

La PRESLE DES CHAMPS a des tiges stériles et des tiges florifères ; les premières hautes d'un pied, et garnies d'un petit nombre de feuilles ; les secondes, hautes de cinq à six pouces, sans feuilles, et terminées par un épi ovale. Elle fleurit dès le mois de mars.

Cette plante croît dans les champs argileux et humides, et cause fréquemment de grands dommages aux cultivateurs, par son abondance, en étouffant les plantes qu'ils y ont semées. Ses racines sont si profondes, que ce n'est que par un défoncement qu'on peut parvenir jusqu'à elles, et un défoncement est une opération coûteuse. Les labours les plus multipliés à la charrue et à la bêche ne servent qu'à retarder le mal qu'elle fait. Il m'a paru que le seul moyen d'en débarrasser un terrain étoit d'y semer de la luzerne, plante qui croit très serrée et pousse de bonne heure ; je dis, il m'a paru, parceque je n'ai pas vérifié si elle repousse ou non après la destruction de ce fourrage. Ses feuilles ont une saveur astringente, et sont employées dans le pissement de sang, les hémorrhagies, la dyssenterie et les hernies. Les bestiaux ne les mangent point, ou rarement. On peut en faire de l'excellente litière, et même l'employer directement à augmenter le tas de fumier.

La PRESLE DES MARAIS a les tiges hautes d'un pied, et garnies de verticilles de cinq à neuf feuilles simples et courtes. L'épi de fleurs n'en a pas de particulières. Elle croît dans les eaux stagnantes, et présente une variété à tige nue, que Linnæus a décrite sous le nom d'*Equisetum limosum*. Les anciens croyoient que son infusion détruisoit la rate, et en faisoient, en conséquence, boire l'infusion aux coureurs. Souvent cette plante couvre exclusivement des espaces considérables sur le bord des étangs, dans les marais fangeux. On doit la couper pour en faire de la litière ; peut être seroit-il fructueux, sous ee rapport et sous celui de la consolidation du terrain, d'en planter dans les marais tourbeux qui en manquent; mais cette opération coûteroit nécessairement plus qu'elle ne rendroit. Elle se propage par le moyen de ses racines avec une prodigieuse rapidité.

La PRESLE FLUVIATILE a les tiges stériles droites, hautes de trois pieds; les feuilles longues, tétragones, au nombre de plus de vingt à chaque verticille; les florifères nues et à peine hautes d'un pied. On la trouve sur le bord des rivières, dans les étangs dont l'eau est pure. Elle fleurit au milieu de l'été; souvent elle est très abondante : les Romains en mangeoient les jeunes pousses, et encore aujourd'hui on en fait de même dans quelques parties de l'Italie; on les fait cuire et on les assaisonne comme les asperges. Les bestiaux en général, surtout les vaches et les cochons, les aiment beaucoup : elles augmentent le lait des premières; mais ce lait est sans goût, et le beurre qui en provient est de couleur de plomb. Dans quelques lieux on conserve ses racines pour la nourriture des seconds pendant l'hiver.

La PRESLE D'HIVER a les tiges hautes de deux pieds, un peu rameuses au sommet, et les feuilles peu nombreuses. Elle croît dans les bois humides, et fleurit pendant l'hiver; ce sont ses tiges que les ouvriers en bois et en métal emploient pour polir les résultats de leur travail. Elle fait, sous le nom d'*asprele*, l'objet d'un commerce de quelque importance pour les cantons où elle se trouve. (B.)

PRESSOIR. (ARCHITECTURE RURALE.) On appelle ainsi le lieu d'un vendangeoir dans lequel est placée la machine qui porte le même nom.

Cette pièce doit être assez grande pour contenir, 1° Le pressoir proprement dit, avec une aisance suffisante dans son pourtour pour la facilité de sa manœuvre et de son service; 2° les feuillettes ou les barlons chargés de l'espèce de raisin qu'on est dans l'usage de pressurer avant sa fermentation; 3° et même pour que les voitures chargées de cette espèce de vendange puissent entrer dans son intérieur, et arriver, lorsque cela est possible, jusqu'à la maie du pressoir, afin de diminuer d'autant les frais et les dangers de leur transport à bras. Le pressoir doit donc avoir son entrée extérieure dans la cour même du vendangeoir : il est aussi très avantageux que cette pièce communique directement par son intérieur, ou au moins au plus près, et avec la vinée, et avec le cellier, afin de pouvoir transporter plus promptement, et avec plus de commodité et d'économie, le marc des cuves sur le pressoir, ainsi que les vins de pressurage dans le cellier. *Voy.* CELLIER et VINÉE. (DE PER.)

PRESSOIR, PRESSER, PRESSÉE. (ŒNOLOGIE.) Presser,
c'est au moyen d'une machine forcer les raisins, les poires,
les pommes, les olives, les graines à huile, etc., à rendre le
suc qu'elles contiennent; pressoir est cette machine; pressée
indique l'assemblage du fruit dont on doit exprimer le suc.

Généralement parlant, et prenant la partie pour le tout, on
appelle pressoir le lieu où sont renfermés les cuves et les
pressoirs, et, en un mot, tout ce qui est nécessaire à la fermentation tumultueuse du vin, à son pressurage et à son
transport. Son étendue et sa largeur demandent donc à être
proportionnées à la quantité de cuves et de pressoirs qu'il doit
contenir. Ce n'est pas assez, il faut encore qu'il ait en outre
assez d'espace vide pour que les ouvriers travaillent avec
aisance et sans confusion quelconque; en un mot, il est nécessaire que chaque pièce soit rangée à la place qui lui est destinée, et ne gêne en rien le service pour la pièce voisine.

L'exposition la plus avantageuse pour ce local est le levant
et le midi, même dans nos provinces méridionales. La chaleur
du soleil concourt singulièrement à accélérer la fermentation
de la liqueur dans la cuve, et plus la fermentation est active,
meilleur est le vin. Il doit être bien éclairé, bien ouvert, de
peur que la vapeur et l'odeur de la vendange ne fatiguent et
même ne suffoquent les pressureurs; les murs doivent être
bien enduits; le plancher de dessus bien plafonné, en sorte
qu'il n'en tombe aucune saleté; le marchepied bien pavé, uni
et lavé de façon que les pressureurs ne portent sur les maies
aucune ordure qui puisse salir le vin.

Chaque sorte de pressoir a son mérite, qui souvent procède
plus du goût et de l'habitude de s'en servir de celui à qui il
appartient, que de l'effet qu'il produit.

CHAP. I. *Description des pressoirs de différentes espèces.*
PRESSOIR A PIERRE, OU A TESSON, OU A CAGE, *pl.* 5, *fig.* 1. Pressoir à cage. H K, arbre. PQ, jumelles, XY, fausses jumelles.
Z, chapeau des fausses jumelles. RS, faux chantier. T, le
souillard sur lequel les fausses jumelles sont assemblées. *ff*,
contrevent des fausses jumelles. *d*, autre contrevent des fausses jumelles. V, patins des contrevents. *mm*, chantier, GHIK,
la maie. *p*, beron. 3, clefs des fausses jumelles. 4 mortoise de
la jumelle. LM, moises supérieures des jumelles. *ab*, contrevent des jumelles et des fausses jumelles. E, la roue. EF, la
vis. G, l'écrou. CD, moises de la cage. AB, fosse de la cage.
W, barlong qui reçoit le vin au sortir du pressoir.

Ces pressoirs à pierre ou à tesson rendent, dit-on, plus de
vin qu'un pressoir à étiquet. Cela est vrai, si on a égard à la
grandeur du bassin de l'étiquet qui est toujours beaucoup
moindre que celle de ces premiers pressoirs; mais malgré la

forte compression de ces premiers, par rapport à l'étendue de leurs bras de levier, il faut convenir qu'ils sont beaucoup plus lents, et qu'il faut employer pour l'ordinaire dix ou douze hommes au lieu de quatre pour l'étiquet, si on lui donne une roue verticale au lieu d'une roue horizontale, ce qui est plus facile qu'aux pressoirs à tesson; je ne dis pas impossible, car on peut augmenter la force de la roue horizontale de ces pressoirs, par une roue verticale à côté de l'horizontale. Pour lors on range autour de la roue horizontale une corde suffisamment grosse; cette corde y est arrêtée par un bout; et son autre bout va tourner sur l'arbre de la roue verticale. D'ailleurs ces pressoirs cassent très souvent, et quoiqu'il soit très aisé d'en connoître la cause, on ne la cherche pas. Ne voit-on pas que ces grands arbres, que je nomme bras de levier, et qui ont leurs points d'appui au milieu des quatre jumelles vers la ligne perpendiculaire, soit qu'on les élève, soit qu'on les abaisse, forment un cercle à leur extrémité, ce qui fatigue la force de la vis qui est très élevée, et qui devroit tourner perpendiculairement dans son écrou, et souvent la fait plier et casser; ce qui sera toujours très difficile à corriger : cependant, au lieu d'arrêter l'écrou par deux clefs qui percent les dents des arbres, il faut le laisser libre de changer de place, en appliquant aux deux côtés de ces deux arbres un châssis de bois ou de fer, dans lequel on pratiquera une coulisse. L'écrou aura à ses deux extrémités un fort boulon de fer arrondi, qui, glissant le long de la coulisse, fera avancer et reculer l'écrou d'autant d'espace que le cintre, que formeront les arbres, en fera en deçà ou en delà de la ligne perpendiculaire de la vis. Par ce moyen, on empêchera la vis de plier, et l'on diminuera considérablement les frottemens. Pour diminuer ceux que l'écrou souffriroit en changeant de place, on l'arrondira par-dessus, et l'on y posera des roulettes.

Il faut pour ces sortes de pressoirs un bien plus grand emplacement par rapport à leur longueur que pour les autres, ce qui, joint à leur prix considérable, ne permet pas à tout le monde d'en avoir.

PRESSOIR A ÉTIQUET, *pl.* 6, *fig.* 2. AB, vis. 2, 3, 4, la roue. CD, écrou. 5, 5, 6, 6, 7, 7, clefs qui assemblent les moises ou chapeaux 8, 8, liens. GHEF, jumelles. KL, mouton. *gk*, la maie. QM, RN, OP, chantiers. *kl*, faux chantiers. W, barlong. S, marc. TT, planche. *ii ab*, garniture qui sert à la pression. VX, arbre ou tour. Y, roue. Z, la corde.

L'étiquet est aujourd'hui plus employé que les pressoirs à grands leviers, parcequ'on le place aisément par-tout; sa dépense est bien moindre, tant pour la construction que pour le nombre d'hommes dont on a besoin pour le faire tourner. Si au lieu de la roue horizontale Y, placée en face du pressoir, et à laquelle on donne près de huit pieds de diamètre, on substitue une roue verticale B, *fig.* 3, de douze pieds et même de quinze, si la place le permet, et sur laquelle puissent monter trois ou quatre hommes pour la serrer, on aura beaucoup plus de force.

On a supprimé presque par-tout la roue horizontale, parce-qu'elle occupe perpétuellement un grand espace, et on lui a substitué deux barres qui traversent l'arbre en manière de croix l'une sur l'autre. Ces barres plus ou moins longues, suivant le local, entrent et sortent comme si on les faisoit glisser dans les coulisses ; on les retire dès que la serre est finie, et la place reste vide ; mais comme ces coulisses, ces ouvertures diminuent la force de l'arbre, toutes les parties qui les environnent en dessus et en dessous sont garnies par des cercles de fer. On enlève également l'arbre sur lequel la corde se dévide, en perçant en haut la poutre qui le reçoit, ou seulement en la creusant assez pour qu'en soulevant un peu cet arbre, son pivot en fer puisse entrer dans la crapaudine.

Si la roue a quinze pieds de diamètre, un seul homme pressera, et s'il vouloit employer toute sa force, je doute si le pressoir n'éclateroit pas. J'ai la preuve la plus décisive de ce que j'avance ; mais il y a une correction à ajouter à cette espèce de pressoir. Sur l'arbre droit, la corde en se roulant, et la roue 3 et 4 de la *fig.* 2, en s'abaissant, se trouvent à la même hauteur ; dès lors la maîtresse vis A ne souffre pas, mais dans la roue verticale, *fig.* 3, l'arbre qui la supporte reste horizontal, et la corde ne se roule sur lui horizontalement que lorsque tous les deux se trouvent au même niveau ; mais lorsque la roue du pressoir est plus haute ou plus basse, la vis fatigue beaucoup plus. Pour parer à cet inconvénient, il suffit d'ajouter à la jumelle, du côté que la corde se dévide, un arbre en fer bien arrondi, bien poli, *fig.* 4, fixé par deux supports à doubles branches ; les supports fortement adaptés contre la jumelle, et écartés suffisamment, afin que, dans l'espace qui restera entre la jumelle et l'arbre en fer, puisse rouler une poulie de cuivre qui sera traversée par cet arbre, et qui pourra monter ou descendre suivant que la corde accompagnera la roue 3 et 4 du pressoir. Par ce moyen la vis n'est point fatiguée, tout l'effort se fait contre la poulie, contre son axe et contre la jumelle, qui est ordinairement faite d'une pièce de bois très forte. Afin de diminuer le frottement de la poulie, on a grand soin de la bien graisser.

Je ne sais pourquoi M. Bidet méprise le pressoir à étiquet ; je ne connois rien de meilleur ni de plus commode. Il a sans doute comparé les effets de celui dont il va parler, et qu'il appelle pressoir à coffre. Comme je ne l'ai jamais vu, je ne puis juger par comparaison. J'avouerai cependant qu'il me paroît préférable pour les personnes capables d'en faire la dépense.

PRESSOIR A DOUBLE COFFRE, *pl.* 6, *fig.* 1. PP, chantier. LL, faux chantier. 8, 8, 9, 9, 13, 13, etc., jumelles. *kkk*, contrevents. *mm*, chapeaux des jumelles. 10, 10, etc., autres chapeaux ou chapeaux de béfroi. 12, 12, traverses. *ts*, chaînes. *q*, mulet. 14, 14, etc., flasques. *yyyy*, pièces de maie. *z*, coins. *ppp*, pièce de bois appuis du dossier. *xxxxx*, chevrons. *uu*, écrous. AB, grande roue. E, roue moyenne. G, petite roue. DE, pignon de la moyenne roue. FG, pignon de la petite roue. HK, pignon de la manivelle. MM, bouquets ou piédestaux de pierre. X, masse de fer. I, grapin. II, pelle. III, pioche. IV et V, battes. RQ, barlong. V, soufflet. ST, tuyau de fer-blanc. T, entonnoir. VY, grand barlong. YZ, tuyau de fer-blanc. *abcd*, 1, 2, 3, 4, 5, 6, tonneaux. *ggff*, chantier. *ee*, chevalets qui soutiennent le tuyau de fer-blanc.

Tel est le pressoir à coffre simple ou double; on doit les perfections dont il jouit à M. Legros, curé de Marsaux. Cet habile homme a su d'un pressoir lent dans ses opérations, et de la plus foible compression, en faire un qui, par la multiplication de trois roues, dont la plus grande, n'ayant que huit pieds de diamètre, abrège l'ouvrage beaucoup plus que les plus forts pressoirs, et dont la compression donnée par un seul homme l'emporte sur celle des pressoirs à cages et à tessons serrés par dix hommes qui font tourner la roue horizontale, et sur celle des étiquets serrés par quatre hommes, montant sur une roue verticale de douze pieds de diamètre; mais il lui restoit encore un défaut, qui étoit de ne presser que cinq parties de son cube, de façon que le vin remontoit vers la partie supérieure de son cube, et rentroit dans le marc chaque fois qu'on desserroit le pressoir, ce qui donnoit un goût de sécheresse au vin, et obligeoit de donner beaucoup plus de serres qu'à présent pour le bien dessécher, beaucoup plus même que pour toute autre espèce de pressoir, sans pouvoir y parvenir parfaitement.

La pression de ce pressoir se faisant verticalement, il étoit difficile de remédier à cet inconvénient; c'est cependant à quoi j'ai obvié d'une façon bien simple, en employant plusieurs planches faites et taillées en forme de lames de couteaux, qui se glissant les unes sur les autres à mesure que la vis serre, contenues par de petites pièces de bois faites à coulisses, arrêtées par d'autres qui les traversent, font la pression de la partie supérieure, sixième et dernière du cube. Par le moyen de la seule première serre, on tire tout le vin qui doit composer la cuvée, et en donnant encore trois ou quatre serres au plus, on vient tellement à bout de dessécher le marc, qu'on ne peut le tirer du pressoir qu'avec le secours d'un pic et de fortes griffes de fer.

On peut faire sur ce pressoir dix à douze pièces de vin rouge et paillé, jauge de Reims, et six à sept pièces de vin blanc. Trois pièces de cette jauge font deux muids de Paris. Je vais donner ici le détail de toutes les pièces qui composent ce pressoir, le calcul de sa force, et la façon d'y manœuvrer, pour mettre les personnes curieuses en état de les faire construire correctement, de s'en servir avec avantage, et de lui donner une force considérable à la grandeur qu'elles voudront lui prescrire : on pourra, au moyen de ce calcul, en construire de plus petits qui ne rendront que six ou huit pièces de vin rouge, qui, par conséquent, pourront aisément se transporter d'une place à une autre, sans démonter autre chose que les roues, et se placer dans une chambre ou cabinet; ou de plus grands qui rendront depuis dix-huit jusqu'à vingt pièces de vin, et pour la manœuvre desquels on ne sera pas obligé d'employer plus d'hommes que pour les petits. Deux hommes seuls suffisent, l'un pour serrer le pressoir, même un enfant de douze ans; et l'autre pour travailler le marc, et placer les bois qui servent à la pression.

On suppose les deux coffres remplis chacun de leur marc; le premier étant serré pendant que le vin coule (on sait qu'il faut donner entre chaque serre un certain temps au vin pour s'écouler), le second se trouvant desserré, on rétablit son marc; ensuite de quoi l'on resserre, et le premier se desserre; on en rétablit encore le marc et l'on resserre, et ainsi alternativement.

Détails des bois nécessaires pour la construction d'un pressoir à double coffre, capable de rendre douze pièces de vin rouge pour le moins, ensemble les ferremens, coussinets de cuivre, et bouquets de pierre pour les porter. Je donne à ces bois la longueur dont ils ont besoin pour les mettre en œuvre.

Six *chantiers* PPP, *fig.* 1 et 2, *planch.* 6, chacun de onze pieds de longueur, sur 14 pouces d'une face, et neuf de l'autre, en bois de brin.

Quatre *faux chantiers* L, chacun de neuf pieds de longueur, sur le même équarrissage que les précédens.

Huit *jumelles*, 13, dont quatre de six pieds et six pouces, et les quatre autres 13, 8, de douze pieds, toutes de sept pouces sur chaque face en bois de sciage.

Huit *contrevens* k, chacun de trois pieds six pouces de longueur, et de sept pouces de chaque face, en bois de sciage.

Deux *chapeaux* mm, chacun de cinq pieds huit pouces de

longueur, et de sept pouces sur chaque face, en bois de sciage.

Deux autres chapeaux 10, 10, de sept pieds de longueur, pour relier ensemble, deux à deux, les longues jumelles qui composent le béfroi, et les fixer aux poutres de la charpente du comble du lieu où le pressoir est placé.

Quatre *chaînes ts*, de neufs pieds sept pouces chacune de longueur, sur cinq pouces d'une face, et quatre de l'autre en bois de brin très fort.

Je distingue le bois de brin d'avec le brin de sciage. J'entends par bois de *brin* le corps d'un arbre bien droit de fil, et sans nœuds autant qu'il est possible, équarri à la hache. On le choisit de la grosseur qu'on veut qu'il ait après l'équarrissage; et pour le bois de *sciage*, un arbre le plus gros que l'on peut trouver, et que par économie on équarrit à la scie pour en retirer des pièces utiles au même ouvrage, ou pour d'autres, et qui n'a pas besoin d'être de droit fil.

Six *brebis rr, fig.* 2 *et* 3, chacune de cinq pieds de longueur, sur six pouces à toutes faces, en bois de brin.

Le *dossier y, fig.* 2 *et* 3, composé de quatre dosses, chacune de trois pieds de longueur, sur neuf pouces six lignes de largeur, et trois pouces d'épaisseur, en bois de sciage.

Le *mulet q*, composé de trois pièces de bois jointes à la languette, faisant ensemble trois pieds deux pouces de largeur, sur six pouces d'épaisseur.

Quatre *flasques*, 14, chacune de dix pieds de longueur sur deux pieds huit pouces de largeur, et cinq pouces d'épaisseur en bois de sciage, mais le plus de fil qu'il sera possible.

Chaque flasque est composée de deux pièces sur sa largeur, si on n'en peut pas trouver d'assez larges en un seul morceau; mais il faut pour lors prendre garde de donner plus de largeur à celle d'en haut qu'à celle d'en bas, parceque la rainure qu'on est obligé de faire en dedans de ces flasques se trouve directement au milieu dans toute sa longueur. Cette rainure sert pour diriger la marche du mulet, et le tenir toujours à la même hauteur.

Neuf pièces de la *maie, yyyy*, chacune de neufs pieds de longueur, sur dix pouces huit lignes de largeur, et huit pouces d'épaisseur, en bois de sciage. Elles seront entaillées de trois pouces et demi et même de quatre pouces, pour former le bassin, et donner lieu au vin de s'écouler aisément sans passer par dessus les bords. Le milieu du bassin aura un pouce de moins de profondeur que le bord, c'est pourquoi l'on pourra lever avec la scie à refendre sur chacune de ces maies une dosse de deux pouces neuf lignes d'épaisseur, le trait de scie déduit, et de sept pieds environ de longueur. L'entaille du bassin aura tout autour environ un pied ou quinze pouces de talus sur les quatre pouces de profondeur.

Six *coins* Z, de deux pieds chacun de longueur, sur six pouces d'épaisseur d'une face, et deux pouces de l'autre pour serrer les maies dans les entailles des chantiers.

Le *mouton* D, *fig.* 2 *et* 3, de deux pieds quatre pouces de hauteur, sur huit pouces d'épaisseur, et deux pieds de largeur, en bois de noyer ou d'orme et très dur. On y pratiquera un fond de calotte d'un pouce de profondeur, à l'endroit contre lequel la vis presse. S'il peut y avoir quelques nœuds en cet endroit, ce ne sera que mieux, sinon, on appliquera un fond de calotte de fer, qu'on arrêtera avec des vis en bois, mises aux quatre extrémités. J'entends par vis en bois de petites vis en fer qu'on fait entrer dans le bois avec des tournevis ; ces vis auront deux pouces de longueur.

Onze *coins* EE, *fig.* 2 *et* 3, autrement dits *pousse-culs*, de deux pieds quatre pouces de hauteur, sur dix-huit pouces de largeur, faisant ensemble cinq pieds d'épaisseur, dont neuf de six pouces d'épaisseur, un de quatre pouces, et un autre de deux pouces ; afin que l'un ne s'écarte pas de l'autre, on les fera à rainure et à languette.

Six *pièces de bois ppp*, servant d'appui au dossier, de cinq pieds de longueur, et de six pouces d'épaisseur sur chaque face, en bois de brin.

Quatre *mouleaux* 10, *fig.* 3, servant à la pression supérieure du marc, chacun de trois pieds quatre pouces de longueur, sur six pouces d'une face, et quatre pouces six lignes des autres, en bois de sciage, et à rainure et à languette.

Quatre autres *mouleaux*, chacun de deux pieds trois pouces de longueur ; du reste, de même que les précédens, et pour le même usage.

Quatre autres *mouleaux* de dix-huit pouces de longueur ; du reste, de même que les précédens.

Quatre autres *mouleaux*, chacun de neuf pouces de longueur ; d'ailleurs, de même que les précédens. On pourra en avoir de plus courts si on juge en avoir besoin, tels que les suivans.

Quatre autres *mouleaux*, chacun de six pouces de longueur ; du reste, de même que les précédens, et autant pour l'autre coffre.

Douze planches à *couteaux* GG, *fig.* 3, de trois pieds deux pouces de longueur, sur deux pouces d'épaisseur d'un côté et six lignes de l'autre, et environ de huit pouces de largeur, à l'exception de deux ou trois auxquels on ne donnera que quatre à cinq pouces.

Cinq *chevrons xxx*, *fig.* 1 *et* 3, et chacun de deux pieds trois pouces de longueur sur chaque face, pour porter le plancher.

Deux *écrous uu*, dans toutes les figures, de bois de noyer ou d'orme, de cinq pieds de longueur, sur vingt pouces de hauteur, et quinze d'épaisseur.

Deux *vis* de bois de cormier CD, d'une seule pièce, de dix pieds de longueur, de neuf pouces de diamètre sur le pas, de onze pouces de diamètre pour ce qui entre dans le carré des embrasures, et de quatorze pouces pour le repos.

La grande *roue* AB, de huit pieds de diamètre, composée de quatre embrasures de huit pieds de longueur chacune, de quatre fausses embrasures de deux pieds quatre pouces chacune de longueur; de quatre liens de deux pieds de longueur chacun : la circonférence au dehors de la roue, non compris les dents, sera de vingt-cinq pieds six pouces six lignes; elle doit être partagée en huit courbes, à chacune desquelles il faut donner trois pieds un pouce huit lignes de longueur, et quatre pouces pour le tenon de chacune. Les embrasures et les courbes doivent avoir six pouces d'épaisseur en tout sens.

Une autre *roue* E, de cinq pieds cinq pouces de diamètre, composée de quatre embrasures, chacune de cinq pieds quatre pouces de longueur. La circonférence sera de dix-sept pieds un pouce; elle doit être partagée en quatre courbes, à chacune desquelles il faut donner quatre pieds trois pouces trois lignes de longueur, et quatre pouces pour le tenon de chacune; les embrasures et les courbes doivent avoir quatre pouces six lignes d'épaisseur en tout sens.

Une autre *roue* G, de trois pieds neuf pouces de diamètre, composée de quatre embrasures, chacune de trois pieds huit pouces quatre lignes de longueur. La circonférence sera de onze pieds dix pouces; elle doit être partagée en quatre courbes, à chacune desquelles il faut donner onze pouces une ligne de longueur en dehors, et trois pouces pour le tenon de chacune; les embrasures et les courbes doivent avoir trois pouces six lignes d'épaisseur en tout sens.

Le *pignon* DE, de la moyenne roue, de cinq pieds de longueur, de quinze pouces six lignes de diamètre sur le carré des embrasures, et de cinq pouces de diamètre pour chaque boulon; celui du côté des roues, de quatre pouces; le repos vers la roue, de neuf pouces six lignes de longueur; les fuseaux, de dix pouces de longueur, et de deux pouces six lignes de grosseur; le bout qui porte la crête de fer, de deux pouces six lignes de diamètre; le même pignon aura huit fuseaux.

Le *pignon* FG de la petite roue, de trois pieds de longueur, de quatorze pouces de diamètre sur les fuseaux, de neuf pouces sur le carré des embrasures, de quatre pouces de diamètre pour chaque boulon ; le repos vers la roue, de huit pouces ; les fuseaux de six pouces six lignes de longueur, et de deux pouces six lignes de grosseur ; le bout qui porte la crête, d'un pouce six lignes de diamètre. Le même pignon aura sept fuseaux.

Le *pignon* H K de la manivelle, d'un pied onze pouces de longueur, de treize pouces six lignes de diamètre sur ses fuseaux ; le boulon du côté du coffre, de quatre pouces de longueur, et celui de la manivelle, de huit pouces ; les fuseaux de cinq pouces de longueur et de deux pouces six lignes de grosseur ; le même pignon aura six fuseaux.

La grande *roue* doit avoir soixante-quatre dents, les dents doivent avoir deux pouces et demi de diamètre, trois pouces six lignes de longueur en dehors des courbes, deux pouces de diamètre, et six pouces de longueur pour ce qui est enchâssé dans les courbes.

La moyenne *roue* doit avoir quarante-deux dents ; les dents doivent avoir deux pouces et demi de diamètre, et trois pouces six lignes de longueur en dehors des courbes ; deux pouces de diamètre et quatre pouces de longueur pour ce qui est enchâssé dans les courbes.

La petite *roue* doit avoir trente-deux dents, les dents doivent avoir deux pouces et demi de diamètre et trois pouces six lignes de longueur en dehors des courbes, un pouce neuf lignes de diamètre et trois pouces six lignes pour ce qui est enchâssé dans les courbes.

Le *béfroi* qui porte les roues et les pignons est formé par les quatre longues jumelles de quinze pieds de longueur sur sept pouces d'épaisseur pour chaque face ; de deux chapeaux 10, 10, de sept pieds de longueur sur la même épaisseur.

La *manivelle* de bois ou de fer.

Huit *bouquets* ou piédestaux M de pierre dure, non gelée, de quinze pouces d'épaisseur de toutes faces pour porter les quatre faux chantiers du pressoir.

Deux autres bouquets de même pierre, de deux pieds de longueur sur un pied de largeur, et un pied trois pouces d'épaisseur.

Si l'on craint que les *boulons de bois* des pignons s'usent trop vite par rapport à leurs frottemens, on peut y en appliquer de fer, d'un pouce et demi de diamètre, qu'on incrustera carrément dans les extrémités de ces pignons, de six ou même de huit pouces de longueur. On leur donnera au dehors un pouce et demi de diamètre, et la longueur telle qu'on l'a donnée ci-devant aux boulons de bois.

Dans le cas que l'on se serve de boulons de fer au lieu de ceux de bois, il faudra aussi y employer des coussinets de cuivre, de fonte, pour chaque boulon; ces coussinets pourront peser environ trois livres chacun.

Il n'y a point de différence dans la composition des deux coffres; ainsi, le détail qu'on vient de donner pour la composition de l'un peut servir pour l'autre.

La *vis*, comme nous l'avons dit, dix pieds de longueur; ces deux coffres ou pressoirs auront quatre pieds et demi de distance entre les longues jumelles pour l'aisance du mouvement.

La grande *roue* A B tiendra sa place ordinaire; la moyenne roue E sera placée sur le devant, au-dessus de la grande; et la petite G, sur le derrière un peu plus élevée que la moyenne. Celui qui tourne la manivelle sera placé sur une espèce de balcon G qui sera dressé au-dessus de l'écrou du côté gauche.

Le pignon E D de la moyenne roue aura six pieds, y compris les boulons; du reste, du même diamètre sur la circonférence des fuseaux, sur le carré des embrasures pour chaque boulon; les deux boulons auront chacun une égale longueur d'un pied.

Le *pignon* F G de la petite roue aura cinq pieds quatre pouces de longueur, y compris les boulons; du reste, du même diamètre sur la circonférence des fuseaux, sur le carré des embrasures, et pour chaque boulon : les deux boulons auront chacun une égale longueur de huit pouces.

Le *pignon* H K de la manivelle aura cinq pieds huit pouces de longueur, y compris les boulons; du reste, du même diamètre sur la circonférence des fuseaux, sur le carré des embrasures, et pour chaque boulon. Le boulon de la manivelle aura un pied de longueur, et celui de l'autre bout, huit pouces.

Les *fuseaux* du pignon de la moyenne roue, au nombre de huit, auront deux pieds dix pouces de longueur et deux pouces six lignes de grosseur.

Ceux du pignon de la petite roue, au nombre de sept, auront huit pouces de longueur, et deux pouces six lignes de grosseur.

Ceux du pignon de la manivelle, au nombre de six, auront cinq pouces de longueur, et deux pouces six lignes de grosseur.

Les quatre montans 8 et 13, qui portent tout le mouvement, ont chacun quinze pieds de hauteur non compris les tenons, et sept pouces de largeur. Ces quatre montans seront maintenus par le haut à deux poutres 12, 12, qui forment le plancher.

On couvrira de planches, si on le juge à propos, l'espèce de béfroi que forment ces quatre montans, ou on les arrêtera aux solives du plancher.

De la façon de manœuvrer, en se servant des pressoirs à coffre simple ou double. J'ai déjà dit qu'il ne falloit que deux hommes seuls pour les opérations du pressurage, soit que la vendange soit renfermée dans une cuve, soit dans des tonneaux. On doit l'en tirer aussitôt qu'elle a suffisamment fermenté, pour la verser dans le coffre du pressoir. Pour cet effet le pressureur sortira la vis du coffre, de façon que son extrémité effleure l'écrou du côté du coffre; il placera le mouton D, contre l'extrémité de cette vis, et le mulet *q, fig. 2 et 3,* contre le mouton. Le coffre restant vide depuis le mulet jusqu'au dossier, sera rempli de la vendange, et du vin même de la cuve et des tonneaux. Le pressureur aura soin, à mesure qu'il versera la vendange, de la fouler avec une pile carrée, pour y en faire tenir le plus qu'il sera possible; s'il n'a pas assez de vendange pour remplir ce coffre, c'est à lui à juger de la quantité qu'il en aura : si cette quantité est petite, il avancera le mulet vers le dossier autant qu'il le croira nécessaire, et placera entre le mouton et la vis autant de coins E qu'il en sera besoin. Le coffre rempli de la vendange jusqu'au haut des flasques, il rangera sur le marc des planches à couteaux GG, autant qu'il en faudra, les extrémités vers les flasques les couvrant environ de deux à trois pouces l'une sur l'autre; ensuite il placera sur les planches en travers les mouleaux et suivant la longueur du marc et d'une longueur convenable. Enfin il posera en travers de ces mouleaux une, deux, ou trois pièces de bois *rr*, qu'on nomme *brebis*, sous les chaînes qui se trouvent au-dessus des flasques, et emmanchées dans les jumelles, de façon qu'on puisse les retirer quand il est nécessaire pour donner plus d'aisance à verser la vendange dans ce coffre.

Toutes ces différentes pièces dont je viens de parler doivent se trouver sous la main du pressureur, de façon qu'il ne soit pas obligé de les chercher; ce qui lui feroit perdre du temps. C'est pourquoi il aura toujours soin, en les retirant du pressoir, de les mettre à sa portée sur un petit échafaud placé à côté de ce pressoir.

Cette manœuvre faite, il dégagera la grande roue de l'axe de la moyenne : son compagnon et lui tourneront d'abord cette roue à la main, et ensuite au pied en montant dessus, jusqu'à ce qu'elle résiste à leur effort. Pour lors ils descendront l'axe de la moyenne roue, pour la faire engrener avec la grande roue, et remettront les boulons à leur place pour empêcher cet axe de s'élever par les efforts de cette grande roue, et l'un d'eux fera marcher la manivelle qui donnera le mouvement aux trois roues et à la vis, qui poussera le mouton, les coins et le mulet contre le marc.

Le maître pressureur aura soin de ne pas trop laisser sortir la vis de son écrou, de peur qu'elle ne torde. C'est une précaution qu'il faut avoir pour toutes sortes de pressoirs ; quand il verra que la grande roue approchera de l'extrémité des flasques de quelques pouces, il détournera cette roue, après l'avoir dégagée de l'axe de la moyenne roue, de la façon que nous l'avons déjà dit. Il remettra encore quelques coins, et ayant remis l'axe à sa place ordinaire, il tournera la roue et ensuite la manivelle. De cette seule serre il retirera du marc tout le vin qui doit composer la cuvée, qu'il renfermera à part dans une cuve ou grand barlong.

Cette serre finie, il desserrera le pressoir, ôtera un coin, reculera le mulet de l'épaisseur de ce coin, et fera par ce moyen un vide entre le mulet et le marc, ce qui s'appelle faire *la chambrée ;* il retirera les brebis, les mouleaux et les planches à couteaux ; après quoi il lèvera avec une griffe de fer à trois dents la superficie du marc, à quelques pouces d'épaisseur, qu'il rejettera dans la chambrée, et qu'il y entassera avec une pilette de quatre pouces d'épaisseur sur autant de largeur, et sur huit pouces de longueur. Il emplira cette chambrée au niveau du marc, après quoi il le recouvrira, comme ci-devant, des planches à couteaux, des mouleaux et des brebis, et donnera la seconde serre comme la première. Trois ou quatre serres données ainsi suffisent pour dessécher le marc entièrement.

Le marc ainsi pressé dans les six parties de son cube, le vin s'écoule par les trous 14, 14, des flasques et du plancher, se répand sur les maies, et ensuite par la goulette sous laquelle on aura placé un petit barlong Q pour le recevoir.

Pour empêcher le vin qui passe par les trous des flasques de rejaillir plus loin que le bassin, et le pressureur de salir avec la boue qu'il peut avoir à ses pieds le vin qui coule sur le bassin, on pourra se servir d'un tablier fait de voliges de bois blanc, comme le plus léger et le plus facile à manier, qu'on mettra contre les flasques devant et derrière le coffre et qui couvrira le bassin.

Les deux ou trois dernières serres donneront ce qu'on appelle le vin de *taille* et de *pressoir* ou de dernières gouttes ; il faut mettre à part ces deux ou trois espèces de vin pour être chacune entonnée séparément dans des poinçons.

Je préviens le maître pressureur que, quand il aura dressé son pressoir, il aura de la peine à faire sortir les brebis de leur place, à cause de la forte pression. C'est pourquoi je lui conseille de se servir d'une forte masse de fer pour les chasser et retirer. Le marc étant entièrement desséché et découvert, on le retirera du coffre, et on se servira, pour l'arracher, d'un pic de fer, de la griffe dont j'ai déjà parlé, et de la pelle ferrée.

En égrappant les raisins dans le tonneau ou dans la cuve, on pourroit les laisser cuver plus long-temps ; on n'auroit plus lieu de craindre que la chaleur de la cuve ou des tonneaux, emportant la liqueur acide et amère de la queue de la grappe, la communique au vin, ce qui rendroit le goût insupportable.

Toute espèce de vin, sur-tout le gris, demande d'être fait avec beaucoup de promptitude et de propreté, ce qui ne se peut facilement faire sur tous les pressoirs, les pressureurs amenant avec le pied beaucoup de saleté et de boue qui se répandent dans le vin, ce qui y cause un dommage beaucoup plus considérable qu'on ne pense, sur-tout pour les marchands qui l'achètent sur la lie, comme les vins blancs de la rivière de Marne, où ce défaut a plus souvent lieu que par-tout ailleurs.

Les forains ou vignerons de la rivière de Marne diront tant qu'il leur plaira que le vin, trois ou quatre jours après qu'il est entonné, jettera en bouillant ce qu'il renferme d'impur, ils ne persuaderont pas les personnes expérimentées dans l'art de faire le vin qu'il puisse rejeter cette boue, la partie la plus pesante et la plus dangereuse de son impureté ; cela n'est pas possible. Peut-être ceux d'entre eux qui se flattent et se vantent de mieux composer et façonner leur vin répliqueront-ils qu'ils mettent à part la première goutte qui coule depuis le moment qu'ils ont fait mettre le vin sur le pressoir jusqu'à l'instant auquel on donne la première serre, et qu'ils ne souffrent pas que cette première goutte entre dans la cuvée. On veut bien le croire : mais combien y a-t-il de gens qui prennent cette sage et prudente précaution ? On évite ce danger, cet embarras, cette perte presque totale de la première goutte de ce vin, qui ne doit dans ce cas trouver place que dans les vins de détours, en se servant du pressoir à coffre. Il est encore d'une très grande utilité pour les vins blancs. *Voyez* le mot Vin. Quoi de plus commode en effet ? On apporte les raisins dans le coffre avec les paniers, ou barillets, on n'en foule aucun au pied, on les range avec la main ; on pose des planches de volige devant et derrière le coffre, et dessus les maies, ce qui forme ce que nous appelons *tablier*, de façon que les pressureurs marchent sur ces planches, et que le vin s'écoule dessous elles, sans qu'aucune saleté puisse s'y mêler, et que celui qui sort des trous des flasques puisse incommoder ni rejaillir sur les ouvriers.

A l'égard des autres pressoirs, on est obligé de tailler le marc à chaque serre avec un bêche bien tranchante, ou une doloire de tonnelier ; la grappe de ce raisin étant donc coupée, elle communique au vin la liqueur acide et amère qu'elle renferme ; ce qui le rend âcre, sur-tout dans les années froides et humides.

Dans l'usage des pressoirs à coffre, on ne taille pas le marc, on ne tire par conséquent que le jus du raisin, et on ne doit pas douter que la qualité du vin qu'on y fait ne l'emporte de beaucoup sur tout autre, joint à ce que le vin ne rentre pas dans le marc, et qu'il est fait plus diligemment.

Manœuvre du pressoir à double coffre. Les opérations sont les mêmes que celles du seul coffre, avec la différence qu'elles se font alternativement sur les deux coffres ; c'est-à-dire qu'en serrant l'un on desserre l'autre, et que tandis que celui qui est serré s'écoule, ce qui demande un bon quart d'heure, on travaille le marc de l'autre coffre de la façon déjà indiquée.... Ce double pressoir ne demande point une double force ; c'est pourquoi il ne faut pas davantage de pressureurs que pour le seul coffre, et cependant il donne le double de vin. Ces opérations demandent une grande diligence. Moins le vin restera dans le marc, meilleur il sera. Il ne faut pas plus de deux ou trois heures pour le double marc, au lieu que dans les pressoirs à étiquets et dans les autres il faut environ dix-huit à vingt heures pour leur donner une pression suffisante.

Pour donner cette pression aux autres pressoirs, il faut quelquefois dix à douze hommes ; s'ils ont une roue verticale, quatre hommes, au lieu que pour celui-ci deux suffisent.

Sur les gros pressoirs, un marc auquel en le commençant on donne ordinairement deux pieds ou deux pieds et demi d'épaisseur, se réduit, à la fin de la pression, à moitié ou au tiers au plus de son épaisseur, c'est-à-dire à douze ou quinze pouces au plus ; et sur les pressoirs à coffre, la force extraordinaire qu'on emploie dans sa pression réduit le marc de sept pieds de longueur à quinze ou dix-huit pouces de longueur : je parle ici de longueur au lieu d'épaisseur, parceque la vis pressant horizontalement dans le coffre, au contraire des autres pressoirs qui pressent verticalement, je dois mesurer la pression par la longueur qui simule l'épaisseur dans tous les autres pressoirs.

Il est certain que les personnes qui en feront usage éprouveront que sur un marc de 12 à 15 pieds de vin il y aura, en se servant de celui-ci par la forte pression, une pièce ou au moins une demi-pièce de vin à gagner. Cela indemnise des frais de pressurage et au-delà.

Il y a encore beaucoup à gagner pour la qualité du vin qui ne croupit pas dans son marc, et n'y repose pas. Cela mérite attention, joint à ce que avec deux hommes on peut faire par jour, sur ce double-pressoir, six maies, qui rendront chacun quinze poinçons de vin par chaque coffre, ce qui fera en tout cent quatre-vingts poinçons, au lieu que sur les autres pressoirs on ne peut en faire que quinze ou vingt par jour, si l'on veut que le marc soit bien égoutté. Il suffira de faire travailler les pressureurs depuis quatre ou cinq heures du matin jusqu'à dix heures du soir, ils auront un temps suffisant pour manger et se reposer entre chaque marc. Ainsi celui qui se sert des pressoirs à étiquets, etc., ne peut faire ces cent quatre-vingts poinçons, à vingt par jour, qu'en neuf jours.

Il faut convenir que le pressoir inventé par M. Legros est plus expéditif que les autres, et que, d'une masse donnée de vendange, il retire plus de vin qu'on n'en obtiendroit avec les autres pressoirs. L'auteur décrie un peu trop ces derniers ; cependant l'on est forcé de convenir que le sien vaut beaucoup mieux, sur-tout dans les provinces où le prix du vin est toujours très haut, et où une barrique de plus ou de moins est comptée pour beaucoup ; mais les pressoirs ambulans, et même les pressoirs des particuliers, sont bien éloignés de la perfection même des simples pressoirs à tessons ; et de la même masse de vendange, et avec le pressoir de M. Legros, on en retirera deux barriques de plus. Lorsque l'on vend une mesure contenant 775 bouteilles de vin, de 15 à 50 liv., qui sont les deux extrêmes de leur prix, on n'est pas tenté d'y regarder de si près. Si ces vins acquéroient un jour la valeur de ceux de Champagne, de Bourgogne, et même des mauvais vins des environs de Paris, la révolution auroit bientôt lieu ; l'intérêt du propriétaire en fixera l'époque.

Il faut cependant dire qu'on est, en général, parvenu dans ces provinces à construire des pressoirs avec la plus grande économie de bois possible. Qu'on se figure deux pierres de taille d'un pied de hauteur au-dessus de terre, sur lesquelles repose une poutre en bois d'orme, ou encore mieux en bois de chêne, équarrie sur toutes ses faces, et de vingt à vingt-quatre pouces de diamètre ; sa longueur est proportionnée à la largeur que l'on veut donner à la maie, ordinairement de six, sept à huit pieds au plus dans tous les sens de sa superficie. Cette poutre excède de deux pieds les deux côtés de la maie ; si on ne peut pas se procurer une pièce de bois capable de recevoir cet équarrissage, on en réunit deux ensemble par de forts boulons de fers, retenus par des écrous. Dans la partie qui excède la maie, et près d'elle, on pratique une ouverture ronde dans la partie supérieure, et cette ouverture ne descend qu'au tiers de l'épaisseur, quelquefois elle traverse d'outre en outre. Cette ouverture est destinée à recevoir la pièce de bois qui, dans les pressoirs à étiquet, à tesson, etc., sert de jumelles. Cette pièce de bois forme une vis depuis son sommet jusqu'à un pied au-dessus de la maie. Sa partie inférieure est également arrondie, mais non pas taraudée en vis. Cette partie inférieure entre dans l'ouverture dont on a parlé; mais auparavant on a eu soin d'y faire en travers et sur toute la rondeur deux rainures ou goussets de deux à trois pouces d'épaisseur, qui reçoivent des coulisses : ces coulisses traversent de part en part l'arbre gisant : c'est par leur moyen que la vis est fixée sur ses côtés, et peut tourner intérieurement et perpendiculairement sur la partie du gros arbre qui la supporte..... Cette vis, dans la partie d'un pied qui excède la maie, et qui n'est pas taraudée, reste carrée; c'est à travers cette portion cerclée en fer qu'on ménage deux ouvertures, l'une sur l'autre et en croix, par lesquelles on passe deux barres de bois qui servent de leviers pour tourner cette roue.

Au sommet de la vis qui excède la maie de six à huit pieds, on fait entrer une forte pièce de bois, qui est traversée par cette vis et par la vis correspondante de l'autre côté; mais cette pièce de bois n'est point taraudée; son ouverture est simple et lisse; son usage est de maintenir les deux vis, afin qu'elles ne s'écartent ni à droite ni à gauche.

Par dessus cette poutre de traverse, qui est ordinairement en bois blanc, moins cher et plus facile à trouver que le chêne ou l'ormeau, on place le véritable écrou : c'est un morceau de bois de chêne ou d'ormeau taraudé sur le pas de la vis. Sa largeur est égale à celle de la poutre de dessous, et sa longueur de deux à trois pieds. Mais comme la poutre de dessous n'est point taraudée, et par conséquent ne peut s'élever ou s'abaisser à volonté, le bois de l'écrou est, sur la face de devant et de derrière, armé de deux fortes crosses en fer, auxquelles on attache une chaîne de fer, que l'on assujettit sur la poutre de dessous au moyen de semblables crosses. De cette manière, chaque écrou et la pièce de bois sont maintenus ensemble par quatre morceaux de chaînes et autant de crosses.

La maie ne seroit pas assez assurée si elle ne portoit que sur la pièce de bois dormante; on fixe à ses quatre coins des tronçons de colonnes en pierre ou en bois, pour la soutenir. Quand les pressées sont finies, on soulève de quelques pouces seulement cette maie, afin qu'elle ne touche pas l'arbre dormant, et que l'humidité contractée par tous les deux, pendant les pressées, ne contribue pas à leur pourriture : quelques cales suffisent.

Tout ce pressoir n'est donc composé que de l'arbre gisant ou dormant, des deux vis, de leurs écrous, de l'arbre mouvant et de la maie.

Par-tout ailleurs l'arbre sur lequel se dévide la corde, et que l'on fait tourner au moyen d'une roue ou des barres, tourne sur son axe, ainsi que les ouvriers; ici, les ouvriers ne peuvent faire qu'un demi-tour, ou décrire la moitié du cercle, parceque l'autre partie de ce cercle est occupée par la vendange en pression; d'où il résulte que si les barres ou les vis sont courtes, on n'agit que foiblement.

Dans plusieurs endroits du Languedoc, on appelle ces pressoirs *à la cuisse*, parceque, effectivement, c'est avec la cuisse que l'on presse. Je ne pus m'empêcher de frémir lorsque je vis pour la première fois opérer ainsi, et même, malgré l'habitude, je ne m'y suis jamais accoutumé. Les deux barres de chaque vis ne la traversent que de quatre à six pouces du côté de la vendange, et seulement assez pour y être maintenues par ce bout. Le grand bras du levier est du côté des pressureurs. Un homme tient de chaque main une de ces barres, et les fixe de toute sa force. Vis-à-vis, en dedans de l'angle que les deux barres forment ensemble, se place un pressureur devant chaque barre; il faut que ces trois hommes, ainsi que les trois de l'autre côté, agissent ensemble, et ils ne se meuvent que lorsque le chef donne le signal convenu; ce signal est un son de voix approchant de celui du charpentier, qu'ils appellent le *Hem de saint Joseph;* alors tous quatre partent ensemble, et se jettent avec force contre la barre, la frappant avec la partie supérieure de la cuisse qui répond au défaut du ventre. Ces gens sont accoutumés à cette manœuvre, et elle ne leur donne aucune peine.

Je conviens que ce pressoir est très défectueux; mais dans les pays où l'on ne trouve pas de bons ouvriers, ou lorsque les facultés des propriétaires sont très circonscrites, il vaut mieux avoir un pressoir médiocre que rien du tout; il est, en tout point, préférable à la méthode de Corse, où l'indigence a forcé de recourir à un moyen encore plus simple. Que l'on se figure un espace quelconque, creusé sur le penchant d'une colline, et environné de quatre murs, le fond du sol uni et plat, enfin bien pavé. Le mur du fond est du double, et quelquefois des deux tiers plus élevé que celui de face et de devant, et la partie supérieure des deux murs de côté suit la direction de pente entre la hauteur du mur du fond et celui de devant; à travers le bas du mur de devant, on ménage une rigole par laquelle le vin coule en dehors, et est reçu ou dans des barriques ou dans tels autres vaisseaux quelconques.

On a eu soin de placer, à peu près au tiers de hauteur du mur du fond, et dans son épaisseur, une grosse pierre de taille, à laquelle on attache et soude le tenon d'une grosse boucle; et encore, pour plus grande économie, on se contente d'y creuser avec le ciseau une forte entaille, proportionnée à l'épaisseur que doit avoir le levier, et capable de recevoir son gros bout. Ce levier est une longue pièce de bois droite, forte et sèche, que l'on assujettit à la boucle en la traversant, ou qui est retenue dans l'entaille de la pierre. Le coffre en maçonnerie est rempli de vendange telle qu'on l'apporte de la vigne jusqu'à la hauteur de la boucle. Alors on la couvre de plateaux en bois, taillés de grandeur et faits pour entrer dans le coffre ; on abaisse le levier qui excède en longueur du double de celle de la maçonnerie, et on appuie à son extrémité autant que les forces le permettent. Lorsque ce levier commence à toucher le haut du mur de devant, on le relève, et on charge la pressée avec de nouveaux plateaux semblables au premier, et ainsi de suite, autant que le besoin l'exige. Les forces des hommes ont alors peu d'activité, et, pour y suppléer, on charge l'extrémité du levier avec de grosses pierres, que l'on y maintient par des cordes. Ce levier fait l'effet du fléau que l'on nomme *romaine*. Si on compare ce pressoir avec celui de M. Legros, ou avec celui à étiquet, on trouvera une grande différence dans les résultats de la pression ; mais on n'admirera pas moins l'industrie de ces pauvres et intéressans insulaires.

CHAP. II. *De la manière d'élever et de conduire une pressée.* La plus grande propreté doit régner dans le local vulgairement nommé *cuvier, pressoir* ; elle n'est pas moins essentielle pour tous les objets qu'il renferme. CELLIER (*consultez* ce mot) est la dénomination exacte pour désigner ce local. Quelques jours avant la vendange, on jette de l'eau sur les cuves, sur les pressoirs, et sur tous les autres vases dont on est à la veille de se servir. Cette eau, que l'on change au moins chaque jour, produit un double effet, celui de faire renfler les bois des vaisseaux, et par conséquent de les mettre dans le cas de ne pas laisser couler le fluide qu'on leur confiera, et celui de détremper toutes les ordures et de céder aux frottemens qui doivent les entraîner avec l'eau que l'on rejette. Cette grande propreté est de rigueur, parceque tout corps étranger est nuisible au vin et lui communique une odeur ou une saveur désagréable, et dont on chercheroit vainement la cause ailleurs. Les vignerons, les valets regardent ces prévoyances comme déplacées, ou comme inutiles ; dès-lors le propriétaire est forcé de tout voir, et de faire tout approprier sous ses yeux.

Il faut cinq hommes pour monter une pressée ordinaire, et le double si elle est considérable. Deux sont placés dans la cuve ; leur fonction consiste à remplir les bannes, bennes, benots, ou comportes, etc., avec le marc ; à recevoir la banne vide que leur présente le porteur, à soulever sur le bord de la cuve la banne pleine de marc, et à l'y maintenir jusqu'à ce que le porteur l'ait enlevée. On établit communément, et cela accélère le travail, un chantier qui porte sur le bord de la maie du pressoir, et correspond solidement à la cuve. Ce chantier est plus ou moins élevé ou abaissé suivant la grandeur du porteur. La fonction de cet ouvrier est de porter le marc de la cuve au pressoir, de rapporter sa banne vide, qu'il remet aux ouvriers de la cuve pour la remplir de nouveau ; mais en attendant, il prend sur ses épaules celle qu'ils ont préparée d'avance, et ainsi de suite jusqu'à la fin.

De la manière dont le porteur vide le marc sur le pressoir et sur la pressée à mesure qu'on la monte, dépend en grande partie son succès. Il faut qu'il la verse doucement, et, pour cet effet, un des deux hommes qui travaillent sur le pressoir prend une des cornes ou mannettes de la banne, le porteur tient l'autre, et tous deux vident doucement. Les deux ouvriers placés sur la maie du pressoir sont uniquement occupés à ranger le marc lit par lit, et à ranger la pressée jusqu'à la fin.

Avant de commencer à charger le pressoir, les ouvriers déterminent la largeur et la longueur que doit occuper le marc, c'est-à-dire qu'ils ne prennent que les deux tiers de la superficie de la maie, parcequ'ils savent qu'à mesure que la vis pressera, le marc s'aplatira et s'élargira ; enfin que, sans cette précaution, le marc déborderoit la maie, et une partie du vin couleroit sur le sol. Quelques uns tracent leur carré avec de la craie, de la sanguine, etc., afin de fixer la première assise du marc. Cette précaution, bonne en elle-même, est très inutile pour l'ouvrier accoutumé à ce genre de travail. D'autres se servent d'une ficelle ou petite corde fixée sur les quatre faces de la maie, et ils remplissent le carré qui reste dans l'intérieur. Toutes ces précautions ne sont utiles que pour la première mise du marc ; une fois l'alignement donné, il est facile de monter la pressée carrément. S'il y a peu de vendange, on la tient plus étroite, et plus ou moins large s'il y en a beaucoup. Il vaut mieux que le marc gagne en hauteur qu'en largeur, parcequ'il est bientôt aplati ; et dans ce cas, si l'on ne charge pas la pressée de pièces de bois *a b i, fig.* 2, *pl.* 5, la vis est trop fatiguée, et on court risque de la rompre.

Lorsqu'on a fait ÉGRENER ou ÉGRAPPER le raisin (*consultez* ces mots), il est plus difficile de bien monter une pressée, attendu qu'il ne reste presque plus de liens dont la grappe tenoit lieu ; mais il est facile d'y suppléer avec de la paille de seigle un peu longue. A cet effet, on commence à étendre sur toute la superficie de la maie un lit mince de cette paille, et qui, s'il se peut, doit déborder la maie : c'est sur ce lit qu'on établit, ainsi qu'il a été dit, la première mise du marc ; la portion excédante de paille trouvera bientôt la place qui lui convient.

A mesure que le porteur vide le marc sur le pressoir, les deux ouvriers l'arrangent d'équerre sur la paille ou simplement sur la maie, si on a laissé la grappe; ils piétinent ce marc, afin qu'il rende en grande partie le vin qu'il contient; mais ils piétinent beaucoup plus fortement toute la circonférence sur la largeur d'un pied que le milieu. Cette circonférence représente l'extérieur d'un bastion, et en tient lieu. Lorsque lit par lit le marc est parvenu à la hauteur de 8 à 9 pouces, les ouvriers replient toute la paille qui couvroit ou excédoit la maie, la retroussent sur la partie de la pressée, contre laquelle ils la pressent et l'assujettissent par le moyen du marc nouveau de deux ou trois bannes que l'on jette. Sur cette première couche, qui se trouve renfermée comme du raisin dans un panier, on établit dans le même ordre un second lit de paille qui la recouvre en entier, et qui la déborde comme la première débordoit la maie, afin qu'elle serve à son tour à recouvrir le marc nouveau, dès qu'il aura 8 à 9 pouces de hauteur, et ainsi de suite jusqu'au complément de l'élévation de la pressée. Ces lits de paille font l'effet des tirans; ils donnent de la solidité à la masse totale et empêchent que les bords ne se détachent du centre, pendant que la pression agit. L'usage de cette paille n'est pas aussi essentiel lorsque le raisin n'a pas été égrené; cependant je conseille de ne pas le négliger, au moins pour deux ou trois rangs.

Si on se hâte trop d'élever la pressée, si les ouvriers ne la piétinent pas autant qu'ils le peuvent lorsqu'elle est basse; s'ils ne la serrent pas avec le poing, et par-tout, et sur-tout sur les bords lorsqu'ils l'élèvent; enfin, s'ils ne donnent pas le temps au vin de s'écouler, loin de gagner du temps, on en perdra beaucoup ensuite, parceque cette pressée mal conduite dans son principe se crévassera de tous côtés. On aura beau desserrer, couper et recouper, elle crévassera jusqu'à la fin, et elle ne sera jamais bien serrée. Lorsque cela arrive, ce qui n'est pas rare, les ouvriers disent que de méchans voisins, des jaloux leur *ont jeté un sort*; et ce sort tient à leur mauvaise manipulation. Il y a vraiment un art pour bien monter une pressée. Il s'agit actuellement de la charger, et cette opération a encore ses difficultés; car si elle ne l'est pas exactement, et autant en équilibre que faire se peut, un des côtés du marc est plus pressé que l'autre, ou bien le marc est poussé tout d'un côté par la pression.

Lorsque tout le cube du marc est élevé, on place deux barres de trois à quatre pouces de largeur, et un peu moins longues que la maie. Ces deux barres ne sont pas représentées dans la figure de la planche 5. On les place sur le marc à une distance égale, et au moins à dix ou douze pouces de ses bords; elles servent à supporter les *manteaux* TT, nommés *planches* dans la description du pressoir à *étiquet* : ces manteaux sont deux pièces de bois de trois à quatre pouces d'épaisseur, égaux entre eux en largeur, longueur et épaisseur, maintenues dans leurs parties supérieures par des traverses fortement clouées ou chevillées, qui empêchent que le bois ne se déjette. Les manteaux sont placés de manière qu'ils ne débordent pas plus d'un côté que de l'autre.

Pour bien monter une pressée, il faut absolument que le propriétaire, ou celui qui le remplace, soit sur le sol du cellier, et dirige l'opération. Voici un moyen facile de le mettre à même de juger si chaque pièce est mise à la place qu'elle doit occuper. Au milieu de l'écrou CD de la même figure, et sur la face antérieure et à la partie qui correspond au centre de la vis, on fait un trait; si de ce trait on laisse pendre une ficelle avec son plomb, on verra qu'il correspond vis-à-vis, et juste au milieu de la gouttière par laquelle le vin s'écoule dans le barlon W. On aura donc deux points de comparaison pour le rayon visuel, et chaque pièce qui sert à charger le marc fera le troisième. Ainsi, lorsque les deux manteaux sont en place, on voit si leur point de réunion correspond à la marque imprimée dans le milieu de l'écrou et au point du milieu de la gouttière. Cependant ces trois points pourroient être d'accord, sans que la partie postérieure des manteaux le fût; alors, après avoir laissé tomber le plomb, et en mirant la ficelle, on fait un trait contre le mur derrière le pressoir, et ce trait devient un quatrième point de comparaison; enfin il sert de contrôle aux trois premiers, et dirige le reste de l'opération.

Lorsque les deux manteaux sont placés et arrêtés dans leur juste position, il s'agit de placer en travers, c'est-à-dire d'une jumelle à l'autre EF, GH, deux pièces de bois appelées *garniture* de la largeur des manteaux réunis. Ces pièces doivent avoir depuis six jusqu'à dix et douze pouces d'épaisseur, et être bien équarries sur toutes leurs faces. Il les faudra de diverses épaisseurs, mais toujours par paires, et encore mieux si elles sont numérotées, afin de pouvoir garnir juste sous le menton KL.

L'inspecteur ne sauroit juger de la première place qu'il occupoit, si les deux garnitures sont posées en lignes parallèles aux deux jumelles; il se portera donc du côté des jumelles et il vérifiera leur position. Les secondes garnitures seront posées sur les premières et dans le sens opposé, c'est-à-dire qu'elles regarderont le mur et la face antérieure du pressoir, et ainsi de suite jusqu'à ce que les garnitures occupent l'espace entre la partie inférieure du mouton et la supérieure du marc.

Si on s'en rapporte à la gravure, *fig.* 2, *pl* 5 , on verra que toutes les garnitures sont également posées les unes sur les autres et en se croisant. Cette méthode peut être bonne et plus facile à suivre que celle dont je vais parler; mais j'observerai que sous le mouton les garnitures doivent être placées en travers, c'est-à-dire suivant sa direction, afin qu'il porte à plat dans toutes ses parties. On sent que les garnitures placées telles qu'elles sont représentées dans la gravure, laissent beaucoup de vide entre elles; mais comme la plus grande force de pression est directement dans la partie qui correspond à la base de la vis A, les extrémités du menton doivent souffrir par les garnitures des deux bouts qui forçent contre leur bois, puisque leurs extrémités sont la partie la moins épaisse et la moins forte du mouton. C'est par cette raison que je préfère les garnitures rangées en pyramides, et diminuant le diamètre de leur distance, à mesure qu'elles approchent du mouton. Je dis donc que les garnitures de la base, au nombre de deux, trois ou quatre, suivant la largeur du pressoir, doivent (les extérieures) presque affleurer et correspondre aux bords du marc; que le second rang placé en travers et au-dessus ne doit porter que sur le bord intérieur des pièces du premier rang, et par conséquent resserrer l'espace ; que le troisième et quatrième, etc. , si le besoin l'exige, doivent de plus en plus se resserrer, enfin venir se joindre sous le mouton et dans le même sens de direction que lui ; par ce mécanisme la force de direction se fait sentir dans tous les points du marc. C'est ainsi que j'ai toujours fait presser sans que le mouton ait été fatigué ; et lorsque j'ai voulu juger par comparaison , j'ai trouvé que la seconde méthode pressoit mieux que la première. Au surplus, chacun est libre de choisir celle qu'il aime le mieux, soit d'après l'habitude, soit d'après le raisonnement.

Aussitôt que tous les chantiers sont montés , on fait tourner la roue qui tient à la vis; son abaissement serre les garnitures, celles-ci, les manteaux, et les manteaux tout le marc. On tourne la roue lentement et à bras d'hommes aussi long temps qu'on le peut; mais on ne se hâte pas. Il faut que le vin ait le temps de couler, de faire des vides , et que chaque partie du marc s'affaisse également et sans secousse. Enfin on porte la corde vers l'arbre Z , sur lequel on la fixe, elle se roule, et les hommes qui ont fait mouvoir la roue de la vis viennent tourner celle de l'arbre. La première serre demande à être faite lentement, et, dès que les ouvriers sentent trop de résistance, ils doivent cesser et attendre avant de donner de nouvelles serres. Pendant ce temps le vin s'écoule , et les ouvriers se servent de cet intervalle pour transporter le vin du barlong dans les barriques.

Après un certain laps de temps on dévide la corde de dessus l'arbre Z, et on la fait glisser sur la roue de la vis qui s'élève et se détourne à bras d'hommes. Lorsqu'elle est remontée jusqu'à l'écrou, les ouvriers déplacent les garnitures et les rangent rang par rang, chacun de leur côté sur les bords ou sur le derrière du pressoir ; de manière que les garnitures inférieures et les plus fortes se trouvent sur les autres, et par conséquent sous la main de l'ouvrier quand il s'en servira de nouveau. Les deux manteaux sont placés de champ contre les deux jumelles. Le marc dépouillé de toute sa charge est en état d'être coupé.

Le maître ouvrier s'arme d'une doloire, instrument dont se servent les tonneliers pour dégrossir et blanchir leurs douves ; il trace avec cet outil sur la partie supérieure du marc, et près de ses quatre faces, une ligne droite qui doit le diriger dans la coupe. Si le marc est destiné à fournir dans la suite le petit-vin à ce maître-ouvrier ou au vigneron, il aura grand soin de tailler peu épais, parceque les bords du marc retiennent plus de vin que son milieu. Le propriétaire doit veiller de près à cette opération. Cependant ce n'est pas à la première coupe qu'il faut tailler le plus épais, parceque le vin n'a pas eu le temps de s'écouler. D'ailleurs, ce que l'on détache des bords pour être remis sur le marc ne contribue pas beaucoup à une plus forte pression ; quatre à huit pouces de première taille suffisent suivant le diamètre du marc. L'ouvrier doit incliner contre le marc la partie supérieure en dos de la doloire, afin que de la coupe générale il résulte un petit talus. A mesure qu'il abat les bords les autres ouvriers le suivent ; les uns émiettent ce marc et les autres le disposent sur le cube en le pressant, le serrant comme s'ils montoient une nouvelle pressée. Quelques uns, et avec juste raison, enchâssent ce marc avec de la paille longue, comme il a été dit ci-dessus ; il en est bien mieux pressé par la suite. Enfin on replace de nouveau les manteaux, les garnitures, et on opère comme la première fois. C'est à cette seconde serre que doit se déployer la force des ouvriers ; parceque si on a ménagé la première, si le vin a eu le temps convenable pour couler ; enfin si la pressée a été bien montée dans son principe, on ne craint plus qu'elle crevasse. Il ne faut pas débuter par serrer trop fort ; on doit ménager un peu en commençant, et aller ensuite par progression, suivant la force des hommes et du pressoir. Lorsque les efforts ne font plus ou presque plus rien rendre au marc, c'est le temps de travailler à le mettre en état de recevoir la troisième taille. C'est ici le cas de tailler fort épais, afin de ne laisser dans le marc que le moins de vin possible. Lorsque les pressoirs sont petits et foibles, on, taille jusqu'à cinq fois. Enfin on débarrasse le pressoir pour y mettre de nouvelle vendange, et dans le pays où le vin est cher ou rare, on ajoute à ce marc de l'eau qui fermente de nouveau et sert à faire ce qu'on appelle *petit-vin*, *revin*, *buvande*, *piquette*.

M. Legros indique, dans l'ouvrage déjà cité, une méthode facile au moyen de laquelle s'exécute un mélange exact des vins de la cuve et du pressoir. C'est l'auteur qui va parler.

« Entonner les vins promptement, donner à chaque poinçon une même quantité de vin sans pouvoir nullement se tromper et d'une qualité parfaitement égale ; en entonner trente ou quarante pièces en un espace de temps aussi court que pour en entonner une seule pièce, et par une seule et même personne, sans agiter le vin nullement, sans pouvoir en répandre aucunement, et en le préservant du contact de l'air de l'atmosphère qui lui nuit beaucoup, c'est, j'ose l'assurer, ce que l'on n'a pas encore vu et qui sembleroit impossible. C'est cependant ce que je vais démontrer si sensiblement, que je suis persuadé que mon lecteur n'appellera pas de ma dissertation à l'expérience.

« La façon ordinaire, et que je ne puis me dispenser de blâmer, se pratique à peu près, du moins mal au mieux possible, dans chaque vignoble. Le vin de cuvée coule du pressoir dans un moyen barlon entièrement découvert, et qu'on place sous la goulette ; les uns le tirent de ce barlon à mesure qu'il se remplit avec des seaux de bois ; les autres avec des instrumens en cuivre, qui, faute d'être bien récurés chaque fois qu'on cesse de s'en servir, communiquent leur vert-de-gris au vin dont on remplit les poinçons, le transportent dans un grand barlon aussi découvert, ou dans plusieurs autres moyens vaisseaux suivant leur commodité. Ils tirent ensuite de la même façon du barlon de la goulette les vins de taille et de pressoir, les transportent pareillement dans d'autres vaisseaux, chacun en particulier.

« Les vins de cuvée, de taille, et de pressoir faits, les pressureurs les transportent d'abord, celui de cuvée et ensuite les autres dans le cellier ; et ils les entonnent dans des poinçons rangés sur des chantiers couchés sur terre et souvent peu solides.

« Un homme au barlon remplit les bannes, deux autres les portent au cellier et les versent dans de grands entonnoirs de bois placés sur des poinçons, et portent dans chaque banne ou hottée deux ou trois seaux, lesquels seaux peuvent contenir chacun treize à quatorze pintes, mesure de Paris. Un autre se tient au cellier pour changer les entonnoirs à mesure qu'on verse une hottée dans chaque poinçon, et il a soin de marquer

chaque hottée sur la barre du poinçon pour ne pas se tromper, ce qui arrive cependant fort souvent : quand les deux
porteurs de hottée ont versé chacun une hottée de vin dans
chaque poinçon, ils recommencent une autre tournée dans les
mêmes poinçons, et ils continuent de même jusqu'à ce que
tout le vin soit entonné. Si après une première, seconde ou
troisième tournée, il reste encore quelque vin dans le barlon,
et qu'il y ait encore quelques moyens vaisseaux à vider, et
dont le vin doive être entonné dans le même poinçon, le pressureur placé au barlon verse le vin de ces moyens vaisseaux
dans le grand barlon, et avec une pelle de bois le remue fortement pour le bien mélanger avec celui qui étoit resté dans
le barlon ; ensuite ils continuent leur tournée jusqu'à ce que
le vin soit entonné. Ils en usent de même à l'égard des vins
de taille et de pressoir. Les uns emplissent leurs poinçons jusqu'à un pouce près de l'ouverture, pour leur faire jeter dehors
toute l'impureté dans le temps de la fermentation ; les autres
ne les emplissent qu'à quatre pouces au-dessous de l'embou-
chure, pour les empêcher de jeter dehors.

« Voilà l'usage des Champenois pour l'entonnage de leurs
vins. Je demande si, dans ces différens transports, ces changemens et reversemens d'un vaisseau dans un autre, le vin n'est
pas étrangement battu et fatigué, et si on n'en répand pas beaucoup ? si le grand air qui frappe sur ces grands et larges vaisseaux entièrement découverts ne diminue pas la qualité du
vin ? si le mélange en est bien fait ? si on peut assurer que
chaque poinçon contient une quantité parfaitement égale, etc.
Voyez FERMENTATION et VIN. Le moyen de prévenir ces inconvéniens est de suivre la maxime que je vais prescrire.

« On peut préserver le vin de la corruption que l'air lui occasionne, dès le moment que, sortant du pressoir par la goulette
ou beron, il se répand dans les barlons R Q, *pl.* 6. Pour y
parvenir il ne s'agit que de donner aux barlons un double fond
serré dans son garle, à six pouces au-dessous du bord d'en
haut. Quand ces barlons sont pleins, on bouche l'ouverture
du fond par lequel le vin y entre avec un fausset de bois de
frêne. Alors avec le soufflet, tel que celui que l'on voit en V,
et qu'on place à une ouverture du fond de ce barlon, on en
fait sortir, chaque fois qu'il est plein, le vin qui s'élève dans le
tuyau de fer-blanc S T, et qui, coulant le long de ce tuyau, se
répand, comme on le voit, par un entonnoir T, dans un grand
barlon V Y, fermé aussi d'un double fond à deux pouces près
du bord, et contre-barré dessus et dessous par une chaîne de
bois à coins.

« Je ne prescris, pour le barlon de la goulette, les six pouces
de distance du double fond au bord d'en haut, que pour con-

server un espace suffisant pour contenir le vin qui sort de la
goulette pendant qu'on foule, par le moyen du soufflet, celui
du barlon pour l'en faire sortir, et le conduire dans le tuyau
TS dans le grand barlon. Ainsi cette distance de six pouces est
absolument nécessaire.

« Quand tout le vin qui doit composer la cuvée est écoulé
dans le grand barlon, on le bouche pareillement avec le même
soufflet. On retire l'entonnoir T, et l'on bouche avec un fausset de bois l'ouverture par laquelle il entroit. On fait sortir de
ce barlon le vin qui, en s'élevant dans le tuyau YZ qui y
communique, se répand en même temps et également dans
chacun des poinçons par l'ouverture des fontaines a b c d, 1,
2, 3, 4, 5, 6, qui sont jointes à ce tuyau, et dont les clefs
ne s'ouvrent qu'autant que la force de la pression l'exige pour
qu'il n'entre pas plus de vin dans un vaisseau que dans l'autre, tout ensemble.

« Pour parvenir à cette juste et égale distribution de vin dans
chaque poinçon, il faut observer que le vin qui coule du tuyau
EF, s'écoulant dans le même tuyau à droite et à gauche, doit
tomber avec plus de précipitation par les fontaines du milieu
1 a, que par ses deux voisines de droite et de gauche, 2 et 6,
et plus à proportion par ces deux dernières que par les suivantes ; de même que ce vin, trouvant une résistance aux extrémités fermées de ce tuyau, doit couler plus précipitamment par les fontaines 6 d que par celles 6 c, par lesquelles le
vin doit couler un peu moins vite que par les 4 6. C'est pour
parvenir à cette égale distribution que nous avons joint à ce
tuyau des fontaines dont on ouvre plus ou moins les clefs. Ces
clefs étant suffisamment ouvertes à chaque fontaine, suivant
l'expérience qu'on en aura faite pour cette distribution, on
les arrêtera et on les fixera au point où elles sont avec un fil
de fer, ou par la soudure, afin qu'elles ne changent plus de
situation, et qu'on soit assuré que chaque fois qu'on s'en servira elles auront le même effet.

« Il est facile de remarquer que l'entonnage se fait de cette
manière, en même temps dans chaque poinçon, avec une égalité des plus parfaites, puisque le vin qui s'y répand prend toujours son issue du même centre de ce barlon.

« Il faut, comme on l'a déjà dit, laisser à chaque poinçon
quatre pouces de vide, suivant la grandeur, largeur et profondeur qu'on donnera au coffre du pressoir, et qui fixeront
la quantité de vin de cuvée que le pressoir pourra rendre. On
se réglera pour donner la contenance au grand barlon ; et si
on donne, par exemple, à ce barlon la contenance de douze,
quinze, dix-huit poinçons, on donnera au tuyau douze, quinze
ou dix-huit fontaines, et au chantier gg fff la longueur suf-

fisante pour tenir douze, quinze ou dix-huit poinçons de front.
On donnera à ce chantier la forme qu'il a.

« Il est encore à propos d'observer que le marc renfermé
dans le pressoir ne peut rendre autant de vin que le grand
barlon en peut contenir. Quelquefois on n'a de vendange que
pour faire trois, quatre ou cinq pièces de vin, plus ou moins,
parcequ'elle est composée d'une qualité de raisin qu'on veut
faire en particulier, et qu'au lieu de la quantité ordinaire on
n'ait que quatre ou cinq poinçons de vin à remplir ; on n'en
couchera sur le chantier que cette quantité, c'est-à-dire que
si on en couche cinq, celui du milieu sera placé sous la fontaine du milieu 1, deux autres à sa droite, sous les fontaines
2 et a, et les deux autres sous celles 3 et 6, et ainsi du reste
pour le surplus, quand le cas y échoit ; par ce moyen on remplit également chaque vaisseau. »

Les habitans des provinces méridionales, qui prennent si
peu de précautions dans leur manière de façonner leurs vins,
regarderont comme puérile la méthode proposée par M. Legros. Il n'en sera pas ainsi dans les vignobles renommés, où
quelques barriques dont le vin seroit inférieur à celui des
barriques voisines, et que l'on présenteroit cependant comme
égales en qualité, décrieroient une cave, ou bien causeroient
un fort rabais sur le prix de la vente totale. On a donc le plus
grand intérêt dans ces pays à rendre égale, le plus qu'il est
possible, la qualité de chaque barrique et de leur totalité. (R.)

PRESSOIRS A HUILE. Lorsque les olives ont été réduites
en pâte sous les meules, il ne s'agit plus que de tirer l'huile
de cette pâte ; pour cela on la met dans des cabas et on la
soumet à la presse.

Les cabas sont des espèces de sacs de joncs ou de sparte. Ils
seroient meilleurs de laine ou de crin, mais le haut prix
éloigne de ces derniers.

Le pressoir à Martin, dont Rozier a publié le premier la
description, est peu employé en Provence, au dire de M. Bernard, à qui on doit le traité le plus complet qui ait été publié
sur la culture de l'olivier et sur les moyens de tirer parti de
ses produits. Cependant je le citerai. *Voyez pl. 7, fig. 1.*

Ce pressoir est composé de quatre jumelles ou montans AA,
entre lesquelles passe un grand levier ou mouton BB. Le milieu de ces montans est creusé ou évidé en C, afin d'avoir la
liberté d'y placer des pièces de bois équarriers de quatre à six
pouces de hauteur, et d'une largeur proportionnée à la partie
évidée des jumelles. Ces pièces de bois s'appellent *traverses.*
La table ou maie du pressoir EF est fortement assujettie entre
les jumelles, et portée sur des pièces de bois appelées *brebis*,
ou sur un massif de maçonnerie ; sur cette maie on place les

cabas FF. Quatre hommes placés aux leviers HH font tourner dans le sens qu'il convient l'arbre C, taillé en vis : alors le levier B, qui traverse dans la partie supérieure la vis C, s'abaisse ; mais comme l'autre extrémité de ce levier est fixée en H par les clefs DD, qui traversent les jumelles A, il s'abaisse et presse sur les cabas. Supposons actuellement qu'on veuille de nouveau presser les cabas en sens contraire, ou bien les changer, on y ajoute de l'eau chaude ; on tire les clefs KK de la jumelle A, on les place dans les vides 4 jusqu'à ce qu'elles touchent le levier B, et on enlève entièrement les clefs DD des jumelles A : alors les ouvriers placés en H tournent l'arbre G en sens contraire, le levier s'abaisse de leur côté, s'élève en I, et les clefs placées en 4, servant de point d'appui, facilitent l'élévation du levier entre les autres jumelles A ; de sorte qu'il s'élève alors autant de ce côté qu'il paroît l'être de l'autre dans la figure. Dès qu'il est à cette hauteur, on manie sans peine les cabas et on les change à volonté.

Je prends dans l'ouvrage de M. Bernard, précité, la description et la figure du pressoir qu'on emploie le plus communément en Provence. *Voyez pl.* 7*, fig.* 2.

AA sont deux montans ou jumelles amaigries vers leur extrémité supérieure pour entrer dans une mortaise faite à une autre pièce de bois B beaucoup plus épaisse, et dans le milieu de laquelle il y a un écrou. On donne en Provence à cette grande pièce le nom de *banc.* OO sont des cercles de fer destinés à empêcher ce banc de se fendre. V est la vis ; M la mastre ou la maie, c'est-à-dire la pièce de bois sur laquelle on pose les cabas. PP sont des chevilles de fer qu'on emploie pour assujettir les montans avec le banc et avec la maie.

Ce pressoir est sujet à se déranger par l'effet du service qu'on en exige, ce qui lui a fait substituer le suivant, qu'on appelle *moulin à chargement,* et qui n'en diffère pas pour le principe.

Le principal but qu'on doive se proposer dans la construction des pressoirs, c'est de lier toutes les parties qui les composent de manière qu'elles résistent aux plus grands efforts ; c'est pourquoi on les établit aujourd'hui dans un des murs principaux du moulin, auquel on donne une épaisseur plus grande qu'aux autres (six pieds ordinairement). La figure 3, même planche, représente une suite de quatre de ces moulins.

B, piliers en pierre de taille ; P, bancs ; D, banquette fixée à la vis, et qui monte et descend avec elle ; A, la mastre ou maie en pierre, et dans laquelle on voit les trous par lesquels l'huile s'écoule.

La figure 4, même planche, représente le plan et la coupe de la mastre ou maie de ce dernier moulin ; AA, le plan ;

B , la coupe ; C , les cabas ; D , partie saillante où on place les cabas ; E , rigole pratiquée dans la maie pour donner écoulement à l'huile.

Il est sans doute beaucoup d'autres combinaisons de forces qu'on peut employer pour extraire l'huile de la pâte des olives ; mais je me borne à ces trois sortes comme les plus usitées, renvoyant à l'ouvrage précité de M. Bernard ceux qui voudroient des détails plus circonstanciés sur leurs effets.

On trouvera de plus, à l'article MOULIN , deux autres pressoirs bien plus puissans que ceux-ci ; savoir , le PRESSOIR A RECENSE et le PRESSOIR HOLLANDAIS. J'ai été déterminé à les placer à ce mot parcequ'ils sont toujours joints à des moulins, et qu'ils en portent généralement le nom. (B.)

PRESSURE. Lait caillé dans l'estomac des jeunes veaux , qu'on emploie pour faire cailler le lait frais et encore pourvu de sa crême.

L'usage de la pressure est fort étendu, et comme on n'en a pas toujours de fraîche à volonté , il faut , pendant la saison où on tue le plus de veaux , en faire une provision suffisante pour l'année. On la conserve fort bien en la salant et la séchant avec l'estomac même , et en la serrant dans un local exempt de toutes nuisibles émanations. Ordinairement on coupe un petit morceau chaque fois qu'on en a besoin et on le met dans le lait. Quelquefois on en met dissoudre un petit morceau dans de l'eau ou dans du vinaigre , et c'est la liqueur qu'on emploie. Il est des lieux où on la met dans du vinaigre avant sa dessiccation, et on la garde ainsi, ou on en imprègne du pain qu'on fait ensuite sécher , etc.

J'ai dit plus haut qu'il falloit conserver la pressure dans des lieux exempts de toutes nuisibles émanations, parceque je l'ai vu suspendre dans des écuries où elle prenoit un goût de fumier, dans des cheminées où elle s'enfumoit , dans des laiteries humides où elle moisissoit , et que dans tous ces cas elle altère nécessairement la bonté des fromages , à la formation desquels elle concoure.

Voyez pour le surplus au mot FROMAGE. (B.)

PRIMAIRE. *Voyez* PRÉCOCE.

PRIME. Mot peu employé , mais dont le dérivé PRIMEUR l'est beaucoup. *Voyez* ce mot.

PRIMER. On donne ce nom au premier sarclage ou binage du maïs dans le Médoc.

PRIMEUR. On applique ce nom à toute espèce de fruit ou de légume qu'on obtient en devançant la saison par une culture forcée. Par exemple , des laitues qu'on mange en janvier sont une primeur; des melons mûrs en mai sont une primeur, etc. On appelle PRÉCOCE (*voyez* ce mot) ces mêmes articles lorsque c'est par leur nature ou par le seul effet de la saison qu'ils parcourent plus rapidement les phases de leur végétation. Ainsi il y a des laitues précoces, des melons précoces, des années précoces, des expositions précoces, etc.

Le désir de multiplier leurs jouissances peut engager tous les hommes à se procurer des primeurs; mais la vanité ou le plaisir de montrer sur sa table des objets rares et d'un grand prix détermine bien plus puissamment leur production que la gourmandise. Aussi n'est-ce que dans les pays très riches, autour des grandes villes, qu'on se livre généralement à l'art de les faire naître. Il se vend plus de primeurs dans les marchés d'Angleterre que dans ceux de France, plus dans ceux de Paris que dans ceux de Vienne.

Quelques personnes ont blâmé la culture des primeurs, sous le prétexte que ses résultats n'étoient pas aussi savoureux que ceux produits naturellement; mais parcequ'un raisin n'est pas aussi bon en mai qu'en octobre, s'ensuit-il qu'il ne soit pas agréable de le manger? D'ailleurs cette infériorité des fruits et des légumes crus artificiellement n'est pas aussi générale qu'on le dit. Les petits pois de primeur ne sont-ils pas meilleurs que les autres? De plus, c'est très souvent la faute du cultivateur si ces primeurs sont moins bonnes. Par exemple lorsqu'on ne leur donne pas assez d'air, assez de lumière, qu'on emploie des terreaux encore trop peu décomposés, des fumiers de mauvaise nature, qu'on leur prodigue trop l'eau, etc. C'est véritablement dans la production des primeurs que l'art du jardinage se montre dans tout son éclat. C'est par leur moyen qu'on retire d'un terrain le plus grand produit possible. Elles donnent lieu à la formation d'un grand nombre d'excellens jardiniers, et fournissent des moyens d'existence à beaucoup d'hommes dans les lieux où elles sont recherchées.

Qui oseroit dire jusqu'où cette branche d'industrie peut être portée? Il n'y a pas un siècle qu'elle existe et déjà elle est arrivée à un degré de perfection supérieur à celui de la grande culture qui compte des milliers d'années de pratique! Aussi un des buts de cet ouvrage est-il de fixer les principes de la culture des primeurs et d'indiquer les meilleurs procédés pour les obtenir, ainsi qu'on peut s'en assurer à tous les articles des cultures de fruits et de légumes, et aux mots ABRI, COUCHE, BACHE, SERRE CHAUDE, etc.

La culture des primeurs est d'autant plus aisée que le climat qu'on habite est plus chaud, soit par sa latitude, soit par son exposition. Ainsi elles réussissent mieux à Marseille qu'à Paris, au midi d'une montagne qu'au nord.

Voyez le mot PRÉCOCITÉ en supplément à cet article. (B.)

PRIMEVÈRE ou PRIMEROLE, *Primula*. Genre de plantes

de la pentandrie monogynie-et de la famille des primulacées, qui réunit une vingtaine d'espèces, dont trois sont très multipliées dans les prés, les bois, sur les montagnes et fréquemment cultivées dans les jardins, où elles présentent des variétés sans nombre, toutes plus belles les unes que les autres.

La PRIMEVÈRE OFFICINALE a les racines vivaces, fibreuses; les feuilles toutes radicales, pétiolées, ovales, dentées, ridées et velues en dessous; les tiges hautes de six à huit pouces et portant à leur sommet une ombelle de fleurs penchées, jaunes, quelquefois ponctuées de jaune plus foncé. Elle croît très abondamment dans les prés, les pâturages un peu humides, et fleurit en avril. Ses fleurs exhalent une odeur de miel très foible. On en trouve dans les bois marécageux une variété plus élevée à fleurs plus grandes, moins jaunes et sans odeur.

Cette plante, excessivement commune dans certains prés, n'est point mangée par les bestiaux et nuit à la production de la bonne herbe. Il est donc de l'intérêt des cultivateurs de l'en extirper; or on le peut ou en la faisant couper entre deux terres, au printemps, avec une pioche à fer étroit, ou en faisant labourer et cultiver le sol en céréales pendant deux ou trois ans, pour le semer de nouveau en foin après cet intervalle. Je préfère d'autant plus volontiers ce dernier parti, que je crois avoir remarqué que c'étoit principalement dans les prairies épuisées qu'elle abondoit le plus.

L'aspect agréable et la précocité de la primevère officinale la rendent propre à l'ornement des jardins, et sur-tout des jardins paysagers; mais on ne l'y emploie guère dans son état naturel. Ce sont principalement ses variétés produites par la culture, variétés qui jouent dans les nuances du jaune et du rouge, qu'on préfère y placer. Il en est de même des prolifères, c'est-à-dire des fleurs desquelles il sort d'autres fleurs. On les multiplie par la séparation des vieux pieds en automne, multiplication très facile et qui procure des fleurs dès l'année suivante. Au reste, il n'y a que les touffes très grosses qui produisent un grand effet, c'est pourquoi il est bon de ne pas trop les affoiblir. Une terre légère et substantielle est celle qui convient le mieux à cette plante.

La PRIMEVÈRE SANS TIGE, ou à grandes fleurs, a les racines vivaces, fibreuses; les feuilles toutes radicales, pétiolées, oblongues, arrondies à leur sommet, ridées, velues en dessous; les fleurs grandes, jaunes, solitaires sur des pédoncules de cinq à six pouces. Elle croît dans les bois dont le sol est frais sans être marécageux, et fleurit en mai. La plupart des naturalistes la regardent comme une variété de la précédente, et en effet dans les jardins ses variétés qui sont nombreuses, et qui jouent dans les mêmes nuances, se rapprochent souvent;

mais dans la nature elles sont bien distinctes et se trouvent même souvent ensemble dans le même lieu. Elle forme, soit dans l'état sauvage, soit dans les jardins, de superbes touffes qui ornent fort agréablement les parterres et encore plus les jardins paysagers. On doit d'autant plus la multiplier qu'elle s'accommode de tous les terrains, de toutes les expositions, qu'elle se reproduit avec la plus grande facilité par le déchirement de ses vieux pieds et qu'elle augmente ses touffes avec la plus grande rapidité. Il est bon de la relever tous les quatre à cinq ans pour la changer de place ou lui donner de nouvelle terre, car elle épuise beaucoup celle où elle végète. C'est alors en automne qu'il faut diviser ses touffes pour les renouveler. J'ai vu des plates-bandes où ses nombreuses variétés, parmi lesquelles il en est de doubles, étoient distribuées avec un tel art que l'effet qu'elles produisoient étoit enchanteur. Elles sont très propres à former des bordures.

Si on vouloit multiplier de graines ces deux espèces pour avoir de nouvelles variétés, il faudroit s'y prendre comme il sera dit à l'occasion de la suivante.

La PRIMEVÈRE AURICULE, ou l'oreille d'ours, a les racines vivaces, fibreuses; de petites souches portant des feuilles ovales, obtuses, dentées, épaisses, d'un vert glauque, les unes glabres, les autres farineuses; les tiges hautes de quatre à six pouces, terminées par une ombelle de fleurs grandes et plus ou moins nombreuses dont la couleur primitive est pourpre, mais qui varient par la culture dans presque toutes les nuances du prisme. On la croit originaire des hautes montagnes du midi de l'Europe. Voyez OREILLE D'OURS. (B.)

PRINTANIER. Ce qui pousse, fleurit ou fructifie, parmi les végétaux, dès les premiers jours du printemps, et même pendant l'hiver.

Ce mot étoit plus employé autrefois qu'aujourd'hui. On lui a substitué ceux de HATIF, de PRIME, de PRÉCOCE, auxquels je renvoie le lecteur.

L'art a rendu printanier un grand nombre de plantes cultivées qui ne l'étoient pas autrefois, et par-là il a considérablement augmenté son domaine. Je dis l'art, quoique la seule influence du jardinier, dans ce cas, soit de saisir les variétés qu'il remarque dans ses semis et qui lui sont présentées comme par hasard, parcequ'en effet, sans lui, elles seroient perdues faute de multiplication. Il n'y a pas encore d'observation qui mette sur la voie de la marche de la nature dans cette circonstance. On voit le fait, on en profite, et c'est tout. J'invite les amis de la culture qui ont étudié les principes des sciences sur lesquelles elle est fondée de s'occuper de recherches sur cet objet. (B.)

PRINTEMPS. Les cultivateurs ne se conforment pas exactement au calendrier. Pour eux, le printemps change d'époque dans toutes les longitudes, et souvent chaque année; c'est-à-dire qu'il commence lorsque la sève est mise en mouvement par la chaleur du soleil; ainsi il arrive plus tôt contre un mur exposé au midi que contre un mur exposé au nord; plus tôt dans une espèce ou une variété printanière que dans une espèce ou une variété automnale.

Thouin, dans un excellent mémoire inséré n° 62 des Annales du Muséum, divise le printemps des cultivateurs en trois parties. La première, qui commence lorsque la sève se met en mouvement dans les racines. C'est ordinairement, dans le climat de Paris, pour la plupart des plantes, depuis la fin de janvier jusqu'à la mi-février. La seconde, lorsque la sève monte dans les branches et en fait distendre les boutons; c'est, dans le même climat, depuis la mi-février jusqu'à la fin d'avril. La troisième s'annonce par le développement des bourgeons, des feuilles et des fleurs.

Au printemps recommence, dans toute sa latitude, la série des pénibles travaux des cultivateurs. Dès que les glaces de l'hiver ont disparu ils doivent ne pas perdre un moment. Pour la jeunesse désœuvrée, c'est la saison des amours; pour eux, c'est celle de l'extrême fatigue. La coupe des foins et la maturité des fruits rouges a lieu pendant sa durée; mais malgré cela c'est la saison la moins productive. Elle est presque toute en espérance.

Pour qu'un printemps soit favorable il faut qu'il ne soit ni trop sec, ni trop pluvieux, ni trop froid, ni trop chaud. L'excès, sous ces quatre rapports, est constamment nuisible. *Voyez* Sécheresse, Humidité, Froid et Chaleur.

Les littérateurs en prose et en vers ont trop bien chanté les charmes de cette saison pour que j'entreprenne d'en parler. Je renvoie à la nature ceux qui veulent en jouir, non à celle des plaines du nord de la France où elle n'est pas connue, mais à celle des montagnes du midi. Il me semble qu'il n'y a pas de printemps aux environs de Paris, quand je me rappelle ceux de la ci-devant Bourgogne, pays où j'ai passé ma jeunesse.

Beaucoup de faits, au reste, tendent à faire croire que les printemps étoient réellement autrefois plus hâtifs et plus chauds qu'ils le sont aujourd'hui. Il y a, dans le Journal de physique, un mémoire sur cet objet. On doit probablement en attribuer la cause à la continuité du défrichement du sommet des montagnes, qui a diminué la puissance des abris généraux. C'est par des abris particuliers et par un choix judicieux des variétés les plus hâtives parmi les plantes cultivées qu'on peut contre-balancer les inconvéniens de cet effet.

Les mois d'Avril, de Mai et de Juin sont ceux qui forment le printemps sur le calendrier, et c'est à leurs articles qu'on trouvera la série des principales opérations qui doivent être exécutées pendant sa durée. (B.)

PRISE D'EAU. Ce mot a deux acceptions en agriculture qui cependant rentrent l'une dans l'autre. Une prise d'eau pour faire tourner un moulin, pour arroser un pré, est une saignée faite dans une rivière, un ruisseau, un étang, etc. Une prise d'eau pour former des bassins, des jets d'eau, des cascades, etc., dans un jardin, est le plus souvent une fontaine, un étang, quelquefois un édifice (lorsqu'on se procure cette eau par des moyens artificiels.) Les principaux objets qu'on doit étudier, lorsqu'on se propose de diriger un cours d'eau vers tel ou tel point où il ne tend pas naturellement, sont, 1° la différence du niveau non seulement de la prise d'eau comparée à ce point, mais encore à tous les points intermédiaires; 2° la nature des terres que doit traverser le nouveau cours, car de là dépendent les travaux nécessaires pour arriver à son but. On appelle Nivellement les opérations géométriques qui conduisent au premier résultat. *Voyez* ce mot. On acquiert des connoissances propres à fixer le second par des fouilles de distance en distance. Il est des sols sablonneux qui ne retiennent pas l'eau. Il en est qui sont composés de rochers qu'il seroit très coûteux de creuser.

Les fontaines appartenant à ceux sur les fonds desquels elles se trouvent, et les rivières, qui ne sont pas navigables, appartenant aux riverains de chaque côté, on ne peut se procurer des prises d'eau hors de sa propriété que par un arrangement. Il sera fait par-devant notaire pour la sûreté de l'acquéreur, sur-tout si ses effets doivent être durables. (B.)

PROLIFÈRE. (Fleurs.) On donne ce nom aux fleurs du centre desquelles il sort une tige ou simplement un pédoncule qui porte une autre fleur.

La nature présente quelquefois des fleurs prolifères, mais c'est dans nos jardins qu'on en voit le plus abondamment. C'est une véritable monstruosité, tantôt passant avec la fleur sur laquelle elle a apparu, tantôt se montrant tous les ans sur le même pied et pouvant se propager par les greffes, les boutures, les marcottes et même les semences.

Excepté la rose à cent feuilles et l'œillet à carte, je ne me rappelle pas une seule fleur prolifère qui mérite réellement d'être louée. C'est comme objet singulier seulement qu'on les conserve dans les jardins. J'ai vu par-tout s'enthousiasmer pour elles les premiers jours de leur apparition et ne les plus regarder ensuite.

Il y a aussi des fruits prolifères, tels que pêche, abricot, poire, pomme, etc. *Voyez* MONSTRUOSITÉS. (B.).

PRONOSTICS. Signes tirés de l'état de l'atmosphère, de la manière d'être des animaux, des végétaux, etc., qui indiquent les changemens de temps et autres phénomènes qu'il importe aux agriculteurs de prévoir d'avance.

Si l'astrologie, si l'art de la divination sont des futilités seulement propres à prouver la sottise humaine, il n'en est pas de même des prédictions qui sont la suite de l'observation de certaines circonstances qui précèdent constamment tel ou tel changement de l'état de l'atmosphère. Il n'est point de bon esprit qui n'ait vérifié des faits qui ne permettent pas de douter de l'enchaînement de plusieurs effets qui d'ailleurs ne paroissent avoir aucune liaison entre eux, quoiqu'ils en aient réellement et même une très intime.

Les mêmes causes doivent amener les mêmes résultats, puisque la nature suit une marche régulière dans son ensemble comme dans ses détails. Aussi de tout temps a-t-on cru que l'étude des variations de l'atmosphère dans une période quelconque devoit amener à la connoissance certaine de ces mêmes variations pendant la suivante. L'expérience cependant a prouvé l'impossibilité d'établir quelque chose de fixe à cet égard, quoique les calculs fondés sur l'observation ne puissent être contestés par personne. Les plus savans ouvrages ne sont donc pas plus utiles aux agriculteurs que l'absurde almanach de Liège qui est si souvent entre leurs mains et qui les entretient dans les plus ridicules préjugés.

Aratus, médecin grec, établi à Soli dans l'Asie mineure, a publié, il y a 2078 ans, un poëme sur les pronostics qui est parvenu jusqu'à nous et qui renferme fort peu d'erreurs. J'en aurois copié ici la traduction si elle n'étoit un peu longue et si je n'avois pas, pour dédommager le lecteur, dans les signes des changemens de temps par Toaldo, un ouvrage bien plus concis, bien plus complet, bien mieux coordonné, et plus facile à abréger.

Toaldo a divisé ses pronostics, que j'ai presque tous vérifiés, en trois classes : ceux tirés de l'atmosphère, ceux tirés des corps terrestres, ceux tirés des animaux. Il auroit pu en tirer aussi quelques uns des végétaux.

Pronostics tirés de l'atmosphère. 1. Si les étoiles perdent de leur clarté sans qu'il paroisse de nuages dans le ciel, c'est un signe d'orage.

2. Si les étoiles paroissent plus grandes qu'à l'ordinaire,

ou plus près les unes des autres, c'est un signe que le temps va changer.

3. Lorsqu'on voit des éclairs près de l'horizon sans aucun nuage, ils sont un signe de beau temps et de chaleur.

4. Les tonnerres du soir amènent un orage, ceux du matin indiquent le vent, et ceux du midi la pluie.

5. Le tonnerre continuel annonce une bourrasque ou un très fort orage.

6. L'arc-en-ciel bien coloré ou double annonce une continuité de pluie.

7. Les couronnes blanchâtres qui se montrent autour du soleil, de la lune et des étoiles, sont un signe de pluie.

8. Lorsque la pluie fume en tombant c'est signe qu'il pleuvra long-temps et abondamment.

9. Si après une petite pluie on aperçoit près de la terre un nuage ressemblant à de la fumée, c'est un signe qu'il tombera beaucoup de pluie.

10. Les nuages qui après la pluie descendent près de terre, et semblent rouler sur les champs, sont un signe de beau temps.

11. S'il survient un brouillard après le mauvais temps, cela indique sa cessation.

12. Mais si le brouillard survient pendant le beau temps, et qu'il s'élève en laissant des nuages, le mauvais temps est immanquable.

13. S'il paroît des parélies (deux soleils), cela annonce de la neige et du froid.

14. En hiver les éclairs sont un signe de neige prochaine, de vent ou de tempête.

15. Les nuages divisés, comme la laine des brebis sur leur corps (moutonnés), indiquent pendant l'été du vent, et pendant l'hiver de la neige.

16. Si l'horizon est dépourvu de nuages et qu'il ne souffle aucun vent, ou celui du nord, c'est un signe certain de beau temps.

17. Si, après le vent, il s'ensuit une gelée blanche qui se dissipe en brouillard, le temps devient mauvais et malsain.

18. Dans le climat de Paris le vent du sud-ouest est celui qui amène le plus souvent la pluie, et le vent de l'est celui qui l'amène le plus rarement.

Pronostics tirés des corps terrestres. 1. Si la flamme de la ampe étincelle, ou si elle forme un champignon, il y a grande robabilité de pluie.

2. Il en est de même lorsque la suie se détache et tombe des cheminées.

3. Si la braise paroît plus ardente qu'à l'ordinaire, et si la flamme paroît plus agitée, c'est signe de vent.

4. Lorsque la flamme est droite et tranquille, c'est un signe de beau temps.

5. Si on entend de loin le son des cloches, c'est un signe de vent ou de changement de temps.

6. Les bonnes ou mauvaises odeurs condensées, c'est-à-dire plus fortes, sont un signe de pluie.

7. Le changement fréquent du vent est l'annonce d'une bourrasque.

8. Si le sel, le marbre, le fer, les vitres deviennent humides; si les bois des portes et des fenêtres se gonflent; si les cors aux pieds deviennent douloureux, c'est signe de pluie ou de dégel.

9. Les vents qui commencent à souffler pendant le jour sont beaucoup plus forts et durent plus long-temps que ceux qui commencent pendant la nuit.

10. La gelée qui commence par un vent d'est dure long-temps.

11. Si le vent ne change pas, le temps reste tel qu'il est.

H. B. De Saussure, dans ses essais sur l'hygrométrie, fait beaucoup valoir la certitude de l'observation des phénomènes physiques pour prédire les changemens de temps. Il voudroit qu'on détaillât, avec plus de précision qu'on ne l'a fait jusqu'à présent, les diverses observations qui concernent l'état du ciel. Il explique, dans un chapitre spécial, quelques uns de ces pronostics qui ne manquent jamais. Par exemple, l'air plus transparent que de coutume indique la pluie comme très prochaine; de petits nuages blancs passant immédiatement sous le soleil et s'y colorant en rouge, en jaune, en vert et autres couleurs de l'iris, l'indiquent également; il en est de même lorsque la lune est entourée d'un cercle de vapeurs, qu'elle se *baigne*, qu'elle est *halo* comme on dit vulgairement.

Outre ces moyens de reconnoître d'avance les changemens qui doivent avoir lieu dans le temps par l'observation des phénomènes physiques, il y a trois instrumens dont on fait un usage fréquent dans les villes, mais qu'on ne trouve pas aussi souvent, qu'il seroit bon, chez les simples cultivateurs; ce sont le BAROMÈTRE, le THERMOMÈTRE, l'HYGROMÈTRE. *Voyez* ces trois mots.

Pronostics tirés des animaux. 1. Les chauve-souris qui se montrent en plus grand nombre que de coutume ou qui volent plus long-temps qu'à l'ordinaire annoncent pour le lendemain un jour chaud et serein. C'est le contraire si elles sont en plus petit nombre , entrent dans les maisons et jettent des cris.

2. La chouette qu'on entend crier pendant le mauvais temps annonce le beau.

3. Les corbeaux qui crient le matin indiquent la même chose.

4. C'est un indice de pluie et d'orage lorsque les canards et les oies volent çà et là pendant le beau temps en criant et se plongeant dans l'eau.

5. Les abeilles qui s'écartent peu de leurs ruches annoncent la pluie ; elles l'annoncent encore quand elles arrivent en foule à la ruche avant la nuit et sans être entièrement chargées.

6. Si les pigeons reviennent tard au colombier, ils indiquent la pluie pour les jours suivans.

7. C'est un signe de mauvais temps lorsque les moineaux gazouillent beaucoup et s'appellent pour se rassembler.

8. Les poules qui se roulent dans la poussière plus que de coutume annoncent la pluie. Il en est de même si les coqs chantent le soir ou à des heures extraordinaires.

9. C'est un signe de mauvais temps lorsque les hirondelles rasent la surface de la terre et de l'eau.

10. Le temps annonce l'orage lorsque les mouches piquent et deviennent plus importunes qu'à l'ordinaire.

11. Quand les moucherons (tipules) se rassemblent avant le coucher du soleil et qu'ils forment une colonne tourbillonnante , ils annoncent le beau temps.

12. Si les grenouilles coassent plus qu'à l'ordinaire ; si les crapauds sortent le soir en grand nombre de leurs trous ; si les vers de terre paroissent à la surface du sol ; si les taupes labourent plus que de coutume ; si les bœufs et les dindons se rassemblent, il y a presque certitude de pluie.

13. Lorsque les bestiaux, et sur-tout les brebis , sont plus âpres à la pâture qu'à l'ordinaire, la pluie n'est pas loin.

Il y a un grand nombre de dictons populaires qui pourroient être mis au rang des pronostics, mais dont la vérification n'est pas aussi facile que celle des changemens de l'atmosphère, à raison du temps qu'il faut attendre; ainsi l'on dit que lorsqu'il pleut le 3 mai , il n'y a pas de noix ; que lorsqu'il pleut le 15 juin, il n'y a pas de raisins. Cela peut-être vrai, car ces époques sont celles de la floraison de ces arbres, et on sait que la fécondation des plantes demande un temps sec et chaud pour s'effectuer d'une manière convenable.

Dans l'hiver une grande quantité de neige promet une année fertile, et des pluies abondantes font craindre le contraire. On sait que lorsque le printemps est pluvieux, il y a abondance de foin et foible production de blé ; que s'il est chaud il y aura beaucoup de fruits, mais verreux ; que s'il est froid les récoltes seront tardives.

Si le printemps et l'été sont tous deux secs ou tous deux humides, on sera menacé de disette. Si l'été est chaud, il y aura beaucoup de maladies.

Un automne pluvieux annonce une mauvaise qualité dans le vin, une médiocre récolte de blé pour l'année suivante. Un bel automne est presque toujours suivi d'un hiver venteux.

Tous ces pronostics ont une cause connue des hommes accoutumés à observer, et ils peuvent guider assez sûrement le cultivateur qui y fait attention.

En général la longue intempérie des saisons, soit par vent, soit par sécheresse, soit par humidité, soit par chaud ou par froid devient nuisible aux plantes et aux animaux.

Les printemps et les étés humides sont ordinairement suivis d'un bel automne ; si l'hiver est pluvieux, le printemps est sec ; si celui-là est sec, celui-ci est humide. Lorsque l'automne est beau, le printemps est pluvieux.

J'aurois pu beaucoup m'étendre sur ces objets, mais plus on veut particulariser dans ce cas, plus on est exposé à se tromper. Je renvoie pour le surplus à l'article Météorologie. (B.)

PROPOLIS. Matière résineuse que les abeilles emploient pour fermer les ouvertures de leurs ruches qui se trouvent au-dessus de leurs rayons afin d'empêcher l'eau des pluies de pénétrer dans l'intérieur. On ignore de quelles plantes elles retirent cette matière, et comme elles en trouvent par-tout, même dans les lieux où il ne croît aucune plante résineuse, il ne seroit peut-être pas hasardeux de dire que c'est le miel qu'elles transforment ainsi ; du moins la cire, qui en est évidemment formée, comme le prouve les expériences de Hubert, est presque de la même nature puisqu'elle se fond et brûle ainsi que le propolis. *Voyez* le mot Abeille et une analyse de cette substance, par Vauquelin, insérée dans le sixième volume des mémoires de la société d'agriculture de la Seine. (B.)

PROPRETÉ. Ce mot est malheureusement peu connu dans le langage des cultivateurs ; cependant la propreté est une des bases sur lesquelles repose la santé. Pourquoi trouve-t-on tant d'insouciance à cet égard dans presque toutes les campagnes ? Pourquoi les femmes mêmes, qui tirent un de leurs principaux charmes de cette vertu, la négligent-elles si fort ? De la misère, dit-on, d'un côté, de la nécessité de travailler, reprend-on, de l'autre. Mais ces excuses sont-elles valables ? Une chemise de grosse toile ne peut-elle pas être trempée dans une eau de lessive et lavée sans savon comme une chemise fine ? Les femmes ne perdent-elles pas beaucoup plus de temps qu'il ne leur en faudroit chaque semaine pour blanchir leur linge et celui de leur famille, pour raccommoder leurs vêtemens, nettoyer leur habitation, leurs ustensiles de ménage, leurs étables, leurs écuries, poulaillers, colombiers, toits à porcs, leurs cours, etc. ?

C'est de l'éducation qu'il faut attendre, sous ce rapport comme sous tant d'autres, l'amélioration de nos campagnes. Tant que leurs habitans ne seront pas convaincus dès la première enfance des avantages, je dirai même de la nécessité de la propreté, ils resteront toute leur vie aussi sales qu'ils le sont en ce moment. Or le gouvernement seul peut influer sur un tel changement pour le rendre prompt. L'opinion qui agit avec tant de puissance sur les cultivateurs de la Hollande et de quelques parties de l'Angleterre, dont l'excessive propreté est connue, est presque nulle chez nous, et ne naîtra que lentement par tout autre moyen. (B.)

PROPRIÉTAIRE DE TERRE. La propriété des terres est le plus solide fondement de l'organisation sociale. Sans elle l'agriculture ne peut acquérir aucun développement. Le titre de propriétaire de terre doit être considéré comme supérieur à tous les autres, puisque tous les autres en émanent et s'y rattachent en dernière analyse.

On distingue, relativement à l'agriculture, trois sortes de propriétaires. Les uns, et ce sont généralement les plus riches, ne s'occupent de leurs propriétés que pour les louer à des cultivateurs et en toucher les revenus. Les autres, ceux dont la propriété est d'une étendue moyenne, font cultiver sous leurs yeux par des ouvriers qu'ils dirigent. Enfin les troisièmes, et ce sont les plus pauvres, les plus nombreux, cultivent de leurs propres mains.

Sans doute il est une infinité de propriétaires que des circonstances prédominantes obligent de vivre éloignés de leurs biens, et qui par conséquent ne peuvent les faire valoir par eux-mêmes; mais il n'en est pas moins désirable que le nombre en soit restreint autant que possible, car il appartient plus particulièrement à ceux qui habitent sur leurs fonds de concourir efficacement aux progrès de l'art agricole. *Voyez* au mot CULTIVATEUR. (B.)

PROSTRATION DES FORCES. C'est-à-dire l'affoiblissement de l'action vitale des animaux malades. Elle est toujours un symptôme dangereux, mais quelquefois elle devient l'effet d'une crise favorable. On la combat par les cordiaux.

PROUBACHE. Provin de vigne dans le département de Lot-et-Garonne.

PROVENÇALE. Variété de la giroflée jaune, caractérisée par des taches d'un brun rougeâtre. *Voyez* GIROFLÉE.

PROVENDE. Mélange de pois gris, de vesce, d'avoine et autres grains qu'on donne aux moutons pour les engraisser, et aux brebis pour augmenter leur lait. *Voyez* MOUTON et BREBIS.

PROVIGNER. *Voyez* PROVIN.

PROVIN. Espèce de marcotte particulièrement consacrée à la vigne. C'est un cep couché entièrement, à l'exception de l'extrémité des sarmens, dans une fosse creusée à cet effet. Cette opération a pour but de repeupler une vigne qui a perdu beaucoup de ses ceps, et son résultat est autant de nouveaux pieds écartés de deux ou trois pieds l'un de l'autre, qu'il y avoit de sarmens sur le cep provigné. Dans la ci-devant Bourgogne, on restreint son acception au marcottage complet des sarmens d'un cep. *Voyez* aux mots MARCOTTE et VIGNE.

PROVISION. Il semble que les cultivateurs qui habitent loin des marchés, qui ont journellement besoin de beaucoup d'objets qu'ils ne peuvent se procurer que dans les villes, devroient avoir ces objets en provision ; ils y trouveroient économie de temps, puisqu'ils ne seroient pas obligés de se déplacer si souvent, et économie d'argent, puisque ce qu'on achète en gros est toujours meilleur marché que ce qu'on achète en détail. Cependant presque nulle part on n'en fait. Le plus grand dénûment se remarque dans la maison du riche laboureur comme dans celle du pauvre journalier ; à peine ont-ils une provision de farine pour eux et des fourrages pour leurs bestiaux. Ils achètent leur sel, leur huile, leur savon livre à livre, et dépensent souvent plus pour les aller chercher qu'ils ne coûtent, parceque ce n'est presque toujours qu'au moment du besoin le plus pressant qu'ils s'aperçoivent de ce qui leur manque. Un grain d'émétique les auroit sauvés d'une paralysie s'ils l'avoient eu sous la main, et il faut l'aller chercher à trois lieues.

On dira peut-être que la plupart des habitans des campagnes n'ont pas assez d'argent pour faire des provisions ; mais c'est parcequ'ils n'ont pas eu de provisions qu'ils ont dépensé plus d'argent. D'ailleurs il n'est pas nécessaire qu'ils achètent tout le même jour ; la plupart des articles qui les composent peuvent indifféremment être acquis à toutes les époques. Il ne s'agit que d'acheter en une fois, bon et à bon compte, ce qu'on achète en vingt fort cher et fort mauvais.

Je ne prétends pas corriger nos cultivateurs de cet usage ; mais je ne puis m'empêcher de le signaler comme une des causes les plus puissantes de la misère qui règne parmi eux.

Ce que je dis des consommations journalières des simples laboureurs et des journaliers s'applique également aux riches propriétaires pour d'autres objets. Il est peu commun, en effet, d'en voir un qui ait du bois de construction et de charronnage, des matériaux pour réparer ses bâtimens, des arbres de pépinière pour repeupler ses jardins. A-t-il un besoin, il envoie chez le charpentier, chez le charron, qui donnent des bois verts et par conséquent de peu de durée ; chez le maçon ou le couvreur qui lui font payer les pierres ou les tuiles une fois plus cher : chez le pépiniériste, qui le trompe sur l'espèce ou la qualité des arbres qu'il a demandés.

Le véritable esprit de conduite ne consiste pas à épargner sur sa consommation de manière à se priver de tout, mais à tirer le meilleur parti possible de ses revenus, pour diminuer la somme de ses dépenses, et augmenter cependant la masse de ses jouissances. Or, un des moyens de parvenir à ce double but est la prévoyance. (B.)

PRUNE, Fruit du PRUNIER. *Voyez* ce mot.

PRUNELLE. On appelle ainsi le fruit du PRUNIER ÉPINEUX.

PRUNIER, *Prunus*. Genre de plantes de l'icosandrie monogynie et de la famille des rosacées, qui renferme dix à douze arbres, dont un est, à raison de ses fruits qui offrent une grande quantité de variétés, l'objet d'une culture de grande importance pour la France. Je ne puis donc me dispenser de donner quelque étendue à l'article qui le concerne, quoique, pour ne pas fatiguer le lecteur, j'aie particulièrement traité du cerisier, qui, selon tous les botanistes modernes, ne peut pas en être séparé. *Voyez* au mot CERISIER.

Les véritables pruniers sont tous des arbres ou des arbustes dont les feuilles sont alternes, pétiolées, ovales, dentées, accompagnées de stipules, et munies de glandes à leur base, dont les fleurs sont solitaires à l'extrémité de pétioles isolés ou réunis plusieurs ensemble au-dessus du point d'attache des feuilles de l'année précédente. Leurs fruits varient dans la plupart des nuances du rouge, du bleu, du jaune et du vert; il en est même de blancs. Ils varient également par leur saveur, tantôt très âpre, tantôt très douce et très sucrée, tantôt acide, enfin tantôt fade, ainsi que par leur forme et leur grosseur.

Le PRUNIER CULTIVÉ, *Prunus domestica*, Lin., est un arbre médiocre, dont les racines sont traçantes ; l'écorce brune, velue dans la jeunesse, crevassée dans la vieillesse; dont les rameaux poussent d'abord droit et vigoureusement, mais ne tardent pas à se déformer et à se modérer ; dont les feuilles sont ovales oblongues, ridées et légèrement velues ; dont les fleurs sont blanches et se développent en même temps que les feuilles. On le croit originaire de l'Orient ; mais on le cultive depuis si long-temps en France, qu'il y est comme naturalisé, et qu'on le trouve souvent sauvage dans les bois et les buissons.

Beaucoup de botanistes regardent le prunier que Linnæus à appelé *p. insiticia*, espèce qui croît naturellement dans les parties méridionales de la France, comme le type des pruniers cultivés : la spinescence de ses vieux rameaux n'est pas un motif de repousser cette opinion.

Ainsi que tous les arbres anciennement cultivés, le prunier a fourni, comme je l'ai dit plus haut, une grande quantité de variétés qui diffèrent par l'époque de leur maturité, ainsi que par leur forme, leur couleur, leur grosseur, leur saveur, etc. Il n'est point de pays isolé, c'est-à-dire dont les cultivateurs communiquent peu au dehors, où on n'en trouve de particulières : j'en ai mangé souvent dans mes voyages, que je n'ai pu rapporter à celles qui sont décrites par Duhamel, et cultivées dans les jardins des environs de Paris. Dans l'impossibilité et même l'inutilité de faire connoître toutes ces variétés, je vais indiquer, par ordre de maturité, celles qui ont été décrites par ce célèbre cultivateur, l'honneur de la France, en y ajoutant quelques autres nouvellement introduites dans nos jardins. Je renverrai à son ouvrage même, ainsi qu'à une monographie de ces variétés, publiée en allemand avec figures coloriées, ceux qui voudront de plus grands détails.

La JAUNE HATIVE est petite, ovale, plus grosse du côté de la tête que de la queue. Sa peau est jaune et cassante; sa chair est tantôt mollasse, sucrée et musquée, tantôt sèche et fade. Elle mûrit au commencement de juillet en espalier, et quinze jours plus tard en plein vent. L'arbre est peu vigoureux, mais très fertile. *Voyez* Duh., *pl.* 1.

La PRÉCOCE DE TOURS est petite, ovale; sa peau est noire, très fleurie, un peu amère; sa chair est jaunâtre, quelquefois très agréable au goût et adhérente au noyau. L'arbre est vigoureux et fertile.

Le MONSIEUR HATIF diffère peu du monsieur ordinaire, mais le devance de quinze jours; sa peau est d'un violet foncé, très fleurie, très amère, et se détache facilement; sa chair est d'un jaune tirant sur le vert, fondante, mais peu sucrée. *Voyez* Duh., *pl.* 20.

Le DAMAS DE PROVENCE HATIF (Calvel) est rond, de grosseur médiocre; sa peau est d'un violet noir, très fleurie; sa chair jaune, très sucrée. Il mûrit à la fin de juin. C'est une des meilleures prunes précoces. Duhamel ne l'a pas connue.

La JÉRUSALEM (Calvel) est grosse, ronde, comprimée, violette, brune, fleurie et quitte difficilement le noyau. Elle mûrit en même temps que la variété précédente. Duhamel ne l'a pas non plus connue.

La GROSSE NOIRE HATIVE, ou *noire de Montreuil*, ou *prune de la Madeleine*, est allongée et de moyenne grosseur. Sa peau est d'un beau violet, très fleurie, très aigre ; sa chair jaunâtre, ferme, assez fine et parfumée. C'est celle qu'on cultive le plus en espalier à Montreuil et ailleurs, parcequ'elle est la meilleure des hâtives.

Il ne faut pas la confondre avec une autre noire hâtive, ronde et plus grosse, mais qui ne mérite pas d'être cultivée, parceque sa chair est fade et grossière.

Le GROS DAMAS DE TOURS est ovale, de moyenne grosseur ; sa peau est d'un violet foncé, aigre, adhérente. Sa chair est ferme, presque blanche, sucrée, parfumée, et seroit excellente si sa peau pouvoit être facilement enlevée. Il mûrit à la mi-juillet. L'arbre s'élève beaucoup en plein vent, et est sujet à couler.

Le PERDRIGON HATIF (Calvel) est petit, oblong, noir, légèrement acerbe et ne quitte pas le noyau. L'arbre charge beaucoup. Duhamel ne l'a pas connu.

L'AGRUNE D'AGEN (Calvel) est grosse, oblongue, d'un violet noir. C'est une de celles qu'on emploie le plus pour faire des pruneaux à Agen. On la confond avec la royale de Tours, mais elle s'en distingue par sa couleur plus foncée, son noyau plus aplati. Duhamel ne l'a pas connue.

Le MONSIEUR est presque rond et a souvent dix-huit lignes de diamètre. Sa peau est d'un beau violet, se détache aisément, et se fend souvent. La chair est jaune, fondante, mais peu sucrée, et rarement musquée. L'arbre est grand et très productif. *Voyez* DUH., *pl.* 7.

La ROYALE DE TOURS diffère peu du précédent en forme et en grosseur ; sa peau est d'un violet clair, très fleurie, semée de très petits points d'un jaune presque doré. Sa chair est d'un jaune verdâtre, très sucrée et relevée. L'arbre est vigoureux et fournit beaucoup. Il mérite d'être cultivé sous tous les rapports. *Voyez* DUH., *pl.* 20.

La VIRGINALE A FRUITS ROUGES (Calvel) est petite, arrondie, rouge, plus foncée au soleil. Sa chair est jaune et un peu acerbe.

La VIRGINALE A FRUITS BLANCS (Calvel) est de grosseur moyenne, ovale, blanchâtre, rouge du côté du soleil. Sa chair est jaune, douce, et quitte facilement le noyau.

Duhamel n'a pas connu ces deux dernières prunes.

La DIAPRÉE VIOLETTE est de moyenne grosseur, ovale, allongée ; sa peau est violette, fleurie et se détache aisément ; sa chair est d'un jaune verdâtre, ferme, sucrée, agréable, très bonne crue, et excellente en pruneau. L'arbre donne beaucoup de fruit. *Voyez* DUH., *pl.* 17.

Le DAMAS ROUGE est ovale, de moyenne grosseur. Sa peau est d'un rouge foncé du côté du soleil, peu adhérente. Sa chair est fondante, jaunâtre, sucrée. Il mûrit à la mi-août. C'est un bon fruit.

Il y a un autre damas rouge plus petit et moins allongé qui mûrit vers la mi-septembre.

Le DAMAS MUSQUÉ est petit, aplati, irrégulier. Sa peau est d'un violet très foncé. Sa chair est jaune, ferme, d'un goût relevé et musqué, et quitte entièrement le noyau. Il mûrit à la mi-août. On l'appelle aussi *prune de Malte*, *de Chypre*. L'arbre est d'une grandeur et d'une fertilité médiocres. *Voyez* Duh., *pl.* 20.

La PRUNE PÊCHE (Calvel) est très grosse, légèrement ovale, violette, peu fleurie. Sa chair ne quitte pas le noyau. Elle mûrit vers la mi-août. Duhamel ne l'a pas connue.

La ROYALE est presque ronde et de dix-huit lignes de diamètre. Sa peau est d'un violet clair, extrêmement fleurie et tiquetée de points fauves. Sa chair est d'un vert clair, ferme, très relevée, et quitte aisément le noyau. L'arbre est grand et vigoureux. *Voyez* Duh., *pl.* 10.

La MIRABELLE est ronde ou légèrement ovale, d'environ un pouce de diamètre. Sa peau est jaune, tiquetée de rouge lorsque le soleil l'a frappée. Sa chair est jaune, ferme, sucrée, et ne tient pas au noyau. Elle mûrit vers la mi-août. On en fait d'excellentes confitures, de bonnes compotes et des pruneaux estimés. L'arbre s'élève peu, mais fructifie beaucoup.

La petite mirabelle est un peu plus petite, plus jaune, plus hâtive, et moins bonne. *Voyez* Duh., *pl.* 14.

Le DRAP D'OR, ou *la double mirabelle* est de la grosseur de la précédente. Sa peau est fine, jaune, tiquetée de rouge du côté du soleil, comme transparente. Sa chair est jaune, fondante, très sucrée, et quitte difficilement le noyau. C'est une très bonne prune.

L'ABRICOTÉE ROUGE (Calvel) a le fruit médiocre, rond ou ovale, même un peu en cœur. Sa peau est jaune, fortement colorée en rouge. Elle a un goût d'abricot : c'est un bon fruit. Elle mûrit à la mi-août. Duhamel ne l'a pas connue.

L'IMPÉRIALE JAUNE (Calvel) est très grosse, ovale, jaune, plus foncée du côté du soleil. Sa chair est jaune, sucrée, acidule, et quitte bien le noyau. Elle mûrit à la mi-août. Duhamel ne l'a pas connue.

L'IMPÉRIALE VIOLETTE est ovale, longue de vingt lignes ; sa peau est coriace, adhérente, d'un violet clair et très fleurie. Sa chair est d'un vert blanchâtre, demi-transparente, ferme, sucrée, d'un goût relevé, et n'adhère pas au noyau. Elle mûrit vers le vingt août. L'arbre est très vigoureux. Il offre une sous variété dont les feuilles sont panachées, et qu'on cultive quelquefois, à raison de cette circonstance, dans les jardins paysagers. *Voyez* Duh., *pl.* 15.

Il y a une autre *impériale violette* dont le fruit est très gros, très allongé, la peau coriace et peu adhérente; la chair jaunâtre et sucrée.

Le DAMAS VIOLET est ovale, de moyenne grosseur, plus étroit du côté de la queue. Sa peau est violette, très fleurie et peu adhérente. Sa chair est jaune, ferme, très sucrée, mais cependant un peu aigre, adhérente au noyau d'un seul côté. Cette prune est fort estimée. L'arbre est vigoureux, mais donne peu de fruit. *Voyez* Duh., *pl.* 20.

Le DAMAS DRONET est ovale et long d'un pouce. Sa peau est d'un vert jaunâtre, peu fleurie, peu adhérente et coriace. Sa chair tire sur le vert, est demi-transparente, ferme, fine, très sucrée, et quitte entièrement le noyau. Il mûrit vers la fin d'août et est très bon. *Voyez* Duh., *pl.* 2.

Le DAMAS D'ITALIE est de grosseur moyenne, presque rond. Sa peau est coriace, d'un violet clair, très fleurie. Sa chair est d'un vert jaunâtre, très sucrée et non adhérente au noyau. Il mûrit à la fin d'août : c'est un fort bon fruit. L'arbre est vigoureux et productif. *Voyez* Duh., *pl.* 4.

Le DAMAS DE MAUGERON est presque rond et de dix-huit lignes de diamètre. Sa peau est d'un violet clair, fleurie, parsemée de points fauves, et adhérente. Sa chair est ferme, tirant sur le vert, très sucrée, et se détache du noyau. C'est une des prunes les plus estimées. L'arbre est grand et assez productif. *Voyez* Duh., *pl.* 5.

Le DAMAS NOIR TARDIF est petit, allongé. Sa peau est presque noire, très fleurie, très adhérente et coriace. Sa chair est jaunâtre ou verdâtre, agréable quoique acide. Il mûrit vers la fin d'août. On le cultive peu. *Voyez* Duh., *pl.* 20.

Le PERDRIGON VIOLET est légèrement ovale et de dix-huit lignes de long. Sa peau est coriace, d'un violet rouge, tiquetée de jaune et très fleurie. Sa chair est d'un vert clair, fort sucrée, d'un parfum qui lui est propre, et adhérente au noyau. *Voyez* Duh., *pl.* 9.

Le PERDRIGON NORMAND est gros, allongé, plus renflé du côté de la queue. Sa peau est bien fleurie, tiquetée de points jaunes, coriace et peu adhérente : elle est d'un violet foncé du côté du soleil, et d'un violet clair mêlé de jaune du côté de l'ombre. Sa chair est d'un jaune très clair, ferme, douce, relevée, et tient au noyau par quelques endroits. Cette prune est très bonne et mûrit à la fin d'août.

L'arbre est vigoureux et fertile, mais son bois est fort cassant.

La GROSSE REINE-CLAUDE, aussi appelée *dauphine*, *abricot-vert*, *vertebonne*, est grosse, ronde, un peu aplatie sur les deux bouts. Sa peau est adhérente, peu fleurie, fine, verte, maculée de gris et frappée de rouge du côté du soleil. Sa chair est d'un vert jaunâtre, fondante, sucrée, excellente et adhérente au noyau par quelques endroits. Elle mûrit à la fin d'août. Cette prune, qui est la véritable reine-claude de beaucoup de cultivateurs, est la meilleure de toutes pour être mangée crue. On en fait des compotes et des confitures très estimées. Ses pruneaux sont de fort bon goût, mais peu charnus.

L'arbre est vigoureux et charge bien. *Voyez* DUH., *pl.* 11.

La REINE-CLAUDE VIOLETTE (Calvel) a la grosseur et la saveur de la précédente; mais sa peau est d'un violet pâle, vergeté de blanc et ponctué de brun. C'est une excellente variété nouvellement acquise et qu'on ne peut trop multiplier.

La JACINTHE est ovale, un peu plus renflée du côté de la queue et a vingt lignes de long. Sa peau est d'un violet clair, fleurie, coriace et adhérente. Sa chair est jaune, ferme, sucrée, aigrelette et tient à la chair par quelques endroits. Cette prune, qui ressemble beaucoup à l'impériale, mûrit vers la fin d'août. L'arbre est vigoureux. *Voyez* DUH., *pl.* 16.

L'IMPÉRIALE BLANCHE est de la forme et de la grosseur d'un œuf de dinde. Sa peau est coriace, blanche, ferme et très adhérente. Sa chair est blanche, acide et ne quitte pas le noyau. Cette prune, qui charge peu, n'a de mérite que sa grosseur. Elle n'est bonne ni crue, ni en pruneau.

La REINE-CLAUDE PETITE est de moyenne grosseur, ronde, et légèrement aplatie du côté de la queue. Sa peau est coriace, d'un vert clair, très fleurie. Sa chair est blanche, ferme, juteuse, plus ou moins sucrée et non adhérente. Elle mûrit au commencement de septembre. Peu de prunes varient autant en saveur selon le climat, l'exposition, le terrain, etc. Souvent elle ne vaut rien du tout. Toujours elle est inférieure à la dauphine qu'on confond généralement avec elle.

L'arbre qui la produit charge beaucoup.

Le prunier à FLEURS SEMI-DOUBLES mérite plus d'être cultivé pour sa fleur que pour son fruit. En conséquence c'est lui qu'on doit placer de préférence dans les jardins paysagers où il produit d'agréables effets, isolé au milieu des gazons ou à quelque distance des massifs, et à toutes les expositions. *Voyez* DUH., *pl.* 12.

Le DAMAS BLANC (PETIT) est presque rond et d'un pouce de diamètre. Sa peau est coriace, verte et fleurie. Sa chair est jaunâtre, succulente, sucrée, mais un peu aigre. Il mûrit au commencement de septembre. *Voyez* DUH., *pl.* 3.

Le DAMAS BLANC (GROS) est un peu ovale, plus renflé du

côté de la tête. Sa peau et sa chair diffèrent peu de celles du précédent, mais cette dernière est un peu plus sucrée.

Le PERDRIGON BLANC est petit, légèrement ovale, et renflé vers la tête. Sa peau est coriace, d'un vert blanchâtre tiqueté de rouge du côté du soleil et fleurie. Sa chair est d'un vert blanchâtre, demi-transparente, ferme, extrêmement sucrée, légèrement parfumée et non adhérente au noyau.

Cette prune est une des meilleures, soit crue, soit confite. Elle mûrit au commencement de septembre. *Voyez* DUH., *pl.* 3.

L'arbre qui la porte est sujet à couler dans le climat de Paris, il convient de l'y planter en espalier.

La BRIGNOLE est oblongue, médiocre, d'un jaune pâle, rougeâtre du côté du soleil. Sa chair est jaune, très sucrée. Duhamel l'a confondue avec le précédent, dont elle diffère par son fruit plus gros, sa peau plus fine et la couleur de sa chair. C'est avec elle qu'on fait, dans le département du Var, ces pruneaux dits de Brignole, qui sont si estimés dans toute l'Europe et avec tant de raison.

La PRUNE D'AVOINE est oblongue, bleuâtre, et se cultive aux environs de Rouen. On en fait d'excellens pruneaux. Elle a sur les autres variétés, employées à cet usage, l'avantage d'avoir la pulpe plus dissoluble dans l'eau.

L'ABRICOTÉE. Son fruit est plus gros et plus allongé que la petite reine-claude auquel il ressemble beaucoup. Sa peau est aigre, coriace, d'un vert blanchâtre frappé de rouge du côté du soleil. Sa chair est ferme, jaune, musquée, assez agréable et point adhérente au noyau. Elle mûrit au commencement de septembre, et est souvent peu inférieure à la reine-claude.

La prune d'abricot est plus longue que l'abricotée. Sa peau est jaune tiquetée de rouge. Sa chair est plus jaune et plus sèche. *Voyez* DUH., *pl.* 13.

Le DAMAS D'ESPAGNE (Calvel) est ovale, médiocre, fort fleuri, violet et taché de rouge du côté du soleil. Sa chair est très sucrée, très parfumée et se sépare bien du noyau. Il mûrit au commencement de septembre. Duhamel ne l'a pas connue.

La DIAPRÉE BLANCHE est petite et très allongée. Sa peau est coriace, amère, d'un vert clair, très fleurie, peu adhérente. Sa chair est ferme, d'un jaune très clair, très sucrée.

L'arbre qui la porte fait mieux en espalier qu'en plein vent dans le climat de Paris. *Voyez* DUH., *pl.* 20.

La DIAPRÉE ROUGE, ou *roche corbon*, est de grosseur moyenne, allongée, aplatie sur son diamètre. Sa peau est d'un rouge cerise, très tiquetée de points bruns et peu adhérente. Sa peau est jaune, ferme, très sucrée et quitte aisément le noyau. Elle mûrit au commencement de septembre. *Voyez* DUH., *pl.* 20.

L'arbre est vigoureux et charge bien.

La DATTE est allongée, de moyenne grosseur. Sa peau est jaune, tachée de rouge du côté du soleil, jaunâtre du côté de l'ombre, acide, adhérente. Sa chair est jaune, mollasse, fade. Elle mûrit au commencement de septembre.

L'IMPÉRATRICE BLANCHE est de grosseur moyenne, un peu allongée, d'un jaune clair, très fleurie. Sa chair est ferme, jaune, demi-transparente, sucrée et quitte entièrement le noyau. Cette prune est très bonne dans les années chaudes.

La DAME AUBERT, ou *grosse luisante*, est ovale, et longue de deux pouces. Sa peau est jaunâtre, plus colorée du côté du soleil, coriace, et peu adhérente. Sa chair est jaune, légèrement sucrée, mais peu agréable, sur-tout quand elle est complètement mûre. Aussi ne l'emploie-t-on guère qu'en compote. Elle mûrit au commencement de septembre. *Voy*. DUH., *pl*. 20.

La DAME AUBERT VIOLETTE a la grosseur et la forme de la précédente, mais sa peau est violette. Elle est encore rare dans les jardins de Paris, où elle a été introduite par Thouin.

Le ROGNON D'ANE (Calvel) a le fruit ovale, très gros, d'un violet foncé, presque noir. L'arbre qui le porte se rapproche de celui qui fournit la dame aubert. Duhamel ne l'a pas connue.

Le MOYEU DE BOURGOGNE (Calvel) a le fruit gros, ovale, jaune en dehors et en dedans. Il mûrit vers le milieu de septembre. Il n'est pas très délicat, mais charge beaucoup. C'est la prune dont j'ai le plus mangé dans mon enfance; en conséquence je la préfère à bien d'autres peut-être meilleures. Duhamel ne l'a pas connue.

L'ISLE VERTE est très longue, irrégulière. Sa peau est coriace, légèrement fleurie. Sa chair est verte, mollasse, acide, sucrée, adhérente. Elle mûrit au commencement de septembre et n'est bonne qu'en compotes et en confitures. *Voy*. DUH., *pl*. 20. L'arbre est peu vigoureux et ne mérite pas d'être cultivé.

Le PERDRIGON ROUGE est ovale et petit. Sa peau est d'un beau rouge tirant sur le violet, tiquetée de fauve et très fleurie. Sa chair est jaune du côté du soleil, verte du côté de l'ombre, ferme, très sucrée, et se détachant aisément; c'est un excellent fruit qui mûrit vers le milieu de septembre. *V*. DUH., *pl*. 20. L'arbre est très productif et peu sujet à couler.

La SAINTE CATHERINE est ovale et a un pouce et demi de longueur. Sa peau est d'un vert jaunâtre, très fleurie, plus jaune, tiquetée de rouge du côté du soleil, et adhérente. Sa chair est jaune, fondante, très sucrée, et se sépare entièrement du noyau.

Cette prune est excellente, soit crue, soit en compote, soit en pruneaux. Elle mûrit vers la mi-septembre. *V*. DUH., *pl*. 19.

L'arbre qui la porte est vigoureux et très productif.

La CHYPRE est très grosse et presque ronde. Sa peau est coriace, très acide, d'un violet clair et fort adhérente. Sa chair est verte, ferme, sucrée, très acide, et tient au noyau par plusieurs endroits. Ce noyau est petit et très inégal.

Cette prune n'est supportable que lorsqu'elle est extrêmement mûre.

Le DAMAS DE SEPTEMBRE, ou la *prune de vacance*, est légèrement allongé et petit. Sa peau est fine, bien fleurie et adhérente. Sa chair est jaune, cassante, agréable, sans aigreur, et quitte entièrement le noyau. Il mûrit vers la fin de septembre.

L'arbre est vigoureux et manque rarement de donner beaucoup de fruit. *Voyez* DUH., *pl.* 6.

La SUISSE est ronde et de moyenne grosseur. Sa peau est d'un beau violet, très fleurie, très coriace et peu adhérente. Sa chair est d'un jaune clair tirant un peu sur le vert du côté de l'ombre, très sucrée et tenant par place au noyau.

Cette prune, qu'on cultive beaucoup en Suisse, reste sur l'arbre jusqu'au milieu d'octobre. *Voyez* DUH., *pl.* 20.

La BRICETTE est petite, allongée et pointue aux deux extrémités. Sa peau est verdâtre, très chargée de fleurs, très coriace et peu adhérente. Sa chair est jaunâtre, ferme, acide et se détache aisément du noyau. *Voyez* DUH., *pl.* 20.

Cette prune dure long-temps. On peut encore en manger à la fin d'octobre.

La SAINT-MARTIN a le fruit médiocre, arrondi, d'un beau violet. Sa chair est jaune et quitte aisément le noyau. Il mûrit à la mi-octobre.

L'arbre qui le porte n'est pas très vigoureux.

L'IMPÉRATRICE VIOLETTE est de médiocre grosseur, longue, pointue par les deux bouts. Sa peau est coriace, violette, très fleurie. Sa chair est ferme, douce, jaune du côté du soleil, verte de l'autre.

Cette prune qui mûrit en octobre est fort bonne et mérite d'être beaucoup cultivée. *Voyez* DUH., *pl.* 18.

Il y a une autre impératrice violette qui est presque ronde, violette, aussi tardive que la princesse, avec laquelle on la confond. Duhamel croit que c'est la véritable et que celle-ci est un perdrigon.

La QUETSCHE est violette, médiocre, très allongée, renflée en son milieu. Sa chair est peu sucrée, mais douce et agréable lorsqu'elle est desséchée. On en fait d'excellens pruneaux dans la ci-devant Lorraine et la Suisse.

L'arbre est vigoureux, charge beaucoup et conserve ses fruits jusqu'aux gelées.

Le PRUNIER BIFÈRE porte du fruit deux fois par an : savoir ,
au commencement d'août et à la fin d'octobre ; mais il ne
mérite d'être cultivé qu'à raison de cette circonstance. Ce fruit
est long, d'un jaune rougeâtre très pointillé de brun. Sa chair
est d'un jaune clair et fade lorsqu'elle est mûre. C'est un fort
mauvais manger. *Voyez* DUH. , *pl.* 20.

Le PRUNIER SANS NOYAU a le fruit petit, ovale, d'un violet
foncé, dont la chair est jaunâtre, très acide avant sa maturité,
très fade après , dont l'amande est amère, grosse, sans noyau
et non adhérente à la chair. Ce fruit mûrit à la fin d'août, et
n'est que singulier. *Voyez* DUH. , *pl.* 20.

Parmi ce grand nombre , les meilleures à manger sont la
précoce de Tours, la grosse mirabelle, le damas violet , l'impératrice, la Sainte-Catherine , et sur-tout la grosse reine-
claude.

Les variétés qu'on cultive le plus aux environs de Paris sont
la noire hâtive, le monsieur hâtif, les trois reines-claude , les
deux mirabelles, l'impériale violette , la prune-pêche , la diaprée blanche, les perdrigons, la Ste.-Catherine, les damas
rouge et noir.

A Montreuil, on tient en espalier de presque toutes ces espèces , et on les conduit comme les autres arbres. Les espèces
hâtives se placent à l'exposition du midi, et les espèces tardives
au couchant.

L'Amérique septentrionale, où nous avons fait passer nos
variétés de prunes, nous en renvoie actuellement de nouvelles.
On en cultive déjà deux au jardin du Muséum, l'une appelée
NOIRE FONDANTE, et l'autre ROUGE ET BLANCHE. Cette dernière
est très sucrée et très tardive.

Quelques variétés de prunes, comme la quetsche , le perdrigon blanc, la reine-claude , la Sainte-Catherine , le damas
rouge , et peut-être d'autres se reproduisent par le semis de
leurs noyaux ; mais la plupart ne peuvent être propagées que
par la greffe.

Il sembleroit que les noyaux de toutes les variétés devroient
donner des sujets propres à les greffer ; cependant il n'en est
pas ainsi. Les pépiniéristes ont remarqué que les variétés les
plus voisines de l'état sauvage étoient exclusivement conv022022
nables. On ne peut pas facilement rendre raison de cette
singularité ; mais il n'y a rien à dire contre les résultats d'une
expérience qui n'a pas encore été contredite par des observations positives. En conséquence je vais indiquer ces variétés.

Les CERISETTES BLANCHE ET ROUGE. Leurs feuilles sont petites et presque rondes ; leur fruit est médiocre , allongé et
quitte le noyau. Elles servent à greffer les pruniers et les abricotiers.

Les Saint-Julien gros et petit. Leur fruit est d'un violet foncé, fort fleuri, et ne quitte pas le noyau. On les emploie pour greffer le prunier, l'abricotier et le pêcher.

Le Damas gros et petit, dont le fruit est noir, et ne quitte pas le noyau. Ils servent plus particulièrement à écussonner le pêcher, étant trop foibles pour les prunes et les abricots.

Il est des variétés d'abricotiers qui réussissent mieux sur des variétés perfectionnées de pruniers que sur celles dont il vient d'être question.

On emploie trois moyens pour se procurer des pruniers pour la greffe : 1° le semis des noyaux des variétés ci-dessus ; 2° l'enlèvement des rejetons crus autour des mères à ce disposées, ou autour des arbres greffés ; 3° mais rarement les marcottes ou les boutures.

Les sujets résultant du semis des noyaux sont toujours préférables, parcequ'ils ont plus d'énergie vitale, si je puis employer ce terme ; mais ils exigent des soins particuliers pendant au moins deux ans, et il faut les attendre plus long-temps que les autres.

Les sujets provenant de rejetons naissant naturellement, poussant avec assez de vigueur pour être greffés même la première année, étant plus abondans que le besoin l'exige ordinairement, sont presque par-tout préférés quoiqu'ils fournissent des arbres plus foibles, et que leurs racines soient très disposées à tracer et à pousser de nouveaux rejetons, deux inconvéniens extrêmement graves, ainsi qu'on en voit si souvent la preuve dans les jardins et les vergers.

Selon l'ordre de la nature, il faudroit semer les noyaux de pruniers avant l'hiver ; mais comme d'un côté on n'a pas toujours, dans les pépinières, de terrain libre à cette époque ; et que de l'autre les mulots, les campagnols, les loirs, etc., en détruiroient beaucoup, on les stratifie, en masse, dans de la terre, soit en plein air, soit sous un hangar (*voyez* au mot Germoir), et on ne les sème qu'au printemps.

Le plant provenant de ces graines se relève le plus souvent la même année pendant l'hiver, et se repique autre part à la distance de vingt à trente pouces. Lorsqu'il est trop foible, on attend la seconde année. Quelquefois cependant, lorsqu'on a semé les noyaux un à un et à une distance convenable, on les greffe sur place.

Le plant provenant de drageons, soit autour des mères à ce réservées, soit autour des arbres des jardins et des vergers, soit enfin autour des plants de deux à trois ans dans les pépinières, se lève pendant l'hiver, et se place également à la distance de vingt à trente pouces.

Beaucoup de pieds de ces deux sortes de plants se greffent

dès la même année, à cinq à six pouces de terre, soit en abricotiers, soit en pêchers pour espaliers, soit en pruniers pour espaliers, quenouilles et pyramide. Une autre portion se greffe de même la seconde année, et ceux de ces pieds qui sont les plus droits, les plus vigoureux se réservent pour être greffés à cinq, six et même huit pieds de terre en abricotiers ou pruniers en plein vent, rarement en pêchers, du moins dans les environs de Paris.

La greffe en écusson à œil dormant est presque la seule pratiquée sur le prunier dans ses premières années. Celle en fente s'emploie le plus souvent sur ceux qui ont quatre à cinq ans.

On conduit, après cette opération, les pruniers de même que les autres arbres fruitiers. Comme ils poussent vigoureusement dans leur jeunesse, ils sont le plus souvent en état d'être plantés à demeure la troisième ou quatrième année, mais ne commencent à donner du fruit que la sixième ou septième, et même plus tard s'ils sont soumis à une taille vicieuse.

Un terrain argileux et frais est celui qui convient le mieux à la nature du prunier ; cependant il craint beaucoup les lieux marécageux, ou même seulement quelquefois inondés ; c'est sur lui qu'on greffe les pêchers et les abricotiers destinés à être plantés dans cette sorte de terrain. Il fait de foibles pousses, et vit peu de temps dans les sols sablonneux et secs ; mais les fruits qu'il y donne sont bien plus sucrés. Dans les sols trop fertiles, il pousse avec une grande vigueur, produit peu, et donne des fruits sans saveur. Il en est de même, aux environs de Paris, dans les expositions septentrionales ou trop ombragées. Là c'est sur coteaux exposés au levant ou au midi qu'il se plaît le plus. Dans les climats méridionaux, toutes les expositions lui deviennent indifférentes, pourvu qu'elles ne soient pas trop brûlantes. C'est dans les départemens voisins de la Méditerranée, même à Lyon, qu'il faut aller pour manger des bonnes prunes. Les meilleures des environs de Paris sont sans saveur auprès de celles des environs de Marseille et de Montpellier.

Loin de Paris, tous les pruniers sont en plein vent, et n'ont besoin que d'être, pendant l'hiver, une seule fois labourés au pied, et débarrassés de leurs branches mortes, chiffonnes ou gourmandes. Ils fournissent immensément de fruits ; mais des fruits petits et tardifs. Le luxe qui appelle toujours ce qu'il y a de plus rare, qui ne veut que des jouissances anticipées, a déterminé aux environs de cette capitale une culture assez étendue de pruniers en espalier, qui exigent plus de soins.

On ne met guère en espalier que cinq à six variétés, deux hâtives, deux intermédiaires et deux tardives. La reine-claude, la Sainte-Catherine, le perdrigon hâtif entrent toujours dans ce nombre, comme je l'ai dit plus haut. Leur taille, leur palissage, leur ébourgeonnement diffèrent peu de celui de l'ABRICOTIER. *Voyez* ce mot et le mot TAILLE. Pour la première de ces opérations il faut attendre que les yeux soient assez formés pour être distinguables. Ce n'est ordinairement qu'après tous les autres arbres à noyau qu'on y procède. Il faut avoir attention de ne pas tailler sur un bouton à fruit simple, car il en résulteroit un chicot. La longueur à donner aux branches à bois dépend de l'espace à garnir, et de la quantité de fruit qu'on désire. En général, peu et beau est la devise des cultivateurs des pruniers en espaliers.

Les jardiniers ignorans se plaignent que les pruniers en espalier sont difficiles à mettre à fruit, à *matter*, à *rendre sages*, pour me servir de leurs expressions; et en effet tous les ans ils rabattent leurs branches à trois ou quatre yeux, et ils les ébourgeonnent avec rigueur. Il en résulte que tous les ans les arbres ne travaillent qu'à réparer leurs pertes ; qu'ils poussent de nouveaux bourgeons d'autant plus vigoureux qu'il y a moins de proportion entre leur tête et leur pied. Mais qu'on laisse à leurs branches l'étendue convenable, c'est-à-dire quinze à vingt pieds, qu'on ne les taille d'abord qu'autant qu'il est nécessaire pour couvrir le mur (*voyez* au mot ESPALIER); on sera assuré de pouvoir les mettre promptement à fruit. Les cultivateurs de Montreuil ne se plaignent pas de cet inconvénient, parcequ'ils en connoissent la cause, et savent y pourvoir dès l'année de la plantation.

Comme c'est, ainsi que je l'ai déjà observé, la beauté et la précocité des prunes venant sur des espaliers qui déterminent ce genre de culture, on a soin de n'en laisser qu'une certaine quantité sur chaque pied, et de leur donner du soleil aux approches de leur maturité, en enlevant les feuilles qui les couvrent. Ces deux opérations doivent être faites avec prudence pour bien remplir leur objet. *Voyez* au mot PÊCHER.

Quelques agriculteurs conseillent de rabattre les vieux pruniers en espalier sur le tronc pour les rajeunir ; mais comme il n'en résulte jamais de beaux ni de bons arbres, je crois qu'il vaut mieux les arracher.

On met aussi, dans beaucoup de jardins de particuliers, des pruniers en QUENOUILLES et en PYRAMIDES. *Voyez* ces mots. Les fruits qu'ils fournissent sont aussi beaux et quelquefois meilleurs que ceux provenant des espaliers ; mais ils sont moins précoces. Ces quenouilles et ces pyramides se taillent comme celles du CERISIER. *Voyez* ce mot. Elles sont beaucoup moins difficiles à régler que ces dernières.

Une attention à avoir dans toute culture de pruniers est, comme je l'ai déjà indiqué, d'enlever les drageons qui poussent de leurs racines, et cela à mesure qu'ils se montrent. Ceux qui attendent l'hiver pour faire cette opération ont tort, parceque toute blessure faite à cette époque aux racines de ces arbres détermine la sortie d'un plus grand nombre de jets au printemps suivant. J'ai indiqué au mot drageons les motifs qui devoient guider dans ce cas, et j'y renvoie le lecteur. Les arbres semés sur place, ou ceux à qui on a conservé le pivot sont, je le répète, exempts de cet inconvénient ; aussi ont-ils une tête plus belle, et durent-ils plus long-temps que ceux provenant de drageons.

Les prunes, comme on l'a vu dans la nomenclature de leurs variétés, diffèrent beaucoup en saveur, et par conséquent en qualités ; mais elles sont toutes nourrissantes et rafraîchissantes. Leur usage est rarement dangereux lorsqu'il est modéré. Presque toutes sont acidules ou le deviennent par la cuisson. L'astringence de plusieurs est très marquée. Aussi les ordonne-t-on souvent comme remède.

Quelque grande que soit la quantité de pruniers qu'on cultive en France, les amis de notre prospérité agricole doivent faire des vœux pour qu'elle décuple au moins. A voir le peu d'importance qu'on met à leur fruit, il semble que le seul parti à en tirer est d'en manger pendant environ quatre mois que dure la succession de maturité de leurs différentes variétés. Cependant, par des procédés fort simples, on peut les conserver une ou deux années, au moins, en état de servir à la nourriture des hommes et des animaux. On peut en fabriquer une boisson fermentée, sinon bonne, au moins meilleure que beaucoup de celles dont s'abreuvent les pauvres cultivateurs dans diverses parties de l'empire, et tirer de cette boisson une eau-de-vie propre à tous les usages de celle du vin.

La méthode la plus suivie pour conserver les prunes est de les dessécher au soleil ou au four, d'en faire ce qu'on appelle des pruneaux. Toutes les espèces de prunes peuvent être ainsi conservées ; mais il en est quelques unes qui sont préférables à d'autres pour cet objet, soit parcequ'elles sont plus charnues, soit parcequ'elles ne perdent pas de la qualité, même en acquièrent par suite de cette opération. Les plus recherchées pour cet objet sont le gros damas de Tours, la Sainte-Catherine, l'impériale violette, la roche corbon, l'île verte, la quetsche, la reine-claude.

La fabrication des pruneaux communs n'est point difficile puisqu'il suffit de cueillir les prunes à leur plus parfaite maturité, de les mettre sur des claies, et de les exposer ou au soleil si on habite les climats méridionaux, ou à la chaleur du four si on opère dans les pays froids et humides. La dessiccation doit marcher rapidement pour que la moisissure ne la frappe pas. En conséquence on ne doit pas laisser à l'air pendant la nuit, ni pendant les jours sombres, et encore moins humides, ceux qu'on expose au soleil, et on doit mettre coup sur coup trois ou quatre fois au four, selon leur grosseur, pendant vingt-quatre heures, en augmentant chaque fois la chaleur de ce four, ceux qu'on veut faire sécher par ce moyen.

On appelle *pruneaux rouges*, *pruneaux communs*, *petits pruneaux* ceux qui sont ainsi fabriqués. Il y en a beaucoup dans le commerce; mais combien il seroit possible d'en augmenter encore la quantité? Pourquoi tous les cultivateurs n'en font-ils pas chacun une provision pour la consommation de leur maison. Quand on connoît le peu d'objets qui servent ordinairement d'aliment aux cultivateurs, la mauvaise qualité ou le peu d'abondance de ces objets, et la facilité de faire des pruneaux que leur saveur agréable, leur qualité nourrissante rendent si précieux, on se demande par quelle fatalité ils se refusent à cette augmentation de bien-être.

Les pruneaux, tenus dans un lieu sec, peuvent se conserver deux ans en état d'être mangés; mais ils perdent de leur bonté à la fin de la première année.

On fait avec le petit damas, le Saint-Julien et autres prunes à demi sauvages, des petits pruneaux acides qui, cuits dans l'eau, donnent un jus purgatif dont on fait un assez fréquent usage en médecine, sur-tout pour les enfans. La consommation de ces pruneaux à Paris est un objet de quelque importance.

Il est trois localités en France où on fait des pruneaux avec plus de perfection qu'ailleurs, et par des procédés différens. Indiquer les moyens dont on fait usage dans ces localités remplit le but de cet ouvrage.

C'est, d'après Gilbert, sur le territoire des communes de Chinon, l'île Bouchard, Preuilly, Richelieu, St.-Maure, la Haie et Chatellerault qu'on fabrique le plus de pruneaux dits de *Tours*, du lieu de leur entrepôt.

La variété regardée dans ces cantons comme la plus propre à être desséchée est la Sainte-Catherine, parcequ'elle prend mieux *le blanc* dont il sera parlé plus bas. On choisit les plus belles pour être soumises à cette préparation.

Les prunes les plus mûres, celles qui tombent par la plus petite secousse donnée à l'arbre, doivent seules être employées. Aussitôt qu'elles sont ramassées, on les place sur des claies sans les entasser, et on les expose au soleil pendant plusieurs jours jusqu'à ce qu'elles deviennent aussi molles que possible. Alors on les met dans un four chauffé à un degré de chaleur tiède et dont la porte doit être exactement fermée. Elles y restent vingt-quatre heures. Ce temps révolu elles sont retirées. On réchauffe le four à un degré de chaleur d'un quart en sus, et on y replace les claies sans y avoir fait aucun changement. Le lendemain on les ôte encore. On remue les prunes, c'est-à-dire qu'on les tourne en agitant légèrement la claie. Après cette nouvelle opération le four est chauffé pour la troisième fois, mais encore avec un degré de chaleur supérieur d'un quart à la seconde fois, et elles y sont remises. Vingt-quatre heures après on les retire et on les laisse refroidir. Elles sont alors parvenues à la moitié de leur dessiccation.

L'opération qui suit consiste à arrondir chaque pruneau, à tourner le noyau de travers, à donner au fruit une forme carrée, ce qui se fait en le pressant entre le doigt et le pouce. Quand cette opération est achevée, on remet les claies au four, échauffé au degré qu'il conserve lorsqu'on retire le pain, et bouché cette fois avec plus de précaution, puisqu'il faut employer du mortier. Une heure après on les retire, et on ferme le four pendant deux heures, après y avoir placé un vase rempli d'eau, après quoi on y remet les prunes, on le ferme exactement et on les y laisse pendant vingt-quatre heures. C'est alors qu'elles prennent le *blanc*, c'est-à-dire qu'elles se couvrent d'une poussière blanche semblable à de la farine, qui paroît être la même chose que la fleur, c'est-à-dire une matière résineuse qui sort, transsude de l'intérieur. Si par évènement ils n'étoient pas parfaitement cuits et qu'ils fussent blancs, il faudroit les laisser séjourner dans le four tant qu'il conserveroit de la chaleur sans le réchauffer, autrement le blanc disparoîtroit.

Une des bonnes qualités des pruneaux c'est de n'être pas trop durs; en conséquence il faut savoir graduer le feu pour les amener au point convenable.

Les pruneaux de Brignoles ne sont pas moins estimés que ceux de Tours. On doit à M. d'Ardoin la description du procédé de leur fabrication. On les fabrique dans plusieurs villages des environs de ce lieu. C'est la prune de Brignoles, voisine du perdrigon blanc, qu'on emploie. La récolte s'en fait l'après-midi, en secouant légèrement l'arbre, et se garde jusqu'au lendemain matin dans des paniers. Ce jour on pèle les prunes, une à une, avec l'ongle du pouce, sans jamais employer de fer, en s'essuyant les doigts de temps en temps, et on les met dans un plat. Lorsqu'on a ainsi pelé une certaine quantité de prunes, on les enfile dans des baguettes d'osier, grosses comme un tuyau de plume, longues d'environ un pied, et pointues aux deux bouts, de manière qu'elles ne se touchent point. Ces baguettes sont ensuite fichées à la distance d'un pied autour de faisceaux de paille ficellés, suspendus à des traverses et de manière qu'ils ne puissent pas se toucher par suite de leur agitation. On laisse les prunes ainsi exposées à l'air deux ou trois jours, ayant soin de les renfermer chaque soir, un peu avant le coucher du soleil, dans un endroit sec à l'abri de l'air humide de la nuit.

Au bout de trois jours on détache les prunes des baguettes, et on fait sortir le noyau par la base en les pressant entre les doigts. On les arrange ensuite sur des claies très propres qu'on expose au soleil pendant huit jours, en les renfermant tous les soirs avant qu'il se couche et en les remettant à l'air après son lever. On les arrondit alors, on les tape et on les aplatit entre les doigts. Elles sont assez sèches lorsqu'elles se détachent facilement de la claie et ne poissent plus aux doigts.

Ainsi arrivées à ce point, les prunes sont placées dans des caisses garnies de papier blanc, recouvertes de drap de laine, et se conservent dans un endroit bien sec jusqu'à ce qu'elles soient mises dans le commerce.

On laisse quelquefois les noyaux à ces pruneaux et alors on leur donne une forme allongée.

L'important dans ces opérations, c'est de garantir les pruneaux des effets de l'humidité qui les noircit.

Après ces deux sortes de pruneaux les plus célèbres sont ceux d'Agen, que je leur préfère. Plusieurs variétés servent à les fabriquer, dont une a été indiquée plus haut. J'espérois des renseignemens sur la méthode qu'on suit pour les faire, mais ils m'ont manqué.

Les pruneaux qu'on fait avec les quetsches sont aussi fort bons. Il s'en consomme beaucoup dans le nord-est de la France et en Suisse. On commence à les connoître et à les estimer à leur juste valeur à Paris.

Je voudrois que ceux qui se fabriquent à Rouen avec la prune d'avoine fussent dans le même cas.

Outre les pruneaux on fait encore avec les prunes des confitures, des marmelades et des pâtes sèches d'un excellent goût, et qui sont susceptibles de se conserver au moins une année sur l'autre, sur-tout lorsqu'on y a ajouté du sucre. Les pâtes sèches sont, pour quelques endroits, l'objet d'un commerce de quelque importance, quoiqu'inférieur à celui des pruneaux de Tours et de Brignoles, et encore moins des pruneaux communs. J'ai toujours, en mangeant de ces pâtes, blâmé mes concitoyens de ne pas en fabriquer davantage; car j'avoue que je les aime beaucoup. C'est un régal pour tous les enfans, un aliment sain pour beaucoup de convalescens. Leur fabrication est un peu longue et minutieuse; mais les femmes et les filles des cultivateurs aisés ont souvent tant de patience, d'adresse et de temps !

Pour faire des pâtes de prunes, il faut choisir les espèces les plus sucrées, les jaunes de préférence, à leur parfaite ma-

turité ; les laisser se mollir pendant deux ou trois jours sur
une table , dans un lieu abrité, puis les peler , les priver de
leur noyau et les mettre dans une bassine, sur le feu, comme
quand on fait des confitures. Lorsqu'une partie de leur eau est
évaporée, on étend la matière sur des feuilles de fer-blanc,
ou sur des planches, et on la place dans un four dont on a
retiré le pain. Deux jours après on la retire , on l'ôte de dessus
les feuilles ou les planches, on la pétrit et on la remet, en lui
donnant deux ou trois lignes d'épaisseur, sur les mêmes feuilles
ou les mêmes planches qu'on a exactement nettoyées et sau-
poudrées de farine , pour empêcher qu'elle s'y colle. On peut
varier ce procédé et cependant arriver au même but qui
est une demi-dessiccation de la pâte. Le résultat se conserve
dans des boîtes en lieu extrêmement sec.

Il sembleroit, en voyant certaines prunes remplies d'une eau
extrêmement sucrée, qu'il seroit plus avantageux de les employer à faire du vin que le raisin même. Et, en effet, elles
fermentent très aisément; mais la surabondance de leur muqueux fait que le vin qu'elles produisent passe de suite à l'état
vapide, c'est-à-dire ne se conserve pas plus d'une quinzaine de
jours pendant l'été. Tous les essais qu'on a faits en France pour
prolonger sa durée n'ont pas eu de résultats avantageux. Pour
les utiliser, sous ce point de vue , il faut les mélanger avec des
poires, des pommes, des sorbes, des cormes, des prunelles, etc.,
pour lui donner le principe astringent qui détermine sa conservation , c'est-à-dire en faire un poiré ou un cidre grossier.

Cette liqueur, dont j'ai bu un grand nombre de fois, n'est
rien moins qu'agréable et passe pour être peu saine ; mais les
pauvres s'en contentent.

En Angleterre, où les cultivateurs sont généralement plus
recherchés dans leur nourriture et leur boisson, on met les
prunes seules en fermentation, et lorsque le vin est fait, on y
ajoute un peu de bière très chargée de houblon. On dit cette
boisson fort bonne et fort durable.

Dans beaucoup de lieux de l'Allemagne et de la Suisse, ainsi
que dans la partie de la France qui longe le Rhin, on tire du
vin de prune une liqueur alcoholique, dont on fait une grande
consommation en boisson et dans les arts. Elle est sans doute
moins agréable au goût que l'eau-de-vie ; mais, quand elle est
vieille, elle est aussi recherchée de certaines personnes que le
kirchen-wasser. Il seroit donc bon d'en encourager l'extraction
même dans les pays de vignobles. On l'appelle QUETSCH-
WASSER dans la ci-devant Alsace, du nom de la prune avec
laquelle on la fabrique le plus souvent.

A ces produits du prunier, il faut encore joindre ses feuilles
que les bestiaux aiment avec passion, et son bois qui sert à

brûler et dont les arts de l'ébenisterie et du tourneur font usage. Ce bois est dur, plein, compacte, marqué de belles veines; il reçoit un beau poli et se coupe sans se mâcher sous l'outil. Varennes de Fenilles en a fait faire de fort beaux meubles que j'ai vus. Les ébenistes qui l'emploient fréquemment aujourd'hui l'appellent *satiné de France*, *satiné bâtard*. Ses couleurs s'avivent par le séjour dans l'eau de chaux, et se conservent par la simple application d'un vernis de cire. Les tourneurs le recherchent pour des manches de balais, des quenouilles, des chaises et beaucoup d'autres petits objets. Sa pesanteur spécifique varie suivant les variétés, depuis cinquante-une livres trois onces quatre gros par pied cube jusqu'à cinquante-neuf livres une once sept gros.

Les pruniers sont sujets, comme les autres arbres à noyaux, à la maladie de la gomme, c'est-à-dire à une extravasation contre nature de gomme. Plusieurs circonstances concourent sans doute à la produire; mais la matière n'a pas encore été assez étudiée pour les indiquer. Je crois cependant être autorisé à croire, d'après mes propres observations, que cette maladie est plus souvent effet que cause. Une nourriture abondante donnée aux racines, par la substitution d'une terre nouvelle et fertile à celle qui entoure les racines, ou par des engrais animaux et végétaux, est un des plus puissans moyens à employer pour guérir les pruniers de la gomme. *Voyez* au mot Gomme.

Ces arbres sont aussi très sujets à la carie interne, par suite des blessures qu'on leur fait en coupant leurs grosses branches. *Voyez* aux mots Carie et Gouttières des Arbres.

Beaucoup de sortes d'insectes vivent aux dépens des feuilles et des fruits du prunier. Les principaux sont le puceron du prunier, le chermes du prunier (ses bourgeons); la saperde cylindrique (ses rameaux); le charançon du prunier (ses fruits); une mouche (ses fruits); une pyrale (ses fruits); la tenthrède du prunier, du cerisier et des baies (ses feuilles); la bombice commune, livrée, du prunier et antique (ses feuilles); la noctuelle psy (ses feuilles); la phalène du prunier (ses feuilles.)

Les vers des prunes appartiennent aux Charançons, à la Mouche et à la Pyrale ci-dessus indiqués. Il est des variétés de prunes qui y sont plus sujettes que les autres. Il est des cantons où il est rare que beaucoup de prunes n'en soient pas annuellement altérées. Il est des années où ils sont plus communs que d'autres. Les moyens à employer pour les en garantir sont trop difficiles à mettre en pratique pour en espérer quelques succès. *Voyez* les mots précités. La nature a disposé les choses de manière qu'ils ne se font remarquer que de loin en loin, ce qui fait qu'on supporte plus patiemment leurs ravages.

Les autres espèces de pruniers propres à la France, ou étrangères et cultivées dans les jardins des environs de Paris, sont,

Le PRUNIER ÉPINEUX, ou *prunelier*, ou *épine noire*, qui croît abondamment dans les bois et les haies des parties moyennes et septentrionales de la France. C'est un arbrisseau de dix à douze pieds de haut, dont les rameaux deviennent épineux, dont l'écorce est brune, les feuilles lancéolées et velues en dessous ; ses fleurs, blanches et légèrement odorantes, s'ouvrent de très bonne heure ; ses fruits, de cinq à six lignes de diamètre, sont noirs et ne mûrissent que bien avant dans l'hiver. Ils sont très âpres et très peu charnus. Les enfans les mangent. Beaucoup de quadrupèdes et d'oiseaux les recherchent. On en fabrique une boisson dont les pauvres se contentent dans certains pays. On les appelle *prunelle*, *senelle*, *chelosse*, etc.

La propriété qu'a le prunelier de croître dans les terrains les plus arides, dans les fentes des rochers, de pousser très vite, etc., et de se multiplier avec la plus grande rapidité par rejetons, le rend utile dans un grand nombre de cas. Le bois qu'il fournit est excellent pour chauffer le four, cuire la chaux, le plâtre, etc. C'est principalement avec lui qu'on fait ce qu'on appelle les *bâtons d'épine*. Il est très solide et très flexible, mais il parvient rarement à une certaine grosseur.

Cet arbuste entre très fréquemment dans la formation des haies naturelles et peut être employé avantageusement dans celles qu'on forme artificiellement ; cependant il a deux inconvéniens dans ce cas. Le premier c'est de tracer au point que la haie double, triple et quadruple rapidement d'épaisseur, si on n'a pas soin d'arracher tous les ans les rejetons qu'elle donne. Le second c'est de pousser des tiges droites, ce qui oblige de le rabattre tous les deux ans au moins dans ses premières années, de manière qu'il offre des étages de têtards à six ou huit pouces les uns des autres. Ces haies se font avec du plant enraciné qu'on peut se procurer par-tout, ou de noyau. Ce dernier moyen, quoique plus long, est préférable, parceque le plant qui en provient, ayant un pivot, trace moins. *Voyez* au mot HAIE. J'ai toujours été surpris qu'on profitât aussi peu des facilités qu'il donne pour clore les champs arides, ceux de la ci-devant Champagne, par exemple, afin d'abriter les récoltes des vents desséchans qui sont ceux qui nuisent le plus à ces sortes de terrains.

Les berges des fossés, les terrains en pente ou exposés aux ravages des torrens sont fort bien défendus par les racines du prunelier. Sous ce rapport seul il peut être d'un emploi fort avantageux.

L'épine noire est un des meilleurs intermédiaires qu'on puisse employer pour semer en bois les sols arides, parcequ'y croissant fort bien et y traçant immensément, elle fournit bientôt un abri tutélaire aux jeunes arbres dont on a confié les graines à la terre. C'est presque toujours par elle que les bois commencent à s'étendre ; ainsi les propriétaires riverains de ceux de ces bois qui en contiennent doivent être exacts à l'empêcher de dépasser leurs limites. Ce fait lui a fait donner aux environs de Montargis le nom de *mère du bois.*

Tous les bestiaux aiment beaucoup les feuilles et les bourgeons du prunelier. Les moutons et les chèvres les recherchent sur-tout avec passion.

La boisson que les pauvres font avec les prunelles, étant extrêmement astringente, leur cause souvent des obstructions qui les font languir long-temps et les conduisent à la mort. Il est à désirer qu'ils en perdent l'usage ou qu'ils n'emploient que des fruits parfaitement mûrs. Cinq à six pruniers de Damas, de quetsche, d'impératrice, etc., suffiroient dans un village pour suppléer à toute la récolte des prunelles pour remplir l'objet qu'on se propose, et ce sans aucun inconvénient.

C'est le suc épaissi des fruits du prunelier qu'on vend dans les pharmacies sous le nom d'*acacia nos ras* et qu'on ordonne contre la dyssenterie. Les feuilles et l'écorce peuvent être employées pour tanner les cuirs.

Le PRUNIER DE BRIANÇON a les feuilles presque rondes, deux fois dentées ; les fleurs réunies en bouquets et les fruits jaunâtres. Il croît dans les Hautes-Alpes et s'élève à six ou huit pieds. C'est des noyaux de son fruit qu'on tire cette *huile de marmotte*, si recherchée par son odeur agréable de noyau, et qui se vend deux fois plus cher que celle d'olive. On peut tirer un grand parti de cette espèce pour utiliser les cantons pierreux, les fentes des rochers, pour arrêter la fougue des torrens. Son fruit n'est pas bon à manger, mais il peut servir à faire de l'eau-de-vie.

Cet arbre, dont on doit la connoissance au botaniste Villars, commence à se trouver dans les jardins des environs de Paris ; mais il ne sera jamais utile de l'y cultiver. Il fleurit de très bonne heure.

Le PRUNIER MIROBOLAN, *Prunus cerasifera*, Wild., a les rameaux peu épineux ; les feuilles elliptiques, glabres ; les fruits solitaires et pendans. Il est originaire de l'Amérique septentrionale. On le cultive fréquemment dans les pépinières, non pour son fruit, de la grosseur et de la couleur d'une cerise commune, mais à raison de la précocité et de l'abondance de ses fleurs. Les effets qu'il produit au premier printemps dans les jardins paysagers, lorsqu'il est convenablement placé, c'est-à-dire isolé, ou à quelque distance des massifs, sont réellemént très beaux. Rarement il s'élève à plus de douze à quinze pieds. Son fruit se mange quoique peu agréable. On le multiplie par le semis de ses noyaux, ou mieux, par sa greffe sur le prunier commun. *Voyez* Duh., *pl.* 20.

Le PRUNIER DES CHICASAS a les rameaux épineux; les feuilles ovales, aiguës; les fruits petits, ronds et jaunes. Il a été apporté dans la Caroline par les naturels dont il porte le nom. Ses fruits mûrissent en été et sont fort abondans. On en fait des confitures sèches qui se conservent fort bien une année sur l'autre et que j'ai trouvées fort bonnes quoique un peu acides. On le cultive dans le jardin de Cels. Il craint les fortes gelées et ne s'élève pas à plus de dix à douze pieds.

Le PRUNIER HYEMALE a les rameaux non épineux; les stipules linéaires et divisées; les feuilles ovales, oblongues; les fruits noirs, un peu ovales et réunis plusieurs ensemble. Il est originaire de l'Amérique septentrionale.

Le PRUNIER ACUMINÉ, ou *à feuilles de pécher*, a des épines très longues et recourbées; des feuilles lancéolées et très aiguës; des fruits ovales. On le trouve dans le même pays que le précédent.

Le PRUNIER A FRUITS RONDS a les feuilles ovales, oblongues, velues; les bourgeons également velus; le fruit sphérique d'un brun rouge. Il est originaire de la Caroline.

Ces trois espèces se cultivent dans les pépinières et sont dues à Michaux. Elles n'offrent rien de remarquable.

Le PRUNIER DE CHINE a les tiges très grêles; les feuilles lancéolées, rugueuses et les fleurs sessiles. Il est originaire de Chine, où on emploie sa variété double à l'ornement des jardins. Aujourd'hui on cultive cette même variété dans les nôtres, où elle se fait remarquer par la grandeur et le nombre de ses fleurs, les tiges en étant entièrement couvertes. On ne peut trop multiplier ce charmant arbuste qui se greffe sur le prunier commun et qui se place dans les corbeilles des jardins paysagers. On l'a confondu long-temps avec l'amandier nain, quoiqu'il en diffère beaucoup. Ses tiges sont à peine hautes de deux pieds et ses fleurs sont rougeâtres.

Le PRUNIER COUCHÉ a les rameaux non épineux, couchés; les feuilles ovales, très rugueuses, très velues; les fleurs rouges et les fruits de deux ou trois lignes de diamètre. Il est originaire du Liban, d'où il a été rapporté par La Billardière. On le cultive aujourd'hui en pleine terre dans les jardins des environs de Paris. C'est un arbrisseau très élégant et qui est d'un charmant aspect lorsqu'il est en fleur et greffé à un pied de terre sur le prunier commun. Il ne craint pas les gelées. (B.)

PSORALIER, *Psoralea.* Genre de plantes de la diadelphie

décandrie et de la famille des légumineuses, qui renferme une trentaine d'espèces, dont deux ou trois se cultivent dans les jardins, à raison de leur port agréable, et sont utiles sous les rapports médicinaux.

Le PSORALIER DE LA PALESTINE est un arbrisseau de quatre à cinq pieds de haut, dont les feuilles sont alternes, pétiolées, trifoliées, à folioles ovales et à pétioles pubescens ; ses fleurs sont bleuâtres et disposées en tête sur de longs pédoncules qui sortent de l'aisselle des feuilles supérieures. Il est originaire du Levant et fleurit tout l'été dans nos jardins.

Le PSORALIER BITUMINEUX est plus grand que le précédent ; sa tige est plus foible, ses pétioles glabres ; ses folioles plus allongées et d'un vert plus foncé ; ses têtes de fleurs sont plus grosses. Il croît naturellement dans les parties méridionales de l'Europe et se cultive dans les jardins du climat de Paris sous le nom de *trèfle bitumineux, trèfle en arbre, trèfle odorant*. Ses feuilles répandent, quand on les froisse, ou dans la chaleur, une odeur forte analogue à celle du bitume. La décoction de ses feuilles passe pour anti-cancéreuse. On retire de ses graines une huile qu'on estime bonne contre la paralysie.

Le PSORALIER GLANDULEUX a cinq ou six pieds de haut ; les pétioles de ses feuilles sont rudes au toucher ; leurs folioles sont lancéolées ; ses fleurs sont disposées en épis sur de longs pédoncules axillaires. Il est originaire du Pérou, où on fait usage de ses feuilles en infusion comme stomachique ; c'est le *thé du Paraguay* de quelques auteurs. Il fleurit pendant tout l'été.

Ces psoraliers ne vivent qu'un petit nombre d'années dans le climat de Paris. Ils demandent une terre un peu forte. On doit les placer dans les expositions chaudes et cependant aérées. Les fortes gelées leur sont presque toujours funestes, lors même qu'on a pris soin de les empailler aux approches de l'hiver. On les multiplie par leurs graines qui mûrissent assez bien, et qu'on sème sur couche et sous châssis dans les premiers jours du printemps. On repique en pot l'année suivante le plant qui en provient, et ensuite on le met en terre, soit en pépinière, soit en place. Au reste on les cultive peu hors des jardins de botanique. (B.)

PSYLLE, *Chermes*, Fab. Genre d'insectes de l'ordre des hémiptères, très voisin des punaises et des cochenilles, qui renferme un grand nombre d'espèces, toutes vivant aux dépens des plantes, formant quelquefois sur leurs diverses parties des excroissances monstrueuses, et nuisant par conséquent dans certains cas aux cultivateurs.

Toutes les espèces de ce genre sont très petites et ressemblent au premier coup d'œil à des pucerons ; aussi quelques auteurs les ont-ils appelées *faux pucerons*. Elles sautent comme les puces et par le même mécanisme. Leurs larves ont une forme peu différente de celle de l'insecte parfait, mais elles sont privées d'ailes et souvent couvertes d'une matière cotonneuse ou de leurs excrémens. Les femelles de plusieurs de ces espèces ont une tarière qui leur sert à déposer leurs œufs dans l'intérieur de l'écorce des végétaux, et à faire naître, comme je l'ai déjà dit, des espèces de galle au milieu desquelles croissent les larves solitairement ou en société.

Les psylles qui sont dans le cas d'être citées ici comme les plus remarquables et les plus nuisibles sont,

La PSYLLE DU FIGUIER, *Chermes ficus*, Fab. Elle est brune et ses ailes ont des nervures plus foncées. Ses pattes sont jaunâtres. On la trouve en grande quantité sur le figuier en mai et en juin, et elle doit nuire à cet arbre en consommant sa sève; cependant les cultivateurs ne s'en plaignent pas. C'est la plus grande du genre, quoiqu'elle ait au plus deux lignes de long.

La PSYLLE DU BUIS, *Chermes buxi*, Fab. Elle est verte, avec des taches rouges, et les ailes tachées de brun. Elle vit sur le buis. La piqûre de la femelle rend les feuilles des sommités de cet arbre concaves, et les rapproche de manière que les larves qui sortent de ses œufs trouvent en elles un abri contre les ardeurs du soleil et la recherche de leurs ennemis. Elles sont ordinairement une vingtaine dans chaque boule. On voit fréquemment des buis, sur-tout de ceux qui forment palissade contre des murs exposés au midi, couverts de ces boules, qui non seulement les défigurent, mais retardent leur croissance, puisque chaque bourgeon piqué cesse de s'allonger. Il n'y a d'autre moyen de s'en délivrer que de tondre les buis au commencement de l'été, et de brûler ce que le ciseau en enlève. La reproduction de l'année suivante est moins abondante. Détruire cette espèce est chose impossible, en ce qu'elle saute et vole très bien, et peut venir par conséquent de fort loin.

La PSYLLE DE L'ORME, *Chermes ulmi*, Fab. Elle est d'un brun verdâtre. Sa femelle pique les feuilles des ormes pour y déposer ses œufs, et ses feuilles se contournent par suite de cette piqûre de manière à mettre les larves à l'abri. Il est des années où la beauté des ormes est considérablement altérée par cette cause, qui d'ailleurs n'agit que d'une manière insensible sur leur croissance.

La PSYLLE DU POIRIER produit le même effet sur le poirier. Elle est d'un brun verdâtre; ses ailes sont tachées de noir.

Il seroit possible que celle du PÊCHER produisît la cloque qu'on remarque si fréquemment sur cet arbre; mais quelques recherches que j'aie faites, je n'ai pu voir de larves habituellement sans les boursoufflures des feuilles attaquées de cette maladie.

La PSYLLE DU SAPIN, *Chermes abietis*, Fab., est jaunâtre avec les yeux bruns et les ailes transparentes. Sa femelle, en déposant ses œufs à l'extrémité des jeunes bourgeons du sapin donne naissance à une tubérosité écailleuse, allongée de plus d'un pouce de diamètre, ayant à sa surface des cellules qui renferment chacun une larve enveloppée d'un duvet blanc. Il est des cantons où les sapins sont tellement garnis de ces tubérosités, que leur croissance en est retardée. On n'a rien de mieux à faire, pour se débarrasser de cet insecte, que de couper les tubérosités qui les renferment avant qu'il soit transformé, et de les brûler. Les épicea sont sujets à offrir des tubérosités semblables même dans les pépinières.

La PSYLLE du FRÊNE est noire, variée de jaune, et l'extrémité des ailes brune. Elle est commune sur le frêne, et saute avec beaucoup de vivacité. Ne pourroit-on pas soupçonner que ces excroissances ligneuses, irrégulières, qui pendent souvent aux extrémités des rameaux du frêne, sont dues à cet insecte? Je l'avoue cependant, quelque abondantes que soient ces excroissances dans certains lieux, et quelque soin que j'aie apporté à rechercher la cause qui les produit, je n'ai pu acquérir de notions certaines à leur égard.

Il en est de même des tubérosités à peu près de pareille nature, qui dégradent quelquefois les plantations de saule, car il y a aussi une psylle sur le saule.

Je pourrois en dire autant de beaucoup d'autres arbres, mais l'histoire des galles-insectes et celles produites particulièrement par les psylles est encore à faire. Je ne puis donc que solliciter les amis de l'histoire naturelle, qui habitent la campagne et qui ont du loisir, de se livrer à leur étude.

Voyez les mots COCHENILLE, PUNAISE, DIPLOLÈPE, et PUCERON, qui servent de complément à cet article. (B.)

PTARMIQUE. Espèce d'ACHILLÉE.

PTELÉE, *Ptelea*. Arbre de petite stature, originaire de l'Amérique septentrionale, et qu'on cultive très fréquemment dans les jardins paysagers, non à raison de sa beauté, mais parcequ'il fait variété et contraste par la couleur obscure de ses feuilles avec le vert tendre de celles des autres arbres.

Cet arbre forme seul un genre dans la tétrandrie monogynie et dans la famille des térébinthacées. Il a les feuilles alternes, pétiolées, ternées, à folioles parsemées de points transparens. Ses fleurs sont verdâtres et disposées en corymbes axillaires et terminaux.

On multiplie le ptelée presque uniquement de semences qu'on sème dès qu'elles sont mûres, qui lèvent au printemps, et dont le plant peut être mis en pépinière dès l'année suivante. Il ne craint point les gelées du climat de Paris. Une terre légère et fraîche est celle qui lui convient le mieux; cependant il réussit par-tout. Il fleurit et peut être mis en place la troisième année. Comme il pousse peu de rameaux, et qu'il n'a de feuilles qu'à l'extrémité de ses rameaux, il garnit médiocrement. C'est au second et au troisième rang des massifs qu'il demande à être exclusivement placé. Il ne produit aucun effet lorsqu'il est isolé.

On l'appelle *l'orme à trois feuilles*, parceque ses semences ressemblent à celles de l'orme commun. (B.)

PTÉRIDE, *Pteris*. Genre de plante cryptogame, de la famille des fougères, dont le caractère consiste à avoir la fructification disposée en ligne marginale continue, et les follicules entourées d'un anneau élastique.

Ce genre renferme plus de quarante espèces, dont deux seules sont indigènes. La plus commune de ces dernières est la PTÉRIDE AQUILINAIRE, qui a les racines vivaces, épaisses, horizontales, les feuilles bipinnées, hautes de trois à quatre pieds, et souvent du double, à pétiole radical, semi-cylindrique et sillonné, à pinnules lancéolées, les inférieures pinnatifides et plus grandes, toutes d'un vert obscur. Elle croît dans toute l'Europe, dans les bois, les landes, les sols sablonneux ou argileux, rarement dans les calcaires. Souvent elle couvre entièrement ou presque entièrement des espaces considérables. C'est elle qu'on a ordinairement intention de désigner lorsqu'on dit simplement la *fougère*; c'est elle que dans les livres de médecine on appelle *fougère femelle*. Sa racine a une saveur gluante et amère. Elle est vermifuge, mais moins que celle du POLYPODE FOUGÈRE MALE. Lorsqu'on la coupe en travers, elle présente une image grossière d'une aigle à deux têtes dont lui est venu son nom latin. Ses feuilles sont béchiques. Les bestiaux les mangent rarement.

Cette plante indique un mauvais sol. Il est souvent fort difficile aux cultivateurs de la détruire dans les champs qu'ils veulent semer en céréales ou autres graines, et elle nuit par conséquent beaucoup aux récoltes. Dans toute autre circonstance elle est une source de richesses pour ceux qui savent en tirer parti. En effet, elle remplace le bois pour chauffer le four, pour cuire la chaux, le plâtre, etc. Elle forme une bonne litière pour les bestiaux et par suite un excellent fumier. On en couvre les hangars, les plantes qui craignent la gelée (*voyez* COUVERTURE); on en fait des liens, des lits pour conserver le fruit et les racines potagères, des emballages, etc., sur-tout on en tire de la POTASSE. *Voyez* ce mot.

Il résulte d'expériences faites il y a long-temps que la ptéride est une plante qui produit le plus de ce sel, dont l'emploi dans les verreries, les teintureries, les fabriques de savon, les blanchisseries et autres manufactures, est si considérable. Des calculs établis sur des bases solides prouvent que, si on employoit à cet usage toute celle qui croît en France, on pourroit épargner dix à douze millions, qui s'exportent dans le nord ou en Amérique pour nous procurer la quantité supplémentaire qui nous est nécessaire. On ne peut donc trop recommander aux cultivateurs de se livrer à la fabrication de la potasse, fabrication qui n'est point difficile, puisqu'il ne s'agit que de couper la fougère, de la laissser à demi sécher sur place, de creuser une fosse deux fois plus profonde que large, d'y jeter la fougère et de l'y brûler le plus lentement possible, c'est-à-dire en l'empêchant de s'enflammer, soit en en mettant toujours de la nouvelle, soit autrement. Le point important est que l'air n'arrive que petit à petit au centre du foyer. L'expérience en ce cas instruit plus que le raisonnement. Deux personnes qui brûlent de la fougère dans le même canton peuvent trouver une différence de moitié dans le produit, selon qu'elles auront coupé cette plante plus tôt ou plus tard, qu'elle la brûleront de telle ou telle manière, même qu'elles choisiront tel jour plutôt que tel autre; car les temps lourds, disposés à l'orage, favorisent singulièrement la formation de la potasse, *Voyez* au mot POTASSE.

L'époque la plus avantageuse pour couper la fougère est la fin de juin, c'est à dire celle ou elle est arrivée à la moitié de sa grandeur. Autrefois on croyoit qu'il falloit attendre jusqu'à la fin d'août; mais M. de Saussure a prouvé que plus les plantes, ou parties de plantes, étoient jeunes, et plus elles fournissoient de potasse.

La combustion de la fougère terminée, on en ramasse les cendres, que l'on peut ou vendre telles qu'elles sortent de la fosse, ou lessiver, pour en obtenir le sel pur.

Le meilleur moyen de débarrasser un champ de la fougère qui y croît, c'est d'y semer des graines dont le plant demande des binages d'été, tels que du maïs, des haricots, des fèves, des pommes de terre ; ces binages, coupant les feuilles à mesure qu'elles paroissent, occasionnent la mort des racines, si ce n'est la première, au moins la seconde année. Rarement la charrue ou la bêche sont dans le cas d'atteindre ces racines, tant elles sont profondes. On ne peut les arracher que par suite d'un défoncement de deux à trois pieds, et cette opération, quelque propre qu'elle soit pour rendre fertile les mauvais terrains où croît la fougère, est presque toujours impraticable à raison des frais, à moins qu'on ne veuille planter un jardin, une pépinière, ou faire quelque culture de luxe.

Les cochons aiment beaucoup la racine de fougère.

La ptéride aquilinaire est une assez belle plante pour mériter d'être placée dans les jardins paysagers sous les massifs, derrière les fabriques. (B.)

PUCCINIE, *Puccinia*. Genre de plantes de la famille des champignons, dont les espèces, ainsi que celles des œcidies, des uredo, etc., croissent sur les feuilles des plantes vivantes, et, lorsqu'elles sont très abondantes, nuisent beaucoup à l'accroissement de ces plantes, les font même périr.

Les puccinies présentent des plaques gélatineuses placées sous ou sur l'épiderme, desquelles sortent des tubercules pédicellés divisés en deux ou un plus grand nombre de loges par des cloisons transversales, et qui émettent leurs bourgeons séminiformes par leur sommet ou par leurs côtés.

Ce genre a été créé par Hedwig et adopté par Persoon et Décandolle. Il se rapproche beaucoup de celui des moisissures avec lequel Bulliard l'avoit confondu.

Les espèces les plus fréquemment sous les yeux des cultivateurs sont,

La puccinie du rosier, qui est noire et à quatre loges.

La puccinie de l'orme, qui est brune, a l'aspect velu, et à trois loges.

La puccinie du jasmin, qui couvre quelquefois toute la surface inférieure des folioles de tubercules bruns à trois loges.

La puccinie de l'œillet, qui forme des taches jaunes sur la surface inférieure de l'œillet de poëte. Elle a deux loges.

La puccinie du groseiller, qui croît sur la surface supérieure des feuilles du groseiller rouge. Ses tubercules sont bruns et divisés en deux loges.

La puccinie des pruniers, qui forme de petits points bruns sous les feuilles du prunier cultivé, isolés ou réunis. Ses tubercules ont deux loges.

La puccinie des graminées, qui se montre en automne et en hiver sur les feuilles et les tiges de beaucoup d'espèces de la famille des graminées, entre autres sur celles que l'on cultive. Elle forme des taches linéaires et parallèles entre les nervures des feuilles, qui sont d'abord jaunâtres et ensuite noires. Ses tubercules sont à deux loges. On a placé cette espèce parmi les uredo.

La puccinie des haricots, qui couvre quelquefois les feuilles des haricots en dessus et en dessous. Sa couleur, d'abord rousse, devient ensuite noire. Ses tubercules n'ont qu'une seule loge.

La puccinie des pois, qui attaque toutes les parties des pois cultivés, et empêche quelquefois la fructification de cette plante. Elle offre des pustules brunes uniloculaires.

La puccinie des trèfles. Elle attaque aussi toutes les parties des trèfles cultivés et autres, et nuit beaucoup à leur développement. Sa couleur est d'un brun roux ; ses tubercules n'ont qu'une loge. Elle a beaucoup de rapport avec les uredos.

Voyez comme supplément à cet article les mots cités au commencement, et ceux Carie, Charbon, Rouille.

Les grains de puccinie, d'après les observations de Benedict Prévôt, ne sont que l'enveloppe des bourgeons séminiformes arrivés à la moitié de leur croissance. Pour que leur végétation se complète il faut qu'ils tombent sur la terre ou dans l'eau, et qu'ils poussent des espèces de tiges simples ou ramifiées, lesquelles contiennent les véritables bourgeons séminiformes ; bourgeons infiniment petits, qui s'introduisent dans les plantes par les racines, et sont conduits dans les feuilles au moyen de la circulation de la sève. (B.)

PUCERON , *Pulex*. Genre d'insectes de l'ordre des hémiptères, qui renferme un grand nombre d'espèces, toutes vivant aux dépens de la sève des plantes, et qui par-là, nuisant beaucoup à leur végétation, doivent être signalées aux cultivateurs comme de dangereux ennemis.

Les plus gros pucerons atteignent rarement deux lignes de long, et sont ainsi rangés parmi les petits insectes ; mais leur nombre suppléé à leur grandeur. Presque tous aiment à vivre en société. Les jeunes pousses des arbres en sont souvent si chargées qu'on n'en voit point l'écorce. C'est leur grand nombre qui les rend si nuisibles aux plantes ; car l'extravasation d'un peu de sève a rarement des suites dangereuses. Peu sont courreurs ; plusieurs même se fixent pour toute leur vie, comme les Cochenilles et les Chermès, avec lesquels au reste ils ont beaucoup de rapport. *Voyez* ces mots.

Les pucerons ont le corps ovale et toujours très mou ; leur couleur est le plus généralement verte, mais on en voit de blancs, de bruns, de jaunes, de rougeâtres et de panachés : souvent ils sont couverts d'une poussière blanche et même de longs filamens. Leur tête est pourvue d'une trompe placée en dessous, quelquefois fort longue, et susceptible de se replier sous le ventre. La plupart ont quatre ailes membraneuses qu'ils portent en toit à vive arête ; je dis la plupart, parceque dans la même espèce il est des individus qui n'en prennent jamais et n'en sont pas moins propres à se perpétuer. Leurs six pattes ont des tarses d'un ou de deux articles ; l'abdomen de presque tous est armé, dans sa partie supérieure et postérieure, au-dessus de l'anus, de deux cornes, ou mieux, de deux tubercules perforés, par où sort, sous forme d'une liqueur sucrée, la surabondance de sève qu'ils ont pompée avec leur trompe, presque continuellement plongée dans l'écorce des arbres et en action.

L'étude suivie des pucerons présente des faits très singuliers, qui ont dû, et qui ont en effet très étonné les premiers observateurs qui ont eu occasion de les remarquer. Comme tous les autres insectes de leur ordre ils offrent des larves qui changent plusieurs fois de peau avant de devenir susceptibles de se reproduire ; mais ces larves ressemblent à l'insecte parfait, et plusieurs ne prennent jamais d'ailes, comme je l'ai déjà dit plus haut : ces derniers sont généralement des femelles. Ces femelles offrent deux singularités encore plus remarquables ; c'est que pendant tout l'été elles font des petits vivans, qu'elles se soient accouplées ou non, et que ces petits en font de nouveaux sans s'être accouplés. Bonnet a vu se reproduire ainsi, sans accouplement, neuf générations en trois mois. En automne c'est autre chose ; les femelles ailées ou non ailées s'accouplent, et le résultat est une ponte d'œufs qu'elles déposent sur les branches des arbres, et qui n'éclosent qu'au printemps. On ne peut douter de la vérité de ces faits attestés par des hommes du plus grand poids ; par les Bonnet, les Réaumur, les Lyonet, etc.

Dès que les pucerons sont nés par l'effet de la chaleur du printemps, ils se portent sur les bourgeons ou jeunes pousses des arbres qui se développent à la même époque, introduisent leur trompe dans l'écorce, et sucent continuellement la sève qui y circule. Lorsqu'il n'y en a qu'un petit nombre, ils ne font point de mal, même, peut-être, dans les années chaudes et humides, où la végétation est trop rapide, ils produisent un bien, en diminuant l'activité de la sève. *Voyez* au mot Miélat. Mais lorsqu'ils se sont multipliés, et cela arrive bientôt, puisqu'on a observé que chaque individu ne reste que quinze jours sous l'état de larve, et que chaque femelle produit souvent jusqu'à quinze ou vingt petits par jour : ils sont un véritable fléau.

La succion des pucerons est si active à certaines époques, pendant le mois de mai, par exemple, que les cornes ou les mamelons de leur abdomen paroissent comme deux fontaines toujours coulantes lorsqu'on les examine à la loupe. J'ai vérifié ce fait sur plusieurs espèces, et en différens temps de la journée. Cet écoulement diminue dans la grande chaleur et pendant la nuit, peut-être même cesse-t-il entièrement lorsque les nuits sont froides. Il suit probablement, et est proportionnel à l'ascension de la sève. Qu'on juge de la déperdition qu'il doit y avoir de cette substance, lorsque des milliers de pucerons la sucent à la fois, et que ces pucerons se touchent : aussi empêchent-ils les bourgeons de se développer, les font devenir difformes, causent-ils le recoquillement des feuilles, donnent-ils naissance à des tubercules ou a des vessies quelquefois aussi grosses que le poing, et s'opposent-ils beaucoup à l'accroissement du bois et à la production du fruit ; et enfin font-ils souvent périr les greffes, et quelquefois même les arbres.

La plupart vivent sur les tiges, mais il en est qui se trouvent sur les feuilles, sur les fleurs, sur les fruits, même sur les racines. Les plus remarquables de ces vessies sont celles qu'on voit en si grande quantité sur certains ormes ; vessies qui subsistent souvent plusieurs années, et qui déforment si désagréablement ces arbres. Le puceron femelle qui les occasionne se laisse enfermer dans leur cavité, y fait des petits sans le concours du mâle, et ces petits piquant les parois de ces vessies déterminent une grande affluence de sève, et une augmentation proportionnelle de grosseur. J'ai vu souvent de ces vessies grosses comme les deux poings, contenant des milliers de pucerons et une certaine quantité d'eau fétide provenant de la sève qui avoit fermenté. Ces vessies se fendent en automne, et quelques unes des jeunes femelles, alors fécondées, en sortent pour aller déposer les œufs qui, comme je l'ai déjà dit, doivent perpétuer l'espèce l'année suivante. Ces femelles, en apparence si lourdes pendant l'été, savent alors fort bien voler pour aller sur les arbres voisins établir de nouvelles colonies.

Les piqûres des pucerons occasionnent souvent sur les plantes des monstruosités différentes de celles dont il vient d'être parlé et qu'il seroit trop long et inutile d'énumérer. Je ne puis m'empêcher cependant de citer la transformation des pétales en feuilles, comme la plus remarquable de toutes.

C'est sur-tout dans les années sèches que les pucerons sont les plus dangereux, parcequ'alors les plantes sont peu fournies de sève, et que la plus petite déperdition qu'elles en font leur est très sensible ; c'est donc alors qu'il faut leur faire la chasse par tous les moyens possibles.

On a indiqué des milliers de recettes contre ces animaux, dont je vais passer quelques unes en revue.

Les huiles et les essences, principalement celle de térébenthine, les font bien périr, mais elles sont trop chères pour être employées en grand ; et leur emploi, même en petit, est difficile, long et nuisible, en ce que ces matières grasses bouchent les pores des bourgeons et des feuilles, et s'opposent par conséquent à leur transpiration insensible, transpiration qui leur est indispensable.

Les vapeurs de soufre, de fumée de tabac et autres qu'on dirige sur les arbres qui sont chargés de pucerons, n'ont aucun inconvénient pour ces arbres, et doivent être préférées ;

cependant elles ne remplissent pas toujours leur objet, parceque le vent s'y oppose, que des feuilles les en garantissent,
ou qu'ils savent se soustraire à leurs effets. C'est sur les espaliers qu'il convient principalement de tenter ce moyen. On a
inventé un SOUFFLET propre à diriger ces vapeurs sur les pucerons. *Voyez* ce mot.

Les dissolutions de sel marin, les infusions de plantes âcres,
telles que celles de feuilles de tabac, de sureau, de noyer, de
jusquiame, le vinaigre, l'eau des lessives, des fumiers, ont très
souvent réussi à faire presque tous périr les pucerons, lorsqu'on
les a répandus en forme de pluie, à plusieurs reprises sur les
plantes qui en étoient infestées, par le moyen des pompes et
des arrosoirs; leur effet est sur-tout très marqué sur les plantes
herbacées nouvellement semées.

Le moyen le plus efficace est certainement la chaux; j'en ai
vu des effets surprenans. Pour l'employer on réduit en poudre
de la chaux récente, et on la sème à diverses reprises sur les
plantes garnies de pucerons; tous ceux qui en sont atteints
sont anéantis en peu d'instans. Les pluies lavent ensuite les
feuilles et les bourgeons, et le sol profite du savon qui résulte
de la décomposition des pucerons. L'usage de ce moyen demande quelque dextérité, et n'est pas sans inconvéniens. Un
lait de chaux produiroit le même effet; mais il blanchiroit
davantage les feuilles et s'enlèveroit plus difficilement. *Voyez*
CHAUX.

Enfin lorsqu'on cultive des plantes précieuses, pour lesquelles on ne doit pas épargner la main-d'œuvre, on préfère
de les tuer, soit avec les doigts, soit avec un pinceau de poil
de cochon, soit avec une brosse, parcequ'on est plus sûr de
son fait que par les procédés ci-dessus.

Mais tous ces moyens, praticables dans un jardin, dans un
verger, ne le sont pas dans la grande agriculture; et souvent,
quoique plus rarement, les pucerons s'y font redouter par
leur désastreuse abondance. En effet, comment détruire tous
ceux qui nuisent aux chênes d'une forêt, aux ormes d'une
avenue ou d'une grande route, à toutes les vignes d'un canton,
aux pousses d'une luzerne de plusieurs arpens, aux semis de
colza, de vesce, de fèves, etc., etc.? Heureusement la nature a donné un grand nombre d'ennemis aux pucerons, et
les a rendus très sensibles aux impressions atmosphériques.
Parmi les premiers on doit compter d'abord les larves de
l'*hémerobe perle*, et de plusieurs *syrphes*, qu'on a nommés, à
raison de la grande destruction qu'ils en font, *lions des pucerons*. Celles des coccinelles et de quelques ichneumons en font
également beaucoup périr: les pluies froides qui surviennent
après des jours chauds les font souvent presque entièrement

et subitement disparoître : les sécheresses trop prolongées produisent plus lentement le même effet, en arrêtant la circulation de la sève, et en les privant par conséquent de nourriture. C'est principalement cette cause qui fait que généralement la pousse d'automne en est moins fatiguée que celle du printemps.

Les arbres et les plantes chargés de pucerons le sont presque également de fourmis, auxquelles l'ignorance a souvent attribué les dommages produits par eux. Le vrai est que ces fourmis ne font aucun tort aux tiges et aux feuilles de ces arbres et de ces plantes ; qu'elles n'y affluent que pour manger l'humeur sucrée, la sève mielleuse qui sort des pucerons par les deux cornes de leur dos, ou qui s'épanche par les blessures que ces pucerons ont faites à l'écorce. Il ne faut donc point s'occuper de la destruction de ces fourmis, puisqu'on doit être assuré qu'elles disparoîtront dès qu'il n'y aura plus de pucerons.

Le puceron du cerisier est souvent si abondant qu'il désorganise l'extrémité des jeunes tiges dans les pépinières, ce qui nuit beaucoup à leur croissance. J'ai vu souvent ces feuilles être comme mortes dès le milieu de l'été : il seroit plus avantageux de les ôter que de les laisser, si on pouvoit compter sur une bonne pousse d'août ; mais cette opération peut amener la perte complète des boutons ou yeux.

Je ne ferai pas ici la nomenclature des pucerons, attendu que presque toutes les plantes en nourrissent, et que les naturalistes, faute de caractères, ne les ont jusqu'à présent désignés que par le nom de la plante sur laquelle ils les ont observés, quoique la même plante en offre souvent de plusieurs espèces. (B.)

PUCERON FAUX. C'est la Psylle. *Voyez* ce mot.

PUEL, PUCIL (BOIS EN). Bois en défends, c'est-à-dire qui n'a pas encore trois ans, et où les bestiaux ne peuvent pas entrer.

PUGNÈRE. Quart d'un arpent et quart d'un setier dans le département de la Haute-Garonne. *Voyez* Mesure.

PUGNET. Sorte d'ancienne mesure agraire. *Voy.* Mesure.

PUISARD. Architecture rurale. On sait qu'un *puisard* est une fosse profonde destinée à recevoir les eaux des pluies, celles des leviers, offices, cuisines, laiteries, etc., lorsqu'on ne peut pas les faire écouler naturellement, ou sans inconvénient, au dehors des habitations.

Ces fosses sont ordinairement circulaires. On en revêt le pourtour en maçonnerie de pierres sans mortier, afin de prévenir l'éboulement des terres sans empêcher les eaux qui y tombent de s'infiltrer et de se perdre à travers. On termine ensuite cette maçonnerie par une voûte, dans le dessus de laquelle on pratique un regard assez grand pour y introduire un homme lorsque le puisard a besoin d'être curé.

Un puisard est le plus souvent un voisinage très incommode pour les habitations. Les graisses et les autres immondices, que les différentes eaux qui y sont dirigées y entraînent, fermentent en peu de temps, et font de ces puisards des cloaques aussi malsains et aussi infects que des fosses d'aisance. Cette puanteur est sur-tout nuisible dans les cuisines basses et dans les laiteries où elle pénètre par le conduit même de l'écoulement de leurs eaux, au point de rendre quelquefois les cuisines inhabitables, et de gâter tout le laitage dans les laiteries.

On tâche de remédier à cet inconvénient en faisant curer les puisards de temps à autre, ou en y pratiquant des évents, ou des cheminées ; mais les palliatifs n'empêchent pas qu'il n'en sorte une odeur insoutenable, qui est attirée dans ces pièces par le courant d'air formé par le feu des cuisines ou par le vent.

Un seul moyen nous paroît véritablement efficace pour garantir les cuisines et les laiteries des inconvéniens qui résultent de leur voisinage des puisards ; c'est celui imaginé par feu M. de Parcieux, qui a été consigné dans les mémoires de l'académie royale des sciences, année 1767.

La simplicité de ce procédé trop peu connu, la facilité de son exécution, et les applications que l'on peut en faire en plusieurs autres circonstances, nous engagent à en donner ici la description.

Il faut une cuvette de pierre, ayant dix-huit pouces de longueur intérieure, un pied de largeur, et six pouces de profondeur au milieu.

Le bord, ou dessus de l'un des bouts de cette cuvette (c'est celui qui doit être placé du côté du puisard) est de deux pouces plus bas que les trois autres côtés du pourtour de la cuvette.

Ce petit bassin doit être posé de niveau dans l'épaisseur du mur, et à la hauteur du pavé intérieur, ou de la rigole par laquelle les eaux arrivent dans le puisard ; de manière qu'il faut qu'elles passent par la cuvette avant que d'arriver au puisard.

On fait à chacun des grands côtés de cette cuvette une entaille de trois pouces de profondeur, autant de largeur, et seulement de deux pouces dans l'épaisseur des flancs. Ces entailles doivent être un peu plus près du bout de la cuvette qui est du côté du puisard que de l'autre. On pose de champ, dans ces entailles, un morceau de dalle de pierre dure, de trois pouces d'épaisseur, de seize pouces de largeur, et d'autant de hauteur environ; et on achève de maçonner autour de cette dalle ainsi posée, pour ne laisser d'autre passage à l'air du dehors au dedans que par le bas de la cuvette, sous la pierre de champ.

Le bord du bout de cette cuvette, qui est du côté du puisard, n'étant que de deux pouces plus bas que le restant du pourtour, et les entailles de la pierre de champ descendant de trois pouces, il en résulte que cette pierre plonge d'un pouce dans l'eau quand la cuvette en est remplie ; ce qui ôte toute communication d'air du dedans du puisard au dehors, parceque la cuvette doit toujours être pleine d'eau. Cette eau cependant pourroit se corrompre comme celle du puisard, si on lui en laissoit le temps ; mais elle ne reste jamais dans la cuvette pendant un jour entier. Elle est continuellement chassée et remplacée par la dernière qui arrive, soit par celle que l'on répand toutes les fois qu'on lave quelque chose, soit en y jetant quelques seaux d'eau propre, au moyen de quoi on n'est pas plus incommodé de l'eau du puisard dans l'intérieur de la cuisine, ou autre pièce, que s'il n'y avoit point de puisard.

C'est par un semblable moyen que M. de Parcieux est parvenu à empêcher l'introduction de l'air extérieur par le canal d'écoulement du puisard de la glacière de Pont-Chartraint, ainsi que nous l'avons dit au mot glacière. (De Per.)

PUITS. Architecture et économie rurales. La plus grande incommodité que puisse éprouver un établissement rural est de manquer d'eau. Une plus grande perte de temps pour s'en procurer est encore le moindre inconvénient qui en résulte pendant les sécheresses de l'été. On n'en fait ordinairement venir que pour la consommation journalière du ménage ; on envoie abreuver les bestiaux dans les ruisseaux environnans, ou aux sources les plus voisines, et souvent à des distances assez grandes; dans les ardeurs de la canicule, ces animaux en reviennent presque aussi altérés qu'ils étoient partis; enfin, si pendant cette saison il se manifeste un incendie, on ne trouve aucun moyen d'en arrêter les progrès.

Telle est en France la position fâcheuse de beaucoup trop de fermes, sans que leurs propriétaires aient rien tenté jusqu'à présent pour en diminuer le nombre.

Cependant deux moyens sont connus depuis long-temps pour procurer de l'eau aux localités qui en manquent : les *puits* et les *citernes ;* mais, soit que la construction des puits présente trop souvent des incertitudes décourageantes sous les rapports de la dépense et du succès, soit que celle des citernes exige trop de dépense et des ouvriers plus adroits que ceux que l'on rencontre ordinairement dans les campagnes, les propriétaires se déterminent difficilement à ces travaux d'amélioration.

Cependant l'eau est une substance d'absolue nécessité dans les besoins de la vie et de l'agriculture ; il est donc nécessaire de familiariser les propriétaires avec les moyens que l'art indique pour s'en procurer, même dans les circonstances les plus ingrates.

Nous avons suffisamment parlé des citernes, dont la construction, ainsi qu'on l'a vu à ce mot, ne présente d'autre obstacle que celui de la dépense, laquelle d'ailleurs est toujours proportionnée au volume d'eau que l'on veut se procurer. Il nous reste donc à donner ici tous les détails relatifs à la construction des différentes espèces de *puits*.

La destination d'un puits est de mettre à découvert, à la portée de l'habitation, ou au milieu d'un jardin, une source qui étoit cachée avant sa construction.

Pour y parvenir, on fait un trou, ordinairement circulaire, que l'on fouille jusqu'au-dessous de la surface de cette source, et lorsqu'on a trouvé l'eau en assez grande abondance pour ne pas craindre le tarissement de la source pendant l'été, on établit au fond du trou un rouet de bois dur, sur lequel on élève la maçonnerie du puits.

Telle est la construction des puits ordinaires dont le procédé est suffisamment connu des maçons de la campagne.

L'art de construire les puits est donc particulièrement fondé sur celui de découvrir la position et la direction des sources cachées d'une localité ; car si, comme on le pratique trop communément, on choisit au hasard l'endroit où l'on veut creuser un puits, on s'expose, ou à ne point rencontrer de source, ou à ne la trouver souvent qu'à une très grande profondeur. Dans le premier cas, la dépense de la fouille est absolument perdue ; et, dans le second, celle de la construction du puits devient très considérable.

Ainsi, dans la routine ordinaire, la construction d'un puits présente presque toujours une grande incertitude et dans sa dépense et dans son succès ; et si l'on ajoute à ce désavantage celui de ne pouvoir élever l'eau des puits très profonds qu'à l'aide de machines hydrauliques plus ou moins dispendieuses, telles que des corps de pompe, des noria, etc., on ne sera point surpris de la répugnance des propriétaires à multiplier ces établissemens.

On ne pourra donc parvenir à vaincre cette répugnance qu'en faisant disparoître de la construction des puits l'incertitude de dépense et de succès qui l'accompagne presque toujours, et que nous regardons comme le plus grand obstacle à leur établissement.

Pour parvenir à ce but, nous n'emploierons pas les prestiges de la *baguette divinatoire*; nous n'invoquerons pas non plus les *sensations surnaturelles* du fameux Bléton; nous nous contenterons d'établir quelques principes que la physique générale ne pourra pas désavouer, et nous en déduirons une formule simple, applicable à toutes les localités où l'on voudra trouver de l'eau pour la construction d'un puits.

1° Les hautes montagnes sont généralement regardées par les physiciens comme étant les réservoirs principaux des eaux qui se répandent dans les vallées sous la forme de sources, de ruisseaux, de rivières ou de fleuves. De là les eaux se rendent dans des lacs, ou dans la mer, dont elles ont été et dont elles sont constamment extraites par l'effet de l'évaporation de l'atmosphère, pour retourner ensuite dans les premiers réservoirs en pluie, en neige, etc. C'est par ce mécanisme admirable que l'auteur de la nature sait entretenir sur la surface de la terre la quantité d'eau nécessaire à la végétation ainsi qu'aux besoins journaliers des hommes et des animaux. Il résulte de cet état de choses que, si l'on creuse un puits sur un emplacement dominé par des hauteurs voisines, et qu'on lui procure une profondeur suffisante, on est à peu près sûr d'y trouver une source cachée; mais si la hauteur dominante est fort éloignée de l'emplacement, que nous supposons d'ailleurs à une certaine élévation au-dessus du niveau de la vallée inférieure; ou si cet emplacement est un tertre ou mondrain isolé, on ne doit point y rencontrer de source, à moins que ce ne soit à une grande profondeur.

2° Le trop plein, ou la surabondance des eaux dans les réservoirs des montagnes, se verse dans les vallées inférieures, et y coule sur des lits naturels que l'observation a trouvés formés par des bancs de roches ou d'argile. Ce sont les seules substances minérales qui soient imperméables à l'eau; toutes les autres connues pour entrer dans la composition des différentes couches de la terre, telles que le sable, la grève, le tuf, la marne terreuse, la terre végétale, sont autant de filtres qui laissent échapper l'eau.

Aussi, par-tout et même dans les hautes montagnes secondaires où les couches supérieures ou apparentes sont de la nature de ces dernières substances, les sources sont-elles infiniment rares, tandis qu'elles sont abondantes et nombreuses dans les gorges des montagnes d'argile ou de roche.

3° Ces eaux apparoissent dans les vallées, ou sur les coteaux, à des expositions solaires à peu près constantes pour chaque pendant de montagne, ou dans chacun de ses *contre-forts*, ou embranchemens; et lorsque l'un de ses pendans présente des sources visibles, l'autre en est ordinairement privé. Ce phéno-

mène, que nous avons constamment observé, doit naturellement être attribuée à l'uniformité de l'inclinaison des couches
de roche ou d'argile qui sont souvent dans chaque montagne,
car ces substances seules peuvent servir de lit aux sources que
l'on y aperçoit.

Ainsi, si l'on veut établir un puits sur le pendant d'une montagne qui ne présente point de sources, tandis qu'il en existe
de visibles sur son pendant opposé, on peut assurer d'avance
qu'on n'y trouvera point de sources cachées, ou qu'on ne
pourra les découvrir qu'à une très grande profondeur.

4° Les sources visibles dans les pendans des montagnes se
montrent à des niveaux plus ou moins élevés au-dessus des
plaines inférieures, suivant que l'inclinaison du banc de roche
ou d'argile qui leur sert de lit est moins ou plus forte; et il est
toujours possible de déterminer leur direction et l'inclinaison,
ou la pente de leur lit, ainsi qu'on le verra ci après.

Mais aussi, si son inclinaison est tellement forte, que le prolongement du lit passe au-dessous du niveau du vallon inférieur, alors les sources ne sont plus visibles, et pour découvrir leur existence, la direction et l'inclinaison de leur lit, il
faut avoir recours à d'autres moyens, que l'on est parvenu à
rendre simples et peu coûteux.

Il nous semble que ces principes et ces observations peuvent
fournir tous les élémens d'une bonne théorie de l'art de construire les puits, et faire disparoître l'incertitude de dépense et
de succès que leur construction a présentée jusqu'à présent.
Un exemple choisi dans l'une et l'autre des deux hypothèses
que nous avons établies suffira pour l'intelligence de notre
méthode.

Premier exemple. Supposons, *planche* 8, que l'on veuille
construire un puits au point B, choisi dans le pendant A d'une
montagne qui présente une source visible en C.

Dans cet exemple, il n'y a aucune incertitude du succès de
la construction du puits, car la source étant visible en C, son
lit existe nécessairement au-dessous du point B. Il n'est donc
plus question que de connoître la profondeur qu'il faudra lui
donner pour mettre le lit de cette source à découvert au
point B, afin de pouvoir évaluer la dépense de construction
du puits.

Mais cette profondeur BE n'est autre chose que la distance
verticale du point B au point E, où le puits doit rencontrer la
surface supérieure du banc incliné de roche ou d'argile qui
sert de lit aux eaux de la source visible en C; et, pour la déterminer, il faut préalablement s'assurer de la position de ce
plan souterrain, dont l'inclinaison peut être supposée uniforme sans un grand inconvénient. A cet effet, nous supposons

que le pendant A de la montagne est coupé par un plan vertical passant par le point C où la source est visible, et le point B
où le puits doit être construit.

Ce plan rencontrera celui du lit, de cette source dans la
ligne CE, qui en représente la projection horizontale, et
pour en déterminer la position à l'égard du terrain supérieur,
il suffit d'en connoître deux points.

Ici le point C de cette ligne CE est déjà connu de position ;
reste donc à en trouver un autre dans cette ligne par le procédé le moins coûteux.

Pour y parvenir, on choisit sur le terrain, à quelque distance au-dessus du point C, et dans la direction des points
connus C et B, un autre point D. On y fait creuser le terrain
jusqu'à ce qu'on rencontre l'eau, ou, pour plus d'économie,
on y fait enfoncer la tarière du mineur. La profondeur DH,
à laquelle on aura été obligé de l'enfoncer pour trouver le fond
du lit, donnera la position du second point H, cherché dans
la ligne CHE. Ce point une fois connu, on en déduira facilement, comme on le verra ci-après, et la position du point E,
et la profondeur BE.

Deuxième exemple. Si le pendant A de la montagne ne présentoit aucune source visible, il faudroit d'abord s'assurer que
l'on y trouvera de l'eau.

On commencera par examiner si le pendant opposé de la
montagne contient des sources visibles. Si l'on y en trouve,
c'est, comme nous l'avons déjà dit, une forte présomption
contre l'existence des sources cachées dans le pendant A ;
mais si l'on n'aperçoit aucune source dans l'un ni dans l'autre
pendant de la montagne, et que, pendant l'hiver, ou après de
grandes pluies, on ait déjà observé dans le pendant A des
pleurs ou des sources éphémères, on aura lieu d'espérer
qu'en creusant à une certaine profondeur on y trouvera une
source cachée.

Dès-lors on cherchera à en connoître la profondeur, ainsi
que l'inclinaison de son lit, par le moyen de la tarière, comme
dans l'exemple précédent.

On sondera donc d'abord dans le fond de la vallée inférieure, immédiatement au-dessous du point où le puits projeté
devra être placé, et jusqu'à ce que l'on trouve l'eau. On sondera ensuite à quelque distance au-dessous dans l'alignement
de la première sonde et du puits, également jusqu'à ce qu'on
trouve l'eau. On tiendra note de ces deux profondeurs, et
elles serviront de données pour déterminer, comme dans le
premier cas, la position du point E de la source, qui correspond verticalement à celui B où l'on veut creuser le puits.

Cela posé, la détermination de la profondeur des puits, et

conséquemment celle de la dépense de leur construction, peut toujours avoir lieu à l'aide d'une formule simple applicable à tous les cas.

En effet : la profondeur BE, *pl.* 8, qu'il faut leur donner, est égale à CC moins CK. En nommant BE, x; et CK, différence inconnue de niveau des points C et E, y; on aura $x = CC = y$. Mais, par la théorie des triangles semblables,

CK, ou y : EK :: CL : LH; conséquemment $y = \dfrac{EK \times CL}{LH}$

Donc BE, ou $x = CG = \dfrac{EK \times CL}{LH}$

Or, on connoît la distance horizontale du point choisi B au point C de la source visible, ou premier point trouvé de la source cachée; et cette distance BG = EK.

On connoît également la distance horizontale entre les deux points connus, ou fixés de position C et D, et cette distance DF = LH.

Enfin, par les opérations du nivellement, on connoîtra facilement les différences de niveau qui existent entre le point C et les points D et B, tous trois connus ou donnés de position.

Ainsi, en supposant BG ou EK = 100 mètres; DF, ou LH = 12 mètres; CG = 12 mètres; CL = $\frac{1}{2}$ mètre; et en substituant ces données dans la formule $x = CG = \dfrac{EK \times CL}{LH}$

on aura x, ou $BE = 12^{m.}\dfrac{100^{m.}+\frac{1}{2}}{12} = \dfrac{144^{m.}-50^{m.}}{12} = 7^{m} 833$.

Au moyen de cette méthode, un propriétaire pourra donc toujours calculer d'avance la dépense de construction d'un puits dans un endroit déterminé, car, sa profondeur étant connue, il trouve localement les autres élémens de ce calcul.

Il faut avoir l'attention d'éloigner les puits des retraites, des étables, des fumiers et généralement de tous les lieux qui pourroient communiquer à l'eau une odeur désagréable ou nuisible.

On ne doit cependant pas conclure de ce précepte qu'il soit impossible d'avoir un bon puits dans une basse-cour, mais seulement qu'il faut toujours le placer au-dessus de l'égout naturel des fumiers, des étables, etc.

D'ailleurs les puits doivent toujours être à découvert, quelque inconvénient qu'il y ait à cet état, parceque l'eau en est meilleure. Les vapeurs qui montent s'évaporent plus facilement, et l'air qui y circule librement la purifie mieux. On prévient les accidens qui peuvent en arriver, en les couvrant avec un grillage léger et facile à retirer, lorsqu'on tire de l'eau avec une poulie ; et si le puits est muni d'une pompe à main, le grillage peut être fait en fil de fer peint.

On lit dans l'Encyclopédie que la Flandre, l'Allemagne et l'Italie ont imaginé de substituer à ces puits ordinaires des *puits forés*, c'est-à-dire des puits où l'eau monte d'elle-même jusqu'à la surface du terrain ; en sorte qu'on n'a la peine que de puiser l'eau dans un bassin où elle se rend, sans qu'on soit obligé de la tirer.

« Ces puits sont infiniment commodes ; mais leur construction présente souvent de grandes difficultés. On creuse d'abord un bassin dont le fond doit être plus bas que le niveau auquel l'eau peut monter d'elle-même, afin qu'elle s'y épanche. On perce ensuite avec des tarières un trou d'environ trois pouces de diamètre dans lequel on met un pilot garni de fer par les deux bouts ; on enfonce le pilot avec le mouton, autant qu'il est possible, et on le perce avec une tarière d'un diamètre un peu moins grand et d'un pied de gouge.

« C'est par ce canal que doit venir l'eau, *si l'on a enfoncé le pilot dans un bon endroit*. On la conduit ensuite dans le bassin avec un tuyau de plomb.

« Dans plusieurs endroits du territoire de Bologne en Italie, il y a aussi des puits forés ; mais on les construit différemment. On creuse jusqu'à ce qu'on ait trouvé l'eau ; après quoi on fait un double revêtement dont on remplit l'entre-deux d'un couroi de glaise bien pétrie. On continue de creuser plus avant, et de revêtir, comme dans la première opération, jusqu'à ce qu'on trouve des sources qui viennent en abondance. Alors on perce le fond avec une tarière, et le trou étant achevé, l'eau monte ; non seulement elle remplit le puits, mais encore elle se répand sur toute la campagne qu'elle arrose continuellement. »

Malgré l'insuffisance de la description de ces puits forés, on peut juger d'abord que ceux du territoire de Bologne doivent occasionner une grande dépense de construction, et même beaucoup plus considérable que celle de nos puits ordinaires lorsqu'ils sont très profonds ; le seul avantage qu'ils aient sur ces derniers, c'est que pour élever l'eau de ceux-ci il faut trop souvent employer des machines d'une construction et d'un entretien très dispendieux.

Quant aux premiers puits forés, leur construction paroît simple, d'un effet certain ; mais pour les pratiquer ainsi avec un seul pilot, que l'on fore après l'avoir enfoncé, il faut nécessairement que l'eau ne soit pas à une profondeur plus grande que la longueur ordinaire d'un pilot. Il y a donc aussi insuffisance dans la description de cette espèce de puits forés ; car, si la profondeur de la source cachée étoit plus grande, comment faudroit-il opérer? Les puits forés, pratiqués depuis si long-temps en Artois, et que l'on appelle par cette raison *puits artésiens*, nous paroissent les seuls applicables à tous les lieux et à toutes les circonstances : ils sont aussi préférables à tous les autres par l'économie de leur construction.

Voici la description que notre collègue M. Cadet-de-Vaux, en a donnée dans le premier volume des Mémoires de la société d'agriculture du département de la Seine.

« On perfore avec une tarière d'environ trois pouces de diamètre et d'un pied de gouge le sol sur lequel on désire pratiquer l'un de ces puits. On place verticalement dans le sol perforé un cylindre en bois creusé (1), du même diamètre que le trou, et garni dans sa partie inférieure d'un fer saillant et tranchant pour faciliter son enfoncement; on l'enfonce avec le mouton, après quoi on recommence à tarauder.

« Lorsque le nouveau trou est bien curé, on enfonce le premier cylindre jusqu'au fond, au moyen d'un second cylindre ajusté sur le premier, dans une feuillure pratiquée à cet effet à sa partie supérieure, et consolidée avec un cercle de fer.

« En répétant cette manœuvre à l'aide de la tarière, on parvient à percer les bancs de tuf, de pierre, etc., s'il s'en rencontre; au fur et à mesure que la tarière se remplit, on la retire pour la vider.

« Avec du temps, car cette opération en exige, et par l'addition successive de nouveaux cylindres, on parvient à de grandes profondeurs; enfin on obtient communément l'eau. Lorsque l'emplacement a été mal choisi, il arrive quelquefois que l'on a travaillé en vain; mais le cas est infiniment rare.

« Si le réservoir de l'eau obtenue est supérieur à celui de la surface du sol, l'eau jaillit, et c'est une *fontaine jaillissante* que l'on s'est procurée (cela est arrivé à la papeterie de Courtalin); mais si le réservoir est au-dessous de ce niveau, c'est un puits peu profond, et qui n'exige pas tout l'appareil des puits profonds ordinaires pour en élever l'eau.

« Dans le premier cas, on forme autour du tuyau un bassin, dont on dirige ensuite le trop-plein à volonté; dans le second, on creuse un puits ordinaire autour du cylindre qui en occupera le centre; on l'approfondit jusqu'à six pieds au-dessous du niveau auquel l'eau s'est élevée dans le cylindre. On le recèpe ensuite à un pied du fond, et alors on a un puits excellent qui ne tarit jamais.

« Les puits de la Perse, qu'on y appelle *kerises*, du nom des

_____

(1) M. Dufour, excellent constructeur de ces puits, emploie actuellement des caisses carrées de mêmes dimensions.

galeries où conduits souterrains qui en réunissent les eaux,
méritent aussi d'être connus ; non pas que leur construction
présente rien d'extraordinaire, mais parcequ'on pourroit en
faire en France une utile application dans les localités qui en
seroient susceptibles.

« Ces puits se rencontrent en grand nombre sur la pente
des collines, au bas des montagnes et dans toutes les plaines.
Ils sont en général peu profonds ; cependant il y en a qui ont
plus de cent cinquante pieds. Parvenus à la roche ou à la couche d'argile sur laquelle l'eau repose, on a creusé des galeries
et dirigé vers un même point les eaux de plusieurs puits, en
soutenant leur niveau ou leur donnant le moins de pente qu'il
a été possible ; dès qu'elles ont été réunies on a continué une
seule galerie jusqu'à ce qu'on fût hors de terre.

« Ces galeries ou conduits souterrains sont nommés *kerises* ;
ils sont infiniment multipliés et paroissent dater d'une époque
très ancienne ; ils ne sont pas en maçonnerie, ce qui exige
un grand entretien, attendu que les terres s'affaissent quelquefois. On a pratiqué, à des distances convenables, des sou-
piraux, afin de pouvoir y descendre lorsqu'on le juge à propos, et aussi pour y donner de l'air ; car on peut, en partant
de la source, visiter toutes les galeries ; elles ont plus ou moins
de largeur, suivant la quantité d'eau qu'elles reçoivent. Quant
à leur hauteur, on ne leur a pas moins donné de huit ou neuf
pieds : quelques uns de ces conduits parcourent une étendue
de plusieurs lieues.

« Lorsque les eaux sont trop basses, ou que la nature du
sol ne permet pas de les conduire hors de terre, on se contente de les élever au moyen d'un treuil établi sur l'ouverture
du puits, ou simplement d'une poulie élevée au-dessus. On
se sert à cet effet d'un grand seau de cuir, qui contient quinze
ou vingt pintes lorsque ce sont des hommes qui doivent le tirer,
et au-delà de cent lorsque ce sont des buffles ou des ânes.

« Au moyen de ces kerises ou de ces sources artificielles,
les anciens Persans étoient parvenus à mettre en culture presque toutes les terres qui n'étoient pas trop élevées. » (Ces derniers détails sont tirés du Voyage en Perse de notre collègue
M. *Olivier*, tom. premier, pag. 307.) (DE PER.)

PUITS. Excavation perpendiculaire, plus ou moins profonde, qu'on pratique dans la terre, pour arriver jusqu'aux
eaux qui y circulent, dans l'intention de les en extraire par
un moyen mécanique quelconque. Ainsi donc un puits ne diffère d'une fontaine que parceque la source qui l'alimente n'est
pas à la surface de la terre, et d'une citerne que parceque les
eaux qui y sont réunies ne viennent pas immédiatement du ciel.
Malheureux les pays qui, n'ayant pas de fontaines, de ruis-

seaux ou de rivières, n'ont pas le moyen de s'en dédommager
en creusant des puits! Leur agriculture ne peut jamais être
florissante, et ils sont obligés de renoncer à la pratique de beaucoup de sortes d'arts où l'eau est indispensable, soit comme
agent, soit comme matière intégrante. Aussi par-tout où on a
été obligé d'en creuser, l'a-t-on fait, ou a-t-on essayé de le
faire. Aussi dans un ouvrage de la nature de celui-ci doit-on
donner quelques notions sur la manière d'arriver à ce but.

Des eaux nombreuses existent par toute la terre à différentes profondeurs, se dirigeant des points les plus élevés jusqu'aux
plus approfondis, et coulant, soit sur des roches, soit sur des
argiles. Les unes et les autres sont produites par l'infiltration
de celle des pluies, ou des superficielles, à travers les couches de la terre qu'un degré de porosité quelconque leur
rend perméable. Quelques unes de ces eaux suintent en nappes
fort étendues, d'autres coulent en ruisseaux plus ou moins
considérables. Ainsi, lorsqu'à la base des montagnes il se
trouve, comme cela est souvent, une plaine de sable reposant sur des argiles, les eaux souterraines de ces montagnes
se répandent uniformément sous toute cette plaine, de sorte
que par-tout où l'on creuse de quelques pieds, ou au plus de
quelques toises, on est sûr de trouver de l'eau. La même circonstance se retrouve dans les vallées où coulent de grands
fleuves qui ont accumulé des bancs de sables sur leurs bords,
parceque les eaux de ces fleuves s'y répandent également. Il
n'en est pas ainsi dans les montagnes ou même dans les plaines
élevées où le sol est naturel, c'est-à-dire composé de couches,
soit granitiques, soit schisteuses, soit calcaires, soit argileuses. Là les eaux se sont réunies en courans qui coulent
dans les fentes des rochers, ou dans les dépressions que présente leur surface ou celle des argiles. Il faut donc creuser
des puits positivement sur un de ces courans pour avoir de l'eau :
or comment faire pour acquérir la certitude de réussir lorsqu'on projette une semblable entreprise ?

En général, c'est dans les pays où il est le plus incertain et
le plus coûteux de creuser des puits qu'on en a le moins de besoin, parceque ces pays présentent des sources naturelles, fréquentes et abondantes ; mais enfin il en est, et ce sont principalement ceux à couches argileuses superficielles et épaisses,
ceux à couches calcaires fendillées, ceux à tuf volcanique, etc.
Il faut donc se guider par quelques circonstances, telles qu'une
dépression longitudinale dans la pente naturelle du terrain,
c'est-à-dire une espèce de vallée, un changement dans la nature
du sol, une végétation plus vigoureuse, des vapeurs plus abondantes à midi, etc. On préjuge la profondeur qu'on donnera au
puits d'après la connoissance qu'on a de la composition du sol,

soit par des puits déjà creusés, soit par des carrières en exploitation, soit par des ravins, des éboulemens de terre, etc. Quelquefois les eaux sont sur la première couche de pierre ou d'argile, quelquefois sur la seconde, la troisième, la quatrième
Il faut creuser ou quelques pieds, ou plusieurs centaines de
pieds, selon les localités. On ne peut donner aucun précepte
général à cet égard, puisqu'il n'y a pas deux de ces localités
exactement semblables. Dans ce cas, comme dans bien d'autres, il faut nécessairement beaucoup donner au hasard,
c'est-à-dire risquer de perdre son temps ou son argent ; mais
on ne doit pas se décourager facilement : tel qui a arrêté
sa fouille à cent pieds, eût trouvé de l'eau à cent deux, Le
changement de la nature des couches doit principalement guider dans ce cas la détermination. Ainsi après la craie on doit
espérer de trouver l'argile, et après l'argile le sable. Un moyen
extrêmement commode de s'assurer de ce sur quoi on peut
compter, c'est la sonde des mineurs, c'est-à-dire une tarière
de plusieurs pièces, avec laquelle on perce les terres et les
rochers et amène à la surface des échantillons de leurs diverses natures. On fait même des puits presque uniquement
avec elle dans certaines localités, en Artois par exemple, d'où
est venu à ces puits le nom d'Artésiens. *Voyez* l'article précédent.

Un grand nombre de moyens sont employés pour tirer l'eau
des puits. Le plus généralement on se sert d'un seau attaché à
une longue corde qui tourne sur un treuil ou sur une poulie
fixée au-dessus du centre des puits. Quelquefois il y a deux
seaux, dont l'un monte plein quand l'autre descend vide. On
emploie des chaînes de fer, des cordes de chanvre ou d'écorce
de tilleul proportionnées à la grandeur des seaux et à la profondeur du puits; car un seau de même grandeur pèse plus
sur elles quand il est en bas que quand il est en haut. Les dernières sont moins chères et plus légères, et elles durent quelquefois autant. On doit donc les préférer lorsqu'on a le choix.
C'est une méthode digne d'un peuple barbare que de tirer l'eau
en faisant frotter, comme on le fait encore dans quelques cantons, la corde contre la margelle, attendu qu'il en résulte plus
de fatigue pour l'homme et une plus rapide usure du seau,
de la corde et de la margelle. Dans ceux où on tire avec une
perche armée d'un crochet, on éprouve beaucoup de fatigue
et on s'expose à beaucoup de dangers ; le poids, joint à une
mauvaise position, entraînant souvent le tireur. Un moyen qu'on
emploie dans beaucoup de lieux où les puits sont peu profonds
est digne d'être suivi par-tout où cela devient possible. Il consiste à placer le seau au bout d'une perche un peu plus grande
que la profondeur du puits, laquelle perche est fixée par l'autre

bout sur une cheville mobile à l'extrémité d'un long levier, lui-même mobile sur une potence plus ou moins élevée, et portant à son autre extrémité des poids plus ou moins considérables. Par ce moyen un enfant tire de l'eau, car il n'y a presque pas d'efforts à faire pour y parvenir. Tous les moyens plus compliqués, tels que les pompes et autres, sont le plus souvent hors de la portée des cultivateurs et reservés aux manufactures et aux villes ; cependant je donnerai plus bas la description et la figure de la roue à chapelet ou noria, si employée pour les irrigations dans les parties méridionales de la France.

Les jardiniers des environs de Paris tirent l'eau de leurs puits avec deux très grands seaux, qui montent et descendent alternativement, par le roulement et le déroulement d'une corde, autour du tambour d'un treuil perpendiculaire que fait tourner un cheval. *Voyez* pour le surplus l'article précédent.

L'eau des puits varie comme toutes les autres eaux dans ses qualités, à raison des matières étrangères qu'elle contient ; mais non seulement elle offre, dans certains lieux, plus de ces matières, mais elle a encore des qualités particulières qui tiennent à sa nature même, et qui la rendent la moins propre de toutes à la boisson des hommes et des animaux, à l'arrosement des végétaux, et aux usages économiques. Ainsi, sans parler des eaux minérales proprement dites, toutes celles qui ne coulent pas sur le granit et autres pierres dures, tiennent en dissolution de la chaux, de la sélénite, avec ou sans l'intermède de l'acide carbonique ; ainsi toutes sans exception contiennent moins d'air que celles qui proviennent des sources naturelles, comme ces dernières en contiennent moins que celles des rivières. Il résulte de là qu'elles sont ce qu'on appelle *dures*, *pesantes*, *indigestes*, *crues*, c'est-à-dire qu'elles sont désagréables au goût, ne désaltèrent pas, ne dissolvent pas le savon, ne cuisent pas les légumes, etc., etc. Le moyen le plus simple de les améliorer, c'est de les exposer à l'air et de les battre ou faire couler de haut plusieurs jours avant de les employer. *V.* au mot Eau. Un autre motif qui sollicite encore cette mesure, c'est qu'elles ne varient presque pas de température, qu'elles sont en été plus froides que l'atmosphère, et que pour cela seul leur usage peut occasionner des maladies graves aux hommes et aux animaux, et faire périr ou au moins retarder la croissance des végétaux qu'on arrose avec elles.

Quelques jardiniers croient détruire les mauvaises qualités de l'eau de puits en mettant dedans du fumier. Cette pratique est utile dans beaucoup de cas, mais elle ne produit point la décomposition ni la précipitation de la sélénite, et c'est cette dernière substance qui est la plus nuisible pour eux. La potasse ou la soude seules peuvent décomposer ce sel-pierre, et la chaleur le précipiter ; mais ces moyens sont trop coûteux pour être usités.

Il résulte de ceci que, dans une ferme bien administrée, on doit placer près du puits plusieurs auges dans lesquelles on mettra l'eau destinée à la boisson des animaux deux, trois ou un plus grand nombre de jours avant celui de sa consommation. Le mieux seroit de faire couler l'eau à une grande distance du puits, de lui faire faire des cascades, afin qu'elle puisse plus rapidement absorber l'air qui lui est nécessaire.

Un puits bien fabriqué peut durer des siècles, mais il a besoin d'être nettoyé de temps en temps, non seulement à raison des terres que l'infiltration des eaux y amène continuellement, mais encore parcequ'il y tombe toujours, ou qu'on y jette des pierres, ou même des matières qui altèrent la bonté de l'eau qu'on en tire. Cette opération doit être faite en été, époque où les eaux sont ordinairement plus basses. On en profite pour faire au mur de revêtissement les réparations qu'il peut exiger. Il est des puits qu'on est obligé d'approfondir de temps en temps, parceque, soit par la nature du sol qui laisse infiltrer les eaux, soit par le défrichement des montagnes boisées, le dessèchement des étangs ou autres réservoirs, qui diminuent la quantité d'eau propre à être infiltrée. Il en est quelques uns qui tarissent pendant les fortes gelées, un plus grand nombre pendant les grandes sécheresses. Je ne puis donner de préceptes sur tous ces cas, parceque les localités seules peuvent fournir les moyens propres à remédier aux inconvéniens qu'elles produisent. Il est rare qu'on voie employer en France l'eau des puits aux irrigations de la grande agriculture, cependant il est des localités où cela peut se faire avec avantage. Je citerai la plaine sablonneuse qui est de l'autre côté de la Seine, vis-à-vis la terrasse de Saint-Germain-en-Laye. Là on fait un puits en moins d'un jour de travail, et on ne dépense pas douze francs pour le munir de tous les ustensiles qui lui sont nécessaires ; aussi y sont ils très nombreux. J'ai décrit la culture remarquable de cette plaine et la fabrication de ces puits dans la Bibliothèque des propriétaires ruraux, année 1805. (B.)

PUITS A CHAPELET, ou NORIA ; PUITS A ROUE, ou SEIGNE, en Provence et Languedoc. C'est des Maures que les Espagnols ont emprunté la dénomination de *noria* ; et sans le secours de cette mécanique, qui fournit beaucoup d'eau, il seroit très coûteux, et pour ne pas dire presque impossible, d'arroser de grands jardins dans les provinces méridionales, où la grande chaleur et la grande évaporation forcent à recourir à l'IRRIGATION (*Voyez* ce mot) ; tout autre arrosement à bras seroit ruineux et de bien peu d'utilité.

La noria n'est pas uniquement destinée à fournir l'eau né-

cessaire aux jardins, elle peut encore être d'un grand secours
pour l'irrigation des prairies, si la source, les puits, etc., dont
elles tirent l'eau, en fournissent abondamment. On sent fort
bien qu'il est très possible, si le cours des vents est réglé dans
le pays, de supprimer le cheval qui fait tourner la roue, et
de suppléer sa force par celle des ailes d'un moulin à vent,
ou par le courant d'un ruisseau assez profond, en supposant
une roue horizontale qu'il feroit mouvoir, et qui, par un équipage convenable, s'adapteroit à la roue qui monte les seaux.

Les propriétaires de vastes jardins, soit potager, soit d'agrément, où l'on est obligé d'arroser à bras d'hommes, trouveront
une grande économie à construire une semblable machine. Il
est facile d'entretenir et de remplir par son moyen de très
grands réservoirs, de grands canaux qui serviroient autant pour
la décoration que pour l'utilité. L'expérience m'a démontré
qu'une seule qui travaille alternativement pendant deux heures
consécutives, et se repose tout autant, élève par jour, et
de dix pieds de profondeur, une quantité d'eau suffisante pour
remplir un bassin de trente-six pieds de longueur, douze de
largeur, et six de profondeur, si une mule relève l'autre lorsqu'on la sort du travail; si, pendant plusieurs jours de suite,
et sans interruption, elles continuent à monter l'eau, il est
aisé de calculer l'immense quantité d'eau qu'elles procurent.
Heureux si le vent peut suppléer le travail des animaux; on
n'aura d'autres dépenses que celles de l'entretien de la machine qui agira autant pendant la nuit que pendant le jour.

Ceux qui emploient la noria ont trouvé un expédient bien
simple, au moyen duquel ils se sont assurés que les mules,
les chevaux, destinés à tourner la roue, ne s'arrêtent jamais pendant les deux heures que leur travail doit durer; autrement il faudroit qu'il y eût près des mules un homme, le
fouet à la main, sans cesse occupé à les faire marcher. On
attache une petite sonnette à la barre, et elle est mise en
action tant que l'animal marche; c'est par le bruit qu'elle fait
qu'on s'aperçoit s'il travaille; mais il faut l'accoutumer à ce
travail, et lui apprendre que, dès que la cloche cesse de son-
ner, il est au moment de recevoir de grands coups de fouet. On
commence par boucher les yeux de l'animal avec des lunettes,
afin qu'il ne s'étourdisse pas en tournant circulairement. Ces
lunettes sont faites en cuir; chacune ressemble à un bouclier
très creux, où à une des deux sections d'un hémisphère coupé
en deux par le milieu. Il faut que dans sa capacité l'animal ait
le mouvement libre de l'œil. Ces lunettes sont maintenues
par deux lanières; la supérieure passe derrière ses deux
oreilles, et l'inférieure sous les deux branches de la partie
supérieure des os de la mâchoire, où elle s'attache au moyen

d'une boucle..... Quatre hommes se placent à des distances
égales, à l'extrémité de la circonférence décrite par l'animal
en tournant. Dès qu'il est mis enmouvement par la voie d'un des
conducteurs, il doit régner le plus grand silence. Aussitôt que
le cheval s'arrête, un des conducteurs, c'est celui qui se trouve
le plus près lui, assène un grand coup de fouet sans faire le plus
léger bruit, et ainsi de suite, pendant les deux heures du
travail. Deux heures après, époque à laquelle on remet l'animal au travail, les mêmes hommes reprennent leurs postes,
gardent le même silence, et le fouet agit au besoin. On continue ainsi pendant toute la journée, et il est très rare que
l'on soit obligé d'y revenir le lendemain. Cependant, si la le-
çon donnée pendant la première journée ne suffit pas, on la
réitère jusqu'à ce que l'animal ne s'arrête plus que pour être
détaché de la barre.

Il est essentiel que les environs de cette machine soient
plantés d'arbres, afin que leurs rameaux et leurs feuilles tiennent à l'ombre l'animal qui travaille et les bois de la machine.
La chaleur, jointe à l'eau dont ils sont sans cesse pénétrés,
fait déjeter les bois, les tourmente et hâte leur destruction. Les
propriétaires aisés doivent faire couvrir le tout par un hangar.

Une attention particulière à avoir, c'est d'essuyer avec un
linge les yeux du cheval lorsqu'on lui ôte ses lunettes, et
de ne pas le laisser exposé à un courant d'air. Ces lunettes
retiennent contre le globe de l'œil et tout autour des paupières la matière de la transpiration et de la sueur, et il est
rare, même en hiver, que ces parties ne soient pas humides ou
mouillées; dès-lors elles sont susceptibles de se refroidir presque subitement, puisque l'humidité éprouve une grande évaporation, et que toute évaporation produit le froid; de là le
reflux de la matière dans le sang, de là les fluxions, et souvent enfin la perte de la vue. Si on a un cheval ou un mulet
aveugle, c'est le cas de le sacrifier à ce genre de travail, parceque le paysan en général n'est pas homme à prendre aucune
précaution. Passons à la description de la machine. *Voyez*
planche 9.

Imaginez un équipage ordinaire, A, B, C, D, conduit par
un cheval. Les fuseaux verticaux *d* de la roue horizontale C
prennent en tournant les extrémités saillantes *e* des barres
d'assemblage des deux portions circulaires de la roue verticale FFF et la font tourner verticalemnct. Sur cette roue
verticale FFF, passe un chapelet de godets de terre, *ggg*, etc.,
contenus entre des cordes d'écorce, ou encore mieux, faites
avec du spart. Ces godets *ggg* sont conduits au fond du
puits H H H; ils s'y remplissent d'eau en y entrant par
leur côté ouvert. Lorsqu'ils en sont remplis, comme ils

prennent en remontant une position opposée à celle qu'ils avoient en descendant, leur ouverture est tournée en haut, et ils gardent l'eau qu'ils ont puisée jusqu'à ce qu'ils soient amenés par le mouvement à la hauteur de la roue F. Alors, à mesure qu'ils montent sur cette roue ils s'inclinent ; quand ils sont à son point le plus élevé ils sont horizontaux ; et quand ils ont passé le point le plus élevé, leur fond commence à se hausser et leur ouverture à s'incliner ; et lorsque les cordes sont tangentes à la roue, cette ouverture est tout-à-fait tournée vers le fond du puits. Dans le passage successif de chaque godet par ses différentes situations ils versent leur eau à travers les barres de la roue F, dans l'auge ou hache KK, placée en dedans de cette roue, comme on le voit au-dessus de l'arbre, ne tenant, comme il est évident, ni à l'arbre ni à la roue ; car il faut que la roue tourne et que la hache soit immobile. Cette hache est donc fixée latéralement à l'orifice supérieur du puits lorsqu'il est de bois : on peut la pratiquer en pierre. Il y a à cette auge ou hache une rigole qui conduit les eaux versées par les godets dans la capacité de la hache à l'endroit destiné pour les rassembler. GG sont des portions de voûtes qu'on a pratiquées à de certaines distances de la hauteur du puits, pour en rendre la maçonnerie plus solide. Elle divise la circonférence intérieure et elliptique du puits en deux portions, chacune semi - elliptique, par l'une desquelles le chapelet des godets descend pour remonter ensuite par l'autre...... On a dans cette planche deux coupes verticales de puits. La seconde coupe K, L, M, montre l'eau I, et le radier M placé au fond du puits, et servant d'assiette à la maçonnerie. (R.)

PULICAIRE, *Pulicaria.* Espèce de PLANTAIN dont on a fait un genre particulier sous la considération que sa capsule est bisperme, tandis qu'elle est polysperme dans les plantains. Cette plante a d'ailleurs un port particulier. Elle est rameuse et pourvue sur ses tiges de feuilles opposées, linéaires. On la trouve souvent en grande abondance dans les sols sablonneux les plus arides. On lui attribue la vertu de chasser les puces, parceque ses semences ressemblent à une puce par la grosseur et la couleur. Sa véritable utilité seroit d'être enterrée en fleur pour améliorer le sol et le rendre propre à être cultivé. *Voyez* RÉCOLTES ENTERRÉES. (B.)

PULMONAIRE, *Pulmonaria.* Genre de plantes de la pentandrie monogynie et de la famille des borraginées qui renferme une demi-douzaine d'espèces, dont une est assez commune et assez souvent employée en médecine pour mériter d'être citée dans cet ouvrage.

La PULMONAIRE OFFICINALE a les racines fibreuses, vivaces ;

les tiges anguleuses, velues, rameuses, hautes de huit à dix pouces; les feuilles aiguës, velues, rugueuses, ordinairement tachées de blanc; les radicales ovales, en cœur, et longuement pétiolées; les caulinaires alternes, sessiles, lancéolées et beaucoup plus petites; les fleurs bleues et pourpres, quelquefois blanches, disposées en corymbe terminaux et penchés. Elle croît par toute l'Europe dans les bois arides, sur les pelouses sèches, et fleurit dès les premiers jours du printemps. Ses feuilles ne sont point tachées lorsqu'elle croît complètement à l'ombre. On les regarde comme adoucissantes. Dans quelques pays on les mange en guise d'épinards. Les moutons et les chèvres sont les seuls d'entre les bestiaux qui ne les dédaignent pas.

Cette plante jouissoit autrefois de beaucoup plus de célébrité qu'aujourd'hui, par suite des absurdes conséquences qu'on avoit tirées de la maculature de ses feuilles, maculatures qui ont quelques rapports avec la couleur du poumon. On la connoît sous les noms de *grande pulmonaire*, *d'herbe aux poumons*, *d'herbe du cœur*, *d'herbe au lait de Notre-Dame*, *de sauge de Jérusalem*. Son aspect est assez agréable pour mériter qu'on en place quelques touffes au bord des gazons des jardins paysagers. Ses fleurs distillent beaucoup de miel; aussi sont-elles très fréquentées par les abeilles. (B.)

PULMONAIRE DE CHÊNE. Nom vulgaire d'une espèce de LICHEN.

PULMONAIRE DES FRANCAIS. Espèce d'ÉPERVIÈRE.

PULMONIE. *Voyez* PHTHISIE PULMONAIRE.

PULPE. Nom donné à la partie charnue des fruits et même des feuilles.

Ce qu'on mange de la pêche, de la poire, du melon, de la fraise, etc., est une pulpe.

L'organisation de la pulpe varie autant que les sortes de fruits; cependant c'est toujours un tissu CELLULAIRE ou un PARENCHYME (*voyez* ces mots); contenant des sucs de différentes natures.

L'art du jardinier influe puissamment sur la pulpe des fruits, soit relativement à son épaisseur, à sa couleur, à sa saveur, à sa conservation, etc., comme on le voit quand on compare la pomme et la poire sauvages aux trois ou quatre cents variétés de poires et de pommes qui se cultivent dans nos jardins et qui leur sont supérieures sous tous les rapports. *Voyez* aux mots FRUIT et GRAINE. (B.)

PULSATILE. Espèce d'ANÉMONE.

PUNAISE, *Cimex*. Genre d'insectes de l'ordre des hémiptères, qui renferme plus de huit cents espèces connues, parmi lesquelles il en est plusieurs qu'il est important de connoître, soit pour éviter leur mauvaise odeur, soit pour les empêcher de nuire aux plantes et aux animaux, soit enfin pour les distinguer de celles qui, faisant la guerre aux autres insectes nuisibles à l'agriculture, doivent être considérées comme les auxiliaires des cultivateurs.

Ce genre, si nombreux, a été divisé dernièrement par Latreille en treize genres ; savoir, *scutellere*, *pentatome*, *lygée*, *corée*, *neide*, *miris, phymate, acanthie*, *punaise*, *næbis, ployère, reduve*, *gerris et hydromètre* ; mais comme ces genres seront encore long-temps renfermés dans les livres avant d'être connus des cultivateurs, et que c'est pour eux que j'écris, je le considèrerai dans son ensemble ; seulement j'indiquerai le genre de Latreille à qui les espèces que je mentionnerai appartiendront.

Fabricius a encore augmenté les genres de la famille des punaises dans son *Systema Rhyngotorum*. Il les porte à vingt-deux.

Le nom des punaises rappelle toujours une sensation désagréable qui prévient contre elles ; mais il est de fait que la plus grande partie n'a point d'odeur, et que quelques espèces, telles que la punaise marginée et la punaise nugace, en exhalent une qui se rapproche de celle de la pomme-reinette, et qui est, par conséquent, agréable. Celle de la jusquiame sent le thym.

Toutes les punaises pondent des œufs qu'elles déposent sur les plantes, contre des pierres, dans la terre, et meurent bientôt après. Le petit nombre de celles qui passent l'hiver ne vit pas au-delà du printemps. Les mâles se distinguent assez généralement des femelles par plus de petitesse et une coloration plus intense. Leur accouplement dure long-temps, et dans ce cas c'est la femelle qui entraîne le mâle. La plupart volent très bien ; mais il en est quelques unes qui ne prennent jamais ou presque jamais d'ailes, et d'autres qui semblent ne pas faire usage de celles dont elles sont pourvues. Les larves ne diffèrent des insectes parfaits que par la grandeur et la privation des ailes. Le sang des animaux est la nourriture du plus grand nombre, mais plusieurs vivent du suc des plantes. Leur trompe est, en conséquence, assez solide pour percer la peau des hommes, des quadrupèdes, des oiseaux et des insectes, ou celle des plantes. Quelques espèces causent beaucoup de douleur en piquant, moins peut-être par la piqûre même que par la liqueur qu'elles versent en même temps dans la plaie, liqueur empoisonnée qui est destinée à accélérer la mort des insectes dont elles se nourrissent. Cette trompe est composée d'un fourreau de quatre pièces qui rentrent, jusqu'à un certain point, les unes dans les autres, et dont la première est mobile au lieu de son insertion, c'est-à-dire sous ou à l'extrémité de la tête : dans ce fourreau se trouvent trois filets qui jouent les uns contre les autres. Quelques espèces ont les pattes antérieures faites en forme de pinces ou armées d'épines, avec lesquelles elles arrêtent les insectes et les tuent. En général l'histoire des punaises est d'un grand intérêt, mais elle est encore fort incomplète malgré les recherches de Réaumur, Degéer et autres; je me suis beaucoup occupé de cette famille, dont je possède 500 espèces dans ma collection ; cependant comme je suis forcé de ne les considérer ici que sous un seul rapport et d'une manière très générale, j'invite ceux d'entre mes lecteurs qui ont l'amour de l'observation et le temps nécessaire de se livrer à l'étude de leurs mœurs, de faire usage des savans travaux de Fabricius et de Latreille, pour classer leurs diverses espèces et apprendre à connoître leurs noms.

La PUNAISE DES LITS, *Acanthia lectuaria*, Fab., a le corps aplati, couleur de rouille, et est toujours dépourvue d'ailes. Sa longueur est de deux lignes. Elle vit du sang humain. Elle n'est malheureusement que trop connue par son exécrable odeur et par les tourmens qu'elle fait éprouver pendant le sommeil. On la croit originaire du Levant; mais aujourd'hui elle est naturalisée dans nos maisons au point qu'il est impossible d'espérer de la détruire. C'est sur-tout dans les maisons des pauvres habitans des villes et dans les pays chauds qu'elle se multiplie avec une excessive abondance. Souvent le cultivateur le moins soigneux, principalement dans les pays qui ont peu de communication, en est exempt parcequ'elle n'est pas encore arrivée jusqu'à sa cabane. Peindre les tourmens qu'elle fait éprouver pendant la nuit est chose superflue, puisqu'il est peu d'hommes qui ne les connoisse par expérience. Elle échappe facilement aux regards en s'introduisant dans les trous des murs, les fentes des boiseries, les replis des étoffes, etc., d'où elle ne sort que la nuit lorsqu'elle est attirée par les exalaisons des corps, pour venir se gorger de leur sang. Ordinairement elles se tiennent dans les parties supérieures des appartemens, dans le ciel des lits, et se laissent tomber sur leur proie plutôt que de l'aller chercher en marchant. Elle est d'autant plus active qu'il fait plus chaud ; mais les plus grands froids, ainsi que Degéer l'a constaté en Suède, ne la font pas mourir. On a indiqué des milliers de recettes pour s'en débarrasser, mais la plupart ne servent tout au plus qu'à les éloigner momentanément. Une extrême propreté et une recherche journalière, sur-tout au printemps, est le plus sûr pour arriver à ce but lorsqu'il y en a peu; mais lorsqu'il s'en trouve des milliers, comme cela n'est que trop fréquent, il est indispensable de détendre les lits, de laver les bois, le linge ou autre étoffe à diverses reprises à l'eau bouillante, boucher tous les trous qui se laissent voir dans les murs, les plafonds, etc., et blanchir à la chaux ou peindre tout ce qui en est susceptible. Un moyen qui a été indiqué depuis long-temps, et dont je me suis souvent servi avec avantage pendant mes voyages pour pouvoir reposer dans les auberges où j'avois lieu de les craindre, c'est de laisser brûler une chandelle à la proximité et à la hauteur du lit, car elles fuient la lumière et ne sortent pas de leurs retraites tant qu'elles ont lieu de craindre d'être aperçues. Placer les matelas au milieu de la chambre comme on le fait souvent diminue bien le nombre des assaillantes, mais n'en débarrasse pas complètement, attendu qu'elles savent, guidées sans doute par l'odeur, aller chercher leurs victimes, soit par le plafond, soit par le plancher.

Dans beaucoup d'endroits, les personnes pauvres qui ne peuvent ni faire la dépense nécessaire pour détruire les punaises, ni se livrer chaque matin à leur recherche individuelle, font faire une claie à osier d'un pied de haut sur deux ou trois pieds de long, et la placent chaque soir derrière leur oreiller. Les punaises, après s'être repues, trouvant une retraite dans les interstices de cette claie, s'y réfugient pour la plupart, et en la battant le matin sur le plancher on les fait tomber et on les écrase. Ce procédé est un des meilleurs et doit être indiqué dans toutes les campagnes où il n'est pas connu.

La multiplication des punaises s'effectue pendant tout l'été dans le climat de Paris, et pendant presque toute l'année dans ceux qui sont très chauds; aussi leur nombre augmente-t-il dans une maison avec une incroyable rapidité lorsqu'on n'y met pas obstacle.

La PUNAISE SIAMOISE, *Cimex nigro-lineatus*, Lin., *Tetyra*, Fab., *Scutellera*, Latreille, est ovale, presque ronde, a un écusson qui recouvre entièrement les ailes. Sa couleur est rouge avec cinq lignes noires au corcelet, trois à l'écusson, et en dessous jaune avec des points noirs. Sa longueur est de quatre lignes. Elle vit de la sève des plantes; mais je ne l'ai jamais vue faire du tort à celles cultivées. C'est un insecte très brillant, mais d'une odeur des plus désagréables.

Dans cette même division se trouve la PUNAISE HOTTENTOTE, qu'on rencontre sur le seigle et qu'on soupçonne en sucer le grain lorsqu'il n'est pas encore endurci. Elle est d'un brun couleur de suie. Ses mœurs ont besoin d'être étudiées avant de prononcer si elle est réellement l'ennemie des cultivateurs.

La PUNAISE RUFIPÈDE, *Cimex rufipes*, Fab., est d'un gris brun avec la base des antennes, l'extrémité de l'écusson, le dessous du corps et les pattes ferrugineux. Son corcelet se prolonge de chaque côté en épine obtuse. Sa longueur est de six lignes, et sa largeur de quatre. On la trouve très fréquemment au printemps sur les arbres, suçant les chenilles, aux dépens desquelles elle vit. Elle est donc un auxiliaire contre les ravages des chenilles ; mais quelque abondante qu'elle soit certaines années, elle n'est pas d'une grande utilité aux agriculteurs. Elle sent d'ailleurs fort mauvais.

La PUNAISE A ANTENNES NOIRES, *Cimex nigricornis*, Fab., ne diffère de la précédente qu'en ce que son corps est moins coloré, ses antennes toutes noires, ainsi que l'extrémité des prolongemens latéraux du corcelet. Elle a les mêmes mœurs.

Plusieurs esp ces moins communes doivent être encore assimilées à ces deux dernières, par la manière de vivre et par les services qu'elles rendent à l'agriculture. Ce sont toutes des pentatomes de Latreille.

La PUNAISE GRISE, *Cimex griseus*, Fab., *Pentatoma*, Latreille, est grise de diverses nuances, avec les côtés de l'abdomen marbrés de noir et de blanc. Son abdomen est armé d'une pointe qui se dirige en avant. Son corps est ovale et long de quatre à cinq lignes. Cette espèce se trouve le plus communément sur les plantes, aux dépens desquelles elle vit. Elle sent extrêmement mauvais, et communique souvent cette odeur aux légumes et aux fruits qu'elle a sucés. C'est son plus grave inconvénient ; car on ne remarque pas qu'elle nuise d'une manière sensible à la végétation.

La PUNAISE DES BAIES n'a pas d'épine à l'abdomen et est d'un tiers plus petite que la précédente, à laquelle elle ressemble beaucoup. Elle est également très commune sur les plantes et les fruits, principalement les fraises, les groséilles, les cerises et autres baies, auxquelles elle communique sa détestable odeur. Il n'est personne qui n'ait été dans le cas de s'en plaindre sous ce rapport. Les observations ci-dessus lui conviennent complètement.

La PUNAISE VERTE, *Cimex juniperinus*, Fab., est toute verte, et de la grandeur de la première. On peut lui faire les reproches ci-dessus.

La PUNAISE DU CHOU, *Cimex ornatus*, Fab., est rouge, tachetée de noir. Elle est presque ronde, et longue de quatre lignes. On la trouve très communément sur les choux et sur les autres plantes de la même famille, aux dépens desquelles elle vit. Elle doit quelquefois leur causer un dommage notable ; cependant on ne se plaint guère que de la mauvaise odeur qu'elle leur communique. Je crois être fondé à lui attribuer la perte d'un semis de choux qui avoit été fait de bonne heure, et sans doute ce cas se retrouve souvent. Au reste il est facile de la détruire lorsqu'on le veut, à raison de sa grosseur, et de ce qu'elle ne se cache pas.

La PUNAISE DES POTAGERS, *Cimex oleraceus*, Fab., qui a la même forme que la précédente, mais moitié moins de longueur, dont la couleur est verte avec des taches rouges ou blanches, se trouve également sur les plantes de la famille du chou, et toujours en plus grande quantité. Je crois qu'on a quelquefois à s'en plaindre dans les pays où on cultive la navette et le colsa.

Ces deux dernières espèces sont encore des *pentatomes* de Latreille.

La PUNAISE BORDÉE, *Coreus marginatus*, Fab., Latreille, est d'un brun roux en dessus, et jaunâtre en dessous. Son abdomen est rouge en dessus. Son corcelet est large, relevé en oreille sur les côtés : elle a deux petites épines à la base des antennes, et les pattes longues ; c'est la *punaise à ailerons* de Geoffroy. Sa longueur est de six lignes, et sa largeur de trois. On la trouve très communément sur les plantes, surtout sur la tanaisie dont elle suce la sève. Elle exhale pendant la chaleur une odeur de pomme reinette qui seroit très agréable si elle étoit moins forte.

La PUNAISE NUGACE, *Lygæus nugax*, Fab., est longue de cinq lignes sur une et demie de large. Sa couleur est d'un gris brun, avec les antennes et les pattes annelées de blanc, et les bords de l'abdomen tachés de la même couleur. Elle se trouve fréquemment sur les plantes de la famille des labiées, principalement sur les menthes. Elle exhale une très agréable odeur : c'est celle du thym mêlé avec celle de la reinette.

La PUNAISE ÉQUESTRE, *Lygæus equestris*, Fab., Latreille, a six lignes de long sur trois de large. Elle est noire et rouge, et ses ailes sont noires et blanches. Elle vit sur l'asclépiade dompte venin, qu'elle fait quelquefois périr.

La PUNAISE DE LA JUSQUIAME, *Lygæus hyosciami*, Fab., Latreille, est d'un tiers plus petite que la précédente, avec laquelle elle a au reste de grands rapports de forme et de couleur. Ses ailes sont entièrement brunes. On la trouve sur la jusquiame, dont elle suce le suc, quelque vénéneux qu'il soit pour les grands animaux. Elle exhale une odeur de thym fort agréable. Sa larve est remarquable par la disproportion de ses diverses parties.

La PUNAISE SANS AILES, *Lygæus apterus*, Fab., Latreille, a le corps rouge et noir, et point d'ailes. Elle vit aux dépens de diverses plantes et principalement de la mauve. Elle forme des sociétés souvent très nombreuses, qu'on remarque principalement à la fin de l'hiver, époque où elle s'accouple, contre les murs exposés au midi, au pied des arbres sous les racines desquels elle a pu trouver un abri. Je l'ai plusieurs fois trouvée avec des ailes.

Là punaise des prés, *Lygæus pratensis*, Fab., Latreille, est jaunâtre, avec les élytres verdâtres. Sa longueur est de trois lignes, et sa largeur d'une. Elle est excessivement commune dans les prés et les pâturages, et vit aux dépens de diverses plantes. Il en est de même de la punaise des champs, qui n'en diffère presque que par une tache ferrugineuse qu'elle a sur ses élytres.

Un grand nombre d'autres espèces assez communes, et vivant comme elles aux dépens des plantes, s'en rapprochent également, mais n'intéressent pas assez pour devoir être particulièrement mentionnées.

La punaise nayade, *Cimex lacustris*, Lin., a quatre lignes de long sur une de large. Elle est noirâtre. Ses pattes antérieures sont courtes et ses pattes postérieures longues. On la voit sur presque toutes les eaux stagnantes, où elle court comme sur la terre, et où elle s'enfonce à volonté pour poursuivre les autres insectes aux dépens desquels elle vit. Je ne la cite ici que parcequ'on l'accuse quelquefois de faire mourir les bestiaux qui l'avalent en buvant. Je n'ai point de fait à alléguer contre cette opinion; mais j'ai peine à la croire fondée, 1° parceque cette punaise n'a pas d'arme assez forte pour blesser dangereusement l'estomac d'un quadrupède; 2° parcequ'elle est si fort sur ses gardes et si agile, qu'elle est déjà loin du bord lorsqu'un animal en approche.

Plusieurs autres espèces voisines, mais plus petites, se trouvent également sur les eaux. Elles font partie, ainsi que cette dernière, du genre *hydromètre* de Fabricius.

La punaise clavicorne est noire avec le bord du corcelet gris, ainsi que les élytres. Son corcelet a trois saillies longitudinales, et ses élytres sont réticulés. Elle n'a guère qu'une ligne de long. Je la cite parceque sa larve vit dans les fleurs de la germandrée petit chêne, et, en les piquant pour se nourrir de leur suc, leur fait acquérir un volume extraordinaire, et les transforme en une espèce de galle.

La punaise du chardon se rapproche beaucoup de la précédente; mais elle est un peu plus grande et toute grise, ou peu tachée de noir. Ses antennes sont noires à leur extrémité. Elle se trouve sur le chardon, les artichauts et autres plantes de la même famille, aux dépens desquelles elle vit. Elle fait naître sur le calice de leurs fleurs, en le piquant, des tubercules qui l'empêchent de se développer. Il est possible qu'elle nuise quelquefois d'une manière notable aux plantations d'artichauts.

La punaise du poirier n'a pas une ligne et demie de long sur la moitié de large. Son corcelet est pourvu de deux appendices latéraux en forme d'ailes, et d'un intermédiaire vésiculeux. Son corcelet a aussi un appendice dans son milieu, semblable aux latéraux du corcelet. Ses élytres sont très larges, réticulés, et ont chacun une vésicule dans leur milieu. Le corps est noir, et les élytres ainsi que le corcelet gris taché de brun.

Ce singulier insecte que Fabricius a appelé d'abord *acanthia pyri*, et ensuite *tingis pyri*, que Latreille range dans son genre *corée*, est le *tigre, le puceron du poirier des jardiniers*. Il est souvent si abondant sur les poiriers, de la sève desquels il vit, qu'il empêche les fruits de grossir, de prendre de la saveur, et qu'il cause quelquefois même la mort de l'arbre. C'est toujours sur la surface inférieure des feuilles qu'il se tient, principalement autour des grosses nervures. On reconnoît de loin sa présence à la couleur inégalement pâle des feuilles et aux excrémens dont elles sont chargées. Il est fort difficile de le détruire autrement qu'en l'écrasant avec les mains. Toutes les recettes indiquées dans les ouvrages d'agriculture ne remplissent que très imparfaitement cet objet. La fumée, et encore mieux, la vapeur de soufre qu'on dirige sous les feuilles, fait bien tomber une partie de ces insectes; mais une autre tient bon, et elle suffit pour renouveler la race; les eaux chargées de l'âcreté du tabac ou de celle des feuilles de noyer, des feuilles de sureau, seringuées contre le dessous de ses feuilles, produit des effets également incomplets. Il en est de même de la chaux et de l'huile; l'eau bouillante produit plus de mal que de bien; chercher les œufs dans les interstices des murs, dans les gerçures de l'écorce, est trop long et trop insuffisant pour qu'on doive le conseiller. J'aimerois mieux, si mon jardin étoit loin des autres, sacrifier deux années de récolte, et affoiblir un peu mes arbres en les dépouillant avec précaution de la totalité de leurs feuilles au mois de mai pour les brûler sur-le-champ; les insectes qui, à cette époque, n'ont pas encore pondu leurs œufs, périroient ou dans le feu, ou de faim, et il n'y auroit pas de long-temps de génération assez abondante pour être nuisible. Quelquefois une suite de jours froids suffit pour faire périr la plus grande partie des tigres, et peut en débarrasser un canton pour plusieurs années; d'autrefois un temps favorable les fait multiplier au point qu'ils ont desséché toutes les feuilles avant l'époque fixée pour leur ponte, ce qui les fait mourir de faim et produit par conséquent les mêmes effets : tous les arbres ne sont pas également attaqués par eux; ils préfèrent les bons chrétiens et les espaliers exposés au midi à tous les autres. Les pays chauds en sont plus infestés que les froids. (B.)

PUPION. Jets latéraux du blé dans le Médoc. Pupioner est synonyme de TALLER.

PURGATIFS. On entend généralement par purgatifs tous les remèdes qui évacuent les humeurs ; mais ce mot est plus particulièrement employé pour désigner ceux qui purgent par les selles, c'est-à-dire ceux qui en agissant, sur la membrane interne de l'estomac et des intestins, en augmentent l'action et les aident à expulser les matières amassées dans ces viscères. On administre ces médicamens à l'intérieur ; il faut être très circonspect sur leur emploi. L'usage des purgatifs exige beaucoup de précaution, soit dans la manière de préparer les animaux avant de les donner, soit dans le régime à leur faire suivre lorsqu'ils les ont pris ; c'est de ces précautions d'où dépendent le plus ou moins de force de leur action, et les bons ou mauvais effets qu'ils produisent.

L'indication de l'emploi des purgatifs ne nécessite pas toujours le même degré d'activité de la part de ces médicamens ; il se rencontre des cas dans lesquels il importe d'évacuer promptement et abondamment, et d'autres dans lesquels on ne doit avoir en vue que de solliciter une légère évacuation.

Il s'agit donc de saisir ces différentes nuances et de les faire cadrer avec la nature de la maladie, l'âge, la force et le tempérament de l'animal auquel on les administre, et les différentes espèces d'animaux qu'on a à traiter : nous reviendrons sur ce dernier point.

On ne doit jamais employer les purgatifs lorsqu'il y a éréthisme, tension et douleur, comme dans des fièvres aiguës ; il y a cependant quelques cas dans lesquels ils ont été donnés avec succès, malgré les douleurs qui paroissoient en contre-indiquer l'usage : par exemple dans les coliques d'indigestions, et dans celles occasionnées par la présence de quelques corps étrangers ou calculs dans le canal intestinal ; l'action des purgatifs dans cette circonstance a souvent déplacé le corps qui obstruoit l'intestin et lui a fait prendre une position plus favorable à la sortie des excrémens ; malgré ces heureux résultats, nous pensons que dans les cas de cette nature on ne doit user des purgatifs qu'avec beaucoup de ménagement et qu'après les avoir fait précéder de moyens plus doux.

On ne doit pas donner des purgatifs indifféremment dans tous les temps d'une maladie, c'est ordinairement sur la fin et lorsqu'on a plus à redouter ou à attendre des crises qu'on peut les administrer ; c'est principalement à la suite des maladies putrides, et après celles qui laissent de l'engorgement et de l'empâtement dans le canal intestinal, et encore pour terminer la cure de quelques maladies chroniques, telles que le farcin, les eaux aux jambes, qu'il est bon de purger.

Non seulement il faut prendre en considération le tempérament, l'âge et la force des sujets que l'on veut purger, la

nature de la maladie pour laquelle on les purge et les différentes espèces d'animaux sur lesquels on agit ; mais il faut
encore éviter autant que possible de donner des purgatifs dans
les grands froids et dans les grandes chaleurs ; une température
douce est celle qui convient le mieux et qui favorise le plus
les bons effets de ces médicamens.

Avant de les administrer il faut avoir préparé les animaux
par quelques jours de diète, l'usage des lavemens et des boissons délayantes, telles que l'eau blanchie avec la farine d'orge
ou celle de seigle pour les herbivores, et le petit-lait pour les
carnivores.

En disant qu'on doit préparer par la diète, nous entendons
seulement une diminution dans la quantité des alimens ; par
exemple si l'on a à purger un cheval, on ne lui donnera
pendant quelques jours que la moitié du foin et le quart de
l'avoine qu'il mange ordinairement, et on le mettra à la
paille ; on aura l'attention de l'attacher au râtelier s'il est
gourmand, afin d'empêcher qu'il ne mange sa litière.

La veille du jour où l'on doit purger, on ne donnera aux
herbivores pour le repas du soir qu'une botte de paille et de
l'eau blanche, et aux carnivores qu'un peu de soupe.

Les purgatifs se donnent en breuvage, pillules, opiats et
lavemens.

Pour faire avaler les breuvages on est obligé de mettre les
animaux dans une attitude forcée, en leur levant la tête ; il
faut éviter de les maintenir trop long-temps dans cette attitude et de verser trop précipitamment la liqueur ; on cour-
roit risque de les suffoquer.

Les pillules n'ont pas le même inconvénient; cependant
leur administration exige des précautions : il faut que les
substances qui les composent soient bien mêlées et exactement
unies avec le miel ou les extraits dont on les enveloppe, afin
d'éviter la toux que pourroit exciter l'action de ces substances
sur la gorge.

Le purgatif divisé en pillules du volume d'une grosse noix,
on fait lever la tête comme pour faire prendre des breuvages,
on introduit la main dans la bouche, on place une de ces
pillules sur la langue le plus près possible de sa base, et en
même temps on donne un peu plus d'élévation à la tête ; ce léger
mouvement fait descendre la pillule plus facilement ; on agit
ainsi de suite jusqu'à ce que toutes les pillules soient avalées.
On fait boire ordinairement après la prise de la dernière environ un litre d'eau tiède.

Quant aux opiats, ils n'ont aucun des inconvéniens dont
nous venons de parler ; on les fait prendre facilement en les
introduisant dans la bouche peu à peu avec une spatule de

bois, jusqu'à ce que l'animal en ait pris la quantité déterminée.

Les lavemens qui paroissent au premier abord très simples à donner, méritent néanmoins quelque attention de la part de celui qui les administre, dans les gros animaux, tels que le cheval, l'âne, le mulet et le bœuf. Si on soupçonne que l'intestin soit plein *il faut le vider avant avec la main*, et s'assurer si le lavement n'est pas trop chaud, vu qu'il en est souvent résulté des accidens fâcheux.

Lorsqu'on donne un lavement, on doit introduire doucement et le plus avant qu'on peut le canon de la seringue et lever le manche de l'instrument de manière à ce qu'il soit au moins dans une position directe avec le corps de l'animal, ne pousser que doucement, et arrêter ou plutôt cesser lorsque l'animal fait des efforts ; il vaut mieux ne donner qu'un demi-lavement, et qu'il soit gardé, que d'en donner un entier qui est rejeté sur-le-champ, sur-tout lorsqu'il s'agit d'un lavement médicamenteux.

On doit encore prendre en considération la position de l'animal auquel on donne un lavement ; il doit être placé de manière à ce que l'arrière-main soit plus élevée que l'avant-main.

Les purgatifs ne peuvent pas être administrés indifféremment sous la même forme à tous les animaux.

Parmi les herbivores, les ruminans, c'est-à-dire ceux qui ont quatre estomacs, ne peuvent être purgés avec des liquides, l'organisation de ce viscère ne permet pas l'usage des purgatifs donnés de cette manière ; ces médicamens doivent leur être administrés sous forme solide ; on les donne le matin à jeun et on ne laisse rien prendre aux animaux que quatre ou cinq heures après ; alors on leur donne quelques boissons ; savoir, pour les herbivores, de l'eau blanche, dans laquelle on aura jeté un peu d'eau chaude si c'est en hiver, et pour les carnivores, du bouillon coupé avec de l'eau.

Il faut faire faire de temps à autre de légères promenades aux animaux auxquels on a donné un purgatif.

Si le temps est froid ou humide on aura l'attention de les couvrir ; et s'il gèle on fera ces promenades dans l'intérieur des écuries, s'il est possible, ou dans des lieux abrités ; quant aux carnivores il est assez facile de les garantir de l'intempérie des saisons.

Dans les gros animaux l'action des purgatifs est lente et sur-tout dans le cheval ; il ne purge ordinairement que vingt-quatre heures après la prise du médicament.

Les substances purgatives que la médecine vétérinaire peut adopter sont très peu nombreuses ; nous nous bornerons à indiquer ici celles dont les vertus réellement purgatives ont été confirmées par l'expérience ; ces substances sont ,

Le sel d'epsom (sulfate de magnésie.)

On l'emploie plus particulièrement pour le cheval et le bœuf ; on le leur donne depuis un hectogramme jusqu'à quatre (de trois onces jusqu'à douze.)

Sel végétal (tartrite de potasse.)

Il purge les porcs , les chiens , les chats , les agneaux ; on le combine avec le miel , la manne , ou l'infusion de séné ; on peut le donner jusqu'à trois décagrammes (une once.)

Sel de Glauber (sulfate de soude.)

Il est laxatif ; on le préfère pour les petits animaux aux deux précédens ;

On le donne aux gros animaux depuis un hectogramme jusqu'à trois (de trois onces à neuf onces) ; et pour les petits depuis un décagramme jusqu'à trois (de trois gros à neuf.)

Sel de duobus (sulfate de potasse); on peut le remplacer par le sel d'epsom.

La manne grasse ; c'est un purgatif doux pour le chien et le chat ; on le leur donne à la dose d'un décagramme à cinq (de trois gros à quinze), en le dissolvant dans une infusion de séné ou de polypode.

Le catholicon fin ; on le donne en lavement aux gros animaux à la dose d'un hectogramme (trois onces.)

La rhubarbe ; elle n'est purgative que pour le chien ; on la lui donne en poudre dans les alimens jusqu'à un décagramme (trois gros.)

Le séné ; il purge le cochon , le chien et le chat ; dans le cheval et dans le bœuf il n'opère pas seul ; son infusion faite à chaud augmente l'action de l'aloës : on le donne aux petits animaux depuis un décagramme jusqu'à six (de trois gros à dix-huit) ; et pour les grands jusqu'à deux hectogrammes (six onces.)

Le jalap ; il purge le mouton , le chien , le cochon et le chat ; pour le cochon on le fait prendre en poudre dans ses alimens ; on en peut faire autant pour le chien en le mettant dans une boulette de pâtée ; on le donne en opiat au mouton , depuis dix décigrammes jusqu'à un décagramme (vingt grains à trois gros.)

Le turbith végétal ; c'est un purgatif violent pour les petits animaux ; il n'est que comme auxiliaire pour les grands ; on le donne en poudre depuis un décagramme jusqu'à six pour le cheval et le bœuf (trois gros à dix-huit), et depuis un gramme jusqu'à quatre pour les autres (dix-huit grains à un gros.)

Le diagrède ou la scammonée ; purgatif principalement en

usage pour le chien ; on le lui donne en poudre dans la soupe ou la pâtée, depuis trois décigrammes jusqu'à quatre grammes (six grains à un gros.)

Gomme gutte ; c'est un purgatif violent ; on ne l'emploie que pour les petits animaux ; M. Daubenton la recommande dans la pourriture des bêtes à laine ; on la donne au chien et au chat jusqu'à un décigramme (deux grains) dans de la soupe.

M. Daubenton a purgé des moutons avec quatre grammes étendus dans un véhicule aqueux, et il les a tués à huit grammes.

Pour les vertus et les doses de ces médicamens purgatifs, nous avons suivi la quatrième édition de la matière médicale de M. Bourgelat, augmentée et publiée par M. Huzard ; nous invitons les lecteurs à consulter cet ouvrage. (Des.)

PURIN. On donne ce nom dans quelques lieux aux urines des animaux domestiques rassemblées dans des fosses extérieures ou aux eaux de fumiers également réunies.

Le purin est un excellent engrais ; mais il faut le répandre au moment même des semailles, et ne pas le prodiguer. La chaux active son action en rendant dissolubles les parties qui ne le sont pas.

Il a été prouvé, par des expériences positives, que les arrosemens faits avec ce purin sont mortels pour les plantes, à moins qu'il ne soit fort affoibli par de l'eau. C'est la surabondance de l'engrais qu'il contient qui agit d'une manière nuisible dans ce cas. *Voyez* Engrais.

PUROT. Ce nom s'applique, dans le département de la Haute-Saône, à des espèces de citernes creusées dans les cours des fermes, et où on dirige les eaux des fumiers. On ne peut qu'applaudir à cette pratique ; cependant, par la manière de disposer le fumier, il est possible de l'éviter et de produire les mêmes résultats. *Voyez* Fumier et Purin.

PUTIER, ou Bois de Sainte-Lucie. *Voyez* Cerisier.

PUTOIS. Quadrupède du genre des fouines, qui se rapproche beaucoup de la fouine proprement dite, et qui, comme elle, est d'un côté l'ennemi des cultivateurs, dont il dévore la volaille, et de l'autre son auxiliaire dans la guerre perpétuelle qu'il fait aux rats, aux souris, aux lérots, aux campagnols, aux mulots, aux taupes, aux hannetons, etc.

On distingue le putois à son museau et à ses oreilles blanches à leur extrémité, à la fétide odeur qu'il répand et qu'il communique à tout ce qu'il touche. Il n'est point rare en France dans les pays de montagnes. J'en ai beaucoup vu, pendant ma jeunesse, sur les montagnes des environs de Lan-

gres, où tous les hivers des Suisses ou des Allemands venoient
le chasser, ainsi que la fouine, avec des bassets à cela dressés,
dans les greniers de la ferme de mon père.

Tout ce que j'ai dit de la Fouine s'appliquant au putois, j'y
renvoie le lecteur. (B.)

PYRALE, *Pyralis.* Genre d'insectes de l'ordre des lépidoptères, qui faisoit partie des phalènes de Linnæus, et dont
plusieurs espèces intéressent les cultivateurs, comme causant,
sous l'état de larve ou de chenille, des dommages souvent
considérables aux productions végétales.

Ce genre, qui contient plus de deux cents espèces connues,
est formé avec les insectes appelés *phalènes chappe* par Geoffroy, et *phalènes rouleuses* par Linnæus, parceque leurs ailes
sont arrondies et presque aussi larges à leur base qu'à leur
extrémité, représentent assez bien par leur réunion l'habillement de ce nom, et que leurs chenilles roulent ordinairement les feuilles des arbres ou des plantes.

La plupart des chenilles des espèces qui composent ce genre
ont seize pattes, sont rases ou peu velues. Plusieurs pénètrent
et se cachent dans l'intérieur des plantes ou de leurs fruits.

Il est des arbres tels que le chêne qui en nourrissent de si
grandes quantités que toutes leurs feuilles sont roulées, et
qu'elles se montrent par milliers dès qu'on secoue une branche ; car la plupart ont l'habitude de se laisser tomber au moindre danger, en filant, pour remonter au moyen de leur fil dès
qu'elles croient n'avoir plus rien à craindre. Heureusement il
n'y en a qu'un petit nombre d'espèces qui vivent aux dépens
des arbres fruitiers et des plantes cultivées.

La plus désastreuse de toutes ces espèces est la PYRALE DE
LA VIGNE, dont j'ai signalé les ravages et publié les caractères
dans les Mémoires de l'ancienne société d'agriculture de Paris,
trimestre d'été 1786, sous le surnom de d'Antic que je portois
alors. Ses ailes supérieures sont d'un fauve verdâtre, avec trois
bandes obliques noirâtres dont la dernière est terminale. Sa
grandeur est de cinq lignes sur trois de large. Sa chenille vit
sur la vigne, dont elle roule les feuilles et ronge les pétioles
ainsi que les pédoncules. Elle est verte, avec une tache jaune
de chaque côté du premier anneau et la tête noire. Elle cause
souvent des pertes immenses aux pays de vignobles. Je l'ai
observée dans les vignes d'Argenteuil une année où elle avoit
empêché la moitié des ceps de porter des raisins. Depuis lors
les vignobles des environs de Reims ont éprouvé le même malheur pendant plusieurs années consécutives. Il en a été de
même dans ceux des environs de Mâcon. On peut croire qu'alternativement, quand les circonstances sont favorables, elle

frappe de dévastation tous les pays de vignobles, et que si elle n'a pas été plus tôt remarquée, c'est qu'elle est presque toujours cachée et qu'on confondoit ses effets avec ceux produits par les *gribouris* et des *attelabes*. Dire quelles sont ces circonstances seroit chose fort difficile ; mais on a remarqué que leur nombre augmentoit petit à petit pendant quelques années, et qu'ensuite on n'en voyoit plus du tout. On peut croire que des pluies froides arrivées en juin, époque où elles sont en pleine activité de ravages dans le climat de Paris, les font périr souvent presque toutes, et que, lorsqu'elles sont assez abondantes pour ne pas laisser une feuille sur les ceps, elles doivent mourir de faim avant leur transformation. Si ces chenilles ne faisoient que manger les feuilles, on s'apercevroit à peine de leur présence, fussent-elles du double plus nombreuses, parceque leur grosseur, comparée à la largeur de ces feuilles, permettroit à plusieurs de vivre sur une seule ; mais c'est principalement leur pétiole auquel elles s'attachent, de sorte que la feuille périt avant son développement complet, sans utilité pour l'insecte. Elles rongent aussi, comme je l'ai déjà observé, le pédoncule des grappes, de sorte que tel cep qui a conservé une partie de ses feuilles ne produit pas un grain de raisin. Non seulement les effets de ses ravages se font sentir d'une manière désastreuse sur la récolte de l'année, mais encore sur celle de l'année suivante, et même de la troisième, parceque les efforts que font les racines pour réparer la perte des feuilles par de nouvelles pousses, à la sève d'automne, les affoiblissent et les empêchent de donner du fruit jusqu'à ce qu'elles se soient rétablies.

Les moyens de détruire ces chenilles ne sont point faciles à trouver. Les rechercher pour les écraser à la main est une chose impraticable, à raison du temps, de la dépense et même du peu de succès, car toutes les feuilles contournées n'en contiennent pas, puisqu'elles changent plusieurs fois de domicile, et elles se laissent tomber dès qu'on touche à celles où elles se trouvent. Couper ces feuilles pour les mettre rapidement dans un sac seroit un remède pire que le mal. C'est donc sur les insectes parfaits qu'il faut tenter d'exercer une action destructive : or, la meilleure de toutes celles qui peuvent se présenter à l'idée est, sans contredit, celle de Roberjot, le même qui a été si lâchement assassiné au congrès de Rastadt, et qui, quoique prêtre, s'occupoit, avant la révolution, de l'étude de la nature et de l'application de la science aux travaux agricoles. Ce citoyen estimable, qui vivoit dans un des plus riches vignobles de la France, le Mâconnais, s'est donc dit : La pyrale de la vigne, comme toutes les autres espèces de son genre, et comme un grand nombre de phalènes, est attirée le soir par la chandelle, et vient s'y brûler de fort loin. Allumons donc des feux de paille, de fagots, dans des lieux élevés autour des vignobles, à l'entrée de la nuit, à l'époque où les pyrales sortent de leur chysalide, et cherchent à s'accoupler. Il l'a fait dans son canton, et le succès a couronné ses espérances. Le service qu'il a rendu à l'agriculture doit mériter à sa triste famille le souvenir des gens de bien, des véritables amis de la patrie. Depuis on a pratiqué la même méthode dans un grand nombre de lieux, et toujours, lorsqu'on a pris les précautions convenables, on est parvenu à détruire d'immenses quantités de pyrales qui, pondant chacune (les femelles s'entend) une centaine d'œufs et peut-être plus, auroient causé de nouveaux ravages l'année suivante. C'est ce qui s'appelle véritablement arrêter le mal dans sa source. Beaucoup de ces insectes ne viennent pas au feu sans doute ; mais ce ne sont pas deux mille, cent mille chenilles, si on veut, qui nuisent aux récoltes du vin d'un vignoble tel que celui de Mâcon, ce sont des millions, des centaines de millions. Quel est le propriétaire, dit Virey, nouveau Dictionnaire d'Histoire naturelle de Déterville, qui seroit arrêté par la considération de la dépense de quelques fagots de bois, de quelques bottes de paille ou de chaume, ou autre combustible, qu'il est si aisé de se procurer ? La durée des feux seroit d'une heure chaque nuit. Il n'est pas même nécessaire qu'ils soient considérables. Si on a la précaution de les faire dans des lieux élevés, vingt feux dans chaque vignoble, changés d'emplacement chaque jour, peuvent suffire. Il faut que ces feux soient construits de manière à occasionner dans l'air des tourbillons, et que le moment où il convient de les faire soit fixé par une personne intelligente, pour qu'on n'en perde pas le fruit ; car les pyrales éclosent à des époques différentes dans chaque climat et chaque année, c'est-à-dire qu'elle paroît plus tard à Paris qu'à Mâcon, et dans les années chaudes que dans les années froides. En général, c'est dans l'intervalle du premier juillet au quinze août. Leur passage, si je puis employer ce terme, dure huit à dix jours, allant en croissant et en décroissant, de sorte qu'il faudroit faire des feux chaque jour pendant tout ce temps, excepté lorsque le ciel seroit froid, pluvieux ou venteux, parceque les insectes changent alors difficilement de place. Non seulement on fait ainsi périr les pyrales, mais encore un grand nombre de bombices, de noctuelles, de phalènes et autres insectes qui sont également attirés par le feu, et dont les chenilles vivent aux dépens des arbres fruitiers et autres.

La PYRALE FASCIANE a les ailes antérieures d'un gris obscur, avec une bande transversale et une tache terminale brune. Elle diffère peu en grandeur de la précédente. Sa chenille, qui est d'un vert brun, se trouve aussi sur la vigne, mais plus tard, c'est-à-dire en août. Il m'a paru qu'elle attaquoit principalement le grain encore vert du raisin. Elle est peu abondante aux environs de Paris, et j'ignore si elle l'est davantage autre part. Ce que j'ai dit à l'article précédent lui convient parfaitement.

La PYRALE CLORANE a les ailes antérieures d'un beau vert, bordées extérieurement de blanc. Elle a six lignes de long. Sa chenille vit sur l'OSIER BLANC, ou *osier à longues feuilles*, *Salix viminalis*, Lin., dont elle réunit les feuilles supérieures avec de la soie, et dont elle mange l'extrémité du bourgeon, ce qui l'empêche de croître en hauteur. Cette chenille est verte, ponctuée de blanc et tachée de brun sur les côtés. J'ai vu une année les oseraies des bords de la Seine tellement infestés par cette chenille que toutes les pousses en avoient une, ce qui a dû causer une perte très considérable aux propriétaires, le principal mérite de cette espèce d'osier étant la longueur de ses brins. Il n'y a d'autres moyens de diminuer ses ravages pour les années suivantes que de les écraser en comprimant avec les doigts les sommités des osiers ; car faire du feu pour faire périr les insectes parfaits seroit peu fructueux, les osiers bordant seulement les îles. C'est à la fin de mai qu'il faudroit faire cette opération.

La chenille d'une autre espèce, de la PYRALE AMERINE, vit encore aux dépens des osiers, principalement de l'osier jaune ; mais elle se contente de plier les plus grandes feuilles, et nuit peu à leur végétation. Les ailes antérieures de l'insecte parfait sont couleur de brique avec une bande transversale couleur de rouille commune aux deux.

La PYRALE UNCANE a les ailes supérieures fauve-brun, bordées de blanc, et une tache blanche sur le côté extérieur. Sa longueur est de six lignes. J'ai trouvé sa chenille sur la luzerne, dont elle lioit les feuilles supérieures des tiges pour en manger le cœur avec sécurité. J'ignore si elle est assez commune dans quelques pays pour se faire remarquer par ses ravages. Je ne l'ai vue que peu souvent aux environs de Paris. Il ne faut cependant que quelques pièces de luzerne laissées sur pied dans une année favorable pour la multiplier au point de se rendre nuisible. J'ai lieu de croire que ce qui la rend rare c'est qu'on coupe ce fourrage avant que cette chenille ait complété sa croissance, et que par conséquent il ne se sauve que celles qui se trouvent sur des pieds isolés ou sur ceux qui échappent à la faux.

Il est probable que la PYRALE ZOÉGANE qui se rencontre si abondamment dans les luzernes vit aussi aux dépens de cette plante; mais je n'ai jamais trouvé sa chenille. Elle est jaune avec des points et des lignes couleur de rouille.

La PYRALE DU ROSIER a les ailes antérieures couleur de brique avec une bande oblique grise. Sa longueur est de quatre lignes. Sa chenille est brune. Elle plie les feuilles de rosier pour se cacher et les manger en sûreté. Souvent elle est si abondante qu'elle nuit à la production des fleurs de cet arbrisseau.

La PYRALE CYNOSBANE a la moitié antérieure des ailes brune et la postérieure blanche. Sa grandeur est la même que celle de la précédente. Sa chenille est fauve avec la tête noire. Elle plie les jeunes feuilles du rosier autour de la sommité du bourgeon, et mange cette sommité. Elle nuit par conséquent beaucoup plus à la production des roses que la précédente ; aussi les amateurs de cette fleur doivent-ils lui faire une guerre à outrance. J'ai souvent employé le moyen indiqué à l'article de la pyrale clorane ; mais le mal étoit produit, et je ne travaillois réellement que pour l'année suivante.

Il est plusieurs autres insectes de ce genre qui nuisent aux fleurs et aux légumes, mais qui sont trop rares pour être remarqués des cultivateurs, et que je crois en conséquence pouvoir me dispenser de citer.

La PYRALE HOLMIANE a les ailes antérieures couleur de rouille, avec une tache triangulaire et marginale blanche.

La PYRALE GNOMANE a les ailes antérieures jaunes, avec une bande oblique et une tache postérieure et marginale couleur de rouille.

La PYRALE OPORANE a les ailes antérieures couleur de rouille, tachées et réticulées de brun.

Ces trois espèces, et peut-être encore d'autres, proviennent de chenilles qui plient les feuilles des pommiers, sur-tout des pommiers en espaliers, et qui, quoique très petites, nuisent souvent beaucoup à la production de leurs fruits. Je me suis trouvé fort bien de frapper légèrement les branches des arbres qui en étoient chargées avec un bâton. Le coup les faisoit descendre, suspendues chacune à un fil que je coupois en faisant faire le moulinet horizontalement au même bâton, ce qui les faisoit tomber à terre, où la plupart périssoient par l'effet des rayons du soleil (il faut faire cette opération vers midi et pendant un jour chaud), ou de faim, ne sachant pas remonter sur l'arbre. C'est dans le mois de mai qu'elles causent le plus de dommages aux pommiers. Il y en a aussi sur les poiriers, mais elles y sont rares.

La PYRALE DES POMMES a les ailes supérieures nébuleuses avec une tache dorée à leur extrémité. Sa longueur est de cinq lignes. Sa chenille est rougeâtre avec la tête noire. Elle vit dans l'intérieur des pommes, et se confond généralement, quoique très distingable par ses seize pattes, avec les autres larves qui y vivent également sous le nom de ver des pommes. Il est des années où elle contribue plus que ces dernières à la chute de cette sorte de fruit avant sa maturité. Elle est un très grand fléau pour les vergers et les pays à cidre.

Elle sort du fruit lorsqu'elle a pris tout son accroissement, pour aller se transformer dans les gerçures de l'écorce, dans les inégalités des murs, sous les pierres, etc. Il est impossible de l'atteindre pour la détruire. S'opposer à la reproduction des insectes parfaits en allumant des feux dans les vergers à l'époque où ils sortent de leurs chrysalides seroit certainement le seul moyen d'y parvenir; mais je serois bien embarrassé d'indiquer l'époque où ce moyen devroit être pratiqué, car j'ai trouvé de ces insectes parfaits au printemps, en été et en automne, ce qui me fait soupçonner qu'ils éclosent pendant une partie de la belle saison. En général, ces insectes parfaits sont beaucoup plus rares que le nombre des pommes verreuses sembleroit l'annoncer. J'en ignore la raison.

Les poires et les prunes sont aussi fréquemment rendues verreuses par des chenilles appartenant sans doute à des insectes de ce genre; mais elles ont été peu étudiées jusqu'à présent. Au reste, ce que j'aurois à en dire, si elles étoient mieux connues, rentreroit sans doute dans ce qui vient d'être rapporté. (B.)

PYRAMIDE. Arbre fruitier garni de branches depuis sa base jusqu'à son sommet, et qu'on taille tous les ans comme les contr'espaliers, les buissons, les vases, etc.

Il n'y a de différence entre les pyramides et les quenouilles que dans l'inégalité de longueur des branches, la hauteur du tronc, et qu'en ce qu'elles peuvent presque toujours être greffées sur franc, sans autres inconvéniens qu'un retard de quelques années dans la production du fruit.

On doit croire que la connoissance des pyramides suivit de près celle des quenouilles; mais comme on les a long-temps confondues, on n'en trouve aucune description dans les ouvrages sur le jardinage publiés avant le règne de Louis XV. Ce n'est que dans ces derniers temps qu'elles sont devenues assez célèbres pour être préconisées et décrites dans les livres.

Toute pyramide a été quenouille pendant les premières années qui ont suivi sa plantation. Les principes qui guident dans sa formation étant absolument les mêmes, je renvoie au mot QUENOUILLE pour apprendre à les connoître.

Les avantages des pyramides sur les quenouilles sont de durer plus long-temps, de pouvoir être formées avec un plus grand nombre d'espèces d'arbres fruitiers, de fournir plus abondamment du fruit. Les avantages des quenouilles sur les pyramides consistent à donner plus promptement du fruit et du fruit plus beau.

Comme les quenouilles, les pyramides donnent peu d'ombre et sont susceptibles de faire décoration. Elles peuvent donc être placées sans inconvéniens dans les parterres et dans les potagers.

La disposition des arbres en pyramide est celle qui convient la mieux dans les écoles d'arbres fruitiers. C'est celle qu'a adoptée mon estimable et savant confrère Thouin à celle du jardin du Muséum. C'est celle que je désire faire suivre à celle de la pépinière du Luxembourg.

Une quenouille est vieille à douze ou quinze ans. Une pyramide ne l'est pas encore à cinquante. Ce n'est que lorsque l'une ou l'autre ont été conduites par un jardinier peu habile qu'elles se dégarnissent par la base. Ce n'est que lorsque la base est ombragée par d'autres arbres qu'elle cesse de porter du fruit. Les reproches qu'on a faits à ces deux manières de conduire les arbres fruitiers retombent presque toujours sur ceux qui les ont dirigés ou les dirigent. Aussi j'ose croire que malgré la grande faveur dont jouissent les pyramides elles ne sont pas encore assez multipliées.

J'ai dit plus haut qu'on pouvoit former utilement des pyramides avec beaucoup d'espèces d'arbres qui se refusent à être mis en quenouille. En effet on voit des pruniers, des cerisiers et des abricotiers ainsi disposés qui se chargent annuellement de fruits. L'amandier et le pêcher sont presque les seuls qui s'y refusent, et ce parceque chez eux les branches à fruit sont différentes des branches à bois, et qu'ils ne percent pas de bourgeons à travers la vieille écorce. Malgré cela je ne crois pas qu'il soit bon, en principe général, de disposer en pyramide d'autres arbres que les poiriers et quelques pommiers.

Quoique, ainsi que je l'ai dit plus haut, on puisse espérer d'obtenir du fruit des pyramides greffées sur franc après trois ou quatre ans de plantation, il vaut mieux, si on est pressé de jouir et si le terrain est bon, greffer sur cognassier et sur doucin celles des poiriers et des pommiers. Ce conseil est fondé sur l'observation, mille et mille fois répétée, que les arbres se mettoient d'autant plus tôt à fruit qu'ils étoient d'une plus foible constitution, ou se trouvoient dans un plus mauvais terrain (sans excès cependant), c'est-à-dire qu'ils poussoient de plus petites branches. Les moyens à employer pour accélérer le rapport des pyramides sont donc les mêmes que ceux indiqués pour les quenouilles ; seulement ils deviennent plus faciles.

Les branches des quenouilles sont tenues de la même longueur dans toute l'étendue du tronc. Il n'en est pas de même de celles des pyramides. Comme le tronc de ces dernières s'élève tous les ans d'un demi-pied et quelquefois plus, les branches inférieures ont déjà éprouvé un grand nombre de tailles lorsque les supérieures reçoivent la première. Elles sont donc d'autant plus longues que l'arbre est plus vieux. C'est cette circonstance qui leur a fait donner le nom qu'elles portent, quoiqu'il eût été plus exact de les appeler cônes, car c'est véritablement un cône qu'elles représentent ou doivent représenter.

L'art du jardinier dans la taille des pyramides consiste principalement, 1° à les tenir suffisamment garnies de branches et cependant de tenir ces branches à une distance telle que les fruits qu'elles doivent porter puissent jouir du bénéfice du soleil ; 2° à empêcher les plus vigoureuses de ces branches de trop prédominer sur les autres ; 3° de retarder autant que possible leur accroissement en hauteur et en largeur lorsqu'une fois elles sont arrivées à fruit. Dire les moyens de parvenir à remplir ces trois données n'est pas l'objet de cet article. Le lecteur trouvera au mot TAILLE tout ce qu'il peut désirer à cet égard.

On ne doit pas plus craindre de renouveler les pyramides avant leur caducité que les espaliers et autres arbres fruitiers assujettis à la taille. Il y a toujours plus à espérer d'un jeune arbre que d'un vieux. Je ne donnerai cependant pas de conseils précis sur cet objet. C'est au propriétaire à juger du moment où tel arbre est sur le retour et s'il lui est convenable de le détruire plus tôt ou plus tard.

PYRAMIDE. On donne ce nom, en géométrie, à un solide qui a pour base un polygone, et dont la surface est composée d'autant de triangles qu'il y a de côtés à ce polygone.

On plaçoit autrefois fréquemment dans les jardins et les parcs des pyramides de pierres de taille plus ou moins élevées, plus ou moins larges par leur base à la rencontre de plusieurs allées, à l'extrémité d'une de ces allées, etc. Aujourd'hui on n'y voit plus guère que celles qui ont pour but de cacher un regard, une glacière, d'indiquer un tombeau, etc. Leurs dimensions dépendent le plus souvent du caprice.

Les pyramides à base triangulaire et à base carrée sont les plus employées.

La construction des pyramides ne diffère pas de celle des autres monumens en pierre de taille qu'on place dans les jardins ; seulement comme leurs côtés sont inclinés, l'intervalle des pierres est plus susceptible d'arrêter l'eau des pluies et les graines des plantes, deux causes de détérioration; il y faut donc employer du ciment ou de la pouzzolane.

Lorsqu'une pyramide est fort élevée, relativement à la largeur de sa base, elle porte le nom d'OBELISQUE. *Voyez* ce mot. (B.)

FIN DU TOME DIXIÈME.

www.ingramcontent.com/pod-product-compliance
Lightning Source LLC
Chambersburg PA
CBHW031724210326
41599CB00018B/2501